저자쌤의 필승 합격전략

KB171376

strategy 01 전략을 잘 짜면 합격이 보인다!!

산업안전기사·산업기사 실기 시험은 필답형과 작업형으로 두 번 나눠서 보며, 배점은 각각 필답형이 55점, 작업형이 45점이다. 개인에 따라 학습순서가 다를 수는 있지만 필답형을 먼저 학습한 후 작업형을 학습하는 것이 좋다. 필답형의 경우 산업안전기사 시험의 중심이라고 할 수 있으며, 암기해야 하는 분량이 필기 시험에 비해 방대하다. 단답형과 주관식 문제가 약 13-14문항 정도 출제된다. 아무래도 필기 시험처럼 객관식을 맞추는 것이 아니기 때문에 암기에 대한 압박감이 있는 것이 사실이다. 하지만 이미 필기 시험 대비와 합격을 통해 기본기는 다져진 상태이니 쫄지말고, 기출 문제를 반복해서 빈출 문제 중심으로 대비하여야 한다. 단위를 묻는 문제의 경우 '이상, 이하, 초과, 미만' 등을 정확하게 기재해야 한다.

작업형의 경우 필답형 문제의 응용된 유형이 자주 출제되므로, 필답형과 연계하여 공부해야 효율적이다. 작업형 문제는 필답형 스타일의 작업형 문제, 작업형 스타일의 작업형 문제로 나뉜다. 즉, 영상을 보지 않고 문제만 보더라도 답안을 유추할 수 있는 문제와 영상 안에서 답안을 찾아내야 하는 문제가 있다. 해당 문제가 둘 중 어떤 유형인지 파악하고 기출 문제와 동일하다면 기억력을 소환하여 풀고, 영상 속에서 풀어야 하는 문제는 영상 속에서 답을 유추해야 한다. 실기 시험은 부분 점수를 인정받을 수 있으니 포기하지 말고 생각나는 데까지 꼭 적어야 한다.

strategy 02 기출은 바이블이다!!

산업안전기사·산업기사를 포함한 기술 자격증 시험에서 기출은 그야말로 바이블이다. 과년도 기출 문제를 풀다보면 꼭 나오는 문제들이 있다. 왜 계속해서 나오겠는가? 그만큼 중요하기 때문이다. 물론 돌아가면서 나오기 때문에 그 해 혹은 그 회차에 안 나올 가능성도 전혀 배제할 수는 없다. 하지만 11개년 정도 기출을 보다보면 출제 유형이 보인다. 11개년 기출을 3회독하고, 시간이 남으면 그 이전 연도 기출도 참고해서 보면 더욱 좋다.

기출 문제를 풀면서 나만의 오답노트를 꼭 만들자. 이상하게도 틀린 문제는 또 틀리거나 생각이 잘 나지 않는다. 시험 바로 전에는 오답노트를 통해 틀렸던 부분만을 체킹하면서 오답률을 줄여가면 자신감이 쑥쑥 상승하게 된다.

한번에 합격하기 합격플래너 산업안전기사·산업기사 실기

합격 플래너 활용 Tip.

01. Choice

자격증은 투자한 만큼 그 결과를 얻을 수 있습니다. 시험대비를 위해 여유 있는 시간을 확보해 제대로 공부하여 시험합격은 물론 고득점을 노리는 수험생들은 **Plan 1. 20일 완벽코스**를, 폭넓고 깊은 학습은 불가능해도 꼼꼼하게 공부해 한번에 시험합격을 원하시는 수험생들은 **Plan 2. 12일 집중코스**를 권합니다.

저자쌤은 학습플랜 중 충분한 학습기간을 가지고 제대로 시험대비를 할 수 있는 Plan 1을 강력히 추천합니다!!!

02. Plus

Plan 1~2 중 나에게 맞는 학습플랜이 없거나 **나만의 학습 패턴**을 중요시하는 수험생은 나만의 합격코스를 활용하여 나의 시험 준비 기간에 잘~ 맞는 학습계획을 세워보세요!

03. Unique

Plan 3. 나만의 합격코스에는 자신의 계획에 따라 학습체크를 할 수 있도록 학습한 날짜를 기입할 수 있는 공간을 따로 두었습니다!

※ "합격플래너"를 활용해 계획적으로 시험대비를 하여 실기시험에 합격하신 수험생분께는 「문화상품권(2만원)」을 보내드립니다(단, 선착순(10명)이며, 온라인서점에 플래너 활용사진을 포함한 도서리뷰 or 합격후기를 올려주신 후 인증사진을 보내주신 분에 한합니다). ☎ 문의 : 031-950-6371)

절취선

한 번에 합격하기 합격플래너

산업안전 기사·산업기사 실기

나만의 합격코스

Plan3

한 번에 합격하기

[필답형 + 작업형]

산업안전 기사·산업기사 실기

BM (주)도서출판 성안당

우리가 생활하는 산업 사회는 점점 다양하고 복잡한 양상으로 변모해가고 있다. 그리고 산업 현장에는 산업 재해라는 위험 요인이 항상 함께 하고 있다.

재해에 의하여 생명과 단란한 가정까지 위협을 받고 있는 현실에서 보다 폭넓은 안전에 대한 욕구와 지식이 필요함을 정부에서도 실감하여 보다 강도 높은 제재를 가하고 각 사업장마다 안전 관리자의 배치를 의무화하고 있는 가운데, 수험생들에게 충분한 만족을 줄 수 있는 자료의 부족 등을 겪고 있다는 것을 필자는 다년간의 강의와 경험에 의하여 많이 보아 왔다.

본서는 이러한 어려움 속에서도 산업안전 분야의 수험 준비를 하고 있는 수험생들에게 합격의 도움을 드리고자 개정된 출제기준에 맞추어 다음과 같이 구성하였다.

1. 개정된 출제기준에 의거, 체계적으로 구성하였다.
2. 개정된 법령을 바탕으로 이에 부합되는 문제를 수록하였다.
3. 최근의 기출문제에 대한 정확한 분석 및 해설을 하였다.
4. 각 단원별 요점 정리를 통해 이해도를 높였다.
5. 출제경향에 맞추어 불필요한 부분을 과감히 삭제하여 짧은 시간에 효과를 얻을 수 있게 하였다.

이와 같은 정확한 수험 정보로 인하여 수험생을 합격의 길로 인도하리라 확신한다. 부족한 부분은 앞으로 독자 제위의 지적과 조언을 바탕으로 보다 완벽한 수험서가 되도록 할 것을 약속드린다.

끝으로 본서의 출간에 도움과 성원을 보내주신 도서출판 성안당 임직원 여러분께 머리숙여 감사드린다.

저자 씀

1. 자격시험 응시절차

※ 원서접수 및 합격확인 등 시험과 관련된 모든 사항은 **큐넷(q-net.or.kr)**에서 가능합니다.

2. 실기시험 접수안내

(1) 원서접수방법

① 원서접수는 접수기간 내에 온라인(인터넷/모바일앱)으로만 가능합니다.

② 비회원의 경우 회원가입 후 접수할 수 있습니다.

③ 반드시 사진을 등록 후 접수해야 합니다.

(2) 필기시험 합격(예정)자 응시자격서류 제출 및 심사

① 응시자격이 제한된 종목(기술사, 기능장, 기사, 산업기사, 전문사무 일부종목)은 사전에 공지한 시행계획 내 응시자격서류 제출기간 이내에 반드시 응시자격서류를 제출해야 합니다.

② 필기시험 접수지역과 관계없이 한국산업인력공단 지역본부 및 지사에 응시자격서류를 제출하여야 합니다.

③ 기술자격취득자(필기시험일 이전 취득자) 중 동일 직무분야의 동일 등급 또는 하위 등급의 종목에 응시할 경우에는 응시자격서류를 제출할 필요가 없습니다.

④ 응시자격서류를 제출하여 합격 처리된 사람에 한하여 실기시험 접수가 가능합니다.

(3) 필기시험 면제자

① 필기시험 면제자 제출서류 : 기능경기대회 입상자로서 필기시험 면제자 입상 확인서(전산조회가 가능한 경우 입상 확인서 미제출)

② 국가기술자격법 시행규칙 제18조에 의한 필기시험 면제 대상자

  - 공공 교육훈련기관 : 해당 교육훈련기관장이 확인한 서류
  - 학원 등 사설 교육훈련기관 : 해당 교육훈련기관장 및 위탁기관장이 확인한 서류와 감독기관 또는 지방노동관서장이 확인한 서류
  - 우선선정직종 훈련기관 : 해당 교육훈련기관장 및 우선선정직종훈련을 관할하는 공단 소속기관장이 확인한 서류

(4) 시험 일자 및 장소

시험일자와 장소는 접수 시 수험자 본인이 선택하게 됩니다. 따라서 먼저 접수하는 수험자가 시험일자 및 시험장 선택의 폭이 넓습니다.

3. 실기 검정방법 및 합격기준

(1) 산업안전기사

① 검정방법 : 복합형(필답형＋작업형)
② 시험시간 : 2시간 30분 정도(필답형 1시간 30분＋작업형 1시간 정도)
③ 배점기준 : 필답형 55점＋작업형 45점
④ 합격기준 : 100점을 만점으로 하여 60점 이상

(2) 산업안전산업기사

① 검정방법 : 복합형(필답형＋작업형)
② 시험시간 : 2시간 정도(필답형 1시간＋작업형 1시간 정도)
③ 배점기준 : 필답형 55점＋작업형 45점
④ 합격기준 : 100점을 만점으로 하여 60점 이상

4. 수험자 유의사항(실기시험 공통)

(1) 작업형 실기시험

① 수험자 지참 준비물을 반드시 확인 후 준비해 오셔야 응시 가능합니다.
② 수험자는 시험위원의 지시에 따라야 하며, 시험실 출입 시 부정한 물품 소지여부 확인을 위해 시험위원의 검사를 받아야 합니다.
③ 시험시간 중 전자·통신기기를 비롯한 불허물품 소지가 적발되는 경우 퇴실조치 및 해당 시험은 무효 처리됩니다.
④ 답안 작성 시 검은색 필기구만 사용하여야 합니다.
   ※ 그 외 연필류, 유색 필기구 등을 사용한 답안은 채점하지 않으며 0점 처리
⑤ 시험 시작 전에 지급된 재료의 이상유무를 확인하고, 이상이 있을 경우에는 시험위원으로부터 조치를 받아야 합니다.
   ※ 시험시작 후 재료교환 및 추가지급 불가

⑥ 시험 종료 후 문제지와 작품(답안지)을 시험위원에게 제출하여야 합니다.
(단, 문제지 제공 지정종목은 시험 종료 후 문제지를 회수하지 아니함)

⑦ 복합형(필답형+작업형)으로 시행되는 종목은 전 과정을 응시하지 않는 경우 채점대상에서 제외됩니다.

⑧ 다음과 같은 경우는 득점에 관계없이 불합격 처리합니다.
  – 시험의 일부 과정에 응시하지 아니하는 경우
  – 문제에서 주요 직무내용이라고 고지한 사항을 전혀 해결하지 못하는 경우
  – 시험 중 시설장비의 조작 또는 재료의 취급이 미숙하여 위해를 일으킬 것으로 시험위원 전원이 합의하여 판단한 경우

⑨ 시험 중 안전에 특히 유의하여야 하며, 시험장에서 소란을 피우거나 타인의 시험을 방해하는 자는 질서유지를 위해 시험을 중지시키고 시험장에서 퇴장시킵니다.

(2) 필답형 실기시험

① 문제지를 받는 즉시 응시종목의 문제가 맞는지 확인하여야 합니다.

② 답안지 내 인적사항 및 답안작성(계산식 포함)은 검은색 필기구만을 계속 사용하여야 합니다.

③ 답안정정 시에는 두 줄(=)을 긋고 다시 기재할 수 있으며, 수정테이프 사용 또한 가능합니다.

④ 계산문제는 반드시 계산과정과 답란에 정확히 기재하여야 하며 계산과정이 틀리거나 없는 경우 0점 처리됩니다.
※ 연습이 필요 시 연습란을 이용(연습란은 채점대상이 아님)

⑤ 계산문제는 최종결과값(답)의 소수 셋째 자리에서 반올림하여 둘째 자리까지 구하여야 하나, 개별 문제에서 소수처리에 대한 별도 요구사항이 있을 경우, 그 요구사항에 따라야 합니다.

⑥ 답에 단위가 없으면 오답으로 처리됩니다.
(단, 문제의 요구사항에 단위가 주어졌을 경우는 생략해도 무방함)

⑦ 문제에서 요구한 가짓수 이상을 답란에 표기한 경우, 답란 기재 순으로 요구한 가짓수만 채점합니다.

5. 연도별 검정현황

(1) 산업안전기사

연 도	필 기			실 기		
	응 시	합 격	합격률	응 시	합 격	합격률
2021년	41,704명	20,205명	48.5%	29,571명	15,310명	51.8%
2020년	33,732명	19,655명	58.3%	26,012명	14,824명	57.0%
2019년	33,287명	15,076명	45.3%	20,704명	9,765명	47.2%
2018년	27,018명	11,641명	43.1%	15,755명	7,600명	48.2%
2017년	25,088명	11,138명	44.4%	16,019명	7,886명	49.2%
2016년	23,322명	9,780명	41.9%	12,135명	6,882명	56.7%
2015년	20,981명	7,508명	35.8%	9,692명	5,377명	55.5%
2014년	15,885명	5,502명	34.6%	7,793명	3,993명	51.2%
2013년	13,023명	3,838명	29.5%	6,567명	2,184명	33.3%
2012년	12,551명	3,083명	24.6%	5,251명	2,091명	39.8%
2011년	12,015명	3,656명	30.4%	6,786명	2,038명	30.0%
2010년	14,390명	5,099명	35.4%	7,605명	2,605명	34.3%

(2) 산업안전산업기사

연 도	필 기			실 기		
	응 시	합 격	합격률	응 시	합 격	합격률
2021년	25,952명	12,497명	48.2%	17,961명	7,728명	43.0%
2020년	22,849명	11,731명	51.3%	15,996명	5,473명	34.2%
2019년	24,237명	11,470명	47.3%	13,559명	6,485명	47.8%
2018년	19,298명	8,596명	44.5%	9,305명	4,547명	48.9%
2017년	17,042명	5,932명	34.8%	7,567명	3,620명	47.8%
2016년	15,575명	4,688명	30.1%	6,061명	2,675명	44.1%
2015년	14,102명	4,238명	30.1%	5,435명	2,811명	51.7%
2014년	10,596명	3,208명	30.3%	4,239명	1,371명	32.3%
2013년	8,714명	2,184명	25.1%	3,705명	960명	25.9%
2012년	8,866명	2,384명	26.9%	3,451명	644명	18.7%
2011년	7,943명	2,249명	28.3%	3,409명	719명	21.1%
2010년	9,252명	2,422명	26.2%	3,939명	852명	21.6%

1. 직무안내

(1) 직무 분야 및 내용

① **직무/중직무 분야** : 안전관리

② **직무내용** : 제조 및 서비스업 등 각 산업현장에 소속되어 산업재해 예방계획의 수립에 관한 사항을 수행하며, 작업환경의 점검 및 개선에 관한 사항, 유해 및 위험 방지에 관한 사항, 사고사례 분석 및 개선에 관한 사항, 근로자의 안전교육 및 훈련 등을 수행하는 직무이다.

(2) 수행준거

① 산업재해의 분석과 위험성평가를 바탕으로 안전관리 조직과 계획을 운용할 수 있다.

② 근로자의 심리를 이해하고 안전교육을 할 수 있다.

③ 인간공학적 접근방법을 이해하고 시스템 위험성을 평가할 수 있다.

④ 기계설비와 운반장치의 안전을 개선할 수 있다.

⑤ 전기안전과 화공안전 대책을 마련하고 작업환경을 개선할 수 있다.

⑥ 건설안전의 대책을 마련할 수 있다.

⑦ 적절한 보호구를 선택할 수 있다.

⑧ 산업안전보건법을 이해하고 안전관리 제도와 절차를 수행할 수 있다.

2. 산업안전기사 실기 출제기준

■ 실기 과목명 : 산업안전 실무 　　　　　　　　　　　■ 적용시점 : 2021. 1. 1. ~ 2023. 12. 31.

주요 항목	세부 항목	세세 항목
1. 안전관리	(1) 안전관리조직	① 안전보건관리조직의 목적과 종류를 이해하여야 한다. ② 안전보건관리조직의 장단점을 이해하고 활용할 수 있어야 한다. ③ 안전보건관리체계 및 직무를 이해하고 숙지하여야 한다. ④ 산업안전보건위원회의 구성과 역할을 이해하여야 한다.
	(2) 안전관리계획 수립 및 적용	① 안전보건관리규정을 이해·적용할 수 있어야 한다. ② 안전보건관리계획을 수립할 수 있어야 한다. ③ 주요 평가척도를 알고 적용할 수 있어야 한다. ④ 안전보건개선계획을 수립할 수 있어야 한다.
	(3) 산업재해 발생 및 재해 조사·분석	① 재해조사목적을 이해하여야 한다. ② 재해발생 시 조치사항을 알고, 재해조사방법을 이해하고 적용할 수 있어야 한다. ③ 재해발생 메커니즘을 알고 있어야 한다.

주요 항목	세부 항목	세세 항목
		④ 산업재해 발생형태를 알고 분류할 수 있어야 한다.
		⑤ 재해발생원인을 알고 적용할 수 있어야 한다.
		⑥ 상해의 종류를 이해·분류할 수 있어야 한다.
		⑦ 통계적 원인분석방법을 이해·적용할 수 있어야 한다.
		⑧ 재해예방의 4원칙을 이해·적용할 수 있어야 한다.
		⑨ 사고예방대책의 기본원리 5단계를 이해·적용할 수 있어야 한다.
		⑩ 재해 관련 통계의 정의를 숙지하고 계산할 수 있어야 한다.
		⑪ 재해비용을 숙지하고 계산할 수 있어야 한다.
		⑫ 재해사례연구 순서를 이해·적용할 수 있어야 한다.
	(4) 안전 점검·검사· 인증 및 진단	① 안전점검의 정의 및 목적을 이해하고 적용할 수 있어야 한다.
		② 안전점검의 종류 및 기준을 이해하고 적용할 수 있어야 한다.
		③ 안전 검사·인증·진단 제도를 이해·적용할 수 있어야 한다.
2. 안전 교육 및 심리	(1) 안전교육	① 안전교육을 지도하고 전개할 수 있어야 한다.
		② 교육방법의 4단계를 이해·적용할 수 있어야 한다.
		③ 안전교육의 기본방향을 이해·적용할 수 있어야 한다.
		④ 안전교육의 단계를 이해·적용할 수 있어야 한다.
		⑤ 안전교육계획과 그 내용의 4단계를 이해·적용할 수 있어야 한다.
		⑥ O.J.T. 및 Off J.T.를 이해하고 실시할 수 있어야 한다.
		⑦ 학습목적의 3요소와 학습정도의 4단계를 이해·적용할 수 있어야 한다.
		⑧ 교육훈련평가의 4단계를 이해·적용할 수 있어야 한다.
		⑨ 산업안전보건법상의 교육의 종류와 교육시간 및 교육내용을 이해·적용할 수 있어야 한다.
	(2) 산업심리	① 착각현상을 이해·적용하여야 한다.
		② 주의력과 부주의에 대해 이해·적용하여야 한다.
		③ 안전사고와 사고심리에 대해 이해·적용하여야 한다.
		④ 재해빈발자의 유형에 대해 이해·적용하여야 한다.
		⑤ 노동과 피로에 대해 이해·적용하여야 한다.
		⑥ 직업적성과 인사관리에 대해 이해·적용하여야 한다.
		⑦ 동기부여에 관한 이론에 대해 이해·적용하여야 한다.
		⑧ 무재해운동과 위험예지훈련에 대해 이해·적용하여야 한다.
3. 인간공학 및 시스템 위험 분석	(1) 인간공학	① 인간-기계 체계를 이해할 수 있어야 한다.
		② 인간과 기계의 성능을 비교·분석할 수 있어야 한다.
		③ 인간기준을 이해·적용할 수 있어야 한다.
		④ 휴먼에러를 이해·분석할 수 있어야 한다.
		⑤ 신뢰도를 이해·분석할 수 있어야 한다.
		⑥ 고장률을 이해·분석할 수 있어야 한다.
		⑦ Fool proof 및 Fail safe를 이해할 수 있어야 한다.

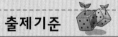

주요 항목	세부 항목	세세 항목
		⑧ 인간에 대한 감시방법을 이해·적용할 수 있어야 한다.
		⑨ 인체계측을 이해하고, 수행할 수 있다.
		⑩ 작업공간을 이해·분석할 수 있어야 한다.
		⑪ 작업대 및 의자 설계원칙을 이해·적용할 수 있어야 한다.
		⑫ 작업표준을 이해·적용할 수 있어야 한다.
		⑬ 작업위험을 분석할 수 있어야 한다.
		⑭ 동작경제의 3원칙을 이해·적용할 수 있어야 한다.
		⑮ 부품배치의 원칙을 이해·적용할 수 있어야 한다.
		⑯ 통제표시비를 이해·적용할 수 있어야 한다.
		⑰ 통제장치의 유형을 이해·적용할 수 있어야 한다.
		⑱ 표시장치를 이해할 수 있어야 한다.
		⑲ 실효온도를 이해·분석할 수 있어야 한다.
		⑳ 작업별 조명 및 조도 기준을 이해·분석할 수 있어야 한다.
		㉑ 소음대책을 이해·적용할 수 있어야 한다.
	(2) 시스템 위험 분석	① 시스템 안전을 달성하기 위한 4단계를 이해·적용할 수 있어야 한다.
		② PHA를 이해·적용할 수 있어야 한다.
		③ FMEA를 이해·적용할 수 있어야 한다.
		④ DT를 이해·적용할 수 있어야 한다.
		⑤ ETA를 이해·적용할 수 있어야 한다.
		⑥ THERP를 이해·적용할 수 있어야 한다.
		⑦ MORT를 이해·적용할 수 있어야 한다.
		⑧ FTA를 이해·적용할 수 있어야 한다.
		⑨ 확률사상의 적과 화를 이해·적용할 수 있어야 한다.
		⑩ Minimal cut set & path set을 이해·분석할 수 있어야 한다.
		⑪ 안전성평가를 이해하고 수행할 수 있어야 한다.
		⑫ 화학설비의 안전성평가를 이해하고 수행할 수 있어야 한다.
		⑬ 정량적·정성적 평가항목을 이해·적용할 수 있어야 한다.
4. 기계안전관리	(1) 기계안전 장치·시설 관리	① 산업안전보건법령에 기준한 작업상황에 맞는 검정대상 보호구를 선정할 수 있고, 올바른 착용법 및 보관·유지를 이해할 수 있어야 한다.
		② 안전시설물 및 안전보건표지가 산업안전보건법령에서 정하고 있는 기준에 적합한지를 확인하고, 설치기준을 준수하여 설치할 수 있어야 한다.
		③ 안전시설물 설치방법과 종류에 의한 장단점을 이해할 수 있고, 공정 진행에 의한 안전시설물의 설치·해체·변경 계획을 작성할 수 있어야 한다.
	(2) 기계공정 특성분석	① 기계설비의 위험요인(위험점)과 기계설비의 본질적 안전화 및 안전조건을 이해할 수 있어야 한다.

주요 항목	세부 항목	세세 항목
		② 유해위험기계 · 기구(프레스기, 롤러기, 연삭기, 보일러 및 압력용기, 아세틸렌 용접장치 및 가스집합 용접장치, 양중기, 둥근톱기계, 산업용 로봇 등)의 작동원리, 방호장치, 설치방법 및 재해유형 등에 대하여 이해할 수 있어야 한다.
	(3) 기계설비 위험성 평가	① 기계설비 재해예방을 위해 현장 특성별 필요한 안전보호장구를 선정할 수 있어야 한다. ② 근로자의 작업안전을 확보하기 위하여 기계설비 안전작업수칙 준수여부를 확인할 수 있어야 한다. ③ 산업안전보건법령에 따라 유해위험방지계획서를 작성할 수 있어야 한다.
	(4) 기계안전관리 성과 분석	① 기계안전관리 성과를 측정할 수 있는 평가항목, 평가기준, 평가방법(정성적 · 정량적)을 수립할 수 있어야 한다. ② 효과적으로 안전사고를 예방할 수 있는 안전관리기술과 프로그램을 이해할 수 있어야 한다. ③ 기계안전관리 시스템의 지속적인 개선을 위한 조직, 계획, 실행, 평가와 개선 조치를 이해할 수 있어야 한다.
5. 전기안전관리	(1) 전기설비 안전관리	① 전기설비가 전기안전 관련 법령에서 정하고 있는 기준에 적합한지를 확인하고, 충전부 절연상태와 방호설비 등에 관한 위험요소를 확인할 수 있어야 한다. ② 해당 사업장의 부하설비에 따른 예비전원설비의 용량, 부하율 등의 적정성을 확인하고, 예비전원설비 원격제어감시 시스템과 현장 작동여부상태를 확인할 수 있어야 한다. ③ 전기안전 관련 법령에 따라 송배전설비의 이격거리, 환경요소, 열화상태 등에 관한 위험요소를 확인할 수 있어야 한다.
	(2) 전기안전관리 특성 분석	전기설비의 폭발위험장소를 도서화하고 기기별 정격차단용량(kA)을 확인할 수 있어야 한다.
	(3) 전기안전 위험성 평가	① 전기재해예방을 위해 현장특성별 필요한 안전보호장구를 선정할 수 있어야 한다. ② 근로자의 작업안전을 확보하기 위하여 전기안전작업수칙 준수여부를 확인할 수 있어야 한다. ③ 접지시스템, 피뢰설비, 피뢰기 등의 적정성 여부를 확인할 수 있어야 한다. ④ 제전장치, 제전보호구 등 정전기 방지설비의 적합여부를 확인할 수 있어야 한다. ⑤ 작업장 내에서 근로자가 준수해야 할 안전작업수칙과 전기안전표지판이 용도에 적합한 장소에 비치되었는가 확인할 수 있어야 한다.
	(4) 전기안전관리 성과 분석	① 전기설비의 체크리스트와 기기별 일지 작성 등 안전보건경영시스템의 실행수준을 평가할 수 있어야 한다.

주요 항목	세부 항목	세세 항목
		② 법정검사와 점검결과에 따라 부적합 판정을 받은 전기설비의 보수 또는 교체가 필요한 대상에 대한 전기안전관리계획을 반영할 수 있어야 한다.
6. 화공안전관리	(1) 화학설비 안전관리	① 화학설비가 화공안전 관련 법령에서 정하고 있는 기준에 적합한지를 확인하고, 화학물질의 반응, 화학물질의 특성 등 화학물질의 MSDS상의 내용을 이해하고, 필요 시 MSDS상의 내용을 활용할 수 있다. ② 해당 사업장의 화학물질 취급설비에 따른 방호조치를 이해하고 화재, 폭발, 누출 등 위급 시 대처할 수 있다. ③ 화공안전 관련 법령에 따라 해당 사업장에 관련 법규를 적용하고 화공안전 관련 대외업무를 수행할 수 있다.
	(2) 화공안전관리 특성 분석	화학공정에 따라 설비, 장치 등에 대한 공정안전사항, 안전절차 및 화재, 폭발, 누출 등 비상시 방호조치 등을 확인할 수 있다.
	(3) 화공안전 위험성 평가	① 화재, 폭발, 누출 재해예방을 위해 현장 특성별 필요한 안전보호장구, 해당 설비의 방호장치를 선정할 수 있어야 한다. ② 근로자의 작업안전을 확보하기 위하여 화공안전작업수칙 준수 여부를 확인할 수 있어야 한다. ③ 파열판, 안전밸브, 통기설비 등의 적정성 여부를 확인할 수 있어야 한다. ④ 작업장 내에서 근로자가 준수해야 할 안전작업수칙과 화공 안전표지판이 용도에 적합한 장소에 비치되었는가를 확인할 수 있어야 한다.
	(4) 화공안전관리 성과 분석	① 화학설비의 위험성평가 및 점검 등을 통하여 안전보건경영 시스템의 실행수준을 평가하고 문제점에 대해서는 환류(feed-back)하여 해당 사업장에 안전보건경영 시스템 성과 평가를 적용할 수 있어야 한다. ② 법정검사와 점검결과에 따라 부적합 판정을 받은 화학설비의 보수 또는 교체가 필요한 대상에 대한 화공안전관리계획을 반영할 수 있어야 한다.
7. 건설안전관리	(1) 건설공사 특성분석 및 안전관리 확인 하기	① 설계도서에서 요구하는 특수성을 확인하여 안전관리계획 시 반영할 수 있다. ② 공사장 주변 작업환경이나 공법에 따라 안전관리에 적용해야 하는 특수성을 도출할 수 있다. ③ 설계도서를 검토하여 안전관리 성패에 중요한 항목을 도출할 수 있다. ④ 공사 전체적인 현황을 검토하여 안전관리업무의 주요 항목을 도출할 수 있다. ⑤ 기존의 시공사례나 재해사례 등을 활용하여 해당 현장에 맞는 안전자료를 도출할 수 있다.

주요 항목	세부 항목	세세 항목
	(2) 위험성평가 시스템 구축 및 평가 실시하기	① 위험성평가 시스템 구축을 위하여 현장소장, 관리감독자, 안전관리자, 보건관리자, 근로자 등이 포함된 위험성평가팀을 구성할 수 있다. ② 위험성평가를 위하여 유해위험방지계획서, 안전관리계획서, 점검결과서, 공정표 등의 자료를 준비할 수 있다. ③ 건설현장의 순회점검, 안전보건 체크리스트, 공정표 등을 활용하여 건설현장 유해·위험 요인을 확인할 수 있다. ④ 건설현장의 유해·위험 요인을 파악하기 위해 평가대상 공종을 단위작업별로 분류하고 단위작업별로 위험성평가를 실시할 수 있다.
	(3) 안전시설물 설치 및 유지관리하기	① 유해위험방지계획서, 공정표, 시방서를 검토하여 본 공사의 위험성에 따른 안전시설물 설치계획을 작성할 수 있다. ② 건설공사의 기획, 설계, 구매, 시공, 유지관리 등 모든 단계에서 건설안전 관련 자료를 수집하고, 세부공정에 맞게 위험 요인에 따른 안전시설물 설치계획을 수립할 수 있다. ③ 현장점검 시 발견된 위험성을 바탕으로 안전시설물을 설치하고 관리할 수 있다. ④ 산업안전보건법령에 기준하여 안전인증을 취득한 자재를 사용할 수 있다. ⑤ 공종별 표준안전작업지침에 의거 안전시설물 설치기준을 준수하여 설치할 수 있다. ⑥ 개인보호구를 유용하게 사용할 수 있는 필요한 시설물을 설치할 수 있다. ⑦ 기 설치된 시설물에 대해 법적 사용기준에 맞는지 정기적 점검을 통해 확인하고, 수시로 개선할 수 있다. ⑧ 측정장비를 이용하여 안전시설물의 안전성을 확인하고, 부적격 시 교체할 수 있다. ⑨ 공정의 진행에 대응하여 안전시설물을 변경하거나 추가 설치를 확인할 수 있다. ⑩ 설치계획에 따라 안전시설물을 설치하되, 계획에 없는 불안전상태가 발생 시 즉시 안전시설물을 보완할 수 있다
	(4) 안전점검계획 수립 및 점검하기	① 작업공종에 맞게 안전점검계획을 수립할 수 있다. ② 작업공종에 맞는 점검방법을 선정하여 안전점검계획을 수립할 수 있다. ③ 산업안전보건법령을 바탕으로 자체검사 기계·기구를 구분하여 안전점검계획에 적용할 수 있다. ④ 사용하는 기계·기구에 따라 안전장치와 관련된 지식을 활용하여 안전점검계획을 수립할 수 있다. ⑤ 안전점검계획에 따라 작성된 공종별 또는 공정별 점검표에 의해 점검할 수 있다.

주요 항목	세부 항목	세세 항목
		⑥ 측정장비를 사용하여 위험요인을 점검할 수 있다. ⑦ 점검주기와 강도를 고려하여 점검을 실시할 수 있다. ⑧ 점검표에 의하여 인적·물적 위험에 대한 구체적인 점검을 수행할 수 있다.
8. 보호장구 및 안전보건표지	(1) 보호구 선정 및 관리	① 산업안전보건법령에 기준한 검정대상 보호구 선정과 착용상태를 확인할 수 있다. ② 해당 작업보호구의 관리대상(관리부서 지정, 지급대상, 지급수량, 지급주기, 점검주기 등)을 정하고 그에 따라 적합하게 운영할 수 있다.
	(2) 안전보건표지 설치	안전보건표지 설치 시 산업안전보건법령에서 정한 적용기준을 준수할 수 있다.
9. 산업안전보건법	(1) 산업안전보건법령에 관한 사항	① 산업안전보건법, 시행령, 시행규칙의 세부내용을 알고 적용할 수 있어야 한다. ② 관련 기준·고시 및 지침의 세부내용을 알고 적용할 수 있어야 한다.
	(2) 산업안전에 관한 기준	산업안전보건기준에 관한 규칙 중에서 안전에 대한 내용을 알고 적용할 수 있어야 한다. ① 제1편 총칙 ② 제2편 안전기준

3. 산업안전산업기사 실기 출제기준

■실기 과목명 : 산업안전 실무　　　　　　■적용시점 : 2021. 1. 1. ~ 2023. 12. 31.

주요 항목	세부 항목	세세 항목
1. 안전관리	(1) 안전관리조직	① 안전보건관리조직의 목적과 종류를 이해하여야 한다. ② 안전보건관리조직의 장단점을 이해하고 활용할 수 있어야 한다. ③ 안전보건관리체계 및 직무를 이해하고 숙지하여야 한다. ④ 산업안전보건위원회의 구성과 역할을 이해하여야 한다.
	(2) 안전관리계획 수립 및 적용	① 안전보건관리규정을 이해·적용할 수 있어야 한다. ② 안전보건관리계획을 수립할 수 있어야 한다. ③ 주요 평가척도를 알고 적용할 수 있어야 한다. ④ 안전보건개선계획을 수립할 수 있어야 한다.
	(3) 산업재해 발생 및 재해 조사·분석	① 재해조사목적을 이해하여야 한다. ② 재해발생 시 조치사항을 알고, 재해조사방법을 이해하고 적용할 수 있어야 한다. ③ 재해발생 메커니즘을 알고 있어야 한다. ④ 산업재해 발생형태를 알고 분류할 수 있어야 한다. ⑤ 재해발생원인을 알고 적용할 수 있어야 한다.

주요 항목	세부 항목	세세 항목
		⑥ 상해의 종류를 이해 · 분류할 수 있어야 한다.
		⑦ 통계적 원인분석방법을 이해 · 적용할 수 있어야 한다.
		⑧ 재해예방의 4원칙을 이해 · 적용할 수 있어야 한다.
		⑨ 사고예방대책의 기본원리 5단계를 이해 · 적용할 수 있어야 한다.
		⑩ 재해 관련 통계의 정의를 숙지하고 계산할 수 있어야 한다.
		⑪ 재해비용을 숙지하고 계산할 수 있어야 한다.
		⑫ 재해사례연구 순서를 이해 · 적용할 수 있어야 한다.
	(4) 안전 점검 · 검사 · 인증 및 진단	① 안전점검의 정의 및 목적을 이해하고 적용할 수 있어야 한다.
		② 안전점검의 종류 및 기준을 이해하고 적용할 수 있어야 한다.
		③ 안전 검사 · 인증 · 진단 제도를 이해 · 적용할 수 있어야 한다.
2. 안전 교육 및 심리	(1) 안전교육	① 안전교육을 지도하고 전개할 수 있어야 한다.
		② 교육방법의 4단계를 이해 · 적용할 수 있어야 한다.
		③ 안전교육의 기본방향을 이해 · 적용할 수 있어야 한다.
		④ 안전교육의 단계를 이해 · 적용할 수 있어야 한다.
		⑤ 안전교육계획과 그 내용의 4단계를 이해 · 적용할 수 있어야 한다.
		⑥ O.J.T. 및 Off J.T.를 이해하고 실시할 수 있어야 한다.
		⑦ 학습목적의 3요소와 학습정도의 4단계를 이해 · 적용할 수 있어야 한다.
		⑧ 교육훈련평가의 4단계를 이해 · 적용할 수 있어야 한다.
		⑨ 산업안전보건법상의 교육의 종류와 교육시간 및 교육내용을 이해 · 적용할 수 있어야 한다.
	(2) 산업심리	① 착각현상을 이해 · 적용하여야 한다.
		② 주의력과 부주의에 대해 이해 · 적용하여야 한다.
		③ 안전사고와 사고심리에 대해 이해 · 적용하여야 한다.
		④ 재해빈발자의 유형에 대해 이해 · 적용하여야 한다.
		⑤ 노동과 피로에 대해 이해 · 적용하여야 한다.
		⑥ 직업적성과 인사관리에 대해 이해 · 적용하여야 한다.
		⑦ 동기부여에 관한 이론에 대해 이해 · 적용하여야 한다.
		⑧ 무재해운동과 위험예지훈련에 대해 이해 · 적용하여야 한다.
3. 인간공학 및 시스템 위험 분석	(1) 인간공학	① 인간-기계 체계를 이해할 수 있어야 한다.
		② 인간과 기계의 성능을 비교 · 분석할 수 있어야 한다.
		③ 인간기준을 이해 · 적용할 수 있어야 한다.
		④ 휴먼에러를 이해 · 분석할 수 있어야 한다.
		⑤ 신뢰도를 이해 · 분석할 수 있어야 한다.
		⑥ 고장률을 이해 · 분석할 수 있어야 한다.
		⑦ Fool proof 및 Fail safe를 이해할 수 있어야 한다.
		⑧ 인간에 대한 감시방법을 이해 · 적용할 수 있어야 한다.
		⑨ 인체계측을 이해하고, 수행할 수 있다.
		⑩ 작업공간을 이해 · 분석할 수 있어야 한다.

주요 항목	세부 항목	세세 항목
		⑪ 작업대 및 의자 설계원칙을 이해·적용할 수 있어야 한다.
		⑫ 작업표준을 이해·적용할 수 있어야 한다.
		⑬ 작업위험을 분석할 수 있어야 한다.
		⑭ 동작경제의 3원칙을 이해·적용할 수 있어야 한다.
		⑮ 부품배치의 원칙을 이해·적용할 수 있어야 한다.
		⑯ 통제표시비를 이해·적용할 수 있어야 한다.
		⑰ 통제장치의 유형을 이해·적용할 수 있어야 한다.
		⑱ 표시장치를 이해할 수 있어야 한다.
		⑲ 실효온도를 이해·분석할 수 있어야 한다.
		⑳ 작업별 조명 및 조도 기준을 이해·분석할 수 있어야 한다.
		㉑ 소음대책을 이해·적용할 수 있어야 한다.
	(2) 시스템 안전 개요	① 시스템 안전 개요를 이해하고 적용할 수 있어야 한다.
		② 안전성평가를 이해하고, 수행할 수 있어야 한다.
4. 기계안전관리	(1) 기계안전 장치·시설 관리	① 산업안전보건법령에 기준한 작업상황에 맞는 검정대상 보호구를 선정할 수 있고, 올바른 착용법 및 보관·유지를 이해할 수 있어야 한다.
		② 안전시설물 및 안전보건표지가 산업안전보건법령에서 정하고 있는 기준에 적합한지를 확인하고, 설치기준을 준수하여 설치할 수 있어야 한다.
		③ 안전시설물 설치방법과 종류에 의한 장단점을 이해할 수 있고, 공정 진행에 의한 안전시설물의 설치·해체·변경 계획을 작성할 수 있어야 한다.
	(2) 기계공정 특성분석	① 기계설비의 위험요인(위험점)과 기계설비의 본질적 안전화 및 안전조건을 이해할 수 있어야 한다.
		② 유해위험기계·기구(프레스기, 롤러기, 연삭기, 보일러 및 압력용기, 아세틸렌 용접장치 및 가스집합 용접장치, 양중기, 둥근톱기계, 산업용 로봇 등)의 작동원리, 방호장치, 설치방법 및 재해유형 등에 대하여 이해할 수 있어야 한다.
	(3) 기계설비 위험성 평가	① 기계설비 재해예방을 위해 현장 특성별 필요한 안전보호장구를 선정할 수 있어야 한다.
		② 근로자의 작업안전을 확보하기 위하여 기계설비 안전작업수칙 준수여부를 확인할 수 있어야 한다.
		③ 산업안전보건법령에 따라 유해위험방지계획서를 작성할 수 있어야 한다.
	(4) 기계안전관리 성과 분석	① 기계안전관리 성과를 측정할 수 있는 평가항목, 평가기준, 평가방법(정성적·정량적)을 수립할 수 있어야 한다.
		② 효과적으로 안전사고를 예방할 수 있는 안전관리기술과 프로그램을 이해할 수 있어야 한다.
		③ 기계안전관리 시스템의 지속적인 개선을 위한 조직, 계획, 실행, 평가와 개선조치를 이해할 수 있어야 한다.

주요 항목	세부 항목	세세 항목
5. 전기안전관리	(1) 전기설비 안전관리	① 전기설비가 전기안전 관련 법령에서 정하고 있는 기준에 적합한지를 확인하고, 충전부 절연상태와 방호설비 등에 관한 위험요소를 확인할 수 있어야 한다. ② 해당 사업장의 부하설비에 따른 예비전원설비의 용량, 부하율 등의 적정성을 확인하고, 예비전원설비 원격제어감시 시스템과 현장 작동여부상태를 확인할 수 있어야 한다. ③ 전기안전 관련 법령에 따라 송배전설비의 이격거리, 환경요소, 열화상태 등에 관한 위험요소를 확인할 수 있어야 한다.
	(2) 전기안전관리 특성 분석	전기설비의 폭발위험장소를 도서화하고 기기별 정격차단용량(kA)을 확인할 수 있어야 한다.
	(3) 전기안전 위험성 평가	① 전기재해예방을 위해 현장특성별 필요한 안전보호장구를 선정할 수 있어야 한다. ② 근로자의 작업안전을 확보하기 위하여 전기안전작업수칙 준수여부를 확인할 수 있어야 한다. ③ 접지시스템, 피뢰설비, 피뢰기 등의 적정성 여부를 확인할 수 있어야 한다. ④ 제전장치, 제전보호구 등 정전기 방지설비의 적합여부를 확인할 수 있어야 한다. ⑤ 작업장 내에서 근로자가 준수해야 할 안전작업수칙과 전기안전표지판이 용도에 적합한 장소에 비치되었는가 확인할 수 있어야 한다.
	(4) 전기안전관리 성과 분석	① 전기설비의 체크리스트와 기기별 일지 작성 등 안전보건경영 시스템의 실행수준을 평가할 수 있어야 한다. ② 법정검사와 점검결과에 따라 부적합 판정을 받은 전기설비의 보수 또는 교체가 필요한 대상에 대한 전기안전관리계획을 반영할 수 있어야 한다.
6. 화공안전관리	(1) 화학설비 안전관리	① 화학설비가 화공안전 관련 법령에서 정하고 있는 기준에 적합한지를 확인하고, 화학물질의 반응, 화학물질의 특성 등 화학물질의 MSDS상의 내용을 이해하고, 필요 시 MSDS상의 내용을 활용할 수 있다. ② 해당 사업장의 화학물질 취급설비에 따른 방호조치를 이해하고 화재, 폭발, 누출 등 위급 시 대처할 수 있다. ③ 화공안전 관련 법령에 따라 해당 사업장에 관련 법규를 적용하고 화공안전 관련 대외업무를 수행할 수 있다.
	(2) 화공안전관리 특성 분석	화학공정에 따라 설비, 장치 등에 대한 공정안전사항, 안전절차 및 화재, 폭발, 누출 등 비상시 방호조치 등을 확인할 수 있다.
	(3) 화공안전 위험성 평가	① 화재, 폭발, 누출 재해예방을 위해 현장 특성별 필요한 안전보호장구, 해당 설비의 방호장치를 선정할 수 있어야 한다.

주요 항목	세부 항목	세세 항목
		② 근로자의 작업안전을 확보하기 위하여 화공안전작업수칙 준수여부를 확인할 수 있어야 한다.
		③ 파열판, 안전밸브, 통기설비 등의 적정성 여부를 확인할 수 있어야 한다.
		④ 작업장 내에서 근로자가 준수해야 할 안전작업수칙과 화공안전표지판이 용도에 적합한 장소에 비치되었는가를 확인할 수 있어야 한다.
	(4) 화공안전관리 성과 분석	① 화학설비의 위험성평가 및 점검 등을 통하여 안전보건경영 시스템의 실행수준을 평가하고 문제점에 대해서는 환류(feed-back)하여 해당 사업장에 안전보건경영 시스템 성과 평가를 적용할 수 있어야 한다.
		② 법정검사와 점검결과에 따라 부적합 판정을 받은 화학설비의 보수 또는 교체가 필요한 대상에 대한 화공안전관리계획을 반영할 수 있어야 한다.
7. 건설안전관리	(1) 건설공사 특성분석 및 안전관리 확인 하기	① 설계도서에서 요구하는 특수성을 확인하여 안전관리계획 시 반영할 수 있다.
		② 공사장 주변 작업환경이나 공법에 따라 안전관리에 적용해야 하는 특수성을 도출할 수 있다.
		③ 설계도서를 검토하여 안전관리 성패에 중요한 항목을 도출할 수 있다.
		④ 공사 전체적인 현황을 검토하여 안전관리업무의 주요 항목을 도출할 수 있다.
		⑤ 기존의 시공사례나 재해사례 등을 활용하여 해당 현장에 맞는 안전자료를 도출할 수 있다.
	(2) 위험성평가 시스템 구축 및 평가 실시 하기	① 위험성평가 시스템 구축을 위하여 현장소장, 관리감독자, 안전관리자, 보건관리자, 근로자 등이 포함된 위험성평가팀을 구성할 수 있다.
		② 위험성평가를 위하여 유해위험방지계획서, 안전관리계획서, 점검결과서, 공정표 등의 자료를 준비할 수 있다.
		③ 건설현장의 순회점검, 안전보건 체크리스트, 공정표 등을 활용하여 긴설현장 유해·위험 요인을 확인할 수 있다.
		④ 건설현장의 유해·위험 요인을 파악하기 위해 평가대상 공종을 단위작업별로 분류하고 단위작업별로 위험성평가를 실시할 수 있다.
	(3) 안전시설물 설치 및 유지관리하기	① 유해위험방지계획서, 공정표, 시방서를 검토하여 본 공사의 위험성에 따른 안전시설물 설치계획을 작성할 수 있다.
		② 건설공사의 기획, 설계, 구매, 시공, 유지관리 등 모든 단계에서 건설안전 관련 자료를 수집하고, 세부공정에 맞게 위험 요인에 따른 안전시설물 설치계획을 수립할 수 있다.

주요 항목	세부 항목	세세 항목
		③ 현장점검 시 발견된 위험성을 바탕으로 안전시설물을 설치하고 관리할 수 있다.
		④ 산업안전보건법령에 기준하여 안전인증을 취득한 자재를 사용할 수 있다.
		⑤ 공종별 표준안전작업지침에 의거 안전시설물 설치기준을 준수하여 설치할 수 있다.
		⑥ 개인보호구를 유용하게 사용할 수 있는 필요한 시설물을 설치할 수 있다.
		⑦ 기 설치된 시설물에 대해 법적 사용기준에 맞는지 정기적 점검을 통해 확인하고, 수시로 개선할 수 있다.
		⑧ 측정장비를 이용하여 안전시설물의 안전성을 확인하고, 부적격 시 교체할 수 있다.
		⑨ 공정의 진행에 대응하여 안전시설물을 변경하거나 추가 설치를 확인할 수 있다.
		⑩ 설치계획에 따라 안전시설물을 설치하되, 계획에 없는 불안전상태가 발생 시 즉시 안전시설물을 보완할 수 있다.
	(4) 안전점검계획 수립 및 점검하기	① 작업공종에 맞게 안전점검계획을 수립할 수 있다.
		② 작업공종에 맞는 점검방법을 선정하여 안전점검계획을 수립할 수 있다.
		③ 산업안전보건법령을 바탕으로 자체검사 기계·기구를 구분하여 안전점검계획에 적용할 수 있다.
		④ 사용하는 기계·기구에 따라 안전장치와 관련된 지식을 활용하여 안전점검계획을 수립할 수 있다.
		⑤ 안전점검계획에 따라 작성된 공종별 또는 공정별 점검표에 의해 점검할 수 있다.
		⑥ 측정장비를 사용하여 위험요인을 점검할 수 있다.
		⑦ 점검주기와 강도를 고려하여 점검을 실시할 수 있다.
		⑧ 점검표에 의하여 인적·물적 위험에 대한 구체적인 점검을 수행할 수 있다.
8. 보호장구 및 안전 보건표지	(1) 보호구 선정 및 관리	① 산업안전보건법령에 기준한 검정대상 보호구 선정과 착용상태를 확인할 수 있다.
		② 해당 작업보호구의 관리대상(관리부서 지정, 지급대상, 지급수량, 지급주기, 점검주기 등)을 정하고 그에 따라 적합하게 운영할 수 있다.
	(2) 안전보건표지 설치	안전보건표지 설치 시 산업안전보건법령에서 정한 적용기준을 준수할 수 있다.
9. 산업안전보건법	산업안전보건법령	① 산업안전보건법의 세부내용을 알고 있어야 한다.
		② 산업안전보건법 시행령의 세부내용을 알고 있어야 한다.
		③ 산업안전보건법 시행규칙의 세부내용을 알고 있어야 한다.
		④ 관련 기준·고시 및 지침의 세부내용을 알고 있어야 한다.

차 례

Part 04   기계 안전

Part 05   전기 안전

Part 06   화공 안전

Part 07   건설 안전

차 례

산업안전 기사 · 산업기사 실기

Part 1

안전 관리

Chapter 01

안전 관리 조직

1.1 안전 조직의 유형

| 표 1-1 | 안전 조직

조 직	특 성	장 점	단 점
line형(직계형) ○ 사업주 ○ 관리 책임자 ○ 감독자 ○ 근로자 → 생산 지시 ---→ 안전 지시	• 100명 이하의 소규모 작업장에 적합하다. • 안전에 대한 책임이 생산 라인에 주어지므로 안전에 대한 전문 부서가 없어 조직적이고 전문적인 대책을 강구할 수 없다.	안전에 대한 업무가 라인을 통하여 시행되기 때문에 안전에 대한 지시나 명령이 신속 정확하게 하달될 수 있다.	각 라인의 관리 감독자가 안전에 대한 전문 지식이 없기 때문에 사업장에 유효 적절한 안전 대책을 강구할 수 없다.
staff형(참모형)	• 1,000명 미만의 사업장에 적합한 조직 유형으로 안전 업무를 담당하는 staff를 두고 안전에 관한 계획, 조사, 보고 등을 행하도록 한다. • staff는 생산 라인의 업무를 행하는 것이 아니라 안전 계획 작성, 보고 등을 관장한다.	사업장의 특수성에 적절한 안전 시책을 강구할 수 있으며 안전에 관한 전문 지식 및 기술의 축적이 용이하다.	• 생산과 안전에 관한 명령이 두 가지의 계통을 통해 하달되므로 안전에 관한 계획 및 명령이 신속, 정확하지 않다. • 안전과 생산을 별개로 취급하기 쉽다. • 생산 부문은 안전에 대한 책임과 권한이 없다.
line-staff형 (직계 참모형)	• 1,000명 이상의 사업장에 적합하다. • 안전에 관한 각종 계획의 수립은 staff에서 행한다. • 수립된 각종 계획은 라인에서 실시한다.	전 종업원을 안전 요원화할 수 있는 이상적인 조직이다.	

1.2 법상 안전 보건 조직 체계

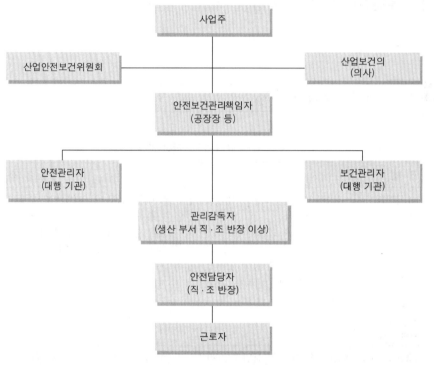

|그림 1-1| 법상 안전 보건 조직 체계

1.3 법상 안전 조직의 업무

(1) 안전관리자의 업무

① 산업안전보건위원회 또는 안전 및 보건에 관한 노사협의체에서 심의 · 의결한 업무와 해당 사업장의 안전보건관리규정 및 취업규칙에서 정한 업무
② 위험성평가에 대한 보좌 및 지도 · 조언
③ 안전인증대상 기계 등과 자율안전확인대상 기계 등 구입 시 적격품의 선정에 관한 보좌 및 지도 · 조언
④ 해당 사업장 안전교육계획의 수립 및 안전교육 실시에 관한 보좌 및 지도 · 조언
⑤ 사업장 순회점검, 지도 및 조치 건의
⑥ 산업재해 발생의 원인 조사 · 분석 및 재발 방지를 위한 기술적 보좌 및 지도 · 조언
⑦ 산업재해에 관한 통계의 유지 · 관리 · 분석을 위한 보좌 및 지도 · 조언

⑧ 법 또는 법에 따른 명령으로 정한 안전에 관한 사항의 이행에 관한 보좌 및 지도·조언

⑨ 업무 수행 내용의 기록·유지

⑩ 그 밖에 안전에 관한 사항으로서 고용노동부장관이 정하는 사항

 **안전관리자의 선임**

상시근로자 300명 이상을 사용하는 사업장(건설업의 경우 공사금액이 120억원, 토목공사의 경우 150억원 이상인 사업장)에서는 안전관리자에게 그 업무만을 전담하도록 하여야 한다.

(2) 안전관리자를 두어야 할 사업

사업의 종류	규 모	안전관리자의 수	안전관리자의 선임 방법
① 토사석 광업 ② 식료품 제조업, 음료 제조업 ③ 섬유 제품 제조업 ; 의복 제외 ④ 목재 및 나무 제품 제조 ; 가구 제외 ⑤ 펄프, 종이 및 종이 제품 제조업 ⑥ 코크스, 연탄 및 석유 정제품 제조업 ⑦ 화학 물질 및 화학 제품 제조업 ; 의약품 제외 ⑧ 의료용 물질 및 의약품 제조업 ⑨ 고무 및 플라스틱 제품 제조업 ⑩ 비금속 광물 제품 제조업 ⑪ 1차 금속 제조업 ⑫ 금속 가공 제품 제조업 ; 기계 및 가구 제외 ⑬ 전자 부품, 컴퓨터, 영상, 음향 및 통신 장비 제조업 ⑭ 의료, 정밀, 광학기기 및 시계 제조업 ⑮ 전기장비 제조업 ⑯ 기타 기계 및 장비 제조업 ⑰ 자동차 및 트레일러 제조업 ⑱ 기타 운송 장비 제조업 ⑲ 가구 제조업 ⑳ 기타 제품 제조업 ㉑ 산업용 기계 및 장비 수리업 ㉒ 서적, 잡지 및 기타 인쇄물 출판업 ㉓ 폐기물 수집, 운반, 처리 및 원료 재생업 ㉔ 환경 정화 및 복원업 ㉕ 자동차 종합 수리업, 자동차 전문 수리업 ㉖ 발전업 ㉗ 운수 및 창고업	상시 근로자 50명 이상 500명 미만	1명 이상	[별표 4] 각 호의 어느 하나에 해당하는 사람(같은 표 제3호·제7호 및 제9호부터 제12호까지에 해당하는 사람은 제외)을 선임하여야 한다.
	상시 근로자 500명 이상	2명 이상	[별표 4] 각 호의 어느 하나에 해당하는 사람(같은 표 제9호부터 제12호까지에 해당하는 사람은 제외)을 선임하되, 같은 표 제1호·제2호(「국가기술자격법」에 따른 산업안전산업기사의 자격을 취득한 사람은 제외) 또는 제4호에 해당하는 사람 1명 이상이 포함되어야 한다.

사업의 종류	규 모	안전관리자의 수	안전관리자의 선임 방법
㉘ 농업, 임업 및 어업 ㉙ ②부터 ㉑까지의 사업을 제외한 제조업 ㉚ 전기, 가스, 증기 및 공기조절공급업 ; 발전업 제외 ㉛ 수도, 하수 및 폐기물 처리, 원료 재생업 ; ㉓ 및 ㉔에 해당하는 사업은 제외 ㉜ 도매 및 소매업 ㉝ 숙박 및 음식점업 ㉞ 영상 · 오디오 기록물 제작 및 배급업 ㉟ 방송업 ㊱ 우편 및 통신업 ㊲ 부동산업 ㊳ 임대업 ; 부동산 제외 ㊴ 연구개발업 ㊵ 사진처리업 ㊶ 사업시설 관리 및 조경 서비스업 ㊷ 청소년 수련시설 운영업 ㊸ 보건업 ㊹ 예술, 스포츠 및 여가 관련 서비스업 ㊺ 개인 및 소비용품수리업(㉕에 해당하는 사업은 제외) ㊻ 기타 개인 서비스업 ㊼ 공공행정(청소, 시설관리, 조리 등 현업업무에 종사하는 사람으로서 고용노동부장관이 정하여 고시하는 사람으로 한정한다) ㊽ 교육서비스업 중 초등 · 중등 · 고등 교육기관, 특수학교 · 외국인학교 및 대안학교(청소, 시설관리, 조리 등 현업업무에 종사하는 사람으로서 고용노동부장관이 정하여 고시하는 사람으로 한정한다)	상시 근로자 50명 이상 1,000명 미만. 다만, ㊲의 부동산업 및 임대업(부동산 관리업은 제외)과 제㊵의 사진처리업의 경우에는 상시 근로자 100명 이상 1,000명 미만으로 한다.	1명 이상	[별표 4] 각 호의 어느 하나에 해당하는 사람(같은 표 제3호 · 제9호부터 제12호까지에 해당하는 사람은 제외한다. 다만, 제23호 및 제30호부터 제46호까지의 사업의 경우 [별표 4] 제3호에 해당하는 사람에 대해서는 그렇지 않다)을 선임해야 한다.
	상시 근로자 1,000명 이상	2명 이상	[별표 4] 각 호의 어느 하나에 해당하는 사람(같은 표 제7호 · 제11호 및 제12호에 해당하는 사람은 제외한다)을 선임하되, 같은 표 제1호 · 제2호 · 제4호 또는 제5호에 해당하는 사람이 1명 이상 포함되어야 한다.
㊾ 건설업	공사금액 50억원 이상(관계수급인은 100억원 이상) 120억원 미만(「건설산업기본법 시행령」 [별표 1] 제1호가목의 토목공사업의 경우에는 150억원 미만)	1명 이상	[별표 4] 제1호부터 제7호까지 및 제10호부터 제12호까지의 어느 하나에 해당하는 사람을 선임해야 한다.

사업의 종류	규 모	안전관리자의 수	안전관리자의 선임 방법
	공사금액 120억원 이상 (「건설산업기본법 시행령」 [별표 1] 제1호가목의 토목공사업의 경우에는 150억원 이상) 800억원 미만	1명 이상	[별표 4] 제1호부터 제7호까지 및 제10호의 어느 하나에 해당하는 사람을 선임하여야 한다.
	공사금액 800억원 이상 1,500억원 미만	2명 이상. 다만, 전체 공사기간을 100으로 할 때 공사 시작에서 15에 해당하는 기간과 공사 종료 전의 15에 해당하는 기간(이하 "전체 공사기간 중 전·후 15에 해당하는 기간"이라 한다) 동안은 1명 이상으로 한다.	[별표 4] 제1호부터 제7호까지 및 제10호의 허느 하나에 해당하는 사람을 선임하되, 같은 표 제1호부터 제3호까지의 어느 하나에 해당하는 사람이 1명 이상 포함되어야 한다.
	공사금액 1,500억원 이상 2,200억원 미만	3명 이상. 다만, 전체 공사기간 중 전·후 15에 해당하는 기간은 2명 이상으로 한다.	[별표 4] 제1호부터 제7호까지 및 제12호에 해당하는 사람을 선임하되, 같은 표 제12호에 해당하는 사람은 1명만 포함될 수 있고, 같은 표 제1호 또는 건설안전기술사(건설안전기사 또는 산업안전기사 취득 후 7년 이상, 건설안전산업기사 또는 산업안전산업기사를 취득한 후 10년 이상 건설안전업무를 수행한 사람 포함) 자격을 취득한 사람(이하 "산업안전지도사 등"이라 한다)이 1명 이상 포함되어야 한다.
	공사금액 2,200억원 이상 3천억원 미만	4명 이상. 다만, 전체 공사기간 중 전·후 15에 해당하는 기간은 2명 이상으로 한다.	
	공사금액 3천억원 이상 3,900억원 미만	5명 이상. 다만, 전체 공사기간 중 전·후 15에 해당하는 기간은 3명 이상으로 한다.	[별표 4] 제1호부터 제7호까지 및 제12호에 해당하는 사람을 선임하되, 같은 표 제12호에 해당하는 사람이 1명만 포함될 수 있고, 산업안전지도사 등이 2명 이상 포함되어야 한다. 다만, 전체 공사기간 중 전·후 15에 해당하는 기간에는 산업안전지도사 등이 1명 이상 포함되어야 한다.
	공사금액 3,900억원 이상 4,900억원 미만	6명 이상. 다만, 전체 공사기간 중 전·후 15에 해당하는 기간은 3명 이상으로 한다.	

사업의 종류	규 모	안전관리자의 수	안전관리자의 선임 방법
	공사금액 4,900억원 이상 6천억원 미만	7명 이상. 다만, 전체 공사기간 중 전·후 15에 해당하는 기간은 4명 이상으로 한다.	[별표 4] 제1호부터 제7호까지의 어느 하나에 해당하는 사람을 선임하되, 산업안전지도사 등이 2명 이상 포함되어야 한다. 다만, 전체 공사기간 중 전·후 15에 해당하는 기간에는 산업안전지도사 등이 2명 이상 포함되어야 한다.
	공사금액 6천억원 이상 7,200억원 미만	8명 이상. 다만, 전체 공사기간 중 전·후 15에 해당하는 기간은 4명 이상으로 한다.	
	공사금액 7,200억원 이상 8,500억원 미만	9명 이상. 다만, 전체 공사기간 중 전·후 15에 해당하는 기간은 5명 이상으로 한다.	[별표 4] 제1호부터 제7호까지 및 제12호의 어느 하나에 해당하는 사람을 선임하되, 같은 표 제12호에 해당하는 사람은 2명까지만 포함될 수 있고, 산업안전지도사등이 3명 이상 포함되어야 한다. 다만, 전체 공사기간 중 전·후 15에 해당하는 기간에는 산업안전지도사 등이 3명 이상 포함되어야 한다.
	공사금액 8,500억원 이상 1조원 미만	10명 이상. 다만, 전체 공사기간 중 전·후 15에 해당하는 기간은 5명 이상으로 한다.	
	1조원 이상	11명 이상[매 2천억원(2조원 이상부터는 매 3천억원)마다 1명씩 추가한다. 다만, 전체 공사기간 중 전·후 15에 해당하는 기간은 선임 대상 안전관리자 수의 2분의 1(소수점 이하는 올림한다) 이상으로 한다.	

[비고]
1. 철거공사가 포함된 건설공사의 경우 철거공사만 이루어지는 기간은 전체 공사기간에는 산입되나 전체 공사기간 중 전·후 15에 해당하는 기간에는 산입되지 않는다. 이 경우 전체 공사기간 중 전·후 15에 해당하는 기간은 철거공사만 이루어지는 기간을 제외한 공사기간을 기준으로 산정한다.
2. 철거공사만 이루어지는 기간에는 공사금액별로 선임해야 하는 최소 안전관리자 수 이상으로 안전관리자를 선임해야 한다.

(3) 안전관리자의 증원, 교체 임명

① 해당 사업장의 연간 재해율이 같은 업종의 평균 재해율의 2배 이상인 경우
② 중대 재해가 연간 2건 이상 발생한 경우
③ 관리자가 질병이나 그 밖에 기타의 사유로 3개월 이상 직무를 수행할 수 없게 된 경우
④ 화학적 인자로 인한 직업성 질병자가 연간 3명 이상 발생한 경우

(4) 보건관리자를 두어야 할 사업장

① 광업(광업 지원 서비스업 제외)

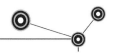

② 섬유제품 염색, 정리 및 마무리 가공업

③ 모피제품 제조업, 모피 및 가죽 제조업(원피가공 및 가죽 제조업은 제외)

④ 그 외 기타 의복액세서리 제조업(모피 액세서리에 한정)

⑤ 신발 및 신발 부분품 제조업

⑥ 코크스, 연탄 및 석유정제품 제조업

⑦ 화학물질 및 화학제품 제조업(의약품 제외)

⑧ 의료용 물질 및 의약품 제조업

⑨ 고무제품 및 플라스틱제품 제조업

⑩ 비금속 광물제품 제조업

⑪ 1차 금속 제조업

⑫ 금속 가공 제품 제조업(기계 및 가구 제외)

⑬ 기타 기계 및 장비 제조업

⑭ 전자부품, 컴퓨터, 영상, 음향 및 통신장비 제조업

⑮ 전기장비 제조업

⑯ 자동차 및 트레일러 제조업, 기타 운송 장비 제조업

⑰ 가구 제조업

⑱ 해체, 선별 및 원료 재생업

⑲ 자동차 종합 수리업, 자동차 전문 수리업

⑳ 이 영 제88조 각 호의 어느 하나에 해당하는 유해물질을 사용하는 사업 중 고용노동부장관이 특히 보건관리를 할 필요가 있다고 인정하여 고시하는 사업

㉑ 제조업(②부터 ⑳까지의 사업은 제외)

㉒ 그 외 이 영 [별표 5]에 해당하는 사업

(5) 보건관리자의 업무

① 산업안전보건위원회 또는 노사협의체에서 심의·의결한 직무와 안전보건관리규정 및 취업규칙에서 정한 직무

② 위험성평가에 관한 보좌 및 지도·조언

③ 안전인증대상 기계 등과 자율안전확인대상 기계 등 중 보건에 관련되는 보호구 구입 시 적격품 선정에 관한 보좌 및 지도·조언

④ 물질안전보건자료의 게시 또는 비치에 관한 보좌 및 지도·조언

⑤ 산업보건의의 직무

⑥ 해당 사업장 보건교육계획의 수립 및 보건교육 실시에 관한 보좌 및 지도·조언

⑦ 해당 사업장의 근로자를 보호하기 위한 다음의 조치에 해당하는 의료행위

　　㉠ 자주 발생하는 가벼운 부상에 대한 치료

　　㉡ 응급처치가 필요한 사람에 대한 처치

　　㉢ 부상·질병의 악화를 방지하기 위한 처치

ㄹ 건강진단 결과 발견된 질병자의 요양 지도 및 관리

ㅁ ㄱ부터 ㄹ까지의 의료행위에 따르는 의약품의 투여

⑧ 작업장 내에서 사용되는 전체 환기장치 및 국소 배기장치 등에 관한 설비의 점검과 작업 방법의 공학적 개선에 관한 보좌 및 지도 · 조언

⑨ 사업장 순회점검, 지도 및 조치 건의

⑩ 산업재해 발생의 원인 조사 · 분석 및 재발 방지를 위한 기술적 보좌 및 지도 · 조언

⑪ 산업재해에 관한 통계의 유지 · 관리 · 분석을 위한 보좌 및 지도 · 조언

⑫ 법 또는 법에 따른 명령으로 정한 보건에 관한 사항의 이행에 관한 보좌 및 지도 · 조언

⑬ 업무 수행 내용의 기록 · 유지

⑭ 그 밖에 보건과 관련된 작업 관리 및 작업환경 관리에 관한 사항

(6) 안전보건총괄책임자 지정 대상 사업

관계수급인에게 고용된 근로자를 포함한 상시 근로자가 100명(선박 및 보트 건조업, 1차 금속 제조업 및 토사석 광업의 경우 50명) 이상인 사업이나 관계수급인의 공사금액을 포함한 해당 공사의 총 공사금액이 20억원 이상인 건설업

(7) 안전보건총괄책임자의 직무 수행

① 위험성평가의 실시에 관한 사항

② 작업의 중지

③ 도급 시의 산업재해 예방 조치

④ 산업안전보건관리비의 관계수급인 간의 사용에 관한 협의 · 조정 및 그 집행의 감독

⑤ 안전인증대상 기계 등과 자율안전확인대상 기계 등의 사용 여부 확인

(8) 안전보건관리책임자

1) 안전보건관리책임자의 직무

① 사업장의 산업재해 예방 계획의 수립에 관한 사항

② 안전보건관리규정의 작성 및 변경에 관한 사항

③ 안전보건교육에 관한 사항

④ 작업환경 측정 등 작업환경의 점검 및 개선에 관한 사항

⑤ 근로자의 건강진단 등 건강관리에 관한 사항

⑥ 산업재해의 원인 조사 및 재발 방지대책 수립에 관한 사항

⑦ 산업재해에 관한 통계의 기록 및 유지에 관한 사항

⑧ 안전장치 및 보호구 구입 시 적격품 여부 확인에 관한 사항

⑨ 그 밖에 근로자의 유해 · 위험 방지조치에 관한 사항으로서 고용노동부령으로 정하는 사항

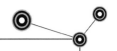

2) 안전보건관리책임자를 두어야 하는 사업의 종류 및 사업장의 상시근로자 수

사업의 종류	사업장의 상시근로자 수
① 토사석 광업 ② 식료품 제조업, 음료 제조업 ③ 목재 및 나무제품 제조업; 가구 제외 ④ 펄프, 종이 및 종이제품 제조업 ⑤ 코크스, 연탄 및 석유정제품 제조업 ⑥ 화학물질 및 화학제품 제조업; 의약품 제외 ⑦ 의료용 물질 및 의약품 제조업 ⑧ 고무 및 플라스틱제품 제조업 ⑨ 비금속 광물제품 제조업 ⑩ 1차 금속 제조업 ⑪ 금속가공제품 제조업; 기계 및 가구 제외 ⑫ 전자부품, 컴퓨터, 영상, 음향 및 통신장비 제조업 ⑬ 의료, 정밀, 광학기기 및 시계 제조업 ⑭ 전기장비 제조업 ⑮ 기타 기계 및 장비 제조업 ⑯ 자동차 및 트레일러 제조업 ⑰ 기타 운송장비 제조업 ⑱ 가구 제조업 ⑲ 기타 제품 제조업 ⑳ 서적, 잡지 및 기타 인쇄물 출판업 ㉑ 해체, 선별 및 원료 재생업 ㉒ 자동차 종합 수리업, 자동차 전문 수리업	상시근로자 50명 이상
㉓ 농업 ㉔ 어업 ㉕ 소프트웨어 개발 및 공급업 ㉖ 컴퓨터 프로그래밍, 시스템 통합 및 관리업 ㉗ 정보서비스업 ㉘ 금융 및 보험업 ㉙ 임대업; 부동산 제외 ㉚ 전문, 과학 및 기술 서비스업(연구개발업은 제외한다) ㉛ 사업지원 서비스업 ㉜ 사회복지 서비스업	상시근로자 300명 이상
㉝ 건설업	공사금액 20억원 이상
㉞ ①부터 ㉝까지의 사업을 제외한 사업	상시근로자 100명 이상

(9) 관리감독자의 업무 내용

① 사업장 내 관리감독자가 지휘·감독하는 작업과 관련되는 기계, 기구 또는 설비의 안전, 보건 점검 및 이상 유무의 확인
② 관리감독자에게 소속된 근로자의 작업복, 보호구 및 방호장치의 점검과 그 착용, 사용에 관한 교육·지도
③ 해당 작업에서 발생한 산업재해에 관한 보고 및 이에 대한 응급조치
④ 해당 작업의 작업장 정리·정돈 및 통로 확보의 확인·감독
⑤ 사업장의 다음에 해당하는 사람의 지도·조언에 대한 협조
　㉠ 안전관리자 또는 안전관리자의 업무를 같은 항에 따른 안전관리전문기관에 위탁한 사업장의 경우에는 그 안전관리전문기관의 해당 사업장 담당자
　㉡ 보건관리자 또는 보건관리자의 업무를 같은 항에 따른 보건관리자전문기관에 위탁한 사업장의 경우에는 그 보건관리전문기관의 해당 사업장 담당자
　㉢ 안전보건관리담당자 또는 안전보건관리담당자의 업무를 안전관리전문기관 또는 보건관리전문기관에 위탁한 사업장의 경우에는 그 안전관리전문기관 또는 보건관리전문기관의 해당 사업장 담당자
　㉣ 산업보건의
⑥ 위험성평가에 관한 다음 업무
　㉠ 유해·위험요인의 파악에 대한 참여
　㉡ 개선 조치의 시행에 대한 참여
⑦ 그 밖에 해당 작업의 안전 및 보건에 관한 사항으로서 고용노동부령으로 정하는 사항

(10) 안전보건관리담당자의 선임

다음의 어느 하나에 해당하는 사업의 사업주는 상시 근로자 20명 이상 50명 미만인 사업장에 안전보건관리담당자를 1명 이상 선임해야 한다.
① 제조업
② 임업
③ 하수·폐수 및 분뇨처리업
④ 폐기물 수집, 운반 및 원재료 재생업
⑤ 환경정화 및 복원업

(11) 안전보건관리담당자의 업무

안전보건관리담당자의 업무는 다음과 같다.
① 안전보건교육 실시에 관한 보좌 및 지도·조언
② 위험성평가에 관한 보좌 및 지도·조언
③ 작업환경 측정 및 개선에 관한 보좌 및 지도·조언
④ 각종 건강진단에 관한 보좌 및 지도·조언
⑤ 산업재해 발생의 원인 조사, 산업재해 통계의 기록 및 유지를 위한 보좌 및 지도·조언
⑥ 산업 안전·보건과 관련된 안전장치 및 보호구 구입 시 적격품 선정에 관한 보좌 및 지도·조언

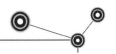

1.4 산업안전보건위원회

(1) 산업안전보건위원회 설치 대상 사업장

사업의 종류	규 모
① 토사석 광업 ② 목재 및 나무제품 제조업 ; 가구 제외 ③ 화학 물질 및 화학 제품 제조업 ; 의약품 제외(세제, 화장품 및 광택제 제조업과 화학 섬유 제조업은 제외한다) ④ 비금속 광물 제품 제조업 ⑤ 1차 금속 제조업 ⑥ 금속 가공 제품 제조업 ; 기계 및 가구 제외 ⑦ 자동차 및 트레일러 제조업 ⑧ 기타 기계 및 장비 제조업(사무용 기계 및 장비 제조업은 제외한다) ⑨ 기타 운송 장비 제조업(전투용 차량 제조업은 제외한다)	상시근로자 50명 이상
⑩ 농업 ⑪ 어업 ⑫ 소프트웨어 개발 및 공급업 ⑬ 컴퓨터 프로그래밍, 시스템 통합 및 관리업 ⑭ 정보 서비스업 ⑮ 금융 및 보험업 ⑯ 임대업 ; 부동산 제외 ⑰ 전문, 과학 및 기술 서비스업(연구 개발업은 제외한다) ⑱ 사업 지원 서비스업 ⑲ 사회 복지 서비스업	상시근로자 300명 이상
⑳ 건설업	공사금액 120억원 이상(「건설산업기본법 시행령」[별표 1]에 따른 토목 공사업에 해당하는 공사의 경우에는 150억원 이상)
㉑ ①부터 ⑳까지의 사업을 제외한 사업	상시근로자 100명 이상

(2) 산업안전보건위원회의 구성

1) 근로자 위원

① 근로자 대표

② 명예산업안전감독관이 위촉되어 있는 사업장의 경우 근로자 대표가 지명하는 1명 이상의 명예감독관

③ 근로자 대표가 지명하는 9명 이내의 해당 사업장의 근로자

2) 사용자 위원

① 해당 사업의 대표자

② 안전관리자 1명

③ 보건관리자 1명

④ 산업보건의

⑤ 해당 사업의 대표자가 지명하는 9명 이내의 해당 사업장 부서의 장

3) 위원회 운영

위원회는 분기(3개월)마다 정기회의를 개최하여야 하며 필요한 경우 임시회의 개최

4) 유의 사항

① 대상자 전원 참석

② 근무 시간 내에 회의 개최

③ 부의 사항은 토의에 의해 결정

④ 회의 관계 자료의 사전 배포

⑤ 결정된 사항은 신속히 실행하되 실행 사항은 차기 회의 시 보고

5) 산업안전보건위원회 심의 · 의결사항

① 산업재해예방계획의 수립에 관한 사항

② 안전보건관리규정의 작성 및 그 변경에 관한 사항

③ 근로자의 안전·보건교육에 관한 사항

④ 작업환경측정 등 작업환경의 점검 및 개선에 관한 사항

⑤ 근로자의 건강진단 등 건강관리에 관한 사항

⑥ 중대재해의 원인조사 및 재발방지대책의 수립에 관한 사항

⑦ 산업재해에 관한 통계의 기록 · 유지에 관한 사항

⑧ 유해 · 위험한 기계 · 기구 그 밖의 설비를 도입한 경우 안전·보건조치에 관한 사항

⑨ 그 밖에 해당 사업장 근로자의 안전 및 보건을 유지·증진시키기 위하여 필요한 사항

6) 회의 결과 주지 사항

① 사내 방송에 의한 방법

② 사보에 게재하는 방법

③ 자체 정례 조회 시 집합 교육에 의한 방법

④ 그 밖의 적절한 방법으로 근로자들이 해당 회의 결과를 알 수 있는 방법

7) 회의록 작성 · 비치 사항

① 개최 일시 및 장소

② 출석 위원

③ 심의 내용 및 의결, 결정 사항

④ 그 밖의 토의 사항

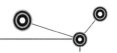

1.5 도급 사업에서의 안전 보건 조치

(1) 도급에 따른 산업재해 예방조치

① 도급인은 관계수급인 근로자가 도급인의 사업장에서 작업을 하는 경우 다음 사항을 이행하여야 한다.

　㉠ 도급인과 수급인을 구성원으로 하는 안전 및 보건에 관한 협의체의 구성 및 운영

　㉡ 작업장 순회점검

　㉢ 관계수급인이 근로자에게 하는 안전보건교육을 위한 장소 및 자료의 제공 등 지원

　㉣ 관계수급인이 근로자에게 하는 안전보건교육의 실시 확인

　㉤ 다음 어느 하나의 경우에 대비한 경보체계 운영과 대피방법 등 훈련
　　• 작업 장소에서 발파작업을 하는 경우
　　• 작업 장소에서 화재·폭발, 토사·구축물 등의 붕괴 또는 지진 등이 발생한 경우

　㉥ 위생시설 등 고용노동부령으로 정하는 시설의 설치 등을 위하여 필요한 장소의 제공 또는 도급인이 설치한 위생시설 이용의 협조

　㉦ 같은 장소에서 이루어지는 도급인과 관계수급인 등의 작업에 있어서 관계수급인 등의 작업시기·내용, 안전조치 및 보건조치 등의 확인

　㉧ 제7호에 따른 확인 결과 관계수급인 등의 작업 혼재로 인하여 화재·폭발 등 대통령령으로 정하는 위험이 발생할 우려가 있는 경우 관계수급인 등의 작업시기·내용 등의 조정

② 화재, 폭발 등 위험이 발생할 우려가 있는 경우란 다음의 경우를 말한다.

　㉠ 화재, 폭발이 발생할 우려가 있는 경우

　㉡ 동력으로 작동하는 기계, 설비 등에 끼일 우려가 있는 경우

　㉢ 차량계 하역운반기계, 건설기계, 양중기 등 동력으로 작동하는 기계와 충돌할 우려가 있는 경우

　㉣ 근로자가 추락할 우려가 있는 경우

　㉤ 물체가 떨어지거나 날아올 우려가 있는 경우

　㉥ 기계, 기구 등이 넘어지거나 무너질 우려가 있는 경우

　㉦ 토사, 구축물, 인공구조물 등이 붕괴될 우려가 있는 경우

　㉧ 산소 결핍이나 유해가스로 질식이나 중독의 우려가 있는 경우

(2) 도급 사업 시의 안전 보건 조치

① 도급인은 작업장 순회점검을 다음 구분에 따라 실시해야 한다.

　㉠ 다음 각 목의 사업 : 2일에 1회 이상
　　• 건설업
　　• 제조업

- 토사석 광업
- 서적, 잡지 및 기타 인쇄물 출판업
- 음악 및 기타 오디오물 출판업
- 금속 및 비금속 원료 재생업

② ㉠의 사업을 제외한 사업 : 1주일에 1회 이상

(3) 건설공사발주자의 산업재해 예방 조치

① 건설공사의 건설공사발주자는 산업재해 예방을 위하여 건설공사의 계획, 설계 및 시공 단계에서 다음의 구분에 따른 조치를 하여야 한다. (총공사 금액이 50억원 이상인 공사)

㉠ 건설공사 계획단계 : 해당 건설공사에서 중점적으로 관리하여야 할 유해, 위험요인과 이의 감소 방안을 포함한 기본안전보건대장을 작성할 것

㉡ 건설공사 설계단계 : 기본안전보건대장을 설계자에게 제공하고, 설계자로 하여금 유해, 위험 요인의 감소 방안을 포함한 설계안전보건대장을 작성하게 하고 이를 확인할 것

㉢ 건설공사 시공단계 : 건설공사발주자로부터 건설공사를 최초로 도급받은 수급인에게 설계안전보건대장을 제공하고, 그 수급인에게 이를 반영하여 안전한 작업을 위한 공사안전보건대장을 작성하게 하고 그 이행여부를 확인할 것

② 건설공사발주자는 안전보건 분야의 전문가에게 같은 항 각 호에 따른 대장에 기재된 내용의 적정성 등을 확인받아야 한다.

③ 건설공사발주자는 설계자 및 건설공사를 최초로 도급받은 수급인이 건설현장의 안전을 우선적으로 설계, 시공 업무를 수행할 수 있도록 적정한 비용과 기간을 계상, 설정하여야 한다.

참고   기본안전보건대장과 설계안전보건대장의 포함 사항

1. 기본안전보건대장의 포함 사항
   ① 공사규모, 공사예산 및 공사기간 등 사업개요
   ② 공사현장 제반 정보
   ③ 공사 시 유해·위험요인과 감소대책 수립을 위한 설계조건
2. 설계안전보건대장의 포함 사항
   ① 안전한 작업을 위한 적정 공사기간 및 공사금액 산출서
   ② 제1항제3호의 설계조건을 반영하여 공사 중 발생할 수 있는 주요 유해·위험요인 및 감소대책에 대한 위험성평가 내용
   ③ 유해위험방지계획서의 작성계획
   ④ 안전보건조정자의 배치계획
   ⑤ 산업안전보건관리비의 산출내역서
   ⑥ 건설공사의 산업재해 예방 지도의 실시계획

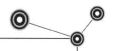

(4) 안전보건전문가

안전보건 분야의 전문가란 다음의 사람을 말한다.

① 건설안전 분야의 산업안전지도사 자격을 가진 사람

② 건설안전기술사 자격을 가진 사람

③ 건설안전기사 자격을 취득한 후 건설안전 분야에서 3년 이상의 실무경력이 있는 사람

④ 건설안전산업기사 자격을 취득한 후 건설안전 분야에서 5년 이상의 실무경력이 있는 사람

(5) 도급 사업에서의 합동 안전 보건 점검 시 점검반

1) 점검반 편성

① 도급인인 사업주

② 수급인인 사업주

③ 도급인 및 관계수급인의 근로자 각 1인

2) 안전하고 위생적인 작업 수행 저해 조건

건설 공사 등의 사업을 타인에게 도급하는 자는 그 시공 방법, 공기 등에 관하여 안전하고 위생적인 작업 수행을 저해할 우려가 있는 조건을 붙여서는 안 된다. 그 저해할 조건은 다음과 같다.

① 설계도서 등에 의하여 산정된 공사 기간을 단축하지 아니할 것

② 공사비를 줄이기 위하여 위험성이 있는 공법을 사용하거나 정당한 사유 없이 공법을 변경하지 아니할 것

3) 도급 금지 대상 작업

① 도금 작업

② 수은, 납, 카드뮴 등 중금속을 제련, 주입, 가공 및 가열하는 작업

③ 허가를 받아야 하는 물질을 제조하거나 사용하는 작업

④ 그 밖에 유해하거나 위험한 작업으로서 정책심의위원회의 심의를 거쳐 고용노동부 장관이 정하는 사항

4) 도급인의 안전 및 보건에 관한 정보 제공

① 다음 작업을 도급하는 자는 그 작업을 수행하는 수급인 근로자의 산업재해를 예방하기 위하여 고용노동부령으로 정하는 바에 따라 해당 작업 시작 전에 수급인에게 안전 및 보건에 관한 정보를 문서로 제공하여야 한다.

㉠ 폭발성·발화성·인화성·독성 등의 유해성·위험성이 있는 화학물질 중 고용노동부령으로 정하는 화학물질 또는 그 화학물질을 포함한 혼합물을 제조·사용·운반 또는 저장하는 반응기·증류탑·배관 또는 저장탱크로서 고용노동부령으로 정하는 설비를 개조·분해·해체 또는 철거하는 작업

ⓒ 제1호에 따른 설비의 내부에서 이루어지는 작업

ⓒ 질식 또는 붕괴의 위험이 있는 작업으로서 대통령령으로 정하는 작업

② 도급인이 제1항에 따라 안전 및 보건에 관한 정보를 해당 작업 시작 전까지 제공하지 아니한 경우에는 수급인이 정보 제공을 요청할 수 있다.

③ 도급인은 수급인이 제1항에 따라 제공받은 안전 및 보건에 관한 정보에 따라 필요한 안전조치 및 보건조치를 하였는지를 확인하여야 한다.

④ 수급인은 제2항에 따른 요청에도 불구하고 도급인이 정보를 제공하지 아니하는 경우에는 해당 도급 작업을 하지 아니할 수 있다. 이 경우 수급인은 계약의 이행 지체에 따른 책임을 지지 아니한다.

5) 질식 또는 붕괴의 위험이 있는 작업

① 산소 결핍, 유해가스 등으로 인한 질식의 위험이 있는 장소로서 밀폐공간에서 이루어지는 작업

② 토사, 구축물, 인공구조물 등의 붕괴 우려가 있는 장소에서 이루어지는 작업

6) 위생 시설의 설치

① 휴게 시설

② 세면 목욕 시설

③ 세탁 시설

④ 탈의 시설

⑤ 수면 시설

(6) 안전 보건에 관한 협의체 구성 및 운영

1) 노사협의체 설치 대상

공사 금액이 120억원(토목 공사업은 150억원) 이상인 건설업

2) 노사협의체 구성

① 근로자 위원

ⓒ 도급 또는 하도급 사업을 포함한 전체 사업의 근로자 대표

ⓒ 근로자 대표가 지명하는 명예 감독관 1명. 다만, 명예 감독관이 위촉되어 있지 아니한 경우에는 근로자 대표가 지명하는 해당 사업장 근로자 1명

ⓒ 공사 금액이 20억원 이상인 도급 또는 하도급 사업의 근로자 대표

② 사용자 위원

ⓒ 해당 사업의 대표자

ⓒ 안전관리자 1명

ⓒ 공사 금액이 20억원 이상인 도급 또는 하도급 사업의 사업주

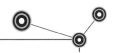

3) 노사협의체 운영

노사협의체 회의는 정기회의와 임시회의로 구분하되, 정기회의는 2개월마다 노사협의체 위원장이 소집하며, 임시회의는 필요시 소집

4) 노사협의체 협의 사항

① 작업의 시작 시간

② 작업 또는 작업장 간의 연락방법

③ 재해발생 위험이 있는 경우 대피방법

④ 작업장에서의 법 제36조에 따른 위험성평가의 실시에 관한 사항

⑤ 사업주와 수급인 또는 수급인 상호간의 연락방법 및 작업공정의 조정

※협의체는 매월 1회 이상 정기적으로 회의를 개최하고 그 결과를 기록, 보존해야 한다.

(7) 설계 변경

건설 공사의 수급인은 건설 공사 중에 가설구조물의 붕괴 등 재해 발생의 위험이 높다고 판단되는 경우 전문가의 의견을 들어 건설 공사를 발주한 도급인에게 설계 변경을 할 수 있다.

1) 설계 변경 요청 대상

① 높이 31m 이상인 비계

② 작업 발판 일체형 거푸집 또는 높이 50m 이상인 거푸집 동바리

③ 터널 지보공 또는 높이 2m 이상인 흙막이 지보공

④ 동력을 이용하여 움직이는 가설 구조물

2) 설계 변경 요청 방법

① 설계 변경 요청 대상 공사의 도면

② 당초 설계의 문제점 및 변경 요청 이유서

③ 가설 구조물의 구조 계산서 등 당초 설계의 안전성에 관한 전문가의 검토 의견서 및 그 전문가의 자격증 사본

④ 그 밖에 재해 발생의 위험성이 높아 설계 변경이 필요함을 증명할 수 있는 서류

3) 공사 기간 연장 요청 등

건설 공사를 타인에게, 도급하는 자는 다음의 어느 하나에 해당하는 사유로 공사가 지연되어 그의 수급인이 산업재해 예방을 위하여 공사 기간 연장을 요청하는 경우 특별한 사유가 없으면 공사 기간 연장 조치를 하여야 한다.

① 태풍·홍수 등 악천후, 전쟁 또는 사변, 지진, 화재, 전염병, 폭동, 그 밖에 계약 당사자의 통제 범위를 초월하는 사태의 발생 등 불가항력의 사유에 의한 경우

② 도급하는 자의 책임으로 착공이 지연되거나 시공이 중단된 경우

(8) 안전보건조정자

① 「건설산업기본법」 발주자로서 다음의 공사, 다음의 공사와 그 밖의 건설 공사, 다음의 어느 하나에 해당하는 공사와 그 밖의 건설 공사를 함께 발주하는 자는 그 각 공사가 같은 장소에서 행하여지는 경우 그에 따른 작업의 혼재로 인하여 발생할 수 있는 산업재해를 예방하기 위하여 건설 공사 현장에 안전보건조정자를 두어야 한다.
   ㉠ 「전기공사업법」 제11조에 따라 분리 발주하여야 하는 전기 공사
   ㉡ 「정보통신공사업법」 제25조에 따라 분리하여 도급하여야 하는 정보 통신 공사
② 안전보건조정자를 두어야 하는 건설 공사의 규모와 안전보건조정자의 자격 · 업무, 선임 방법, 그 밖에 필요한 사항은 대통령령으로 정한다.

(9) 안전보건조정자의 업무

① 안전보건조정자의 업무는 다음과 같다.
   ㉠ 같은 장소에서 행하여지는 각각의 공사 간에 혼재된 작업의 파악
   ㉡ 제1호에 따른 혼재된 작업으로 인한 산업재해 발생의 위험성 파악
   ㉢ 제1호에 따른 혼재된 작업으로 인한 산업재해를 예방하기 위한 작업의 시기 · 내용 및 안전 보건 조치 등의 조정
   ㉣ 각각의 공사 도급인의 관리 책임자 간 작업 내용에 관한 정보 공유 여부의 확인
② 안전보건조정자는 제1항의 업무를 수행하기 위하여 필요한 경우 해당 공사의 도급인과 수급인에게 자료의 제출을 요구할 수 있다.

(10) 산업 재해 발생 건수 등의 공표

1) 공표대상 사업장

① 다음의 어느 하나에 해당하는 사업장을 말한다.
   ㉠ 산업재해로 인한 사망자가 연간 2명 이상 발생한 사업장
   ㉡ 사망만인율(死亡萬人率: 연간 상시근로자 1만명당 발생하는 사망재해자 수의 비율을 말한다)이 규모별 같은 업종의 평균 사망만인율 이상인 사업장
   ㉢ 중대산업사고가 발생한 사업장
   ㉣ 산업재해 발생 사실을 은폐한 사업장
   ㉤ 산업재해의 발생에 관한 보고를 최근 3년 이내 2회 이상 하지 않은 사업장

2) 도급인과 관계수급인의 통합 산업재해 관련 자료 제출

① 지방고용노동관서의 장은 도급인의 산업재해 발생 건수, 재해율 또는 그 순위 등에 관계수급인의 산업재해 발생 건수 등을 포함하여 공표하기 위하여 필요하면 제조업, 철도운송업, 도시철도운송업, 전기업의 어느 하나에 해당하는 사업이 이루어지는 사업장으로서 해당 사업장의 상시근로자 수가 500명 이상인 사업장의 도급인에게 도급인의 사업장(도급인이 제공하거나 지정한 경우로서 도급인이 지배 · 관리하는 장소를

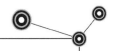

포함한다)에서 작업하는 관계수급인 근로자의 산업재해 발생에 관한 자료를 제출하도록 공표의 대상이 되는 연도의 다음 연도 3월 15일까지 요청해야 한다. 도급인이 제공하거나 지정한 경우로서 도급인이 지배·관리하는 장소는 다음과 같다.

㉠ 토사(土砂)·구축물·인공구조물 등이 붕괴될 우려가 있는 장소

㉡ 기계·기구 등이 넘어지거나 무너질 우려가 있는 장소

㉢ 안전난간의 설치가 필요한 장소

㉣ 비계(飛階) 또는 거푸집을 설치하거나 해체하는 장소

㉤ 건설용 리프트를 운행하는 장소

㉥ 지반(地盤)을 굴착하거나 발파작업을 하는 장소

㉦ 엘리베이터홀 등 근로자가 추락할 위험이 있는 장소

㉧ 석면이 붙어 있는 물질을 파쇄하거나 해체하는 작업을 하는 장소

㉨ 공중 전선에 가까운 장소로서 시설물의 설치·해체·점검 및 수리 등의 작업을 할 때 감전의 위험이 있는 장소

㉩ 물체가 떨어지거나 날아올 위험이 있는 장소

㉪ 프레스 또는 전단기(剪斷機)를 사용하여 작업을 하는 장소

㉫ 차량계(車輛系) 하역운반기계 또는 차량계 건설기계를 사용하여 작업하는 장소

㉬ 전기 기계·기구를 사용하여 감전의 위험이 있는 작업을 하는 장소

㉭ 「철도산업발전기본법」에 따른 철도차량(「도시철도법」에 따른 도시철도차량을 포함한다)에 의한 충돌 또는 협착의 위험이 있는 작업을 하는 장소

㉠-1 그 밖에 화재·폭발 등 사고발생 위험이 높은 장소로서 고용노동부령으로 정하는 장소

 참고 도급인의 안전 보건 조치 장소

산업안전보건법의 고용노동부령으로 정하는 장소란 다음 어느 하나에 해당하는 장소를 말한다.
① 화재, 폭발 우려가 있는 다음의 어느 하나에 해당하는 작업을 하는 장소
   ㉠ 선박 내부에서의 용접, 용단 작업
   ㉡ 인화성 액체를 취급, 저장하는 설비 및 용기에서의 용접, 용단 작업
   ㉢ 특수화학설비에서의 용접, 용단 작업
   ㉣ 가연물이 있는 곳에서의 용접, 용단 및 금속의 가열 등 화기를 사용하는 작업이나 연삭숫돌에 의한 건식연마작업 등 불꽃이 발생할 우려가 있는 작업
② 양중기에 의한 충돌 또는 협착의 위험이 있는 작업을 하는 장소
③ 유기화합물 취급 특별장소
④ 방사선 업무를 하는 장소
⑤ 밀폐공간
⑥ 위험물질을 제조하거나 취급하는 장소
⑦ 화학설비 및 그 부속설비에 대한 정비, 보수 작업이 이루어지는 장소

② 제1항에 따라 자료의 제출을 요청받은 도급인은 그 해 4월 30일까지 별지 제1호서식
의 통합 산업 재해 현황 조사표를 작성하여 지방고용노동관서의 장에게 제출(전자문
서로 제출하는 것을 포함한다)해야 한다.

3) 통합공표 대상 사업장 등

다음의 어느 하나에 해당하는 사업이 이루어지는 사업장으로서 도급인이 사용하는 상
시근로자 수가 500명 이상이고 도급인 사업장의 사고사망만인율(질병으로 인한 사망재
해자를 제외하고 산출한 사망만인율을 말한다)보다 관계수급인의 근로자를 포함하여
산출한 사고사망만인율이 높은 사업장을 말한다.
① 제조업
② 철도운송업
③ 도시철도운송업
④ 전기업

Chapter 02

안전 관리 계획 수립 및 운용

2.1 안전보건관리규정

(1) 안전보건관리규정 작성상 유의 사항

① 규정된 기준은 법정 기준을 상회하도록 한다.
② 관리자층의 직무와 권한 및 근로자에게 강제 또는 요청한 부분을 명확히 한다.
③ 관계 법령의 제정, 개정에 따라 즉시 개정한다.
④ 작성 또는 개정 시에 현장의 의견을 충분히 반영한다.
⑤ 규정된 내용은 정상 시는 물론 이상 시 즉, 사고 및 재해 발생 시의 조치에 관해서도 규정한다.

(2) 내용

① 안전 및 보건에 관한 관리조직과 그 직무에 관한 사항
② 안전보건교육에 관한 사항
③ 작업장의 안전 및 보건 관리에 관한 사항
④ 사고 조사 및 대책 수립에 관한 사항
⑤ 그 밖에 안전 및 보건에 관한 사항

2.2 안전 보건 개선 계획

(1) 안전 보건 개선 계획 수립 대상 사업장(60일 이내 관할 지방 고용노동관서의 장)

① 산업 재해율이 같은 업종의 규모별 평균 산업 재해율보다 높은 사업장
② 사업주가 필요한 안전 조치 또는 보건 조치를 이행하지 아니하여 중대 재해가 발생한 사업장
③ 유해 인자의 노출 기준을 초과한 사업장
④ 대통령령으로 정하는 수 이상의 직업성 질병자가 발생한 사업장

(2) 안전 보건 진단을 받아 안전 보건 개선 계획을 수립 제출해야 하는 대상 사업장

① 중대 재해 발생 사업장
② 산업 재해율이 같은 업종 평균 산업 재해율의 2배 이상인 사업장
③ 직업성 질병자가 연간 2명 이상(상시 근로자 100명 이상 사업장의 경우 3명 이상) 발생한 사업장
④ 작업 환경 불량 · 화재 · 폭발 또는 누출 사고 등으로 사업장 주변까지 피해가 확산된 사업장으로서 고용노동부령으로 정하는 사업장

(3) 안전 보건 개선 계획서 작성 시 반드시 포함되어야 할 사항

① 시설
② 안전 보건 교육
③ 안전 보건 관리 체제
④ 산업 재해 예방 및 작업 환경 개선을 위하여 필요한 사항

(4) 안전 보건 개선 계획의 작성 서류

① 공정별 유해 위험 분포도
② 재해 발생 현황
③ 사고 다발 원인 및 재해 유형 분석
④ 교육 및 점검 계획
⑤ 유해 위험 부서 및 근로자 수
⑥ 개선 계획(공통 사항, 중점 개선 사항)
⑦ 안전 보건 관리 예산

(5) 공통 사항에 포함되는 항목

① 안전 보건 관리 조직
② 안전 보건 표지 부착
③ 보호구 착용
④ 건강 진단 실시

(6) 중점 개선 계획을 필요로 하는 항목

① **시설** : 비상 통로, 출구, 계단, 소방 시설, 작업 설비, 배기 시설 등의 시설물
② **기계 장치** : 기계별 안전 장치, 전기 장치, 동력 전도 장치 등
③ **원료, 재료** : 인화물, 발화물, 유해 물질, 생산 원료 등의 취급, 적재 보관 방법 등
④ **작업 방법** : 안전 기준, 작업 표준, 보호구 관리 상태 등
⑤ **작업 환경** : 정리 정돈, 청소 상태, 채광, 조명, 소음, 색채, 환기 등
⑥ **기타** : 안전 조건 기준상 조치 사항

(7) 안전 보건 개선 계획서상 작업 공정별 유해 위험 요소

① 작업 공정명
② 주요 기계 및 설비명
③ 유해 위험 요소
④ 재해 발생 현황
⑤ 근로자 수
⑥ 안전 대책

(8) 안전 보건 개선 계획서상 유해 위험 작업 부서

① 고온 물체 및 저온 물체 취급 작업
② 소음, 진동 및 분진 작업 부서
③ 이상 기압하의 작업 및 초음파를 수반하는 작업
④ 납, 4알킬납 제조 취급 부서
⑤ 유기 용제 및 특정 화학 물질의 제조 취급 부서
⑥ 중량물 취급 작업

Chapter 03

산업 재해 발생 및 재해 조사 분석

3.1 재해의 발생 원리

(1) 재해 발생 메커니즘

1) 하인리히(W.H. Heinrich)의 도미노 이론

① 사회적 환경과 유전적 요소 ② 개인적 결함

③ 불안전 상태 및 불안전 행동 ④ 사고

⑤ 상해

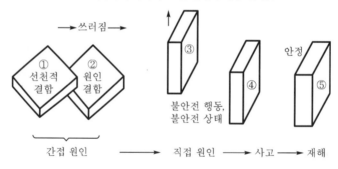

| 그림 1-2 | 재해 발생 과정

2) 버드(Bird)의 최신 연쇄성 이론

① 관리 부족(제어 부족) ② 기본 원인(기원)

③ 식섭 원인(징후) ④ 사고(접촉)

⑤ 상해(손해, 손실)

3) 아담스의 재해 연쇄성 이론

① 관리 구조 ② 작전적 에러

③ 전술적 에러 ④ 사고

⑤ 상해

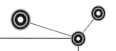

4) 재해 발생 비율

① 하인리히의 1 : 29 : 300 원칙

㉠ 중상해(휴업 8일 이상~사망) : 0.3%(1)

㉡ 경상해(휴업 1일 이상~7일 미만) : 8.8%(29)

㉢ 무상해(휴업 1일 미만) : 90.9%(300)

② 재해 비율

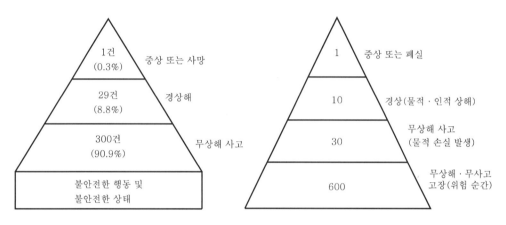

┃그림 1-3┃ 하인리히의 재해 비율   ┃그림 1-4┃ 버드의 재해 비율

(2) 재해 빈발자설

1) 기회설

사업장에서 재해가 빈발하는 이유는 그 원인이 작업자 자신에게 있는 것이 아니라 작업 자체가 위험하기 때문이다.

2) 암시설

한 번 재해를 당한 사람은 겁쟁이가 되거나 신경의 과민으로 인하여 또 다른 재해를 발생시키게 된다.

3) 재해 빈발 경향자설

한 번 재해를 일으킨 사람은 다시 재해를 일으킬 확률이 훨씬 많다는 것으로 일종의 소질적 결함을 말한다.

4) 재해 누발자 유형

① 상황성 누발자

② 미숙성 누발자

③ 습관성 누발자

④ 소질성 누발자

참고 상황성 누발자

① 작업 자체가 어렵기 때문에
② 기계, 설비에 결함이 있기 때문에
③ 심신에 근심이 있기 때문에
④ 환경상 주의력 집중이 곤란하기 때문에

(3) 하인리히의 재해 예방 원리

1) 재해 예방 원리

| 표 1-2 | 재해 예방 원리

제1단계 안전 관리 조직	제2단계 사실의 발견	제3단계 분석(분석 평가)	제4단계 시정 방법의 선정	제5단계 시정책의 적용
• 경영층의 참여 • 안전 관리자의 임명 및 line 조직 구성 • 안전 활동 방침 및 안전 계획 수립 • 조직을 통한 안전 활동	• 사고 및 활동 기록 검토 • 사고 조사 • 각종 안전 회의 및 토의회 • 근로자의 제안 및 여론 조사 • 안전 점검 및 안전 진단 • 안전 순찰 • 과거의 기록 검토	• 사고 보고서 및 현장 조사 분석 • 사고 기록 및 관계 자료 분석 • 인적, 물적, 환경적 조건 분석 • 작업 공정 분석 • 교육 및 훈련 분석 • 배치 사항 분석 • 안전 수칙 및 작업 표준 분석 • 보호 장비 적부 등의 분석	• 기술적 개선 • 배치 조정 • 교육 및 훈련 개선 • 안전 행정의 개선 • 규정 및 수칙, 작업 표준 제도의 개선 • 안전 운동의 전개	• 3E 적용 • 3S 적용 • 후속 조치

2) 재해 예방 4원칙

① 예방 가능의 원칙
② 손실 우연의 원칙
③ 원인 계기의 원칙
④ 대책 선정의 원칙

3) 사고의 본질적 특성

① 사고의 시간성
② 우연성
③ 필연성 중 우연성
④ 사고의 재현 불가능성

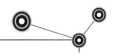

3.2 재해 조사

(1) 재해 조사 목적

재해의 발생 원인과 결함을 규명하고 예방 자료를 수집하여 동종 재해 및 유사 재해의 재발 방지 대책을 강구하는 데 목적이 있다.

(2) 재해 조사 방법 및 유의 사항

1) 재해 조사 방법

① 재해 발생 직후에 행한다.
② 현장의 물리적 흔적 즉, 물적 증거를 수집한다.
③ 재해 현장은 사진 등을 촬영하여 보관, 기록한다.
④ 목격자, 현장 감독자 등 많은 사람으로부터 사고 시의 상황을 듣는다.
⑤ 재해 피해자로부터 재해 발생 직전의 상황을 듣는다.
⑥ 판단이 곤란한 특수한 재해 또는 중대 재해는 전문가에게 조사를 의뢰한다.

2) 재해 조사 시 유의 사항

① 사실을 수집
② 조사는 신속히 실시하고 2차 재해 방지
③ 사람, 설비 양면의 재해 요인 적출
④ 재해 조사는 2인 이상이 실시
⑤ 사실 이외 추측의 말은 참고로 활용

(3) 재해 사례 연구 순서

① 전제 조건 : 재해 상황 파악(상해 부위, 상해 성질, 상해 정도)
② 제1단계 : 사실의 확인(사람, 물건, 관리, 재해 발생 경과)
③ 제2단계 : 문제점의 발견
④ 제3단계 : 근본 문제점의 결정
⑤ 제4단계 : 대책 수립

(4) 재해 발생 시 조치 사항

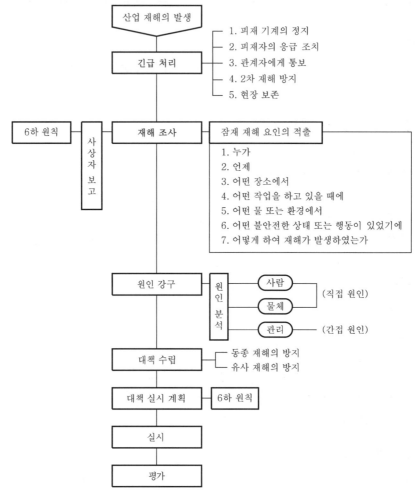

┃그림 1-5┃ 재해 발생 시 조치 사항

(5) 산업 재해 발생 보고

1) 산업 재해 발생 시 전화, 구두, 팩스 등으로 긴급히 보고해야 할 사항
① 발생 개요 및 피해 상황

② 조치 및 전망

③ 그 밖의 중요한 사항

2) 산업 재해 발생 시 기록, 보존해야 할 사항
① 사업장의 개요 및 근로자의 인적 사항　② 재해 발생의 일시 및 장소

③ 재해 발생의 원인 및 과정　④ 재해 재발 방지 계획

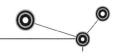

3) 고용노동부 중대 재해 조사반이 조사할 수 있는 중대 재해
    ① 신종 재해로서 예방 대책이 전국적으로 필요한 재해
    ② 동일 사업장에서 반복되는 동종 재해
    ③ 사회적 물의가 예상되는 재해
    ④ 해당 사업장의 연평균 재해율이 업종별, 지역별 연평균 재해율 이상인 사업체의 재해

(6) 중대 재해의 범위

① 사망자가 1명 이상 발생한 재해
② 3개월 이상의 요양이 필요한 부상자가 동시에 2명 이상 발생한 재해
③ 부상자 또는 직업성 질병자가 동시에 10명 이상 발생한 재해

 산업재해 발생 은폐 금지 및 보고 등

1. 산업재해로 사망자가 발생하거나 3일 이상의 휴업이 필요한 부상을 입거나 질병에 걸린 사람이 발생한 경우에는 해당 산업재해가 발생한 날부터 1개월 이내에 산업재해조사표를 작성하여 관할 지방고용노동관서의 장에게 제출(전자문서로 제출하는 것을 포함)해야 한다.

2. 제1항에도 불구하고 다음의 모두에 해당하지 않는 사업주가 2014년 7월 1일 이후 해당 사업장에서 처음 발생한 산업재해에 대하여 지방고용노동관서의 장으로부터 산업재해조사표를 작성하여 제출하도록 명령을 받은 경우 그 명령을 받은 날부터 15일 이내에 이를 이행한 때에는 제1항에 따른 보고를 한 것으로 본다. 제1항에 따른 보고기한이 지난 후에 자진하여 산업재해조사표를 작성·제출한 경우에도 또한 같다.
    ① 안전관리자 또는 보건관리자를 두어야 하는 사업주
    ② 안전보건총괄책임자를 지정해야 하는 도급인
    ③ 건설재해예방전문지도기관의 지도를 받아야 하는 건설공사도급인
    ④ 산업재해 발생사실을 은폐하려고 한 사업주

3.3, 재해 발생 원인에 따른 분류

(1) 직접 원인

1) 물적 원인(불안전 상태)
① 물자체 결함 ② 안전 방호 장치의 결함
③ 복장, 보호구의 결함 ④ 물의 배치 및 작업 장소 불량
⑤ 작업 환경의 결함 ⑥ 생산 공정의 결함
⑦ 경계 표시, 설비의 결함 등

2) 인적 원인(불안전 행동)

① 위험 장소 접근

② 안전 장치 기능 제거

③ 복장, 보호구의 잘못 사용

④ 기계, 기구의 잘못 사용

⑤ 운전중인 기계 장치 손질

⑥ 불안전한 속도 조작

⑦ 위험물 취급 부주의

⑧ 불안전한 상태 방치

⑨ 불안전한 자세, 동작

⑩ 감독 및 연락 불충분 등

(2) 간접 원인

1) 기술적 원인

기계, 기구 설비 등 방호 설비, 경계 설비, 보호구 정비 등의 기술적 결함

① 건물, 기계 장치 설계 불량

② 구조 재료의 부적합

③ 생산 방법의 부적당

④ 점검 정비 보존 불량 등

2) 교육적 원인

무지, 경시, 몰이해, 훈련 미숙, 나쁜 습관 등

① 안전 지식 부족

② 안전 수칙의 오해

③ 경험 훈련의 미숙

④ 작업 방법의 교육 불충분

⑤ 위해, 위험 작업의 교육 불충분

3) 신체적 원인

각종 질병, 스트레스, 피로, 수면 부족 등

① 피로

② 시력 및 청각 기능 이상

③ 근육 운동의 부적합

④ 육체적 능력 초과

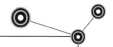

4) 정신적 원인

태만, 반항, 불만, 초조, 긴장, 공포 등(정신 상태 불량으로 일어나는 안전 사고 요인)

① 안전 의식의 부족

② 주의력의 부족

③ 방심 및 공상

④ 개성적 결함 요소

⑤ 판단력 부족 또는 그릇된 판단

5) 관리적 요인

책임감 부족, 부적절한 인사 배치, 작업 기준의 불명확, 점검·보건 제도의 결함, 근로 의욕 침체 등

① 안전 관리 조직 결함

② 안전 수칙의 미제정

③ 작업 준비 불충분

④ 인원 배치 부적당

⑤ 작업 지시 부적당

(3) 재해 요소와 발생 모델

재해의 다발 유형 분석에는 관리상 결함, 직접 원인, 기인물, 재해 발생 형태로 구분할 수 있다.

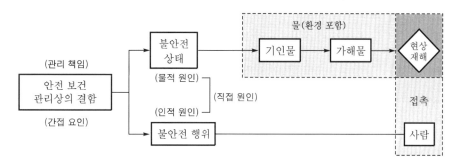

│그림 1-6│ 재해 발생 모델

(4) 상해의 종류 및 재해 발생의 형태

1) 상해의 종류별 분류

|표 1-3| 상해 종류별 분류

분류 번호	분류 항목	세부 항목
(1)	골절	뼈가 부러진 상해
(2)	동상	저온물 접촉으로 생긴 동상 상해
(3)	부종	국부의 혈액 순환 이상으로 몸이 퉁퉁 부어오르는 상해
(4)	찔림(자상)	칼날 등 날카로운 물건에 찔린 상해
(5)	타박상(좌상)	타박, 충돌, 추락 등으로 피부 표면보다는 피하 조직 또는 근육부를 다친 상해(삔 것 포함)
(6)	절상(베임)	신체 부위가 절단된 상해
(7)	중독, 질식	음식, 약물, 가스 등에 의한 중독이나 질식된 상해
(8)	찰과상	스치거나 문질러서 벗겨진 상해
(9)	창상	창, 칼 등에 베인 상해
(10)	화상	화재 또는 고온물 접촉으로 인한 상해
(11)	청력 장애	청력이 감퇴 또는 난청이 된 상해
(12)	시력 장애	시력이 감퇴 또는 실명된 상해
(13)	뇌진탕	
(14)	익사	
(15)	피부병	

2) 재해 발생의 형태별 분류

|표 1-4| 재해 발생 형태별 분류

분류 번호	분류 항목	세부 항목
(1)	추락	사람이 건축물, 비계, 기계, 사다리, 계단, 경사면, 나무 등에서 떨어지는 것
(2)	전도	사람이 평면상으로 넘어졌을 때를 말함(과속, 미끄러짐 포함)
(3)	충돌	사람이 정지물에 부딪힌 경우
(4)	낙하, 비래	물건이 주체가 되어 사람이 맞는 경우
(5)	붕괴, 도괴	적재물, 비계, 건축물이 무너진 경우
(6)	협착	물건에 끼인 상태, 말려든 상태
(7)	감전	전기 접촉이나 방전에 의해 사람이 충격을 받은 경우
(8)	폭발	압력의 급격한 발생 또는 개방으로 폭음을 수반한 팽창이 일어난 경우
(9)	파열	용기 또는 장치가 물리적인 압력에 의해 파열한 경우
(10)	화재	화재로 인한 경우를 말하며 관련 물체는 발화물을 기재
(11)	무리한 동작	무거운 물건을 들다 허리를 삐거나 부자연스러운 자세 또는 동작의 반동으로 상해를 입은 경우
(12)	이상 온도 접촉	고온이나 저온에 접촉한 경우
(13)	유해물 접촉	유해물 접촉으로 중독되거나 질식된 경우
(14)	기타	(1)~(13)항으로 구분 불능 시 발생 형태를 기재할 것

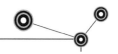

산업 재해 조사표

(앞쪽)

※ 뒷면의 작성 요령을 읽고, 위의 각 항목에 적거나 해당 항목의 '[ ]'란에 '[✔]' 표시를 합니다.　　　(제1쪽)

관리(산재) 번호

사업체	사업장명		사업 개시 번호	
	공사 현장명		지사명	
	업종		근로자 수	
	소재지			
	생산품			
	사업장 구분	[ ]원·도급　　[ ]1차 수급　　[ ]2차 수급　　[ ]그 밖의 사항(　　　　)		
	건설업만 기재	원·도급업체명	공사 종류	
		공정률　　　　　%	공사 금액　　　　백만원	

재해 발생 개요	발생 일시		재해 발생 지역(부서)	

재해 발생 피해	인적 피해	사망 (　)명,　　부상 (　)명	물적 피해　　　　천원	
	조업정지일			

재해 발생 과정 및 원인	재해 원인 물체·물질	
	재해 유발 공정 및 내용	
	재해 발생 과정 및 원인의 기록	※ 재해 관련 취급 설비, 작업 공정의 운전 또는 상황과 당시 작업자(또는 재해자)의 행동 및 사고 발생 과정 등을 기록함. － 육하원칙(언제, 누가, 어디서, 무엇을, 어떻게, 왜)에 따라 작성함.

재발 방지 계획

※ 아래 항목은 재해자별로 각각 작성하되, 같은 재해로 재해자가 여러 명이 발생된 경우 별도 서식에 추가로 적습니다.

재해자	성명		생년월일		
	국적		직업(직위)		성별 [ ]남 　　　[ ]여
	입사일　　　년　　월　　일		같은 종류업무 근속기간　　년　　월		
	고용 형태	[ ]상용　　[ ]임시　　[ ]일용　　[ ]시간제　　[ ]가족 [ ]파견직　　[ ]자영업자　　[ ]그 밖의 사항(　　　　)			
	근무 형태	[ ]정상　　[ ]2교대　　[ ]3교대　　[ ]그 밖의 사항(　　　)			

산업재해 내용	발생 시점	[ ]정규 작업　　[ ]식사·휴식　　[ ]작업 전　　[ ]출·퇴근 [ ]휴일 근무　　[ ]시간 외 근무　　[ ]그 밖의 사항(　　　)		
	수행 작업 공정·내용	평상시		
		재해 당시		
	발생 형태	가해물	상해 종류(질병명)	상해 부위(질병 부위)
	작업 형태 [ ]단독 　　　　　[ ]복수 　　　　　(　　　명)	방호 설비	[ ]대상 [ ]비대상 (설비 :　　)	개인 보호장비	[ ]대상 [ ]비대상 (설비 :　　)
	근로손실	[ ]사망 [ ]부상	[ ]재해 당일 계속 작업　　[ ]재해 당일 작업 불가	
		출근하지 못한 일수	작업 제한을 받은 일수	

사업주　　　　　　　　　　　　　(서명 또는 인)

근로자 대표(재해자)　　　　　　　　(서명 또는 인)

210mm×297mm[일반용지 60g/m² (재활용품)]

(뒤쪽)

〈작성 방법〉

1. 근로자 수 : 정규직, 일용직·임시직 근로자, 가족근로자, 훈련생 등 급여를 받은 전년도 모든 근로자 수의 월평균을 적습니다.
2. 원·도급 업체명 : 재해자가 소속되거나 관리되고 있는 사업장이 수급업체인 경우에만 적습니다.
3. 공사 종류, 공사률 : 수급 받은 단위 공사에 대한 현황이 아닌 도급(원청) 업체의 공사 현황을 적습니다.
    가. 공사 종류 : 재해 당시 진행 중인 공사 종류를 말합니다.【예 : 아파트, 다리, 터널, 지하철·전철, 도로, 석유화학플랜트, 댐·제방 등】
    나. 공사률 : 재해 당시 건설 현장의 공사 진척도로 전체 공정을 적습니다(단위 공정률이 아님).
4. 재해 발생 지역(부서) : 재해가 최초로 발생된 지역·장소(부서)를 적습니다.
    ※ 근접 작업장의 사고로 인한 경우 재해자의 작업 장소와 일치하지 않을 수 있으며, 이 경우 사고 발생 근접 작업장을 적습니다.
5. 인적 피해, 물적 피해, 조업 정지 : 하나의 재해로 피해가 발생된 해당 사업장의 현황을 적습니다(동시에 피해가 발생된 다른 사업장 현황은 제외).
6. 방호 설비, 개인 보호 장비 : 재해 및 작업과 관련되어 그 재해를 예방하거나 감소시키는 데 기여할 수 있는 경우에는 "대상", 그렇지 않은 경우에는 "비대상"으로 표시하고 "대상"인 경우는 해당 설비·장비를 적습니다.
7. 작업 형태 : 2명이 1조인 작업의 경우에도 재해자가 단독 작업 장소가 될 수 있습니다.
    【예 : 2명이 1조로 승강기를 이용하여 운반 작업을 할 때 1명은 1층에서 화물을 적재하고, 1명은 5층에서 하역작업을 하는 경우】
8. 재해 원인 물체·물질 : 재해 발생에 직접적인 원인이 된 설비, 시설, 물질 등을 말합니다.
    【예 : 프레스, 크레인, 벨트컨베이어, 분쇄기, 롤러기, 수공구, 바닥, 지붕, 산화에틸렌, 신나, 사람, 개 등】
9. 발생 형태 : 재해가 발생한 형태 또는 근로자에게 상해를 입힌 재해 원인 물체·물질과 관련된 현상을 말합니다.
    【예 : 추락, 낙하·비래, 협착, 전도·전복, 충돌·접촉, 이상온도에의 노출, 유해·위험 물질에의 노출, 화재·폭발, 감전 등】
10. 재해 유발 공정 및 내용
    가. 작업 공정 : 재해 발생에 근본적 원인이 된 작업공정(재해자 작업 공정이 아닌 동료 작업 공정일 수 있음)을 적습니다.
        【예 : 용해 공정, 용접 공정, 성형 공정, 절단 공정, 운반 공정, 반응 공정, 기계·건축물의 설치·보수 공정 등】
    나. 작업 내용 : 재해가 발생한 작업 공정에 직접적인 원인이 된 작업 수행 내용 또는 행위를 적습니다.
        【예 : 재료 가공물의 투입·취출, 조립·연결·해체, 기계·차량 등 운전·조작, 상역·하역, 적재, 휴식, 단순 이동중 등】
11. 같은 종류 업무 근속 기간 : 과거 다른 회사의 경력부터 현직 경력(동일·유사 업무 근무 경력)까지 합하여 적습니다(질병의 경우 관련 작업 근무 기간).
12. 고용 형태 : 근로자가 사업장 또는 타인과 명시적, 내재적으로 체결한 고용 계약 형태로 그 의미는 다음과 같다.
    가. 상용 : 고용 계약 기간을 정하지 않았거나 고용 계약 기간이 1년 이상인 사람
    나. 임시 : 고용 계약 기간을 정하여 고용된 사람으로서 고용 계약 기간이 1개월 이상 1년 미만인 사람(계절제 등 단기 계약직)
    다. 일용 : 임금 또는 봉급을 받고 고용되어 있으나 고용계약기간이 1개월 미만인 사람 또는 일정한 사업장 없이 떠돌아다니면서 일을 하고 대가를 받는 사람
    라. 시간제 : 일당이 아닌 시간제로 급여를 받는 사람
    마. 가족 : 사업주의 가족으로 임금을 받지 않는 사람
    바. 파견직 : 파견근로에 관한 법의 파견사업주를 통해 고용되나 사용자의 사업장에서 근로하는 사람
    사. 자영업자 : 혼자 혹은 그 동업자로서 근로자를 고용하지 않은 사람
    아. 그 밖의 사항 : 교육·훈련생, 파견근로자 등
13. 근무 형태 : 평소 근로자의 작업 수행 시간 등 업무를 수행하는 형태를 말합니다(재해 당시 근무 상황이 아님).
    가. 정상 : 오전 9시 전후에 출근하여 오후 6시 전후에 퇴근하는 것을 말합니다.
    나. 2교대, 3교대 : 같은 작업에 2개 조, 3개 조로 순환되는 형태를 말합니다.(1개월 이상을 주기로 근무가 변경되는 경우 제외)
    다. 그 밖의 사항 : 고정적인 심야(야간) 근무 등을 말합니다.
14. 근로 손실 : 재해 당일을 포함하고 작업장에 복귀 또는 작업 제한을 받은 전날까지 산정하여 적고, 만약, 조사 당일까지 복귀되지 않았거나 작업 제한을 받은 경우에는 복귀 예정일 등을 추정하여 적습니다(추정 시 의사의 진단 소견을 참조).
    ※ 근로 손실의 개념은 사업장의 작업 여부에 관계없이 재해자의 근로 능력 손실을 기준으로 판단합니다.
    가. 출근 하지 못한 일수 : 결근 등 작업 불능일수를 말합니다.(재해 후 작업 개시 전까지 작업이 불가능했던 일수, 공휴일 포함 산정)
    나. 작업 제한을 받은 일수 : 통원치료 또는 요양으로 정상적인 작업이 이루어지지 못한 일수. 즉, 작업 제한은 업무량 감소, 작업 시간 단축, 작업 전환이 된 경우를 말합니다.
15. 직업(직위) : 재해 당시 수행하던 업무 등을 적지 말고 평소에 수행하는 정규 직업(직종)과 직위를 적습니다.
    가. 직업(직종) : 사무원, 전기공, 배관공, 벽돌공, 미장공, 단열공, 철근·콘크리트공, 목공, 용접공, 기계설비·조립공, 조경원, 지게차 운전 기사, 건물관리원, 청소 관련 단순노무자, 무용가, 요리사 등
    나. 직위 : 사원, 주임, 반장, 대리, 직장, 과장, 차장 등
16. 상해 종류(질병명) : 재해로 발생된 신체적 특성 또는 상해 형태를 적습니다.
    【예 : 골절, 절단, 타박상, 찰과상, 중독·질식, 화상, 감전, 뇌진탕, 고혈압, 뇌졸중, 피부염, 진폐, 수근관증후군 등】
17. 상해 부위(질병 부위) : 재해로 피해가 발생된 신체 부위를 적습니다.
    【예 : 머리, 눈, 목, 어깨, 팔, 손, 손가락, 등, 척추, 몸통, 다리, 발, 발가락, 전신, 신체 내부 기관(소화·신경·순환·호흡 배설) 등】
    ※ 상해 종류 및 상해 부위가 둘 이상이면 상해 정도가 심한 것부터 적습니다.
18. 가해물 : 재해자에게 직접적으로 상해를 입힌 기계, 물체 또는 물질을 말합니다(재해 원인 물체·물질 "예" 참조).
19. 평상시 수행 작업공정·내용 : 재해자가 평소에 맡고 있거나 수행하던 업무 및 작업 공정을 적습니다.
    ※ 운전, 공사 등 이동을 수반하는 업무나 변경이 잦은 불특정한 장소에서의 업무라도 그 업무 형태가 정규적인 경우 평소 업무로 규정합니다.
20. 재해 당시 수행 작업공정·내용 : 재해 당시 재해자가 직접 수행하고 있던 업무 또는 상태를 적습니다.
    ※ 동료 또는 다른 작업자에 의한 작업으로 재해가 발생될 수 있으므로, 재해유발 작업 공정·내용이 아닐 수 있습니다.

3) 상해 정도별 분류

① **사망** : 안전 사고로 죽거나 사고 시 입은 부상의 결과로 일정 기간 이내에 생명을 잃는 것

② **영구 전노동 불능 상해** : 부상의 결과로 근로의 기능을 완전히 잃는 상해 정도(신체 장애 등급 1급~3급)

③ **영구 일부노동 불능 상해** : 부상의 결과로 신체의 일부가 영구적으로 노동 기능을 상실한 상해 정도(신체 장애 등급 4급~14급)

④ **일시 전노동 불능 상해** : 의사의 진단으로 일정 기간 정규 노동에 종사할 수 없는 상해 정도(완치 후 노동력 회복)

⑤ **일시 일부노동 불능 상해** : 의사의 진단으로 일정 기간 정규 노동에는 종사할 수 없으나, 휴무 상태가 아닌 일시 가벼운 노동에 종사할 수 있는 상해 정도

⑥ **응급 조치 상해** : 응급 처치 또는 자가 치료(1일 미만)를 받고 정상 작업에 임할 수 있는 상해 정도

4) I.L.O(국제노동기구)의 재해 분류

① 사망

② 영구 전노동 불능 상해

③ 영구 일부노동 불능 상해

④ 일시 전노동 불능 상해

⑤ 일시 일부노동 불능 상해

(5) 재해에 따른 손실비

1) 하인리히의 방법

① **총 재해 cost**＝직접비＋간접비

② **직접비** : 산재 보상비

　㉠ 휴업 보상비, ㉡ 장애 보상비, ㉢ 요양비, ㉣ 장의비, ㉤ 유족 보상비

③ **간접비** : 인적 손실, 물적 손실, 생산 손실

④ **직접비** : 간접비의 비율은 1 : 4이다.

2) 시몬즈(Simonds)의 방법

① **총 재해 cost**＝보험 cost＋비보험 cost

② **비보험 cost**＝A×휴업 상해 건수＋
　　　　　　　B×통원 상해 건수＋
　　　　　　　C×구급 조치 건수＋
　　　　　　　D×무상해 사고 건수

③ 시몬즈의 방식에서 별도 산입해야 하는 상해로는 사망과 영구 전노동 불능 상해이다.

(6) 재해 분석 시 통계적 분석의 방법

① 파레토도   ② 관리도

③ 클로즈 분석   ④ 특성 요인도

(7) 재해율

1) 연천인율

1년간 평균 근로자 1,000명당 재해자 수를 나타내는 통계

$$연천인율 = \frac{재해자\ 수}{연평균\ 근로자\ 수} \times 1,000$$

연평균 근로자 수가 200명인 어느 사업장에서 1년간 4명의 재해자가 발생하였다면 연천인율은?

풀이

$$연천인율 = \frac{재해자\ 수}{연평균\ 근로자\ 수} \times 1,000 = \frac{4}{200} \times 1,000 = 20.00$$

즉, 연천인율이 20.00이란 1년간 근로자 1,000명당 20명의 재해자가 발생하였다는 뜻이다.

2) 빈도율(도수율)

100만인시당 재해 발생 건수를 나타내는 통계

$$도수율 = \frac{재해\ 발생\ 건수}{연평균\ 근로\ 총\ 시간수} \times 1,000,000$$

연간 400명의 근로자가 근무하고 있는 어느 사업장에서 1년에 10건의 재해가 발생하였다면 도수율은?

풀이

$$도수율 = \frac{재해\ 발생\ 건수}{연평균\ 근로\ 총\ 시간수} \times 1,000,000$$

연평균 근로 총 시간수 = 400명 × 8시간 × 300일 = 960,000시간

$$\therefore \frac{10}{960,000} \times 10^6 = 10.42 \quad 즉, \ \frac{10}{400 \times 8 \times 300} \times 10^6 = 10.42$$

즉, 도수율이 10.42란 100만인시당 10.42건의 재해가 발생하였다는 뜻이다.

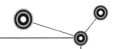

 연천인율과 도수율의 상관 관계

- 연천인율 = 도수율 × 2.4

- 도수율 = $\dfrac{연천인율}{2.4}$

3) 강도율

1,000인시당 산업 재해로 인한 근로 손실 일수를 나타내는 통계

$$강도율 = \frac{근로\ 손실\ 일수}{근로\ 총\ 시간수} \times 1{,}000$$

근로 손실 일수는 장애 등급별 손실 일수 + 비장애 등급 손실 일수 × $\dfrac{300}{365}$ 으로 환산하며 장애 등급별 근로 손실 일수는 다음과 같다.

| 표 1-5 | 장애 등급별 손실 일수

신체 장애 등급	1~3	4	5	6	7	8	9	10	11	12	13	14
손실 일수	7,500	5,500	4,000	3,000	2,200	1,500	1,000	600	400	200	100	50

연평균 200명의 근로자가 작업하는 사업장에서 연간 3건의 재해가 발생하여 사망 1명, 30일 가료 1명, 20일 가료 1명이 발생하였다. 이때 강도율은?

$$강도율 = \frac{근로\ 손실\ 일수}{근로\ 총\ 시간수} \times 1{,}000 = \frac{7{,}500 + 50 \times \dfrac{300}{365}}{200 \times 8 \times 300} \times 1{,}000 = 15.71$$

즉, 강도율이 15.71이란 1,000인시당 산재로 인한 근로 손실 일수가 15.71일이라는 뜻이다.

4) 환산 강도율 및 환산 도수율

어느 사업장에서 한 근로자가 평생을 근무한다면 산업 재해로 인하여 몇 건의 재해와 며칠의 근로 손실을 당하겠는가를 나타내는 통계이다.

예제

도수율이 10.41인 사업장에서 어느 작업자가 평생 근무한다면 몇 건의 재해를 당하겠는가?

풀이 $10.41 \times \dfrac{100,000}{1,000,000} = 1.04$건

예제

강도율이 15.71인 사업장에서 어느 작업자가 평생 근무한다면 며칠의 근로 손실을 당하겠는가?

풀이 $15.71 \times \dfrac{100,000}{1,000} = 1,571$일

 (연구) **평생 근로 시간 산출**

40년×8년×300일+잔업 4,000시간 = 100,000시간

5) 종합 재해 지수

$$종합 재해 지수 = \sqrt{빈도율 \times 강도율}$$

6) safe-T-score

과거와 현재의 안전 성적을 비교 평가하는 것으로서 단위가 없으며 계산 결과 +이면 나쁜 결과, −이면 좋은 결과를 나타낸다.

$$safe\text{-}T\text{-}score = \dfrac{현재\ 빈도율 - 과거\ 빈도율}{\sqrt{\dfrac{과거\ 빈도율}{근로\ 총\ 시간수(현재)} \times 10^6}}$$

판정 ① +2.00 이상 : 과거보다 심각하게 나빠졌다.

② +2.00~−2.00 : 과거에 비해 심각한 차이가 없다.

③ −2.00 이하 : 과거보다 좋아졌다.

7) 안전 활동률

$$안전 활동률 = \dfrac{안전\ 활동\ 건수}{근로\ 총\ 시간수} \times 1,000,000$$

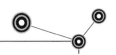

안전 활동 건수에는 다음의 사항이 있다.

① 기간에 실시한 안전 개선 권고수

② 안전 조치한 불안전 작업의 건수

③ 적발된 불안전 행동 건수

④ 불안전 상태 건수

⑤ 안전 회의 건수

⑥ 안전 교육, 안전 홍보 건수 등

8) 건설업체 산업 재해 발생률 및 산업 재해 발생 보고 의무 위반 건수 산정 기준과 방법

① 산업 재해 발생률 및 산업 재해 발생 보고 의무 위반에 따른 가감점 부여 대상이 되는 건설업체는 매년 「건설산업기본법」 제23조에 따라 국토교통부 장관이 시공 능력을 고려하여 공시하는 건설업체 중 고용노동부 장관이 정하는 업체로 한다.

② 건설업체의 산업 재해 발생률은 다음의 계산식에 따른 사고사망만인율로 산출하되, 소수점 셋째 자리에서 반올림한다.

$$\text{사고사망만인율(‰)} = \frac{\text{사고사망자 수}}{\text{상시 근로자 수}} \times 10,000$$

③ '②'의 계산식에서 사고사망자 수는 다음과 같은 기준과 방법에 따라 산출한다.

㉠ 사고사망자 수는 사고사망만인율 산정 대상 연도의 1월 1일부터 12월 31일까지의 기간 동안 해당 업체가 시공하는 국내의 건설 현장(자체 사업의 건설 현장을 포함한다. 이하 같다)에서 사고사망 재해를 입은 근로자 수를 합산하여 산출한다. 다만, 이상 기온에 기인한 질병 사망자를 포함한다.

• 「건설산업기본법」 제8조에 따른 종합 공사를 시공하는 업체의 경우에는 해당 업체의 소속 사고사망자 수에 그 업체가 시공하는 건설 현장에서 그 업체로부터 도급을 받은 업체(그 도급을 받은 업체의 하수급인을 포함한다. 이하 같다.)의 사고사망자 수를 합산하여 산출한다.

• 「건설산업기본법」 제29조 제3항에 따라 종합 공사를 시공하는 업체(A)가 발주자의 승인을 받아 종합 공사를 시공하는 업체(B)에 도급을 준 경우에는 해당 도급을 받은 종합 공사를 시공하는 업체(B)의 사고사망자 수와 그 업체로부터 도급을 받은 업체(C)의 사고사망자 수를 도급을 한 종합 공사를 시공하는 업체(A)와 도급을 받은 종합 공사를 시공하는 업체(B)에 반으로 나누어 각각 합산한다. 다만, 그 산업 재해와 관련하여 법원의 판결이 있는 경우에는 산업 재해에 책임이 있는 종합 공사를 시공하는 업체의 사고사망자 수에 합산한다.

• 제4조 제1항에 따른 산업 재해 조사표를 제출하지 않아 고용노동부 장관이 산업 재해 발생 연도 이후에 산업 재해가 발생한 사실을 알게 된 경우에는 그 알게 된 연도의 사고사망자 수로 산정한다.

ⓛ 둘 이상의 업체가 「국가를 당사자로 하는 계약에 관한 법률」 제25조에 따라 공동 계약을 체결하여 공사를 공동 이행 방식으로 시행하는 경우 해당 현장에서 발생하는 사고사망자 수는 공동 수급업체의 출자 비율에 따라 분배한다.

ⓒ 건설 공사를 하는 자(도급인, 자체 사업을 하는 자 및 그의 수급인을 포함한다.)와 설치, 해체, 장비 임대 및 물품 납품 등에 관한 계약을 체결한 사업주의 소속 근로자가 그 건설 공사와 관련된 업무를 수행하는 중 사고사망을 입은 경우에는 건설 공사를 하는 자의 사고사망자 수로 산정한다.

ⓜ 사고사망자 중 다음의 어느 하나에 해당하는 경우로서 사업주의 법 위반으로 인한 것이 아닌 재해에 의한 사고사망자는 사고사망자 수 산정에서 제외한다.

  • 방화, 근로자간 또는 타인간의 폭행에 의한 경우
  • 「도로교통법」에 따라 도로에서 발생한 교통 사고에 의한 경우(해당 공사의 공사용 차량 · 장비에 의한 사고는 제외한다.)
  • 태풍 · 홍수 · 지진 · 눈사태 등 천재지변에 의한 불가항력적인 재해의 경우
  • 작업과 관련이 없는 제3자의 과실에 의한 경우(해당 목적물 완성을 위한 작업자간의 과실은 제외한다.)
  • 그 밖에 야유회, 체육행사, 취침 · 휴식 중의 사고 등 건설 작업과 직접 관련이 없는 경우

ⓗ 재해 발생 시기와 사망 시기의 연도가 다른 경우에는 재해 발생 연도의 다음 연도 3월 31일 이전에 사망한 경우에만 산정 대상 연도의 사고사망자 수로 산정한다.

④ '②'의 계산식에서 상시 근로자 수는 다음과 같이 산출한다.

$$\text{상시 근로자 수} = \frac{\text{연간 국내 공사 실적액} \times \text{노무 비율}}{\text{건설업 월평균 임금} \times 12}$$

ⓐ '연간 국내 공사 실적액'은 「건설산업기본법」에 따라 설립된 건설업자의 단체, 「전기공사업법」에 따라 설립된 공사업자 단체, 「정보통신공사업법」에 따라 설립된 정보통신공사협회, 「소방시설공사업법」에 따라 설립된 한국소방시설협회에서 산정한 업체별 실적액을 합산하여 산정한다.

ⓑ '노무 비율'은 「고용 보험 및 산업 재해 보상 보험의 보험료 징수 등에 관한 법률 시행령」 제11조 제1항에 따라 고용노동부 장관이 고시하는 일반 건설 공사의 노무 비율(하도급 노무 비율은 제외한다.)을 적용한다.

ⓒ '건설업 월평균 임금'은 「고용 보험 및 산업 재해 보상 보험의 보험료 징수 등에 관한 법률 시행령」 제2조 제1항 제3호 가목에 따라 고용노동부 장관이 고시하는 건설업 월평균 임금을 적용한다.

⑤ 고용노동부 장관은 제3호 라목 및 마목에 따른 가중치 부여 여부 및 재해자 수 산정 여부 등을 심사하기 위하여 다음의 어느 하나에 해당하는 사람 각 1명 이상으로 심사단을 구성 · 운영할 수 있다.

　　㉠ 전문대학 이상의 학교에서 건설 안전 관련 분야를 전공하는 조교수 이상인 사람
　　㉡ 공단의 전문직 2급 이상 임직원
　　㉢ 건설안전기술사 또는 산업안전지도사(건설 안전 분야에만 해당한다.) 등 건설 안전
　　　분야에 학식과 경험이 있는 사람
　⑥ 산업 재해 발생 보고 의무 위반 건수는 다음에서 정하는 바에 따라 산정한다.
　　㉠ 건설업체의 산업 재해 발생 보고 의무 위반 건수는 국내의 건설 현장에서 발생한
　　　산업 재해의 경우 법 제10조에 따른 보고 의무를 위반(제4조 제1항에 따른 보고
　　　기한을 넘겨 보고 의무를 위반한 경우는 제외한다.)하여 과태료 처분을 받은 경우
　　　만 해당한다.
　　㉡ 「건설산업기본법」 제8조에 따른 종합 공사를 시공하는 업체의 산업 재해 발생 보
　　　고 의무 위반 건수에는 해당 업체로부터 도급 받은 업체(그 도급을 받은 업체의
　　　하수급인은 포함한다.)의 산업 재해 발생 보고 의무 위반 건수를 합산한다.
　　㉢ 「건설산업기본법」 제29조 제3항에 따라 종합 공사를 시공하는 업체(A)가 발주자
　　　의 승인을 받아 종합 공사를 시공하는 업체(B)에 도급을 준 경우에는 해당 도급을
　　　받은 종합 공사를 시공하는 업체(B)의 산업 재해 발생 보고 의무 위반 건수와 그
　　　업체로부터 도급을 받은 업체(C)의 산업 재해 발생 보고 의무 위반 건수를 도급을
　　　준 종합 공사를 시공하는 업체(A)와 도급을 받은 종합 공사를 시공하는 업체(B)에
　　　반으로 나누어 각각 합산한다.
　　㉣ 둘 이상의 건설업체가 「국가를 당사자로 하는 계약에 관한 법률」 제25조에 따라
　　　공동 계약을 체결하여 공사를 공동 이행 방식으로 시행하는 경우 산업 재해 발생
　　　보고 의무 위반 건수는 공동 수급업체의 출자 비율에 따라 분배한다.

(8) 휴식 및 휴게시설

1) 휴식 등
사업주는 근로자가 다음의 어느 하나에 해당하는 경우에는 적절하게 휴식하도록 하는
등 근로자 건강장해를 예방하기 위하여 필요한 조치를 해야 한다.
① 고열·한랭·다습 작업을 하는 경우
② 폭염에 노출되는 장소에서 작업하여 열사병 등의 질병이 발생할 우려가 있는 경우

2) 휴게시설 설치·관리기준 준수 대상 사업장의 사업주
"사업의 종류 및 사업장의 상시 근로자 수 등 대통령령으로 정하는 기준에 해당하는 사
업장"이란 다음의 어느 하나에 해당하는 사업장을 말한다.
① 상시근로자(관계수급인의 근로자를 포함한다) 20명 이상을 사용하는 사업장(건설업
　의 경우에는 관계수급인의 공사금액을 포함한 해당 공사의 총공사금액이 20억원 이
　상인 사업장으로 한정한다)

② 다음의 어느 하나에 해당하는 직종(통계청장이 고시하는 한국표준직업분류에 따른
다)의 상시근로자가 2명 이상인 사업장으로서 상시근로자 10명 이상 20명 미만을
사용하는 사업장(건설업은 제외한다)

　　㉠ 전화 상담원

　　㉡ 돌봄 서비스 종사원

　　㉢ 텔레마케터

　　㉣ 배달원

　　㉤ 청소원 및 환경미화원

　　㉥ 아파트 경비원

　　㉦ 건물 경비원

Chapter 04 안전 점검 및 안전 진단

4.1 안전 점검 및 진단

(1) 안전 점검

안전 점검은 안전 확보를 위해 실태를 파악하여 설비의 불안전한 상태나 인간의 불안전한 행동에서 생기는 결함을 발견하고 안전 대책의 이행 상태를 확인하는 행동이다.

- 기계 설비의 설계, 제조, 운전, 보전, 수리 등 각 과정에서 인간의 착오 등에 의한 요인의 잠재
- 운전 중인 기계 설비나 작업 환경도 수시로 변화함

1) 안전 점검의 목적

① 설비의 안전 확보
② 설비의 안전 상태 유지
③ 인적인 안전 행동 상태 유지
④ 합리적인 생산 관리

 안전의 5요소

안전 기준과의 적합성 여부를 확인하기 위하여 안전의 5요소를 빠짐없이 점검하여야 한다.
① man(사람)   ② machine(도구, 기계, 장비)
③ material(원재료)   ④ method(방법)
⑤ environment(환경)

2) 안전 점검의 종류

① 정기 점검 : 정해진 기간으로 주, 월, 분기 등 정기적으로 실시하는 점검이다.
② 수시 점검(일상 점검) : 작업 전, 작업 중, 작업 후에 수시로 실시하는 점검이다.
③ 임시 점검 : 이상 발견 시 또는 재해 발생 시 임시로 실시하는 점검이다.
④ 특별 점검 : 기계, 기구 등의 신설, 변경 시 및 고장, 수리 등에 의해 부정기적으로 실시하는 점검으로 강조 기간 등에 실시한다.

3) 점검표(checklist)

① 점검표 작성 시 유의 사항

㉠ 점검표의 내용은 구체적이고 재해 방지에 효과가 있어야 한다.

㉡ 중점도 순위로 작성한다.

㉢ 점검 항목을 이해하기 쉽게 구체적으로 표현할 수 있어야 한다.

㉣ 점검 항목을 폭넓게 검토할 수 있어야 한다.

② 점검표에 포함해야 할 사항

㉠ 점검 부분

㉡ 점검 방법

㉢ 점검 항목

㉣ 판정 기준

㉤ 점검 시기

㉥ 판정

㉦ 조치

(2) 안전 보건 진단

1) 안전 보건 진단 대상 사업장

① 중대 재해 발생 사업장. 다만, 그 사업장의 연간 산업 재해율이 같은 업종의 규모별 평균 산업 재해율을 2년간 초과하지 아니한 사업장은 제외한다.

② 안전 보건 개선 계획 수립 및 시행 명령을 받은 사업장

③ 추락, 폭발, 붕괴 등 재해 발생 위험이 현저히 높은 사업장으로서 지방노동관서의 장이 안전 보건 진단이 필요하다고 인정하는 사업장

2) 안전 보건 진단의 종류

① 종합 진단

② 안전 기술 진단

③ 보건 기술 진단

(3) 공정 안전 보고서

1) 공정 안전 보고서 제출 대상 사업

① 원유 정제 처리업

② 기타 석유 정제물 재처리업

③ 석유 화학계 기초 화학물 또는 합성수지 및 기타 플라스틱 물질 제조업

④ 질소화합물, 질소, 인산 및 칼리질 비료 제조업 중 질소질 비료 제조

⑤ 복합 비료 및 기타 화학비료 제조업 중 복합 비료 제조

⑥ 화학 살균, 살충제 및 농업용 약제 제조업

⑦ 화약 및 불꽃 제품 제조업

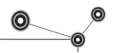

2) 공정 안전 보고서 내용

① 공정 안전 자료
② 공정 위험성 평가서
③ 안전 운전 계획
④ 비상 조치 계획
⑤ 그 밖에 공정상의 안전과 관련하여 고용노동부 장관이 필요하다고 인정하여 고시하는 사항

3) 공정 안전 보고서 제출 제외 대상 설비

다음의 설비는 유해·위험 설비로 보지 아니한다.
① 원자력 설비
② 군사 시설
③ 사업주가 해당 사업장 내에서 직접 사용하기 위한 난방용 연료의 저장 설비 및 사용 설비
④ 도매·소매 시설
⑤ 차량 등의 운송 설비
⑥ 「액화석유가스의 안전관리 및 사업법」에 따른 액화석유가스의 충전·저장 시설
⑦ 「도시가스사업법」에 따른 가스 공급 시설
⑧ 그 밖에 고용노동부 장관이 누출·화재·폭발 등으로 인한 피해의 정도가 크지 않다고 인정하여 고시하는 설비

(4) 유해 물질의 표시

1) 관리 대상 유해 물질을 취급하는 작업장에 게시해야 할 사항

① 명칭
② 인체에 미치는 영향
③ 취급상 주의 사항
④ 착용하여야 할 보호구
⑤ 응급 조치 및 긴급 방재 요령

2) 물질 안전 보건 자료의 작성, 비치

① 화학 물질의 명칭, 성분 및 함유량
② 안전 보건상의 취급 주의 사항
③ 인체 및 환경에 미치는 영향
④ 그 밖에 고용노동부령으로 정하는 사항

3) 물질 안전 보건 자료의 기재 사항

① 물리·화학적 특성
② 독성에 관한 정보
③ 폭발, 화재 시의 대처 방법
④ 응급 조치 요령
⑤ 그 밖에 고용노동부 장관이 정하는 사항

4.2 안전 인증 및 안전 검사

(1) 안전 인증

유해하거나 위험한 기계·기구·설비 및 방호 장치의 안전성을 평가하기 위하여 안전 인증 대상 기계·기구 등의 안전에 관한 성능과 제조자의 기술 능력, 생산 체계 등에 관한 안전 인증

1) 안전 인증의 면제

① 연구·개발을 목적으로 제조·수입하거나 수출을 목적으로 제조하는 경우
② 「건설기계관리법」에 따른 검사를 받은 경우 또는 형식승인을 받거나 형식신고를 한 경우
③ 「고압가스 안전관리법」에 따른 검사를 받은 경우
④ 「광산안전법」에 따른 검사 중 광업시설의 설치공사 또는 변경공사가 완료되었을 때에 받는 검사를 받은 경우
⑤ 「방위사업법」에 따른 품질보증을 받은 경우
⑥ 「선박안전법」에 따른 검사를 받은 경우
⑦ 「에너지이용 합리화법」에 따른 검사를 받은 경우
⑧ 「원자력안전법」에 따른 검사를 받은 경우
⑨ 「위험물안전관리법」에 따른 검사를 받은 경우
⑩ 「전기사업법」에 따른 검사를 받은 경우
⑪ 「항만법」에 따른 검사를 받은 경우
⑫ 「화재예방, 소방시설 설치·유지 및 안전관리에 관한 법률」에 따른 검사를 받은 경우

2) 안전 인증의 취소

① 거짓이나 그 밖의 부정한 방법으로 안전 인증을 받은 경우
② 안전 인증을 받은 안전 인증 대상 기계·기구 등의 안전에 관한 성능 등이 안전 인증 기준에 맞지 아니하게 된 경우
③ 정당한 사유 없이 안전 인증을 받은 제조자가 안전 인증 기준 준수 여부 확인을 거부, 기피 또는 방해하는 경우

3) 안전 인증 대상 기계·기구

① 안전 인증 대상 기계·기구·설비
  ㉠ 프레스
  ㉡ 전단기 및 절곡기
  ㉢ 크레인
  ㉣ 리프트

      ⓜ 압력 용기

      ⓗ 롤러기

      ⓢ 사출 성형기

      ⓞ 고소 작업대

      ⓩ 곤돌라

  ② 안전 인증 대상 방호 장치

      ㉠ 프레스 및 전단기 방호 장치

      ㉡ 양중기용 과부하 방지 장치

      ㉢ 보일러 압력 방출용 안전밸브

      ㉣ 압력 용기 압력 방출용 안전밸브

      ㉤ 압력 용기 압력 방출용 파열판

      ㉥ 절연용 방호구 및 활선 작업용 기구

      ㉦ 방폭 구조 전기 기계·기구 및 부품

      ㉧ 추락·낙하 및 붕괴 등의 위험 방호에 필요한 가설 기자재로서 고용노동부 장관 이 정하여 고시하는 것

      ㉨ 충돌·협착 등의 위험 방지에 필요한 산업용 로봇 방호 장치로서 고용노동부 장관 이 정하여 고시하는 것

  ③ 안전 인증 대상 보호구

      ㉠ 추락 및 감전 위험 방지용 안전모

      ㉡ 안전화

      ㉢ 안전 장갑

      ㉣ 방진 마스크

      ㉤ 방독 마스크

      ㉥ 송기 마스크

      ㉦ 전동식 호흡 보호구

      ㉧ 보호복

      ㉨ 안전대

      ㉩ 차광 및 비산물 위험 방지용 보안경

      ㉪ 용접용 보안면

      ㉫ 방음용 귀마개 또는 귀덮개

4) 안전 인증 심사의 종류 및 방법

  ① 안전 인증 심사의 종류

      ㉠ 예비 심사 : 기계·기구 및 방호 장치·보호구가 안전 인증 대상 기계·기구 등인 지를 확인하는 심사(안전 인증을 신청한 경우만 해당한다.)

ⓛ 서면 심사 : 안전 인증 대상 기계 · 기구 등의 종류별 또는 형식별로 설계 도면 등 안전 인증 대상 기계 · 기구 등의 제품 기술과 관련된 문서가 안전 인증 기준에 적합한지 여부에 대한 심사

    ⓒ 기술 능력 및 생산 체계 심사 : 안전 인증 대상 기계 · 기구 등의 안전 성능을 지속적으로 유지 · 보증하기 위하여 사업장에서 갖추어야 할 기술 능력과 생산 체계가 안전 인증 기준에 적합한지에 대한 심사. 다만, 수입자가 안전 인증을 받거나 개별 제품 심사를 하는 경우에는 기술 능력 및 생산 체계 심사를 생략한다.

    ⓔ 제품 심사 : 안전 인증 대상 기계 · 기구 등의 안전에 관한 성능이 안전 인증 기준에 적합한지에 대한 심사(다음 심사는 안전 인증 대상 기계 · 기구 등별로 고용노동부 장관이 정하여 고시하는 기준에 따라 어느 하나만을 받는다.)

      • 개별 제품 심사 : 서면 심사 결과가 안전 인증 기준에 적합할 경우에 하는 안전 인증 대상 기계 · 기구 등 모두에 대하여 하는 심사(안전 인증을 받으려는 자가 서면 심사와 개별 제품 심사를 동시에 할 것을 요청하는 경우 병행하여 할 수 있다.)

      • 형식별 제품 심사 : 서면 심사와 기술 능력 및 생산 체계 심사 결과가 안전 인증 기준에 적합할 경우에 하는 안전 인증 대상 기계 · 기구 등의 형식별로 표본을 추출하여 하는 심사(안전 인증을 받으려는 자가 서면 심사, 기술 능력 및 생산 체계 심사와 형식별 제품 심사를 동시에 할 것을 요청하는 경우 병행하여 할 수 있다.)

② 안전 인증 심사의 기간

    ㉠ 예비 심사 : 7일

    ⓛ 서면 심사 : 15일(외국에서 제조한 경우는 30일)

    ⓒ 기술 능력 및 생산 체계 심사 : 30일(외국에서 제조한 경우는 45일)

    ⓔ 제품 심사

      • 개별 제품 심사 : 15일

      • 형식별 제품 심사 : 30일(방폭 구조 전기 기계 · 기구 및 부품의 방호 장치와 일부의 보호구는 60일)

5) 안전 인증 기관의 확인 방법 및 주기

① 안전 인증서에 적힌 제조 사업장에서 해당 안전 인증 대상 기계 · 기구 등을 생산하고 있는지 여부

② 안전 인증을 받은 안전 인증 대상 기계 · 기구 등이 안전 인증 기준에 적합한지 여부

③ 제조자가 안전 인증을 받을 당시의 기술 능력 · 생산 체계를 지속적으로 유지하고 있는지 여부

④ 안전 인증 대상 기계 · 기구 등이 서면 심사 내용과 같은 수준 이상의 재료 및 부품을 사용하고 있는지 여부

⑤ 안전 인증 기관은 안전 인증을 받은 자가 안전 인정 기준을 지키고 있는지를 매년 확인

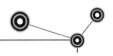

6) 안전 인증 취소 시 공고 사항
① 유해·위험한 기계·기구·설비 등의 명칭 및 형식 번호
② 안전 인증 번호
③ 제조자(수입자)명 및 대표자
④ 사업장 소재지
⑤ 취소 일자 및 취소 사유

7) 설치, 이전하거나 구조 부분 변경 시 안전 인증 대상 기계·기구
① 설치, 이전하는 경우 안전 인증을 받아야 하는 기계·기구
ⓐ 크레인
ⓑ 리프트
ⓒ 곤돌라
② 주요 구조 부분 변경 시 안전 인증을 받아야 하는 기계·기구
ⓐ 프레스
ⓑ 절단기 및 절곡기
ⓒ 크레인
ⓓ 리프트
ⓔ 압력 용기
ⓕ 롤러기
ⓖ 사출 성형기
ⓗ 고소 작업대
ⓘ 곤돌라

(2) 자율 안전 확인 대상 기계·기구

1) 자율 안전 확인 대상 기계·기구·설비
① 연삭기 또는 연마기(휴대형은 제외한다.)
② 산업용 로봇
③ 혼합기
④ 파쇄기 또는 분쇄기
⑤ 식품 가공용 기계(파쇄·절단·혼합·제면기만 해당한다.)
⑥ 컨베이어
⑦ 자동차 정비용 리프트
⑧ 공작 기계(선반, 드릴기, 평삭·형삭기, 밀링만 해당한다.)
⑨ 고정형 목재 가공용 기계(둥근톱, 대패, 루타기, 띠톱, 모떼기 기계만 해당한다.)
⑩ 인쇄기

2) 자율 안전 확인 대상 방호 장치

① 아세틸렌 용접 장치용 또는 가스 집합 용접 장치용 안전기
② 교류 아크 용접기용 자동 전격 방지기
③ 롤러기 급정지 장치
④ 연삭기 덮개
⑤ 목재 가공용 둥근톱 반발 예방 장치 및 날 접촉 예방 장치
⑥ 동력식 수동 대패용 칼날 접촉 방지 장치
⑦ 추락·낙하 및 붕괴 등의 위험 방호에 필요한 가설 기자재로서 고용노동부 장관이 정하여 고시하는 것

3) 자율 안전 확인 대상 보호구

① 안전모(의무 안전 인증 대상 안전모는 제외한다.)
② 보안경(의무 안전 인증 대상 보안경은 제외한다.)
③ 보안면(의무 안전 인증 대상 보안면은 제외한다.)

4) 자율 검사 프로그램의 인정 조건

① 자율 안전 검사원 자격을 가진 검사원을 고용하고 있을 것
② 고용노동부 장관이 정하여 고시하는 바에 따라 검사를 실시할 수 있는 장비를 갖추고 이를 유지·관리할 수 있을 것
③ 안전 검사 주기에 따른 검사 주기의 2분의 1에 해당하는 주기(크레인 중 건설 현장 외에서 사용하는 크레인의 경우에는 6개월)마다 검사를 실시할 것
④ 자율 검사 프로그램의 검사 기준이 안전 검사 기준을 충족할 것

(3) 안전 인증의 표시 방법

1) 의무 안전 인증 대상 기계·기구 등의 안전 인증 및 자율 안전 확인의 표시와 표시 방법

① 표시

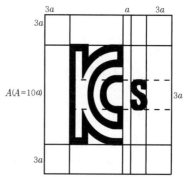

|그림 1-7| 안전 인증 표시 Ⅰ(의무 안전 인증 대상 기계·기구 등)

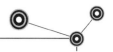

② 표시 방법

　㉠ 표시의 크기는 대상 기계·기구 등의 크기에 따라 조정할 수 있으나 인증 마크의 세로(높이)를 5밀리미터 미만으로 사용할 수 없다.

　㉡ 표시의 표상을 명백히 하기 위하여 필요한 때에는 표시 주위에 표시 사항을 국·영문 등의 글자로 덧붙여 적을 수 있다.

　㉢ 표시는 대상 기계·기구 등이나 이를 담은 용기 또는 포장지의 적당한 곳에 붙이거나 인쇄 또는 새기는 등의 방법으로 표시하여야 한다.

　㉣ 국가 통합 인증 마크의 기본 모형의 색상 명칭을 "KC Dark Blue"로 하고, 별색으로 인쇄할 경우에는 PANTONE 288C 색상을 사용하며, 4원색으로 인쇄할 경우에는 C : 100%, M : 80%, Y : 0%, K : 30%로 인쇄한다.

　㉤ 특수한 효과를 위하여 금색과 은색을 사용할 수 있으며 색상을 사용할 수 없는 경우는 검은색을 사용할 수 있다. 별색으로 인쇄할 경우에는 PANTONE 색상(Gold (PANTONE 874C), Silver(PANTONE 877C), Black(PANTONE Black 6C))을 사용할 수 있다.

　㉥ 표시를 하는 경우에 인체에 상해를 줄 우려가 있는 재질이나 표면이 거친 재질을 사용해서는 아니된다.

2) 의무 안전 인증 대상 기계·기구 등이 아닌 안전 인증 대상 기계·기구 등 안전 인증의 표시와 표시 방법

　① 표시

▎그림 1-8▎ 안전 인증 표시 Ⅱ(의무 안전 인증 대상 기계·기구 등이 아닌 것)

　② 표시 방법

　㉠ 표시의 크기는 대상 기계·기구 등의 크기에 따라 조정할 수 있다.

　㉡ 표시의 표상을 명백히 하기 위하여 필요한 때에는 표시 주위에 표시 사항을 국·영문 등의 글자로 덧붙여 적을 수 있다.

　㉢ 표시는 대상 기계·기구 등이나 이를 담은 용기 또는 포장지의 적당한 곳에 붙이거나 인쇄 또는 새기는 등의 방법으로 표시하여야 한다.

　㉣ 표시의 색상은 테두리와 문자를 파란색, 그 밖의 부분을 흰색으로 표현하는 것을 원칙으로 하되, 안전 인증 표시의 바탕색 등을 고려하여 테두리와 문자를 흰색, 그 밖의 부분을 파란색으로 할 수 있다. 이 경우 파란색의 색도는 2.5PB 4/10로,

흰색의 색도는 N9.5로 한다.(색도 기준은 한국산업규격 색의 3속성에 의한 표시 방법(KS A 0062)에 따른다.)

ⓜ 표시를 하는 경우에 인체에 상해를 줄 우려가 있는 재질이나 표면이 거친 재질을 사용해서는 아니된다.

3) 안전 검사

① 안전 검사 대상 유해, 위험 기계

ㄱ 프레스

ㄴ 전단기

ㄷ 크레인(정격 하중 2톤 미만인 것은 제외한다.)

ㄹ 리프트

ㅁ 압력 용기

ㅂ 곤돌라

ㅅ 국소 배기 장치(이동식은 제외한다.)

ㅇ 원심기(산업용에 한정한다.)

ㅈ 롤러기(밀폐형 구조는 제외한다.)

ㅊ 사출 성형기(형체 결력 294킬로뉴턴(kN) 미만은 제외한다.)

ㅋ 고소 작업대[「자동차관리법」 화물 자동차 또는 특수 자동차에 탑재한 고소 작업대(高所作業臺)로 한정한다.]

ㅌ 컨베이어

ㅍ 산업용 로봇

② 안전 검사의 주기

안전 검사 대상 유해 위험 기계 등의 검사 주기는 다음과 같다.

ㄱ 크레인(이동식 크레인은 제외한다), 리프트(이삿짐 운반용 리프트는 제외한다) 및 곤돌라 : 사업장에 설치가 끝난 날부터 3년 이내에 최초 안전 검사를 실시하되, 그 이후부터 2년마다(건설 현장에서 사용하는 것은 최초로 설치한 날부터 6개월마다)

ㄴ 이동식 크레인, 이삿짐 운반용 리프트 및 고소 작업대 : 신규 등록 이후 3년 이내에 최초 안전 검사를 실시하되, 그 이후부터 2년마다

ㄷ 프레스, 전단기, 압력 용기, 국소 배기 장치, 원심기, 화학 설비 및 그 부속 설비, 건조 설비 및 그 부속 설비, 롤러기, 사출 성형기, 컨베이어 및 산업용 로봇 : 사업장에 설치가 끝난 날부터 3년 이내에 최초 안전 검사를 실시하되, 그 이후부터 2년마다(공정안전보고서를 제출하여 확인을 받은 압력 용기는 4년마다)

③ 사용 금지 대상 유해, 위험 기계 · 기구

ㄱ 안전 검사를 받지 아니한 유해 위험 기계 · 기구

ㄴ 안전 검사에 불합격한 유해 위험 기계 · 기구

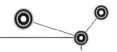

④ 합격 표시

안전 검사 합격 증명서	
① 검사 대상 유해·위험 기계명	
② 신청인	
③ 형식 번호(기호)	
④ 합격 번호	
⑤ 검사 유효 기간	
⑥ 검사원	검사 기관명 : ○ ○ ○ 　서명
	고용노동부 장관 　직인

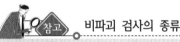

참고　안전 검사와 자율 검사 프로그램 인정

① "안전 검사"란 「산업안전보건법」에 따른 안전 검사 대상 유해, 위험 기계 등의 안전성이 안전 검사 기준에 적합한지 여부를 현장 검사를 통하여 확인하는 것을 말한다.
② "자율 검사 프로그램 인정"이란 사업주가 근로자 대표와 협의하여 검사 기준·검사 방법 및 검사 주기 등을 정한 프로그램을 마련하여 고용노동부 장관으로부터 인정을 받는 것을 말한다.

참고　비파괴 검사의 종류

① 육안 검사　　　　　　　　② 자기 검사
③ 누설 검사　　　　　　　　④ 초음파 투과 검사
⑤ X선 투과 검사　　　　　　⑥ 내압 검사
⑦ 와류 검사

4) 위험성 평가

건설물, 기계·기구, 설비, 원재료, 가스, 증기, 분진 등에 의하거나 작업 행동 그 밖의 업무에 기인하는 유해, 위험 요인을 찾아내어 위험성을 결정하고 근로자의 건강 장해를 방지하기 위한 조치

① 위험성 평가의 실시 내용 및 결과의 기록·보존
　㉠ 위험성 평가 대상의 유해·위험 요인
　㉡ 위험성 결정의 내용
　㉢ 위험성 결정에 따른 조치의 내용
　㉣ 그 밖에 위험성 평가의 실시 내용을 확인하기 위하여 필요한 사항으로서 고용노동부 장관이 정하여 고시하는 사항
　　위 자료는 3년간 보존하여야 한다.

4.3, 안전 인증 대상 기계 · 기구 등의 규격 및 형식별 적용 범위

번 호	기계 · 기구	규격 및 형식별 적용 범위
1	프레스	• 동력으로 구동되는 프레스 및 전단기 중 다음의 어느 하나에 해당하는 프레스 또는 전단기는 제외한다. 가. 열간 단조 프레스, 단조용 해머, 목재 등의 접착을 위한 압착 프레스, 분말 압축 성형기, 사출기 · 압출기 및 절곡기, 고무 및 모래 등의 가압 성형기, 자동 터릿 펀칭 프레스, 다목적 작업을 위한 가공기(Ironworker), 다이스포팅 프레스, 교정용 프레스
2	전단기	나. 스트로크가 6mm 이하로서 위험 한계 내에 신체의 일부가 들어갈 수 없는 구조의 프레스 다. 원형 회전날에 의한 회전 전단기, 니블러, 코일 슬리터, 형강 및 봉강 전용의 전단기 및 노칭기
3	크레인	• 동력으로 구동되는 정격 하중 0.5톤 이상의 크레인(호이스트 및 차량 탑재용 크레인 포함). 다만, 「건설기계관리법」의 적용을 받는 기중기는 제외한다.
4	리프트	• 적재 하중이 0.5톤 이상인 리프트(단, 이삿짐 운반용 리프트는 적재 하중이 0.1톤 이상인 것에 대하여 적용). 다만, 승강로의 최대 높이가 3m 이하인 일반 작업용 리프트, 자동 이송 설비에 의하여 화물을 자동으로 반출입하는 자동화 설비의 일부로 사람이 접근할 우려가 없는 전용 설비, 간이 리프트는 적용하지 아니 한다.
5	압력 용기	가. 화학 공정 유체 취급 용기로서 설계 압력이 게이지 압력으로 0.2MPa 이상인 경우 나. 그 밖의 공정에 사용하는 용기(공기 및 질소 저장 탱크)로서 설계 압력이 게이지 압력으로 0.2MPa 이상이고 사용 압력(단위 : MPa)과 용기 내용적(단위 : m^3)의 곱이 0.1 이상인 경우 다. 용기의 검사 범위는 다음과 같이 한다. 1) 용접 접속으로 외부 배관과 연결된 경우 첫 번째 원주 방향 용접 이음까지 2) 나사 접속으로 외부 배관과 연결된 경우 첫 번째 나사 이음까지 3) 플랜지 접속으로 외부 배관과 연결된 경우 첫 번째 플랜지면까지 4) 부착물을 직접 내압부에 용접하는 경우 그 용접 이음부까지 5) 맨홀, 핸드홀 등의 압력을 받는 덮개판, 용접 이음, 볼트 · 너트 및 개스킷을 포함한다. ※ 1. 압력 용기 중 원자력 용기, 수냉식 관형 응축기(다만, 동체측에 냉각수가 흐르고 관측의 사용 압력이 동체측의 사용 압력보다 낮은 경우), 사용 온도 60℃ 이하의 물만을 취급하는 용기, 판형 열 교환기, 판형 공기 냉각기, 축압기(accumulator), 유압 실린더 및 수압 실린더, 프레스 · 공기 압축기 등 기계 · 기구와 일체형인 압력 용기 등은 제외한다. 2. 화학 공정 유체 취급 용기는 증발 · 흡수 · 증류 · 건조 · 흡착 등의 화학 공정에 필요한 유체를 저장 · 분리 · 이송 · 혼합 등에 사용되는 설비로서 탑류(증류탑, 흡수탑, 추출탑 및 감압탑 등), 반응기 및 혼합 조류, 열 교환기류(가열기, 냉각기, 증발기 및 응축기 등) 및 저장 용기 등을 말한다.

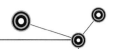

번 호	기계·기구	규격 및 형식별 적용 범위
6	롤러기	• 롤러의 압력에 따라 고무·고무화합물 또는 합성수지를 소성 변형시키거나 연화시키는 롤러기로서 동력에 의하여 구동되는 롤러기에 대하여 적용. 다만, 작업자가 접근할 수 없는 밀폐형 구조로 된 롤러기는 제외한다.
7	사출 성형기	• 플라스틱 또는 고무 등을 성형하는 사출 성형기로서 동력에 의하여 구동되는 사출 성형기. 다만, 다음의 어느 하나에 해당하는 사출 성형기는 적용하지 아니 한다. 가. 반응형 사출 성형기 나. 압축·이송형 사출 성형기 다. 장화 제조용 사출 성형기
8	고소 작업대	• 동력에 의해 사람이 탑승한 작업대를 작업 위치로 이동시키기 위한 모든 종류와 크기의 고소 작업대에 대하여 적용(차량 탑재용 포함). 다만, 다음의 어느 하나에 해당하는 경우 제외한다. 가. 지정된 높이까지 실어 나르는 영구 설치형 승용 승강기 나. 승강 장치에 매달린 가드 없는 케이지 다. 레일 의존형 저장 및 회수 장치 상의 승강 조작대 라. 테일 리프트(tail lift) 마. 마스트 승강 작업대 바. 승강 높이 2m 이하의 승강대 사. 승용 및 화물용 건설 권상기

9	프레스 및 전단기 방호 장치	종류	분류	기 능
		광전자식	A-1	신체의 일부가 광선을 차단하면 기계를 급정지시키는 방호 장치
			A-2	급정지 기능이 없는 프레스의 클러치 개조를 통해 광선 차단 시 급정지시킬 수 있도록 한 방호 장치
		양수 조작식	B-1 (유·공압 밸브식) B-2 (전기 버튼식)	양손으로 동시에 조작하지 않으면 기계가 동작하지 않으며, 한 손이라도 떼어내면 기계를 정지시키는 방호 장치
		가드식	C	가드가 열려 있는 상태에서는 기계의 위험 부분이 동작되지 않고 기계가 위험한 상태일 때에는 가드를 열 수 없도록 한 방호 장치
		손쳐 내기식	D	슬라이드의 작동에 연동시켜 위험 상태로 되기 전에 손을 위험 영역에서 밀어내거나 쳐내는 방호 장치
		수인식	E	슬라이드와 작업자의 손을 끈으로 연결하여 슬라이드 하강 시 작업자의 손을 당겨 위험 영역에서 빼낼 수 있도록 한 방호 장치

번 호	기계 · 기구	규격 및 형식별 적용 범위
10	양중기용 과부하 방지 장치	• 크레인, 리프트, 곤돌라, 승강기 및 고소 작업대의 과부하 발생 시 자동적으로 정지시키는 과부하 방지 장치
11	보일러 압력 방출용 안전밸브	• 보일러 또는 압력 용기에 사용하는 압력 방출 장치로서 스프링에 의해 작동되는 안전밸브. 다만, 다음의 어느 하나에 해당하는 안전밸브는 제외한다. 가. 액체의 압력을 개방하는 용도로 사용하는 것 나. 설정 압력이 0.1MPa 미만인 것 다. 압력 조정에 사용하는 언로더에 속하는 것
12	압력 용기 압력 방출용 안전밸브	
13	압력 용기 압력 방출용 파열판	• 가스 또는 증기에 따른 과압이나 과진공으로부터 압력 용기를 보호하는 데 쓰이는 파열판. 다만, 다음의 어느 하나에 해당하는 파열판은 제외한다. 가. 액체의 압력을 개방하는 용도로 사용하는 것 나. 설정 파열 압력이 0.1MPa 미만인 것
14	절연용 방호구 및 활선 작업용 기구	• 절연관, 절연 시트, 절연 커버, 애자 후드, 완금 커버 및 고무 블랭킷 등 충전 부분을 덮을 수 있는 절연용 방호구와 활선 작업용 기구 중 절연봉에 대하여 적용
15	방폭 구조 전기 기계 · 기구 및 부품	• 폭발성 분위기에서 사용하는 방폭 구조 전기 기계 · 기구 및 방폭 부품으로서 다음의 어느 하나에 해당하는 것 가. 내압 방폭 구조　　　나. 압력 방폭 구조 다. 안전증 방폭 구조　　라. 유입 방폭 구조 마. 본질 안전 방폭 구조　바. 비점화 방폭 구조 사. 몰드 방폭 구조　　　아. 충전(充塡) 방폭 구조 자. 특수 방폭 구조　　　차. 분진 방폭 구조

번 호	기계 · 기구	분 류		기 능
16	추락 · 낙하 및 붕괴 등의 위험 방호에 필요한 가설 기자재	파이프 서포트		• 건설 공사에서 타설된 콘크리트가 소정의 강도를 얻기까지 거푸집을 지지하기 위하여 설치하는 파이프 서포트(단, 압축 강도 180kN 이상의 대구경 강관 동바리는 제외)
		강관틀 비계용 부재	주틀	• 강관틀 비계를 구성하는 주틀은 기둥재, 횡가새 및 보강재가 일체화된 강관틀로서 비계에 작용하는 수직 하중을 지지하기 위한 주틀
			교차 가새	• 평행하게 배열되는 주틀과 주틀을 핀으로 체결하는 X형태의 가새재로서 비계에 작용하는 수평 방향의 압축 · 인장력을 지지하는 교차 가새
			띠장틀	• 수직으로 조립되는 주틀의 5단 이내마다 주틀의 횡가새에 결합되어 강관틀 비계를 지지하기 위한 띠장틀
		작업대		• 건설 공사에서 설치되는 비계에서 작업자의 통로 및 작업 발판의 바닥재로 사용하는 작업대

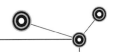

번 호	기계·기구	규격 및 형식별 적용 범위	
		분 류	**기 능**
		이동식 비계용 부재 — 주틀 및 각륜	• 이동식 비계를 구성하기 위해 수직으로 조립되는 주틀과 최하단 주틀의 기둥재에 삽입되는 발바퀴의 각륜
		이동식 비계용 부재 — 난간틀	• 이동식 비계 등의 작업 발판에서 작업자가 추락하지 않도록 설치하는 난간틀
		벽 연결용 철물	• 비계와 구조체를 연결함으로써 풍하중, 충격 등의 수평 및 수직 하중에 의한 인장 및 압축 하중을 지지하는 벽 연결용 철물
		주틀의 연결핀	• 강관틀 비계 및 이동식 비계의 주틀과 주틀을 상·하로 연결하고 주틀의 이탈을 방지하기 위해 사용하는 연결핀
		강관 조인트	• 강관과 강관을 연결하기 위해 사용하는 강관 조인트
		클램프	• 비계용 강관 또는 동바리 등을 조립·해체하기 위해 강관과 강관, 강관과 형강의 체결에 사용하는 클램프
		조절형 받침 철물	• 비계 또는 동바리 기둥의 상·하부에 사용하여 수직 및 수평을 유지하도록 하는 데 사용하는 조절형 받침 철물
		수직 보호망	• 건설 공사 현장에서 가설 구조물의 바깥면에 설치하여 낙하물 및 먼지의 비산 등을 방지하기 위하여 수직으로 설치하는 수직 보호망
		안전 난간 기둥	• 추락의 우려가 있는 장소에 임시로 설치하는 수평 난간대의 고정을 위한 난간 기둥(본체와 설치부로 구성된)으로서 통로, 작업 발판의 가장자리, 개구부 주변 등에 설치하여 사용하는 안전 난간 기둥에 적용한다. 다만, 수평 난간대와 안전 난간 기둥이 일체식으로 구성된 안전 난간은 대상에서 제외한다.
		통로용 작업 발판	• 건설 공사의 수행에 필요한 가설 통로, 작업 발판 등의 바닥재로 사용하는 통로용 작업 발판
		철골용 클램프	• 주로 H형강 등의 강재에 작업 발판 등을 부착하기 위하여 사용하는 철골 작업용 클램프
		추락방호망	• 건설 공사 현장에서 고소 작업 중 작업자의 추락 또는 물체의 낙하를 방지하기 위하여 수평으로 설치하는 추락방호망(단, 낙하물 방지망은 그물코가 20mm 이하이어야 한다.)
		피벗형 받침 철물	• 건축물 등의 공사에서 경사진 부분의 비계 및 동바리의 상부에 연결하여 사용하며 높이 조절이 가능한 피벗형 받침 철물

번 호	기계·기구	규격 및 형식별 적용 범위
17	추락 및 감전 위험 방지용 안전모	• 물체의 낙하·비래 및 추락에 따른 위험을 방지 또는 경감하거나 감전에 의한 위험을 방지하기 위하여 사용하는 안전모. 다만, 물체의 낙하·비래에 의한 위험만을 방지 또는 경감하기 위해 사용하는 안전모는 제외한다.
18	안전화	• 물체의 낙하·충격 또는 날카로운 물체에 의한 위험으로부터 발 또는 발등을 보호하거나 물·기름·화학약품 등으로부터 발을 보호하기 위하여 사용하는 안전화 • 전기로 인한 감전 또는 정전기의 인체 대전을 방지하기 위하여 사용하는 안전화
19	안전 장갑	• 전기에 따른 감전을 방지하기 위한 내전압용 안전 장갑 • 액체 상태의 유기화합물이 피부를 통하여 인체에 흡수되는 것을 방지하기 위하여 사용하는 유기화합물용 안전 장갑
20	방진 마스크	• 분진, 미스트 또는 흄이 호흡기를 통하여 체내에 유입되는 것을 방지하기 위하여 사용되는 방진 마스크
21	방독 마스크	• 유해 물질 등에 노출되는 것을 막기 위하여 착용하는 방독 마스크
22	송기 마스크	• 산소 결핍 장소 또는 가스·증기·분진 흡입 등에 의한 근로자의 건강 장해의 예방을 위해 사용하는 송기 마스크
23	전동식 호흡 보호구	• 분진 또는 유해 물질이 호흡기를 통하여 체내에 유입되는 것을 방지하기 위하여 착용하는 전동식 호흡용 보호구

분류	기능
전동식 방진 마스크	분진 등이 호흡기를 통하여 체내에 유입되는 것을 방지하기 위하여 고효율 여과재를 전동 장치에 부착하여 사용하는 것
전동식 방독 마스크	분진 또는 유해 물질 등이 호흡기를 통하여 체내에 유입되는 것을 방지하기 위하여 고효율 정화통 및 여과재를 전동 장치에 부착하여 사용하는 것
전동식 후드 및 전동식 보안면	분진 또는 유해 물질 등이 호흡기를 통하여 체내에 유입되는 것을 방지하기 위하여 고효율 정화통 및 여과재를 전동 장치에 부착하여 사용함과 동시에 머리, 안면부, 목, 어깨 부분까지 보호하기 위해 사용하는 것

번 호	기계·기구	규격 및 형식별 적용 범위
24	보호복	• 고열 작업에 의한 화상과 열중증을 방지하기 위해 사용하는 방열복 • 액체 상태의 유기화합물이 피부를 통하여 인체에 흡수되는 것을 방지하기 위하여 사용하는 유기화합물용 보호복
25	안전대	• 추락을 방지하기 위하여 사용하는 안전대
26	차광 및 비산물 위험 방지용 보안경	• 눈에 해로운 자외선, 적외선 또는 강렬한 가시광선으로부터 근로자의 눈을 보호하기 위하여 사용하는 보안경

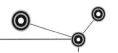

번 호	기계·기구	규격 및 형식별 적용 범위
27	용접용 보안면	• 용접 시에 발생하는 유해한 자외선, 강렬한 가시광선 또는 적외선으로부터 눈을 보호하고, 열에 의한 화상 또는 용접 파편에 의한 위험으로부터 용접자의 안면, 머리부 및 목 부분 등을 보호하기 위한 보안면
28	귀마개 또는 귀덮개	• 근로자의 청력을 보호하기 위하여 사용하는 귀마개 또는 귀덮개

4.4. 자율 안전 확인 대상 기계·기구 등의 규격 및 형식별 적용 범위

번 호	기계·기구	규격 및 형식별 적용 범위
1	원심기	• 액체 또는 고체 사이에서의 분리 또는 이물질들 중 최소 2개를 분리하기 위한 목적으로 쓰이는 동력에 의해 작동되는 원심기. 다만, 다음의 어느 하나에 해당하는 원심기는 적용하지 아니 한다. 가. 회전체의 회전 운동 에너지가 750J 이하인 것 나. 최고 회전 속도가 300m/s를 초과하는 원심기 다. 원자력 에너지 제품 공정에만 사용되는 원심기
2	공기 압축기	• 동력에 의해 구동되고 다음의 어느 하나에 해당되는 공기 압축기. 다만, 「건설기계관리법」의 적용을 받는 공기 압축기는 제외한다. 가. 토출 압력이 0.2MPa 이상으로서 몸통 내경이 200mm 이상인 것 또는 그 길이가 1,000mm 이상인 것 나. 토출 압력이 0.2MPa 이상으로서 토출량이 매 분당 1m³ 이상인 것
3	곤돌라	• 동력에 의해 구동되는 곤돌라. 다만, 크레인에 설치된 곤돌라, 동력으로 엔진 구동 방식을 사용하는 곤돌라, 무선 조작 시스템 사용 곤돌라 및 지면에서 각도가 45° 이하로 설치된 곤돌라는 제외한다.
4	아세틸렌 용접 장치 및 가스 집합 용접 장치용 안전기	• 아세틸렌 또는 가스 집합 용접 장치에 사용하는 역화 방지기
5	교류 아크 용접기용 자동 전격 방지기	• 교류 아크 용접기(엔진 구동형 포함)에 사용하는 자동 전격 방지기에 대하여 적용한다.
6	롤러기 급정지 장치	• 고무, 고무화합물 또는 합성수지를 연화하는 롤러기에 사용하는 급정지 장치
7	연삭기 덮개	• 연삭 숫돌의 덮개. 다만, 연삭 숫돌의 직경이 50mm 미만인 연삭기의 덮개는 제외한다.
8	목재 가공용 둥근톱 반발 예방 장치 및 날 접촉 예방 장치	• 목재 가공용 둥근톱에 부착하는 반발 예방 장치 또는 날 접촉 예방 장치

번 호	기계 · 기구	규격 및 형식별 적용 범위
9	동력식 수동 대패용 칼날 접촉 방지 장치	• 동력식 수동 대패기에 사용하는 칼날 접촉 방지 장치
10	산업용 로봇 안전 매트	• 복합 동작을 할 수 있는 산업용 로봇의 작업에 사용하는 압력 감지형 안전 매트

11	추락 · 낙하 및 붕괴 등의 위험 방호에 필요한 가설 기자재	분 류		기 능
		선반 지주		• 비계 기둥에 부착하여 작업 발판을 설치하기 위해 사용하는 선반 지주
		단관 비계용 강관		• 건설 현장에서 조립하여 설치하는 강관 비계 및 가설 울타리에 사용되는 단관 비계용 강관
		고정형 받침 철물		• 강관 비계 기둥의 하부에 설치하여 비계의 미끄러짐과 침하를 방지하기 위해 사용하는 고정형 받침 철물
		달비계용 부재	달기 체인	• 바닥에서부터 외부 비계 설치가 곤란한 높은 곳에 달비계를 설치하기 위한 체인 형식의 금속제 인장 부재인 달기 체인
			달기틀	• 작업 공간 확보가 곤란한 고소 작업 장소의 작업에 필요한 작업 발판의 설치를 위하여 철골보 등의 구조물에 매달아 사용하는 달기틀
		방호 선반		• 비계 또는 구조물의 외측면에 설치하여 낙하물로부터 작업자나 보행자의 상해를 방지하기 위하여 설치하는 선반
		엘리베이터 개구부용 난간틀		• 작업자가 작업 중 엘리베이터 개구부로 추락하는 것을 방지하기 위하여 설치하는 엘리베이터 개구부용 난간틀
		측벽용 브래킷		• 공동주택 공사의 측벽 등에 강관 비계 조립을 목적으로 본 구조물에 볼트 등으로 부착하는 쌍줄용 브래킷

12	안전모	• 물체의 낙하 · 비래에 의한 위험을 방지 또는 경감하기 위하여 사용하는 안전모
13	보안경	• 날아오는 물체에 의한 위험 또는 위험 물질의 비산에 의한 위험으로부터 눈을 보호하기 위하여 사용하는 보안경
14	보안면	• 날아오는 물체에 의한 위험 또는 위험 물질의 비산에 의한 위험으로부터 안면부를 보호하기 위하여 사용하는 보안면

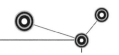

4.5 안전 검사 대상 유해·위험 기계·기구 등의 규격 및 형식별 적용 범위

번 호	기계·기구	규격 및 형식별 적용 범위
1	프레스	• 동력으로 구동되는 프레스 및 전단기로서 압력 능력이 3톤 이상인 것에 대하여 적용한다. 다만, 다음의 어느 하나에 해당하는 기계는 적용을 제외한다.
2	전단기	가. 열간 단조 프레스, 단조용 해머, 목재 등의 접착을 위한 압착 프레스, 분말 압축 성형기, 사출기·압출기 및 절곡기, 고무 및 모래 등의 가압 성형기, 자동 터릿 펀칭 프레스, 다목적 작업을 위한 가공기(Ironworker), 다이스포팅 프레스, 교정용 프레스 나. 스트로크가 6mm 이하로서 위험 한계 내에 신체의 일부가 들어갈 수 없는 구조의 프레스 다. 원형 회전날에 의한 회전 전단기, 니블러, 코일 슬리터, 형강 및 봉강 전용의 전단기 및 노칭기
3	크레인	• 동력으로 구동되는 것으로서 정격 하중이 2톤 이상인 것에 대하여 적용한다. 단, 이동식 크레인은 제외한다.
4	리프트	• 적재 하중이 0.5톤 이상인 리프트에 적용한다. 단, 이삿짐 운반용 리프트는 적재 하중이 0.1톤 이상인 것에 대하여 적용. 다만, 승강로의 최대 높이가 3m 이하인 일반 작업용 리프트, 자동 이송 설비에 의하여 화물을 자동으로 반출입하는 자동화 설비의 일부로 사람이 접근할 우려가 없는 전용 설비, 간이 리프트는 적용을 제외한다.
5	압력 용기	가. 화학 공정 유체 취급 용기로서 설계 압력이 게이지 압력으로 0.2MPa 이상인 경우 나. 그 밖의 공정에 사용하는 용기(공기 및 질소 저장 탱크)로서 설계 압력이 게이지 압력으로 0.2MPa 이상이고 사용 압력(단위 : MPa)과 용기 내용적(단위 : m^3)의 곱이 0.1 이상인 경우 다. 용기의 검사 범위는 다음과 같이 한다. 1) 용접 접속으로 외부 배관과 연결된 경우 첫 번째 원주 방향 용접 이음까지 2) 나사 접속으로 외부 배관과 연결된 경우 첫 번째 나사 이음까지 3) 플랜지 접속으로 외부 배관과 연결된 경우 첫 번째 플랜지면까지 4) 부착물을 직접 내압부에 용접하는 경우 그 용접 이음부까지 5) 맨홀, 핸드홀 등의 압력을 받는 덮개판, 용접 이음, 볼트·너트 및 개스킷을 포함한다. ※ 1. 압력 용기 중 원자력 용기, 수냉식 관형 응축기(다만, 동체측에 냉각수가 흐르고 관측의 사용 압력이 동체측의 사용 압력보다 낮은 경우), 산업용 이외에서 사용하는 밀폐형 팽창 탱크, 사용 온도 60℃ 이하의 물만을 취급하는 용기, 판형 열 교환기, 판형 공기 냉각기, 축압기(accumulator), 유압 실린더 및 수압 실린더, 프레스·공기 압축기 등 기계·기구와 일체형인 압력 용기 등은 제외한다.

번 호	기계 · 기구	규격 및 형식별 적용 범위
		2. 화학 공정 유체 취급 용기는 증발·흡수·증류·건조·흡착 등의 화학 공정에 필요한 유체를 저장·분리·이송·혼합 등에 사용되는 설비로서 탑류(증류탑, 흡수탑, 추출탑 및 감압탑 등), 반응기 및 혼합조류, 열 교환기류(가열기, 냉각기, 증발기 및 응축기 등) 및 저장 용기 등을 말한다.
6	곤돌라	• 동력으로 구동되는 곤돌라에 한해 적용. 다만, 크레인에 설치된 곤돌라, 동력으로 엔진 구동 방식을 사용하는 곤돌라, 무선 조작 시스템 사용 곤돌라 및 지면에서 각도가 45° 이하로 설치된 곤돌라는 적용에서 제외한다.
7	국소 배기 장치	• 다음의 어느 하나에 해당하는 유해 물질에 따른 건강 장해를 예방하기 위하여 설치한 국소 배기 장치에 한하여 적용한다. 다만, 최근 2년 동안 작업 환경 측정 결과가 노출 기준 50% 미만인 경우에는 적용에서 제외한다.

번 호	물질명
1	디아니시딘과 그 염
2	디클로로벤지딘과 그 염
3	베릴륨
4	벤조트리클로리드
5	비소 및 그 무기화합물
6	석면
7	알파-나프틸아민과 그 염
8	염화비닐
9	오로토-톨리딘과 그 염
10	크롬광
11	크롬산아연
12	황화니켈
13	휘발성 콜타르피치
14	2-브로모프로판
15	6가 크롬화합물
16	납 및 그 무기화합물
17	노말헥산
18	니켈(불용성 무기화합물)
19	디메틸포름아미드
20	벤젠
21	이황화탄소
22	카드뮴 및 그 화합물

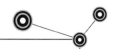

번 호	기계·기구	규격 및 형식별 적용 범위	
		번 호	물질명
		23	톨루엔-2, 4-디이소시아네이트
		24	트리클로로에틸렌
		25	포름알데히드
		26	메틸클로로포름(1, 1, 1-트리클로로에탄)
		27	곡물 분진
		28	망간
		29	메틸렌디페닐디이소시아네이트(MDI)
		30	무수프탈산
		31	브롬화메틸
		32	수은
		33	스티렌
		34	시클로헥사논
		35	아닐린
		36	아세토니트릴
		37	아연(산화아연)
		38	아크릴로니트릴
		39	아크릴아미드
		40	알루미늄
		41	디클로로메탄(염화메틸렌)
		42	용접 흄
		43	유리규산
		44	코발트
		45	크롬
		46	탈크(활석)
		47	톨루엔
		48	황산알루미늄
		49	황화수소

번 호	기계 · 기구	규격 및 형식별 적용 범위
8	원심기	• 액체 · 고체 사이에서의 분리 또는 이물질들 중 최소 2개를 분리하기 위한 목적으로 쓰이는 동력에 의해 작동되는 산업용 원심기에 대하여 적용. 다만, 다음의 어느 하나에 해당하는 원심기는 적용하지 아니 한다. 가. 회전체의 회전 운동 에너지가 750J 이하인 것 나. 최고 회전 속도가 300m/s를 초과하는 원심기 다. 원자력 에너지 제품 공정에만 사용되는 원심기 라. 자동 조작 설비로 연속 공정 과정에 사용되는 원심기 마. 화학 설비에 해당되는 원심기
9	화학 설비 및 그 부속 설비	• 「안전규칙」 제292조 "특수화학설비"로 단위 공정[기계 · 기구 및 설비를 중심으로 제품 또는 중간 제품(다른 제품의 원료)을 생산하는 데 필요한 원료 처리 공정에서부터 제품(중간 제품)의 생산 · 이송 · 저장(부산물 포함)까지의 일괄 공정을 이루는 설비] 과정 중에 저장되는 양을 포함하여 최대로 제조 또는 취급할 수 있는 양이 안전규칙 [별표 1]의 위험 물질 안전규칙 [별표 3]의 3 기준량 이상인 경우(법 제49조의 2에 따른 공정 안전 보고서 제출 대상 설비 등은 면제한다.)
10	건조 설비 및 그 부속 설비	• 건조 설비는 건조 기본체, 가열 장치, 환기 장치 등을 포함하여 열원 기준으로 연료의 최대 사용량이 매 시간당 50kg 이상이고, 전열의 경우 매 시간당 50kW 이상인 경우로 다음의 어느 하나에 해당할 것(법 제49조의 2에 따른 공정 안전 보고서 제출 대상 설비 등은 면제한다.) 가. 열원을 이용하여 건조물에 포함되는 수분, 용제를 건조하는 설비 나. 열원을 이용하여 도료, 피막제의 도포 코팅 등 표면을 개선하여 가연성 가스를 발생하는 설비 다. 열원을 이용하여 가연성 분말 등을 만들어 건조하는 설비로 분진이 발생하는 설비
11	롤러기	• 롤러의 압력에 의하여 고무, 고무화합물 또는 합성수지를 소성 변형시키거나 연화시키는 롤러기로서 동력에 의하여 구동되는 롤러기에 대하여 적용. 다만, 작업자가 접근할 수 없는 밀폐형 구조로 된 롤러기는 제외한다.
12	사출 성형기	• 플라스틱 또는 고무 등을 성형하는 사출 성형기로서 동력에 의하여 구동되는 사출 성형기에 적용. 다만, 다음의 어느 하나에 해당하는 사출 성형기는 적용하지 아니 한다. 가. 클램핑 장치를 인력으로 작동시키는 사출 성형기 나. 반응형 사출 성형기 다. 압축 · 이송형 사출 성형기 라. 장화 제조용 사출 성형기 마. 형체 결력이 294kN 미만인 사출 성형기

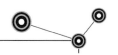

|표 1-6|　작업 시작 전 점검 사항

작업의 종류	점검 내용
① 프레스 등을 사용하여 작업을 하는 때	㉠ 클러치 및 브레이크의 기능 ㉡ 크랭크축·플라이 휠·슬라이드·연결봉 및 연결 나사의 풀림 유무 ㉢ 1행정 1정지 기구·급정지 장치 및 비상 정지 장치의 기능 ㉣ 슬라이드 또는 칼날에 의한 위험 방지 기구의 기능 ㉤ 프레스의 금형 및 고정 볼트 상태 ㉥ 방호 장치의 기능 ㉦ 전단기(剪斷機)의 칼날 및 테이블의 상태
② 로봇의 작동 범위 내에서 그 로봇에 관하여 교시 등(로봇의 동력원을 차단하고 행하는 것을 제외한다)의 작업을 하는 때	㉠ 외부 전선의 피복 또는 외장의 손상 유무 ㉡ 매니퓰레이터(manipulator) 작동의 이상 유무 ㉢ 제동 장치 및 비상 정지 장치의 기능
③ 공기 압축기를 가동하는 때	㉠ 공기 저장 압력 용기의 외관 상태 ㉡ 드레인 밸브의 조작 및 배수 ㉢ 압력 방출 장치의 기능 ㉣ 언로드 밸브의 기능 ㉤ 윤활유의 상태 ㉥ 회전부의 덮개 또는 울 ㉦ 그 밖의 연결 부위의 이상 유무
④ 크레인을 사용하여 작업을 하는 때	㉠ 권과 방지 장치·브레이크·클러치 및 운전 장치의 기능 ㉡ 주행로의 상측 및 트롤리가 횡행(橫行)하는 레일의 상태 ㉢ 와이어 로프가 통하고 있는 곳의 상태
⑤ 이동식 크레인을 사용하여 작업을 하는 때	㉠ 권과 방지 장치, 그 밖의 경보 장치의 기능 ㉡ 브레이크·클러치 및 조정 장치의 기능 ㉢ 와이어 로프가 통하고 있는 곳 및 작업 장소의 지반 상태
⑥ 리프트(간이 리프트를 포함한다)를 사용하여 작업을 하는 때	㉠ 방호 장치·브레이크 및 클러치의 기능 ㉡ 와이어 로프가 통하고 있는 곳의 상태
⑦ 곤돌라를 사용하여 작업을 하는 때	㉠ 방호 장치·브레이크의 기능 ㉡ 와이어 로프·슬링 와이어 등의 상태
⑧ 양중기의 와이어 로프·달기 체인·섬유 로프·섬유 벨트 또는 훅·섀클·링 등의 철구(이하 "와이어 로프 등"이라 한다)를 사용하여 고리걸이 작업을 하는 때	와이어 로프 등의 이상 유무
⑨ 지게차를 사용하여 작업을 하는 때	㉠ 제동 장치 및 조종 장치 기능의 이상 유무 ㉡ 하역 장치 및 유압 장치 기능의 이상 유무 ㉢ 바퀴의 이상 유무 ㉣ 전조등·후미등·방향 지시기 및 경보 장치 기능의 이상 유무

작업의 종류	점검 내용
⑩ 구내 운반차를 사용하여 작업을 하는 때	㉠ 제동 장치 및 조종 장치 기능의 이상 유무 ㉡ 하역 장치 및 유압 장치 기능의 이상 유무 ㉢ 바퀴의 이상 유무 ㉣ 전조등·후미등·방향 지시기 및 경음기 기능의 이상 유무 ㉤ 충전 장치를 포함한 홀더 등의 결합 상태의 이상 유무
⑪ 고소 작업대를 사용하여 작업을 하는 때	㉠ 비상 정지 장치 및 비상 하강 방지 장치 기능의 이상 유무 ㉡ 과부하 방지 장치의 작동 유무(와이어 로프 또는 체인 구동 방식의 경우) ㉢ 아웃트리거 또는 바퀴의 이상 유무 ㉣ 작업면의 기울기 또는 요철 유무 ㉤ 활선작업용 장치의 경우 흠, 균열, 파손 등 그 밖의 손상 유무
⑫ 화물 자동차를 사용하여 작업을 하는 때	㉠ 제동 장치 및 조종 장치의 기능 ㉡ 하역 장치 및 유압 장치의 기능 ㉢ 바퀴의 이상 유무
⑬ 컨베이어 등을 사용하여 작업을 하는 때	㉠ 원동기 및 풀리 기능의 이상 유무 ㉡ 이탈 등의 방지 장치 기능의 이상 유무 ㉢ 비상 정지 장치 기능의 이상 유무 ㉣ 원동기·회전축·기어 및 풀리 등의 덮개 또는 울 등의 이상 유무
⑭ 차량계 건설 기계를 사용하여 작업을 하는 때	브레이크 및 클러치 등의 기능
⑭의 2. 용접·용단 작업 등의 화재위험작업을 할 때	㉠ 작업 준비 및 작업 절차 수립 여부 ㉡ 화기작업에 따른 인근 가연성 물질에 대한 방호조치 및 소화기구 비치 여부 ㉢ 용접불티 비산방지덮개 또는 용접방화포 등 불꽃·불티 등의 비산을 방지하기 위한 조치 여부 ㉣ 인화성 액체의 증기 또는 인화성 가스가 남아 있지 않도록 하는 환기 조치 여부 ㉤ 작업근로자에 대한 화재예방 및 피난교육 등 비상조치 여부
⑮ 이동식 방폭 구조 전기 기계·기구를 사용하여 작업을 하는 때	전선 및 접속부 상태
⑯ 근로자가 반복하여 계속적으로 중량물을 취급하는 작업을 하는 때	㉠ 중량물 취급의 올바른 자세 및 복장 ㉡ 위험물의 날아 흩어짐에 따른 보호구의 착용 ㉢ 카바이드·생석회 등과 같이 온도 상승이나 습기에 의하여 위험성이 존재하는 중량물의 취급 방법 ㉣ 그 밖의 하역 운반 기계 등의 적절한 사용 방법
⑰ 양화 장치를 사용하여 화물을 싣고 내리는 작업을 하는 때	㉠ 양화 장치(揚貨裝置)의 작동 상태 ㉡ 양화 장치에 제한 하중을 초과하는 하중을 실었는지 여부
⑱ 슬링 등을 사용하여 작업을 하는 때	㉠ 훅이 붙어 있는 슬링·와이어 슬링 등의 매달린 상태 ㉡ 슬링·와이어 슬링 등의 상태(작업 시작 전 및 작업 중 수시로 점검)

| 표 1-7 | 관리 감독자의 유해·위험 방지 업무 |

작업의 종류	점검 내용
① 프레스 등을 사용하는 작업	㉠ 프레스 등 및 그 방호 장치를 점검하는 일 ㉡ 프레스 등 및 그 방호 장치에 이상이 발견되면 즉시 필요한 조치를 하는 일 ㉢ 프레스 등 및 그 방호 장치에 전환 스위치를 설치했을 때 그 전환 스위치의 열쇠를 관리하는 일 ㉣ 금형의 부착·해체 또는 조정 작업을 직접 지휘하는 일
② 목재 가공용 기계를 취급하는 작업	㉠ 목재 가공용 기계를 취급하는 작업을 지휘하는 일 ㉡ 목재 가공용 기계 및 그 방호 장치를 점검하는 일 ㉢ 목재 가공용 기계 및 그 방호 장치에 이상이 발견된 즉시 보고 및 필요한 조치를 하는 일 ㉣ 작업 중 지그 및 공구 등의 사용 상황을 감독하는 일
③ 크레인을 사용하는 작업	㉠ 작업 방법과 근로자의 배치를 결정하고 그 작업을 지휘하는 일 ㉡ 재료의 결함 유무 또는 기구 및 공구의 기능을 점검하고 불량품을 제거하는 일 ㉢ 작업 중 안전대 또는 안전모의 착용 상황을 감시하는 일
④ 위험물을 제조하거나 취급하는 작업	㉠ 그 작업을 지휘하는 일 ㉡ 위험물을 제조하거나 취급하는 설비 및 그 설비의 부속 설비가 있는 장소의 온도·습도·차광 및 환기 상태 등을 수시로 점검하고 이상을 발견하면 즉시 필요한 조치를 하는 일 ㉢ '㉡'의 규정에 따라 행한 조치를 기록하고 보관하는 일
⑤ 건조 설비를 사용하는 작업	㉠ 건조 설비를 처음으로 사용하거나 건조 방법 또는 건조물의 종류를 변경한 때에는 근로자에게 미리 그 작업 방법을 교육하고 작업을 직접 지휘하는 일 ㉡ 건조 설비가 있는 장소를 항상 정리정돈하고 그 장소에 가연성 물질을 두지 않도록 하는 일
⑥ 아세틸렌 용접 장치를 사용하는 금속의 용접·용단 또는 가열 작업	㉠ 작업 방법을 결정하고 작업을 지휘하는 일 ㉡ 아세틸렌 용접 장치의 취급에 종사하는 근로자로 하여금 다음의 작업 요령을 준수하도록 하는 일 • 사용 중인 발생기에 불꽃을 발생시킬 우려가 있는 공구를 사용하거나 그 발생기에 충격을 가하지 않도록 할 것 • 아세틸렌 용접 장치의 가스 누출을 점검할 때에는 비눗물을 사용하는 등 안전한 방법으로 할 것 • 발생기실의 출입구의 문을 열어 두지 않도록 할 것 • 이동식 아세틸렌 용접 장치의 발생기에 카바이드를 교환하는 때에는 옥외의 안전한 장소에서 할 것 ㉢ 아세틸렌 용접 작업을 시작하는 때에는 아세틸렌 용접 장치를 점검하고 발생기 내부로부터 공기와 아세틸렌의 혼합 가스를 배제하는 일

작업의 종류	점검 내용
	② 안전기는 작업 중 그 수위를 쉽게 확인할 수 있는 장소에 놓고 1일 1회 이상 점검하는 일 ◎ 아세틸렌 용접 장치 내의 물이 동결되는 것을 방지하기 위하여 보온하거나 가열하는 때에는 온수나 증기를 사용하는 등 안전한 방법에 의하도록 하는 일 ◎ 발생기의 사용을 중지하였을 때에는 물과 잔류 카바이드가 접촉하지 않은 상태로 유지하는 일 ◎ 발생기를 수리·가공·운반 또는 보관할 때에는 아세틸렌 및 카바이드에 접촉하지 아니한 상태로 유지하는 일 ◎ 작업에 종사하는 근로자의 보안경 및 안전장갑의 착용 상황을 감시하는 일
⑦ 가스 집합 용접 장치의 취급 작업	⑦ 작업 방법을 결정하고 작업을 직접 지휘하는 일 ◎ 가스 집합 장치의 취급에 종사하는 근로자로 하여금 다음의 작업 요령을 준수하도록 하는 일 • 부착할 가스 용기의 마개 및 배관 연결부에 붙어 있는 유류·찌꺼기 등을 제거할 것 • 가스 용기를 교환할 때에는 그 용기의 마개 및 배관 연결부 부분의 가스 누출을 점검하고 배관 내의 가스가 공기와 혼합되지 않도록 할 것 • 가스 누출 점검은 비눗물을 사용하는 등 안전한 방법에 의할 것 • 밸브 또는 콕은 서서히 열고 닫을 것 ◎ 가스 용기의 교환 작업을 감시하는 일 ② 그 작업을 시작할 때에는 호스·취관·호스 밴드 등의 기구를 점검하고 손상·마모 등으로 인하여 가스 또는 산소가 누출될 우려가 있다고 인정하는 때에는 보수하거나 교환하는 일 ◎ 안전기는 작업 중 그 기능을 쉽게 확인할 수 있는 장소에 두고 1일 1회 이상 점검하는 일 ◎ 그 작업에 종사하는 근로자의 보안경 및 안전장갑의 착용 상황을 감시하는 일
⑧ 거푸집 동바리의 고정·조립 또는 해체 작업, 지반의 굴착 작업, 흙막이 지보공의 고정·조립 또는 해체 작업, 터널의 굴착 작업, 건물 등의 해체 작업	⑦ 안전한 작업 방법을 결정하고 작업을 지휘하는 일 ◎ 재료·기구의 결함 유무를 점검하고 불량품을 제거하는 일 ◎ 작업 중 안전대 및 안전모 등 보호구 착용 상황을 감시하는 일
⑨ 달비계 또는 높이 5m 이상의 비계를 조립·해체하거나 변경하는 작업(해체 작업의 경우 '⑦'의 규정 적용 제외)	⑦ 재료의 결함 유무를 점검하고 불량품을 제거하는 일 ◎ 기구·공구·안전대 및 안전모 등의 기능을 점검하고 불량품을 제거하는 일 ◎ 작업 방법 및 근로자의 배치를 결정하고 작업 진행 상태를 감시하는 일 ② 안전대 및 안전모 등의 착용 상황을 감시하는 일

작업의 종류	직무 수행 내용
⑩ 발파 작업	㉠ 점화 전에 점화 작업에 종사하는 근로자가 아닌 사람에게 대피를 지시하는 일 ㉡ 점화 작업에 종사하는 근로자에게 대피 장소 및 경로를 지시하는 일 ㉢ 점화 전에 위험 구역 내에서 근로자가 대피한 것을 확인하는 일 ㉣ 점화 순서 및 방법에 대하여 지시하는 일 ㉤ 점화 신호를 하는 일 ㉥ 점화 작업에 종사하는 근로자에게 대피 신호를 하는 일 ㉦ 발파 후 터지지 아니한 장약이나 남은 장약의 유무, 용수의 유무 및 암석·토사의 낙하 여부 등을 점검하는 일 ㉧ 점화하는 사람을 정하는 일 ㉨ 공기 압축기의 안전밸브 작동 유무를 감시하는 일 ㉩ 안전모 등 보호구의 착용 상황을 감시하는 일
⑪ 채석을 위한 굴착 작업	㉠ 대피 방법을 미리 교육하는 일 ㉡ 작업을 시작하기 전 또는 폭우가 내린 후에는 암석·토사의 낙하·균열의 유무 또는 함수(含水)·용수 및 동결의 상태를 점검하는 일 ㉢ 발파한 후에는 발파 장소 및 그 주변의 암석·토사의 낙하·균열의 유무를 점검하는 일
⑫ 화물 취급 작업	㉠ 작업 방법 및 순서를 결정하고 작업을 지휘하는 일 ㉡ 기구 및 공구를 점검하고 불량품을 제거하는 일 ㉢ 그 작업 장소에는 관계 근로자 외의 자의 출입을 금지시키는 일 ㉣ 로프 등의 해체 작업을 하는 때에는 하대(荷臺) 위의 화물의 낙하 위험 유무를 확인하고 그 작업의 착수를 지시하는 일
⑬ 부두 및 선박에서의 하역 작업	㉠ 작업 방법을 결정하고 작업을 지휘하는 일 ㉡ 통행 설비·하역 기계·보호구 및 기구·공구를 점검·정비하고 이들의 사용 상황을 감시하는 일 ㉢ 주변 작업자간의 연락 조정을 행하는 일
⑭ 전로 등 전기 작업 또는 그 지지물의 설치, 점검, 수리 및 도장 등의 작업	㉠ 작업 구간 내의 충전 전로 등 모든 충전 시설을 점검하는 일 ㉡ 작업 방법 및 그 순서를 결정(근로자 교육 포함)하고 작업을 지휘하는 일 ㉢ 작업 근로자의 보호구 또는 절연용 보호구 착용 상황을 감시하고 감전 재해 요소를 제거하는 일 ㉣ 작업 공구, 절연용 방호구 등의 결함 여부와 기능을 점검하고 불량품을 제거하는 일 ㉤ 작업 장소에 관계 근로자 외에는 출입을 금지하고 주변 작업자와의 연락을 조정하며 도로 작업 시 차량 및 통행인 등에 대한 교통 통제 등 작업 전반에 대해 지휘·감시하는 일 ㉥ 활선 작업용 기구를 사용하여 작업할 때 안전 거리가 유지되는지 감시하는 일 ㉦ 감전 재해를 비롯한 각종 산업 재해에 따른 신속한 응급 처치를 할 수 있도록 근로자들을 교육하는 일

작업의 종류	직무 수행 내용

⑮ 관리 대상 유해 물질을 취급하는 작업	⊙ 관리 대상 유해 물질을 취급하는 근로자가 물질에 오염되지 않도록 작업 방법을 결정하고 작업을 지휘하는 업무
	ⓒ 관리 대상 유해 물질을 취급하는 장소나 설비를 매월 1회 이상 순회 점검하고 국소 배기 장치 등 환기 설비에 대해서는 다음 각 호의 사항을 점검하여 필요한 조치를 하는 업무. 단, 환기 설비를 점검하는 경우에는 다음의 사항을 점검
	  ㉮ 후드(hood)나 덕트(duct)의 마모·부식, 그 밖의 손상 여부 및 정도
	  ㉯ 송풍기와 배풍기의 주유 및 청결 상태
	  ㉰ 덕트 접속부가 헐거워졌는지 여부
	  ㉱ 전동기와 배풍기를 연결하는 벨트의 작동 상태
	  ㉲ 흡기 및 배기 능력 상태
	ⓒ 보호구의 착용 상황을 감시하는 업무
	ⓔ 근로자가 탱크 내부에서 관리 대상 유해 물질을 취급하는 경우에 다음의 조치를 했는지 확인하는 업무
	  ㉮ 관리 대상 유해 물질에 관하여 필요한 지식을 가진 사람이 해당 작업을 지휘
	  ㉯ 관리 대상 유해 물질이 들어올 우려가 없는 경우에는 작업을 하는 설비의 개구부를 모두 개방
	  ㉰ 근로자의 신체가 관리 대상 유해 물질에 의하여 오염되었거나 작업이 끝난 경우에는 즉시 몸을 씻는 조치
	  ㉱ 비상시에 작업 설비 내부의 근로자를 즉시 대피시키거나 구조하기 위한 기구와 그 밖의 설비를 갖추는 조치
	  ㉲ 작업을 하는 설비의 내부에 대하여 작업 전에 관리 대상 유해 물질의 농도를 측정하거나 그 밖의 방법으로 근로자가 건강에 장해를 입을 우려가 있는지를 확인하는 조치
	  ㉳ '㉲'에 따른 설비 내부에 관리 대상 유해 물질이 있는 경우에는 설비 내부를 충분히 환기하는 조치
	  ㉴ 유기화합물을 넣었던 탱크에 대하여 '㉮'부터 '㉳'까지의 조치 외에 다음의 조치
	    • 유기화합물이 탱크로부터 배출된 후 탱크 내부에 재유입되지 않도록 조치
	    • 물이나 수증기 등으로 탱크 내부를 씻은 후 그 씻은 물이나 수증기 등을 탱크로부터 배출
	    • 탱크 용적의 3배 이상의 공기를 채웠다가 내보내거나 탱크에 물을 가득 채웠다가 내보내거나 탱크에 물을 가득 채웠다가 배출
	ⓜ 'ⓒ'에 따른 점검 및 조치 결과를 기록·관리하는 업무

⑯ 허가 대상 유해 물질 취급 작업	⊙ 근로자가 허가 대상 유해 물질을 들이마시거나 허가 대상 유해 물질에 오염되지 않도록 작업 수칙을 정하고 지휘하는 업무 ⓒ 작업장에 설치되어 있는 국소 배기 장치나 그 밖에 근로자의 건강 장해 예방을 위한 장치 등을 매월 1회 이상 점검하는 업무 ⓒ 근로자의 보호구 착용 상황을 점검하는 업무

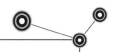

작업의 종류	직무 수행 내용
⑰ 석면 해체·제거 작업	㉠ 근로자가 석면 분진을 들이마시거나 석면 분진에 오염되지 않도록 작업 방법을 정하고 지휘하는 업무 ㉡ 작업장에 설치되어 있는 석면 분진 포집 장치, 음압기 등의 장비의 이상 유무를 점검하고 필요한 조치를 하는 업무 ㉢ 근로자의 보호구 착용 상황을 점검하는 업무
⑱ 고압 작업	㉠ 작업 방법을 결정하여 고압 작업자를 직접 지휘하는 업무 ㉡ 유해 가스의 농도를 측정하는 기구를 점검하는 업무 ㉢ 고압 작업자가 작업실에 입실하거나 퇴실하는 경우에 고압 작업자의 수를 점검하는 업무 ㉣ 작업실에서 공기 조절을 하기 위한 밸브나 콕을 조작하는 사람과 연락하여 작업실 내부의 압력을 적정한 상태로 유지하도록 하는 업무 ㉤ 공기를 기압 조절실로 보내거나 기압 조절실에서 내보내기 위한 밸브나 콕을 조작하는 사람과 연락하여 고압 작업자에 대하여 가압이나 감압을 다음과 같이 따르도록 조치하는 업무 • 가압을 하는 경우 1분에 제곱센티미터당 0.8킬로그램 이하의 속도로 함 • 감압을 하는 경우에는 고용노동부 장관이 정하여 고시하는 기준에 맞도록 함 ㉥ 작업실 및 기압 조절실 내 고압 작업자의 건강에 이상이 발생한 경우 필요한 조치를 하는 업무
⑲ 밀폐 공간 작업(탑승의 제한) - 사업주는 크레인을 사용하여 근로자를 운반하거나 근로자를 달아올린 상태에서 작업에 종사시켜서는 아니된다. 다만, 크레인에 전용 탑승 설비를 설치하고 추락 위험을 방지하기 위하여 다음 각 호의 조치를 한 경우에는 그러하지 아니하다.	㉠ 산소가 결핍된 공기나 유해 가스에 노출되지 않도록 작업 시작 전에 해당 근로자의 작업을 지휘하는 업무 ㉡ 작업을 하는 장소의 공기가 적절한지를 작업 시작 전에 측정하는 업무 ㉢ 측정 장비·환기 장치 또는 송기 마스크 등을 작업 시작 전에 점검하는 업무 ㉣ 근로자에게 송기 마스크 등의 착용을 지도하고 착용 상황을 점검하는 업무

 연구 ◦ 서류 보존 기간

1. 3년간 보존
   ① 관리 책임자, 안전 관리자, 보건 관리자, 산업 보건의 선임에 관한 서류
   ② 화학 물질의 유해성 조사에 관한 서류
   ③ 작업 환경 측정에 관한 서류
   ④ 건강진단에 관한 서류
   ⑤ 산업 재해 발생 기록에 관한 서류
   ⑥ 석면 조사 결과에 관한 서류

2. 2년간 보존

　① 안전보건위원회 회의록에 관련된 서류

　② 자율 안전 기준에 맞는 것임을 증명하는 서류

　③ 자율 검사 프로그램에 따라 실시하는 검사 결과를 기록하는 서류

　④ 도급 사업 시 안전, 보건 협의체 회의록에 관한 서류

3. 30년간 보존

　석면 해체, 제거업자는 석면 해체, 제거 업무에 관한 서류

4.6. 사전 조사 및 작업 계획서 작성

(1) 다음의 작업을 하는 경우 근로자의 위험을 방지하기 위하여 해당 작업, 작업장의 지형·지반 및 지층 상태 등에 대한 사전 조사를 하고 그 결과를 기록·보존하여야 하며, 조사 결과를 고려하여 작업 계획서를 작성하고 그 계획에 따라 작업을 하도록 하여야 한다.

　① 타워 크레인을 설치·조립·해체하는 작업

　② 차량계 하역 운반 기계 등을 사용하는 작업(화물 자동차를 사용하는 도로상의 주행 작업은 제외한다. 이하 같다.)

　③ 차량계 건설 기계를 사용하는 작업

　④ 화학 설비와 그 부속 설비를 사용하는 작업

　⑤ 전기 작업(해당 전압이 50볼트를 넘거나 전기 에너지가 250볼트암페어를 넘는 경우로 한정한다.)

　⑥ 굴착면의 높이가 2미터 이상이 되는 지반의 굴착 작업

　⑦ 터널 굴착 작업

　⑧ 교량(상부 구조가 금속 또는 콘크리트로 구성되는 교량으로서 그 높이가 5미터 이상이거나 교량의 최대 지간 길이가 30미터 이상인 교량으로 한정한다)의 설치·해체 또는 변경 작업

　⑨ 채석 작업

　⑩ 건물 등의 해체 작업

　⑪ 중량물의 취급 작업

　⑫ 궤도나 그 밖의 관련 설비의 보수·점검 작업

　⑬ 열차의 교환·연결 또는 분리 작업

(2) 작성한 작업 계획서의 내용을 해당 근로자에게 알려야 한다.

(3) 항타기나 항발기를 조립·해체·변경 또는 이동하는 작업을 하는 경우 그 작업 방법과 절차를 정하여 근로자에게 주지시켜야 한다.

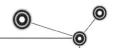

(4) 작업에 모터 카(motor car), 멀티플 타이 탬퍼(multiple tie tamper), 밸러스트 콤팩터 (ballast compactor), 궤도 안정기 등의 작업 차량을 사용하는 경우 미리 그 구간을 운행하는 열차의 운행 관계자와 협의하여야 한다.

|표 1-8| 사전 조사 및 작업 계획서 내용

작업명	사전 조사 내용	작업 계획서 내용
① 타워 크레인을 설치·조립·해체하는 작업	—	㉠ 타워 크레인의 종류 및 형식 ㉡ 설치·조립 및 해체 순서 ㉢ 작업 도구·장비·가설 설비(假設備) 및 방호 설비 ㉣ 작업 인원의 구성 및 작업 근로자의 역할 범위 ㉤ 제142조에 따른 지지 방법
② 차량계 하역 운반 기계 등을 사용하는 작업	—	㉠ 해당 작업에 따른 추락·낙하·전도·협착 및 붕괴 등의 위험 예방 대책 ㉡ 차량계 하역 운반 기계 등의 운행 경로 및 작업 방법
③ 차량계 건설 기계를 사용하는 작업	해당 기계의 굴러떨어짐(轉落), 지반의 붕괴 등으로 인한 근로자의 위험을 방지하기 위한 해당 작업 장소의 지형 및 지반상태	㉠ 사용하는 차량계 건설 기계의 종류 및 성능 ㉡ 차량계 건설 기계의 운행 경로 ㉢ 차량계 건설 기계에 의한 작업 방법
④ 화학 설비와 그 부속 설비 사용 작업	—	㉠ 밸브·콕 등의 조작(해당 화학 설비에 원재료를 공급하거나 해당 화학 설비에서 제품 등을 꺼내는 경우만 해당한다) ㉡ 냉각 장치·가열 장치·교반 장치(攪拌裝置) 및 압축 장치의 조작 ㉢ 계측 장치 및 제어 장치의 감시 및 조정 ㉣ 안전 밸브, 긴급 차단 장치, 그 밖의 방호 장치 및 자동 경보 장치의 조정 ㉤ 덮개판·플랜지(flange)·밸브·콕 등의 접합부에서 위험물 등의 누출 여부에 대한 점검 ㉥ 시료의 채취 ㉦ 화학 설비에서는 그 운전이 일시적 또는 부분적으로 중단된 경우의 작업 방법 또는 운전 재개 시의 작업 방법 ㉧ 이상 상태가 발생한 경우의 응급 조치 ㉨ 위험물 누출 시의 조치 ㉩ 그 밖에 폭발·화재를 방지하기 위하여 필요한 조치

작업명	사전 조사 내용	작업 계획서 내용
⑤ 전기 작업	−	㉠ 전기 작업의 목적 및 내용 ㉡ 전기 작업 근로자의 자격 및 적정 인원 ㉢ 작업 범위, 작업 책임자 임명, 전격 · 아크 섬광 · 아크 폭발 등 전기 위험 요인 파악, 접근 한계 거리, 활선 접근 경보 장치 휴대 등 작업 시작 전에 필요한 사항 ㉣ 제328조의 전로 차단에 관한 작업 계획 및 전원(電源) 재투입 절차 등 작업 상황에 필요한 안전 작업 요령 ㉤ 절연용 보호구 및 방호구, 활선 작업용 기구 · 장치 등의 준비 · 점검 · 착용 · 사용 등에 관한 사항 ㉥ 점검 · 시운전을 위한 일시 운전, 작업 중단 등에 관한 사항 ㉦ 교대 근무 시 근무 인계(引繼)에 관한 사항 ㉧ 전기 작업 장소에 대한 관계 근로자가 아닌 사람의 출입 금지에 관한 사항 ㉨ 전기 안전 작업 계획서를 해당 근로자에게 교육할 수 있는 방법과 작성된 전기 안전 작업 계획서의 평가 · 관리 계획 ㉩ 전기 도면, 기기 세부 사항 등 작업과 관련되는 자료
⑥ 굴착 작업	㉠ 형상 · 지질 및 지층의 상태 ㉡ 균열 · 함수(含水) · 용수 및 동결의 유무 또는 상태 ㉢ 매설물 등의 유무 또는 상태 ㉣ 지반의 지하수위 상태	㉠ 굴착 방법 및 순서, 토사 반출 방법 ㉡ 필요한 인원 및 장비 사용 계획 ㉢ 매설물 등에 대한 이설 · 보호 대책 ㉣ 사업장 내 연락 방법 및 신호 방법 ㉤ 흙막이 지보공 설치 방법 및 계측 계획 ㉥ 작업 지휘자의 배치 계획 ㉦ 그 밖에 안전 · 보건에 관련된 사항
⑦ 터널 굴착 작업	보링(boring) 등 적절한 방법으로 낙반 · 출수(出水) 및 가스 폭발 등으로 인한 근로자의 위험을 방지하기 위하여 미리 지형 · 지질 및 지층 상태를 조사	㉠ 굴착의 방법 ㉡ 터널 지보공 및 복공(覆工)의 시공 방법과 용수(湧水)의 처리 방법 ㉢ 환기 또는 조명 시설을 설치할 때에는 그 방법
⑧ 교량 작업	−	㉠ 작업 방법 및 순서 ㉡ 부재(部材)의 낙하 · 전도 또는 붕괴를 방지하기 위한 방법 ㉢ 작업에 종사하는 근로자의 추락 위험을 방지하기 위한 안전 조치 방법 ㉣ 공사에 사용되는 가설 철구조물 등의 설치 · 사용 · 해체 시 안전성 검토 방법 ㉤ 사용하는 기계 등의 종류 및 성능, 작업 방법 ㉥ 작업 지휘자 배치 계획 ㉦ 그 밖에 안전 · 보건에 관련된 사항

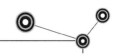

작업명	사전 조사 내용	작업 계획서 내용
⑨ 채석 작업	지반의 붕괴·굴착 기계의 굴러떨어짐(轉落) 등에 의한 근로자에게 발생할 위험을 방지하기 위한 해당 작업장의 지형·지질 및 지층의 상태	㉠ 노천 굴착과 갱내 굴착의 구별 및 채석 방법 ㉡ 굴착면의 높이와 기울기 ㉢ 굴착면 소단(小段)의 위치와 넓이 ㉣ 갱내에서의 낙반 및 붕괴 방지 방법 ㉤ 발파 방법 ㉥ 암석의 분할 방법 ㉦ 암석의 가공 장소 ㉧ 사용하는 굴착 기계·분할 기계·적재 기계 또는 운반 기계(이하 "굴착 기계 등"이라 한다)의 종류 및 성능 ㉨ 토석 또는 암석의 적재 및 운반 방법과 운반 경로 ㉩ 표토 또는 용수(湧水)의 처리 방법
⑩ 건물 등의 해체 작업	해체 건물 등의 구조, 주변 상황 등	㉠ 해체의 방법 및 해체 순서 도면 ㉡ 가설 설비·방호 설비·환기 설비 및 살수·방화 설비 등의 방법 ㉢ 사업장 내 연락 방법 ㉣ 해체물의 처분 계획 ㉤ 해체 작업용 기계·기구 등의 작업 계획서 ㉥ 해체 작업용 화약류 등의 사용 계획서 ㉦ 그 밖에 안전·보건에 관련된 사항
⑪ 중량물의 취급 작업	–	㉠ 추락 위험을 예방할 수 있는 안전 대책 ㉡ 낙하 위험을 예방할 수 있는 안전 대책 ㉢ 전도 위험을 예방할 수 있는 안전 대책 ㉣ 협착 위험을 예방할 수 있는 안전 대책 ㉤ 붕괴 위험을 예방할 수 있는 안전 대책
⑫ 궤도와 그 밖의 관련 설비의 보수·점검 작업 ⑬ 입환 작업(入換作業)	–	㉠ 적절한 작업 인원 ㉡ 작업량 ㉢ 작업 순서 ㉣ 작업 방법 및 위험 요인에 대한 안전 조치 방법 등

Chapter
05

보호구 및 안전 보건 표지

::: **5.1** 보호구 :::

보호구를 착용하는 목적은 사고의 결과로 오는 상해의 정도를 최소화하기 위하여 작업자가 신체 일부에 부착·착용하는 소극적인 안전 대책이다.

(1) 보호구 선택 시 유의 사항

① 사용 목적에 알맞는 보호구를 선택
② 산업 규격에 합격하고 보호 성능이 보장되는 것을 선택
③ 작업 행동에 방해되지 않는 것을 선택
④ 착용이 용이하고 크기 등이 사용자에게 편리한 것을 선택

(2) 보호구의 선정 조건

① 종류
② 형상
③ 성능
④ 수량
⑤ 강도

(3) 안전 인증 대상 보호구

① 추락 및 감전 방지용 안전모
② 안전대
③ 방진 마스크
④ 방독 마스크
⑤ 차광 및 비산물 위험 방지용 보안경
⑥ 용접용 보안면
⑦ 안전화
⑧ 안전 장갑
⑨ 방음용 귀마개 또는 귀덮개

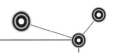

⑩ 송기 마스크
⑪ 보호복
⑫ 전동식 호흡 보호구

(4) 자율 안전 확인 대상 보호구

① 안전모(의무 안전 인증 대상 안전모는 제외한다.)
② 보안경(의무 안전 인증 대상 보안경은 제외한다.)
③ 보안면(의무 안전 인증 대상 보안면은 제외한다.)
④ 잠수기(잠수 헬멧 및 잠수 마스크를 포함한다.)

 안전 인증 제품의 표시 사항

1. 안전 인증 대상 보호구
   ① 형식 또는 모델명
   ② 규격 또는 등급 등
   ③ 제조자명
   ④ 제조 번호 및 제조 연월
   ⑤ 안전 인증 번호
2. 자율 안전 확인 대상 보호구
   ① 형식 또는 모델명
   ② 규격 또는 등급 등
   ③ 제조자명
   ④ 제조 번호 및 제조 연월
   ⑤ 자율 안전 확인 번호

5.2 각종 보호구

(1) 안전모

1) 안전모의 종류

│표 1-9│ 안전모의 종류

종 류(기호)	사용 구분	비 고
AB	물체의 낙하 또는 비래와 추락에 의한 위험 방지 또는 경감시키기 위해 사용	
AE	물체의 낙하 또는 비래와 머리 부분의 감전 위험을 방지 또는 경감시키기 위해 사용	내전압성
ABE	물체의 낙하 또는 비래와 추락, 머리 부분의 감전 위험을 방지 또는 경감시키기 위해 사용	내전압성

2) 안전모의 각 부품에 사용하는 재료의 구비 조건

① 쉽게 부식하지 않는 것

② 피부에 해로운 영향을 주지 않는 것

③ 사용 목적에 따라 내열성, 내한성 및 내수성을 가질 것

④ 충분한 강도를 가질 것

⑤ 모체의 표면 색은 밝고 선명한 것(빛의 반사율이 가장 큰 백색이 가장 좋으나 청결 유지 등의 문제점이 있어 황색이 많이 쓰임)

⑥ 안전모의 모체, 흡수 라이너 및 착장체의 무게는 0.44kg을 초과하지 않을 것

3) 안전모의 성능 시험

│표 1-10│ 안전모의 성능 시험

항 목	성 능
내관통성	종류 AE, ABE종 안전모는 관통 거리가 9.5mm 이하, 종류 AB종 안전모는 관통 거리가 11.1mm 이하이어야 한다.
충격 흡수성	최고 전달 충격력이 4,450N을 초과해서는 안 되며, 모체와 착장체의 기능이 상실되지 않아야 한다.
내전압성	종류 AE, ABE종 안전모는 교류 20kV에서 1분간 절연 파괴없이 견뎌야 하고, 이때 누설되는 충전 전류가 10mA 이하이어야 한다.
내수성	종류 AE, ABE종 안전모는 질량 증가율이 1% 미만이어야 한다.
난연성	불꽃을 내며 5초 이상 연소되지 않아야 한다.
턱끈 풀림	150N 이상 250N 이하에서 턱끈이 풀려야 한다.

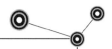

(2) 안전대

1) 안전대의 종류

┃표 1-11┃ 안전대의 종류

종 류	사용 구분
벨트식, 안전 그네식	• U자 걸이 전용 • 1개 걸이 전용 • 안전 블록 • 추락 방지대

2) 안전대 착용 대상 작업

① 2m 이상의 고소 작업
② 산소 결핍 위험 작업
③ 슬레이트 지붕 위 작업
④ 비계 조립, 해체 작업
⑤ 분쇄기, 혼합기 개구부 작업

3) 안전대용 로프의 구비 조건

① 부드럽고 되도록 매끄럽지 않을 것
② 충격에 견디는 충분한 인장 강도를 가질 것
③ 완충성이 높을 것
④ 내마모성이 클 것
⑤ 습기나 약품류에 잘 손상되지 않을 것
⑥ 내열성이 높을 것

4) 안전대의 착용 방법

① 벨트는 추락 시 작업자에게 충격을 최소한으로 하고 추락 저지 시 발쪽으로 빠지지 않도록 요골 근처에 확실하게 착용하도록 하여야 한다.
② 버클을 바르게 사용하고 벨트 끝이 벨트 통로를 확실하게 통과하도록 하여야 한다.
③ 신축 조절기를 사용할 때 각 링에 바르게 걸어야 하며 벨트 끝이나 작업복이 말려들어가지 않도록 주의하여야 한다.
④ U자 걸이를 사용할 때 훅을 각 링이나 D링 이외의 것에 잘못 거는 일이 없도록 벨트의 D링이나 각 링부에는 훅이 걸릴 수 있는 물건은 부착하지 말아야 한다.
⑤ 착용 후 지상에서 각각의 사용 상태에 맞는 체중을 걸고 각 부품의 이상 유무를 확인한 후 사용하도록 하여야 한다.
⑥ 안전대를 지지하는 대상물을 로프의 이동에 의해 로프가 벗겨지거나 빠질 우려가 없는 구조로 충격에 충분히 견딜 수 있어야 한다.

⑦ 안전대를 지지하는 대상물에 추락 시 로프를 절단할 위험이 있는 예리한 각이 있는 경우에 로프가 예리한 각에 접촉하지 않도록 충분한 조치를 하여야 한다.

(3) 호흡용 보호구

1) 방진 마스크(dust mask)

① 종류

|표 1-12| 방진 마스크의 종류

종 류	분리식		안면부 여과식	사용 조건
	격리식	직결식		
형태	• 전면형 • 반면형	• 전면형 • 반면형	• 반면형	산소 농도 18% 이상인 장소에서 사용하여야 한다.

② 종류별 구조 : 방진 마스크의 종류별 구조는 다음과 같다.

|표 1-13| 등급 및 사용 장소

등 급	특급	1급	2급
사용 장소	• 베릴륨 등과 같이 독성이 강한 물질을 함유한 분진 등 발생 장소 • 석면 취급 장소	• 특급 마스크 착용 장소를 제외한 분진 등 발생 장소 • 금속 흄 등과 같이 열적으로 생기는 분진 등 발생 장소 • 기계적으로 생기는 분진 등 발생 장소(규소 등과 같이 2급 마스크를 착용하여도 무방한 경우는 제외한다.)	• 특급 및 1급 마스크 착용 장소를 제외한 분진 등 발생 장소

※ 배기 밸브가 없는 안면부 여과식 마스크는 특급 및 1급 마스크 착용 장소에서 사용하여서는 아니된다.

|표 1-14| 종류별 구조

종 류	분리식		안면부 여과식
	격리식	직결식	
구조	안면부, 여과재, 연결관, 흡기 밸브, 배기 밸브 및 머리끈으로 구성되며 여과재에 의해 분진이 제거된 깨끗한 공기가 연결관을 통하여 흡기 밸브로 흡입되고 체내의 공기는 배기 밸브를 통하여 외기 중으로 배출하게 되는 것으로 부품을 자유롭게 교환할 수 있는 것을 말한다.	안면부, 여과재, 흡기 밸브, 배기 밸브 및 머리끈으로 구성되며 여과재에 의해 분진이 제거된 깨끗한 공기가 흡기 밸브를 통하여 흡입되고 체내의 공기는 배기 밸브를 통하여 외기 중으로 배출하게 되는 것으로 부품을 자유롭게 교환할 수 있는 것을 말한다.	여과재로 된 안면부와 머리끈으로 구성되며 여과재인 안면부에 의해 분진을 여과한 깨끗한 공기가 흡입되고 체내의 공기는 여과재인 안면부를 통해 외기 중으로 배출되는 것으로 (배기 밸브가 있는 것은 배기 밸브를 통하여 배출) 부품이 교환될 수 없는 것을 말한다.

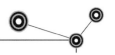

③ 재료

방진 마스크의 재료는 다음의 조건에 적합한 것이어야 한다.

㉠ 안면에 밀착하는 부분은 피부에 장해를 주지 않아야 한다.

㉡ 여과재는 여과 성능이 우수하고 인체에 장해를 주지 않아야 한다.

㉢ 방진 마스크에 사용하는 금속 부품은 부식되지 않아야 한다.

㉣ 전면형의 경우 사용할 때 충격을 받을 수 있는 부품은, 충격 시에 마찰 스파크가 발생되어 가연성의 가스 혼합물을 점화시킬 수 있는 알루미늄, 마그네슘, 티타늄 또는 이의 합금으로 만들어서는 안 된다.

㉤ 반면형의 경우 사용할 때 충격을 받을 수 있는 부품은, 충격 시에 마찰 스파크가 발생되어 가연성의 가스 혼합물을 점화시킬 수 있는 알루미늄, 마그네슘, 티타늄 또는 이의 합금을 최소한 사용하여 만들어야 한다.

④ 크기

㉠ 방진 마스크의 일반 구조는 다음의 조건에 적합한 것이어야 한다.

- 착용 시 이상한 압박감 또는 고통을 주지 않아야 한다.
- 전면형은 호흡 시에 투시부가 흐려지지 않아야 한다.
- 분리식 마스크에 있어서는 여과재, 흡기 밸브, 배기 밸브 및 머리끈을 쉽게 교환할 수 있고 착용자 자신이 안면과 분리식 마스크의 안면부와의 밀착성 여부를 수시로 검사할 수 있어야 한다.
- 안면부 여과식 마스크에 있어서는 여과재로 된 안면부가 사용 기간 중 심하게 변형되지 않아야 한다.
- 안면부 여과식 마스크에 있어서는 여과재를 안면에 적합하게 밀착시킬 수 있어야 한다.

㉡ 방진 마스크의 각 부의 구조는 다음의 조건에 적합한 것이어야 한다.

- 방진 마스크는 쉽게 착용되어야 하고, 착용하였을 때 안면부가 안면에 밀착되어 공기가 새지 않아야 한다.
- 흡기 밸브는 미약한 호흡에 대하여 확실하고 예민하게 작동하여야 한다.
- 배기 밸브는 방진 마스크의 내부와 외부의 압력이 같을 경우 항상 닫혀 있어야 한다. 또한 미약한 호흡에 대하여 확실하고 예민하게 작동하여야 하며 외부의 힘에 의하여 손상되지 않도록 덮개 등으로 보호되어 있어야 한다.
- 연결관(격리식에 한한다.)은 신축성이 좋아야 하고 여러 모양이 구부러진 상태에서도 통기에 지장이 없어야 한다. 또한 턱이나 팔의 압박이 있는 경우에도 통기의 지장이 없어야 하며 목의 운동에 지장을 주지 않을 정도의 길이를 가져야 한다.
- 머리끈은 적당한 길이 및 탄력성을 갖고 길이를 쉽게 조절할 수 있는 것이어야 한다.

⑤ 성능 기준

방진 마스크의 항목별 성능 기준은 다음과 같다.

┃표 1-15┃ 항목별 성능 기준

항 목	기 준			
	종 류	형태 또는 등급	유 량(L/min)	차 압(Pa)
안면부 흡기 저항	분리식	전면형	160	250 이하
			30	50 이하
			95	150 이하
		반면형	160	200 이하
			30	50 이하
			95	130 이하
	안면부 여과식	특급	30	100 이하
		1급		70 이하
		2급		60 이하
		특급	95	300 이하
		1급		240 이하
		2급		210 이하

항 목	종 류	등 급	염화나트륨(NaCl) 및 파라핀 오일(Paraffin oil) 시험(%)
여과재 분진 등 포집 효율	분리식	특급	99.95 이상
		1급	94.0 이상
		2급	80.0 이상
	안면부 여과식	특급	99.0 이상
		1급	94.0 이상
		2급	80.0 이상

항 목	종 류	유 량(L/min)	차 압(Pa)
안면부 배기 저항	분리식	160	300 이하
	안면부 여과식	160	300 이하

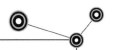

항 목	기 준		
안면부 누설률	종 류	형태 또는 등급	누설률(%)
	분리식	전면형	0.05 이하
		반면형	5 이하
	안면부 여과식	특급	5 이하
		1급	11 이하
		2급	25 이하

배기 밸브 작동	정확하게 작동할 것

시야	종 류	부 품	시 야(%)	
			유효 시야	겹침 시야
	전면형	1안식	70 이상	80 이상
		2안식	70 이상	20 이상

강도, 신장률 및 영구 변형률	종류 및 형태	부 품	강도 기준	신장률 기준(%)	영구 변형률 기준(%)
	분리식 전면형	머리끈과 안면부의 연결부	찢어짐 또는 끊어짐이 없을 것	–	–
		머리끈	–	100 이하	5 이하
		안면부와 나사 연결부	찢어짐 또는 끊어짐이 없을 것	–	–
		배기 밸브 덮개	이탈되지 않을 것	–	–
	분리식 반면형	머리끈과 안면부의 연결부	찢어짐 또는 끊어짐이 없을 것	–	–
		안면부와 여과재의 연결부	찢어짐 또는 끊어짐이 없을 것	–	–
		배기 밸브 덮개	이탈되지 않을 것	–	–
	안면부 여과식	배기 밸브 덮개	이탈되지 않을 것	–	–
	분리식	음성 전달판의 조립부	이탈되지 않을 것	–	–

항 목	기 준		
불연성	불꽃을 제거했을 때 계속적으로 타지 않을 것		
음성 전달판	찢어지거나 변형이 없을 것		
투시부 내충격성	이탈, 균열, 깨어짐 및 갈라짐이 없을 것		
여과재 질량	형 태		질 량(g)
	분리식	전면형	500 이하
		반면형	300 이하
여과재 호흡 저항	종류 및 등급	유 량(L/min)	차 압(Pa)
	분리식 특급	30	120 이하
		95	420 이하
	1급	30	70 이하
		95	240 이하
	2급	30	60 이하
		95	210 이하

⑥ 방진 마스크의 구비 조건

 ㉠ 여과 효율이 좋을 것

 ㉡ 흡 · 배기 저항이 낮을 것

 ㉢ 사용적이 적을 것

 ㉣ 중량이 가벼울 것

 ㉤ 시야가 넓을 것(하방 시야 70° 이상)

 ㉥ 안면 밀착성이 좋을 것

 ㉦ 피부 접촉 부위의 고무질이 좋을 것

 연구 **여과재의 분진 등 포집 효율 시험**

$$P(\%) = \frac{C_1 - C_2}{C_1} \times 100$$

여기서, P : 여과재의 분진 등 포집 효율(%)

   C_1 : 여과재의 통과 전 농도(mg/m^3)

   C_2 : 여과재의 통과 후 농도(mg/m^3)

2) 방독 마스크

① 종류 및 등급

‖ 표 1-16 ‖ 방독 마스크의 종류

종 류	시험 가스
유기 화합물용	시클로헥산(C_6H_{12})
할로겐용	염소가스 또는 증기(Cl_2)
황화수소용	황화수소가스(H_2S)
시안화수소용	시안화수소가스(HCN)
아황산용	아황산가스(SO_2)
암모니아용	암모니아가스(NH_3)

‖ 표 1-17 ‖ 방독 마스크의 등급

등 급	사용 장소
고농도	가스 또는 증기의 농도가 100분의 2(암모니아에 있어서는 100분의 3) 이하의 대기 중에서 사용하는 것
중농도	가스 또는 증기의 농도가 100분의 1(암모니아에 있어서는 100분의 1.5) 이하의 대기 중에서 사용하는 것
저농도 및 최저 농도	가스 또는 증기의 농도가 100분의 0.1 이하의 대기 중에서 사용하는 것으로서 긴급용이 아닌 것

[비고] 방독 마스크는 산소 농도가 18% 이상인 장소에서 사용하여야 하고, 고농도와 중농도에서 사용하는 방독 마스크는 전면형(격리식, 직결식)을 사용해야 한다.

② 종류에 따른 형상 및 사용 범위 : 방독 마스크의 종류는 다음과 같다.

‖ 표 1-18 ‖ 종류에 따른 형상 및 사용 범위

종 류	형상 및 사용 범위
격리식	정화통, 연결관, 흡기 밸브, 안면부, 배기 밸브 및 머리끈으로 구성되고, 정화통에 의해 가스 또는 증기를 여과한 청정공기를 연결관을 통하여 흡입하고 배기는 배기 밸브를 통하여 외기 중으로 배출하는 것으로서 가스 또는 증기의 농도가 2%(암모니아에 있어서는 3%) 이하의 대기 중에서 사용하는 것
직결식	정화통, 흡기 밸브, 안면부, 배기 밸브 및 머리끈으로 구성되고, 정화통에 의해 가스 또는 증기를 여과한 청정공기를 흡기 밸브를 통하여 흡입하고 배기는 배기 밸브를 통하여 외기 중으로 배출하는 것으로서 가스 또는 증기의 농도가 1%(암모니아에 있어서는 1.5%) 이하의 대기 중에서 사용하는 것
직결식 소형	정화통, 흡기 밸브, 안면부, 배기 밸브 및 머리끈으로 구성되고, 정화통에 의해 가스 또는 증기를 여과한 청정공기를 흡기 밸브를 통하여 흡입하고 배기 밸브를 통하여 외기 중으로 배출하는 것으로서 가스 또는 증기의 농도가 0.1% 이하의 대기 중에서 사용하는 것으로서 긴급용이 아닌 것

③ 표시 등

㉠ 정화통에는 제조자명, 제조 연월일, 검정 합격 번호 및 규격을 표시하여야 한다.

㉡ 정화통에는 다음 사항을 기재하거나 기재한 인쇄물이 첨부되어야 한다.

- 정화통의 외부 측면의 표시색
- 사용상의 주의 사항
- 파과 곡선도
- 사용 시간 기록 카드

| 표 1-19 | 정화통 외부 측면의 표시색

종 류	표시색
유기 화합물용 정화통	갈색
할로겐용 정화통	회색
황화수소용 정화통	
시안화수소용 정화통	
아황산용 정화통	노란색
암모니아용 정화통	녹색
복합용 및 겸용의 정화통	• 복합용의 경우 : 해당 가스 모두 표시(2층 분리) • 겸용의 경우 : 백색과 해당 가스 모두 표시(2층 분리)

| 표 1-20 | 시험 가스의 조건 및 파과 농도, 파과 시간 등

종류 및 등급		시험 가스의 조건		파과 농도 (ppm, ±20%)	파과 시간 (분)	분진 포집 효율(%)
		시험 가스	농 도(%) (±10%)			
유기 화합물용	고농도	시클로헥산	0.8	10.0	65 이상	** 특급 : 99.95 1급 : 94.0 2급 : 80.0
	중농도		0.5		35 이상	
	저농도		0.1		70 이상	
	최저 농도		0.1		20 이상	
할로겐용	고농도	염소가스	1.0	0.5	30 이상	
	중농도		0.5		20 이상	
	저농도		0.1		20 이상	
황화수소용	고농도	황화수소가스	1.0	10.0	60 이상	
	중농도		0.5		40 이상	
	저농도		0.1		40 이상	

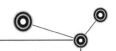

종류 및 등급		시험 가스의 조건		파과 농도 (ppm, ±20%)	파과 시간 (분)	분진 포집 효율(%)
		시험 가스	농 도(%) (±10%)			
시안화수소용	고농도	시안화수소가스	1.0	10.0*	35 이상	
	중농도		0.5		25 이상	
	저농도		0.1		25 이상	
아황산용	고농도	아황산가스	1.0	5.0	30 이상	
	중농도		0.5		20 이상	
	저농도		0.1		20 이상	
암모니아용	고농도	암모니아가스	1.0	25.0	60 이상	
	중농도		0.5		40 이상	
	저농도		0.1		50 이상	

㈜ * 시안화수소가스에 의한 제독 능력 시험 시 시아노겐(C_2N_2)은 시험 가스에 포함될 수 있다. (C_2N_2+ HCN)를 포함한 파과 농도는 10ppm을 초과할 수 없다.

** 겸용의 경우 정화통과 여과재가 장착된 상태에서 분진 포집 효율 시험을 하였을 때 등급에 따른 기준치 이상일 것

3) 송기 마스크

① 종류 및 등급

㉠ 송기 마스크의 종류 및 등급은 다음과 같다.

┃표 1-21┃ 종류 및 등급

종 류	등 급		구 분
호스 마스크	폐력 흡인형		안면부
	송풍기형	전동	안면부, 페이스 실드, 후드
		수동	안면부
에어라인 마스크	일정 유량형		안면부, 페이스 실드, 후드
	디멘드형		안면부
	압력 디멘드형		안면부
복합식 에어라인 마스크	디멘드형		안면부
	압력 디멘드형		안면부

ⓛ 송기 마스크의 종류에 따른 형상 및 사용 범위는 다음과 같다.

| 표 1-22 | 종류에 따른 형상 및 사용 범위

종 류	등 급	형상 및 사용 범위
호스 마스크	폐력 흡인형	호스의 끝을 신선한 공기 중에 고정시키고 호스, 안면부를 통하여 착용자가 자신의 폐력으로 공기를 흡입하는 구조로서, 호스는 원칙적으로 안지름 19mm 이상, 길이 10m 이하일 것
	송풍기형	전동 또는 수동의 송풍기를 신선한 공기 중에 고정시키고 호스, 안면부 등을 통하여 송기하는 구조로서, 송기 풍량의 조절을 위한 유량 조절 장치(수동 송풍기를 사용하는 경우는 공기 조절 주머니도 가능) 및 송풍기에는 교환이 가능한 필터를 구비하여야 하며, 안면부를 통해 송기하는 것은 송풍기가 사고로 정지된 경우에도 착용자가 자기 폐력으로 호흡할 수 있는 것
에어라인 마스크	일정 유량형	압축 공기관, 고압 공기 용기 및 공기 압축기 등으로부터 중압 호스, 안면부 등을 통하여 압축 공기를 착용자에게 송기하는 구조로서, 중간에 송기 풍량을 조절하기 위한 유량 조절 장치를 갖추고 압축 공기 중의 분진, 기름 미스트 등을 여과하기 위한 여과 장치를 구비한 것
	디멘드형 및 압력 디멘드형	일정 유량형과 같은 구조로서 공급 밸브를 갖추고 착용자의 호흡량에 따라 안면부 내로 송기하는 것
복합식 에어라인 마스크	디멘드형 및 압력 디멘드형	보통의 상태에서는 디멘드형 또는 압력 디멘드형으로 사용할 수 있으며, 급기의 중단 등 긴급 시 또는 작업상 필요 시에는 보유한 고압 공기 용기에서 급기를 받아 공기 호흡기로서 사용할 수 있는 구조로서, 고압 공기 용기 등은 KS P 8155(공기 호흡기)의 규정에 의한 것

② 성능 기준 : 송기 마스크의 성능 기준은 다음과 같다.

| 표 1-23 | 성능 기준

항 목	성 능			
안면부의 누설률(%)	종 류	등 급		누설률(%)
	호스 마스크	폐력 흡인형		0.05 이하
		송풍기형	전동	2 이하
			수동	2 이하
	에어라인 마스크	일정 유량형		3 미만
		디멘드형		0.05 이하
		압력 디멘드형		0.05 이하
	복합식 에어라인 마스크	디멘드형		0.05 이하
		압력 디멘드형		0.05 이하

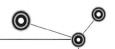

항 목	성 능			
페이스 실드 또는 후드를 사용한 송기 마스크의 방호율(%)	5 이하			
저압부의 기밀성	공기 누설이 없을 것			
배기 밸브의 작동 기밀성	1. 공기를 흡인하였을 때 바로 내부가 감압될 것 2. 내외의 압력차가 10mmH₂O가 될 때까지의 시간이 15초 이상일 것			

안면부 내의 압력 (mmH$_2$O)	종 류		흡기량(L/min)	압 력(Pa)
	디멘드형		30	−245 이상 0 이하
			150	−685 이상 0 이하
	압력 디멘드형		0	98 이상 588 이하
		0 초과 200 이하		0 이상

통기 저항(mmH$_2$O)	종 류		흡·배기량 (L/min)	저 항(Pa)
	폐력 흡인형 호스 마스크의 흡기 저항		30	148 이하
			85	588 이하
	안면부를 가진 송기 마스크의 배기 저항	폐력 흡인형 호스 마스크	85	196 이하
		송풍기형 호스 마스크 및 일정 유량형 에어라인 마스크	135	343 이하
		디멘드형 AL 마스크	30	69 이하
			150	490 이하
		압력 디멘드형 AL 마스크	30	686 이하
			150	980 이하

호스 및 중압 호스	수압 시험	파열, 누설, 국부적인 부풀음 등의 이상이 없을 것
	변형 시험	심한 변형이 없고 또한 통기에 지장이 없을 것
	구부림 시험	통기에 지장이 없을 것

호스 및 중압 호스 연결부	인장 시험	이상이 없고 분리되지 않을 것
	누출 시험	공기 누출이 없을 것

송풍기	1. 안면부 등의 흡입구에서는 풍량이 50L/min 이상이고 베어링 등 작동부에 이상이 없으며, 수동 송풍기의 송풍기 1개당 소비 에너지는 150W를 초과하지 않을 것 2. 송기구 1개당 풍량이 100L/min 이상, 압력이 127.5kPa 이상일 것

송풍기형 호스 마스크의 분진 포집 효율(%)	등 급	효 율
	전동	99.8 이상
	수동	95 이상

일정 유량형 에어라인 마스크의 공기 공급량 (L/min)	등급별 구분	공기 공급량
	안면부	85 이상
	페이스 실드 및 후드	120 이상

기타의 구조	제143조의 규정에 적합할 것

(4) 차광 보안경

1) 차광 보안경의 종류

|표 1-24| 사용 구분에 따른 차광 보안경의 종류

종 류	사용 구분
자외선용	자외선이 발생하는 장소
적외선용	적외선이 발생하는 장소
복합용	자외선 및 적외선이 발생하는 장소
용접용	산소 용접 작업 등과 같이 자외선, 적외선 및 강렬한 가시광선이 발생하는 장소

2) 보안경의 일반 조건

|표 1-25| 보안경의 일반 조건

조 건	내 용
일반 구조	차광 보안경의 일반 구조는 다음과 같이 한다. 1. 차광 보안경에는 돌출 부분, 날카로운 모서리 혹은 사용 도중 불편하거나 상해를 줄 수 있는 결함이 없어야 한다. 2. 착용자와 접촉하는 차광 보안경의 모든 부분에는 피부 자극을 유발하지 않는 재질을 사용해야 한다. 3. 머리띠를 착용하는 경우, 착용자의 머리와 접촉하는 모든 부분의 폭이 최소한 10mm 이상 되어야 하며, 머리띠는 조절이 가능해야 한다.
시야 범위	수평 22.0mm, 수직 20.0mm 이상이어야 한다.
표면	표면에 기포, 발포, 반점, 성형 자국, 구멍, 침전물 등이 없어야 한다.
내노후성	내노후성은 다음과 같이 한다. 1. 고온 안정성 시험 후 보안경의 변형이 없어야 한다. 2. 자외선 조사 후 시감 투과율 차이가 적합해야 한다. [비고] 유리 보안경 제외
내충격성	필터에 파손이나 변형이 없어야 한다.

굴절력	성능 수준 (Class)	구면 굴절력 (m^{-1})	난시 굴절력 (m^{-1})	각주 굴절력(cm/m)		
				수 평		수 직
				기저 외부	기저 내부	
	1	±0.06	0.06	0.75	0.25	0.25
	2	±0.12	0.12	1.00	0.25	0.25
	3	+0.12/−0.25	0.25	1.00	0.25	0.25

차광 능력	차광 능력치에 적합해야 한다.

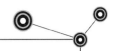

조 건	내 용			
시감 투과율 차이(%)	시감 투과율		투과율 차이(최대 : %)	
	미만(%)	최대(%)	P_1, P_2	P_3
	100	17.8	5	5
	17.8	0.44	10	10
	0.44	0.023	15	15
	0.023	0.0012	20	20
	0.0012	0.000023	30	20
내식성	부식이 없어야 한다.			
내발화성	발화 또는 적열이 없어야 한다.			

(5) 안전화

1) 안전화의 종류

│ 표 1-26 │ 종류 및 성능 구분

종 류	성능 구분
가죽제 안전화	물체의 낙하, 충격 및 바닥으로부터의 날카로운 물체에 의한 찔림 위험으로부터 발을 보호하기 위한 것
고무제 안전화	물체의 낙하, 충격 또는 날카로운 물체에 의한 찔림 위험으로부터 발을 보호하고 또는 내화학성을 겸한 것
정전기 안전화	물체의 낙하, 충격 또는 날카로운 물체에 의한 찔림 위험으로부터 발을 보호하고 정전기의 인체 대전을 방지하기 위한 것
발등 안전화	물체의 낙하, 충격 또는 날카로운 물체에 의한 찔림 위험으로부터 발 및 발등을 보호하기 위한 것
절연화	물체의 낙하, 충격 또는 날카로운 물체에 의한 찔림 위험으로부터 발을 보호하고 저압의 전기에 의한 감전을 방지하기 위한 것
절연 장화	고압에 의한 감전을 방지 및 방수를 겸한 것

2) 등급

안전화의 등급은 겉창 재질 및 사용 장소에 따라 다음과 같이 구분한다. 단, 선심이 없는 안전화는 제외한다.

| 표 1-27 | 등급 및 사용 장소

작업 구분	등급(기호)		사용 장소
	고무	PU	
중작업용	H	-	광업, 건설업 및 철광업에서 원료 취급, 가공, 강재 취급 및 강재 운반, 건설업 등에서 중량물 운반 작업, 가공 대상물의 중량이 큰 물체를 취급하는 작업장으로서 날카로운 물체에 찔릴 우려가 있는 장소
보통 작업용	S	PU-S	기계 공업, 금속 가공업, 운반, 건축업 등 공구 가공품을 손으로 취급하는 작업 및 차량 사업장, 기계 등을 운전 조작하는 일반 작업장으로서 날카로운 물체에 찔릴 우려가 있는 장소
경작업용	L	PU-L	금속선별, 전기 제품 조립, 화학품 선별, 반응 장치 운전, 식품 가공업 등 비교적 경량의 물체를 취급하는 작업장으로서 날카로운 물체에 찔릴 우려가 있는 장소

※ PU란 고무 원료인 탄성체인 주사슬에 탄소, 산소 및 질소를 가진 우레탄고무(U분류)를 겉창으로 사용한 안전화를 말하며 용접, 고열 또는 화기 취급 작업장에서는 사용을 피해야 한다.

3) 성능 기준
안전화의 성능 기준은 다음과 같다.

| 표 1-28 | 성능 기준

항목	기준
내압박성 및 내충격성	• 중작업용, 보통 작업용 및 경작업용 : 15mm 이상 • 시험 후 선심의 높이 : 22mm 이상
박리 저항	• 중작업용 및 보통 작업용 : 0.4kgf/mm 이상 • 경작업용 : 0.3kgf/mm 이상
내답발성	• 중작업용 및 보통 작업용 : 철못에 관통하지 않을 것

4) 안전화의 일반적 구조
① 제조하는 과정에서 발가락 끝부분에 선심을 넣어 압박 및 충격에 대하여 착용자의 발가락을 보호할 수 있을 것
② 착용감이 좋고 작업에 편리할 것
③ 견고하게 제작되어야 하며 부분품의 마무리가 확실하고 형상은 균형이 있을 것
④ 선심의 내측은 헝겊, 가죽, 고무 또는 플라스틱 등으로 감싸고 특히 후단부의 내측은 보강되어야 한다.

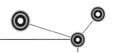

5) 고무제 안전화

① **구분 및 사용 장소** : 고무제 안전화(이하 "안전화"라 한다.)는 그 사용 장소에 따라 다음과 같이 구분한다.

|표 1-29| **구분 및 사용 장소**

구 분	사용 장소
일반용	일반 작업장
내유용	탄화수소류의 윤활유 등을 취급하는 작업장
내산용	무기산을 취급하는 작업장
내알칼리용	알칼리를 취급하는 작업장
내산·알칼리 겸용	무기산 및 알칼리를 취급하는 작업장

② **일반 구조** : 안전화의 일반 구조는 다음에서 규정하는 조건을 만족하여야 한다.
　㉠ 안전화는 방수 또는 내화학성의 재료(고무, 합성수지 등)를 사용하여 견고하게 만들어지고 가벼우며 또한 착용하기에 편안하고, 활동하기 쉬워야 한다.
　㉡ 안전화는 물, 산 또는 알칼리 등이 안전화 내부로 쉽게 들어가지 않도록 되어 있어야 하며, 또한 겉창, 뒷굽, 테이프, 기타 부분의 접착이 양호하여 물, 기름, 산 또는 알칼리 등이 새어들지 않도록 하여야 한다.
　㉢ 안전화 내부에 부착하는 안감, 안창포 및 심지포(이하 "안감 및 기타 포"라 한다.)에 사용되는 메리야스, 융 등은 사용 목적에 따라 적합한 조직의 재료를 사용하고 견고하게 제조하여 모양이 균일하도록 할 것. 다만, 분진 발생 및 고온 작업 장소에서 사용되는 안전화는 안감 및 기타 포를 부착하지 아니할 수 있다.
　㉣ 겉창(굽 포함), 몸통, 신울, 기타 접합 부분 또는 부착 부분은 밀착이 양호하며, 물이 새지 않고 고무 및 포에 부착된 박리고무의 부풀음 등 흠이 없도록 할 것
　㉤ 선심의 안쪽은 포, 고무 또는 플라스틱 등으로 붙이고 특히, 선심 뒷부분의 안쪽은 보강되도록 할 것
　㉥ 안쪽과 골씌움이 안전하도록 할 것
　㉦ 부속품의 접착은 견고하도록 할 것
　㉧ 에나멜을 칠한 것은 에나멜이 벗겨지지 않아야 하고 건조가 충분하여야 하며 몸통과 신울에 칠한 면이 대체로 평활하고, 칠한 면을 겉으로 하여 180°로 구부렸을 때, 에나멜을 칠한 면에 균열이 생기지 않도록 할 것
　㉨ 안전화의 각 부분의 재료 및 외관은 위험한 흠, 균열, 기공, 기포, 이물 혼입, 기타 유사한 결점이 없도록 할 것

참고　보호구의 지급

작업 조건에 맞는 보호구를 작업하는 근로자 수 이상으로 지급하고 이를 착용하도록 하여야 한다.
① 물체가 떨어지거나 날아올 위험 또는 근로자가 추락할 위험이 있는 작업 : 안전모
② 높이 또는 깊이 2미터 이상의 추락할 위험이 있는 장소에서의 작업 : 안전대
③ 물체의 낙하 · 충격, 물체에의 끼임, 감전 또는 정전기의 대전에 의한 위험이 있는 작업 : 안전화
④ 물체가 흩날릴 위험이 있는 작업 : 보안경
⑤ 용접 시 불꽃 또는 물체가 흩날릴 위험이 있는 작업 : 보안면
⑥ 감전의 위험이 있는 작업 : 절연용 보호구
⑦ 고열에 의한 화상 등의 위험이 있는 작업 : 방열복
⑧ 선창 등에서 분진(粉塵)이 심하게 발생하는 하역 작업 : 방진 마스크
⑨ 섭씨 영하 18도 이하인 급냉동 어창에서 하는 하역작업 : 방한모 · 방한복 · 방한화 · 방한장갑
⑩ 물건을 운반하거나 수거 · 배달하기 위하여 「자동차관리법」 제3조 제1항 제5호에 따른 이륜자동차
(이하 "이륜자동차"라 한다)를 운행하는 작업 : 「도로교통법 시행규칙」 제32조 제1항 각 호의 기준
에 적합한 승차용 안전모

5.3 | 안전 보건 표지

(1) 안전 보건 표지의 목적

유해하거나 위험한 장소 · 시설 · 물질에 대한 경고, 비상시에 대처하기 위한 지시 · 안내 또는 그 밖에 근로자의 안전 및 보건 의식을 고취하기 위한 사항 등을 그림, 기호 및 글자 등으로 나타낸 표지를 근로자가 쉽게 알아볼 수 있도록 설치하거나 붙여야 한다. 이 경우 「외국인근로자의 고용 등에 관한 법률」에 따른 외국인근로자를 사용하는 사업주는 안전 보건 표지를 고용노동부 장관이 정하는 바에 따라 해당 외국인근로자의 모국어로 작성하여야 한다.

(2) 안전 보건 표지의 구성

① 모양(형상)
② 색깔
③ 내용(부호 · 그림 · 문자 등)

(3) 안전 보건 표지의 종류

① 금지 표지(8종) : 적색 원형 모양에 흑색 부호(지시, 일종의 명령)
② 경고 표지(15종) : 황색 삼각형 모양에 흑색 부호
③ 지시 표지(9종) : 청색 원형 바탕에 백색 부호(지시, 일종의 명령)

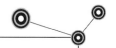

④ 안내 표지(7종) : 녹색 사각형 바탕에 백색 부호

⑤ 출입 금지 표지(3종) : 흰색 바탕에 흑색, 적색 글자

(4) 안전 보건 표지의 색채·색도 기준 및 용도

‖표 1-30‖　안전 보건 표지의 색채, 색도 기준 및 용도

색 채	색도 기준	용 도	사용 예
빨간색	7.5R 4/14	금지	정지 신호, 소화 설비 및 그 장소, 유해 행위의 금지
		경고	화학 물질 취급 장소에서의 유해·위험 경고
노란색	5Y 8.5/12	경고	화학 물질 취급 장소에서의 유해·위험 경고, 그 밖의 위험 경고, 주의 표지 또는 기계 방호물
파란색	2.5PB 4/10	지시	특정 행위의 지시 및 사실의 고지
녹색	2.5G 4/10	안내	비상구 및 피난소, 사람 또는 차량의 통행 표지
흰색	N9.5		파란색 또는 녹색에 대한 보조색
검은색	N0.5		문자 및 빨간색 또는 노란색에 대한 보조색

① 허용 오차 범위 : H = ±2, V = ±0.3, C = ±1(H는 색상, V는 명도, C는 채도를 말한다.)

② 위의 색도 기준은 한국산업규격(KS)에 따른 색의 3속성에 의한 표시 방법(KS A 0062 기술표준원 고시 제2008-0759)에 따른다.

(5) 안전 보건 표지의 종류와 형태

1 금지 표지	101 출입 금지	102 보행 금지	103 차량 통행 금지	104 사용 금지	105 탑승 금지	106 금연	107 화기 금지
108 물체 이동 금지	2 경고 표지	201 인화성 물질 경고	202 산화성 물질 경고	203 폭발성 물질 경고	204 급성 독성 물질 경고	205 부식성 물질 경고	206 방사성 물질 경고
207 고압 전기 경고	208 매달린 물체 경고	209 낙하물 경고	210 고온 경고	211 저온 경고	212 몸 균형 상실 경고	213 레이저 광선 경고	
214 발암성, 변이원성, 생식독성, 전신독성, 호흡기 과민성 물질 경고	215 위험 장소 경고	3 지시 표지	301 보안경 착용	302 방독 마스크 착용	303 방진 마스크 착용	304 보안면 착용	305 안전모 착용

306 귀마개 착용	307 안전화 착용	308 안전장갑 착용	309 안전복 착용	4 안내 표지	401 녹십자 표시	402 응급 구호 표시	403 들것
404 세안 장치	405 비상용기구		406 비상구	5 출입금지 표지	501 허가 대상 물질 작업 관계자 외 출입금지 (허가 물질 명칭) 제조/사용/보관 중 보호구/보호복 착용 흡연 및 음식물 섭취 금지	502 석면 취급/ 해체 작업장 관계자 외 출입금지 석면 취급/해체 중 보호구/보호복 착용 흡연 및 음식물 섭취 금지	501 금지 대상 물질의 취급 실험실 등 관계자 외 출입금지 발암 물질 취급 중 보호구/보호복 착용 흡연 및 음식물 섭취 금지
6 문자 추가 예시문							

▶ 내 자신의 건강과 복지를 위하여 안전을 늘 생각한다.

▶ 내 가정의 행복과 화목을 위하여 안전을 늘 생각한다.

▶ 내 자신의 실수로서 동료를 해치지 않도록 하기 위하여 안전을 늘 생각한다.

▶ 내 자신이 일으킨 사고로서 오는 회사의 재산과 과실을 방지하기 위하여 안전을 늘 생각한다.

▶ 내 자신의 방심과 불안전한 행동이 조국의 번영에 장애가 되지 않도록 하기 위하여 안전을 늘 생각한다.

│그림 1-9│ 안전 보건 표지의 종류와 형태

(6) 녹십자 표지 부착 위치

1) 녹십자 표지를 부착하는 곳

① 작업복 또는 보호의의 우측 어깨

② 안전모의 좌·우면

③ 안전 완장

2) 안전 완장 착용자

① 안전 보건 관리 책임자

② 안전 관리자

③ 관리 감독자

Chapter 06

무재해 운동 등 안전 활동 기법

(1) 무재해란?

근로자가 업무에 기인하여 사망 또는 3일 이상 요양을 요하는 부상 또는 질병에 이환 되지 않는 경우를 말한다. 다만, 500만원 이상의 물적 손실을 초래한 산업 사고와 직 업병으로 판명된 경우 재해로 본다.

(2) 재해 범위

① 산업 재해 : 사망 또는 3일 이상의 요양을 요하는 부상이나 질병에 이환되는 경우
② 산업 사고 : 산업 재해를 수반하지 아니한 경우라 할지라도 사고당 500만원 이상의 재산적 손실이 발생한 경우

(3) 무재해 운동 실시 대상 사업장

① 안전 관리자를 선임해야 할 대상 사업장
② 건설 공사의 경우 도급 금액 10억원 이상인 건설 현장
③ 해외 건설 공사의 경우 상시 근로자 500인 이상이거나 도급 금액 1억불 이상인 건설 현장

(4) 무재해 시간 산정

① 무재해 시간은 운동 개시 보고 후 재해 발생 전일까지의 실근무자 수에 실근로 시간 수를 곱한 시간수를 말한다. 다만, 기간 달성 목표 부여 사업장에 대해서는 무재해 운동 개시 보고 후 재해 발생 전일까지의 일수를 말한다.
② 실근로 시간수 산정에 있어서 사무직(생산직이라 할지라도 과장급 이상은 사무직으로 간주한다.)은 1일 8시간으로 산정한다.

(5) 무재해 운동 실천

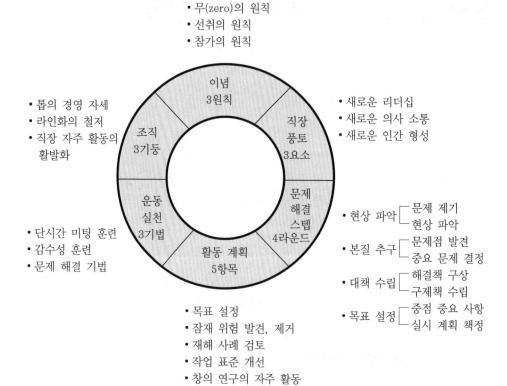

• 무(zero)의 원칙
• 선취의 원칙
• 참가의 원칙

• 톱의 경영 자세
• 라인화의 철저
• 직장 자주 활동의
  활발화

• 새로운 리더십
• 새로운 의사 소통
• 새로운 인간 형성

• 단시간 미팅 훈련
• 감수성 훈련
• 문제 해결 기법

• 현상 파악 ┌ 문제 제기
           └ 현상 파악
• 본질 추구 ┌ 문제점 발견
           └ 중요 문제 결정
• 대책 수립 ┌ 해결책 구상
           └ 구제책 수립
• 목표 설정 ┌ 중점 중요 사항
           └ 실시 계획 책정

• 목표 설정
• 잠재 위험 발견, 제거
• 재해 사례 검토
• 작업 표준 개선
• 창의 연구의 자주 활동

| 그림 1-10 | 무재해 운동 실시 체계 시안

(6) 브레인 스토밍(Brain Stormming) 4원칙

① 비평 금지
② 자유 분방
③ 대량 발언(양적 추구)
④ 수정 발언

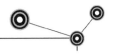

(7) 위험 예지 훈련(문제 해결 훈련)

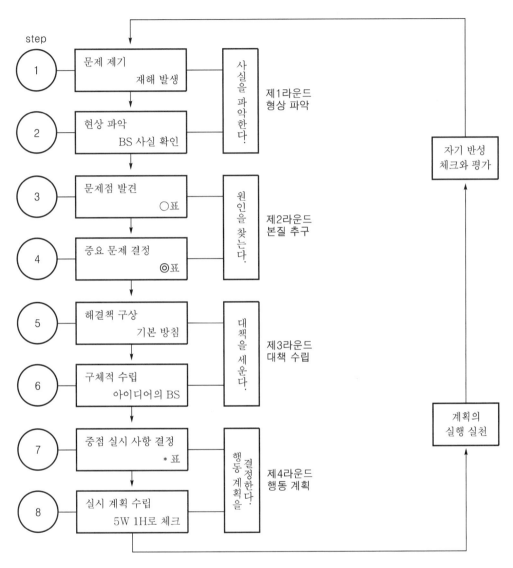

|그림 1-11| 문제 해결의 4Round 8단계

| 표 1-31 |　위험 예지 훈련 진행 방법

준 비		서브팀 편성	팀 분할(3, 4명), 역할 분담, 서브팀 리더 지명
도 입		리더 인사	정렬, 구령, 건강 확인 등
1인 위험 예지 • 리더 • 사회 진행 • 시간 관리	1R	현상 파악 어떤 위험이 잠재하고 있는가?	혼자 도해에 △와 기호 메모 기입 삼각 위험 예지 훈련의 요령
	2R	본질 추구 이것이 위험의 포인트다.(합의 요약)	위험의 포인트 → ◎표(1항목만) 지적 확인(~해서 ~된다.)
	3R	대책 수립 당신이라면 어떻게 하겠는가?	◎표 → 구체적으로 도모해 메모한다. (2, 3 항목)
	4R	목표 설정 우리는 이렇게 한다.	구체적=중점 실시 항목(1항목 결정) 행동 목표 → 지적 확인 (~을 ~하여 ~하자. 좋아.)
발표와 보고 (리더 사회)		1인 위험 예지 훈련 결과 보고 (발표)	◎표의 항목 ＊표의 중점 실시 항목 행동 목표 원 포인트 지적 확인 항목
확 인		서브팀 내 반성	터치 앤드 콜 무재해로 나가자. 좋아.

(8) TBM(Tool Box Meeting)

TBM이란 직장에서 행하는 안전 미팅으로서, 사고의 직접 원인(불안전한 상태 및 불안전한 행동) 중에서 주로 불안전한 행동을 근절시키기 위해 5, 6인 소집단으로 편성하여 작업장 내에서 적당한 장소를(회의가 아니므로 회의실은 필요없다) 정하여 실시하는 단시간 미팅이다.

1) 미팅 시간
① 아침 작업 개시 전 : 5~15분(통상 이용하는 방법)
② 중식 후 작업 개시 전 : 5~15분
③ 작업 종료 시 : 3~5분(짧은 시간 동안)

2) TBM 5단계
① 제1단계 : 도입-직장 체조, 무재해기 게양, 인사, 안전 연설(1분 연설), 목표 제창
② 제2단계 : 점검·정비-건강, 복장, 공구, 보호구, 사용 기기, 재료 등에 대하여
③ 제3단계 : 작업 지시
④ 제4단계 : 위험 예측-당일 작업에 관한 위험 예측 활동과 위험 예지 훈련 실시
⑤ 제5단계 : 확인-위험에 대한 대책과 팀 목표의 확인, touch and call 실시

Part 01

실·전·문·제

01 법상 안전 보건 표지란 무엇을 뜻하는지 간략히 설명하시오.

(해답) 유해하거나 위험한 장소·시설·물질에 대한 경고, 비상시에 대처하기 위한 지시·안내 또는 그 밖에 근로자의 안전 및 보건 의식을 고취하기 위한 사항 등을 그림, 기호 및 글자 등으로 나타낸 표지를 근로자가 쉽게 알아볼 수 있도록 설치하거나 붙여야 한다. 이 경우「외국인근로자의 고용 등에 관한 법률」에 따른 외국인근로자를 사용하는 사업주는 안전 보건 표지를 고용노동부 장관이 정하는 바에 따라 해당 외국인근로자의 모국어로 작성하여야 한다.

02 법에 의한 안전 보건 진단이란?

(해답) 산업 재해를 예방하기 위하여 잠재적 위험성의 발견과 그 개선 대책의 수립을 목적으로 고용노동부 장관이 지정하는 자가 실시하는 조사, 평가를 말한다.

03 사업장에서 원활한 안전 업무를 추진하기 위하여 안전 관리 cycle이 필요하다. 그 순서는?

(해답) 1. 계획   2. 실시   3. 검토   4. 조치

04 사업주가 중대 재해가 발생한 때에 법에 의하여 즉시 전화, 모사 전송, 기타 적절한 방법에 의하여 관할 지방 노동관서의 장에게 보고해야 할 사항 5가지는?

(해답) 1. 발생 개요 및 피해 상황   2. 조치 및 전망
3. 사업장, 재해 유발자, 재해자 개요   4. 발생 경위
5. 기타 재해와 관련되는 주요 사항

05 사업주가 안전 보건 진단을 받아 안전 보건 개선 계획서를 제출해야 하는 대상 사업장을 쓰시오.

(해답) 1. 중대 재해 발생 사업장
2. 산업 재해 발생률이 같은 업종 평균 산업 재해 발생률의 2배 이상인 사업장
3. 직업성 질병자가 연간 2명 이상 발생한 사업장
4. 작업 환경 불량, 폭발 또는 누출 사고 등으로 사업장 주변까지 피해가 확산된 사업장으로서 고용노동부령으로 정하는 사업장

06 안전 관리 조직을 유효하게 활용하기 위한 안전 평가 시에 활용되는 분석 방법의 3가지 유형은?

(해답) 1. 안전 활동 분석(직무 분석)
2. 권한 분석(계층별 책임 분석)
3. 관계 분석(부서간 연락 조정 분석)

07 연간 사상 건수 17건, 노동 손실 일수 420일, 노동 총 시간수 237,600시간, 1일 평균 근로자 수 751명일 때 종합 재해 지수는?

(해답) 빈도율 $= (17 / 237,600) \times 1,000,000 = 71.5488$
강도율 $= (420 / 237,600) \times 1,000 = 1.7677$
$\therefore$ 종합 재해 지수 $= \sqrt{\text{빈도율} \times \text{강도율}} = \sqrt{71.5488 \times 1.7677} = 11.25$

08 다음 물음에 답하시오.

1) 하인리히가 말한 사고 방지에 대한 5단계는?
2) 안전 점검에 있어서 어떤 기간을 두고서 행하는 정밀 점검을 무엇이라 하는가?
3) 페일 세이프란 무엇인가?

(해답) 1) 1단계 : 안전 관리 조직
　　　2단계 : 사실의 발견
　　　3단계 : 분석
　　　4단계 : 시정 방법의 선정
　　　5단계 : 시정책의 적용
2) 정기 점검
3) 인간 또는 기계에 과오나 동작상의 실수가 있어도 사고를 발생시키지 않도록 2중, 3중으로 통제를 가하는 것을 말한다.

09 근로자 500명인 사업장에서 3건의 재해가 발생하여 1명이 사망하고 2명이 110일과 30일의 휴업 상해를 당했을 때 연천인율과 강도율을 구하시오. (단, 1일 10시간, 300일 근무)

(해답) $\therefore$ 연천인율 $=$ (재해자 수/연평균 근로자 수)$\times 111,000 = (3/500) \times 1,000 = 6.00$
강도율 $=$ (근로 손실 일수/근로 총 시간수)$\times 1,000$
$= \dfrac{7,500 + 140 \times (300/365)}{500 \times 10 \times 300} \times 1,000$
$= 5.0767 = 5.08$

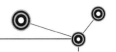

10 신입 사원 A가 롤러기 청소 작업 중 걸레를 쥔 손이 말려 들어가 손이 절단되었다. 다음을 분석하시오.

    1) 발생 형태   2) 기인물   3) 가해물
    4) 불안전 상태   5) 불안전 행동   6) 가해 부위
    7) 상해 부위   8) 상해 종류

(해답) 1) 협착   2) 롤러기   3) 롤러
    4) 방호 장치 미설치   5) 운전 중 청소   6) 협착점(롤러기 맞물림점)
    7) 손   8) 절상

11 작업장에서 통계 분석에 의한 재해 분석 방법을 4가지 쓰시오.

(해답) 1. 파레토도
    2. 관리도
    3. 특성 요인도
    4. 클로즈 분석

12 보호구를 인체에 대한 에너지 전달의 종류에 따라 분류하면 급성적 장해를 주는 에너지에 대한 방호 방식과 만성적 장해를 주는 에너지에 대한 방호 방식으로 나눌 수 있다. 급성적 에너지에 대한 방호 방식을 4가지만 제시하고 각각에 적합한 보호구를 한 가지씩 쓰시오.

(해답) 1. 가스, 증기 오염원 : 자급식 호흡 장치, 송풍기 부착 호스 마스크
    2. 입자상 오염원 : 자급식 호흡 장치, 송풍기 부착 마스크
    3. 가스, 증기, 입자상 물질이 복합적인 경우 : 자급식 호흡 장치, 송풍기 부착 호스 마스크
    4. 산소 결핍 : 자급식 호흡 장치, 송풍기 부착 호스 마스크

13 A사의 근로자는 1,000명인데 연간 재해 건수는 53건이며 작년에 납부된 산재 보험료는 18,000,000원이며, 산재 보험금은 1,265,000원을 받았다. A사의 재해 건수 중 휴업 재해는 10건, 통원 상해 건수는 15건, 구급 조치 상해는 8건, 무상해 사고 건수는 20건일 때 A사의 재해 손실 비용을 Heinrich 법칙과 Simonds 법칙에 따라 구하시오. (단, 상해 정도별 평균 손실액은 A : 90,000원, B : 290,000원, C : 150,000원, D : 200,000원이다.)

(해답) 1. Heinrich 방식 : 직접비+간접비(직접비 : 간접비= 1 : 4)
      총 cost = 1,265,000 + 50,600,000 = 51,865,000원
    2. Simonds 방식 : 보험 cost + 비보험 cost
      총 cost = 18,000,000 + (90,000×10) + (290,000×15) + (150,000×8) + (200,000×20)
           = 28,450,000원

14 작업자 고군이 난방용 증기(스팀) 배관 트랩 가까이에서 배관 수리 작업을 하고 있을 때 김 직장이 스팀 밸브를 열라고 지시하여 스팀 밸브를 열었다. 이때 트랩 연결 불량 부분에서 스팀이 유출되어 고군이 머리에 화상을 입었다. 이 사례에서 상해와 사고를 육하 원칙에 의해 분석하시오.

해답) 1. 상해 : 화상
　　　2. 재해 분석
　　　　　① 누가 : 고군이
　　　　　② 언제 : 배관 수리 작업을 하고 있을 때
　　　　　③ 어떻게 : 김직장이 스팀 밸브를 열라고 지시하여
　　　　　④ 왜 : 스팀 밸브를 열어
　　　　　⑤ 어디에서 : 트랩 연결 불량 부분에서
　　　　　⑥ 무엇이 : 스팀 유출

15 사업장에서 안전 보건 관리 책임자의 업무 사항을 5가지 쓰시오.

해답) 1. 사업장 산업 재해 예방 계획의 수립에 관한 사항
　　　2. 안전 보건 관리 규정의 작성 및 변경에 관한 사항
　　　3. 안전 보건 교육에 관한 사항
　　　4. 작업 환경 측정 등 작업 환경의 점검 및 개선에 관한 사항
　　　5. 근로자의 건강 진단 등 건강 관리에 관한 사항
　　　6. 산업 재해 원인 조사 및 재발 방지 대책의 수립에 관한 사항
　　　7. 산업 재해에 관한 통계의 기록, 유지에 관한 사항
　　　8. 안전 장치 및 보호구 구입 시의 적격품 여부 확인에 관한 사항

16 사업장 안전 관리 계획서 작성의 계획 내용에 들어가야 할 주된 항목 5가지를 쓰시오.

해답) 1. 실시 사항
　　　2. 실시 시기
　　　3. 실시 부문 및 실시 담당자
　　　4. 실시상 유의점
　　　5. 실시 결과의 보고 및 확인

17 근로자 수가 1,500명인 사업장에서 1일 8시간 작업하고 300일 가동하였으며 이 기간 중 75건의 재해가 발생하였다. 이 사업장의 도수율은?

해답) 도수율 $= \dfrac{75}{1,500 \times 8 \times 300} \times 1,000,000 = 20.83$

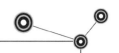

18 법상 산업 재해란 무엇을 뜻하는가?

(해답) 근로자가 업무에 관계되는 건설물, 설비, 원재료, 가스, 증기, 분진 등에 의하거나 작업, 기타 업무에 기인하여 사망 또는 부상하거나 질병에 이환되는 것을 말한다.

19 작업장에서 실시하는 작업 환경 측정을 위한 시료의 채취 방법 5가지 중 3가지를 쓰시오.

(해답) 1. 고체 포집법   2. 액체 포집법
     3. 여과 포집법   4. 직접 포집법
     5. 냉각 응축 포집법

20 사업장에서 사용하는 공기 압축기의 작업 시작 전 점검 사항 5가지를 쓰시오.

(해답) 1. 공기 저장 압력 용기의 외관 상태
     2. 드레인 밸브의 조작 및 배수
     3. 압력 방출 장치의 기능
     4. 언로드 밸브의 기능
     5. 윤활유의 상태
     6. 회전부의 덮개 또는 울
     7. 그 밖의 연결 부위의 이상 유무

21 90dB의 소음이 발생되는 장소에서 30kg의 중량물을 산소 아세틸렌 용접 불똥이 튀는 곳을 지나 운반하고자 한다. 이때 작업자의 안전을 위해 본인이 안전 관리자라면 지급해야 할 보호구는?

(해답) 귀마개 및 귀덮개, 안전모, 안전 장갑, 안전화, 앞치마, 보안경 등

22 법상 안전 인증 대상 기계, 기구, 설비를 쓰시오.

(해답) 1. 프레스   2. 전단기
     3. 크레인   4. 리프트
     5. 압력 용기   6. 롤러기
     7. 사출 성형기   8. 고소 작업대

23 지방 노동관서의 장에게 보고해야 할 재해의 범위를 쓰시오.

(해답) 근로자가 업무에 기인하여 사망 또는 3일 이상의 요양을 요하는 부상 또는 질병에 이환된 경우. 단, 중대 재해 발생 시에는 지체없이 보고 할 것

24 다음 보기와 같이 작업장에서 사용하는 안전 보건 표지의 종류에 따른 색을 명시하시오.

> **보기**
>
> 금지 — 빨강

(해답) 1. 경고 표지 — 황색　　2. 지시 표지 — 청색　　3. 안내 표지 — 녹색

25 안전 보건 관리 조직의 유형 중 line-staff 혼합형의 단점을 3가지 쓰시오.

(해답) 1. 지도, 조언, 권고 등에서 혼동 초래
2. 안전 staff의 line에 대한 월권 행위의 우려
3. line의 staff에 대한 의존도가 높다.

26 법상 고용노동부 장관은 사업장의 재해 빈발 시에는 그 해당 사업장의 안전 관리자를 증원 하거나 교체 임명을 명할 수 있다. 그 사유가 되는 경우 2가지를 쓰시오.

(해답) 1. 해당 사업장의 연간 재해율이 같은 업종의 평균 재해율의 2배 이상일 경우
2. 중대 재해가 연간 2건 이상 발생할 경우
3. 관리자가 질병이나 그 밖의 사유로 3월 이상 정상 직무를 수행할 수 없게 된 경우
4. 화학적 인자로 인한 직업성 질병자가 연간 3명 이상 발생한 경우

27 사업주는 법에 의하여 상시 근로자가 100인 미만일 때에도 사업장에 안전보건위원회를 설 치 운영하여야 한다. 그 사유가 되는 대상 사업장을 쓰시오.

(해답) 1. 토사석 광업
2. 목재 및 나무 제품 제조업
3. 화합물 및 화학 제품 제조업
4. 1차 금속 산업
5. 조립 금속 제품 제조업
6. 자동차 및 트레일러 제조업

28 사업장 안전 보건 개선 계획서 작성 시 반드시 포함해야 할 사항 5가지를 쓰시오.

(해답) 1. 시설
2. 안전 보건 교육
3. 안전 보건 관리 체제
4. 산업 재해 예방을 위해 필요한 사항
5. 작업 환경 개선을 위해 필요한 사항

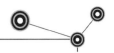

29 안전 보건 개선 계획서 작성 시 공정별 유해 위험 분포도에 관한 사항을 명시해야만 한다. 공정별 유해 위험 분포도 작성 시 위험의 중요 핵심 point는?

해답 1. 각 공정 속에 숨어있는 유해 위험 요소의 발견
2. 각 공정별 종사하는 종사자 파악
3. 각 공정간 표준 작업 실태
4. 공정에서 발생된 재해 및 사고 분석
5. 공정상 기계, 재료, 도구의 공학적 결함 유무
6. 작업 조건 및 작업 방법 개선 또는 안전화 대책

30 무재해 운동 추진을 위한 위험 예지 훈련의 일환으로 작업자가 작업 반장을 중심으로 둘러 앉아 작업 절차, 방법, 문제가 있는 작업 등에 대해 단시간 내에 의논하는 기법은?

해답 T.B.M 위험 예지

31 어떤 사업장에서 산재 피해자에게 산재 보상비 1천만원을 지급하였다면 산재로 인한 사업장의 간접 손실비는 얼마인가? (단, H.W. Heinrich(하인리히) 이론 적용)

해답 총 cost = 직접비 + 간접비(직접비 : 간접비 = 1 : 4)
∴ 간접비 = 1천만원×4 = 4천만원

32 사고는 여러 가지 원인으로 일어나는데 그 각각의 원인을 요인이라 한다. 이 요인들 사이의 관계는 그 배열과 가치로 구분하며, 요인 배열의 형태는 사슬형, 집중형, 혼합형 등이 있다. 요인을 O, 사고를 ×표로 나타낼 때 다음 그림의 형태를 쓰시오.

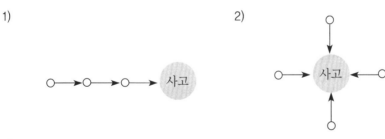

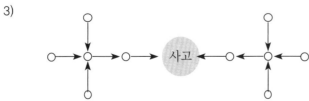

해답 1) 사슬형   2) 집중형   3) 복합형

33 안전 점검의 종류를 3가지 쓰시오.

(해답) 1. 정기 점검   2. 임시 점검   3. 수시 점검

34 다음 사항에 의거 강도율을 계산하시오. (단, 연근로 일수는 300일이다.)

> ① 근로자 수 800명
> ② 연근로 시간수 1주 (48시간)×50주
> ③ 연재해 건수 50건 (손실 일수 1,200일)
> ④ 사망 재해 2건 (단, 사망자의 연령은 각각 30세이다.)

(해답) 강도율 $= \dfrac{\text{근로 손실 일수}}{\text{근로 총 시간수}} \times 1,000 = 8.33$

(∴ 근로 총 시간수 $= 800 \times 48 \times 50 = 1,920,000$시간

근로 손실 일수 $= 7,500 \times 2 + \left(1,200 \times \dfrac{300}{365}\right) = 15986.30$일)

35 방진 마스크 제조업체 산양에서는 석영 분진을 가지고 방진 마스크의 분진 포집 성능 시험을 한 결과 분진 농도 30mg/m^3의 분진이 마스크를 통과한 후에 0.5mg/m^3의 분진 농도가 되었다. 방진 마스크의 포집 효율과 방진 마스크의 등급을 기술하시오.

(해답) 1. 분진 포집 효율 $= \dfrac{\text{통과 전 석영 분진 농도} - \text{통과 후 석영 분진 농도}}{\text{통과 전 석영 분진 농도}} \times 100$

$= \dfrac{30 - 0.5}{30} \times 100 = 98.33\%$

2. 방진 마스크 등급 = 1등급

36 과곡이라는 회사에서는 산업 재해 보상비가 2천만원일 때 하인리히 이론으로 보아 이 사업체의 총 재해 손실비는?

(해답) 하인리히 총 재해 cost = 직접비 + 간접비(직접비 : 간접비 = 1 : 4)

$= 2$천만원 $+ 8$천만원 $= 1$억원

37 부암이라는 회사는 공장 건물의 높이가 6m이고 작업장 바닥의 가로가 15m, 세로가 35m이다. 이 회사에서는 몇 명의 근로자까지 근무할 수 있겠는가?

(해답) 작업장의 기적 : $4 \times 15 \times 35 = 2,100\text{m}^3$

∴ 작업자 수 $= 2,100 \div 10 = 210$명까지

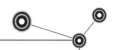

38 A회사에서 500명의 근로자가 일주일에 48시간씩 연간 50주를 근무하면서 1년에 60건의 재해를 발생하였다. 60건의 재해 중 사망 사고가 1건, 기타 사고의 근로 손실 일수는 1,200일이었다. 이 회사의 강도율은?

해답 ▸ 강도율 $= \dfrac{1 \times 7{,}500 + 1{,}200}{500 \times 48 \times 50} \times 1{,}000 = 7.25$

39 어느 기업체에서 400명의 근로자가 1주일에 48시간, 연간 50주 작업을 하는데 1년에 60건의 재해가 발생하였다. 이 가운데 근로자들의 질병 및 기타의 사유로 인하여 총 근로 시간 중 3%를 결근하였다. 도수율은?

해답 ▸ 도수율 $= \dfrac{60}{400 \times 48 \times 50 \times 0.97} \times 1{,}000{,}000 = 64.4329 = 64.43$

40 사업장에서 사용하는 안전모의 성능 시험 방법 5가지 중 4가지를 쓰시오.

해답 ▸ 1. 내관통성 시험　　　　　　　　2. 충격 흡수성 시험
3. 내전압성 시험　　　　　　　　4. 내수성 시험
5. 턱끈 풀림 시험

41 건설 구조물의 안전성 평가를 위하여 실시하는 비파괴 검사의 종류를 아는 대로 쓰시오.

해답 ▸ 1. 육안 검사　　　　2. 초음파 투과 검사　　　　3. 자기 검사
4. 누설 검사　　　　5. 내압 검사　　　　　　　6. 와류 검사
7. X선 투과 검사

42 사업체에서 발생되는 산업 재해의 조사 과정에서 야기되는 관리적 원인 분석상 3가지를 쓰시오.

해답 ▸ 1. 기술적 원인
2. 교육적 원인
3. 작업 관리상 원인

43 사업장에서는 무재해 목표를 달성하기 위하여 위험 예지 훈련을 시행하고 있다. 이 훈련의 대화 방법 중 Brain Storming 4원칙을 설명하시오.

해답 ▸ 1. 자유 분방　　　　2. 대량 발언
3. 비평 금지　　　　4. 수정 발언

44 작업자가 비계 발판에서 작업 중 바닥으로 떨어져 재해를 당하였다. 다음 재해를 분석하시오.

해답 ↘ 1. 사고 형태 : 추락
2. 기인물 : 비계 발판
3. 가해물 : 바닥

45 어느 사업장의 연천인율이 18, 도수율이 22.5이다. 이는 무엇을 뜻하는가?

해답 ↘ 1. 연천인율 18이란 연간 근로자 1,000명당 18명의 재해자가 발생되었다는 통계이다.
2. 도수율 22.5란 1,000,000인시당 22.5건의 재해가 발생되었다는 뜻이다.

46 하인리히의 재해 도미노 이론을 순서대로 쓰고 가장 중요한 단계를 구분하여 명시하시오.

해답 ↘ 1. 하인리히 재해 도미노 이론
① 사회적 환경 및 유전적 요인
② 개인적 결함
③ 불안전 행동 및 불안전 상태
④ 사고
⑤ 상해
2. 가장 중요한 단계 : 3단계인 불안전 행동과 불안전 상태

47 과곡이라는 회사에서 3월 300명, 6월 320명, 9월 260명, 12월 270명의 작업자가 작업을 하였다면 이 사업장의 연천인율은? (단, 기간 중 재해자는 15명이 발생되었다.)

해답 ↘ 연천인율 $= \dfrac{15}{\dfrac{300 + 320 + 260 + 270}{4}} \times 1,000 = 52.08$

48 재해의 발생 요인에는 직접 원인과 간접 원인이 있다. 이 중 직접 원인 2가지와 각각 그 예를 3가지씩 쓰시오.

해답 ↘ 1. 불안전 행동
① 안전 방호 장치 기능 제거
② 복장, 보호구 잘못 사용
③ 위험 장소 접근
2. 불안전 상태
① 물자체 결함
② 안전 방호 장치 결함
③ 복장 보호구 결함

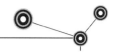

49 개선 계획서상 재해 다발 원인 및 유형 분석표에 포함되어야 할 사항 4가지를 기술하시오.

(해답) 1. 관리적 원인
2. 직접 원인
3. 기인물
4. 발생 형태

50 작업장에서 사용하는 안전대의 종류를 쓰고, 각각 그 사용 예를 간단히 기술하시오.

(해답)

종 류	사용 구분
벨트식, 안전 그네식	U자 걸이 전용 1개 걸이 전용 안전 블록 추락 방지대

51 다음 괄호 안에 알맞은 내용을 쓰시오.

> 사업장에서는 산업 재해가 발생 시 발생한 날로부터 (①) 이내에, 중대 재해가 발생한 경우 (②) 노동관서의 장에게 전화, 팩스, 기타의 적절한 방법으로 보고하여야 한다.

(해답) ① 1월   ② 즉시

52 A공장의 총 근로자는 100명이다. 이 가운데 사무직이 15명, 생산 과장급이 5명이며 나머지 80명은 생산직 근무자이다. 오늘 하루 2시간의 잔업을 했다면 이 사업장의 오늘 하루 동안의 실제 무재해 시간은?

(해답) 무재해 시간$= 20 \times 8 + 80 \times 10 = 960$시간

53 안전 점검표에 의한 안전 점검이 FTA나 ETA에 비해 어떠한 장점과 단점을 가지고 있는지를 각각 2가지씩 나열하시오.

(해답) 1. 장점
① 중요도 순으로 점검할 수 있다.
② 정성적 평가에 유효하다.
③ 시간적 기술이 가능하다.(점검 시기별 점검이 가능)
2. 단점
① 재해 발생의 원인과 결과에 이르는 제사상의 관계가 명확하지 않다.
② 원인을 정량적으로 다룰 수 없다.
③ 점검자의 주관에 의존이 많이 되므로 타당도가 결여될 우려가 있다.

54 안전 보건 관리 조직의 유형 중 경영자나 공장장에게 안전 보건 관리에 대한 상담, 조언, 기술 지도 등을 받지만 생산 업무의 안전 문제에 대해서는 책임을 지지 않는 안전 보건 관리 조직의 형태를 무엇이라 하는가?

(해답) staff형 안전 관리 조직

55 어떤 사업장이 안전 보건 개선 계획을 수립 시행할 것을 고용노동부 장관으로부터 명 받았을 경우 이 계획을 수립하면서 사업주는 자체의 어떤 조직이나 사람들로부터 의견을 청취해야만 하는가?

(해답) 1. 안전보건위원회   2. 근로자 대표

56 사업장 재해 예방 대책의 일환으로 흔히 적용되는 3S와 3E에 대하여 간단히 기술하시오.

(해답) 1. 3S : Standardization(표준화), Simplification(단순화), Specilization(전문화)
  2. 3E : Education(교육), Engineering(기술), Enforcement(규제, 독려)

57 사고의 발생 시 가해물이란 무엇을 뜻하며, 그 예를 들어 간략히 설명하시오.

(해답) 1. 가해물이란 사고 발생 시 사람에게 직접 상해를 주는 물건을 말한다.
  2. 예 : 복도에서 넘어져 바닥에 머리를 부딪혀 머리에 상해를 입은 경우 가해물은 바닥이다.

58 방독 마스크란 유독 가스가 존재할 때 착용하게 되며 산소 농도가 16% 미만일 경우에는 착용을 할 수가 없다. 방독 마스크 종류에 따른 시험 가스의 종류 5가지를 쓰시오.

(해답)

종 류	시험 구분
유기 화합물용	시클로헥산(C_6H_{12})
할로겐용	염소가스 또는 증기(Cl_2)
황화수소용	황화수소가스(H_2S)
시안화수소용	시안화수소가스(HCN)
아황산용	아황산가스(SO_2)
암모니아용	암모니아가스(NH_3)

59 시몬즈의 재해 cost 산출에 있어서 보험 cost와 비보험 cost로서 산출에 포함되지 않는 경우 2가지는?

(해답) 1. 사망   2. 영구 전노동 불능 상해

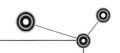

60 산소 결핍 위험 작업(밀폐 공간 작업) 시 그 위험 방지 대책을 쓰시오.

(해답) 1. 산소 농도가 18% 이상 유지되도록 환기　2. 안전대 또는 구명 밧줄 사용
3. 출입 금지　　　　　　　　　　　　　　4. 인원 점검
5. 공기 호흡기 또는 호스 마스크 사용　　　6. 연락 설비 설치 및 대피용 기구 비치
7. 밀폐 공간 보건 작업 프로그램 수립·시행　8. 구출 시 송기 마스크 착용

61 버드의 최신 재해 연쇄성 이론 즉, 도미노 이론을 순서대로 쓰시오.

(해답) 1. 통제 부족(관리 부족)　　2. 기본 원인(기원)　　　3. 직접 원인(징후)
4. 사고(접촉)　　　　　　　5. 상해(손해, 손실)

62 재해에는 인적 사고와 물적 사고로 대별할 수 있다. 인적 사고라 함은 사고의 발생이 직접 사람에게 상해를 주는 것을 뜻하게 된다. 인적 사고를 3가지 구분하시오.

(해답) 1. 사람의 동작에 의한 사고
2. 물건의 운동에 의한 사고
3. 접촉·흡수에 의한 사고

63 사업주는 사업장의 원활한 안전 업무를 추진하기 위해 안전 조직을 구성하게 된다. 사업주가 안전 조직 구성 시 고려 사항 중 가장 중요한 2가지는?

(해답) 1. 각급 감독자의 책임과 권한을 명확히 할 것
2. 생산 계통과 밀착된 조직이 되도록 할 것

64 사업장에서 추진하고 있는 각종 안전 활동을 평가할 때 선택되어지는 안전 활동의 주요 평가 종류 4가지는?

(해답) 1. 상대 척도　　　　　　　　　　2. 도수 척도
3. 평정 척도　　　　　　　　　　4. 절대 척도

65 사업장의 안전 점검을 시행하고자 한다. 안전 검검 시 유의 사항 5가지를 쓰시오.

(해답) 1. 여러 가지 점검 방법을 병용하여 실시할 것
2. 점검자의 능력에 상응하는 점검을 실시할 것
3. 과거의 재해 발생 부분은 그 원인이 배제되었는지를 확인할 것
4. 점검 중 불량 부분이 발견되었을 경우에는 다른 동종 설비도 함께 점검할 것
5. 발견된 불량 부분은 그 원인을 조사하고 필요한 대책을 강구할 것

66 재해 조사의 주목적을 2가지로 분류하여 명시하시오.

(해답) 1. 동종 재해 및 유사 재해의 재발 방지 대책 강구
2. 원인과 결함을 규명하여 예방 자료 수집

67 사업장에서 재해 발생 시에는 그 처리 순서에 의하여 원인 및 대책을 강구하여야 한다. 재해 조사 과정을 3단계로 간략히 명시하시오.

(해답) 1. 현장 보존
2. 사실 수집
3. 목격자, 감독자, 피해자 진술

68 재해 발생 원인에는 불안전 행동과 불안전 상태로 대별할 수 있다. 불안전 행동을 유발시키는 원인 4가지를 쓰시오.

(해답) 1. 생리적 원인   2. 심리적 원인   3. 교육적 원인   4. 환경적 원인

69 J.H. Harvey는 재해 예방을 위해서는 3E가 충족되어야 한다고 주장하였다. 3E 가운데 기술적 대책에 해당하는 사항 3가지를 쓰시오.

(해답) 안전한 설계, 안전 기준 설정, 작업 환경 설비의 개선, 점검, 정비 보존의 확립

참고 규제, 독려의 대책으로는 적합한 기준 설정, 각종 규칙과 수칙의 준수 경영자 및 관리자층의 솔선수범 동기 부여 및 근로 의욕 향상

70 재해 사례 연구는 산업 재해의 사례를 중심으로 그 사고와 배경을 체계적으로 파악하고 파악된 문제점을 바탕으로 재해 방지 대책을 세우기 위함이다. 사례 연구의 전제 조건인 재해 상황 파악에 관한 세부 항목을 5가지 쓰시오.

(해답) 1. 재해의 발생 일시 및 장소
2. 사업의 업종 및 규모
3. 상해의 상황(상해 정도, 상해 성질, 상해 부위)
4. 물적인 피해 상황
5. 사고의 형태
6. 기인물(재해 원인, 물체, 물질)
7. 가해물

71 안전 점검 및 진단의 순서를 순서대로 명시하시오.

(해답) 1. 실상 파악   2. 결함 발견   3. 대책 수립   4. 대책 실시

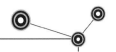

72 안전 보건에 관련되는 서류로서 3년 이상 보존해야 할 서류를 3가지 쓰시오.

(해답) 1. 관리 책임자, 안전 관리자, 보건 관리자, 산업 보건의 선임에 관한 서류
2. 화학 물질 유해성 조사에 관한 서류
3. 작업 환경에 관한 서류
4. 건강 진단에 관한 서류

참고 석면 해체, 제거업자는 석면 해체, 제거 업무에 관한 서류는 30년간 보존

73 안전 점검을 실시하고자 할 때 점검표(check list)에 포함되어야 할 사항 5가지를 쓰시오.

(해답) 1. 점검 부분   2. 점검 방법   3. 점검 항목   4. 판정 기준
5. 점검 시기   6. 판정   7. 조치

74 A사업장에서 연간 근로 시간이 120,000시간 작업 시 3건의 휴업 재해가 발생하여 휴업 총 일수가 219일이었다. 이 사업장의 근로 손실 일수와 강도율은?

(해답) 1. 근로 손실 일수 $= 219 \times \dfrac{300}{365} = 180$일

2. 강도율 $= \dfrac{180}{120,000} \times 1,000 = 1.50$

75 재해 발생 시 처리 순서의 전체 순서 중에서 긴급 처리의 단계에서 응급히 처리해야 할 사항을 쓰시오.

(해답) 1. 피재 기계 정지   2. 피재자 응급 조치   3. 관계자에게 통보
4. 2차 재해 방지   5. 현장 보존

76 무재해 운동 실시 대상 사업장에서 무재해 운동을 실시하고자 한다. 무재해 추진 3요소를 쓰시오.

(해답) 1. Top의 엄격한 경영 자세
2. 라인화의 철저
3. 직장 자주 활동의 활성화

77 A회사에서 연간 15건의 재해가 발생하여 3급 장애자가 1명, 의사 진단에 의한 요양 일수가 365일이었다. 이 회사의 도수율이 10이었다고 한다면 연천인율은 얼마인가?

(해답) 연천인율 $=$ 도수율 $\times 2.4 = 10 \times 2.4 = 24.00$

78 법에 의하여 벤젠 등을 함유한 제제 및 기타 근로자의 보건상 해로운 물질을 저장하고자 할 때 그 용기 또는 포장에 표기해야 할 사항은?

해답 1. 명칭
2. 인체에 미치는 영향
3. 성분 및 함유량
4. 저장 또는 취급상 주의 사항 및 긴급 방재 요령
5. 기타 표시자의 성명 및 주소

79 사업장에서 산업 재해 발생 시 처리 순서를 순서대로 쓰시오.

해답 1. 산업 재해 발생   2. 긴급 처리   3. 재해 조사
4. 원인 강구   5. 대책 수립   6. 대책 실시 계획
7. 실시   8. 평가

80 방진 마스크의 성능 시험 방법 5가지를 쓰시오.

해답 1. 안면부 흡기 저항 시험
2. 여과재 분진 등 포집 효율 시험
3. 안면부 배기 저항 시험
4. 안면부 누설률 시험
5. 배기 밸브 작동 시험
6. 여과재 호흡 저항 시험
7. 강도 · 신장률 및 영구 변형률 시험

81 방진 마스크의 선택 시 구비 조건 5가지를 쓰시오.

해답 1. 여과 효율이 좋을 것
2. 흡 · 배기 저항이 낮을 것
3. 사용적이 적을 것
4. 시야가 넓을 것
5. 중량이 가벼울 것
6. 안면 밀착성이 좋을 것
7. 피부 접촉 부위 고무질이 좋을 것

82 재해 사례 연구 순서에서 사실의 확인 시 확인해야 할 사항 4가지는?

해답 1. 사람   2. 물건
3. 관리   4. 재해 발생 경과

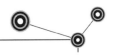

83 재해 누발자의 유형 4가지를 쓰시오.

(해답) 1. 미숙성 누발자　　　　　　　　　　2. 상황성 누발자
3. 습관성 누발자　　　　　　　　　　4. 소질성 누발자

84 법상 안전 인증 대상 보호구의 종류를 쓰시오.

(해답) 1. 추락 및 감전 위험 방지용 안전모　　2. 안전화
3. 안전 장갑　　　　　　　　　　　4. 방진 마스크
5. 방독 마스크　　　　　　　　　　6. 송기 마스크
7. 전동식 호흡 보호구　　　　　　　8. 보호복
9. 안전대　　　　　　　　　　　　10. 차광 및 비산물 위험 방지용 보안경
11. 용접용 보안면　　　　　　　　　12. 방음용 귀마개 또는 귀덮개

85 공기 압축기를 사용하기 전 점검하여야 한다. 점검해야 할 사항 5가지를 쓰시오.

(해답) 1. 공기 저장 압력 용기 외관 상태
2. 드레인 밸브의 조작 및 배수
3. 압력 방출 장치의 기능
4. 언로드 밸브의 기능
5. 윤활유의 상태
6. 회전부의 덮개 또는 울
7. 그 밖의 연결 부위 이상 유무

86 안전 보건 관리 조직에서 line형 및 staff형의 장·단점을 각각 2가지씩 쓰시오.

(해답) 1. line형
　　　　• 장점 : ① 안전에 관한 명령이나 지시가 신속하고 정확하게 전달된다.
　　　　　　　　② 안전에 관한 명령, 지시가 간단명료하다.
　　　　• 단점 : ① 안전에 관한 전문 지식의 측정이 곤란하다.
　　　　　　　　② 사업장의 특수성에 적합한 전문 지식이나 정보를 몸에 익힐 수 없다.
　　2. staff형
　　　　• 장점 : ① 사업장의 안전 기술 및 전문성의 확보에 유리하다.
　　　　　　　　② 안전 업무만을 전담하는 전문 부서가 있어 효과적인 안전 업무가 가능하다.
　　　　• 단점 : ① 생산 라인과 안전 staff의 긴밀한 협조 체계 구축이 곤란하다.
　　　　　　　　　(마찰의 우려가 있다.)
　　　　　　　　② 생산 라인에 대한 안전 지시 및 명령이 철저하지 못하다.

87 다음 안전 보건 표지의 색채 · 색도 기준 및 용도에서 빈 칸에 알맞은 내용을 쓰시오.

색 채	색도 기준	용 도	사용 예
빨간색	7.5R 4/14	금지	정지 신호, 소화 설비 및 그 장소, 유해 행위의 금지
		경고	화학 물질 취급 장소에서의 유해 · 위험 경고
노란색	(①)	경고	화학 물질 취급 장소에서의 유해 · 위험 경고, 그 밖의 위험 경고, 주의 표지 또는 기계 방호물
파란색	2.5PB 4/10	(③)	특정 행위의 지시 및 사실의 고지
녹색	2.5G 4/10	안내	비상구 및 피난소, 사람 또는 차량의 통행 표시
흰색	(②)		(④) 또는 (⑤)에 대한 보조색
검은색	N0.5		문자 및 (⑥) 또는 (⑦)에 대한 보조색

참고 ▶ 1. 허용 오차 범위 : H = ±2, V = ±0.3, C = ±1(H는 색상, V는 명도, C는 채도를 말한다.)
2. 위의 색도 기준은 한국산업규격(KS)에 따른 색의 3속성에 의한 표시 방법(KS A 0062 기술표준원 고시 제2008 – 0759)에 따른다.

해답 ▶ ① 5Y 8.5/12 ② N9.5 ③ 지시 ④ 파란색
⑤ 녹색 ⑥ 빨간색 ⑦ 노란색

88 산양이라는 사업장에서는 연평균 근로자 500명이 작업하는 동안에 7건의 재해가 발생하여 사망이 1명, 14급 2명과 의사 진단 결과 30일 요양 환자가 2명이 발생하였으며, 이 사업장의 연간 작업은 48시간씩 50주였다. 다음 물음에 답하시오. (단, 결근율은 5%였으며, 잔업의 총 시간은 500시간, 지각, 조퇴가 150시간이었다.)

1) 도수율

2) 연천인율

3) 강도율

4) 종합 재해 지수

5) 평생 근무 시 몇 건의 재해를 당하겠는가?

해답 ▶ 1) 도수율 $= \dfrac{7}{500 \times 48 \times 50 \times 0.95 + 500 - 150} \times 1,000,000 = 6.14$

2) 연천인율 $= \dfrac{5}{500} \times 1,000 = 10.00$

3) 강도율 $= \dfrac{7,500 + 50 \times 2 + 60 \times \dfrac{300}{365}}{500 \times 48 \times 50 \times 0.95 + 500 - 150} \times 1,000 = 6.71$

4) 종합 재해 지수 $= \sqrt{도수율 \times 강도율} = 6.42$

5) $6.14 \times \dfrac{100,000}{1,000,000} = 0.61$ 건

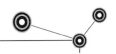

89 무재해 운동에서 문제 해결 운동 4라운드와 8단계법을 순서대로 명시하시오.

(해답) 1. 문제 해결 4라운드
    ① 현상 파악   ② 본질 추구
    ③ 대책 수립   ④ 행동 목표 설정
  2. 문제 해결 8단계법
    ① 문제 제기   ② 현상 파악
    ③ 문제점 발견   ④ 중요 문제 결정
    ⑤ 해결책 구상   ⑥ 구체적 대책 수립
    ⑦ 중점 실시 사항 결정   ⑧ 실시 계획 수립

90 법상 안전 검사 대상 유해 위험 기계의 종류를 쓰시오.

(해답) 1. 프레스
  2. 전단기
  3. 크레인(정격 하중 2톤 미만인 것은 제외한다.)
  4. 리프트
  5. 압력 용기
  6. 곤돌라
  7. 국소 배기 장치(이동식은 제외한다.)
  8. 원심기(산업용에 한정한다.)
  9. 롤러기(밀폐형 구조는 제외한다.)
  10. 사출 성형기(형체 결력 294킬로뉴턴(kN) 미만은 제외한다.)

91 다음 작업 시 작업 조건에 따라 착용해야 할 보호구를 물음에 따라 쓰시오.

1) 물체가 떨어지거나 날아올 위험 또는 근로자가 추락할 위험이 있는 작업

2) 높이 또는 깊이가 2m 이상의 추락할 위험이 있는 장소에서의 작업

3) 물체의 낙하, 충격, 물체에의 끼임, 감전 또는 정전기의 대전에 의한 위험이 있는 작업

4) 물체가 흩날릴 위험이 있는 작업

5) 용접 시 불꽃 또는 물체가 흩날릴 위험이 있는 작업

6) 감전의 위험이 있는 작업

7) 고열에 의한 화상 등의 위험이 있는 작업

(해답) 1) 안전모   2) 안전대   3) 안전화
    4) 보안경   5) 보안면   6) 절연용 보호구
    7) 방열복

MEMO

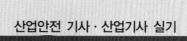

Part 2

안전 교육 및 산업 심리

Chapter 01 안전 교육

1.1 교육의 개념

(1) 교육의 3요소

① 교육의 주체
② 교육의 객체
③ 교육의 매개체

(2) 교육 계획에 포함해야 할 사항

① 교육의 목표
② 교육 대상
③ 강사
④ 교육 방법
⑤ 교육 시간과 시기
⑥ 교육 장소

(3) 교육의 추진 순서 및 학습의 성과 선정

1) 교육의 추진 순서

① 교육의 필요점 발견
② 교육 대상, 내용, 방법 설정
③ 교육 준비
④ 교육 실시
⑤ 교육 성과 평가

2) 학습의 성과 선정 시 유의 사항

① 학습의 주제와 정도가 포함될 것
② 학습의 목적에 타당할 것
③ 구체적 서술
④ 수강자 입장에서 기술

참고 **학습의 목적에 포함해야 할 사항과 학습의 정도**

1. 학습의 목적에 포함해야 할 사항
   ① 목표　　　　　② 주제　　　　　③ 정도
2. 학습의 정도
   ① 인지(to quait)　② 지각(to known)　③ 이해(to understand)　④ 적용(to apply)

3) 강의 계획의 4단계
① 학습 목적과 학습 성과의 설정
② 학습 자료의 수집 및 체계화
③ 교수 방법의 선정
④ 강의안 작성

(4) 학습의 전개 과정
① 학습의 주제를 쉬운 것부터 어려운 것으로 실시한다.
② 학습의 주제를 과거에서 현재, 미래의 순으로 실시한다.
③ 학습의 주제를 많이 사용하는 것에서 적게 사용하는 순으로 실시한다.
④ 학습의 주제를 간단한 것에서 복잡한 것으로 실시한다.
⑤ 학습의 주제를 전체에서 부분으로 진행한다.

(5) 학습 지도의 기본 원리
① 자발성의 원리(자기 활동의 원리)
② 통합의 원리(동시 학습 원리)
③ 직관의 원리
④ 개별화의 원리
⑤ 사회화의 원리

(6) 지도 교육의 8원칙
① 피교육자 중심 교육
② 동기 부여(motivation)
③ 쉬운 것에서 어려운 것으로(level up)
④ 반복
⑤ 한 번에 하나씩(step by step)
⑥ 인상의 강화
⑦ 5관의 활용
⑧ 기능적 이해

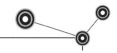

1.2 안전 교육

(1) 안전 교육의 기본 방향

① 사고 사례 중심의 안전 교육
② 표준 작업(안전 작업)을 위한 안전 교육
③ 안전 의식 향상을 위한 안전 교육

(2) 안전 교육의 3단계

① 제1단계 : 지식 교육(전달 기능)
    강의 및 시청각 교육을 통한 전달과 이해
② 제2단계 : 기능 교육(적응 기능)
    시범, 견학, 실습, 현장 실습 등을 통한 경험의 체득과 이해
③ 제3단계 : 태도 교육(생활화)
    작업 동작 지도, 생활 지도 등을 통한 안전의 습관화, 생활화

(3) 지식 교육의 4단계

① 제1단계 : 도입(준비)　　　　　② 제2단계 : 제시(설명)
③ 제3단계 : 적용(응용)　　　　　④ 제4단계 : 확인(총괄, 평가)

(4) 기능 교육의 3원칙

① 준비
② 위험 작업의 규제
③ 안전 작업의 표준화

(5) 태도 교육의 기본 과정

① 청취한다.　　　　　　　　② 이해, 납득시킨다.
③ 모범을 보인다.　　　　　　④ 권장한다.
⑤ 칭찬한다.　　　　　　　　⑥ 벌을 준다.

 참고 **태도 교육의 4원칙(4단계)**

① 청취한다.(hearing)　　　　　② 이해, 납득시킨다.(understand)
③ 모범을 보인다.(example)　　　④ 평가한다.(evaluation)

1.3 안전 보건 교육의 종류 및 내용

(1) 안전 보건 교육의 과정별 교육 시간

교육 과정	교육 대상		교육 시간
① 정기교육	사무직 종사 근로자		매 분기 3시간 이상
	사무직 종사 근로자 외의 근로자	판매 업무에 직접 종사하는 근로자	매 분기 3시간 이상
		판매 업무에 직접 종사하는 근로자 외의 근로자	매 분기 6시간 이상
	관리 감독자의 지위에 있는 사람		연간 16시간 이상
② 채용 시 교육	일용근로자		1시간 이상
	일용근로자를 제외한 근로자		8시간 이상
③ 작업 내용 변경시 교육	일용근로자		1시간 이상
	일용근로자를 제외한 근로자		2시간 이상
④ 특별교육	특별 안전 보건 교육 대상 작업의 어느 하나에 해당하는 작업에 종사하는 일용근로자		2시간 이상
	타워크레인 신호에 종사하는 일용근로자		8시간 이상
	특별 안전 보건 교육 대상 작업의 어느 하나에 해당하는 작업에 종사하는 일용근로자를 제외한 근로자		• 16시간 이상(최초 작업에 종사하기 전 4시간 이상 실시하고, 12시간은 3개월 이내에서 분할하여 실시 가능) • 단기간 작업 또는 간헐적 작업인 경우에는 2시간 이상
⑤ 건설업 기초 안전 보건 교육	건설 일용근로자		4시간 이상

(2) 교육의 내용

1) 근로자 정기 안전 보건 교육

① 산업 안전 및 사고 예방에 관한 사항
② 산업 보건 및 직업병 예방에 관한 사항
③ 건강 증진 및 질병 예방에 관한 사항
④ 유해·위험 작업 환경 관리에 관한 사항
⑤ 산업안전보건법령 및 산업재해보상보험 제도에 관한 사항
⑥ 직무 스트레스 예방 및 관리에 관한 사항
⑦ 직장 내 괴롭힘, 고객의 폭언 등으로 인한 건강장해 예방 및 관리에 관한 사항

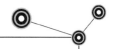

2) 관리 감독자 정기 안전 보건 교육

① 산업 안전 및 사고 예방에 관한 사항

② 산업 보건 및 직업병 예방에 관한 사항

③ 유해·위험 작업 환경 관리에 관한 사항

④ 산업안전보건법령 및 산업재해보상보험 제도에 관한 사항

⑤ 직무 스트레스 예방 및 관리에 관한 사항

⑥ 직장 내 괴롭힘, 고객의 폭언 등으로 인한 건강장해 예방 및 관리에 관한 사항

⑦ 작업 공정의 유해·위험과 재해 예방 대책에 관한 사항

⑧ 표준 안전 작업 방법 및 지도 요령에 관한 사항

⑨ 관리 감독자의 역할과 임무에 관한 사항

⑩ 안전 보건 교육 능력 배양에 관한 사항

- 현장 근로자와의 의사 소통 능력 향상, 강의 능력 향상 및 그 밖에 기타 안전 보건 교육 능력 배양 등에 관한 사항. 이 경우 안전 보건 능력 배양 교육은 관리 감독자가 받아야 하는 전체 교육시간의 1/3 범위에서 할 수 있다.

3) 채용 시 교육 및 작업 내용 변경 시 교육

① 산업 안전 및 사고 예방에 관한 사항

② 산업 보건 및 직업병 예방에 관한 사항

③ 산업안전보건법령 및 산업재해보상보험 제도에 관한 사항

④ 직무 스트레스 예방 및 관리에 관한 사항

⑤ 직장 내 괴롭힘, 고객의 폭언 등으로 인한 건강장해 예방 및 관리에 관한 사항

⑥ 기계·기구의 위험성과 작업의 순서 및 동선에 관한 사항

⑦ 작업 개시 전 점검에 관한 사항

⑧ 정리정돈 및 청소에 관한 사항

⑨ 사고 발생 시 긴급 조치에 관한 사항

⑩ 물질 안전 보건 자료에 관한 사항

4) 건설업 기초 안전 보건 교육에 대한 내용 및 시간

구 분	교육 내용	시 간
공통	산업안전보건법 주요 내용(건설 일용 근로자 관련 부분)	1시간
	안전 의식 제고에 관한 사항	1시간
교육 대상별	작업별 위험 요인과 안전 작업 방법(재해 사례 및 예방 대책)	2시간
	건설 직종별 건강 장해 위험 요인과 건강 관리	1시간

5) 특별교육 대상별 · 작업별 교육 내용

| 표 2-1 | 특별교육 대상 작업별 교육 내용

작업명	교육 내용
1. 고압실 내 작업(잠함 공법, 그 밖의 압기 공법에 의하여 대기압을 넘는 기압인 작업실 또는 수갱 내부에서 하는 작업만 해당한다)	• 고기압 장해의 인체에 미치는 영향에 관한 사항 • 작업 시간 · 작업 방법 및 절차에 관한 사항 • 압기 공법에 관한 기초 지식 및 보호구 착용에 관한 사항 • 이상 발생 시 응급 조치에 관한 사항 • 그 밖에 안전 · 보건관리에 필요한 사항
2. 아세틸렌 용접 장치 또는 가스 집합 용접 장치를 사용하는 금속의 용접 · 용단 또는 가열 작업(발생기 · 도관 등에 의하여 구성되는 용접 장치만 해당한다)	• 용접 흄, 분진 및 유해 광선 등의 유해성에 관한 사항 • 가스 용접기, 압력 조정기, 호스 및 취관두(불꽃이 나오는 용접기의 앞부분) 등의 기기 점검에 관한 사항 • 작업 방법 · 순서 및 응급 처치에 관한 사항 • 안전기 및 보호구 취급에 관한 사항 • 그 밖에 안전 · 보건관리에 필요한 사항
3. 밀폐된 장소(탱크 내 또는 환기가 극히 불량한 좁은 장소를 말한다)에서 하는 용접 작업 또는 습한 장소에서 하는 전기 용접 작업	• 작업 순서, 안전 작업 방법 및 수칙에 관한 사항 • 환기 설비에 관한 사항 • 전격 방지 및 보호구 착용에 관한 사항 • 질식 시 응급조치에 관한 사항 • 작업환경 점검에 관한 사항 • 그 밖에 안전 · 보건관리에 필요한 사항
4. 폭발성 · 물반응성 · 자기반응성 · 자기발열성 물질, 자연발화성 액체 · 고체 및 인화성 액체의 제조 또는 취급 작업(시험 연구를 위한 취급 작업은 제외한다)	• 폭발성 · 물반응성 · 자기반응성 · 자기발열성 물질, 자연발화성 액체 · 고체 및 인화성 액체의 성질이나 상태에 관한 사항 • 폭발 한계점, 발화점 및 인화점 등에 관한 사항 • 취급방법 및 안전수칙에 관한 사항 • 이상 발견 시의 응급 처치 및 대피 요령에 관한 사항 • 화기 · 정전기 · 충격 및 자연발화 등의 위험 방지에 관한 사항 • 작업 순서, 취급주의사항 및 방호거리 등에 관한 사항 • 그 밖에 안전 · 보건관리에 필요한 사항
5. 액화 석유가스 · 수소가스 등 인화성 가스 또는 폭발성 물질 중 가스의 발생 장치 취급 작업	• 취급 가스의 상태 및 성질에 관한 사항 • 발생 장치 등의 위험 방지에 관한 사항 • 고압 가스 저장 설비 및 안전 취급 방법에 관한 사항 • 설비 및 기구의 점검 요령 • 그 밖에 안전 · 보건관리에 필요한 사항
6. 화학 설비 중 반응기, 교반기, 추출기의 사용 및 세척 작업	• 각 계측 장치의 취급 및 주의에 관한 사항 • 투시창 · 수위 및 유량계 등의 점검 및 밸브의 조작 주의에 관한 사항 • 세척액의 유해 및 인체에 미치는 영향에 관한 사항 • 작업 절차에 관한 사항 • 그 밖에 안전 · 보건관리에 필요한 사항

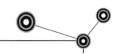

작업명	교육 내용
7. 화학 설비의 탱크 내 작업	• 차단 장치·정지 장치 및 밸브 개폐 장치 점검에 관한 사항 • 탱크 내의 산소농도 측정 및 작업환경에 관한 사항 • 안전 보호구 및 이상 발생 시 응급 조치에 관한 사항 • 작업 절차·방법 및 유해·위험에 관한 사항 • 그 밖에 안전·보건관리에 필요한 사항
8. 분말·원재료 등을 담은 호퍼(하부가 깔대기 모양으로 된 저장통), 저장창고 등 저장탱크의 내부 작업	• 분말 원재료의 인체에 미치는 영향에 관한 사항 • 저장 탱크 내부 작업 및 복장, 보호구 착용에 관한 사항 • 작업의 지정·방법·순서 및 작업 환경 점검에 관한 사항 • 팬·풍기 조작 및 취급에 관한 사항 • 분진 폭발에 관한 사항 • 그 밖에 안전 보건관리에 필요한 사항

9. 다음의 각 목에 정하는 설비에 의한 물건의 가열·건조 작업
  가. 건조 설비 중 위험물 등에 관계되는 설비로 속 부피가 1m³ 이상인 것
  나. 건조 설비 중 가목의 위험물 등의 물질에 관계되는 설비로서, 연료를 열원으로 사용하는 것(그 최대 연소 소비량이 매 시간당 10kg 이상인 것에 해당한다) 또는 전력을 열원으로 사용하는 것(정격 소비 전력이 10kW 이상인 것에 해당한다)
	• 건조 설비 내·외면 및 기기 기능의 점검에 관한 사항
	• 복장, 보호구 착용에 관한 사항
	• 건조 시 유해 가스 및 고열 등이 인체에 미치는 영향에 관한 사항
	• 건조 설비에 의한 화재·폭발 예방에 관한 사항

10. 다음 각 목에 해당하는 집재 장치(집재기·가선·운반 기구·지주 및 이들에 부속하는 물건으로 구성되고 동력을 사용하여 원목 또는 장작과 숯을 담아 올리거나 또한 공중에서 운반하는 설비를 말한다)의 조립, 해체, 변경 또는 수리 작업 및 이들 설비에 의한 집재 또는 운반 작업
  가. 원동기의 정격 출력이 7.5kW를 넘는 것
  나. 지간의 경사 거리 합계가 350m 이상인 것
  다. 최대 사용 하중이 200kg 이상인 것
	• 기계의 브레이크 비상 정지 장치 및 운반 경로, 각종 기능 점검에 관한 사항
	• 작업 시작 전 준비 사항 및 작업 방법에 관한 사항
	• 취급물의 유해·위험에 관한 사항
	• 구조상의 이상 시 응급 처치에 관한 사항
	• 그 밖에 안전·보건관리에 필요한 사항

11. 동력에 의하여 작동되는 프레스 기계를 5대 이상 보유한 사업장에서 해당 기계로 하는 작업	• 프레스의 특성과 위험성에 관한 사항 • 방호장치의 종류와 취급에 관한 사항 • 안전 작업 방법에 관한 사항 • 프레스 안전 기준에 관한 사항 • 그 밖에 안전·보건관리에 필요한 사항

작업명	교육 내용
12. 목재 가공용 기계(둥근톱 기계, 띠톱 기계, 대패 기계, 모떼기 기계 및 라우터기만 해당하며, 휴대용은 제외한다)를 5대 이상 보유한 사업장에서 해당 기계에 하는 작업	• 목재 가공용 기계의 특성과 위험성에 관한 사항 • 방호 장치의 종류와 구조 및 취급에 관한 사항 • 안전 기준에 관한 사항 • 안전 작업 방법 및 목재 취급에 관한 사항 • 그 밖에 안전 · 보건관리에 필요한 사항
13. 운반용 등 하역 기계를 5대 이상 보유한 사업장에서의 해당 기계에 의한 작업	• 운반 하역 기계 및 부속 설비의 점검에 관한 사항 • 작업 순서와 방법에 관한 사항 • 안전 운전 방법에 관한 사항 • 화물의 취급 및 작업 신호에 관한 사항 • 그 밖에 안전 · 보건관리에 필요한 사항
14. 1톤 이상의 크레인을 사용하는 작업 또는 1톤 미만의 크레인 또는 호이스트를 5대 이상 보유한 사업장에서 해당 기계에 하는 작업(제40호의 작업은 제외한다.)	• 방호 장치의 종류, 기능 및 취급에 관한 사항 • 갈고리, 와이어로프 및 비상 정지 장치 등의 기계 · 기구 점검에 관한 사항 • 화물의 취급 및 안전작업 방법에 관한 사항 • 신호 방법 및 공동 작업에 관한 사항 • 인양 물건의 위험성 및 낙하비래(飛來)·충돌재해 예방에 관한 사항 • 인양물이 적재될 지반의 조건, 인양하중, 풍압 등이 인양물과 타워크레인에 미치는 영향 • 그 밖에 안전 · 보건관리에 필요한 사항
15. 건설용 리프트, 곤돌라를 이용한 작업	• 방호 장치의 기능 및 사용에 관한 사항 • 기계, 기구, 달기 체인 및 와이어 등의 점검에 관한 사항 • 화물의 권상 · 권하 작업 방법 및 안전 작업 지도에 관한 사항 • 기계 · 기구의 특성 및 동작 원리에 관한 사항 • 신호 방법 및 공동 작업에 관한 사항 • 그 밖에 안전 · 보건관리에 필요한 사항
16. 주물 및 단조작업(금속을 두들기거나 눌러서 형체를 만드는 일)	• 고열물의 재료 및 작업 환경에 관한 사항 • 출탕 · 주조 및 고열물의 취급과 안전 작업 방법에 관한 사항 • 고열 작업의 유해 · 위험 및 보호구 착용에 관한 사항 • 안전 기준 및 중량물 취급에 관한 사항 • 그 밖에 안전 · 보건관리에 필요한 사항
17. 전압기 75볼트 이상인 정전 및 활선 작업	• 전기의 위험성 및 전격 방지에 관한 사항 • 해당 설비의 보수 및 점검에 관한 사항 • 정전 작업 · 활선 작업 시의 안전 작업 방법 및 순서에 관한 사항 • 절연용 보호구 및 활선 작업용 기구 등의 사용에 관한 사항 • 그 밖에 안전 · 보건관리에 필요한 사항
18. 콘크리트 파쇄기를 사용하여 행하는 파쇄 작업(2m 이상인 구축물의 파쇄 작업만 해당한다)	• 콘크리트 해체 요령과 방호거리에 관한 사항 • 작업 안전 조치 및 안전 기준에 관한 사항 • 파쇄기의 조작 및 공통 작업 신호에 관한 사항 • 보호구 및 방호 장비 등에 관한 사항 • 그 밖에 안전 · 보건관리에 필요한 사항

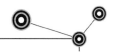

작업명	교육 내용
19. 굴착면의 높이가 2m 이상이 되는 지반 굴착(터널 및 수직갱 외의 갱 굴착은 제외한다) 작업	• 지반의 형태, 구조 및 굴착 요령에 관한 사항 • 지반의 붕괴 재해 예방에 관한 사항 • 붕괴 방지용 구조물 설치 및 작업 방법에 관한 사항 • 보호구의 종류 및 사용에 관한 사항 • 그 밖에 안전·보건관리에 필요한 사항
20. 흙막이 지보공의 보강 또는 동바리의 설치 또는 해체 작업	• 작업 안전 점검 요령과 방법에 관한 사항 • 동바리의 운반·취급 및 설치 시의 안전 작업에 관한 사항 • 해체 작업 순서와 안전 기준에 관한 사항 • 보호구 취급 및 사용에 관한 사항 • 그 밖에 안전·보건관리에 필요한 사항
21. 터널 안에서의 굴착 작업(굴착용 기계를 사용하여 하는 굴착 작업 중 근로자가 칼날 밑에 접근하지 않고 하는 작업은 제외한다) 또는 같은 작업에서의 터널 거푸집 지보공의 조립 또는 콘크리트 작업	• 작업 환경의 점검 요령과 방법에 관한 사항 • 붕괴 방지용 구조물 설치 및 안전 작업 방법에 관한 사항 • 재료의 운반 및 취급·설치의 안전 기준에 관한 사항 • 보호구의 종류 및 사용에 관한 사항 • 소화 설비의 설치 장소 및 사용 방법에 관한 사항 • 그 밖에 안전·보건관리에 필요한 사항
22. 굴착면의 높이가 2m 이상이 되는 암석의 굴착 작업	• 폭발물 취급 요령과 대피 요령에 관한 사항 • 안전 거리 및 안전 기준에 관한 사항 • 방호물의 설치 및 기준에 관한 사항 • 보호구 및 신호방법 등에 관한 사항 • 그 밖에 안전·보건관리에 필요한 사항
23. 높이가 2m 이상인 물건을 쌓거나 무너뜨리는 작업(하역 기계로만 하는 작업은 제외한다)	• 원, 부재료의 취급 방법 및 요령에 관한 사항 • 물건의 위험성·낙하 및 붕괴 재해 예방에 관한 사항 • 적재 방법 및 전도 방지에 관한 사항 • 보호구 착용에 관한 사항 • 그 밖에 안전·보건관리에 필요한 사항
24. 선박에 짐을 쌓거나 부리거나 이동시키는 작업	• 하역 기계·기구의 운전 방법에 관한 사항 • 운반·이송 경로의 안전 작업 방법 및 기준에 관한 사항 • 중량물 취급 요령과 신호 요령에 관한 사항 • 작업 안전 점검과 보호구 취급에 관한 사항 • 그 밖에 안전·보건관리에 필요한 사항
25. 거푸집동바리의 조립 또는 해체 작업	• 동바리의 조립 방법 및 작업 절차에 관한 사항 • 조립 재료의 취급 방법 및 설치 기준에 관한 사항 • 조립 해체 시의 사고 예방에 관한 사항 • 보호구 착용 및 점검에 관한 사항 • 그 밖에 안전·보건관리에 필요한 사항
26. 비계의 조립, 해체 또는 변경 작업	• 비계의 조립 순서 방법에 관한 사항 • 비계 작업의 재료 취급 및 설치에 관한 사항 • 추락 재해 방지에 관한 사항 • 보호구 착용에 관한 사항 • 비계 상부 작업 시 최대 적재 하중에 관한 사항 • 그 밖에 안전·보건관리에 필요한 사항

작업명	교육 내용
27. 건축물의 골조, 다리의 상부 구조 또는 탑의 금속제의 부재로 구성되는 것(5m 이상인 것만 해당한다)의 조립, 해체 또는 변경 작업	• 건립 및 버팀대의 설치 순서에 관한 사항 • 조립 해체 시의 추락 재해 및 위험 요인에 관한 사항 • 건립용 기계의 조작 및 작업 신호에 관한 사항 • 안전장비 착용 및 해체 순서에 관한 사항 • 그 밖에 안전 · 보건관리에 필요한 사항
28. 처마 높이가 5m 이상인 목조 건축물의 구조 부재의 조립이나 건축물의 지붕 또는 외벽 밑에서의 설치 작업	• 붕괴 · 추락 및 재해 방지에 관한 사항 • 부재의 강도 · 재질 및 특성에 관한 사항 • 조립 · 설치 순서 및 안전 작업 방법에 관한 사항 • 보호구 착용 및 작업 점검에 관한 사항 • 그 밖에 안전 · 보건관리에 필요한 사항
29. 콘크리트 인공 구조물(그 높이가 2m 이상인 것만 해당한다)의 해체 또는 파괴 작업	• 콘크리트 해체 기계의 점검에 관한 사항 • 파괴 시의 안전 거리 및 대피 요령에 관한 사항 • 작업 방법 · 순서 및 신호 방법 등에 관한 사항 • 해체 · 파괴 시의 작업 안전 기준 및 보호구에 관한 사항 • 그 밖에 안전 · 보건관리에 필요한 사항
30. 타워크레인을 설치(상승 작업을 포함한다) · 해체하는 작업	• 붕괴 · 추락 및 재해 방지에 관한 사항 • 설치 · 해체 순서 및 안전 작업 방법에 관한 사항 • 부재의 구조 · 재질 및 특성에 관한 사항 • 신호 방법 및 요령에 관한 사항 • 이상 발생 시 응급 조치에 관한 사항 • 그 밖에 안전 · 보건관리에 필요한 사항
31. 보일러(소형 보일러 및 다음 각 목에서 정하는 보일러는 제외한다)의 설치 및 취급 작업 가. 물통 반지름이 750mm 이하이고 그 길이가 1,300mm 이하인 증기 보일러 나. 전열 면적이 3m^2 이하인 증기 보일러 다. 전열 면적이 14m^2 이하인 온수 보일러 라. 전열 면적이 30m^2 이하인 관류 보일러	• 기계 및 기기 점화 장치 계측기의 점검에 관한 사항 • 열 관리 및 방호 장치에 관한 사항 • 작업 순서 및 방법에 관한 사항 • 그 밖에 안전 · 보건관리에 필요한 사항
32. 게이지 압력을 m^{2}당 1kg 이상으로 사용하는 압력용기의 설치 및 취급 작업	• 안전 시설 및 안전 기준에 관한 사항 • 압력용기의 위험성에 관한 사항 • 용기 취급 및 설치 기준에 관한 사항 • 작업의 안전 · 점검 방법 및 요령에 관한 사항 • 그 밖에 안전 · 보건관리에 필요한 사항

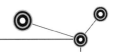

작업명	교육 내용
33. 방사선 업무에 관계되는 작업(의료 및 실험용은 제외한다)	• 방사선의 유해·위험 및 인체에 미치는 영향에 관한 사항 • 방사선의 측정기기 기능의 점검에 관한 사항 • 방호거리·방호벽 및 방사선 물질의 취급 요령에 관한 사항 • 응급처치 및 보호구 착용에 관한 사항 • 그 밖에 안전·보건관리에 필요한 사항
34. 밀폐 공간에서의 작업	• 산소농도 측정 및 작업환경에 관한 사항 • 사고 시의 응급 처치 및 비상시의 구출에 관한 사항 • 보호구 착용 및 보호 장비 사용에 관한 사항 • 작업내용·안전작업방법 및 절차에 관한 사항 • 장비·설비 및 시설 등의 안전점검에 관한 사항 • 그 밖에 안전·보건관리에 필요한 사항
35. 허가 및 관리 대상 유해 물질의 제조 또는 취급 작업	• 취급 물질의 성질 및 상태에 관한 사항 • 유해 물질이 인체에 미치는 영향에 관한 사항 • 국소 배기 장치 및 안전 설비에 관한 사항 • 안전 작업 방법 및 보호구 사용에 관한 사항 • 그 밖에 안전·보건관리에 필요한 사항
36. 로봇 작업	• 로봇의 기본 원리·구조 및 작업 방법에 관한 사항 • 이상 발생 시 응급 조치에 관한 사항 • 안전 시설 및 안전 기준에 관한 사항 • 조작 방법 및 작업 순서에 관한 사항
37. 석면 해체·제거 작업	• 석면의 특성과 위험성 • 석면 해체·제거의 작업 방법에 관한 사항 • 장비 및 보호구 사용에 관한 사항 • 그 밖에 안전·보건 관리에 필요한 사항
38. 가연물이 있는 장소에서 하는 화재위험작업	• 작업준비 및 작업절차에 관한 사항 • 작업장 내 위험물, 가연물의 사용·보관·설치 현황에 관한 사항 • 화재위험작업에 따른 인근 인화성 액체에 대한 방호조치에 관한 사항 • 화재위험작업으로 인한 불꽃, 불티 등의 흩날림 방지 조치에 관한 사항 • 인화성 액체의 증기가 남아 있지 않도록 환기 등의 조치에 관한 사항 • 화재감시자의 직무 및 피난교육 등 비상조치에 관한 사항 • 그 밖에 안전·보건관리에 필요한 사항
39. 타워크레인을 사용하는 작업 시 신호 업무를 하는 작업	• 타워크레인의 기계적 특성 및 방호장치 등에 관한 사항 • 화물의 취급 및 안전작업방법에 관한 사항 • 신호방법 및 요령에 관한 사항 • 인양 물건의 위험성 및 낙하·비래·충돌재해 예방에 관한 사항 • 인양물이 적재될 지반의 조건, 인양하중, 풍압 등이 인양물과 타워크레인에 미치는 영향 • 그 밖에 안전·보건관리에 필요한 사항

6) 안전보건관리책임자 등에 대한 교육

교육 대상	교육 시간	
	신규 교육	보수 교육
가. 안전보건관리책임자	6시간 이상	6시간 이상
나. 안전관리자, 안전관리전문기관의 종사자	34시간 이상	24시간 이상
다. 보건관리자, 보건관리전문기관의 종사자	34시간 이상	24시간 이상
라. 건설재해예방전문지도기관의 종사자	34시간 이상	24시간 이상
마. 석면 조사기관의 종사자	34시간 이상	24시간 이상
바. 안전보건관리담당자	–	8시간 이상
사. 안전검사기관, 자율안전검사기관의 종사자	34시간 이상	24시간 이상

7) 특수형태 근로종사자에 대한 안전 보건 교육

교육 과정	교육 시간
가. 최초 노무 제공 시 교육	2시간 이상(단기간 작업 또는 간헐적 작업에 노무를 제공하는 경우에는 1시간 이상 실시하고, 특별교육을 실시한 경우는 면제)
나. 특별교육	16시간 이상(최초 작업에 종사하기 전 4시간 이상 실시하고 12시간은 3개월 이내에서 분할하여 실시 가능)
	단기간 작업 또는 간헐적 작업인 경우에는 2시간 이상

교육 과정	교육 내용
가. 최초 노무 제공 시 교육	아래의 내용 중 특수형태 근로종사자의 직무에 적합한 내용을 교육해야 한다. • 산업안전 및 사고 예방에 관한 사항 • 산업보건 및 직업병 예방에 관한 사항 • 건강증진 및 질병 예방에 관한 사항 • 유해 · 위험 작업환경 관리에 관한 사항 • 산업안전보건법령 및 산업재해보상보험 제도에 관한 사항 • 직무스트레스 예방 및 관리에 관한 사항 • 직장 내 괴롭힘, 고객의 폭언 등으로 인한 건강장해 예방 및 관리에 관한 사항 • 기계 · 기구의 위험성과 작업의 순서 및 동선에 관한 사항 • 작업 개시 전 점검에 관한 사항 • 정리정돈 및 청소에 관한 사항 • 사고 발생 시 긴급조치에 관한 사항 • 물질안전보건자료에 관한 사항 • 교통안전 및 운전안전에 관한 사항 • 보호구 착용에 관한 사항
나. 특별교육 대상 직업별 교육	특별교육 대상 작업별 교육 내용과 같다.

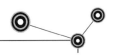

8) 검사원 성능 검사 교육

교육 과정	교육 대상	교육 시간
성능 검사 교육	–	28시간 이상

9) 물질안전보건자료에 관한 교육 내용

① 대상 화학 물질의 명칭(또는 제품명)
② 물리적 위험성 및 건강 유해성
③ 취급상의 주의사항
④ 적절한 보호구
⑤ 응급조치 요령 및 사고 시 대처 방법
⑥ 물질안전보건자료 및 경고 표지를 이해하는 방법

1.4 교육 방법

(1) O.J.T(On the Job Training)

사업장 내에서 직속 상사가 강사가 되어 실시하는 개별 교육의 형태로서, 일상 업무를
통해 지식과 기능, 문제 해결 능력 등을 배양시키는 교육이다.
① 개개인에게 적절한 지도 훈련이 가능하다.
② 직장의 실정에 맞게 실제적 훈련이 가능하다.
③ 즉시 업무에 연결되는 관계로 몸과 관련이 있다.
④ 훈련에 필요한 업무의 계속성이 끊어지지 않는다.
⑤ 효과가 곧 업무에 나타나며 훈련의 좋고 나쁨에 따라 개선이 쉽다.
⑥ 훈련 효과를 보고 상호 신뢰 이해도가 높아지는 것이 가능하다.

(2) Off J.T(Off the Job Training)

사업장 외에서 실시하는 교육으로서, 일정 장소에 다수의 근로자를 집합시켜 실시하는
보다 체계적인 집체 교육 방식이다.
① 다수의 근로자들에게 조직적 훈련을 행하는 것이 가능하다.
② 훈련에만 전념하게 된다.
③ 각각의 전문가를 강사로 초청하는 것이 가능하다.
④ 특별 설비 기구를 이용하는 것이 가능하다.
⑤ 각 직장의 근로자가 많은 지식이나 경험을 교류할 수 있다.
⑥ 교육 훈련 목표에 대하여 집단적 노력이 흐트러질 수도 있다.

(3) TWI(Training Within Industry)

① J.M.T(Job Method Training) : 작업 방법 훈련
② J.I.T(Job Instruction Training) : 작업 지도 훈련
③ J.R.T(Job Relations Training) : 인간 관계 훈련
④ J.S.T(Job Safety Training) : 작업 안전 훈련

(4) MTP(Management Training Program)

TWI보다 약간 높은 관리자 계층을 대상으로 관리 문제에 중점을 두는 교육이다.

1) 교육 내용

① 관리 기능
② 조직의 원칙
③ 조직의 운영
④ 시간 관리
⑤ 훈련 관리
⑥ 회의의 주관
⑦ 안전 작업
⑧ 과업 관리 및 사기 앙양
⑨ 신입 및 대행자 육성 요령

2) 교육 인원 및 시간

한 클래스(class)당 10~15명으로서 1회 2시간씩 20회에 걸쳐 40시간 실시

(5) ATP(Administration Training Program)

1) 교육 내용

① 정책 수립
② 조직(경영 부분, 조직 형태, 구조 등)
③ 통제(조직 통제의 적용, 품질 관리, 원가 통제의 적용)
④ 운영(운영 조직, 협조에 의한 회사 운영)

2) 교육 인원 및 시간

매주 4일, 1회 4시간씩 8주간 총 128시간 실시

(6) 학습 평가의 기준

① 타당도
② 신뢰도
③ 객관도
④ 실용도

Chapter 02 산업 심리

2.1 인간의 특성과 안전의 관계

(1) 주의의 특징

① 선택성 : 다종의 자극을 지각할 때 소수의 특정 자극에 선택적으로 주의를 기울이는 기능
② 방향성 : 주시점(시선이 가는 쪽)만 인지하는 기능
③ 변동성 : 주의 집중 시 주기적으로 부주의의 리듬이 존재

(2) 주의의 특성

① 주의는 동시에 두 개 방향에 집중할 수 없다.(선택성)
② 고도의 주의는 장시간 지속할 수 없다.(변동성)
③ 한 지점에 주의를 집중하면 다른 곳에는 약해진다.(방향성)

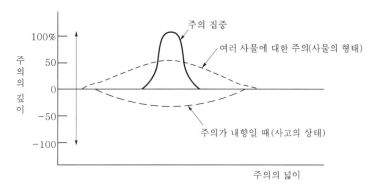

| 그림 2-1 | 주의의 특성

(3) 주의 수준(긴장 수준 : tension level)

1) 0(zero) level

① 수면중
② 자극에 의한 반응 시간 내

2) 중간 level
① 다른 곳에 주의를 기울이고 있을 때
② 가시 시야 내 부분
③ 일상과 같은 조건일 경우

3) 고(高) level
① 주시(注視) 부분
② 예기 레벨이 높은 때(예측하고 있을 때)

(4) 부주의의 발생 원인과 대책

1) 외적 원인
① 작업 환경 조건 불량 : 환경 정비
② 작업 순서에 부적당 : 작업 순서 정비

2) 내적 원인
① 소질적 문제 : 적성 배치
② 의식의 우회 : 카운슬링
③ 경험과 미경험 : 교육, 훈련

(5) 부주의에 의한 사고 방지 대책

1) 정신적 대책
① 주의력 집중 훈련
② 스트레스 해소 대책
③ 안전 의식의 재고
④ 작업 의욕의 고취

2) 기능 및 작업 측면의 대책
① 표준 작업의 습관화
② 안전 작업 방법 습득
③ 작업 조건의 개선
④ 적성 배치

3) 설비 및 환경 측면의 대책
① 표준 작업 제도 도입
② 작업 환경과 설비의 안전화
③ 긴급 시 안전 작업 대책 수립

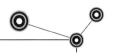

(6) 인간의 주의 특성과 신뢰도

| 표 2-2 | 인간 의식의 특성

페이즈	의식의 모드	의식의 작용	행동 레벨	신뢰성
Ⅳ	과긴장 흥분	주의의 치우침	당황하여 행동	낮다
Ⅲ	정상(분명한 의식)	적극적	판단을 동반한 행동	매우 높다
Ⅱ	정상(느긋한 기분)	수동적	정해진 안정된 행동	다소 높다
Ⅰ	의식 몽롱	불활발	과로, 단조로움으로 졸다	낮다
0	무의식 실신	제로	수면, 뇌발작	제로

(7) 인간의 안전 심리

① 개성 : 인간의 성격, 기질, 능력 등 개인적 특징으로 장시간에 걸친 지속적인 생활 환경에 의해 결정된다.

② 동기 : 특정 목표 수행을 위해 야기되는 욕구, 동인 등을 말한다.

③ 감정 : 감정은 안전과 밀접한 관계를 가진다.

④ 습성 : 행동의 경향성을 말하는 개인적 특성이다.

⑤ 습관 : 규칙적인 행동을 말하며 후천적 소질에 의해 형성된다.

(8) 인간 욕구와 동기 유발

1) 매슬로우(Maslow)의 욕구 5단계

① 제1단계 : 생리적 욕구

② 제2단계 : 안전 욕구

③ 제3단계 : 사회적 욕구(친화의 욕구)

④ 제4단계 : 인정 받으려는 욕구(승인의 욕구)

⑤ 제5단계 : 자아 실현의 욕구(성취의 욕구)

2) 허즈버그(Frederick Herzberg)

① 위생 요인 : 불만족의 욕구로서 인간의 동물적 욕구에 해당하는 저차적 욕구

② 동기 부여 이론 : 만족의 욕구로서 인간이 자아 실현을 하려는 독특한 경향

3) 맥그리거(Douglas McGreger)의 X, Y 이론

|표 2-3| **X, Y 이론**

X이론	Y이론
인간 불신감	상호 신뢰감
성악설	성선설
인간은 본래 게으르고 태만, 수동적, 남의 지배 받기를 즐긴다.	인간은 본래 부지런하고 근면, 적극적, 스스로 일을 자기책임하에 자주적이다.
저차적 욕구(물질 욕구)	고차적 욕구(정신 욕구)
명령, 통제에 의한 관리	목표 통합과 자기 통제에 의한 관리
저개발국형	선진국형

4) 데이비스(K. Davis)의 동기 부여 이론(등식)

인간의 성과 × 물질적 성과＝경영의 성과

① 지식(knowledge) × 기능(skill)＝능력(ability)

② 상황(situation) × 태도(attitude)＝동기 유발(motivation)

③ 능력 × 동기 유발＝인간의 성과(human performance)

5) ERG 이론(Alderfer)

① 생존(존재) 욕구(existence)

② 관계(relatedness) 욕구

③ 성장(growh) 욕구

::: 2.2 노동과 피로

(1) 피로(fatigue)

작업자의 몸에 생기는 변화, 스스로 느끼는 권태감 및 외부에서 보아 알 수 있는 작업 능률의 저하 등을 총칭하는 말로서, 정신적 피로와 육체적 피로로 구분된다.

① 정신적 피로(精神的 變化) : 작업 동작 경로, 작업 태도, 자세, 사고 활동, 정의(情意) 등의 변화

② 육체적 피로(生理的 變化) : 감각 기능, 순환 기능, 반사 기능, 대사 기능, 대사물의 질량 등의 변화

(2) 피로의 표지

① 주관적 피로
② 객관적 피로
③ 생리적 피로

(3) 피로에 영향을 주는 기계측 인자

① 기계의 종류　　　　　　　　② 기계의 색
③ 조작 부분의 배치　　　　　　④ 조작 부분의 감촉(촉감)

(4) 피로에 영향을 주는 인적 요인

① 정신의 상태　　　　　　　　② 신체적 상태
③ 작업의 시간　　　　　　　　④ 작업의 내용
⑤ 사회적 환경　　　　　　　　⑥ 바이오 리듬

(5) 휴식 시간 산출

작업에 대한 평균 에너지값을 4kcal/분(1일 보통 사람 소비 에너지 4,300cal/day에서 여가 에너지 2,300kcal/분이 나온다. 이것을 8시간(480분)으로 나누면 4kcal/분이 나온다.)일 때 휴식 시간을 삽입하여 초과분을 보상해 주어야 한다.

휴식 시간(분) $R = \dfrac{60(E-4)}{E-1.5}$

여기서, R : 휴식 시간(분)
　　　　E : 작업 시 평균 에너지 소비량(kcal/분)
　　　　60(분) : 총 작업 시간
　　　　1.5(kcal/분) : 휴식 시간 중의 에너지 소비량

(6) 피로의 측정 방법

① 생리적 방법
② 생화학적 방법
③ 심리학적 방법

(7) 피로의 원인

① 개체의 조건　　　　　　　　② 작업 조건
③ 환경 조건　　　　　　　　　④ 생활 조건
⑤ 사회적 환경

01 사업장에서 실시하는 안전 교육 계획 작성 시 고려해야 할 사항은?

(해답) 1. 교육의 목적과 목표 설정
2. 계획 작성에 필요한 준비 자료의 수집
3. 준비 자료의 검토와 현장 조사 및 시범, 실습 자재 확보 대책
4. 본계획 작성, 확정

02 안전 보건 교육을 하기 위한 강의안(학습 지도안)은 교과목을 효과적으로 구분하여 지도 단계에 따라 실시하기 쉽도록 계획하는 것이다. 일반적으로 강의안을 구성하는 4단계를 순서대로 쓰시오.

(해답) 1. 강의 제목   2. 학습 목적   3. 학습 성과   4. 강의 보조 자료

03 부주의의 심리적 특성을 쓰시오.

(해답) 1. 부주의에는 원인이 있다.
2. 부주의는 결과를 표현한다.
3. 부주의는 불안전 행동뿐 아니라 불안전 상태에도 통용된다.

04 T.W.I 교육의 5가지 기본 요건을 간단히 쓰시오.

(해답) 1. 직무의 지식   2. 직책의 지식
3. 작업을 가르치는 능력   4. 작업 방법을 개선하는 기능
5. 사람을 다루는 기능

05 안전 보건 교육의 종류를 5가지 쓰시오.

(해답) 1. 신규 채용 시 안전 보건 교육
2. 작업 내용 변경 시 안전 보건 교육
3. 특별 안전 보건 교육
4. 정기 안전 보건 교육
5. 건설업 기초 안전 보건 교육

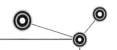

06 안전 교육의 단계법에 의한 교육에서 교육 방법의 4단계를 쓰시오.

(해답) 1. 도입   2. 제시   3. 적용   4. 확인

07 O.J.T 교육과 Off.J.T 교육을 간략히 설명하시오.

(해답) 1. O.J.T 교육은 현장에서 실시하는 교육을 뜻하는 것으로서 개개인에게 적합한 개별 교육으로 직장의 실정에 맞게 교육 훈련을 실시할 수 있고 교육의 계속성이 있으며 교육에 의하여 상호 신뢰 및 이해도가 높아진다.
2. Off.J.T 교육은 집합 교육으로서 다수의 근로자들에게 조직적이며 체계적인 교육 훈련이 가능하게 되며 교육 훈련에만 전념할 수 있게 되어 전문 강사진에 의한 교육으로 많은 지식이나 경험을 토대로 효과적인 교육이 가능하다.

08 인간의 의식 수준과 설비 상태와의 상호 관계는 함수 관계를 가지고 있다. 아래 도표를 보고 안전, 불안전 상태를 명시하시오.

인간의 주의력 ⋛ 설비 상태	안전 수준	대응 상태
높은 수준＞불안 상태	①	인간측 고수준에 기대
높은 수준≦불안 상태	불안전	②
낮은 수준＜본질적 안전화	③	설비의 fail safe

(해답) ① 안전   ② 사고 발생 가능   ③ 안전

09 사업장에서 신입 사원을 채용했을 경우에는 신규 채용 시 교육을 실시하여야 한다. 그 교육의 시간과 내용을 명시하시오.

(해답) 1. 교육 시간 : 일용 근로자 1시간 이상, 일용 근로자를 제외한 근로자 8시간 이상
2. 교육 내용
   ① 기계·기구의 위험성과 작업의 순서 및 동선에 관한 사항
   ② 작업 개시 전 점검에 관한 사항
   ③ 정리정돈 및 청소에 관한 사항
   ④ 사고 발생 시 긴급 조치에 관한 사항
   ⑤ 산업 보건 및 직업병 예방에 관한 사항
   ⑥ 물질 안전 보건 자료에 관한 사항
   ⑦ 산업안전보건법령 및 산업재해보상보험 제도에 관한 사항
   ⑧ 직무 스트레스 예방 및 관리에 관한 사항
   ⑨ 산업 안전 및 사고 예방에 관한 사항
   ⑩ 직장 내 괴롭힘, 고객의 폭언 등으로 인한 건강장해 예방 및 관리에 관한 사항

10 산소 결핍 장소(밀폐 공간)에 있어서의 특별 안전 교육 시간, 방법, 내용을 각각 구분하여 명시하시오.

(해답) 1. 교육 시간 : 16시간 이상
　　　 2. 교육 방법 : 실기 및 시청각 병행
　　　 3. 교육 내용
　　　　　 ① 산소농도 측정 및 작업 환경에 관한 사항
　　　　　 ② 사고 시의 응급처치 및 비상시 구출에 관한 사항
　　　　　 ③ 보호구 착용 및 보호 장비 사용에 관한 사항
　　　　　 ④ 작업내용 · 안전작업방법 및 절차에 관한 사항
　　　　　 ⑤ 장비 · 설비 및 시설 등의 안전점검에 관한 사항
　　　　　 ⑥ 그 밖에 안전 · 보건관리에 필요한 사항

11 안전 교육 3단계 중 태도 교육 실시의 4단계를 명시하시오.

(해답) 1. 청취한다.
　　　 2. 이해, 납득시킨다.
　　　 3. 모범을 보인다.
　　　 4. 평가한다.

12 안전 지식 교육의 전달 매체로 활용할 수 있는 방법을 5가지 쓰시오.

(해답) 1. 강의　　　　　　　　 2. 교재　　　　　　　　 3. 차트
　　　 4. 슬라이드　　　　　　 5. 시청각 교재(비디오 등)

13 매슬로우의 인간 욕구 5단계를 순서대로 쓰시오.

(해답) 1. 생리적 욕구　　　　　 2. 안전의 욕구　　　　　 3. 사회적 욕구
　　　 4. 인정받으려는 욕구　　 5. 자아 실현의 욕구

14 안전 교육 계획 수립 시 포함해야 할 사항을 3가지 쓰시오.

(해답) 1. 교육 목표　　　　　　 2. 교육 대상　　　　　　 3. 교육 방법
　　　 4. 교육 시간과 시기　　　 5. 강사　　　　　　　　 6. 교육 장소

15 안전 교육의 3단계를 쓰시오.

(해답) 1. 지식 교육　　　　　　 2. 기능 교육　　　　　　 3. 태도 교육

16 허가 및 관리 대상 유해 물질의 제조 또는 취급 작업 시 특별 안전 보건 교육의 내용을 쓰시오.

(해답) 1. 취급 물질의 성상 및 성질에 관한 사항
2. 유해 물질의 인체에 미치는 영향
3. 국소 배기 장치 및 안전 설비에 관한 사항
4. 안전 작업 방법 및 보호구 사용에 관한 사항
5. 그 밖에 안전 보건 관리에 필요한 사항

17 카운슬링의 효과를 3가지 쓰시오.

(해답) 1. 정신적 스트레스 해소 효과
2. 안전 동기 부여 효과
3. 안전 태도 형성 효과

18 강의 방식은 일방적 의사 전달 방법과 쌍방적 의사 전달 방법으로 크게 대별할 수 있다. 이 중 쌍방적 의사 전달 방법의 교육 종류를 3가지 쓰시오.

(해답) 1. 문제 제시법(problem method) 2. 사례 연구법(case study)
3. Forum 4. Panel discussion
5. Symposium 6. Buzz session

19 일의 난이도에 대응하는 인간의 정보 처리 채널 5단계는?

(해답) 1. 반사 작업 2. 주시하지 않아도 되는 작업
3. 루틴 작업 4. 동적 의지 결정
5. 문제 해결 능력

20 인간이 가지고 있는 심리적 특성 3가지는?

(해답) 1. 간결성의 원리
2. 리스크 테이킹
3. 주의의 일점 집중 현상

21 인간이 가지는 부주의의 현상 4가지를 쓰시오.

(해답) 1. 의식의 단절 2. 의식의 우회
3. 의식의 과잉 4. 의식의 수준 저하

22 S.Rosenzwig의 인간 욕구 저지 상황 요인 6가지는?

(해답) 1. 외적 결여   2. 외적 상실   3. 외적 갈등
        4. 내적 결여   5. 내적 상실   6. 내적 갈등

23 "작업장에서 근무하는 작업자들의 안전 의식 향상을 위하여 하인리히의 재해 도미노 이론을 이해한다"에서 학습의 목적에 따라 분류하시오.

(해답) 1. 학습 목표 : 작업자들의 안전 의식 향상
        2. 학습 주제 : 하인리히의 재해 도미노 이론
        3. 학습 정도 : 이해한다.

24 작업 표준이란 작업 현장의 표준 생산 또는 생산의 표준화를 말하는 것으로 작업 표준의 목적을 3가지 쓰시오.

(해답) 1. 위험 요인 제거   2. 손실 요인 제거   3. 작업의 효율화

25 사업장의 안전 진단을 실시해야 할 시기는?

(해답) 1. 중대 재해 발생 시
        2. 안전 보건 개선 계획 수립 시행을 명 받았을 때
        3. 그 밖에 지방 노동관서장이 안전 보건 진단이 필요하다고 인정할 때

26 방진 마스크의 고무 시험편을 yang 비중계에 매달고 공기 중과 수중에서의 중량을 측정함으로써 고무 비중 시험을 한 결과 공기 중에서 중량이 4g, 수중에서의 중량이 1.2g이었다. 고무의 비중을 산출하고 재료 시험의 합격 여부를 쓰시오.

(해답)
1. 비중 = $\dfrac{공기\ 중에서\ 시험편\ 중량}{공기\ 중\ 시험편\ 중량 - 수중에서의\ 시험편\ 중량} = \dfrac{4}{4-1.2} = 1.428$
2. 합격 여부 = 불합격(1.4 이하 시 합격)

27 법상 산소 결핍(밀폐 공간 작업)으로 인한 위험 장소에 대해서는 관리 감독자를 선임하여야 한다. 관리 감독자의 직무 3가지를 쓰시오.

(해답) 1. 산소가 결핍된 공기나 유해 가스에 노출되지 아니하도록 작업 시작 전에 작업 방법을 결정하고 이에 따라 해당 근로자의 작업을 지휘하는 일
        2. 작업을 행하는 장소의 공기가 적정한지 여부를 작업 시작 전에 확인하는 일
        3. 측정 장비, 환기 장치 또는 송기 마스크 등을 작업 시작 전에 점검하는 일
        4. 근로자에게 송기 마스크 등의 착용을 지도하고 착용 상황을 점검하는 일

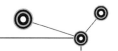

28 법에 의한 작업 환경 측정 대상 유해 인자는? (단, 작업 환경 측정 대상 유해 인자에 노출되는 근로자가 있는 작업장)

(해답) 1. 화학적 인자
  ① 유기 화합물 　　　　　　　　② 금속류
  ③ 산 및 알칼리류 　　　　　　　④ 가스상 물질류
  ⑤ 허가 대상 유해 물질 　　　　　⑥ 분진
  ⑦ 금속 가공류
2. 물리적 인자
  ① 8시간 시간 가중 평균 80dB 이상의 소음
  ② 고열

참고 작업 환경 측정 제외 대상 작업
  ① 임시 작업 및 단시간 작업을 행하는 작업장
  ② 관리 대상 유해 물질의 허용 소비량을 초과하지 아니하는 작업장
  ③ 분진 작업의 적용 제외 작업장

29 인간의 실수 및 과오의 원인 3가지를 쓰시오.

(해답) 1. 능력 부족
2. 주의 부족
3. 환경 조건 부적당

30 임시 건강 진단을 실시해야 하는 경우는?

(해답) 1. 동일 부서에 근무하는 근로자 또는 동일한 유해 인자에 노출되는 근로자에게 유사한 질병의 자각 및 타각 증상이 발생한 경우
2. 직업병 유소견자가 발생하거나 다수 발생할 우려가 있는 경우
3. 기타 지방 노동관서의 장이 필요하다고 판단하는 경우

31 인간의 주의력을 집중하게 되는 외적 요인 3가지는?

(해답) 1. 자극의 신기성 　　　　　2. 자극의 운동성 　　　　　3. 자극의 반복성

32 법에 의하여 근로자가 지켜야 할 의무 사항을 쓰시오.

(해답) 1. 대피 　　　　　　　　2. 출입 금지 　　　　　　3. 보호구 착용
4. 안전 규칙 준수 　　　　5. 작업 중지

33 동력에 의하여 작동되는 프레스 기계를 5대 이상 보유한 사업장에서의 프레스기에 대한 특별 안전 보건 교육 내용 5가지를 쓰시오.

(해답) 1. 프레스의 특성과 위험성에 관한 사항
2. 방호 장치의 종류와 취급에 관한 사항
3. 안전 작업 방법에 관한 사항
4. 프레스 안전 기준에 관한 사항
5. 그 밖에 안전 보건 관리에 필요한 사항

34 지식 교육의 4단계를 순서대로 쓰시오.

(해답) 1. 제1단계 : 도입
2. 제2단계 : 제시
3. 제3단계 : 적용
4. 제4단계 : 확인

35 태도 교육의 4단계를 순서대로 쓰시오.

(해답) 1. 제1단계 : 청취한다.
2. 제2단계 : 이해, 납득시킨다.
3. 제3단계 : 모범을 보인다.
4. 제4단계 : 평가한다.

36 Super의 역할 이론을 4가지 쓰시오.

(해답) 1. 역할 연기   2. 역할 기대   3. 역할 갈등   4. 역할 형성

37 작업장에서 근로자가 작업 시 분당 에너지 소모가 5.5kcal라면 휴식 시간은 얼마인가?

(해답) 휴식 시간(분)$= \dfrac{60\,(E-4)}{E-1.5} = \dfrac{60\,(5.5-4)}{5.5-1.5} = 22.5$ 분

38 재해 누발자 유형을 쓰시오.

(해답) 1. 상황성 누발자   2. 미숙성 누발자
3. 소질성 누발자   4. 습관성 누발자

39 재해 누발 경향자설 3가지를 쓰시오.

(해답) 1. 기회설   2. 암시설   3. 재해 누발 경향자설

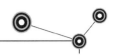

40 동작 경제의 원칙은 3가지로 구분할 수 있다. 이 원칙을 쓰시오.

(해답)▸ 1. 동작능 활용의 원칙   2. 동작량 절약의 원칙   3. 동작 개선의 원칙

41 산양이라는 작업장의 작업 시 분당 에너지 소모량이 6kcal였다면 이 작업장의 휴식 시간은? (단, 분당 에너지 소모량의 기준은 5kcal로 한다.)

(해답)▸ 휴식 시간(분) $= \dfrac{60(E-4)}{E-1.5} = \dfrac{60(6-5)}{6-1.5} = 13.33$ 분

42 재해 누발자 유형 가운데 상황성 누발자는 어떠한 경우에 재해를 일으키게 되는지 그 원인을 4가지 쓰시오.

(해답)▸ 1. 작업이 어렵기 때문에
2. 심신에 근심이 있기 때문에
3. 환경상 주의력 집중이 곤란하기 때문에
4. 기계·기구에 결함이 있기 때문에

43 적성 배치는 생산 현장의 생산성 향상과 재해 방지에 최대한 기여할 수 있는 근로자를 적재적소에 배치하는 것을 말한다. 적성 배치를 위한 작업자의 특성을 파악하고자 할 때 고려해야 할 사항은?

(해답)▸ 1. 지적 능력   2. 기능
3. 성격   4. 신체적 특성
5. 연령적 특성   6. 업무 수행 능력

44 인간의 심리적 특징 3가지를 쓰시오.

(해답)▸ 1. 간결성의 원리   2. 리스크 테이킹   3. 주의의 일점 집중 현상

45 리더십은 오늘날 경영 활동의 측면에서 중요한 역할을 담당하게 된다. 업무의 특성과 활용의 효율성을 달성하기 위한 리더십의 3가지 기술은?

(해답)▸ 1. 전문 기술   2. 인간 기술   3. 경영 기술

46 Herzberg의 정신적 성장 6단계설을 순서대로 쓰시오.

(해답)▸ 1. 보다 많은 지식 흡수   2. 지식 결부 증가
3. 창조성   4. 불분명함의 배제
5. 개성의 유지   6. 현실적 성장

47 학습 효과를 최대한 높이기 위하여 지도 방법의 근거로 삼는 학습 지도 원리를 쓰시오.

해답 1. 자발성의 원리   2. 사회화의 원리
       3. 직관의 원리   4. 통합의 원리
       5. 개별화의 원리

48 강의식 교육의 장점을 4가지 쓰시오.

해답 1. 시간, 장소 등의 제한이 없다.
       2. 강사가 강의의 강도를 조절할 수 있으며 시간 등을 조절할 수 있다.
       3. 보다 많은 수강자를 동시에 교육할 수 있다.
       4. 여러 가지의 수업 매체 및 방법을 활용할 수 있다.

49 타워 크레인을 설치·해체하는 작업 시 특별 안전 보건 교육의 종류를 쓰시오.

해답 1. 붕괴·추락 및 재해 방지에 관한 사항
       2. 설치·해체 순서 및 안전 작업 방법에 관한 사항
       3. 부재의 구조·재질 및 특성에 관한 사항
       4. 신호 방법 및 요령에 관한 사항
       5. 이상 시 응급 조치에 관한 사항
       6. 그 밖에 안전 보건 관리에 관한 사항

50 허즈버그의 동기 이론 중 위생 이론에 관한 사항의 종류를 쓰시오.

해답 1. 감독
       2. 임금
       3. 보수
       4. 작업 조건
       5. 직위
       6. 개인 상호간의 관계
       7. 회사 정책과 관리

    참고 동기 요인 : 성취감, 책임감, 안정감, 성장과 발전, 도전감 및 그 자체

산업안전 기사 · 산업기사 실기

Part **3**

인간 공학 및 시스템 안전 공학

Chapter 01

인간 공학

1.1 인간과 기계의 기능

(1) 인간과 기계의 기능 비교

1) 인간이 현존하는 기계를 능가하는 기능

① 어떤 종류의 매우 낮은 수준의 시각, 청각, 촉각, 후각, 미각적인 자극을 감지한다.

② 수신 상태가 나쁜 음극 선관(CRT)에 나타나는 영상과 같이 배경 '잡음'이 심한 경우에도 자극(신호)을 인지한다.

③ 항공 사진의 복사체나 말소리처럼 상황에 따라 변화하는 복잡한 자극의 형태를 식별한다.

④ 주위의 이상하거나 예기치 못한 사건들을 감지한다.

⑤ 많은 양의 정보를 오랜 기간 동안 보관(기억)한다.(방대한 양의 상세 정보보다는 원칙이나 전략을 더 잘 기억한다.)

⑥ 보관되어 있는 적절한 정보를 회수(상기)하며, 흔히 관련 있는 수많은 정보 항목들을 회수한다. 그러나 회수(상기)의 신뢰도는 낮다.

⑦ 다양한 경험을 토대로 하여 의사 결정을 한다. 상황적 요구에 따라 적응적인 결정을 한다. 비상 사태에 대처하여 임기 응변할 수 있다.(모든 상황에 대한 사전 '프로그래밍'이 필요하지 않다.)

⑧ 어떤 운용 방법(mode of operation)이 실패할 경우 다른 방법을 선택한다.

⑨ 관찰을 통해서 일반화하여 귀납적으로 추리한다.

⑩ 원칙을 적용하여 다양한 문제를 해결한다.

⑪ 주관적으로 추산하고 평가한다.

⑫ 완전히 새로운 해결책을 찾아낸다.

⑬ 과부하(overload) 상황에서 불가피한 경우에는 중요한 활동에만 전심 전력한다.

⑭ 다양한 운용상의 요건에 맞추어(무리 없는 한도 내에서) 신체적인 반응을 적응시킨다.

2) 현존하는 기계가 인간을 능가하는 기능

① X선, 레이더파나 초음파같이 인간의 정상적인 감지 범위 밖에 있는 자극을 감지한다.

② 자극이 일반적으로 분류한 어떤 급에 속하는가를 판별하는 것 같이(급의 특성은 명시되어야 하지만) 연역적으로 추리한다.

③ 사전에 명시된 사상(event), 특히 드물게 발생하는 사상을 감시한다.(그러나 기계는 예기치 못한 형태의 사상이 발생한 경우에는 임기 응변할 수가 없다.)

④ 암호화(coded)된 정보를 신속하고 또 대량으로 보관한다.(예를 들어, 수많은 수치들을 매우 빠르게 기억시켜 보관할 수 있다.)

⑤ 구체적인 요청이 있을 때 암호화 된 정보를 신속하고 정확하게 회수한다.(물론 상기될 정보의 형태에 관한 구체적인 지시가 있어야 한다.)

⑥ 명시된 프로그램에 따라 정량적인 정보 처리를 한다.

⑦ 입력 신호에 대해 신속하고 일관성 있는 반응을 한다.

⑧ 반복적인 작업을 신뢰성 있게 수행한다.

⑨ 상당히 큰 물리적인 힘을 규율 있게 발휘한다.

⑩ 긴 기간에 걸쳐 작업 수행을 한다.(기계는 통상 사람처럼 빨리 '피로' 해지지 않는다.)

⑪ 물리적인 양을 계수하거나 측정한다.

⑫ 여러 개의 프로그램 활동을 동시에 수행한다.

⑬ 큰 부하가 걸린 상황에서도 효율적으로 작동한다.(인간은 비교적 한정된 경로 용량(channel capacity)을 갖는다.)

⑭ 주위가 소란하여도 효율적으로 작동한다.

(2) 인간 기계 체계의 기본 기능

1) 인간 기계 기능 체계

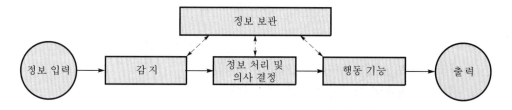

정보 보관 · 정보 입력 → 감지 → 정보 처리 및 의사 결정 → 행동 기능 → 출력

|그림 3-1| **인간 기계 통합 체계**

① **감지 기능** : 인간에 의한 감지에는 시각, 청각, 촉각 등의 감각 기관이 사용되며, 기계에 의한 감지에는 전자 장치, 사진, 기계적인 장치 등이 이용된다.

② **정보 보관 기능** : 인간이 학습 과정을 통해 축적한 기억을 말하며, 기계는 자기 테이프, 문서, 기록 등으로 보관된다.

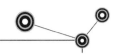

③ 정보 처리 및 의사 결정 기능 : 입력된 정보를 가지고 여러 종류의 조작을 가하는 것을 말하며, 인간의 경우에는 항상 결심이 뒤따른다. 기계의 정보 처리는 미리 프로그램화 된 것에 한정된다.

④ 행동 기능 : 의사 결정의 결과에 따라 수행되는 조작 행위를 말하는데, 물리적 조종 행위와 통신 행위로 구분된다.

 인간의 심리적 정보 처리 단계

① 회상(recall)　　　② 인식(recognition)　　　③ 정리, 집적(retention)

2) 인간 기계 통합 체계 유형

① 수동 체계 : 수공구, 기타 보조물(신체적인 힘이 동력원)이다.

② 기계화 체계 : 반자동 체계, 수동식 동력 제어 장치가 공작 기계와 같이 고도로 통합된 부품으로 구성한다.

③ 자동화 체계 : 기계 자체가 감지, 정보 처리 및 의사 결정 행동을 포함한 모든 업무를 수행(monitor)한다.

1.2 . 인간 요소와 휴먼 에러(human error)

(1) 인간 과오의 분류

1) 심리적 분류(Swain)

① omission error(생략적 과오) : 필요한 직무 또는 절차를 수행하지 않는 데서 일어나는 과오

② commission error(수행적 과오) : 필요한 직무 또는 절차의 불확실한 수행으로 인한 과오

③ time error(시간적 과오) : 필요한 직무 또는 절차의 수행 지연으로 인한 과오

④ sequential error(순서적 과오) : 필요한 직무 또는 절차의 순서 잘못 이해로 인한 과오

⑤ extraneous error(불필요한 과오) : 불필요한 직무 또는 절차를 수행함으로써 일어나는 과오

2) 원인의 level적 분류

① primary error : 작업자 자신으로부터 발생한 에러

② secondary error : 작업 형태나 작업 조건 중에서 문제가 생겨 그 때문에 필요한 사항을 실행할 수 없는 에러. 어떤 결함으로부터 파생하여 발생

③ command error : 요구된 것을 실행하고자 하여도 필요한 물건, 정보, 에너지 등의 공급이 없는 것처럼 작업자가 움직이려 해도 움직일 수 없으므로 발생하는 에러

(2) 인간 과오의 배후 요인(4M)

① Man : 자기 자신 이외의 다른 사람을 나타낸다.

② Machine : 기계, 기구, 장치 등의 물적인 요인을 말한다.

③ Media : 인간과 기계를 연결시키는 매개체로서 작업의 방법, 작업 순서, 정보, 환경, 정리 정돈 등을 포함하게 된다.

④ Management : 안전에 관한 법규의 준수, 단속, 점검, 관리, 감독, 교육 훈련 등을 말한다.

⫶⫶⫶ 1.3 설비의 신뢰성

(1) 신뢰도(reliability)

1) 인간의 신뢰성 요인

① 주의력 : 인간의 주의력에는 넓이와 깊이가 있다.

② 긴장 수준(tension level) : 인간의 긴장 수준을 측정하는 방법에는 RMR, 체내 수분 손실량 측정 등이 있다.

③ 의식 수준 : 인간의 의식 수준은 다음의 요소들에 의존하게 된다.

    ㉠ 경험 연수   ㉡ 지식 수준   ㉢ 기술 수준

2) 기계의 신뢰성 요인

① 재질

② 기능

③ 조작 방법

3) 신뢰도

① 직렬 연결 : 자동화 운전

$$R_s = r_1 \times r_2 \times r_3 \times \cdots\cdots \times r_n = \sum_{i=1}^{n} R_i$$

② 병렬 연결

$$R_p = 1 - \{(1-r_1)(1-r_2)\cdots\cdots(1-r_n)\} = 1 - \sum_{i=1}^{n}(1-R_i)$$

③ 인간 - 기계 system 신뢰성 : 인간과 기계가 병렬로 작업하게 되면 신뢰도는 기계 단독이나 직렬보다 높다.

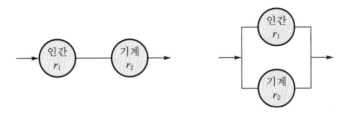

|그림 3-2| 인간-기계 system 신뢰성

㉠ 직렬 연결
- 제어계가 roll의 요소로 연결
- 각 요소의 고장이 독립적으로 발생
- 요소의 고장으로 제어계의 기능을 잃은 상태

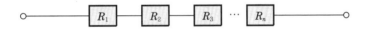

|그림 3-3| 직렬 연결

$$R = R_1,\ R_2,\ R_3,\ \cdots,\ R_n = \sum_{i=1}^{n}$$

㉡ 병렬 연결
- 항공기나 열차의 제어 장치처럼 한 부분의 결함이 중대한 사고를 일으킬 염려가 있는 경우에 적용하는 system
- 결함이 생긴 부품의 기능을 대체시킬 수 있는 장치를 중복 부착시켜 주는 system

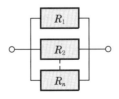

|그림 3-4| 병렬 연결

$$R = 1 - (1-R_1)(1-R_2)\cdots(1-R_n) = 1 - \sum_{i=1}^{n}(1-R_i)$$

ⓒ 요소의 병렬

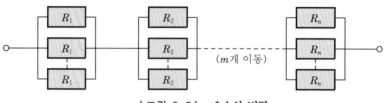

| 그림 3-5 | 요소의 병렬

$$R = \sum_{i=0}^{n} \left(1 - (1 - R_i)^n\right)$$

ⓓ system 병렬 : 항공기의 조정 장치는 엔진 가동, 유압 펌프계와 교류 전동기 가동 유압 펌프계의 고장을 일으켰을 경우 응급용으로 수용 장치의 3단 fail safe 방법이 사용된다.

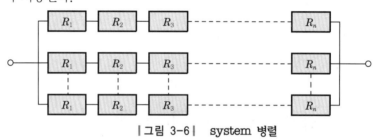

| 그림 3-6 | system 병렬

$$R = 1 - (1 - \sum_{i=1}^{n} R_i)^m$$

(2) 고 장

1) 고장의 유형

① 초기 고장 : 초기 고장은 결함을 찾아내 고장률을 안정시키는 기간이라고 하며, 디버깅(debugging) 기간, 번 인(burn in) 기간이라고도 한다. 제작 과정에서 일어날 수 있는 고장으로 점검, 시운전 등으로 사전에 예방이 가능하다.

② 우발 고장 : 실제 사용하는 상태에서 발생하는 고장으로 예측할 수 없는 때에 일어나는 고장이다.

③ 마모 고장 : 부품 등의 일부가 수명이 다 되어 일어나는 고장으로 안전 진단, 적정한 보수 등에 의해 방지가 가능하다.

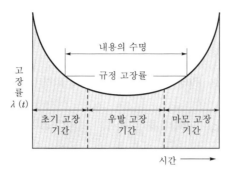

| 그림 3-7 | 고장의 발생 상황

2) 고장률과 MTBF

① 고장률$(\lambda) = \dfrac{고장\ 건수(\gamma)}{총\ 가동\ 시간(t)}$

② $\text{MTBF} = \dfrac{1}{\lambda}$

3) 병렬 model과 중복 설계

① 리던던시(redundancy) : 일부에 고장이 나더라도 전체가 고장나지 않도록 기능적으로 여력인 부분을 부가해서 신뢰도를 향상시키려는 중복 설계를 의미한다.

② 리던던시 방식

   ㉠ 병렬 리던던시

   ㉡ 대기 리던던시

   ㉢ M out of N 리던던시(N개 중 M개 동작 시 계는 정상)

   ㉣ 스페어에 의한 교환

   ㉤ 페일 세이프(fail safe)

(3) 인간 기계의 신뢰도 유지

1) lock system

구성은 다음과 같다.

① interlock system

② translock system

③ intralock system

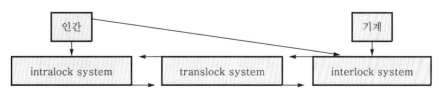

| 그림 3-8 | lock system

2) 인간에 대한 monitoring 방법

① self-monitoring

ⓐ 감각으로 자신의 상태를 파악하는 것

ⓑ 자극, 고통, 피로, 권태, 이상 등의 지각에 의해 자신의 상태를 알고 행동하는 감시 방법

② 생리학적 monitoring : 맥박, 호흡 속도, 체온, 뇌파

③ visual monitoring : 동작자의 태도를 보고 동작자의 상태를 파악(예 졸음)

④ 반응에 의한 monitoring : 인간에게 어떤 종류의 자극을 가해 이에 대한 반응을 보고 정상, 비정상을 판단하는 방법(예 청각, 시각)

⑤ 환경의 monitoring : 간접적인 감시 방법인데, 환경 조건의 개선으로 인체의 안락과 기분을 좋게 해 정상 작업을 할 수 있도록 하는 방법

3) 안전 설정

① 페일 세이프티(fail safety) : 인간 또는 기계에 과오나 동작상의 실수가 있어도 사고를 발생 시키지 않도록 2중, 3중으로 통제를 가하는 것을 말한다.

② fail safety의 종류

ⓐ 다경로 하중 구조

ⓑ 하중 경감 구조

ⓒ 교대 구조

ⓓ 중복 구조

③ fail safe의 기능면에서 분류

ⓐ fail passive : 일방적인 기계의 방식으로, 성분의 고장 시 기계 장치는 정지 상태로 된다.

ⓑ fail operational : 병렬 요소의 구성을 한 것으로 성분의 고장이 있어도 다음 정기 점검 시까지의 운전이 가능하다.

ⓒ fail active : 성분의 고장 시 기계 장치는 경보를 나타내며 단시간에 역전된다.

④ fool proof : 인간이 위험 구역에 접근하지 못하게 하는 것으로서 다음과 같은 것이 있다.

ⓐ 격리(cover)

ⓑ 기계화

ⓒ lock(시건 장치)

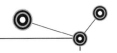

1.4 작업 환경

(1) 감각 온도(effective temperature, 체감 온도, 실효 온도)

온도, 습도 및 공기 유동이 인체에 미치는 열효과를 하나의 수치로 통합한 경험적 감각 지수이다.

1) 감각 온도에 영향을 주는 요인

온도, 습도, 기류(공기 유동)

2) 허용 한계

① 정신(사무) 작업 : E.T. 60~65

② 경작업 : E.T. 55~60

③ 중작업 : E.T. 50~55

3) Oxford 지수(WD, 습건 지수)

습구 및 건구 온도의 가중 평균치로서 다음과 같이 구한다.

WD=0.85W(습구 온도)+0.15D(건구 온도)

(2) 온도의 영향

① 최적 온도 : 18~21℃

② 갱내 기온 상황 : 37℃

③ 손가락에 영향을 주는 한계 온도 : 13~15.5℃

④ 체온의 안전 한계와 최고 한계 온도 : 38℃, 41℃

(3) 불쾌 지수

↓ 섭씨(건구 온도+습구 온도)×0.72+40.6

△ 화씨(건구 온도+습구 온도)×0.4+15

① 70 이상 : 불쾌를 느끼기 시작한다.

② 70 이하 : 모든 사람이 불쾌를 느끼지 않는다.

③ 80 이상 : 모든 사람이 불쾌를 느낀다.

(4) 환 기

① 갱내 CO_2 허용 한계 : 1.5%

② 작업장의 이상적인 습도 : 25~50%까지

(5) 조 명

1) 조도

물체의 표면에 도달하는 빛의 밀도

$$소요\ 조명(f_c) = \frac{소요\ 광속\ 발산도(f_L)}{반사율(\%)} \times 100$$

2) 반사율(%)

단위 면적당 표면에서 반사 또는 방출되는 빛의 양

$$반사율(\%) = \frac{광속\ 발산도(f_L)}{소요\ 조명(f_c)} \times 100$$

3) 옥내 최적 반사율

① 천장 : 80~90%

② 벽 : 40~60%

③ 가구 : 25~45%

④ 바닥 : 20~40%

4) 법상 조명 기준

① 초정밀 작업 : 750lux 이상

② 정밀 작업 : 300lux 이상

③ 보통 작업 : 150lux 이상

④ 기타 작업 : 75lux 이상

(6) 에너지 대사율(RMR : Relative Metabolic Rate)

1) 에너지 대사율(RMR)

작업 강도 단위로서 산소 호흡량으로 측정한다.

2) 계산식

$$RMR = \frac{작업\ 시\ 소비\ 에너지 - 안정\ 시\ 소비\ 에너지}{기초\ 대사량} = \frac{작업\ 대사량}{기초\ 대사량}$$

3) 작업 강도

① 초중 작업 : 7RMR 이상

② 중(重) 작업 : 4~7RMR

③ 중(中) 작업 : 2~4RMR

④ 경(輕) 작업 : 0~2RMR

(예 6kg 해머 사용 못박기 : 3.6RMR, 100m/분 보행 : 4.7RMR)

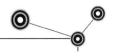

4) 보통 사람의 산소 소모량 : 50mL/분

기초 대사량 $A = H^{0.725} \times W^{0.425} \times 72.46$

여기서, A : 몸의 표면적(cm^2), H : 신장(cm), W : 체중(kg)

5) 생리적 부담 측정

작업 수행 시 산소 소비량을 알아내는 방법으로서 다음 식에 의해서 구한다.

흡기량 $\times$ 79% = 배기량 $\times N_2$(%)

$$\therefore 흡기량 = 배기량 \times \frac{100 - O_2(\%) - CO_2(\%)}{79}$$

O_2 소비량 = 흡기량 $\times$ 21% - 배기량 $\times O_2$(%)

(7) 밀폐 공간 작업

1) 밀폐 공간에서 작업 시 관리 감독자 직무 사항

① 산소가 결핍된 공기나 유해 가스에 노출되지 않도록 작업 시작 전에 작업 방법을 결정하고 이에 따라 해당 근로자의 작업을 지휘하는 업무

② 작업을 하는 장소의 공기가 적정한지를 작업 시작 전에 확인하는 업무

③ 측정 장비·장치 또는 송기 마스크 등을 작업 시작 전에 점검하는 업무

④ 근로자에게 송기 마스크 등의 착용을 지도하고 착용 상황을 점검하는 업무

관리 감독자가 측정 또는 점검 결과 이상을 발견하여 보고한 때에는 즉시 환기·보호구 지급·설비의 보수, 그 밖의 필요한 조치를 하여야 한다.

2) 안전한 작업 방법 등의 주지

밀폐 공간에 근로자를 종사하도록 하는 때에는 매 작업 시작 전에 다음의 사항에 대하여 작업 근로자에게 널리 알려야 한다.

① 산소 및 유해 가스 농도 측정에 관한 사항

② 사고 시의 응급 조치 요령

③ 환기 설비 등 안전한 작업 방법에 관한 사항

④ 보호구 착용 및 사용 방법에 관한 사항

⑤ 구조용 장비 사용 등 비상시 구출에 관한 사항

3) 산소 농도 등의 측정

밀폐 공간에 근로자를 종사하도록 하는 때에는 미리 다음에 해당하는 자로 하여금 산소 농도 등을 측정하게 하고, 적정한 공기가 유지되고 있는지 여부를 평가하게 하여야 한다.

① 관리 감독자
② 안전 관리자 및 보건 관리자
③ 안전 관리 대행 기관
④ 지정 측정 기관

산소 농도 등의 결과가 적정한 공기가 유지되지 아니하는 경우에는 작업장의 환기, 송기 마스크의 지급 · 착용 등 근로자 건강 장해 예방을 위하여 적절한 조치를 하여야 한다.

(8) 소음 및 진동 작업

1) 정의

① "소음 작업"이라 함은 1일 8시간 작업을 기준으로 85데시벨 이상의 소음이 발생하는 작업을 말한다.

② "강렬한 소음 작업"이라 함은 다음 각 목에 해당하는 작업을 말한다.
　㉠ 90데시벨 이상의 소음이 1일 8시간 이상 발생되는 작업
　㉡ 95데시벨 이상의 소음이 1일 4시간 이상 발생되는 작업
　㉢ 100데시벨 이상의 소음이 1일 2시간 이상 발생되는 작업
　㉣ 105데시벨 이상의 소음이 1일 1시간 이상 발생되는 작업
　㉤ 110데시벨 이상의 소음이 1일 30분 이상 발생되는 작업
　㉥ 115데시벨 이상의 소음이 1일 15분 이상 발생되는 작업

③ "충격 소음 작업"이라 함은 소음이 1초 이상의 간격으로 발생하는 작업으로서 다음에 해당하는 작업을 말한다.
　㉠ 120데시벨을 초과하는 소음이 1일 1만회 이상 발생되는 작업
　㉡ 130데시벨을 초과하는 소음이 1일 1천회 이상 발생되는 작업
　㉢ 140데시벨을 초과하는 소음이 1일 1백회 이상 발생되는 작업

④ "진동 작업"이라 함은 다음에 해당하는 기계 · 기구를 사용하는 작업을 말한다.
　㉠ 착암기
　㉡ 동력을 이용한 해머
　㉢ 체인톱
　㉣ 엔진 커터
　㉤ 동력을 이용한 연삭기
　㉥ 임팩트 렌치
　㉦ 그 밖에 진동으로 인하여 건강 장해를 유발할 수 있는 기계 · 기구

⑤ "청력 보존 프로그램"이라 함은 소음 노출 평가, 노출 기준 초과에 따른 공학적 대책, 청력 보호구의 지급 및 착용, 소음의 유해성과 예방에 관한 교육, 정기적 청력 검사, 기록·관리 등이 포함된 소음성 난청을 예방 관리하기 위한 종합적인 계획을 말한다.

2) 소음 수준의 주지

소음 작업·강렬한 소음 작업 또는 충격 소음 작업에 근로자를 종사하도록 하는 때에는 다음에 관한 사항을 근로자에게 널리 알려야 한다.

① 해당 작업 장소의 소음 수준
② 인체에 미치는 영향 및 증상
③ 보호구의 선정 및 착용 방법
④ 그 밖에 소음 건강 장해 방지에 필요한 사항

3) 난청 발생에 따른 조치

소음으로 인하여 근로자에게 소음성 난청 등의 건강 장해가 발생하였거나 발생할 우려가 있는 경우에는 다음의 조치를 하여야 한다.

① 해당 작업장의 소음성 난청 발생 원인 조사
② 청력 손실을 감소시키고 청력 손실의 재발을 방지하기 위한 대책 마련
③ 제2호의 규정에 의한 대책의 이행 여부 확인
④ 작업 전환 등 의사의 소견에 따른 조치

Chapter 02

시스템 안전 공학

2.1. 시스템 안전 분석 기법

(1) 분석 시 수리적 방법에 따른 분류

① 정성적 분석　　　　　　　② 정량적 분석

(2) 논리적 방법에 따른 분류

① 귀납적 방법　　　　　　　② 연역적 방법(FTA)

(3) 분석 기법

1) 예비 위험 분석(Preliminary Hazard Analysis : PHA)

모든 시스템 안전 프로그램에서의 최초 단계의 해석으로 시스템 내의 위험 요소가 어느 상태에 있는가를 정성적으로 평가하여 위험 수준을 결정하는 것

① 위험성 분류

   ⊙ category Ⅰ : 파국적(catastrophic), 인원의 사망 또는 중상, 시스템에 손상을 주는 것

   ⓛ category Ⅱ : 중대, 위험성(critical), 인원의 손상, 주요 시스템의 손해 또는 인원이나 시스템의 생존을 위해 즉시 시정 조치하는 것

   ⓒ category Ⅲ : 한계적(marginal), 인원의 상해나 주요 시스템의 손해가 생기는 일 없이 배제 또는 제어할 수 있는 것

   ⓔ category Ⅳ : 무시(negligible), 인원의 손상 또는 시스템의 손해에 이르지 않는 것

2) 운용 위험성 분석(Operating Hazard Analysis : OS)

시스템의 모든 사용 단계에서 생산, 보전, 시험, 운반, 저장, 운전, 구조, 훈련, 비상 탈출 및 폐기 등에 사용되는 인원 및 설비 등에 관하여 위험을 제어하고 안전 요건을 결정하는 것을 말한다.

3) 고장 형태 및 영향 분석(Failure Modes and Effects Analysis : FMEA)

전형적인 귀납적, 정성적 분석 방법으로 시스템에 영향을 미칠 수 있는 고장을 형태별로 해석하며, 정량화를 기하기 위해 CA법을 함께 활용한다.

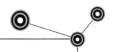

① 위험성 분류

    ⊙ category Ⅰ : 생명 또는 가옥의 상실

    ⓒ category Ⅱ : 사명 수행의 실패

    ⓒ category Ⅲ : 활동 지연

    ⓔ category Ⅳ : 영향 없음

② 고장의 영향에 의한 분류

|표 3-1| 고장 영향 분류

영 향	발생 확률(β)	영 향	발생 확률(β)
실제의 손실	$\beta = 1.00$	가능한 손실	$0 < \beta \leq 0.10$
예상하는 손실	$0.10 \leq \beta \, 1.00$	영향 없음	$\beta = 0$

4) ETA(Event Tree Analysis)

FTA와 정반대의 위험 분석 방법으로 ETA의 작성은 통상 좌에서 우로 진행되며 설비의 설계 단계에서부터 사용 단계까지의 전 과정을 6, 7단계로 구분하여 귀납적, 정량적 분석을 한다. 각 분기마다 발생 확률이 표시되고 각각의 제곱의 합으로 표기되며, 각 사상의 확률 합은 항상 1이다.

5) 인간 과오율 예측법(Technique for Human Error Rate Prediction : THERP)

확률론적으로 인간의 과오율을 정량적으로 평가하는 것으로서 man-machine system 의 국부적인 상세 분석 등에 적합하다.

6) MORT법(Management Oversight and Risk Tree)

FTA와 동일한 논리 방법을 사용하여 관리, 설계, 생산, 보전 등의 넓은 범위에 걸쳐 안전 확보를 위하여 활용하는 방법이며 1970년 이후 Johnson에 의해 개발된 시스템 안전 프로그램으로 원자력 산업 등 첨단 과학 분야에서 이용된다.

(4) FTA의 작성 순서

① 대상이 되는 시스템의 범위를 결정한다.

② 대상 시스템에 관계되는 자료를 정비해 둔다.

③ 상사하고 결정하는 사고의 명제(트리의 정상 사상이 되는 것)를 결정한다.

④ 원인 추구의 전제 조건을 미리 생각해 둔다.

⑤ 정상 사상에서 시작하여 순차적으로 생각되는 원인의 사상(중간 사상 및 말단 사상)을 논리 기호(논리 게이트)로 이어간다.

⑥ 먼저 골격이 될 수 있는 대충의 트리를 만든다. 트리에 나타나는 사상의 중요성에 따라 보다 세밀한 부분의 트리로 전개한다.

⑦ 각각의 사상에 번호를 붙이면 정리하기 쉽다.

(5) FTA에 의한 재해 사례 연구 순서

① top 사상의 선정
② 사상의 재해 원인 규명
③ FT 작성
④ 개선 계획 작성

2.2 Tree의 간략화

(1) AND gate

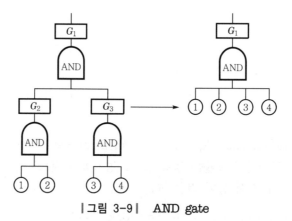

| 그림 3-9 |　AND gate

(2) OR gate

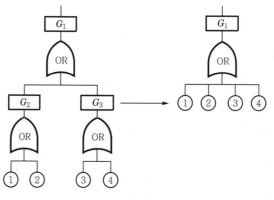

| 그림 3-10 |　OR gate

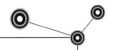

2.3, 컷 셋(cut sets)과 패스 셋(path sets)

(1) cut sets

시스템 내에 포함되어 있는 모든 기본 사상이 일어났을 때 top 사상을 일으키는 기본 집합을 cut sets이라 하며, 컷 가운데 그 부분 집합만으로 top 사상을 일으키기 위한 최소의 컷을 미니멀 컷 셋(minimal cut sets)이라 한다. 즉, minimal cut sets은 고장 또는 에러가 생기면 재해를 일으키는 것으로서 시스템의 위험성을 나타낸다.

다음의 FT도에서 cut sets을 구하면 다음과 같다.

T
$\downarrow$
$A_1 \cdot A_2 \rightarrow$ And gate는 가로로 표기한다.
$\downarrow$
$X_1 \cdot X_2 \cdot A_2$
$\downarrow$
$X_1 \cdot X_2 \cdot \boxed{X_3} \rightarrow$ OR gate는 세로로 표시한다.
$X_1 \cdot X_2 \cdot \boxed{X_4}$

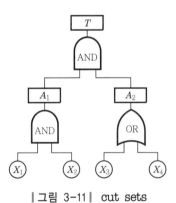

┃그림 3-11┃ cut sets

즉, 위 FT도에서는 cut sets이 $X_1 \cdot X_2 \cdot X_3$와 $X_1 \cdot X_2 \cdot X_4$의 2개의 조로 나타나며, minimal cut sets은 $X_1 \cdot X_2$가 된다.

(2) path sets

시스템 내에 포함되는 모든 기본 사상이 일어나지 않았을 때 top 사상을 일으키지 않는 기본 집합으로서 어느 고장이나 error를 일으키지 않으면 재해, 고장이 일어나지 않는 것. 즉, 시스템의 신뢰성을 나타낸다.

FT도에 의한 path sets을 구하면 다음과 같다.

T
↓
A_1
A_2
↓
X_1
X_2
A_2
↓
X_1
X_2
$X_3 \cdot X_4$

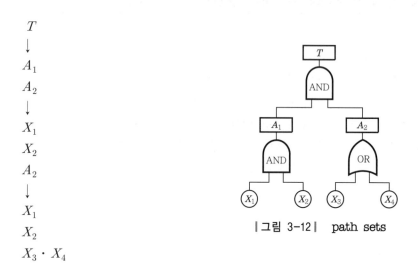

| 그림 3-12 | path sets

위와 같이 path sets을 구하면, $X_1 \cdot X_2$, $(X_3 \cdot X_4)$의 3개 조로서 나타나게 된다.

2.4 공장 설비의 유지 관리

(1) 안전 평가

1) 안전 평가의 기법
① 체크 리스트(check list)에 의한 평가
② 위험의 예측 평가(layout의 검토)
③ 고장형 영향 분석(FMEA법)
④ FTA법

2) 위험 예측 평가(layout)
① 작업 공정 검토
② 기계, 설비 주위의 충분한 간격 유지
③ 공장 내외의 안전 통로 확보
④ 원재료, 제품 등의 저장소 넓이를 충분히 확보
⑤ 기계, 설비의 보수 점검을 용이하게 할 수 있도록 할 것
⑥ 장래의 확장을 고려한 배치를 할 것

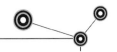

(2) 안전성 평가(safety assessment) 단계

① 제1단계 : 관계 자료의 작성 준비
② 제2단계 : 정성적 평가
③ 제3단계 : 정량적 평가
④ 제4단계 : 안전 대책 수립
⑤ 제5단계 : 재해 정보에 의한 재평가
⑥ 제6단계 : FTA에 의한 재평가

1) 유해 위험 방지 계획서

① 유해 위험 방지 계획서 제출 대상 사업장 : 대상 사업장 중 제품 생산 공정과 직접적으로 관련된 건설물, 기계, 기구 및 설비 등 전부를 설치, 이전하거나 그 주요 구조 부분을 변경할 때 또는 전기사용 설비의 정격 용량의 합이 300kW 이상인 사업장
   ㉠ 금속 가공 제품 제조업(기계 및 가구 제외)
   ㉡ 비금속 광물 제품 제조업
   ㉢ 기타 기계 및 장비 제조업
   ㉣ 자동차 및 트레일러 제조업
   ㉤ 식료품 제조업
   ㉥ 고무 제품 및 플라스틱 제품 제조업
   ㉦ 목재 및 나무 제품 제조업
   ㉧ 기타 제품 제조업
   ㉨ 1차 금속 제조업
   ㉩ 가구 제조업
   ㉪ 화학 물질 및 화학 제품 제조업
   ㉫ 반도체 제조업
   ㉬ 전자부품 제조업
② 유해 위험 방지 계획서 제출 대상 기계 기구
   ㉠ 금속이나 그 밖의 광물의 용해로
   ㉡ 화학 설비
   ㉢ 건조 설비
   ㉣ 가스 집합 용접 장치
   ㉤ 제조 등 금지물질 또는 허가 대상 물질 관련 설비
   ㉥ 분진 작업 관련 설비

2) 건설 공사

건설 공사를 착공하고자 할 때에는 반드시 공사 착공 전일까지 유해 위험 방지 계획서를 고용노동부 장관에게 제출하여야 한다.

① 다음의 어느 하나에 해당하는 건축물 또는 시설 등의 건설·개조 또는 해체 공사
　　㉠ 지상높이가 31미터 이상인 건축물 또는 인공구조물
　　㉡ 연면적 3만제곱미터 이상인 건축물
　　㉢ 연면적 5천제곱미터 이상인 시설로서 다음의 어느 하나에 해당하는 시설
　　　　• 문화 및 집회시설(전시장 및 동물원·식물원은 제외한다)
　　　　• 판매시설, 운수시설(고속철도의 역사 및 집배송시설은 제외한다)
　　　　• 종교시설
　　　　• 의료시설 중 종합병원
　　　　• 숙박시설 중 관광숙박시설
　　　　• 지하도상가
　　　　• 냉동·냉장 창고시설
② 연면적 5천m^2 이상의 냉동·냉장 창고 시설의 설비 공사 및 단열 공사
③ 최대지간 길이가 50m 이상인 다리 건설 등 공사
④ 터널 건설 등의 공사
⑤ 다목적 댐, 발전용 댐 및 저수 용량 2천만톤 이상의 용수 전용 댐, 지방 상수도 전용 댐 건설 등의 공사
⑥ 깊이 10m 이상인 굴착 공사

3) 제출 서류

유해·위험 방지 계획서에 다음 사항을 첨부하여 작업 시작 15일 전까지 산업안전보건 공단에 2부를 제출하여야 한다.
① 건축물 각 층의 평면도
② 기계·설비의 개요를 나타내는 서류
③ 기계·설비의 배치 도면
④ 원재료 및 제품의 취급, 제조 등의 작업 방법의 개요
⑤ 그 밖에 고용노동부 장관이 정하는 도면 및 서류

▌표 3-2▐　유해·위험 방지 계획서 첨부 서류

1. 공사 개요 및 안전 보건 관리 계획
　가. 공사 개요서
　나. 공사 현장의 주변 현황 및 주변과의 관계를 나타내는 도면(매설물 현황 포함)
　다. 건설물·사용 기계 설비 등의 배치를 나타내는 도면 및 서류
　라. 전체 공정표
　마. 산업 안전 보건 관리비 사용 계획
　바. 안전 관리 조직표
　사. 재해 발생 위험 시 연락 및 대피 방법

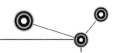

2. 안전 보건 관리 계획
    가. 산업 안전 보건 관리비 사용 계획
    나. 안전 관리 조직표 · 안전 보건 교육 계획
    다. 개인 보호구 지급 계획
    라. 재해 발생 위험 시 연락 및 대피 방법
3. 작업 공사 종류별 유해 · 위험 방지 계획

대상 공사	작업 공사 종류	주요 작성 대상	첨부 서류
지상 높이 31m 이상인 건축물 또는 인공 구조물의 건축물 또는 시설 등의 건설 · 개조 또는 해체	1. 가설공사 2. 구조물공사 3. 마감공사 4. 기계 설비공사 5. 해체공사	가. 비계 조립 및 해체 작업(외부비계 및 높이 3미터 이상 내부비계만 해당한다) 나. 높이 4미터를 초과하는 거푸집동바리 [동바리가 없는 공법(무지주공법으로 데크플레이트, 호리빔 등)과 옹벽 등 벽체를 포함한다] 조립 및 해체 작업 또는 비탈면 슬래브(판 형상의 구조부재로서 구조물의 바닥이나 천장)의 거푸집동바리 조립 및 해체 작업 다. 작업발판 일체형 거푸집 조립 및 해체 작업 라. 철골 및 PC(Precast Concrete) 조립 작업 마. 양중기 설치 · 연장 · 해체 작업 및 천공 · 항타 작업 바. 밀폐공간 내 작업 사. 해체 작업 아. 우레탄폼 등 단열재 작업[취급장소와 인접한 장소에서 이루어지는 화기(火器) 작업을 포함한다] 자. 같은 장소(출입구를 공동으로 이용하는 장소를 말한다)에서 둘 이상의 공정이 동시에 진행되는 작업	1. 해당 작업공사 종류별 작업 개요 및 재해예방 계획 2. 위험물질의 종류별 사용량과 저장 · 보관 및 사용 시의 안전작업계획 [비고] 1. 바목의 작업에 대한 유해 · 위험 방지 계획에는 질식 · 화재 및 폭발 예방 계획이 포함되어야 한다. 2. 각 목의 작업과정에서 통풍이나 환기가 충분하지 않거나 가연성 물질이 있는 건축물 내부나 설비 내부에서 단열재 취급 · 용접 · 용단 등과 같은 화기작업이 포함되어 있는 경우에는 세부계획이 포함되어야 한다.
냉동 · 냉장 창고 시설의 설비 공사 및 단열 공사	1. 가설공사 2. 단열공사 3. 기계 설비공사	가. 밀폐공간 내 작업 나. 우레탄폼 등 단열재 작업(취급장소와 인접한 곳에서 이루어지는 화기 작업을 포함한다) 다. 설비 작업 라. 같은 장소(출입구를 공동으로 이용하는 장소를 말한다)에서 둘 이상의 공정이 동시에 진행되는 작업	1. 해당 작업공사 종류별 작업 개요 및 재해예방 계획 2. 위험물질의 종류별 사용량과 저장 · 보관 및 사용 시의 안전작업계획 [비고] 1. 가목의 작업에 대한 유해 · 위험 방지 계획에는 질식 · 화재 및 폭발 예방계획이 포함되어야 한다. 2. 각 목의 작업과정에서 통풍이나 환기가 충분하지 않거나 가연성 물질이 있는 건축물 내부나 설비 내부에서 단열재 취급 · 용접 · 용단 등과 같은 화기작업이 포함되어 있는 경우에는 세부계획이 포함되어야 한다.

대상 공사	작업 공사 종류	주요 작성 대상	첨부 서류
최대지간 길이가 50m 이상인 다리 건설 등의 공사	1. 가설공사 2. 다리 하부(하부공)공사 3. 다리 상부(상부공)공사	가. 하부공 작업 　1) 작업발판 일체형 거푸집 조립 및 해체 작업 　2) 양중기 설치 · 연장 · 해체 작업 및 천공 · 항타 작업 　3) 교대 · 교각 기초 및 벽체 철근조립 작업 　4) 해상 · 하상 굴착 및 기초 작업 나. 상부공 작업 　1) 상부공 가설작업[압출공법(ILM), 캔틸레버공법(FCM), 동바리설치공법(FSM), 이동지보공법(MSS), 프리캐스트 세그먼트 가설공법(PSM) 등을 포함한다] 　2) 양중기 설치 · 연장 · 해체 작업 　3) 상부슬라브 거푸집동바리 조립 및 해체(특수작업대를 포함한다) 작업	1. 해당 작업공사 종류별 작업 개요 및 재해예방 계획 2. 위험물질의 종류별 사용량과 저장 · 보관 및 사용 시의 안전작업계획
터널 건설 등의 공사	1. 가설공사 2. 굴착 및 발파 공사 3. 구조물공사	가. 터널굴진(掘進)공법(NATM) 　1) 굴진(갱구부, 본선, 수직갱, 수직구 등을 말한다) 및 막장 내 붕괴 · 낙석 방지 계획 　2) 화약 취급 및 발파 작업 　3) 환기 작업 　4) 작업대(굴진, 방수, 철근, 콘크리트 타설을 포함한다) 사용 작업 나. 기타 터널공법[TBM 공법, 실드(Shield)공법, 추진(Front Jacking)공법, 침매공법 등을 포함한다] 　1) 환기 작업 　2) 막장 내 기계 · 설비 유지 · 보수 작업	1. 해당 작업공사 종류별 작업 개요 및 재해예방 계획 2. 위험물질의 종류별 사용량과 저장 · 보관 및 사용 시의 안전작업계획 [비고] 1. 나목의 작업에 대한 유해 · 위험 방지 계획에는 굴진(갱구부, 본선, 수직갱, 수직구 등을 말한다) 및 막장 내 붕괴 · 낙석 방지 계획이 포함되어야 한다.
댐 건설 등의 공사	1. 가설공사 2. 굴착 및 발파 공사 3. 댐 축조공사	가. 굴착 및 발파 작업 나. 댐 축조[가(假)체절 작업을 포함한다] 작업 　1) 기초처리 작업 　2) 둑 비탈면 처리 작업 　3) 본체 축조 관련 장비 작업(흙쌓기 및 다짐만 해당한다) 　4) 작업발판 일체형 거푸집 조립 및 해체 작업(콘크리트 댐만 해당한다)	1. 해당 작업공사 종류별 작업 개요 및 재해예방 계획 2. 위험물질의 종류별 사용량과 저장 · 보관 및 사용 시의 안전작업계획
굴착공사	1. 가설공사 2. 굴착 및 발파 공사 3. 흙막이 지보공(支保工)공사	가. 흙막이 가시설 조립 및 해체 작업(복공 작업을 포함한다) 나. 굴착 및 발파 작업 다. 양중기 설치 · 연장 · 해체 작업 및 천공 · 항타 작업	1. 해당 작업공사 종류별 작업 개요 및 재해예방 계획 2. 위험물질의 종류별 사용량과 저장 · 보관 및 사용 시의 안전작업계획

[비고]
작업공사 종류란의 공사에서 이루어지는 작업으로서 주요 작성대상란에 포함되지 않은 작업에 대해서도 유해 · 위험 방지 계획서를 작성하고, 첨부 서류란의 해당 서류를 첨부해야 한다.

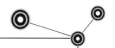

건설공사 유해위험방지계획서

접수번호		접수일자		처리일자		처리기간	15일

계획서 내용 등	공사종류				
	대상공사				
	발주처		공사도급 금액		
	공사착공 예정일		공사준공 예정일		
	공사개요				
	본사소재지				
	예정 총동원 근로자 수	참여 예정 협력업체 수		참여 예정 협력업체 근로자 수	

계획서 작성자	성명
	작성자 주요경력

계획서 검토자	성명	(서명 또는 인)
	검토자 주요경력	

「산업안전보건법」 제42조 및 같은 법 시행규칙 제42조 제3항에 따라 건설공사 유해위험방지계획서를 제출합니다.

년　　　　월　　　　일

제출자(사업주 또는 대표자)

(서명 또는 인)

한국산업안전보건공단 이사장 귀하

첨부서류	「산업안전보건법 시행규칙」 별표 10에 따른 서류	수수료 고용노동부장관이 정하는 수수료 참조

공지사항
본 민원의 처리결과에 대한 만족도 조사 및 관련 제도 개선에 필요한 의견 조사를 위해 귀하의 전화번호(휴대전화)로 전화조사를 실시할 수 있습니다.

처리절차 [한국산업안전보건공단(지역본부, 지도원)]

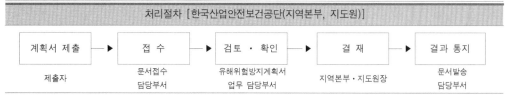

계획서 제출 ▶ 접 수 ▶ 검토·확인 ▶ 결 재 ▶ 결과 통지

제출자　　　문서접수　　　유해위험방지계획서　　　지역본부·지도원장　　　문서발송
　　　　　　담당부서　　　업무 담당부서　　　　　　　　　　　　　　　　　담당부서

210mm×297mm[일반용지 60g/㎡(재활용품)]

01 유해 위험 방지 계획서를 산업안전보건공단이 심사한 후 심사 결과를 구분, 판정하여야 한다. 판정 구분 3가지를 쓰시오.

해답) 1. 적정
2. 조건부 적정
3. 부적정

02 건설업 중 유해 위험 방지 계획서 제출 시 첨부 서류 항목 가운데 각 공사별 첨부 서류는 별도로 구분 명시하고 있다. 냉동, 냉장 창고 시설의 설비 공사 및 단열 공사 시 유해 위험 방지 계획서에 포함해야 할 공사의 종류를 쓰시오.

해답) 1. 가설 공사
2. 단열 공사
3. 기계 설비 공사

03 법상 양도, 대여, 설치, 사용이 제한되는 기계·기구 5가지를 쓰시오.

해답) 1. 프레스 또는 전단기   2. 아세틸렌 용접 장치 또는 가스 집합 용접 장치
3. 방폭용 전기 기계·기구   4. 교류 아크 용접기
5. 크레인   6. 승강기
7. 곤돌라   8. 압력 용기

04 설치·이전 변경 시 유해 위험 방지 계획서 제출 대상 기계·기구는?

해답) 1. 금속이나 그 밖의 광물의 용해로
2. 화학 설비
3. 건조 설비
4. 가스 집합 용접 장치
5. 제조 등 금지물질 또는 허가 대상 물질 관련 설비
6. 분진 작업 관련 설비

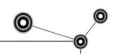

05 안전성 평가 제2단계인 정성적 평가 항목 5가지를 쓰시오.

(해답)▶ 1. 입지 조건
3. 공정 기기
5. 소방 설비
7. 수송 및 저장

2. 공장 내 배치
4. 건조물
6. 공정
8. 원재료, 중간체 제품

06 안전성 평가 제2단계 정성적 평가 항목 가운데 입지 조건 선정 시 고려 사항 5가지를 쓰시오.

(해답)▶ 1. 지형은 적절한가?, 지반은 연약하지 않은가?, 배수는 적당한가?
2. 지진, 태풍 등에 대한 준비는 충분한가?
3. 물, 전기, 가스 등의 사용 설비는 충분히 확보되어 있는가?
4. 철도, 공항, 시가지, 공공 시설에 관한 안전을 고려하고 있는가?
5. 긴급 시 소방서, 병원 등의 방재 구급 기관의 지원 체제는 확보되어 있는가?

07 인간 기계의 정보 처리 단계를 순서대로 쓰시오.

(해답)▶ 1. 감지 기능
3. 정보 처리 및 결심 기능

2. 정보 저장 기능
4. 행동 기능

08 기계가 스스로 통제할 수 있는 통제 기능 3가지는?

(해답)▶ 1. 개폐에 의한 통제   2. 양의 조절에 의한 통제   3. 반응에 의한 통제

09 인간 공학에 의한 인체 계측의 응용 3원칙을 쓰시오.

(해답)▶ 1. 최대 치수와 최소 치수
3. 평균치를 기준으로 한 설계

2. 조절 범위(조절식)

10 법에 의하면 작업에 따라 조명 기준을 달리 명시하고 있다. 그 기준을 명시하시오.

(해답)▶ 1. 초정밀 작업 : 750lux 이상
3. 보통 작업 : 150lux 이상

2. 정밀 작업 : 300lux 이상
4. 기타 작업 : 75lux 이상

11 작업장 색의 선택 조건을 쓰시오.

(해답)▶ 1. 차분하고 밝은 색을 선택할 것
3. 악센트를 줄 것
5. 자극이 강한 색은 피할 것

2. 안정감을 낼 수 있는 색을 선택할 것
4. 순백색은 피할 것

12 인간의 신뢰성 요인 3가지를 쓰시오.

(해답) 1. 주의력   2. 긴장 수준   3. 의식 수준

13 동작 경제의 3원칙을 쓰시오.

(해답) 1. 동작능 활용의 원칙   2. 동작량 절약의 원칙   3. 동작 개선의 원칙

14 어떤 작업을 수행하는 작업자에게 Doulas백을 사용하여 5분간 수집한 배기 가스를 가스 분석기로 성분을 조사하니 다음과 같았다. 분당 산소 소비량과 에너지가는 얼마인가? (단, 1L의 산소는 5kcal의 에너지와 같다.)

> **보기**
>
> O_2 : 16%, CO_2 : 4%, N_2 : 80%, 총 배기량 : 90L

(해답) 흡기량 × 79% = 배기량 × N_2(%)

∴ 흡기량 = 배기량 × $\dfrac{100 - O_2\% - CO_2(\%)}{79}$

O_2 소비량 = 흡기량 × 21% - 배기량 × O_2(%)

그러므로

흡기량 = $18 \times \dfrac{100 - 16 - 4}{79}$ = 18.23L/min

O_2 소비량 = 18.23 × 21% - 18 × 16% = 0.9483L/min

에너지 소비량 = 0.9483 × 5 = 4.74kcal

15 페일 세이프티(fail-safety)의 정의를 쓰고, 그에 따른 종류를 4가지 쓰시오.

(해답) 1. 정의 : 인간 또는 기계에 과오나 동작상의 실수가 있어도 사고를 발생 시키기 않도록 2중 또는 3중으로 통제를 가하는 것을 뜻한다.

2. 종류
    ① 다경로 하중 구조   ② 하중 경감 구조
    ③ 대기 구조(교대 구조)   ④ 중복 구조(분할 구조)

16 작업장의 건구 시 온도가 25℃이고, 습구 시 온도가 27℃일 때 이 작업장의 불쾌 지수는 얼마인가?

(해답) $(25℃ + 27℃) \times 0.72 + 40.6 = 78.04$

17 작업장에서 발생되는 소음의 통제 대책을 5가지 쓰시오.

(해답) 1. 소음 발생 방지   2. 격벽 설치 등 격리   3. 방음과 묵음
4. 보호구 착용   5. B.G.M.

참고 법상 소음으로 인하여 근로자에게 소음성 난청 등 건강 장해가 발생하였거나 발생할
우려가 있는 경우 조치해야 할 사항
① 해당 작업장의 소음성 난청 발생 원인 조사
② 청력 손실 감소 및 재발 방지 대책 마련
③ 제2호의 규정에 의한 대책의 이행 여부
④ 작업 전환 등 의사의 소견에 대한 조치
※ 법상 소음 작업이란 1일 8시간 작업 기준으로 85dB 이상의 소음이 발생하는 작업
을 뜻한다.

18 safety-assessment 6단계 과정을 순서대로 쓰시오.

(해답) 1. 제1단계 : 관계 자료의 작성 준비
2. 제2단계 : 정성적 평가
3. 제3단계 : 정량적 평가
4. 제4단계 : 안전 대책 수립
5. 제5단계 : 재해 정보에 의한 재평가
6. 제6단계 : FTA에 의한 재평가

19 system 안전 분석의 방법 중 PHA, FMEA를 간략히 설명하시오.

(해답) 1. PHA : 모든 시스템 안전 프로그램에서 최초 단계의 위험 해석으로 시스템 내의 위험
요소가 어느 상태에 있는가를 정성적으로 평가하여 위험 수준을 결정하는 것이다.
2. FMEA : 고장 형태 및 영향 분석법으로 전형적인 귀납적, 정성적 분석 방법으로 시스템
에 영향을 미칠 수 있는 고장을 형태별로 해석하는 것으로서 이를 정량화하기 위하여
CA법을 병용하기도 한다.

20 화학 설비 사전 안정성 평가 중 정량적 평가에 활용되는 5가지 항목을 쓰시오.

(해답) 1. 물질
2. 화학 설비 용량
3. 온도
4. 압력
5. 조작

21 작업장에서 $30(f_L)$의 광속 발산도를 요하는 시작업 대상물의 반사율이 40%일 때 이 작업장
의 소요 조명은?

(해답) 소요 조명 $= \dfrac{30}{40} \times 100 = 75\,(f_c)$

22 수평 작업대에서 정상 작업 영역과 최대 작업 영역을 간략히 설명하시오.

(해답) 1. 정상 작업 영역 : 상완을 자연스럽게 수직으로 늘어뜨린 상태에서 전완만으로 편하게 뻗어 파악할 수 있는 34~45cm 정도의 한계
2. 최대 작업 영역 : 전완과 상완을 곧게 펴서 파악할 수 있는 영역으로 약 55~65cm 정도의 한계

23 인간과 기계의 기능 비교에서 인간이 기계를 능가하는 조건 5가지를 쓰시오.

(해답) 1. 인간은 감각 기관에 의하여 상황을 예측할 수 있다.
2. 많은 양의 정보를 오랜 기간 보관할 수 있다.
3. 관찰을 통해서 일반화하여 귀납적 추리를 한다.
4. 주관적으로 추산하고 평가한다.
5. 다양한 경험을 토대로 의사 결정을 한다.

24 FTA에 사용되는 사상 기호 5가지를 도시하고 명칭을 쓰시오.

(해답)
① ☐ : 결함 사상   ② ◯ : 기본 사상

③ ◇ : 이하 생략   ④ ⬠ : 통상 사상

⑤ △ : 전이 기호

25 먼지와 분진이 발생되고 110dB의 소음이 발생하며, 유해 광선이 존재하는 작업장에서 착용해야 할 보호구의 종류를 아는 대로 쓰시오.

(해답) 1. 방진 마스크
2. 귀마개
3. 귀덮개
4. 보안경
5. 안전화

26 인간의 신뢰도가 65%이고 기계의 신뢰도가 80%일 때 시스템의 신뢰도를 구하시오. (단, 직결식인 경우)

(해답) $0.65 \times 0.80 = 0.52$
$\therefore 52\%$

27 가공 기계에 적용되는 fool-proof의 기구 3가지를 쓰시오.

(해답) 1. 가드
2. 록 기구
3. 밀어내기 기구
4. 트립 기구
5. 오버런 기구

28 양립성에 대하여 간략히 설명하시오.

(해답) 자극-반응 조합에서 공간, 운동 혹은 개념적 관계가 인간의 기대와 모순되지 않는 성질을 뜻한다.

29 위험성 분류의 표시 방법을 4가지 등급에 의하여 분류하시오.

(해답) 1. category Ⅰ : 파국적(catastrophic)
2. category Ⅱ : 중대, 위험성(critical)
3. category Ⅲ : 한계적(marginal)
4. category Ⅳ : 무시(negligible)

30 위험 및 운전성 평가(Hazop)에서 사용되는 지칭어(유인어)를 종류에 따라 간략히 설명하시오.

(해답) 1. NO, NOT : 검토하고자 하는 개념이 존재하지 않음
2. MORELESS : 양적인 증가 또는 감소
3. AS WELL AS : 성질적 증가
4. PART OFF : 성질적 감소
5. REVERSE : 검토하고자 하는 개념과 논리적인 역, 역반응
6. OTHER THAN : 완전한 교체(대체)

31 다음 신뢰도를 구하시오. (단, A : 0.9, B : 0.9, C : 0.9이다.)

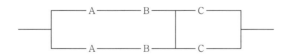

(해답) $\{1-(1-0.9\times0.9)(1-0.9\times0.9)\}\times\{1-(1-0.9)\times(1-0.9)\}=0.95426$

∴ 95.43%

32 다음 FT도서 cut sets을 구하시오

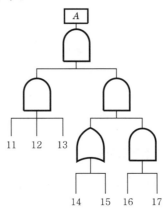

해답▶ 11, 12, 13, 14, 16, 17
11, 12, 13, 15, 16, 17

33 다음의 체계에서 시스템상 신뢰도를 구하시오.

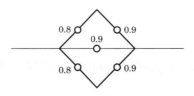

해답▶ $\{1-(1-0.8\times0.9)(1-0.9)(1-0.8\times0.9)\}=0.99216$
$\therefore\ 99.22\%$

34 다음 FT도에서 사상 A의 고장 발생 확률을 구하시오. (단, ①= 0.1, ②= 0.02, ③= 0.1, ④= 0.02)

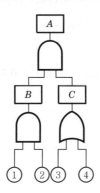

해답▶ $A=B\times C,\ B=①\times②,\ C=1-(1-③)(1-④)$
$\therefore\ 0.1\times0.02\times\{1-(1-0.1)(1-0.02)\}=0.000236$

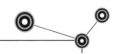

35 시스템 안전 분석으로 사실의 발견 방법에 따른 안전 진단의 방법은 어떠한 것이 있는지 4가지를 쓰시오.

(해답) 1. FTA   2. FMEA   3. ETA
     4. THERP   5. MORT

36 시스템 안전 진단 시 안전 분석의 기법을 4가지 쓰시오.

(해답) 1. 위험 예측 평가
     2. 체크 리스트에 의한 평가
     3. FTA법
     4. FMEA법

37 시스템 분석의 종류 중 ETA와 THERP에 대하여 간략히 설명하시오.

(해답) 1. ETA : ETA는 FTA와 정반대의 위험 분석 방법으로 통상 좌에서 우로 진행되며 설계에서부터 사용 단계를 6, 7단계로 구분하여 귀납적, 정량적인 방법으로 분석한다. 각 분기마다 발생 확률을 표기하고 각 사상의 확률 합은 항상 1이다.
     2. THERP : 확률론적으로 인간의 과오율을 정량적으로 평가하는 것으로서 man-machine system의 국부적인 상세 분석 등에 이용된다.

38 FTA에서 분석에 사용되는 cut sets와 path sets을 간략히 설명하시오.

(해답) 1. cut sets : 시스템 내에 포함되어 있는 모든 기본 사상이 일어났을 때 top 사상을 일으키는 기본 집합을 cut sets이라 하며, 컷 가운데 그 부분 집합만으로 top 사상을 일으키기 위한 최소의 컷을 미니멀 컷 셋(minimal cut sets)이라 한다.
     2. path sets : 시스템 내에 포함되는 모든 기본 사상이 일어나지 않았을 때 top 사상을 일으키지 않는 기본 집합으로서 어느 고장이나 error를 일으키지 않으면 재해, 고장이 일어나지 않는 것. 즉, 시스템의 신뢰성을 나타낸다.

39 법상 유해 위험 방지 계획서 제출 시 제출 서류를 쓰시오.

(해답) 1. 건축물 각 층의 평면도
     2. 기계·설비의 개요를 나타내는 서류
     3. 기계·설비의 배치 도면
     4. 원재료 및 제품의 취급, 제조 등의 작업 방법의 개요
     5. 그 밖에 고용노동부 장관이 정하는 도면 및 서류

40 건설 공사를 착공하고자 하는 때에는 반드시 공사 착공 전일까지 유해 위험 방지 계획서를 제출하여야 하는 건설 공사의 종류는?

(해답) 1. 다음의 어느 하나에 해당하는 건축물 또는 시설 등의 건설·개조 또는 해체 공사
　　① 지상높이가 31미터 이상인 건축물 또는 인공구조물
　　② 연면적 3만제곱미터 이상인 건축물
　　③ 연면적 5천제곱미터 이상인 시설로서 다음의 어느 하나에 해당하는 시설
　　　• 문화 및 집회시설(전시장 및 동물원·식물원은 제외한다)
　　　• 판매시설, 운수시설(고속철도의 역사 및 집배송시설은 제외한다)
　　　• 종교시설
　　　• 의료시설 중 종합병원
　　　• 숙박시설 중 관광숙박시설
　　　• 지하도상가
　　　• 냉동·냉장 창고시설
2. 연면적 5,000m^2 이상의 냉동·냉장 창고 시설의 설비 공사 및 단열 공사
3. 최대지간 길이가 50m 이상인 다리 건설 등 공사
4. 터널 건설 등의 공사
5. 다목적 댐, 발전용 댐 및 저수 용량 2천만톤 이상의 용수 전용 댐, 지방 상수도 전용 댐 건설 등의 공사
6. 깊이 10m 이상인 굴착 공사

41 유해 위험 방지 계획서 제출 대상 사업장을 쓰시오.

(해답) 1. 금속 가공 제품(기계 및 가구는 제외한다.) 제조업
2. 비금속 광물 제품 제조업
3. 기타 기계 및 장비 제조업
4. 자동차 및 트레일러 제조업
5. 식료품 제조업
6. 고무 제품 및 플라스틱 제품 제조업
7. 목재 및 나무 제품 제조업
8. 기타 제품 제조업
9. 1차 금속 제조업
10. 가구 제조업

42 색채 조절 순서를 순서대로 쓰시오.

(해답) 1. 명도 결정
2. 채도 결정
3. 색상 결정

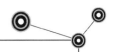

43 다음 그림을 보고 cut sets 값과 minimal cut sets 값을 구하시오.

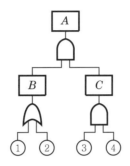

(해답) $A = B \times C$, $B = ①C$, $C = ①③④$, $②③④$
1. cut sets $= ①③④$, $②③④$
2. minimal cut sets $= ③④$

44 작업의 강도에 따른 에너지 대사율을 쓰시오.

(해답) 1. 초중 작업 : 7RMR
2. 중(重) 작업 : 4~7RMR
3. 중(中) 작업 : 2~4RMR
4. 경(輕) 작업 : 0~2RMR

45 Swain의 심리적 분류를 나열하고 설명하시오.

(해답) 1. omission error : 필요한 직무 또는 절차를 수행하지 않는 데서 일어나는 과오
2. commission error : 필요한 직무 또는 절차의 불확실한 수행으로 인한 과오
3. time error : 필요한 직무 또는 절차의 수행 지연으로 인한 과오
4. sequential error : 필요한 직무 또는 절차의 순서 잘못 이해로 인한 과오
5. extraneous error : 불필요한 직무 또는 절차를 수행함으로써 일어나는 과오

46 작업 공간 포락면과 파악 한계에 대해 설명하시오.

(해답) 1. 작업 공간 포락면 : 한 장소에 앉아서 작업을 수행하는 과정에서 근로자가 작업을 하는
데 필요한 공간을 말한다.
2. 파악 한계 : 앉아서 수행하는 작업자가 특정한 수작업 기능을 원활히 수행할 수 있는 공
간을 말한다.

47 인간의 심리적 정보 처리 단계를 쓰시오.

(해답) 1. 회상   2. 인식   3. 정리·집적

48 용장도를 간략히 설명하시오.

(해답) 용장도란 redundancy로서 일부에 고장이 나더라도 전체가 고장나지 않도록 기능적으로 여력인 부분을 부가해서 신뢰도를 향상시키려는 중복 설계를 의미한다.

49 어느 부품 10,000개를 10,000시간 가동 시 불량품이 5개 발생하였다면 고장률과 MTBF는?

(해답) 1. 고장률 $= \dfrac{5}{10,000 \times 10,000} = 5 \times 10^{-8}$건/시간

2. MTBF $= \dfrac{1}{5 \times 10^{-8}} = 2 \times 10^7$시간

50 인간이 기계의 위험 부위에 접근하지 못하게 하는 종류는?

(해답) 1. 격리　　　　　　　　2. 기계화　　　　　　　　3. lock(시건 구조)

51 인간에 대한 monitoring 방법의 종류를 5가지 쓰시오.

(해답) 1. self-monitoring
2. 생리학적 monitoring
3. visual monitoring
4. 반응에 의한 monitoring
5. 환경에 의한 monitoring

52 일반 성인은 하루에 600g 정도를 무강증발하게 된다. 열 손실률을 산정하시오.

(해답) 열 손실률$(R) = \dfrac{증발\ 에너지}{증발\ 시간} = \dfrac{600 \times 2,410}{24 \times 60 \times 60} = 16.74\mathrm{Watt}$

53 감각 온도를 간략히 설명하시오.

(해답) 온도, 습도, 공기 유동이 인체에 미치는 열 효과를 하나의 수치로 통합한 경험적 감각 지수이다.

54 병사의 호 주위의 잡초들의 반사율은 50%, 위장망의 반사율은 60%라면 위장망과 주위의 대비는?

(해답) 대비$= \dfrac{50-60}{50} \times 100 = -20\%$

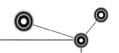

55 인간 과오의 배후 요인이 되는 4가지 요소를 쓰시오.

(해답) 1. man   2. machine   3. media   4. management

56 인간의 신뢰성 요인 3가지와 기계의 신뢰성 요인 3가지를 각각 구분하여 쓰시오.

(해답) 1. 인간의 신뢰성 요인
　　① 주의력　　　　　　② 긴장 수준　　　　　③ 의식 수준
　　2. 기계의 신뢰성 요인
　　① 재질　　　　　　　② 기능　　　　　　　③ 조작 방법

57 반사율의 공식을 쓰시오.

(해답) 반사율$(\%) = \dfrac{\text{광속 발산도}}{\text{소요 조명}} \times 100$

58 FTA의 작성 순서를 7단계로 구분하여 쓰시오.

(해답) 1. 대상이 되는 시스템의 범위를 결정한다.
　　2. 대상 시스템에 관계되는 자료를 정비해 둔다.
　　3. 상상하고 결정하는 사고의 명제를 결정한다.
　　4. 원인 추구의 전제 조건을 미리 생각해 둔다.
　　5. 정상 사상에서 시작하여 순차적으로 생각되는 원인의 사상을 논리 기호로 이어간다.
　　6. 먼저 골격이 될 수 있는 대충의 트리를 만든다. 트리에 나타나는 사상의 주요성에 따라 보다 세밀한 부분의 트리로 전개한다.
　　7. 각각의 사상에 번호를 붙이면 정리하기 쉽다.

59 작업 개선 4단계를 쓰시오.

(해답) 1. 작업 분해
　　2. 세부 내용 검토
　　3. 작업 분석
　　4. 새로운 방법 적용

60 건설 공사에 관계되는 공법, 기계 설비 등이 공사를 진행하는 도중에 나타날 수 있는 위험성에 대하여 기초 조사 및 설계 단계나 시공, 착수 이전에 정성적, 정량적으로 평가하고 그 대책을 강구하는 것을 무엇이라 말하는가?

(해답) 안전성 평가

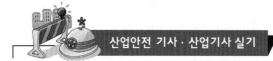

61 리스크(risk)의 처리 순서를 차례대로 쓰시오.

(해답) 1. 회피   2. 경감   3. 전가   4. 보류

62 다음의 신뢰도를 구하시오.

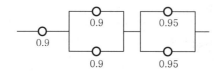

(해답) $0.9 \times \{1 - (1 - 0.9)(1 - 0.9)\} \times \{(1 - 0.95)(1 - 0.95)\} = 0.888$

∴ 88.88%

63 다음 FT도에서 G_1이 일어날 확률을 계산하시오. (단, A가 일어날 확률은 0.3, B, C, D는 0.9이다.)

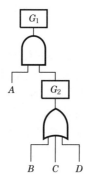

(해답) $G_1 = A \times G_2$

$G_2 = 1(1 - B)(1 - C)(1 - D)$

∴ $0.3 \times \{1 - (1 - 0.9)(1 - 0.9)(1 - 0.9)\} = 0.2997$

산업안전 기사·산업기사 실기

Part **4**

기계 안전

Chapter 01 기계 설비의 안전 조건

1.1 기계 설비의 안전 조건

(1) 일반 기계·기구의 안전에 관한 조건

① 외관상 안전화
② 구조적 안전화
③ 기능의 안전화
④ 작업점의 안전화
⑤ 작업의 안전화
⑥ 보전성 개선

(2) 기계 작업점의 안전 조치

① 작업점에는 작업자가 절대 가까이 가지 않도록 할 것
② 기계 조작 시 위험 부위에 접근 금지
③ 작업자가 위험 지대를 벗어나지 않는 한 기계가 움직이지 않을 것
④ 작업점에 손을 넣지 않도록 할 것

1.2 기계의 방호

(1) 안전상 조치

① 기계·기구, 기타 설비에 의한 위험
② 폭발성, 발화성 및 인화성 물질 등에 의한 위험
③ 전기, 열, 기타 에너지에 의한 위험

(2) 기계의 일반적 조치

1) 원동기, 회전축 등의 위험 방지

① 원동기, 회전축, 기어, 풀리, 플라이휠, 벨트 및 체인 등 근로자에게 위험을 미칠 우려가 있는 부위에는 덮개, 울, 슬리브, 건널다리 등을 설치한다.

② 회전축, 기어, 풀리 및 플라이휠 등에 부속하는 키 및 핀 등의 기계 요소는 묻힘형으로 하거나 해당 부위에 덮개를 설치한다.

③ 벨트의 이음 부분에는 돌출된 고정구를 사용하여서는 안 된다.

④ 건널다리에는 안전 난간 및 미끄러지지 않는 구조의 발판을 설치한다.

⑤ 연삭기(研削機) 또는 평삭기(平削機)의 테이블, 형삭기(形削機) 램 등의 행정끝이 근로자에게 위험을 미칠 우려가 있는 경우에 해당 부위에 덮개 또는 울 등을 설치하여야 한다.

⑥ 선반 등으로부터 돌출하여 회전하고 있는 가공물이 근로자에게 위험을 미칠 우려가 있는 경우에 덮개 또는 울 등을 설치하여야 한다.

⑦ 원심기(원심력을 이용하여 물질을 분리하거나 추출하는 일련의 작업을 하는 기기를 말한다.)에는 덮개를 설치하여야 한다.

⑧ 분쇄기 · 파쇄기 · 마쇄기 · 미분기 · 혼합기 및 혼화기 등을 가동하거나 원료가 흩날리거나 하여 근로자가 위험해질 우려가 있는 경우 해당 부위에 덮개를 설치하는 등 필요한 조치를 하여야 한다.

⑨ 근로자가 분쇄기 등의 개구부로부터 가동 부분에 접촉함으로써 위해(危害)를 입을 우려가 있는 경우 덮개 또는 울 등을 설치하여야 한다.

⑩ 종이 · 천 · 비닐 및 와이어 로프 등의 감김통 등에 의하여 근로자가 위험해질 우려가 있는 부위에 덮개 또는 울 등을 설치하여야 한다.

⑪ 압력용기 및 공기압축기 등에 부속하는 원동기 · 축이음 · 벨트 · 풀리의 회전 부위 등 근로자가 위험에 처할 우려가 있는 부위에 덮개 또는 울 등을 설치하여야 한다.

2) 기계의 동력 차단 장치

① 동력으로 작동되는 기계에는 스위치, 클러치, 벨트 이동 장치 등 동력 차단 장치를 설치한다.

② 동력 차단 장치를 설치하여 일하는 기계 중 절단, 인발, 압축, 꼬임, 타발 또는 굽힘 등의 가공을 하는 기계에는 그 동력 차단 장치를 근로자가 작업 위치를 이동하지 아니하고 조작할 수 있는 위치에 설치하여야 한다.

③ 공작 기계, 수송 기계, 건설 기계 등의 정비, 청소, 급유, 검사 또는 수리 작업 시 해당 기계의 운전을 정지한다.

④ 동력으로 작동되는 기계에 근로자의 머리카락 또는 의복이 말려 들어갈 우려가 있을 때에는 근로자에게 작업모 또는 작업복을 착용시킨다.

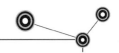

⑤ 날, 공작물 또는 축이 회전하는 기계를 취급하는 때에는 그 근로자의 손에 밀착이 잘 되는 가죽제 장갑 등 외에 손이 말려 들어갈 위험이 있는 장갑을 사용하게 하여서는 안 된다.

⑥ 운전 중인 평삭기 테이블, 수직 선반 등의 테이블에 근로자가 탑승하게 하여서는 안 된다.

⑦ 기계의 운전을 시작함에 있어서 근로자에게 위험을 미칠 우려가 있을 때에는 근로자 배치 및 교육, 작업 방법, 방호 장치 등 필요한 사항을 미리 확인한 후 위험 방지를 위하여 필요한 조치를 하여야 한다.

⑧ 유압, 체인 또는 로프 등에 의하여 지지되어 있는 기계·기구의 덤프, 램, 리프트, 포크 및 암 등이 갑자기 작동함으로써 근로자에게 위험을 미칠 우려가 있는 장소에는 방책을 설치하는 등 근로자가 출입하지 아니하도록 하여야 한다.

⑨ 가공물 등이 절단되거나 절삭편이 날아오는 등으로 근로자에게 위험을 미칠 우려가 있을 때에는 덮개 또는 울 등을 설치하여야 한다.

⑩ 종이, 천, 비닐 및 와이어 로프 등의 감김통 등에 의하여 근로자에게 위험을 미칠 우려가 있는 부위에는 덮개 또는 울 등을 설치하여야 한다.

⑪ 다음에 해당하는 작업 시에는 작업 조건에 적합한 보호구를 지급하고 이를 착용하여야 한다.

  ㉠ 물체가 떨어지거나 날아올 위험 또는 근로자가 감전되거나 추락할 위험이 있는 작업 : 안전모

  ㉡ 높이 또는 깊이 2m 이상의 추락할 위험이 있는 장소에서의 작업 : 안전대

  ㉢ 물체의 낙하·충격, 물체에의 끼임, 감전 또는 정전기의 대전(帶電)에 의한 위험이 있는 작업 : 안전화

  ㉣ 물체가 흩날릴 위험이 있는 작업 : 보안경

  ㉤ 용접 시 불꽃 또는 물체가 흩날릴 위험이 있는 작업 : 보안면

  ㉥ 감전의 위험이 있는 작업 : 절연용 보호구

  ㉦ 고열에 의한 화상 등의 위험이 있는 작업 : 방열복

  ㉧ 선창 등에서 분진이 심하게 발생하는 하역 작업 : 방진 마스크

  ㉨ 섭씨 영하 18도 이하인 급냉동어창에서 하는 하역 작업 : 방한모, 방한복, 방한화, 방한장갑

  ㉩ 물건을 운반하거나 배달하기 위하여 이륜자동차를 운행하는 작업 : 승차용 안전모

⑫ 작업장에 출입구(비상구를 제외한다.)를 설치하는 때에는 다음의 사항을 준수하여야 한다.

  ㉠ 출입구의 위치·수 및 크기가 작업장의 용도와 특성에 맞도록 할 것

  ㉡ 출입구에 문을 설치하는 경우에는 근로자가 쉽게 열고 닫을 수 있도록 할 것

  ㉢ 주된 목적이 하역 운반 기계용인 출입구에는 인접하여 보행자용 출입구를 따로 설치할 것

㉣ 하역 운반 기계의 통로와 인접하여 있는 출입구에서 접촉에 의하여 근로자에게 위험을 미칠 우려가 있는 때에는 비상등, 비상벨 등 경보 장치를 할 것

㉤ 계단이 출입구와 바로 연결된 경우에는 작업자의 안전한 통행을 위하여 그 사이에 1.2m 이상 거리를 두거나 안내 표지 또는 비상벨 등을 설치할 것. 다만, 출입구에 문을 설치하지 아니한 경우에는 그러하지 아니하다.

㉥ 사업주는 근로자에게 작업 중 또는 통행 시 굴러떨어짐으로 인하여 근로자가 화상 · 질식 등의 위험에 처할 우려가 있는 케틀(kettle, 가열 용기), 호퍼(hopper, 깔때기 모양의 출입구가 있는 큰 통), 피트(pit, 구덩이) 등이 있는 경우에 그 위험을 방지하기 위하여 필요한 장소에 높이 90센티미터 이상의 울타리를 설치하여야 한다.

㉦ 위험물질을 제조 · 취급하는 작업장과 그 작업장이 있는 건축물에 출입구 외에 안전한 장소로 대피할 수 있는 비상구 1개 이상을 다음의 기준을 모두 충족하는 구조로 설치해야 한다. 다만, 작업장 바닥면의 가로 및 세로가 각 3미터 미만인 경우에는 그렇지 않다.

1. 출입구와 같은 방향에 있지 아니하고, 출입구로부터 3미터 이상 떨어져 있을 것
2. 작업장의 각 부분으로부터 하나의 비상구 또는 출입구까지의 수평거리가 50미터 이하가 되도록 할 것
3. 비상구의 너비는 0.75미터 이상으로 하고, 높이는 1.5미터 이상으로 할 것
4. 비상구의 문은 피난 방향으로 열리도록 하고, 실내에서 항상 열 수 있는 구조로 할 것

참고 위험 기계 · 기구의 방호 장치명

위험 기계 · 기구 방호 장치명
1. 예초기에는 날 접촉 예방 장치
2. 원심기에는 회전체 접촉 예방 장치
3. 공기 압축기에는 압력 방출 장치
4. 금속 절단기에는 날 접촉 예방 장치
5. 지게차에는 헤드 가드, 백레스트, 전조등, 후미등, 안전벨트
6. 포장 기계에는 구동부 방호 연동 장치

참고 위험 기계 · 기구 방호 장치명(법 개정 전)
① 프레스 및 전단기 : 방호 장치
② 아세틸렌 용접 장치 또는 가스 집합 용접 장치 : 안전기
③ 교류 아크 용접기 : 자동 전격 방지 장치
④ 크레인, 승강기, 곤돌라, 리프트 : 과부하 방지 장치 및 고용노동부 장관이 고시하는 방호 장치
⑤ 보일러 : 압력 방출 장치 및 압력 제한 스위치
⑥ 롤러기 : 급정지 장치

⑦ 추락 및 붕괴 등의 위험 방지 및 보호에 필요한 가설 기자재의 경우에는 고용노동부 장관이 정하는 규격에 적합한 제품
⑧ 연삭기 : 덮개
⑨ 목재 가공용 둥근톱 기계 : 반발 예방 장치 및 날 접촉 예방 장치
⑩ 동력식 수동 대패기 : 칼날 접촉 예방 장치
⑪ 복합 동작을 할 수 있는 산업용 로봇 : 안전 매트, 방호 울
⑫ 방폭용 전기 기계·기구 : 방폭 구조 전기 기계·기구
⑬ 정전 및 활선 작업에 필요한 절연용 기구 : 절연용 방호구 및 활선 작업용 기구
⑭ 압력 용기 : 압력 방출 장치

⑬ 방호 장치를 설치해야 할 기계·기구 중 동력에 의해 작동되는 기계·기구에는 다음의 방호 조치를 하여야 한다.
　㉠ 작동 부분의 돌기 부분은 묻힘형으로 하거나 덮개를 부착할 것
　㉡ 동력 전달 부분 및 속도 조절 부분에는 덮개를 부착하거나 방호망을 설치할 것
　㉢ 회전 기계의 물림점(롤러, 기어 등)에는 덮개 또는 울을 설치할 것

(3) 방호 덮개의 구비 조건

① 생산에 방해를 주지 않을 것
② 확실한 방호 성능을 보유할 것
③ 주유, 검사, 수리 등에 지장을 주지 않을 것
④ 작업 행동 및 기계의 특성에 알맞을 것
⑤ 운전중 기계의 위험 부위에 접촉 방지
⑥ 통상적인 마모, 충격 등에 견딜 것

(4) 방호 장치의 종류

① 인터로크 장치(interlock system) : 일종의 연동 기구로서 목적 달성을 위하여 한 동작 또는 수 개의 동작을 하기도 하며, 동작 완료 시에는 자동적으로 안전 상태를 확보하는 장치이다.
② 리밋 스위치(limit switch) : 과도하게 한계를 벗어나 계속적으로 감아 올리거나 하는 일이 없도록 제한하는 장치로서 권과 방지 장치, 과부하 방지 장치, 과전류 차단 장치, 압력 제한 장치 등이다.
③ 급정지 장치 : 작업 중 작업의 위치에서 근로자가 동력 전달을 차단하는 장치이다.

(5) 방호 장치에 대한 근로자의 준수 사항

① 방호 장치를 해체하고자 하는 경우 : 사업주의 허가를 받아 해체할 것
② 방호 장치를 해체한 후 그 사유가 소멸된 경우 : 지체없이 원상 회복시킬 것
③ 방호 장치의 기능이 상실된 것을 발견한 경우 : 지체없이 사업주에게 신고할 것

(6) 작업 도구 등의 목적 외 사용 금지 등

① 기계 · 기구 · 설비 및 수공구 등을 제조 당시의 목적 외의 용도로 사용하도록 해서는 아니 된다.

② 레버풀러(lever puller) 또는 체인블록(chain block)을 사용하는 경우 다음의 사항을 준수하여야 한다.

㉠ 정격하중을 초과하여 사용하지 말 것

㉡ 레버풀러 작업 중 훅이 빠져 튕길 우려가 있을 경우에는 훅을 대상물에 직접 걸지 말고 피벗클램프(pivot clamp)나 러그(lug)를 연결하여 사용할 것

㉢ 레버풀러의 레버에 파이프 등을 끼워서 사용하지 말 것

㉣ 체인블록의 상부 훅(top hook)은 인양 하중에 충분히 견디는 강도를 갖고, 정확히 지탱될 수 있는 곳에 걸어서 사용할 것

㉤ 훅의 입구(hook mouth) 간격이 제조자가 제공하는 제품 사양서 기준으로 10% 이상 벌어진 것은 폐기할 것

㉥ 체인블록은 체인의 꼬임과 헝클어지지 않도록 할 것

㉦ 체인과 훅은 변형, 파손, 부식, 마모(磨耗)되거나 균열된 것을 사용하지 않도록 조치할 것

1.3 구조적 안전

(1) 안전율이란

안전율은 재료 자체의 필연성 중에 잠재한 우연성을 감안하여 산정한 것이다.

(2) 강도와 안전율

① 안전 계수 $= \dfrac{\text{극한 강도}}{\text{허용 응력}} = \dfrac{\text{파단 강도}}{\text{정격 하중}}$

② W/P의 안전율$(S) = \dfrac{n \cdot p}{Q}$

여기서, Q : 달기 하중

n : 로프의 가닥 수

p : 로프의 판단력

③ 안전 여유 = 극한 강도 − 허용 응력(정격 하중)

Chapter 02

각종 기계의 안전

2.1 연삭기

(1) 연삭기에 의한 재해의 유형

① 연삭 숫돌에 접촉
② 숫돌 파괴에 의한 파편 비산
③ 연삭분이 튀어 눈에 들어 가는 사고

(2) 연삭기의 방호 장치

1) 대상 숫돌 직경이 5cm 이상인 것

2) 방호 장치의 종류
덮개(법정 방호 장치)

3) 방호 장치의 성능
숫돌 파괴 시의 충격에 견딜 수 있는 충분한 강도를 가진 것

4) 덮개 재료
압연 강판(인장 강도 28kg/mm^2 이상, 신장도 14% 이상)

5) 연삭 숫돌에 덮개를 하지 아니하는 노출 각도
① 탁상용 연삭기의 노출 각도는 90° 이내로 하되, 숫돌의 주축에서 수평면 위로 이루는 원주 각도는 65° 이상 되지 않도록 하여야 한다. 다만, 수평면 이하의 부분에서 연삭 하여야 할 경우에는 노출 각도를 125°까지 증가시킬 수 있다(그림 (a), (b)).
② 연삭 숫돌의 상부 사용을 목적으로 하는 연삭기에는 60° 이내로 한다(그림 (c)).
③ 휴대용 연삭기는 180° 이내로 한다(그림 (d)).
④ 원통형 연삭기는 180° 이내로 하되 숫돌의 주축에서 수평면 위로 이루는 원주 각도는 65° 이상 되지 않도록 한다(그림 (e)).
⑤ 절단 및 평면 연삭기는 150° 이내로 한다(그림 (f)).

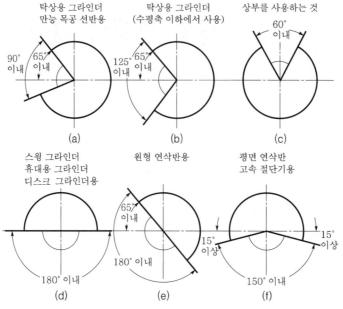

│그림 4-1│ 덮개의 표준 양식

6) 기타 안전 장치

① **조절편과 작업대** : 덮개와 숫돌차와의 간격을 10mm 이내로 하여야 하며, 작업대와 숫돌과의 간격은 3mm 이내로 하고, 작업대 높이는 숫돌 주축과 서로 같게 한다.

② **안전 실드(safety shield)** : 연삭 분진(dust)이 날아오는 것을 방지하기 위하여 투명한 실드(shield)를 설치한다. 이때 연동 장치로 하여 shield가 열려 있을 때에는 가동이 되지 않는 구조가 안전하다.

③ **연삭기의 구조적인 면에서의 안전 장치**
  ㉠ 덮개 설치
  ㉡ 칩 비산 방지 투명판 설치
  ㉢ 작업 받침대 설치
  ㉣ 연삭분의 비래를 방지하기 위한 국소 배기 장치 설치
  ㉤ 플랜지 크기는 숫돌 직경의 1/3 이상인 것을 사용할 것

(3) 연삭기 숫돌의 파괴 원인

① 숫돌의 회전 속도가 너무 빠를 때

$$V = \pi DN\,(\text{m/min}) = \frac{\pi DN}{1,000}\,(\text{m/min})$$

여기서, V : 회전 속도, D : 숫돌 지름, N : 회전수(rpm)

② 숫돌 자체에 균열이 있을 때

③ 숫돌의 측면을 사용하여 작업할 때

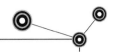

④ 숫돌에 과대한 충격을 가할 때
⑤ 플랜지가 현저히 작을 때

(4) 연삭기 작업 시 안전 대책

① 숫돌에 충격을 가하지 말 것
② 작업 시작 전 1분 이상, 숫돌 대체 시 3분 이상 시운전
③ 연삭 숫돌 최고 사용 원주 속도를 초과하여 사용 금지
④ 측면을 사용하는 것을 목적으로 제작된 연삭기 이외에는 측면 사용 금지
⑤ 작업 시에는 숫돌의 원주면을 이용하고, 작업자는 숫돌의 측면에서 작업할 것

2.2. 목재 가공용 둥근톱 기계

(1) 목재 가공용 둥근톱 기계에 의한 재해 위험성

① 날의 접촉에 의한 사고
② 목재의 반발에 의한 사고
③ 칩 비산에 의한 눈의 상해

(2) 목재 가공용 둥근톱 기계의 방호 장치

① 날 접촉 예방 장치(덮개)
② 반발 예방 장치
　㉠ 분할날
　㉡ 반발 방지 기구(finger)
　㉢ 반발 방지 롤러

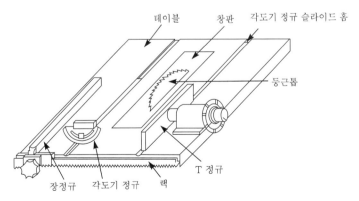

|그림 4-2| 테이블과 정규의 예시도

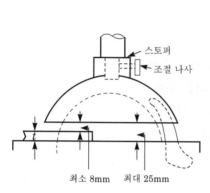

┃그림 4-3┃ 날 접촉 예방 장치

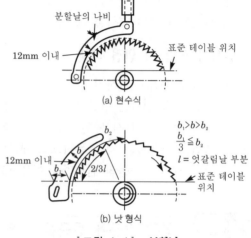

┃그림 4-4┃ 분할날

(3) 방호 장치 설치 방법

① 날 접촉 예방 장치는 분할날과 대면하고 있는 부분과 가공재를 절단하는 부분 이외의 톱날을 덮을 수 있는 구조여야 한다.

② 반발 방지 기구는 목재의 송급쪽에 설치하되 목재의 반발을 충분히 방지할 수 있는 구조여야 한다.

③ 분할날은 톱 원주 높이의 2/3 이상을 덮을 수 있고, 톱 두께의 1.1배 이상이어야 하며, 톱 후면 날과 12mm 이상의 거리에 설치하여야 한다.

(4) 기타 목공용 기계에 의한 위험 방지(방호 장치명)

① 띠톱 기계 : 덮개 또는 울

② 동력식 수동 대패기 : 날 접촉 예방 장치

③ 기계 공작용 둥근톱 기계 : 톱날 접촉 예방 장치, 반발 예방 장치

④ 원형톱 기계 : 톱날 접촉 예방 장치

⑤ 모떼기 기계 : 날 접촉 예방 장치

프레스 및 전단기의 안전

(1) 동력 프레스기에 대한 안전 대책

1) 방호 장치의 형식

① No-hand in die 방식

  ㉠ 안전 울 부착 프레스

  ㉡ 안전 금형 부착 프레스

  ㉢ 전용 프레스 도입

  ㉣ 자동 프레스 도입

② hand in die 방식

  ㉠ 프레스기의 종류, 압력 능력, 매분 행정 수, 행정 길이 및 작업 방법에 따른 방호 장치

    • 가드식 방호 장치

    • 손쳐내기식 방호 장치

    • 수인식 방호 장치

  ㉡ 프레스기의 정지 성능에 상응하는 방호 장치

    • 양수 조작식 방호 장치

    • 감응식 방호 장치

2) 프레스기의 방호 장치

① 일행정 일정지식 프레스(크랭크 프레스)

  ㉠ 양수 조작식

  ㉡ 게이트 가드식

② 행정 길이 40mm 이상

  ㉠ 손쳐내기식

  ㉡ 수인식

③ 슬라이드 작동 중 정지 가능한 구조(마찰식 프레스)

  감응식(광전자식)

(2) 방호 장치의 설치 방법

1) 양수 조작식 방호 장치

① 누름 버튼 등은 양손으로 조작하지 않으면 슬라이드를 작동시킬 수 없는 구조의 것일 것

② 조작부의 간격은 300mm 이상으로 할 것

③ 조작부의 설치 거리는 스위치 작동 직후 손이 위험점까지 들어가지 못하도록 다음에 정하는 거리 이상에 설치할 것

설치 거리(cm) = 160×프레스기 작동 후 작업점까지 도달 시간(초)

④ 양손의 동시 누름 시간차를 0.5초 이내에서만 가동할 것

⑤ 1행정마다 누름 버튼 등에서 양손을 떼지 않으면 재가동 조작할 수 없는 구조의 것일 것

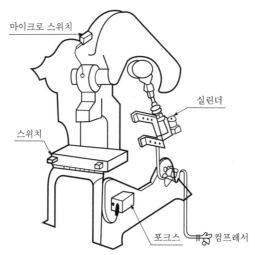

마이크로 스위치

실린더

스위치

포크스 컴프레서

| 그림 4-5 | 양수 조작식 방호 장치

2) 게이트 가드식(gate guard system) 방호 장치의 설치 요령

① 게이트 가드식 방호 장치는 약간 움직일 경우를 제외하고는 가드를 닫지 않으면 슬라이드를 작동시킬 수 없는 구조의 것이어야 한다.

② 게이트 가드는 약간 작동되는 경우를 제외하고 슬라이드 작동 중에 열 수 없는 구조의 것이어야 한다.

③ 가드식 방호 장치는 임의로 변경 또는 조정할 수 없는 구조여야 하며 방호 장치를 제거하여 프레스 등을 열 수 없도록 인터로크 기구를 가져야 한다.

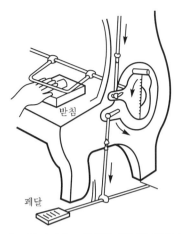

|그림 4-6| 게이트 가드식 방호 장치

3) 손쳐내기식(sweep guard system) 방호 장치의 설치 요령

① 손쳐내기 판은 금형 크기의 1/2 이상 또는 높이가 행정 길이 이상의 것이어야 한다.

② 손쳐내기식 방호 장치의 손쳐내기 봉의 진폭은 금형의 폭 이상이어야 한다.

③ 손쳐내기식 방호 장치의 손쳐내기 봉 및 방호판은 손등에 접촉하는 것에 의한 충격을 완화하기 위한 조치가 강구되어야 한다.

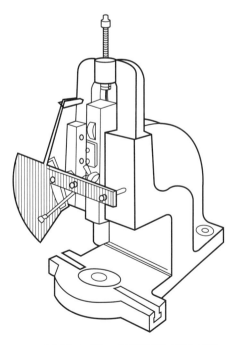

|그림 4-7| 손쳐내기식 방호 장치

4) 수인식(pull out system) 방호 장치의 설치 요령

① 수인용 줄은 사용중 늘어나거나 끊어지지 않는 튼튼한 줄을 사용할 것

   ⊙ 재료는 합성 섬유일 것

   ⓒ 직경은 4mm 이상일 것

   ⓒ 전단 하중은 조절부를 설치한 상태에서 150kg 이상일 것

② 사용자에 따라 수인용 줄은 조정이 가능할 것

③ 매 분당 행정 수(stroke per minite)는 120 이하, 행정 길이(stroke)는 40mm 이상의 프레스기에 설치할 것

│그림 4-8│ 수인식 방호 장치

5) 감응식(광선식 또는 광전자식) 방호 장치의 설치 요령

① 광축은 2개 이상 설치할 것

② 광축과의 간격은 30mm 이하로 할 것

③ 위험 구역을 충분히 감지할 수 있는 구조일 것

④ 투광기에서 발생하는 빛 이외의 광선에 감응하지 않을 것

⑤ 광축과 위험점과의 설치 거리는 다음에 정하는 안전 거리를 확보할 것

$$D(\text{mm}) = 1.6(T_l + T_s)$$

    여기서, D : 안전 거리(mm)

            T_l : 손이 광선 차단 후 급정지 기구 작동 시까지의 시간(m/s)

            T_s : 급정지 기구 작동 직후로부터 슬라이드가 정지할 때까지의 시간(m/s)

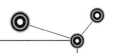

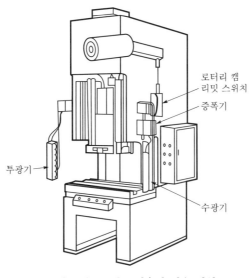

로터리 캠
리밋 스위치

증폭기

투광기

수광기

|그림 4-9| 감응식 방호 장치

(3) 프레스기의 안전 대책

① 본질적 안전화 도모
② 방호 장치 설치
③ 금형의 안전화 도모
④ 가공재 취출 시 수공구 사용
⑤ 자체 검사 및 작업 시작 전 점검 실시
⑥ 특별 안전 교육 실시
⑦ 관리 감독자를 배치하고 전환 스위치는 관리 감독자가 보관

(4) 프레스기 및 전단기의 법정 안전 기준

① 안전 장치 설치 등 위험 방지 조치
② 안전 블록 설치 등 슬라이드 불시 하강 방지 조치
③ 자체 검사 실시
④ 작업 시작 전 점검 실시
⑤ 금형의 교환, 해체, 조정 작업 시 특별 안전 교육 실시

(5) 관리 감독자의 직무

1) 관리 감독자의 직무 사항
① 프레스 등 및 그 방호 장치를 점검하는 일
② 프레스 등 및 그 방호 장치에 이상이 발견된 때 즉시 필요한 조치를 하는 일
③ 프레스 등 및 그 방호 장치에 전환 스위치를 설치한 때 해당 전환 스위치의 열쇠를 관리하는 일
④ 금형의 교환, 해체 또는 조정 작업을 직접 지휘하는 일

2) 시작 전 점검 사항
① 클러치 및 브레이크의 기능
② 크랭크축, 플라이휠, 슬라이드, 연결 봉 및 연결 나사의 볼트 풀림 유무
③ 1행정 1정지 기구, 급정지 장치 및 비상 정지 장치의 기능
④ 슬라이드 또는 칼날에 의한 위험 방지 기구의 기능
⑤ 프레스의 금형 및 고정 볼트 상태
⑥ 방호 장치의 기능
⑦ 전단기의 칼날 및 테이블의 상태

3) 프레스 방호 장치가 갖추어야 할 기능
① 슬라이드 또는 공구의 작동중에 신체의 일부가 위험 한계에 들어갈 위험이 발생하지 않을 것
② 슬라이드 등을 작동시키기 위한 누름 버튼 또는 조작 레버에서 떨어진 손이 위험 한계에 달하기까지의 사이에 슬라이드 등의 작동중에 누름 버튼 등에서 떨어진 손이 위험 한계에 달하지 않을 것
③ 슬라이드 등의 작동중에 신체의 일부가 위험 한계에 접근할 때에 슬라이드 등의 작동을 정지할 수 있을 것
④ 위험 한계에 있는 신체의 일부를 슬라이드 등의 작동에 따라서 위험 한계에서 배제할 수 있을 것

(6) 기타 참고 사항

① 페달에 U사형 덮개를 씌우는 이유 : 안전 조업
② 슬라이드 불시 하강 방지 조치 : 안전 블록 설치
③ 제품을 꺼낼 때 chip 제거 방법 : pick out 사용, 압축 공기 사용
④ 프레스 자체 검사 방법 : 육안 검사, 표면 온도계 검사, 소음 측정기 검사
⑤ 100ton 이하의 프레스에서 재해 다발 원인 : 클러치
⑥ 프레스 펀치부와 다이의 운동 : 직선 운동
⑦ 사출 성형기, 주형 조형기, 항타기 등의 방호 장치 : 양수 조작식, 게이트 가드식

(7) 금형의 보기 쉬운 곳에 표시할 사항

① 압력 능력
② 길이
③ 총 중량
④ 상형 중량

 프레스기와 절단기의 방호 장치 표시 사항

1. 프레스기의 방호 장치 표시 사항
   ① 제조 번호
   ② 제조자명
   ③ 제조 연월
   ④ 사용할 수 있는 프레스 압력 능력, 행정 길이
2. 절단기의 방호 장치 표시 사항
   ① 제조 번호
   ② 제조자명
   ③ 제조 연월
   ④ 사용할 수 있는 절단 두께
   ⑤ 사용할 수 있는 절삭 공구 길이

롤러기

(1) 방호 장치명

급정지 장치

(2) 방호 장치의 종류

① 손조작 로프식 : 바닥에서부터 1.8m 이내
② 복부 조작식 : 바닥에서부터 0.8~1.1m 이내
③ 무릎 조작식 : 바닥에서부터 0.4~0.6m 이내

(3) 방호 장치의 성능 기준

┃표 4-1┃ 성능 기준

앞면 롤의 표면 속도(m/min)	급정지 거리
30 미만	앞면 롤 원주의 1/3
30 이상	앞면 롤 원주의 1/2.5

(4) 방호 장치의 설치 요령

① 손조작 로프식은 바닥에서 1.8m 이내, 복부 조작식은 0.8~1.1m 이내, 무릎 조작식 은 0.4~0.6m 이내에 설치할 것
② 손조작 로프식은 롤러 전·후면에 각각 1개씩 설치하고 그 길이는 롤러 길이 이상일 것
③ 조작부에 사용하는 끈은 늘어나거나 끊어지지 아니 하는 것일 것(파단 강도 300kg 이상, 직경 4mm 이상)
④ 급정지 장치는 롤러의 기동 장치를 조작하지 않으면 가동하지 않는 구조일 것

Chapter 05

아세틸렌 용접 장치 및 가스 집합 용접 장치

5.1 아세틸렌 용접 장치

(1) 아세틸렌가스의 생성

$$CaC_2 + 2H_2O \;\;\rightarrow\;\; C_2H_2 + Ca(OH)_2$$

(2) 아세틸렌가스의 성질

① 공기보다 가볍다.
② 고압에서 산소없이 폭발한다.
③ 폭발 범위는 2.5~81.0Vol%이다.
④ 구리 및 그 합금에 접촉 시 폭발한다.
⑤ 무색의 기체로서 순수한 것은 향기가 있다.

(3) 발생기실 설치 장소

① 아세틸렌 용접 장치의 아세틸렌 발생기실을 설치할 때에는 전용의 발생기실 내에 설치하여야 한다.
② 발생기실은 건물의 최상층에 위치하여야 하며, 화기를 사용하는 설비로부터 상당한 거리를 둔 장소에 설치하여야 한다.
③ 발생기실을 옥외에 설치할 때에는 그 개구부를 다른 건축물로부터 1.5m 이상 떨어지도록 한다.

(4) 발생기실의 구조

① 벽은 불연성의 재료로 하고 철근 콘크리트 또는 그 밖에 이와 같은 수준이거나 그 이상의 강도를 가진 구조로 할 것
② 지붕과 천장에는 얇은 철판이나 가벼운 불연성 재료를 사용할 것
③ 바닥 면적의 1/16 이상의 단면적을 가진 배기통을 옥상으로 돌출시키고 그 개구부를 창 또는 출입구로부터 1.5m 이상 떨어지도록 할 것
④ 출입구의 문은 불연성 재료로 하고 두께 1.5mm 이상의 철판이나 그 밖에 그 이상의 강도를 가진 구조로 할 것

⑤ 벽과 발생기 사이에는 발생기의 조정 또는 카바이드 공급 등의 작업을 방해하지 아니
하도록 간격을 확보할 것

(5) 아세틸렌 용접 장치의 관리

① 발생기의 종류, 형식, 제작 업체명, 매시 평균 가스 발생량 및 1회의 카바이드 공급량
을 발생기실 내의 보기 쉬운 장소에 게시할 것
② 발생기실에는 관계 근로자 외의 자가 출입하는 것을 금지시킬 것
③ 발생기에서 5m 이내 또는 발생기실에서 3m 이내의 장소에서는 흡연, 화기의 사용
또는 불꽃이 발생할 위험한 행위를 금지시킬 것
④ 도관에는 산소용과 아세틸렌용과의 혼돈을 방지하기 위한 조치를 할 것
⑤ 아세틸렌 용접 장치의 설치 장소에는 적당한 소화 설비를 갖출 것
⑥ 이동식의 아세틸렌 용접 장치의 발생기는 고온의 장소, 통풍이나 환기가 불충분한 장
소 또는 진동이 많은 장소 등에 설치하지 아니하도록 할 것

(6) 아세틸렌 용접 장치의 방호 장치

1) 아세틸렌 용접 장치 및 가스 집합 용접 장치의 성능 기준
① 주요 부분은 두께 2mm 이상의 강판 또는 강관 사용
② 도입부는 수봉 배기관을 갖춘 수봉식으로 하며 유효 수주는 25mm 이상 되도록 할 것
③ 물의 보충 및 교환이 용이하며 수위는 쉽게 점검할 수 있는 구조로 할 것

2) 안전기 설치 요령
① 아세틸렌 용접 장치에는 취관마다 1개 이상 설치
② 가스 집합 용접 장치는 취관에 1개 이상, 주관에 1개 이상 도합 2개 이상 설치할 것

:::: 5.2. 가스 집합 용접 장치

(1) 가스 장치실의 구조 등

① 가스가 누출된 때에는 해당 가스가 성제되지 아니하도록 할 것
② 지붕 및 천장에는 가벼운 불연성의 재료를 사용할 것
③ 벽에는 불연성의 재료를 사용할 것

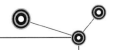

(2) 가스 집합 용접 장치의 배관

① 플랜지·밸브·콕 등의 접합부에는 개스킷을 사용하고 집합면을 상호 밀착시키는 등의 조치를 취할 것

② 주관 및 분기관에는 안전기를 설치할 것(이 경우 하나의 취관에 대하여 2개 이상의 안전기를 설치하여야 한다.)

③ 용해 아세틸렌의 가스 집합 용접 장치의 배관 및 부속 기구는 동 또는 동을 70% 이상 함유한 합금을 사용하여는 아니된다.

④ 가스 집합 용접 장치를 사용하여 금속의 용접·용단(溶斷) 및 가열 작업을 하는 때에는 다음의 사항을 준수하여야 한다.

　㉠ 사용하는 가스의 명칭 및 최대 가스 저장량을 가스 장치실의 보기 쉬운 장소에 게시할 것

　㉡ 가스 용기를 교환하는 때에는 관리 감독자의 참여하에 할 것

　㉢ 밸브·콕 등의 조작 및 점검 요령을 가스 장치실의 보기 쉬운 장소에 게시할 것

　㉣ 가스 장치실에는 관계 근로자 외의 자의 출입을 금지시킬 것

　㉤ 가스 집합 장치로부터 5m 이내의 장소에서는 흡연, 화기의 사용 또는 불꽃을 발생시킬 우려가 있는 행위를 금지시킬 것

　㉥ 도관에는 산소용과의 혼동을 방지하기 위한 조치를 할 것

　㉦ 가스 집합 장치의 설치 장소에는 적당한 소화 설비를 설치할 것

　㉧ 이동식 가스 집합 용접 장치의 가스 집합 장치는 고온의 장소, 통풍이나 환기가 불충분한 장소 또는 진동이 많은 장소에 설치하지 아니하도록 할 것

　㉨ 해당 작업을 행하는 근로자에게 보안경 및 안전 장갑을 착용시킬 것

Chapter 06 운반 기기 및 양중기 안전

6.1 지게차

(1) 지게차에 의한 사고의 유형

① 지게차에 접촉
② 지게차의 전도 전락
③ 화물의 낙하

(2) 작업 시작 전 점검 사항

① 제동 장치 및 조종 장치 기능의 이상 유무
② 하역 장치 및 유압 장치 기능의 이상 유무
③ 바퀴의 이상 유무
④ 전조등, 후미등, 방향 지시기 및 경보 장치 기능의 이상 유무

(3) 지게차를 이용한 작업 시 안전 대책

① 차량의 안정도 유지
② 운전중 급브레이크를 피한다.
③ 통로의 경사도 고려
④ 마스트 뒷면에 낙하 방지 가드 설치
⑤ 운전자 머리 위에 head guard 설치

(4) 헤드 가드

① 강도는 지게차의 최대 하중의 2배의 값(그 값이 4톤을 넘는 것에 대하여서는 4톤으로 한다.)의 등분포 정하중에 견딜 수 있는 것일 것
② 상부틀의 각 개구의 폭 또는 길이가 16cm 미만일 것
③ 운전자가 앉아서 조작하는 지게차의 헤드 가드는 한국산업표준에서 정하는 높이 이상일 것
④ 지게차에 의한 하역 운반 작업에 사용하는 팔레트(pallet) 또는 스키드(skid)는 다음에 해당하는 것을 사용하여야 한다.

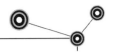

      ㉠ 적재하는 화물의 중량에 따른 충분한 강도를 가질 것

      ㉡ 심한 손상·변형 또는 부식이 없을 것

(5) 전조등의 설치

  ① 사업주는 전조등과 후미등을 갖추지 아니한 지게차를 사용해서는 아니된다. 다만, 작업을 안전하게 수행하기 위하여 필요한 조명이 확보되어 있는 장소에서 사용하는 경우에는 그러하지 아니하다.

  ② 사업주는 지게차 작업 중 근로자와 충돌할 위험이 있는 경우에는 지게차에 후진경보기와 경광등을 설치하거나 후방감지기를 설치하는 등 후방을 확인할 수 있는 조치를 해야 한다.

6.2 구내 운반차

(1) 구내 운반차 사용 시 준수 사항

  ① 주행을 제동하거나 정지 상태를 유지하기 위하여 유효한 제동장치를 갖출 것

  ② 경음기를 갖출 것

  ③ 운전자석이 차 실내에 있는 것은 좌우에 한 개씩 방향지시기를 갖출 것

  ④ 전조등과 후미등을 갖출 것. 다만, 작업을 안전하게 하기 위하여 필요한 조명이 유지되어 있는 장소에서 사용하는 구내 운반차에 대하여는 그러하지 아니하다.

6.3 고소 작업대

(1) 고소 작업대 설치 시 함께 설치해야 하는 장치

  ① 작업대를 와이어 로프 또는 체인으로 올리거나 내릴 경우에는 와이어 로프 또는 체인이 끊어져 작업대가 떨어지지 아니하는 구조여야 하며, 와이어 로프 또는 체인의 안전율은 5 이상일 것

  ② 작업대를 유압에 의해 올리거나 내릴 경우에는 작업대를 일정한 위치에 유지할 수 있는 장치를 갖추고 압력의 이상 저하를 방지할 수 있는 구조일 것

  ③ 권과 방지 장치를 갖추거나 압력의 이상 상승을 방지할 수 있는 구조일 것

④ 붐의 최대 지면 경사각을 초과 운전하여 전도되지 않도록 할 것

⑤ 작업대에 정격 하중(안전율 5 이상)을 표시할 것

⑥ 작업대에 끼임 · 충돌 등 재해를 예방하기 위한 가드 또는 과상승 방지 장치를 설치할 것

⑦ 조작반의 스위치는 눈으로 확인할 수 있도록 명칭 및 방향 표시를 유지할 것

(2) 고소 작업대 설치 시 준수 사항

① 바닥과 고소 작업대는 가능하면 수평을 유지하도록 할 것

② 갑작스러운 이동을 방지하기 위하여 아웃트리거 또는 브레이크 등을 확실히 사용할 것

(3) 고소 작업대 이동 시 준수 사항

① 작업대를 가장 낮게 내릴 것

② 작업대를 올린 상태에서 작업자를 태우고 이동하지 말 것. 다만, 이동 중 전도 등의 위험 예방을 위하여 유도하는 사람을 배치하고 짧은 구간을 이동하는 경우에는 그러하지 아니하다.

③ 이동 통로의 요철 상태 또는 장애물의 유무 등을 확인할 것

(4) 고소 작업대 사용 시 준수 사항

① 작업자가 안전모 · 안전대 등의 보호구를 착용하도록 할 것

② 관계자가 아닌 사람이 작업 구역에 들어오는 것을 방지하기 위하여 필요한 조치를 할 것

③ 안전한 작업을 위하여 적정 수준의 조도를 유지할 것

④ 전로(電路)에 근접하여 작업을 하는 경우에는 작업 감시자를 배치하는 등 감전 사고를 방지하기 위하여 필요한 조치를 할 것

⑤ 작업대를 정기적으로 점검하고 붐 · 작업대 등 각 부위의 이상 유무를 확인할 것

⑥ 전환 스위치는 다른 물체를 이용하여 고정하지 말 것

⑦ 작업대는 정격 하중을 초과하여 물건을 싣거나 탑승하지 말 것

⑧ 작업대의 붐대를 상승시킨 상태에서 탑승자는 작업대를 벗어나지 말 것. 다만, 작업대에 안전대 부착 설비를 설치하고 안전대를 연결하였을 때에는 그러하지 아니하다.

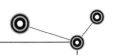

6.4. 컨베이어

(1) 법상 컨베이어 안전 기준

① 비상 정지 장치 부착
② 이탈 등 방지 장치 부착
③ 낙하물에 의한 위험 방지
④ 탑승 제한
⑤ 통행 제한
⑥ 작업 시작 전 점검 실시

(2) 컨베이어 작업 시작 전 점검 사항

① 원동기 및 풀리 기능의 이상 유무
② 이탈 등의 방지 장치 기능의 이상 유무
③ 비상 정지 장치 기능의 이상 유무
④ 원동기, 회전축, 기어 및 풀리 등의 덮개 또는 울 등의 이상 유무

6.5. 크레인 등 양중기

(1) 크레인 등 양중기의 방호 장치

① 권과 방지 장치
② 과부하 방지 장치 및 과부하 경보 장치
③ 비상 정지 장치
④ 브레이크

6.6. 와이어 로프(wire rope)

(1) W/R의 사용 제한

1) 이음매가 있는 와이어 로프의 사용 금지

① 이음매가 있는 것
② 와이어 로프 한 꼬임에서 끊어진 소선의 수가 10% 이상 절단된 것

③ 지름의 감소가 공칭 지름의 7%를 초과하는 것
④ 꼬인 것
⑤ 심하게 변형 또는 부식된 것

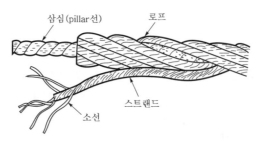

|그림 4-10| 와이어 로프의 구조

2) 와이어 로프의 안전 계수

① 근로자가 탑승하는 운반구를 지지하는 경우에는 10 이상
② 화물의 하중을 직접 지지하는 경우에는 5 이상
③ ①~②항 이외에는 4 이상

 안전 계수

와이어 로프 또는 달기 체인 절단 하중의 값을 그 와이어 로프 또는 달기 체인에 걸리는 하중의 최대값으로 나눈 값

(2) W/R에 걸리는 하중

① 로프 한 가닥에 걸리는 하중

$$하중 = \frac{화물 \ 무게(w_1)}{2} \div \cos\frac{\theta}{2}$$

② 총 하중

$$총 \ 하중(w) = 정하중(w_1) + 동하중(w_2), \quad 동하중(w_2) = \frac{w_1}{g} \times a$$

여기서, w : 총 하중

　　　　w_1 : 정하중

　　　　w_2 : 동하중

　　　　g : 중력 가속도(9.8m/s^2)

　　　　a : 가속도(m/s^2)

③ W/R를 이용하여 화물을 달아올릴 때의 하중 : 각도가 작을수록 적게 걸린다.

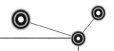

(3) 늘어난 달기 체인의 사용 금지

① 달기 체인의 길이 증가가 그 달기 체인이 제조된 때 길이의 5%를 초과한 것
② 링의 단면 지름 감소가 그 달기 체인이 제조된 때 지름의 10%를 초과한 것
③ 균열이 있거나 심하게 변형된 것

(4) 꼬임이 끊어진 섬유 로프 등의 사용 금지

① 꼬임이 끊어진 것
② 심하게 손상되거나 부식된 것

(5) 섬유 로프 등의 점검 등

섬유 로프 등을 화물 자동차의 짐걸이에 사용하는 때에는 해당 작업 시작 전에 다음의 조치를 하여야 한다.
① 작업 순서 및 작업 순서마다의 작업 방법을 결정하고 작업을 직접 지휘하는 일
② 기구 및 공구를 점검하고 불량품을 제거하는 일
③ 해당 작업을 행하는 장소에는 관계 근로자 외의 자의 출입을 금지시키는 일
④ 로프 풀기 작업 및 덮개를 벗기는 작업을 행하는 때에는 적재함의 화물에 낙하 위험이 없음을 확인한 후에 해당 작업의 착수를 지시하는 일

Chapter 07

관리 감독자의
유해·위험 방지 업무

7.1 관리 감독자의 유해·위험 방지 업무

(1) 프레스 등을 사용하는 작업

① 프레스 등 및 그 방호 장치를 점검하는 일

② 프레스 등 및 그 방호 장치에 이상이 발견되면 즉시 필요한 조치를 하는 일

③ 프레스 등 및 그 방호 장치에 전환 스위치를 설치했을 때 그 전환 스위치의 열쇠를 관리하는 일

④ 금형의 부착·해체 또는 조정 작업을 직접 지휘하는 일

(2) 목재 가공용 기계를 취급하는 작업

① 목재 가공용 기계를 취급하는 작업을 지휘하는 일

② 목재 가공용 기계 및 그 방호 장치를 점검하는 일

③ 목재 가공용 기계 및 그 방호 장치에 이상이 발견된 즉시 보고 및 필요한 조치를 하는 일

④ 작업중 지그 및 공구 등의 사용 상황을 감독하는 일

(3) 크레인을 사용하는 작업

① 작업 방법과 근로자의 배치를 결정하고 그 작업을 지휘하는 일

② 재료의 결함 유무 또는 기구 및 공구의 기능을 점검하고 불량품을 제거하는 일

③ 작업중 안전대 또는 안전모의 착용 상황을 감시하는 일

(4) 위험물을 제조하거나 취급하는 작업

① 그 작업을 지휘하는 일

② 위험물을 제조하거나 취급하는 설비 및 그 설비의 부속 설비가 있는 장소의 온도·습도·차광 및 환기 상태 등을 수시로 점검하고 이상을 발견하면 즉시 필요한 조치를 하는 일

③ '②'의 규정에 따라 행한 조치를 기록하고 보관하는 일

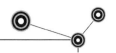

(5) 건조 설비를 사용하는 작업

① 건조 설비를 처음으로 사용하거나 건조 방법 또는 건조물의 종류를 변경한 때에는 근로자에게 미리 그 작업 방법을 교육하고 작업을 직접 지휘하는 일
② 건조 설비가 있는 장소를 항상 정리정돈하고 그 장소에 가연성 물질을 두지 않도록 하는 일

(6) 아세틸렌 용접 장치를 사용하는 금속의 용접·용단 또는 가열 작업

① 작업 방법을 결정하고 작업을 지휘하는 일
② 아세틸렌 용접 장치의 취급에 종사하는 근로자로 하여금 다음의 작업 요령을 준수하도록 하는 일
　㉠ 사용중인 발생기에 불꽃을 발생시킬 우려가 있는 공구를 사용하거나 그 발생기에 충격을 가하지 않도록 할 것
　㉡ 아세틸렌 용접 장치의 가스 누출을 점검할 때에는 비눗물을 사용하는 등 안전한 방법으로 할 것
　㉢ 발생기실의 출입구의 문을 열어 두지 않도록 할 것
　㉣ 이동식 아세틸렌 용접 장치의 발생기에 카바이드를 교환하는 때에는 옥외의 안전한 장소에서 할 것
③ 아세틸렌 용접 작업을 시작하는 때에는 아세틸렌 용접 장치를 점검하고 발생기 내부로부터 공기와 아세틸렌의 혼합 가스를 배제하는 일
④ 안전기는 작업중 그 수위를 쉽게 확인할 수 있는 장소에 놓고 1일 1회 이상 점검하는 일
⑤ 아세틸렌 용접 장치 내 물이 동결되는 것을 방지하기 위하여 보온하거나 가열하는 때에는 온수나 증기를 사용하는 등 안전한 방법에 의하도록 하는 일
⑥ 발생기의 사용을 중지하였을 때에는 물과 잔류 카바이드가 접촉하지 않은 상태로 유지하는 일
⑦ 발생기를 수리·가공·운반 또는 보관할 때에는 아세틸렌 및 카바이드에 접촉하지 아니한 상태로 유지하는 일
⑧ 작업에 종사하는 근로자의 보안경 및 안전 장갑의 착용 상황을 감시하는 일

(7) 가스 집합 용접 장치의 취급 작업

① 작업 방법을 결정하고 작업을 직접 지휘하는 일
② 가스 집합 장치의 취급에 종사하는 근로자로 하여금 다음의 작업 요령을 준수하도록 하는 일
　㉠ 부착할 가스 용기의 마개 및 배관 연결부에 붙어있는 유류·찌꺼기 등을 제거할 것
　㉡ 가스 용기를 교환할 때에는 그 용기의 마개 및 배관 연결부 부분의 가스 누출을 점검하고 배관 내의 가스가 공기와 혼합되지 않도록 할 것

　　　ⓒ 가스 누출 점검은 비눗물을 사용하는 등 안전한 방법으로 할 것

　　　ⓔ 밸브 또는 콕은 서서히 열고 닫을 것

　③ 가스 용기의 교환 작업을 감시하는 일

　④ 그 작업을 시작할 때에는 호스·취관·호스 밴드 등의 기구를 점검하고 손상·마모 등으로 인하여 가스 또는 산소가 누출될 우려가 있다고 인정하는 때에는 보수하거나 교환하는 일

　⑤ 안전기는 작업중 그 기능을 쉽게 확인할 수 있는 장소에 두고 1일 1회 이상 점검하는 일

　⑥ 작업에 종사하는 근로자의 보안경 및 안전 장갑의 착용 상황을 감시하는 일

(8) 거푸집 동바리의 고정·조립 또는 해체 작업, 지반 굴착 작업, 흙막이 지보공의 고정·조립 또는 해체 작업, 터널 굴착 작업, 건물 등의 해체 작업

　① 안전한 작업 방법을 결정하고 작업을 지휘하는 일

　② 재료·기구의 결함 유무를 점검하고 불량품을 제거하는 일

　③ 작업중 안전대 및 안전모 등 보호구 착용 상황을 감시하는 일

(9) 달비계 또는 높이 5m 이상의 비계를 조립·해체하거나 변경하는 작업(해체 작업의 경우 '①'의 규정 적용 제외)

　① 재료의 결함 유무를 점검하고 불량품을 제거하는 일

　② 기구·공구·안전대 및 안전모 등의 기능을 점검하고 불량품을 제거하는 일

　③ 작업 방법 및 근로자의 배치를 결정하고 작업 진행 상태를 감시하는 일

　④ 안전대 및 안전모 등의 착용 상황을 감시하는 일

(10) 발파 작업

　① 점화 전에 점화 작업에 종사하는 근로자가 아닌 사람에게 대피를 지시하는 일

　② 점화 작업에 종사하는 근로자에게 대피 장소 및 경로를 지시하는 일

　③ 점화 전에 위험 구역 내에서 근로자가 대피한 것을 확인하는 일

　④ 점화 순서 및 방법에 대하여 지시하는 일

　⑤ 점화 신호를 하는 일

　⑥ 점화 작업에 종사하는 근로자에게 대피 신호를 하는 일

　⑦ 발파 후 터지지 아니한 장약이나 남은 장약의 유무, 용수의 유무 및 암석·토사의 낙하 여부 등을 점검하는 일

　⑧ 점화하는 사람을 정하는 일

　⑨ 공기 압축기의 안전 밸브 작동 유무를 점검하는 일

　⑩ 안전모 등 보호구의 착용 상황을 감시하는 일

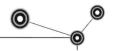

(11) 채석을 위한 굴착 작업

① 대피 방법을 미리 교육하는 일
② 작업을 시작하기 전 또는 폭우가 내린 후에는 암석·토사의 낙하·균열의 유무 또는 함수(含水)·용수 및 동결의 상태를 점검하는 일
③ 발파한 후에는 발파 장소 및 그 주변의 암석·토사의 낙하·균열의 유무를 점검하는 일

(12) 화물 취급 작업

① 작업 방법 및 순서를 결정하고 작업을 지휘하는 일
② 기구 및 공구를 점검하고 불량품을 제거하는 일
③ 그 작업 장소에는 관계 근로자가 아닌 사람의 출입을 금지하는 일
④ 로프 등의 해체 작업을 하는 때에는 하대(荷臺) 위의 화물의 낙하 위험 유무를 확인하고 작업의 착수를 지시하는 일

(13) 부두 및 선박에서의 하역 작업

① 작업 방법을 결정하고 작업을 지휘하는 일
② 통행 설비·하역 기계·보호구 및 기구·공구를 점검·정비하고 이들의 사용 상황을 감시하는 일
③ 주변 작업자간의 연락 조정을 행하는 일

(14) 전로 등 전기 작업 또는 그 지지물의 설치, 점검, 수리 및 도장 등의 작업

① 작업 구간 내의 충전 전로 등 모든 충전 시설을 점검하는 일
② 작업 방법 및 그 순서를 결정(근로자 교육 포함)하고 작업을 지휘하는 일
③ 작업 근로자의 보호구 또는 절연용 보호구 착용 상황을 감시하고 감전 재해 요소를 제거하는 일
④ 작업 공구, 절연용 방호구 등의 결함 여부와 기능을 점검하고 불량품을 제거하는 일
⑤ 작업 장소에 관계 근로자 외에는 출입을 금지하고 주변 작업자와의 연락을 조정하며 도로 작업 시 차량 및 통행인 등에 대한 교통 통제 등 작업 전반에 대해 지휘·감시하는 일
⑥ 활선 작업용 기구를 사용하여 작업할 때 안전 거리가 유지되는지 감시하는 일
⑦ 감전 재해를 비롯한 각종 산업 재해에 따른 신속한 응급처치를 할 수 있도록 근로자들을 교육하는 일

(15) 관리 대상 유해 물질을 취급하는 작업

① 관리 대상 유해 물질을 취급하는 근로자가 물질에 오염되지 않도록 작업 방법을 결정하고 작업을 지휘하는 업무

② 관리 대상 유해 물질을 취급하는 장소나 설비를 매월 1회 이상 순회 점검하고 국소 배기 장치 등 환기 설비에 대해서는 다음의 사항을 점검하여 필요한 조치를 하는 업무. 단, 환기 설비를 점검하는 경우에는 다음의 사항을 점검

  ㉠ 후드(hood)나 덕트(duct)의 마모 · 부식, 그 밖의 손상 여부 및 정도

  ㉡ 송풍기와 배풍기의 주유 및 청결 상태

  ㉢ 덕트 접속부가 헐거워졌는지 여부

  ㉣ 전동기와 배풍기를 연결하는 벨트의 작동 상태

  ㉤ 흡기 및 배기 능력 상태

③ 보호구의 착용 상황을 감시하는 업무

④ 근로자가 탱크 내부에서 관리 대상 유해 물질을 취급하는 경우에 다음의 조치를 했는지 확인하는 업무

  ㉠ 관리 대상 유해 물질에 관하여 필요한 지식을 가진 사람이 해당 작업을 지휘

  ㉡ 관리 대상 유해 물질이 들어올 우려가 없는 경우에는 작업을 하는 설비의 개구부를 모두 개방

  ㉢ 근로자의 신체가 관리 대상 유해 물질에 의하여 오염되었거나 작업이 끝난 경우에는 즉시 몸을 씻는 조치

  ㉣ 비상시에 작업 설비 내부의 근로자를 즉시 대피시키거나 구조하기 위한 기구와 그 밖의 설비를 갖추는 조치

  ㉤ 작업을 하는 설비의 내부에 대하여 작업 전에 관리 대상 유해 물질의 농도를 측정하거나 그 밖의 방법으로 근로자가 건강에 장해를 입을 우려가 있는지를 확인하는 조치

  ㉥ '㉤'에 따른 설비 내부에 관리 대상 유해 물질이 있는 경우에는 설비 내부를 충분히 환기하는 조치

  ㉦ 유기 화합물을 넣었던 탱크에 대하여 '㉠'부터 '㉥'까지의 조치 외에 다음의 조치

    ⓐ 유기 화합물이 탱크로부터 배출된 후 탱크 내부에 재유입되지 않도록 조치

    ⓑ 물이나 수증기 등으로 탱크 내부를 씻은 후 그 씻은 물이나 수증기 등을 탱크로부터 배출

    ⓒ 탱크 용적의 3배 이상의 공기를 채웠다가 내보내거나 탱크에 물을 가득 채웠다가 내보내거나 탱크에 물을 가득 채웠다가 배출

⑤ '②'에 따른 점검 및 조치 결과를 기록 · 관리하는 업무

(16) 허가 대상 유해 물질 취급 작업

① 근로자가 허가 대상 유해 물질을 들이마시거나 허가 대상 유해 물질에 오염되지 않도록 작업 수칙을 정하고 지휘하는 업무

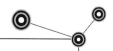

② 작업장에 설치되어 있는 국소 배기 장치나 그 밖에 근로자의 건강 장해 예방을 위한 장치 등을 매월 1회 이상 점검하는 업무

③ 근로자의 보호구 착용 상황을 점검하는 업무

(17) 석면 해체·제거 작업

① 근로자가 석면 분진을 들이마시거나 석면 분진에 오염되지 않도록 작업 방법을 정하고 지휘하는 업무

② 작업장에 설치되어 있는 석면 분진 포집 장치, 음압기 등의 장비의 이상 유무를 점검하고 필요한 조치를 하는 업무

③ 근로자의 보호구 착용 상황을 점검하는 업무

(18) 고압 작업

① 작업 방법을 결정하여 고압 작업자를 직접 지휘하는 업무

② 유해 가스의 농도를 측정하는 기구를 점검하는 업무

③ 고압 작업자가 작업실에 입실하거나 퇴실하는 경우에 고압 작업자의 수를 점검하는 업무

④ 작업실에서 공기 조절을 하기 위한 밸브나 콕을 조작하는 사람과 연락하여 작업실 내부의 압력을 적정한 상태로 유지하도록 하는 업무

⑤ 공기를 기압 조절실로 보내거나 기압 조절실에서 내보내기 위한 밸브나 콕을 조작하는 사람과 연락하여 고압 작업자에 대하여 가압이나 감압을 다음과 같이 따르도록 조치하는 업무

　㉠ 가압을 하는 경우 1분에 cm^2당 0.8kg 이하의 속도로 함.

　㉡ 감압을 하는 경우에는 고용노동부 장관이 정하여 고시하는 기준에 맞도록 함.

⑥ 작업실 및 기압 조절실 내 고압 작업자의 건강에 이상이 발생한 경우 필요한 조치를 하는 업무

(19) 밀폐 공간 작업

① 산소가 결핍된 공기나 유해 가스에 노출되지 않도록 작업 시작 전에 해당 근로자의 작업을 지휘하는 업무

② 작업을 하는 장소의 공기가 적절한지를 작업 시작 전에 측정하는 업무

③ 측정 장비·환기 장치 또는 송기 마스크 등을 작업 시작 전에 점검하는 업무

④ 근로자에게 송기 마스크 등의 착용을 지도하고 착용 상황을 점검하는 업무

7.2 작업 시작 전 점검 사항

(1) 프레스 등을 사용하여 작업을 하는 때

① 클러치 및 브레이크의 기능
② 크랭크축·플라이휠·슬라이드·연결 봉 및 연결 나사의 풀림 유무
③ 1행정 1정지 기구·급정지 장치 및 비상 정지 장치의 기능
④ 슬라이드 또는 칼날에 의한 위험 방지 기구의 기능
⑤ 프레스의 금형 및 고정 볼트 상태
⑥ 방호 장치의 기능
⑦ 전단기(煎斷機)의 칼날 및 테이블의 상태

(2) 로봇의 작동 범위 내에서 그 로봇에 관하여 교시등(로봇의 동력원을 차단하고 행하는 것을 제외한다.)의 작업을 하는 때

① 외부 전선의 피복 또는 외장의 손상 유무
② 매니퓰레이터(manipulator) 작동의 이상 유무
③ 제동 장치 및 비상 정지 장치의 기능

(3) 공기 압축기를 가동하는 때

① 공기 저장 압력 용기의 외관 상태
② 드레인 밸브의 조작 및 배수
③ 압력 방출 장치의 기능
④ 언로드 밸브의 기능
⑤ 윤활유 상태
⑥ 회전부의 덮개 또는 울
⑦ 그 밖의 연결 부위의 이상 유무

(4) 크레인을 사용하여 작업을 하는 때

① 권과 방지 장치·브레이크·클러치 및 운전 장치의 기능
② 주행로의 상측 및 트롤리가 횡행(橫行)하는 레일의 상태
③ 와이어 로프가 통하고 있는 곳의 상태

(5) 이동식 크레인을 사용하여 작업을 하는 때

① 권과 방지 장치나 그 밖의 경보 장치 기능
② 브레이크·클러치 및 조정 장치 기능
③ 와이어 로프가 통하고 있는 곳 및 작업 장소의 지반 상태

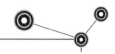

(6) 리프트(간이 리프트를 포함한다.)를 사용하여 작업을 하는 때

① 방호 장치·브레이크 및 클러치의 기능
② 와이어 로프가 통하고 있는 곳의 상태

(7) 곤돌라를 사용하여 작업을 하는 때

① 방호 장치·브레이크의 기능
② 와이어 로프·슬링 와이어 등의 상태

(8) 양중기의 와이어 로프·달기 체인·섬유 로프·섬유 벨트 또는 훅·섀클·링 등의 철구(이하 "와이어 로프 등"이라 한다.)를 사용하여 고리걸이 작업을 하는 때

와이어 로프 등의 이상 유무

(9) 지게차를 사용하여 작업을 하는 때

① 제동 장치 및 조종 장치 기능의 이상 유무
② 하역 장치 및 유압 장치 기능의 이상 유무
③ 바퀴의 이상 유무
④ 전조등·후미등·방향 지시기 및 경보 장치 기능의 이상 유무

(10) 구내 운반차를 사용하여 작업을 하는 때

① 제동 장치 및 조종 장치 기능의 이상 유무
② 하역 장치 및 유압 장치 기능의 이상 유무
③ 바퀴의 이상 유무
④ 전조등·후미등·방향 지시기 및 경음기 기능의 이상 유무
⑤ 충전 장치를 포함한 홀더 등의 결합 상태의 이상 유무

(11) 고소 작업대를 사용하여 작업을 하는 때

① 비상 정지 장치 및 비상 하강 방지 장치 기능의 이상 유무
② 과부하 방지 장치의 작동 유무(와이어 로프 또는 체인 구동 방식의 경우)
③ 아웃트리거 또는 바퀴의 이상 유무
④ 작업면의 기울기 또는 요철 유무
⑤ 활선 작업용 장치의 경우 홈, 균열, 파손 등 그 밖의 손상 유무

(12) 화물 자동차를 사용하여 작업을 행하게 하는 때

① 제동 장치 및 조종 장치의 기능
② 하역 장치 및 유압 장치의 기능
③ 바퀴의 이상 유무

(13) 컨베이어 등을 사용하여 작업을 하는 때

① 원동기 및 풀리 기능의 이상 유무

② 이탈 등의 방지 장치 기능의 이상 유무

③ 비상 정지 장치 기능의 이상 유무

④ 원동기 · 회전축 · 기어 및 풀리 등의 덮개 또는 울 등의 이상 유무

(14) 차량계 건설 기계를 사용하여 작업을 하는 때

브레이크 및 클러치 등의 기능

(15) 이동식 방폭 구조 전기 기계 · 기구를 사용하는 때

전선 및 접속부 상태

(16) 근로자가 반복하여 계속적으로 중량물을 취급하는 작업을 하는 때

① 중량물 취급의 올바른 자세 및 복장

② 위험물이 날아 흩어짐에 따른 보호구의 착용

③ 카바이드 · 생석회 등과 같이 온도 상승이나 습기에 의하여 위험성이 존재하는 중량 물의 취급 방법

④ 그 밖에 하역 운반 기계 등의 적절한 사용 방법

(17) 양화 장치를 사용하여 화물을 싣고 내리는 작업을 하는 때

① 양화 장치(揚貨裝置)의 작동 상태

② 양화 장치에 제한 하중을 초과하는 하중을 실었는지 여부

(18) 슬링 등을 사용하여 작업을 하는 때

① 훅이 붙어 있는 슬링 · 와이어 슬링 등의 매달린 상태

② 슬링 · 와이어 슬링 등의 상태(작업 시작 전 및 작업중 수시로 점검)

Chapter 08

위험 기계·기구의 방호 장치 기준

8.1. 총 칙

(1) 목 적

이 기준은 산업안전보건법(이하 "법"이라 한다.) 제33조 제1항 및 같은 법 시행 규칙 (이하 "규칙"이라 한다.) 제46조 제3항에 따라 유해·위험 기계·기구(이하 "위험 기계 ·기구"라 한다.)에 부착하여야 할 방호 장치 등의 종류 및 설치 기준 등을 정함으로써 위험 기계·기구에 의한 작업의 위험으로부터 근로자를 보호함을 목적으로 한다.

(2) 적용 범위

① 이 기준은 규칙 제46조 제1항 및 제2항에 따른 위험 기계·기구의 방호 조치에 대하 여 적용한다.

② 제1항에 따라 기계·기구에 설치해야 할 방호 장치의 범위는 영 제28조 제1항 제2호 의무 안전 인증 대상 기계·기구 등의 방호 장치와 영 제28조의 2 제1항 제2호 자율 안전 확인 대상 기계·기구 등의 방호 장치에 대해 적용하고, 각 기계·기구 등의 세 부적인 종류 또는 규격 및 형식은 영 제28조 제2항 및 영 제28조의 2 제2항에 따른 안전 인증 및 자율 안전 확인 신고 절차에 관한 고시를 준용한다.

(3) 용어의 정의

1) 이 규정에서 사용하는 용어의 정의는 다음과 같다.

① "방호 조치"라 함은 위험 기계·기구의 위험 장소 또는 부위에 근로자가 통상적인 방 법으로는 접근하지 못하도록 하는 제한 조치를 말하며, 방호망, 방책, 덮개 또는 각 종 방호 장치 등을 설치하는 것을 포함한다.

② "방호 장치"란 방호 조치를 하기 위한 여러 가지 방법 중 위험 기계·기구의 위험 한 계 내에서의 안전성을 확보하기 위한 장치를 말하며 다음의 어느 하나 이상의 성능을 갖추어야 한다.

㉠ 작업자의 신체 부위가 위험 한계 밖에 있도록 기계의 조작 장치를 위험한 작업점 에서 안전 거리 이상 떨어지게 하거나 조작 장치를 양손으로 동시 조작하게 함으 로써 위험 한계에 접근하는 것을 제한하는 위치 제한형 방호 장치

ⓛ 작업자의 신체 부위가 위험 한계 내로 접근하였을 때 기계적인 작용에 의하여 접근을 못하도록 저지하는 접근 거부형 방호 장치

ⓒ 작업자의 신체 부위가 위험 한계 또는 그 인접한 거리 내로 들어오면 이를 감지하여 그 즉시 기계의 동작을 정지시키고 경보 등을 발하는 접근 반응형 방호 장치

ⓔ 연삭기 덮개나 반발 예방 장치 등과 같이 위험 장소에 설치하여 위험원이 비산하거나 튀는 것을 포집하여 작업자로부터 위험원을 차단하는 포집형 방호 장치

ⓜ 이상 온도, 이상 기압, 과부하 등 기계의 부하가 안전 한계치를 초과하는 경우에 이를 감지하고 자동으로 안전 상태가 되도록 조정하거나 기계의 작동을 중지시키는 감지형 방호 장치

ⓗ 안전 전압으로 강하시키거나, 충분한 절연 내력을 갖추거나, 점화원의 방폭적 격리, 안전도 증가, 점화 능력의 본질적 억제 또는 충분한 인장 강도를 갖추는 등 본질적으로 일정한 작업상의 위험으로부터 방호하기 위한 구조 규격으로 된 것

2) 기타 이 기준에서 사용하는 용어의 정의는 이 기준에 특별한 규정이 있는 경우를 제외하고는 동법 시행령(이하 "영"이라 한다.), 규칙 및 산업 안전 기준에 관한 규칙(이하 "안전 규칙"이라 한다.)에서 정하는 바에 의한다.

(4) 방호 조치

① 이 기준에서 정하는 위험 기계·기구의 방호 조치를 함에 있어서는 그 기계·기구 본래의 기능 및 작업 공정에 적합한 방호 장치 등을 선택하여 적정한 위치에 설치하여야 한다.

② 제1항의 규정에 따른 방호 장치 등은 사용에 따라 항상 성능이 유지되도록 하여야 하며, 이탈 또는 변형되지 않도록 견고히 설치하되 주유, 이상 유무 점검 등 일상적인 업무에 지장이 없도록 설치되어야 한다.

8.2. 프레스 또는 전단기

(1) 적용 대상

금형 사이에 금속 또는 비금속 물질을 두고 동력에 의하여 압축, 절단 또는 조형 등을 하는 프레스와 동력 전달 방식이 프레스와 유사한 구조의 것으로서 원재료를 단재하기 위해 사용하는 전단기에 대하여 적용한다.

(2) 방호 조치

① 프레스 또는 전단기에는 다음의 어느 하나에서 정하는 방호 장치를 설치하여야 한다.
  ㉠ 가드식, 게이트 가드식 방호 장치(가드를 닫지 않으면 슬라이드가 작동되지 않고, 슬라이드 작동 중에는 열 수 없는 구조에 한한다.)
  ㉡ 손쳐내기식 방호 장치(슬라이드의 행정 길이가 40mm 이상의 것으로서 120spm 이하의 것에 한한다.)
  ㉢ 수인식 방호 장치(슬라이드의 행정 길이가 40mm 이상의 것으로서 120spm 이하의 것에 한한다.)
  ㉣ 양수 조작식 방호 장치(슬라이드 작동 중 정지가 가능하고, 1행정 1정지 기구를 갖추고 있는 것에 한한다.)
  ㉤ 감응식 방호 장치(슬라이드 작동 중 정지 가능한 구조에 한한다.)
② 제1항에 따른 방호 장치는 법 제34조 제2항에 따른 안전 인증을 받은 제품이어야 한다.
③ 작업자의 신체 부위가 위험점에 접근할 수 없도록 방호 울 등이 설치된 프레스 또는 전단기는 제1항에 따른 방호 장치가 설치된 것으로 본다.

(3) 설치 방법

① 양수 조작식 방호 조치는 반드시 두 손을 사용하여야만 작동되도록 설치하여야 하고, 기계의 작동 직후 손이 위험 지역에 들어가지 못하도록 위험 지역으로부터 다음에 정하는 안전 거리 이상에 설치하여야 한다. 또한 누름 단추 또는 조작 레버간의 거리는 한 손으로 조작할 수 없는 거리를 유지해야 한다.

안전 거리(cm)=160×프레스 작동 후 작업점까지의 도달 시간(초)

② 수인식 방호 장치의 수인용 줄은 사용 중에 늘어나거나 끊어지기 쉬운 것을 사용하여서는 안 되며, 그 길이를 조정할 수 있어야 한다.
③ 손쳐내기식 방호 장치는 작업에 사용될 금형의 절반 이상의 크기를 가진 손쳐내기판을 손쳐내기봉에 부착하여야 하며, 손쳐내기봉은 그 길이 및 진폭을 조정할 수 있는 구조이어야 하고, 작업자의 손을 강타하지 않도록 고무 등 완충물을 설치하여야 한다.
④ 게이트 가드식 방호 장치는 게이트가 위험 부분을 차단하지 않으면 작동되지 않도록 확실하게 연동되어야 하며, 금형의 크기에 따라 게이트의 크기를 선택, 설치하여야 한다.

8.3 아세틸렌 용접 장치 또는 가스 집합 용접 장치

(1) 적용 대상

아세틸렌 발생기(이동식을 포함한다. 이하 같다.), 안전기, 도관, 취관(torch) 등에 의해 구성되고 아세틸렌 및 산소를 사용해서 금속을 용접, 용단 또는 가열하는 설비인 아세틸렌 용접 장치와 가스 집합 장치, 안전기, 압력 조정기, 도관 등에 의해 구성되고, 가연성 가스 및 산소를 사용하며 금속을 용접, 용단 또는 가열하는 설비인 가스 집합 용접 장치에 대하여 적용한다.

(2) 방호 장치

① 아세틸렌 용접 장치 및 가스 집합 용접 장치에는 가스의 역화 및 역류를 방지할 수 있는 수봉식 또는 건식 안전기를 설치하여야 한다.
② 제1항에 따른 안전기는 법 제89조 제1항에 따른 자율 안전 확인 신고를 한 제품이어야 한다.

(3) 설치 방법

① 아세틸렌 용접 장치에 대하여는 그 취관마다 안전기를 설치하여야 한다. 다만, 주관 및 취관에 가장 근접한 분기관마다 안전기를 부착한 때에는 그러하지 아니하다.
② 가스 집합 용접 장치에 대하여는 하나의 취관에 안전기가 2개 이상이 되도록 주관 및 분기관에 안전기를 설치하여야 한다.

8.4 방폭용 전기 기계·기구

(1) 적용 대상

① 「산업표준화법」의 한국산업표준(KS) 및 안전규칙 [별표 3]의 4에서 정하는 인화성 물질의 증기, 가연성 가스, 가연성 또는 폭발성 분진에 의한 폭발 위험이 있는 농도에 달할 우려가 있는 장소에서 사용할 방폭용 전기 기계·기구 중 다음의 전기 기계·기구에 대해 적용한다.
  ㉠ 전동기
  ㉡ 제어기
  ㉢ 차단기 및 개폐기류
  ㉣ 조명 기구류
  ㉤ 계측기류

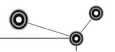

   ⓑ 전열기

   ⓢ 접속기류(접속함도 포함한다.)

   ⓞ 배선용 기구 및 부속품

   ⓩ 전자변용 전자석

   ⓒ 차량용 축전기

   ⓚ 신호기

   ⓣ 불꽃 또는 높은 열을 수반하는 전기 기계 · 기구

  ② 제1항에 따른 전기 기계 · 기구는 법 제34조 제2항에 따른 안전 인증을 받은 제품이어야 한다.

(2) 방호 장치

  ① 인화성 물질의 증기 또는 가연성 가스에 의한 폭발 위험이 있는 농도에 달할 우려가 있는 장소에서 사용하는 전기 기계 · 기구는 안전 규칙 [별표 3]의 5의 가스 폭발 위험 장소에 적합한 방폭 성능을 가진 방폭 구조 전기 기계 · 기구이어야 한다.

  ② 가연성 또는 폭발성 분진에 의한 폭발 위험이 있는 농도에 달할 우려가 있는 장소에서 사용하는 전기 기계 · 기구는 안전 규칙 [별표 3]의 5의 분진 폭발 위험 장소에 적합한 방폭 성능을 가진 방폭 구조 전기 기계 · 기구이어야 한다.

(3) 설치 방법

방폭 구조 전기 기계 · 기구는 「산업표준화법」의 한국산업표준(KS) 및 안전 규칙 [별표 3]의 4에서 정하는 사용 장소에 적합하게 설치하여야 한다.

8.5. 교류 아크 용접기

(1) 적용 대상

교류 전원을 사용, 아크를 발생 시켜 금속을 용접 또는 용단하는 교류 아크 용접기에 대하여 적용한다.

(2) 방호 장치

  ① 사업주는 다음의 장소에서 교류 아크 용접기를 사용할 경우에는 교류 아크 용접기에 자동 전격 방지기(이하 "전격 방지기"라 한다.)를 설치하여야 한다.

   ㉠ 선박 또는 탱크의 내부, 보일러 동체 등 대부분의 공간이 금속 등 도전성 물질로 둘러싸여 있어 용접 작업 시 신체의 일부분이 도전성 물질에 쉽게 접촉될 수 있는 장소

　　ⓛ 높이 2m 이상의 철골 고소 작업 장소

　　ⓒ 물 등 도전성이 높은 액체에 의한 습윤 장소

　② 제1항에 따른 전격 방지기는 법 제35조 제1항에 따른 자율 안전 확인 신고를 한 제품이어야 한다.

　③ 제1항에 따른 전격 방지기는 아크 발생이 중단된 후 1초 이내에 교류 아크 용접기의 출력측 무부하 전압을 자동적으로 25V 이하(전원 전압의 변동이 있을 경우 30V 이하)로 강하시켜야 한다.

(3) 설치 방법

　① 전격 방지기는 용접기의 정격과 해당 전격 방지기를 부착하는 다음의 용접기의 종류에 따라 적합한 구조의 것을 선정하여야 한다.

　　ㄱ 역률 개선용 콘덴서 내장형 용접기

　　ㄴ 역률 개선용 콘덴서를 내장하고 있지 않은 용접기

　　ㄷ 엔진 구동 교류 아크 용접기

　② 전격 방지기를 선정할 때에는 다음의 전원 전압에 관한 사항을 준수하여야 한다.

　　ㄱ 전원을 용접기의 입력측에서 인출하는 구조의 전원 장치를 사용하는 경우에는 전격 방지기의 정격 전압이 용접기의 정격 입력 전압과 같을 것

　　ㄴ 전원을 용접기의 출력측에서 인출하는 구조의 전격 방지기 또는 출력측의 전압을 검출하여 주접점을 개폐하는 전격 방지기를 사용하는 경우에는 전격 방지기의 외함에 표시되어 있는 적용 용접기(해당 전격 방지기를 설치하여 사용하는 것이 가능한 용접기를 말한다.)의 출력측 무부하 전압의 범위가 해당 용접기의 출력측 무부하 전압의 변동 범위를 포함할 것

　　ㄷ 엔진 구동 교류 아크 용접기에 부착하는 전격 방지기로, 전원을 해당 용접기의 정전압형 보조 전원에서 인출하는 구조의 전격 방지기를 사용하는 경우에는 전격 방지기의 정격 전압의 값이 보조 전원의 정격 출력 전압값과 같을 것

　③ 전격 방지기를 선정 시에는 다음의 정격 전류에 관한 사항을 준수하여야 한다.

　　ㄱ 주접점을 용접기의 전원측에 접속하는 구조의 전격 방지기를 사용하는 경우에는 전격 방지기의 정격 전류가 해당 용접기의 정격 입력 전류보다 큰 것일 것

　　ㄴ 주접점을 용접기 출력측에 접속하는 구조의 전격 방지기를 사용하는 경우에는 전격 방지기의 정격 전류가 해당 용접기의 정격 전류 출력보다 큰 것일 것

　④ 전격 방지기의 정격 사용률(정격 주파수 및 전원 전압에 있어서 정격 전류를 단속 부하한 경우의 부하 시간 합계와 해당 단속 부하에 필요한 전 시간과의 백분비를 말한다.)은 해당 용접기의 정격 사용률 이상의 것을 선정하여야 한다.

　⑤ 전격 방지기의 정격 주파수는 용접기의 정격 주파수에 적합하여야 한다.

　⑥ 전격 방지기를 선정 시에는 작업 조건에 따른 시동 감도에 관한 다음의 사항을 고려하여야 한다.

㉠ 환경 조건, 피용접물 등을 고려하여 적정한 시동 감도(전격 방지기를 시동시키는 것이 가능한 전격 방지기의 출력 회로 저항의 최대값을 말한다.)가 있는 것을 선정할 것

㉡ 전격 방지기와 전류 원격 제어 장치를 병용하는 경우에는 전류 원격 제어 장치의 원격 제어용 스위치의 저항값보다 충분히 작은 시동 감도를 갖는 것을 선정할 것

㉢ 전격 방지기와 와이어 송급 장치(와이어를 자동적으로 송급하기 위해 반자동 용접기에 설치되어 있는 장치이고 용접기의 출력측을 해당 장치의 전원으로 이용하는 것을 말한다.)를 병용하는 경우에는 단속 운전 시 해당 전격 방지기의 주접점이 개로되지 않는 시동 감도를 갖는 것을 선정할 것

(4) 전격 방지기의 설치

① 사업주는 전격 방지기를 용접기에 설치할 때에는 전격 방지기의 구조와 성능에 익숙한 전기 취급자 등(전기에 관한 지식과 기능을 가지고 있는 자를 말한다.)이 하여야 하며 다음의 사항에 주의하여야 한다.

㉠ 연직(불가피한 경우는 연직에서 20° 이내)으로 설치할 것

㉡ 용접기의 이동, 전자 접촉기의 작동 등으로 인한 진동, 충격에 견딜 수 있도록 할 것

㉢ 표시등(외부에서 전격 방지기의 작동 상태를 판별할 수 있는 램프를 말한다.)이 보기 쉽고, 점검용 스위치(전격 방지기의 작동 상태를 점검하기 위한 스위치를 말한다.)의 조작이 용이하도록 설치할 것

㉣ 용접기의 전원측에 접속하는 선과 출력측에 접속하는 선을 혼동되지 않도록 할 것

㉤ 접속 부분은 확실하게 접속하여 이완되지 않도록 할 것

㉥ 접속 부분을 절연 테이프, 절연 커버 등으로 절연시킬 것

㉦ 전격 방지기의 외함은 접지시킬 것

㉧ 용접기 단자의 극성이 정해져 있는 경우에는 접속 시 극성이 맞도록 할 것

㉨ 전격 방지기와 용접기 사이의 배선 및 접속 부분에 외부의 힘이 가해지지 않도록 할 것

② 전격 방지기의 설치 및 배선을 완료한 후에는 [별표 1]에서 정하는 기준에 적합한 것인가를 확인하고 그 결과를 기록하여야 하며, 기준에 만족하지 않을 때에는 즉시 보수 또는 교환하여야 한다.

(5) 사용상의 주의 사항

① 전격 방지기를 설치한 용접기는 다음에서 정한 조건에 적합한 장소에서 사용하여야 한다. 다만, 해당 장소에서 사용할 수 있도록 특수한 구조의 전격 방지기를 설치한 경우에는 그러하지 아니하다.

㉠ 주위 온도가 −20℃ 이상 40℃ 이하의 범위에 있을 것

ⓛ 습기, 분진, 유증, 부식성 가스, 다량의 염분이 포함된 공기 등을 피할 수 있도록 할 것

    ⓒ 비바람에 노출되지 않을 것

    ⓔ 전격 방지기의 설치면이 연직에 대하여 20°를 넘는 경사가 되지 않도록 할 것

    ⓜ 폭발성 가스가 존재하지 않는 장소일 것

    ⓗ 진동 또는 충격이 가해질 우려가 없을 것

② 전격 방지기를 설치한 용접기의 전원측 전압이 해당 용접기의 정격 입력 전압의 85~110% 범위일 것. 다만, 엔진 구동 교류 아크 용접기의 전격 방지기에 있어서는 보조 전원의 출력 전압이 보조 전원의 정격 출력 전압값의 85~110%의 범위일 것

③ 전자 접촉기의 가동 부분에 나무조각을 끼우는 등 전격 방지기 외의 기능이 상실되지 않도록 하여야 한다.

④ 단속적인 용접 작업을 할 경우 자동 시간 내에는 출력측 무부하 전압이 발생하고 있으므로 용접봉 홀더측의 노출된 충전 부분에 인체가 접촉되지 않도록 주의하여야 한다.

⑤ 용접 작업을 중단하는 경우에는 용접기의 전원을 차단시켜야 한다. 다만, 용접 작업 장소가 용접기로부터 현저히 떨어져 있거나 또는 중단 시간이 매우 짧은 경우에 용접봉을 홀더에서 분리시키고 홀더가 피용접물 또는 접지 저항값이 낮은 물체에 접촉되지 않도록 필요한 조치를 취한 경우에는 그러하지 아니하다.

⑥ 전격 방지기와 고주파 발생 장치를 동시에 사용하는 경우에는 고주파 발생 장치의 고주파 전류에 의하여 전격 방지기가 오동작이 일어나지 않도록 사전 확인한 후 작업하여야 한다.

⑦ 아크가 쉽게 발생하지 아니하는 경우에는 용접봉의 끝을 가볍게 치거나 약간 끌어당기는 방법으로 작업을 하여야 한다.

(6) 점 검

① 사업주는 전격 방지기를 설치한 용접기를 사용할 때에는 용접 작업자로 하여금 사용 전에 다음의 사항에 대해서 사전 점검토록 하여야 하며, 이상이 있을 때에는 즉시 보수하거나 교체하여야 한다.

    ㉠ 전격 방지기 외함의 접지 상태

    ㉡ 전격 방지기 외함의 뚜껑 상태

    ㉢ 전격 방지기와 용접기와의 배선 및 이에 부속된 접속 기구의 피복 또는 외장의 손상 유무

    ㉣ 전자 접촉기의 작동 상태

    ㉤ 이상 소음, 이상 냄새 발생 유무

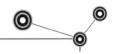

② 사업주는 전격 방지기의 사용 빈도, 설치 장소, 기타 사용 조건에 따라 6개월에 1회 이상 다음의 정기 점검과 1년에 1회 이상 [별표 1]에서 정하는 정밀 점검을 전기 취급 자로 하여금 행하게 하여야 하며 그 결과를 기록하여야 한다. 또한 점검 결과 이상 시에는 즉시 보수하거나 교환하여 정상 기능이 유지되도록 하여야 한다.

    ㉠ 용접기 외함에 전격 방지기의 부착 상태

    ㉡ 전격 방지기 및 용접기의 배선 상태

    ㉢ 외함의 변형, 파손 여부 및 개스킷 노화 상태

    ㉣ 표시등의 손상 유무

    ㉤ 퓨즈 이상 유무

    ㉥ 전자 접촉기의 주접점 및 기타 보조 접점의 마모 상태

    ㉦ 점검용 스위치의 작동 및 파손 유무

    ㉧ 이상 소음, 이상 냄새 발생 유무

(7) 적용 제외

용접기 내장형 전격 방지기의 경우에는 제16조 제1항, 제16조의 2, 제16조의 4 제1항 제1호 내지 제3호 및 제2항 제1호 내지 제3호의 규정을 적용하지 아니한다.

8.6 양중기

(1) 적용 대상

안전 규칙 제100조 제2항 제1호부터 제4호까지에서 정하는 양중기에 대하여 적용한다.

(2) 방호 조치

① 양중기에는 정격 하중 이상이 부하되었을 때 자동적으로 상승 또는 하강이 정지되면 서 과부하를 알리는 경보음 등을 발하는 과부하 방지 장치를 설치하여야 한다.

② 제1항에 따른 과부하 방지 장치는 법 제34조 제2항에 따른 안전 인증을 받은 제품이 어야 한다.

③ 규칙 제46조 제1항 제5호에서 노동부 장관이 정하는 방호 장치라 함은 크레인, 곤돌 라, 리프트에 설치하여야 할 권과 방지 장치와 승강기에 설치하여야 할 조속기, 파이 널리미트 스위치, 완충기, 비상 멈춤 장치 및 출입문 인터로크를 말한다.

④ 옥외에 설치되어 있는 양중기(건설용 리프트 및 간이 리프트 등)로서 다음의 방호 조 치를 한 것은 이 규정에 의한 방호 장치를 한 것으로 본다.

    ㉠ 승강로는 매 3m 이내마다 견고하게 고정시키고, 밀폐형으로 된 방망을 설치하거 나 7m 이내마다 수평으로 된 방망을 설치할 것

ⓛ 운반구에는 근로자 탑승 금지 및 적재 하중 표지판을 부착하고, 출입문을 설치할 경우에는 잠금 장치를 하여야 하며, 운반구의 바닥면과 운반구의 바닥면으로부터 30cm 높이까지는 틈새가 없도록 할 것

ⓒ 높이가 2m 이상인 적·하적 장소에는 개폐식의 방호 울을 설치할 것

ⓡ 양중기 운전자 및 신호수를 지정하고 낙하물에 의한 위험 한계 내에 근로자의 출입을 금지시킬 것

(3) 설치 방법

과부하 방지 장치는 과부하되었을 경우 경보음이 울리는 방법 등을 이용하여 그 상태를 근로자가 판단할 수 있도록 설치하여야 한다.

8.7. 압력 용기

(1) 적용 대상

내압을 받는 압력 공기 및 공기 압축기에 대하여 적용한다.

(2) 방호 조치

① 압력 용기에는 최고 사용 압력 이하에서 작동하는 압력 방출 장치(안전 밸브 및 파열판을 포함한다. 이하 같다.)를 설치하여야 한다.

② 공기 압축기에는 압력 방출 장치 및 인로드 밸브(압력 제한 스위치를 포함한다. 이하 같다.)를 설치하여야 한다.

③ 제1항 및 제2항의 규정에 의한 압력 방출 장치는 법 제84조 제2항에 따른 안전 인증을 받은 제품이어야 한다.

(3) 설치 방법

① 압력 방출 장치는 검사가 용이한 위치의 용기 본체 또는 그 본체에 부설되는 관에 압력 방출 장치의 밸브축이 수직되게 설치하여야 한다.

② 공기 압축기의 언로드 밸브는 공기 탱크 등의 적합한 위치에 수직되게 설치하여야 한다.

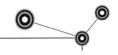

8.8. 보일러

(1) 적용 대상

철강제 용기 내의 열매에 연소 가스에 의해 열을 전달하여 소요 증기 또는 온수를 발생시키는 보일러에 대하여 적용한다. 다만, 다음에 해당하는 보일러는 그러하지 아니하다.

① 게이지 압력을 매 제곱센티미터당 1킬로그램 이하로 사용하는 증기 보일러로서 몸통 내경이 300밀리미터 이하이며, 그 길이가 600밀리미터 이하인 것
② 게이지 압력을 매 제곱센티미터당 1킬로그램 이하로 사용하는 증기 보일러로서 전열 면적이 1제곱미터 이하인 것
③ 수두압이 35미터 이하인 온수 보일러로서 전열 면적이 14제곱미터 이하인 것
④ 게이지 압력을 매 제곱센티미터당 10킬로그램 이하로 사용하는 관류 보일러(헤드의 내경이 150밀리미터를 초과하는 다관식의 관류 보일러를 제외한다.)로서 전열 면적이 5제곱미터 이하인 것(기수 분리기를 가지고 있는 관류 보일러는 해당 기수 분리기의 내경이 300밀리미터 이하인 것 또는 그 용적이 0.07세제곱미터 이하인 것에 한한다.)

(2) 방호 조치

① 보일러에는 최고 사용 압력 이하에서 작동하는 압력 방출 장치 및 압력 제한 스위치(온도 제한 스위치)를 설치하여야 한다. 다만, 압력 방출 장치가 2개 이상 설치된 경우에는 최고 사용 압력 이하에서 1개가 작동되고, 다른 압력 방출 장치는 최고 사용 압력 1.03배 이하에서 작동되도록 부착하여야 한다.
② 제1항의 규정에 의한 압력 방출 장치는 법 제84조 제2항에 따른 안전 인증을 받은 제품이어야 한다.

(3) 설치 방법

① 압력 방출 장치는 검사가 용이한 위치에 밸브축이 수직되게 설치하여야 하며 가능한 한 보일러의 동체에 직접 설치하여야 한다.
② 압력 제한 스위치는 보일러의 압력계가 설치된 배관상에 설치하여야 한다.

8.9. 롤러기

(1) 적용 대상

2개 이상의 원통형을 일조로 해서 각각 반대 방향으로 회전하면서 가공 재료를 롤러 사이로 통과시켜 롤러의 압력에 의하여 소성 변형 또는 연화시키는 기계에 대하여 적용한다. 다만, 작업자가 접근할 수 없는 밀폐형 구조로 된 롤러기는 제외한다.

(2) 방호 조치

① 롤러기에는 급정지 조작부를 동작시킴으로써 브레이크가 작동하여 제동되는 급정지 장치를 설치하여야 하며, 그 종류는 다음의 어느 하나와 같다.
  ㉠ 손으로 조작하는 것
  ㉡ 복부로 조작하는 것
  ㉢ 무릎으로 조작하는 것
② 제1항에 따른 급정지 장치는 법 제89조 제1항에 따른 자율 안전 확인 신고를 한 제품이어야 한다.
③ 롤러기의 급정지 장치는 롤을 무부하로 회전시킨 상태에서도 다음과 같이 앞면 롤의 표면 속도에 따라 규정된 정지 거리 내에서 해당 롤을 정지시킬 수 있는 성능을 보유한 것이어야 한다.

|표 4-2| 앞면 롤의 표면 속도와 급정지 거리

앞면 롤의 표면 속도(m/min)	급정지 거리
30 미만	앞면 롤 원주의 1/3
30 이상	앞면 롤 원주의 1/2.5

(3) 설치 방법

① 급정지 장치 중 손으로 조작하는 급정지 장치의 조작부는 롤러기의 전면 및 후면에 각각 1개씩 수평으로 설치하고 그 길이는 롤의 길이 이상이어야 한다.
② 손으로 조작하는 급정지 장치의 조작부에 사용하는 줄은 사용 중에 늘어나거나 끊어지기 쉬운 것으로 하여서는 아니된다.
③ 급정지 장치의 조작부는 그 종류에 따라 다음의 위치에 작업자가 긴급시에 쉽게 조작할 수 있도록 설치하여야 한다.

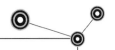

| 표 4-3 | 급정지 장치 조작부의 설치

급정지 장치 조작부의 종류	위 치	비 고
손으로 조작하는 것	밑면으로부터 1.8m 이내	위치는 급정지 장치 조작부의 중심점을 기준으로 함.
복부로 조작하는 것	밑면으로부터 0.8m 이상 1.1m 이내	
무릎으로 조작하는 것	밑면으로부터 0.4m 이상 0.6m 이내	

④ 급정지 장치가 동작한 경우 롤러기의 기동 장치를 재조작하지 않으면 가동되지 않는 구조의 것이어야 한다.

8.10 연삭기

(1) 적용 대상

연삭용 숫돌을 동력 회전체에 부착하여 고속으로 회전시키면서 가공 재료를 연마 또는 절삭(grinding)하는 연삭기로서 숫돌의 직경이 5cm 이상인 것에 대하여 적용한다.

(2) 방호 조치

① 연삭기의 연삭 숫돌에는 덮개를 설치하여야 하며, 그 덮개는 숫돌 파괴 시의 충격에 견딜 수 있는 충분한 강도를 가진 것이어야 한다.
② 제1항에 따른 덮개는 법 제89조 제1항에 따른 자율 안전 확인 신고를 한 제품이어야 한다.

(3) 설치 방법

연삭 숫돌에 덮개를 하지 아니하는 노출 각도는 다음 하나와 같다.
① 탁상용 연삭기의 노출 각도는 90° 이내로 하되, 숫돌의 주축에서 수평면 이하의 부분에서 연삭하여야 할 경우에는 노출 각도를 125°까지 증가시킬 수 있다.
② 연삭 숫돌의 상부를 사용하는 것을 목적으로 하는 연삭기의 노출 각도는 60° 이내로 한다.
③ 휴대용 연삭기의 노출 각도는 180° 이내로 한다.
④ 원통형 연삭기의 노출 각도는 180° 이내로 하되, 숫돌의 주축에서 수평면 위로 이루는 원주 각도는 65° 이상이 되지 않도록 하여야 한다.
⑤ 절단 및 평면 연삭기의 노출 각도는 150° 이내로 하되, 숫돌의 주축에서 수평면 밑으로 이루는 덮개의 각도는 15° 이상이 되도록 하여야 한다.

8.11 목재 가공용 둥근톱

(1) 적용 대상

강철 원판의 둘레에 톱니를 만들어 이것을 회전체에 부착, 회전시키면서 목재 가공 작업을 하는 목재 가공용 둥근톱으로서 톱의 노출 높이가 작업면으로부터 10mm 이상의 것에 대하여 적용한다.

(2) 방호 조치

① 목재 가공용 둥근톱에는 다음의 방호 장치를 설치하여야 한다.
　　㉠ 반발 예방 장치(분할날을 의미하며, 가로 절단 둥근톱 기계 및 반발에 의하여 근로자에게 위험을 미칠 우려가 없는 것을 제외한다.)
　　㉡ 날 접촉 예방 장치(보호 덮개를 의미하며, 원목 등 목재 제재용 둥근톱 기계 및 자동 송급 장치를 부착한 둥근톱 기계를 제외한다.)
② 제1항에 따른 방호 장치는 법 제35조 제1항에 따른 자율 안전 확인 신고를 한 제품이어야 한다.

(3) 설치 방법

① 반발 예방 장치는 목재의 반발을 충분히 방지할 수 있도록 설치하여야 하며, 톱날 후면으로부터 12mm 이내에 설치하되 그 두께는 톱 두께의 1.1배 이상이고 기어 진폭보다 작아야 한다.
② 날 접촉 예방 장치는 반발 예방 장치에 대면하고 있는 부분과 가공재를 절단하는 부분 이외의 톱날을 덮을 수 있는 구조이어야 한다.

8.12 동력식 수동 대패기

(1) 적용 대상

회전축에 너비가 넓은 대패날을 고정시켜 이것을 동력에 의해 고속으로 회전시키면서 작업자가 가공재를 수동으로 송급시켜 평면, 측면, 경사면 등을 깎는 동력식 수동 대패기에 대하여 적용한다.

(2) 방호 조치

① 동력식 수동 대패기는 대패날에 손이 닿지 않도록 날 접촉 예방 장치를 설치하여야 하며, 날 접촉 예방 장치는 휨, 비틀림 등 변형이 발생하지 않을 만큼 충분한 강도를 갖는 것이어야 한다.

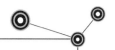

② 제1항에 따른 날 접촉 예방 장치는 법 제89조 제1항에 따른 자율 안전 확인 신고를 한 제품이어야 한다.

(3) 설치 방법

① 날 접촉 예방 장치의 덮개는 가공재를 절삭하고 있는 부분 이외의 날 부분을 완전히 덮을 수 있어야 한다.

② 날 접촉 예방 장치를 고정시키는 볼트 및 핀 등은 견고하게 부착되도록 하여야 한다.

③ 다수의 가공재를 절삭 폭이 일정하게 절삭하는 경우 외에 사용하는 날 접촉 예방 장치는 가동식이어야 한다.

8.13 복합 동작을 할 수 있는 산업용 로봇

(1) 적용 대상

매니퓰레이트 및 기억 장치(가변 시퀀스 제어 및 고정 시퀀스 제어 장치를 포함)를 가지고 기억 장치 정보에 의해 매니퓰레이트의 굴신, 신축, 상하 이동, 좌우 이동 또는 선회 동작 및 이의 복합 동작을 자동적으로 행할 수 있는 산업용 로봇에 대하여 적용한다. 다만, 다음의 어느 하나의 산업용 로봇은 제외한다.

① 정격 출력(각각의 구동용 원동기를 갖는 로봇에 있어서는 각각의 정격 출력 중 가장 큰 것)이 80와트 이하의 구동용 원동기를 갖는 로봇

② 고정 시퀀스 제어 장치의 정보에 따라 신축, 상하 이동, 좌우 이동 또는 선회 동작 중 한 가지 동작의 단조로운 반복 운동을 하는 로봇

③ 연구, 시험 또는 교육용 로봇

(2) 방호 조치

① 산업용 로봇에는 위험 한계 내에 근로자가 들어갈 때 압력 등을 감지할 수 있는 안전 매트를 설치하여야 하며, 다음의 성능을 가지고 있어야 한다.

   ㉠ 이상 시 즉시 운전을 정지하는 것이 가능할 것

   ㉡ 운전을 정지한 경우에 사람이 재가동 조작을 하지 않으면 운전이 개시되지 않을 것

② 제1항에 따른 안전 매트는 법 제89조 제1항에 따른 자율 안전 확인 신고를 한 제품이어야 한다.

③ 산업용 로봇의 위험 한계 내에 근로자가 들어가지 못하도록 방책 또는 덮개 등이 설치되어 있거나 감응 장치에 의해 로봇이 정지할 수 있는 장치를 구비하고 있는 것은 방호 장치가 설치된 것으로 본다.

(3) 설치 방법

안전 매트는 산업용 로봇의 위험 한계 범위 이내를 충분히 방호할 수 있는 크기로 설치하여야 한다.

8.14 정전 및 활선 작업에 필요한 절연용 기구

(1) 적용 대상

안전 규칙 제318조 내지 제323조에서 정한 정전 및 활선 작업 중 근로자의 인체 또는 공구·재료 등의 도전체가 충전 전로에 접촉하거나 접근하여 작업함으로 인하여 감전 위험이 있는 장소 또는 작업에 설치·사용하는 절연용 방호구 및 활선 작업용 기구에 대하여 적용한다.

(2) 방호 조치

① 안전 규칙 제318조 내지 제323조에서 정한 작업 또는 작업 장소에는 근로자의 감전 위험을 방지하기 위하여 전로의 충전부, 지지물, 주변의 전기 배선 등 해당 작업에 충분한 절연 내력을 갖는 절연관, 절연 시트, 절연 커버 등 절연용 방호구를 설치하여야 한다.

② 안전 규칙 제321조 및 제322조에서 정한 작업 또는 작업 장소에서 작업하는 근로자는 감전 위험 방지에 충분한 절연 내력을 갖는 절연봉 등 활선 작업용 기구를 사용하여야 한다.

③ 제1항 및 제2항에 따른 절연용 방호구 및 활선 작업용 기구는 법 제84조 제2항에 따른 안전 인증 제품이어야 한다.

(3) 설치 방법

제41조 규정에 의한 절연용 방호구의 설치 방법은 다음의 하나와 같다.
① 필요한 장소에 덮을 경우에는 부속이 헐거워 이탈하지 않도록 견고하게 연결할 것
② 먼지, 습기 등이 있는 상태로 사용하지 말 것
③ 사용 전에 손상 유무를 점검할 것
④ 장시간 또는 작업 시간 이외에 설치하지 말 것
⑤ 손상을 방지하기 위해 다른 재료나 공구 등과 분리 보관할 것

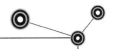

8.15 · 추락 및 붕괴 등의 위험 방호에 필요한 건설 기자재

(1) 적용 대상

안전 규칙 제6편(건설 작업에 의한 위험 예방)에서 정한 작업중 근로자가 추락하거나, 구축물 등의 붕괴로 인한 재해를 예방하기 위하여 사용하는 가설 기자재에 대하여 적용한다.

(2) 가설 기자재의 종류 및 성능

① 추락 및 붕괴 등의 위험 방지에 필요한 안전상의 조치를 위하여 사용하여야 할 가설 기자재는 영 제28조 제1항 제2호 아목의 안전 인증 대상 및 영 제28조의 2 제2호 아목의 자율 안전 확인 대상의 추락·낙하 및 붕괴 등의 위험 방호에 필요한 가설 기자재로 영 제28조 제2항 및 영 제28조의 2 제2항에 따른 세부적인 종류 또는 규격 및 형식을 준용한다.

② 제1항에 따른 가설 기자재는 법 제34조 제2항에 따른 안전 인증 제품 또는 법 제35조 제1항에 따른 자율 안전 확인 신고를 한 제품이어야 한다.

(3) 설치 방법

제45조의 규정에 의한 가설 기자재의 설치 방법은 다음의 하나와 같다.

① 산화, 부식되거나 휨·균열 등으로 인하여 강도가 저하된 것을 사용해서는 안 된다.

② 사용 하중, 폭풍, 진동 등 외력에 대하여 충분한 안전 내력을 가지도록 설치하여야 한다.

③ 작업 방법 및 작업 장소에 적합하여야 하며, 지반 침하, 비틀림, 변형 등이 발생하지 않도록 조치를 취하여야 한다.

④ 결속 재료는 연결 성능이 좋아야 한다.

[별표 1]

항 목	방 법	기 준
절연 저항	500V 절연 저항계를 이용하여 전격 방지기의 외함(접지 단자)과 충전부 및 전격 방지기를 설치한 용접기의 전원측, 출력측 사이의 절연 저항값을 측정한다.	1MΩ 이상일 것
전자 접촉기 및 표시등의 작동	전원을 넣고 점검용 스위치를 수회 작동 개폐한다.	전원을 넣으면 표시등이 희미하게 점등되고, 점검용 스위치를 투입하면 전자 접촉기가 접촉되어 표시등이 밝게 되며, 점검용 스위치를 끊으면 자동 시간 경과 후 전자 접촉기가 개방되어 표시등이 다시 희미하게 점등될 것

항 목	방 법	기 준
전자 접촉기 및 표시등의 작동	전원을 용접기의 입력측에서 인출하는 전격 방지기에 있어서는 전격 방지기를 설치한 용접기의 전원측 단자간에 전압계를 접속하여 그 값을 측정한다.	측정값이 전격 방지기의 정격 입력 전압의 85~110% 범위일 것
전격 방지기의 전원 전압	전원을 용접기의 출력측에서 인출하는 전격 방지기에 있어서는 이를 설치한 용접기의 출력측 단자간에 전압계를 접속하고 해당 용접기의 출력 전류가 최소값 및 최대값을 취할 경우 점검용 스위치를 사용하여 각각 자동 시간 중의 해당 용접기의 출력측 무부하 전압값을 측정한다.	측정값이 정격 방지기의 외함에 표시되어 있는 적용 용접기의 출력측 무부하 전압 하한값이 85~110% 범위일 것
	엔진 구동 교류 아크 용접기 전격 방지기에 있어서는 보조 전원의 출력측 단자간에 전압계를 접속하여 그 값을 측정한다.	측정값이 전격 방지기의 정격 입력 전압의 85~110% 범위 내에 있을 것
전격 방지 출력 무부하 전압	홀더측과 피용접물측 간에 전압계를 접속하고 값을 측정한다.	25V 이하일 것
자동 시간	홀더측과 피용접물측 간에 측정기를 접속하고 다음의 순서에 따라 자동 시간을 측정한다.(┃그림 4-11┃ 주접점이 용접기의 출력측에 있는 경우의 예를 나타낸 것임.) (측정 순서) 1. 측정기가 접속되지 않은 상태에서 전원을 투입한다. 2. 용접물을 피용접물에 접속시켜 아크를 발생시킨다. 3. 측정기의 스위치를 넣는다. 4. 용접봉을 피용접물에 분리하여 아크를 정지시킨다. 5. 측정기의 지시값을 읽는다.	1.0초 이하일 것

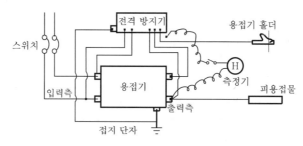

┃그림 4-11┃ 자동 시간 측정 방법

Part 04 실·전·문·제

01 크레인의 적재 하중과 정격 속도를 간략히 설명하시오.

(해답) 1. 적재 하중 : 짐을 싣고 상승할 수 있는 최대의 하중
2. 정격 속도 : 크레인에 정격 하중에 상당하는 짐을 싣고 주행, 선회, 트롤리의 수평 이동 시의 최고 속도

[참고] 정격 하중 : 크레인으로서 지브가 없는 것과 붐이 없는 데릭은 매다는 하중에서 지브가 있는 크레인에서는 지브의 경사각 및 길이가 지브 위의 도르래 위치에 따라 부하할 수 있는 최대의 하중에서 각각 훅, 글로브, 버킷 등의 달기구 중량에 상당하는 하중을 공제한 하중을 말한다.

02 크레인에 사용하는 권상용 체인의 사용 제한 조건을 쓰시오.

(해답) 1. 달기 체인의 길이의 증가가 그 달기 체인이 제조된 때의 길이의 50%를 초과한 것
2. 링의 단면 지름의 감소가 그 달기 체인이 제조된 때의 해당 링의 지름의 10%를 초과한 것
3. 균열이 있거나 심하게 변형된 것

03 크레인 등 양중기에 사용하는 와이어 로프의 안전 계수는?

(해답) 1. 근로자가 탑승하는 운반구를 지지하는 경우에는 10 이상
2. 화물의 하중을 직접 지지하는 경우에는 5 이상
3. 제1호 및 제2호 외의 경우에는 4 이상

04 사업주는 목재 가공용 기계를 5대 이상 보유한 사업장에서는 해당 기계에 의한 안전 작업을 위하여 관리 감독자를 배치하여야 한다. 관리 감독자의 직무를 쓰시오.

(해답) 1. 목재 가공용 기계를 취급하는 작업을 지휘하는 일
2. 목재 가공용 기계 및 그 방호 장치를 점검하는 일
3. 목재 가공용 기계 및 그 방호 장치에 이상이 발견된 즉시 보고 및 필요한 조치를 하는 일
4. 작업 중 지그 및 공구 등의 사용 상황을 감독하는 일

05 법상 의무 안전 인증 대상 방호 장치의 종류를 쓰시오.

(해답) 1. 프레스 및 전단기 방호 장치
2. 양중기용 과부하 방지 장치
3. 보일러 압력 방출용 안전밸브
4. 압력 용기 압력 방출용 안전밸브
5. 압력 용기 압력 방출용 파열판
6. 절연용 방호구 및 활선 작업용 기구
7. 방폭 구조 전기 기계·기구 및 부품
8. 추락·낙하 및 붕괴 등의 위험 방호에 필요한 가설 기자재로서 고용노동부 장관이 정하여 고시하는 것

06 법상 산업용 로봇의 작업 시작 전 점검 사항 3가지를 쓰시오.

(해답) 1. 외부 전선의 피복 또는 외장의 손상 유무
2. 매니퓰레이터 작동의 이상 유무
3. 제동 장치 및 비상 정지 장치의 기능

07 다음 ( ) 안에 적당한 것을 쓰시오.

> 사업주는 보일러의 안전한 가동을 위하여 보일러 규격에 적합한 압력 방출 장치를 1개 또는 2개 이상 설치하고 최고 사용 압력 이하에서 작동되도록 하여야 한다. 다만, 압력 방출 장치가 2개 이상 설치된 경우에는 (①)에서 1개가 작동되고 다른 하나는 (②)에서 작동되도록 하여야 한다.

(해답) ① 최고 사용 압력 이하　② 최고 사용 압력의 1.03배 이하

08 사출 성형기, 주형 조형기 및 형 단조기 등에 근로자의 신체 일부가 말려들어갈 우려가 있을 때에는 어떠한 방호 장치를 부착하여야 하는가?

(해답) 게이트 가드식 또는 양수 조작식

09 사업주는 합판, 종이, 천 및 금속박 등을 통과시키는 롤러기에서 근로자에게 위험을 미칠 우려가 있을 때 어떠한 안전 조치를 하여야 하는가?

(해답) 울 또는 안내 롤러

10 양중기의 종류 4가지를 쓰시오. (단, 조건이 있을 경우 그 조건을 명시하시오.)

(해답) 1. 크레인　2. 리프트
3. 곤돌라　4. 승강기(최대 하중이 0.25ton 이상인 것에 한한다.)

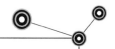

11 사업주가 크레인의 조립 또는 해체 작업을 하는 때 안전을 위하여 조치하여야 할 사항을 5가지 쓰시오.

해답 ↓ 1. 작업 순서를 정하고 그 순서에 의하여 작업을 실시할 것
2. 작업을 할 구역에 관계 근로자 외의 자의 출입을 금지시키고 그 취지를 보기 쉬운 곳에 표시할 것
3. 비, 눈, 그 밖의 기상 상태의 불안정으로 인하여 날씨가 몹시 나쁠 때에는 그 작업을 중지시킬 것
4. 작업 장소는 안전한 작업이 이루어질 수 있도록 충분한 공간을 확보하고 장애물이 없도록 할 것
5. 들어올리거나 내리는 기자재는 균형을 유지하면서 작업을 실시하도록 할 것
6. 크레인의 능력, 사용 조건 등에 따라 충분한 응력을 갖는 구조로 기초를 설치하고 침하 등이 일어나지 아니하도록 할 것
7. 규격품인 조립용 볼트를 사용하고 대칭되는 곳을 순차적으로 결합하고 분해할 것

12 법상 자율 안전 확인 대상 방호 장치의 종류를 쓰시오.

해답 ↓ 1. 아세틸렌 용접 장치용 또는 가스 집합 용접 장치용 안전기
2. 교류 아크 용접기용 자동 전격 방지기
3. 롤러기 급정지 장치
4. 연삭기 덮개
5. 목재 가공용 둥근톱 반발 예방 장치 및 날 접촉 예방 장치
6. 동력식 수동 대패용 칼날 접촉 방지 장치
7. 산업용 로봇 안전 매트
8. 추락·낙하 및 붕괴 등의 위험 방호에 필요한 가설 기자재(제28조 제1항 제2호 아목의 가설 기자재는 제외한다.)로서 노동부 장관이 정하여 고시하는 것

13 와이어 로프의 사용 제한 조건을 쓰시오.

해답 ↓ 1. 이음매가 있는 것
2. 와이어 로프 한 꼬임에서 끊어진 소선의 수가 10% 이상 절단된 것
3. 지름의 감소가 공칭 지름의 7%를 초과하는 것
4. 꼬인 것
5. 심하게 변형 또는 부식된 것

14 연삭기에 관한 기술 지침에 의하면 연삭기의 회전 시험을 행할 때 직경이 10mm 이상의 연삭 숫돌에 대해서는 최고 사용 원주 속도에 몇 배를 곱한 속도로 회전 시험을 행하게 되어 있는가?

해답 ↓ 1.5배

15 성형기, 전단기, 프레스, 선반 기계 등은 실제 작업을 하는 작업점을 가지고 있으며 재료를 물리던가 가공중에 이 점에서 사고를 일으킨다. 이 작업점에 대한 일반적인 방호 방법을 3가지만 쓰시오.

(해답) 1. 작업점에는 작업자가 절대 가까이 가지 않도록 할 것
2. 기계 조작 시 위험 부위에 접근 금지
3. 작업자가 위험 지대를 벗어나지 않는 한 기계가 움직이지 않을 것
4. 작업점에 손을 넣지 않도록 할 것

16 기계 설비의 lay out 배치 시에 배려되어야 할 안전성 검토 대책을 5가지만 쓰시오.

(해답) 1. 작업의 흐름에 따른 기계 배치
2. 기계 설비 주위의 충분한 공간 확보
3. 공장 내외의 안전 통로 확보
4. 기계 설비의 보수, 점검을 용이하게 할 수 있어야 한다.
5. 장래의 확장을 고려한 설계
6. 원재료 제품 등의 저장소 넓이를 충분히 확보

17 프레스기에 손쳐내기식 방호 장치를 설치하고자 한다. 설치 요령을 3가지만 쓰시오.

(해답) 1. 손쳐내기판은 금형 크기의 1/2 이상 또는 높이가 행정 길이 이상의 것이어야 한다.
2. 손쳐내기식 방호 장치의 손쳐내기봉의 진폭은 금형의 폭 이상이어야 한다.
3. 손쳐내기식 방호 장치의 손쳐내기봉 및 방호판은 손등에 접촉하는 것에 대한 충격을 완화하기 위한 조치가 강구되어야 한다.

18 기계, 기구에 사용하는 리밋 스위치에는 어떠한 종류들이 있는가?

(해답) 1. 권과 방지 장치   2. 과부하 방지 장치   3. 과전류 차단 장치   4. 압력 제한 장치

19 법상 방호 장치에 대한 근로자의 준수 사항 3가지를 쓰시오.

(해답) 1. 방호 장치를 해체하고자 하는 경우 : 사업주의 허가를 받아 해체할 것
2. 방호 장치를 해체한 후 그 사유가 소멸된 때 : 지체없이 원상 회복시킬 것
3. 방호 장치의 기능이 상실된 것을 발견한 때 : 지체없이 사업주에게 신고할 것

20 드릴을 이용한 작업에서 일감의 고정 방법을 3가지로 분류하여 명시하시오.

(해답) 1. 일감이 작을 때 : 바이스로 고정
2. 일감이 크고 복잡할 때 : 볼트와 고정구 사용
3. 대량 생산과 정밀도를 요할 때 : 전용의 지그 사용

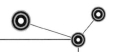

21 연삭기 숫돌의 파괴 원인 5가지를 쓰시오.

(해답) → 1. 숫돌의 회전 속도가 너무 빠를 때
2. 숫돌 자체에 균열이 있을 때
3. 숫돌의 측면을 사용하여 작업할 때
4. 숫돌에 과대한 충격을 가할 때
5. 플랜지가 현저히 작을 때

22 목재 가공용 둥근톱 기계의 방호 장치에는 날 접촉 예방 장치와 반발 예방 장치가 있다. 그 가운데 반발 예방 장치의 설치 요령 2가지를 쓰시오.

(해답) → 1. 반발 방지 기구는 목재의 송급쪽에 설치하되 목재의 반발을 충분히 방지할 수 있는 구조여야 한다.
2. 분할날은 톱 원주 높이의 2/3 이상을 덮을 수 있고, 톱 두께의 1.1배 이상이어야 하며, 톱 후면 날과 12mm 이상의 거리에 설치하여야 한다.

23 프레스기 중 no-hand in die 방식에 따른 프레스기의 종류 4가지는?

(해답) → 1. 안전 울 부착 프레스   2. 안전 금형 부착 프레스
3. 전용 프레스 도입   4. 자동 프레스 도입

24 프레스기의 주기어 베어링 검사 방법 3가지를 쓰시오.

(해답) → 1. 육안 검사   2. 표면 온도계 검사   3. 소음 측정기 검사

25 롤러기에 설치하는 방호 장치의 종류 3가지를 각각 구분하여 쓰시오.

(해답) → 1. 손 조작 로프식 : 바닥에서부터 1.8m 이내
2. 복부 조작식 : 바닥에서부터 0.8~1.1m 이내
3. 무릎 조작식 : 바닥에서부터 0.4~0.6m 이내

26 아세틸렌가스의 반응 생성식과 성질을 쓰시오.

(해답) → 1. 아세틸렌가스의 생성식 : $CaC_2 + H_2O \rightarrow C_2H_2 + Ca(OH)_2$
2. 아세틸렌가스의 성질
① 공기보다 가볍다.
② 고압에서 산소없이 폭발한다.
③ 폭발 범위는 2.5~81.0Vol%이다.
④ 구리 및 그 합금에 접촉 시 폭발한다.
⑤ 무색의 기체로서 순수한 것은 향기가 있다.

27 아세틸렌 발생기실 설치 장소의 기준 3가지를 쓰시오.

(해답)▶ 1. 아세틸렌 용접 장치의 아세틸렌 발생기실을 설치할 때에는 전용의 발생기실 내에 설치 하여야 한다.
2. 발생기실은 건물의 최상층에 위치하여야 하며, 화기를 사용하는 설비로부터 상당한 거리를 둔 장소에 설치하여야 한다.
3. 발생기실을 옥외에 설치할 때에는 그 개구부를 다른 건축물로부터 1.5m 이상 떨어지도록 한다.

28 권과 방지 장치 중 리밋 스위치의 조작구 작동 방식에 따라 3가지로 구분하시오.

(해답)▶ 1. 나사형   2. 롤러형   3. 캠형

29 양중기에 사용하는 과부하 방지 장치와 권과 방지 장치를 각각 구분하여 설명하시오.

(해답)▶ 1. 과부하 방지 장치 : 정격 하중 초과 적재 시 화물의 승강을 위한 작동이 정지되는 방호 장치로서 과부하 시 경보를 울리는 등 그 상태를 용이하게 판별할 수 있는 장치
2. 권과 방지 장치 : 화물의 승강을 일정 거리에서 정지할 수 있도록 하는 기능을 가진 방호 장치

30 법에 의한 공기 압축기의 작업 시작 전 점검 사항 5가지를 쓰시오.

(해답)▶ 1. 공기 저장 압력 용기의 외관 상태   2. 드레인 밸브의 조작 및 배수
3. 압력 방출 장치의 기능   4. 언로드 밸브의 기능
5. 윤활유의 상태   6. 회전부의 덮개 또는 울
7. 기타 연결 부위의 이상 유무

31 프레스 또는 전단기가 갖추어야 할 방호 장치의 기능을 4가지 쓰시오.

(해답)▶ 1. 슬라이드 또는 공구의 작동중에 신체의 일부가 위험 한계에 들어갈 위험이 발생하지 않을 것
2. 슬라이드 등을 작동시키기 위한 누름 버튼 또는 조작 레버에서 떨어진 손이 위험 한계에 달하기까지의 사이에 슬라이드의 작동을 정지시킬 수 있고 누름 버튼 등을 양손으로 조작하게 하며 슬라이드 등의 작동중에 누름 버튼 등에서 떨어진 손이 위험 한계에 달하지 않을 것
3. 슬라이드 등의 작동중에 신체의 일부가 위험 한계에 접근할 때에 슬라이드 등의 작동을 정지할 수 있을 것
4. 위험 한계에 있는 신체의 일부를 슬라이드 등의 작동에 따라서 위험 한계에서 배제할 수 있을 것

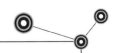

32 작업장에서 사용하는 기계, 기구, 설비 등에서 발생하는 고장의 징후는 어떠한 종류들이 있는가?

해답 ↓ 1. 진동　　　　　2. 소음
　　　3. 온도　　　　　4. 압력
　　　5. 풍량　　　　　6. 변위

33 컨베이어를 이용한 작업 시 어떠한 특징을 가지고 있는가?

해답 ↓ 1. 연속적인 물건의 운반이 가능하다.
　　　2. 고속으로 운반할 수 있다.
　　　3. 장거리 운반이 가능하며, 무인화 작업이 가능하다.
　　　4. 거친 물건의 운반이 가능하며, 운반도중 어느 부분에서도 화물을 올려 놓거나 내릴 수 있다.

34 프레스 또는 전단기의 법정 안전 기준을 쓰시오.

해답 ↓ 1. 안전 장치 설치 등 위험 방지 조치
　　　2. 안전 블록 설치 등 슬라이드 불시 하강 방지 조치
　　　3. 자체 검사 실시
　　　4. 작업 시작 전 점검 실시
　　　5. 금형의 교환, 해체, 조정 작업 시 특별 안전 교육 실시

35 절단기 방호 장치에 표시해야 할 사항 5가지를 쓰시오.

해답 ↓ 1. 제조 번호
　　　2. 제조자명
　　　3. 제조 연월
　　　4. 사용할 수 있는 절단 두께
　　　5. 사용할 수 있는 절삭 공구 길이
　　　6. 사용할 수 있는 절단기의 종류
　　　7. 감응식 방호 장치에 있어서는 유효 거리

36 롤러 사용중 재해 예방을 위한 안전 대책을 3가지 쓰시오.

해답 ↓ 1. 방호 장치를 설치한다.
　　　2. 청소 시에는 기계의 운전을 정지한다.
　　　3. 롤러기 주위에 돌기물 또는 장애물이 없어야 하고 기름이 바닥에 묻어 있어서는 안 된다.
　　　4. 재료 가공중에 유해, 유독성 물질이 발생하는 경우에는 밀폐하거나 국소 배기 장치를 설치한다.

37 연삭기를 이용한 작업 시 안전 작업 방법 5가지를 쓰시오.

(해답)▶ 1. 작업 전 1분 이상, 연삭 숫돌의 대체 시에는 3분 이상 시운전할 것
2. 숫돌의 최고 사용 원주 속도 초과 사용 금지
3. 숫돌에 충격을 가하지 말 것
4. 연삭기의 측면에 서서 작업할 것
5. 작업 시 보안경 착용
6. 측면을 사용하는 것을 목적으로 하는 연삭기 이외의 것은 측면을 사용해서는 안 된다.

38 발생기실의 구조를 3가지 쓰시오.

(해답)▶ 1. 벽은 불연성의 재료로 하고 철근 콘크리트 또는 그 밖에 이와 같은 수준이거나 그 이상의 강도를 가진 구조로 할 것
2. 지붕과 천장에는 얇은 철판이나 가벼운 불연성 재료를 사용할 것
3. 출입구의 문은 불연성 재료로 하고 두께 1.5mm 이상의 철판이나 그 밖에 그 이상의 강도를 가진 구조로 할 것
4. 벽과 발생기 사이에는 발생기의 조정 또는 카바이드 공급 등의 작업을 방해하지 아니하도록 간격을 확보할 것

39 프레스기의 양수 조작식 방호 장치의 설치 요령 3가지를 쓰시오.

(해답)▶ 1. 누름 버튼 등은 양손으로 조작하지 않으면 슬라이드를 작동시킬 수 없는 구조의 것일 것
2. 조작부의 간격은 300mm 이상으로 할 것
3. 조작부의 설치 거리는 스위치 작동 직후 손이 위험점까지 들어가지 못하도록 다음에 정하는 거리 이상에 설치할 것
설치 거리(cm) = 160×프레스기 작동 후 작업점까지 도달 시간(초)
4. 양손의 동시 누름 시간차를 0.5초 이내에서만 가동할 것
5. 1행정마다 누름 버튼 등에서 양손을 떼지 않으면 재가동 조작할 수 없는 구조의 것일 것

40 롤러의 급정지 장치의 설치 요령 4가지를 쓰시오.

(해답)▶ 1. 손 조작 로프식은 바닥에서 1.8m 이내, 복부 조작식은 바닥에서 0.8~1.1m 이내, 무릎 조작식은 바닥에서 0.4~0.6m 이내에 설치할 것
2. 로프식 조작부는 롤러 전·후면에 각각 1개씩 설치하고 그 길이는 롤러 길이 이상일 것
3. 조작부에 사용하는 끈은 늘어나거나 끊어지지 않는 로프일 것
4. 급정지 장치는 롤러의 기동 장치를 조작하지 않으면 기동하지 않는 구조일 것

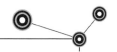

41 탁상용 연삭기의 방호 장치의 설치 요령을 쓰시오.

(해답)
1. 덮개 노출 각도는 수평면 위로 이루는 원주 각도는 65° 이내, 최대 노출 각도는 90°, 수평면 이하 작업 시에는 125° 이내일 것
2. 덮개와 숫돌과의 간격은 10mm 이내일 것

42 아세틸렌 용접 장치의 안전기 성능 기준과 설치 요령을 각각 구분하여 명시하시오.

(해답)
1. 성능 기준
   ① 주요 부분은 두께 2mm 이상의 강판 또는 강관 사용
   ② 도입부는 수봉 배기관을 갖춘 수봉식으로 하며 유효 수주는 25mm 이상 되도록 할 것
   ③ 물의 보충 및 교환이 용이하며 수위는 쉽게 점검할 수 있는 구조로 할 것
2. 설치 요령
   ① 아세틸렌 용접 장치에는 취관마다 1개 이상 설치할 것
   ② 가스 집합 용접 장치는 취관에 1개 이상, 주관에 1개 이상 도합 2개 이상 설치할 것

43 기계, 기구에 부착하는 방호 장치의 목적과 선정 시 고려 사항을 구분하여 명시하시오.

(해답)
1. 목적 : 기계 위험 부위에 인체의 접촉 방지
2. 고려 사항
   ① 확실한 방호 성능을 가질 것   ② 작업을 방해하지 않을 것
   ③ 기계, 기구에 적합할 것   ④ 견고할 것

44 프레스기의 게이트 가드식 방호 장치의 설치 요령 2가지를 쓰시오.

(해답)
1. 게이트 가드식 방호 장치는 약간 움직일 경우를 제외하고는 가드를 닫지 않으면 슬라이드를 작동시킬 수 없는 구조의 것이어야 한다.
2. 게이트 가드는 약간 작동되는 경우를 제외하고 슬라이드 작동 중에 열 수 없는 구조의 것이어야 한다.
3. 가드식 방호 장치는 임의로 변경 또는 조정할 수 없는 구조여야 하며 방호 장치를 제거하여 프레스 등을 열 수 없도록 인터로크 기구를 가져야 한다.

45 최고 사용 회전 속도가 2,000m/min인 연삭 숫돌의 직경이 500mm일 때 이 연삭기의 최고 회전 속도는 몇 rpm으로 해야 하는가?

(해답)
$$V = \frac{\pi \times D \times N}{1,000} \, (\text{m/min})$$

$$\therefore \text{rpm} = \frac{1,000 \times N}{\pi \times D} = \frac{1,000 \times 2,000}{3.14 \times 500} = 1239.89 \text{rpm} \text{ 이하}$$

46 법상 자율 안전 확인 대상 기계 · 기구의 종류와 보호구의 종류를 쓰시오.

(해답) 1. 자율 안전 확인 대상 기계 · 기구
    ① 연삭기 또는 연마기(휴대형은 제외한다.)
    ② 산업용 로봇
    ③ 혼합기
    ④ 파쇄기 또는 분쇄기
    ⑤ 식품 가공용 기계(파쇄 · 절단 · 혼합 · 제면기만 해당한다.)
    ⑥ 컨베이어
    ⑦ 자동차 정비용 리프트
    ⑧ 공작 기계(선반, 드릴기, 평삭 · 형삭기, 밀링만 해당한다.)
    ⑨ 고정형 목재 가공용 기계(둥근톱, 대패, 루타기, 띠톱, 모떼기 기계만 해당한다.)
    ⑩ 인쇄기
    ⑪ 기압 조절실(chamber)
  2. 자율 안전 확인 대상 보호구
    ① 안전모(의무 안전 인증 대상 안전모는 제외한다.)
    ② 보안경(의무 안전 인증 대상 보안경은 제외한다.)
    ③ 보안면(의무 안전 인증 대상 보안면은 제외한다.)
    ④ 잠수기(잠수 헬멧 및 잠수 마스크를 포함한다.)

47 법에 의하여 원동기 회전축, 기어, 풀리, 벨트 및 체인 등 위험 부분에 설치하여야 할 시설을 3가지 쓰시오.

(해답) 1. 덮개   2. 울
  3. 슬리브   4. 건널 다리

48 프레스기에 설치하는 방호 장치의 종류를 프레스기의 종류 형태에 따라 구분하여 명시하시오.

(해답) 1. 1행정 1정지식 : 양수 조작식, 게이트 가드식
  2. 행정 길이 40mm 이상, 분당 행정수 120 이하 : 손쳐내기식, 수인식
  3. 슬라이드 작동 중 정지 가능한 구조 : 감응식

49 법상 동력에 의하여 작동되는 기계, 기구의 동력 차단 장치의 종류 3가지를 쓰시오.

(해답) 1. 클러치
  2. 벨트 이동 장치
  3. 스위치

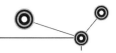

50 크레인을 이용하여 1ton의 화물을 20m/s²의 속도로 감아올릴 때 로프에 걸리는 하중은?

(해답)▾ 총 하중(w) = 정하중(w_1) + 동하중(w_2)

동하중$(w_2) = \dfrac{w_1}{g} \times a$

∴ 동하중 $= \dfrac{1,000}{9.8} \times 20 = 2040.82\text{kg} = 2040.82 + 1,000 = 3040.82\text{kg}$

51 공작 기계의 위험을 방지하기 위해 기계의 행정 끝에 덮개 등을 설치해야 할 기계, 기구의 종류 3가지를 쓰시오.

(해답)▾ 1. 형삭기 램
2. 평삭기 테이블
3. 연삭기 테이블

52 금속의 용접, 용단 또는 가열 작업에 사용하는 산소 등의 용기 취급 시 준수 사항 5가지를 쓰시오.

(해답)▾ 1. 용기의 온도를 40℃ 이하로 유지할 것
2. 전도의 위험이 없도록 할 것
3. 충격을 가하지 아니하도록 할 것
4. 운반할 때에는 캡을 씌울 것
5. 사용할 때에는 용기의 마개에 부착되어 있는 유류 및 먼지를 제거할 것
6. 사용 전 또는 사용중인 용기와 그 외의 용기를 명확히 구별하여 보관할 것
7. 용해 아세틸렌의 용기는 세워둘 것
8. 밸브의 개폐는 서서히 할 것
9. 용기의 부식, 마모 또는 변형 상태를 점검한 후 사용할 것

53 목재 가공용 둥근톱 기계의 방호 장치명과 설치 요령을 쓰시오.

(해답)▾ 1. 방호 장치명 : 날 접촉 예방 장치, 반발 예방 장치
2. 설치 요령
① 톱날 접촉 예방 장치는 분할날과 대면하고 있는 부분과 가공재를 절단하는 부분 이외의 톱날을 덮을 수 있는 구조여야 한다.
② 반발 방지 기구는 목재의 송급쪽에 설치하되 목재의 반발을 충분히 방지할 수 있는 구조여야 한다.
③ 분할날은 톱 원주 높이의 2/3 이상을 덮을 수 있고, 톱 두께의 1.1배 이상이어야 하며, 톱 후면 날과 12mm 이상의 거리에 설치하여야 한다.

54 프레스기 감응식 방호 장치의 설치 요령을 쓰시오.

(해답) 1. 광축의 수는 2개 이상일 것
2. 광축간의 간격은 30mm 이하로 할 것
3. 위험 구역을 충분히 감지할 수 있는 구조일 것
4. 투광기에서 발생하는 빛 이외의 광선에 감응하지 않을 것
5. 광축과 위험점과의 설치 거리는 다음에서 정하는 안전 거리를 확보할 것
   설치 거리 $D(\text{mm}) = 1.6(T_l + T_s)$
   여기서, D : 안전 거리(mm)
   T_l : 손이 광선 차단 후 급정지 기구 작동 시까지의 시간(m/s)
   T_s : 급정지 기구 작동 직후로부터 슬라이드가 정지할 때까지의 시간(m/s)

55 프레스기 방호 장치 조작용 전기 회로의 한계 전압은?

(해답) 150V 이하

56 다음 기계, 기구의 방호 장치명을 쓰시오.
1) 사출 성형기   2) 띠톱 기계   3) 연삭기   4) 목재 가공용 둥근톱 기계

(해답) 1) 양수 조작식, 게이트 가드식
2) 덮개 또는 울
3) 덮개
4) 날 접촉 예방 장치, 반발 예방 장치

57 환기 또는 통풍이 불충분한 장소에서 인화성 가스 · 불활성 가스 및 산소를 이용하여 금속의 용접, 용단 또는 가열 작업을 할 때 준수 사항을 쓰시오.

(해답) 1. 가스 등의 호스와 취관은 손상, 마모 등에 의하여 가스 등이 누출할 우려가 없는 것을 사용할 것
2. 가스 등의 취관 및 호스의 상호 접촉 부분은 호스 밴드, 호스 크립 등 조임 기구를 사용하여 견고하게 조일 것
3. 가스 등의 호스에 가스 등을 공급하는 때에는 미리 해당 호스로부터 가스 등이 방출되지 아니하도록 필요한 조치를 할 것
4. 사용중인 가스 등을 공급하는 공급구의 밸브 또는 콕에는 해당 밸브 또는 콕에 접속된 가스 등의 호스를 사용하는 자의 명찰을 부착하는 등 가스 등의 공급에 대한 오조작을 방지하기 위한 표시를 할 것
5. 용단 작업을 하는 때에는 취관으로부터 산소의 과잉 방출로 인한 화상을 예방하기 위하여 근로자가 조절 밸브를 서서히 조작하도록 주지시킬 것
6. 작업을 중단하거나 마치고 작업 장소를 떠날 때에는 가스 등의 공급구의 밸브 또는 콕을 잠글 것

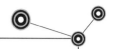

58 보일러의 안전 운전을 위하여 작업자가 주지하여야 할 사항은?

(해답) 1. 가동중인 보일러에는 작업자가 항상 정위치를 떠나지 않을 것
2. 압력 방출 장치, 압력 제한 스위치의 정상 작동 여부를 점검할 것
3. 압력 방출 장치의 봉인 상태를 점검할 것
4. 고저수위 조절 장치와 급수 펌프와의 상호 기능 상태를 점검할 것
5. 보일러의 각종 부속 장치의 누설 상태를 점검할 것
6. 노내의 환기 및 통풍 장치를 점검할 것

59 법상 안전 인증 심사의 종류와 심사 기간을 쓰시오.

(해답) 1. 안전 인증 심사의 종류
① 예비 심사
② 서면 심사
③ 기술 능력 및 생산 체계 검사
④ 제품 검사
2. 안전 인증 심사의 기간
① 예비 심사 : 7일
② 서면 심사 : 15일(외국에서 제조한 경우 30일)
③ 기술 능력 및 생산 체계 검사 : 30일(외국에서 제조한 경우 45일)
④ 제품 심사
㉠ 개별 제품 심사 : 15일
㉡ 형식별 제품 심사 : 30일

60 프레스기 관리 감독자의 직무 4가지를 쓰시오.

(해답) 1. 프레스 등 및 그 방호 장치를 점검하는 일
2. 프레스 등 및 그 방호 장치에 이상이 발견되면 즉시 필요한 조치를 하는 일
3. 프레스 등 및 그 방호 장치에 전환 스위치를 설치했을 때 해당 전환 스위치의 열쇠를 관리하는 일
4. 금형의 부착, 해체 또는 조정 작업을 직접 지휘하는 일

61 동력에 의하여 작동되는 기계에 근로자의 머리카락 또는 의복 등이 말려들어갈 우려가 있을 때 사업주가 취해야 할 조치 사항 2가지를 쓰시오.

(해답) 1. 작업모 착용
2. 작업복 착용

62 법상 장갑 착용 금지 대상 기계, 기구 2가지를 쓰시오.

해답 1. 드릴기
2. 모떼기 기계

63 법에 의해서 탑승 금지 대상이 되는 기계, 기구 2가지를 쓰시오.

해답 1. 평삭기 테이블
2. 수직 선반

64 아세틸렌 용접 장치를 사용하여 금속의 용접, 용단 또는 가열 작업을 하는 때의 준수 사항 5가지를 쓰시오.

해답 1. 발생기의 종류, 형식, 제작 업체명, 매시 평균 가스 발생량 및 1회의 카바이드 공급량을 발생기실 내의 보기 쉬운 장소에 게시할 것
2. 발생기실에는 관계 근로자 외의 자가 출입하는 것을 금지시킬 것
3. 발생기에서 5m 이내 또는 발생기실에서 3m 이내의 장소에서 흡연, 화기의 사용 또는 불꽃이 발생할 위험한 행위를 금지시킬 것
4. 도관에는 산소용과 아세틸렌용과의 혼동을 방지하기 위한 조치를 할 것
5. 아세틸렌 용접 장치의 설치 장소에는 적당한 소화 설비를 갖출 것
6. 이동식의 아세틸렌 용접 장치의 발생기는 고온의 장소, 통풍이나 환기가 불충분한 장소 또는 진동이 많은 장소 등에 설치하지 아니하도록 할 것

65 아세틸렌 용접 장치를 이용하여 행하는 금속의 용접, 용단 또는 가열 작업 시 관리 감독자의 직무 4가지를 쓰시오.

해답 1. 작업 방법을 결정하고 작업을 지휘하는 일
2. 아세틸렌 용접 작업을 시작하는 때에는 아세틸렌 용접 장치를 점검하고 발생기 내부로부터 공기와 아세틸렌의 혼합 가스를 배제하는 일
3. 안전기는 작업중 그 수위를 쉽게 확인할 수 있는 장소에 놓고 1일 1회 이상 점검하는 일
4. 아세틸렌 용접 장치 내의 물이 동결되는 것을 방지하기 위하여 보온하거나 가열하는 때에는 온수나 증기를 사용하는 등 안전한 방법에 의하도록 하는 일
5. 발생기의 사용을 중지하였을 때에는 물과 잔류 카바이드가 접촉하지 않은 상태로 유지하는 일
6. 작업에 종사하는 근로자의 보안경 및 보호 장갑의 착용 상황을 감시하는 일

66 제조업에서 관리 감독자를 지정해야 할 유해 위험 작업의 종류를 5가지 쓰시오.

(해답) 1. 아세틸렌 용접 장치 또는 가스 집합 용접 장치를 사용하여 행하는 금속의 용접, 용단 또는 가열 작업
2. 폭발성, 발화성 및 인화성의 제조 또는 취급 작업
3. 동력에 의하여 작동되는 프레스 기계를 5대 이상 보유한 사업장에서의 해당 기계에 의한 작업
4. 목재 가공용 기계를 5대 이상 보유한 사업장에서의 해당 기계에 의한 작업
5. 화학 설비 탱크 내 작업
6. 특정 화학 물질을 이용한 세척 작업

67 방호 조치를 해야 할 기계, 기구를 5가지 쓰시오.

(해답) 1. 프레스 또는 전단기
2. 아세틸렌 용접 장치 또는 가스 집합 용접 장치
3. 방폭용 전기 기계, 기구
4. 교류 아크 용접기
5. 크레인
6. 승강기
7. 곤돌라
8. 리프트
9. 압력 용기
10. 보일러

68 프레스기를 이용한 작업 시작 전 점검 사항 5가지를 쓰시오.

(해답) 1. 클러치 및 브레이크의 기능
2. 크랭크축·플라이휠·슬라이드·연결 봉 및 연결 나사의 볼트 풀림 유무
3. 1행정 1정지 기구·급정지 장치 및 비상 정지 장치의 기능
4. 슬라이드 또는 칼날에 의한 위험 방지 기구의 기능
5. 프레스의 금형 및 고정 볼트 상태
6. 방호 장치의 기능
7. 전단기의 칼날 및 테이블의 상태

69 지게차의 작업 시작 전 점검 사항을 쓰시오.

(해답) 1. 제동 장치 및 조종 장치 기능의 이상 유무
2. 하역 장치 및 유압 장치 기능의 이상 유무
3. 바퀴의 이상 유무
4. 전조등, 후미등, 방향 지시기 및 경보 장치 기능의 이상 유무

70 프레스기를 이용한 작업에서 안전 대책 5가지를 쓰시오.

(해답) 1. 본질적 안전화 도모
   2. 방호 장치 설치
   3. 금형의 안전화 도모
   4. 가공재 취출 시 수공구 사용
   5. 자체 검사 및 작업 시작 전 점검 실시
   6. 특별 안전 교육 실시
   7. 관리 감독자를 배치하고 전환 스위치는 관리 감독자가 보관

71 법상 안전 검사의 실시 주기를 쓰시오.

(해답) 1. 크레인, 리프트 및 곤돌라 : 사업장에 설치가 끝난 날부터 3년 이내의 최초 안전 검사를 실시하되, 그 이후부터 매 2년(건설 현장에서 사용하는 것은 최초로 설치한 날부터 매 6개월)
   2. 그 밖의 유해·위험 기계 등 : 사업장에 설치가 끝난 날부터 3년 이내에 최초 안전 검사를 실시하되, 그 이후부터 매 2년(공정 안전 보고서를 제출하여 확인을 받은 압력 용기는 4년)

72 법상 안전 인증 취소 시 30일 이내에 공고해야 할 사항을 쓰시오.

(해답) 1. 안전 인증 대상 기계·기구 등의 명칭 및 형식 번호
   2. 안전 인증 번호
   3. 제조자(수입자)명 및 대표자
   4. 사업장 소재지
   5. 취소 일자 및 취소 사유

73 동력 원심기의 주기어 및 베어링 검사 방법과 판정 기준을 쓰시오.

(해답) 1. 검사 방법
      ① 육안 검사
      ② 틈새 게이지 검사
   2. 판정 기준
      ① 외관상 이상이 없어야 한다.
      ② 주축과 축수와의 간격이 적합하여야 한다.

74 승강기에 사용하는 와이어 로프의 판정 기준 3가지를 쓰시오.

(해답) 1. 소선의 수가 10% 이상 절단 시 교환
   2. 직경 감소가 공칭 지름의 7% 초과 시 교환
   3. 현저한 변형, 비틀림, 부식이 없을 것

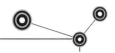

75 아세틸렌 용접 장치의 자체 검사 대상은?

(해답) 1. 아세틸렌 발생기   2. 안전기   3. 산소 조정기   4. 도관   5. 취관

76 프레스기의 수인식 방호 장치의 설치 요령을 쓰시오.

(해답) 1. 수인용 줄은 사용중 늘어나거나 끊어지지 않는 튼튼한 줄을 사용할 것(직경은 4mm 이상, 파단 강도는 150kg 이상)
2. 사용자에 따라 수인용 줄은 조정이 가능할 것
3. 매 분당 행정수는 120 이하, 행정 길이는 40mm 이상의 프레스기에 설치할 것

77 컨베이어의 사용 전 점검 사항 4가지를 쓰시오.

(해답) 1. 원동기 및 풀리 기능의 이상 유무
2. 이탈 등의 방지 장치 기능의 이상 유무
3. 비상 정지 장치 기능의 이상 유무
4. 원동기, 회전축, 기어 및 풀리 등의 덮개 또는 울 등의 이상 유무

78 기계, 기구의 안전 조건 5가지를 쓰시오.

(해답) 1. 외관상 안전화   2. 기능의 안전화   3. 구조적 안전화
4. 작업점의 안전화   5. 작업의 안전화   6. 보전성 개선

79 롤러의 손 조작 로프식 방호 장치의 설치 요령 3가지를 쓰시오.

(해답) 1. 손 조작 로프식은 바닥에서 1.8m 이내에 설치할 것
2. 로프식 조작부는 롤러 전·후면에 각각 1개씩 설치하고 그 길이는 롤러 길이 이상일 것
3. 조작부에 사용하는 끈은 늘어나거나 끊어지지 않는 로프일 것
4. 급정지 장치는 롤러의 기동 장치를 조작하지 않으면 가동하지 않는 구조일 것

80 크레인을 이용하여 2ton의 화물을 다음 그림과 같이 인양하고자 할 때 와이어 로프 한 가닥에 걸리는 하중은?

(해답) $\text{W/R 한 가닥에 걸리는 하중} = \dfrac{\text{화물 무게}(w_1)}{2} \div \cos\dfrac{\theta}{2} = \dfrac{2{,}000}{2} \div \cos\dfrac{60°}{2} = 1154.7\text{kg}$

 MEMO

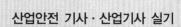

산업안전 기사 · 산업기사 실기

Part

5

전기 안전

Chapter 01 감전 재해

1.1 통전 전류의 크기와 인체에 미치는 영향

(1) 최소 감지 전류(perception current)

전류의 흐름을 느낄 수 있는 최소의 전류를 말하며, 성인 남자의 경우 상용 주파수 60Hz에서 1mA이다.

(2) 고통 한계 전류

전류의 흐름에 따라 고통을 견딜 수 있는 한계 전류치로서 성인 남자의 경우 7~8mA 정도를 말한다.

(3) 마비 한계 전류

신체 각 부의 근육이 수축 현상을 일으켜 신경이 마비되고 신체를 움직일 수 없으며, 말도 할 수 없는 상태의 전류로서 10~15mA 정도이다.

(4) 심실 세동 전류

인체에 흐르는 전류의 크기가 증가하게 되면, 전류의 일부가 심장 부분을 흐르게 되어 심장은 정상적인 맥동을 하지 못하게 되며 불규칙적인 세동을 하게 된다. 이때 혈액 순환이 곤란하며 심장이 마비되는 현상을 일으키게 되는데 이것을 심실 세동이라 한다.

〈통전 시간과 전류치의 관계식〉

$$I = \frac{165 \sim 185}{\sqrt{T}}\,(\text{mA})$$

여기서, I : 1,000명 중 5명 정도가 심실 세동을 일으키는 전류(mA)

T : 통전 시간(초)

즉, 심실 세동을 일으키는 위험 관계 전류치를 구해 보면 다음과 같다.

인체의 전기 저항을 500Ω이라 하면

$$W = I^2RT = \left(\frac{165}{\sqrt{T}} \times 10^{-3}\right)^2 \times 500 = 13.5\text{W·s} = 13.6\text{J}$$

1.2 , 전격에 영향을 주는 요인

(1) 감전 위험 요인(1차적 감전 위험 요인)

① 통전 전류의 세기(안전 한계 전류 30mA)
② 통전 경로(활선 작업 시 오른손 사용)
③ 통전 시간
④ 통전 전원의 종류(교류 60Hz의 전원의 위험)
　㉠ 직류 : 감전 시 화상의 위험
　㉡ 교류 : 감전 시 근육 마비 현상
⑤ 주파수 및 파형

(2) 2차적 감전 위험 요인

① 전압
② 인체의 조건
③ 계절

(3) 인체의 전기 저항

인체의 전기 저항은 성별, 개인차, 접촉 시간 등 여러 가지에 의하여 크게 차이가 있으며 피부의 저항은 약 2,500Ω, 내부 조직의 저항은 약 300Ω 정도로 본다.

① 발과 신발 사이의 저항 : 1,500Ω
② 신발과 대지 사이의 저항 : 700Ω
③ 전체 저항 : 5,000Ω

④ 피부에 땀이 있을 경우 : $\frac{1}{12} \sim \frac{1}{20}$로 저항률 저하

⑤ 물에 젖어 있을 경우 : $\frac{1}{25}$로 저항률 저하

⑥ 인체 부위별 저항률 : 피부 > 뼈 > 근육 > 혈액 > 내부 조직
⑦ 피부의 전기 저항 : 피부의 전기 저항은 습도, 접촉 면적, 인가 전압, 인가 시간에 의해 크게 좌우된다.

(4) 전압의 구분

|표 5-1| 전압의 구분

전원의 종류	저 압	고 압	특고압
직류(DC)	1,500V 이하	1,500V 초과~7,000V 이하	7,000V 초과
교류(AC)	1,000V 이하	1,000V 초과~7,000V 이하	7,000V 초과

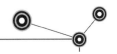

1.3 감전 사고 방지 대책

(1) 감전 사고 예방 대책

① 전기 설비의 점검 철저
② 전기 기기에 위험 표지
③ 유자격자 이외에는 전기 기계, 기구의 조작 금지
④ 설비의 필요 부분에는 보호 접지
⑤ 노출된 충전 부분에는 절연용 방호구 설치
⑥ 재해 발생 시의 처리 순서를 미리 작성해 둘 것
⑦ 전기 기기 및 설비의 정비
⑧ 관리 감독자는 작업에 대한 안전 교육 시행
⑨ 고전압 선로 및 충전부에 근접하여 작업하는 작업자에게 절연용 보호구를 착용시킬 것

(2) 전기 기계·기구에 의한 감전 방지 대책

1) 직접 접촉에 의한 감전 방지

① 충전부가 노출되지 않도록 폐쇄형 외함이 있는 구조로 할 것
② 충전부에 충분한 절연 효과가 있는 방호망 또는 절연 덮개를 설치할 것
③ 충전부는 내구성이 있는 절연물로 완전히 덮어 감쌀 것
④ 발전소·변전소 및 개폐소 등 구획되어 있는 장소로서 관계 근로자가 아닌 사람의 출입이 금지되는 장소에 충전부를 설치하고 위험 표시 등의 방법으로 방호를 강화할 것
⑤ 전주 위 및 철탑 위 등 격리되어 있는 장소로서 관계 근로자가 아닌 사람의 접근할 우려가 없는 장소에 충전부를 설치할 것

2) 간접 접촉에 의한 방지 대책

① 보호 절연
② 안전 전압 이하의 전기 기기 사용
③ 보호 접지

(3) 누전 차단기

사용 전압 60V를 초과하는 저압의 금속제 외함을 가지는 전기 기계, 기구에서 인체의 접촉 우려가 있는 장소 또는 누전 발생의 위험이 있는 장소에는 누전 차단기를 설치하여야 한다. 긴 계통의 저압 전로에는 누전 경보기를 설치하는 것이 더욱 좋다.

1) 누전 차단기의 종류

① **고속형** : 정격 감도 전류에서 0.1초 이내에 작동
② **보통형** : 정격 감도 전류에서 0.2초 이내에 작동
③ **지연형** : 정격 감도 전류에서 0.2초 이후에 작동

2) 누전 차단기의 선정 조건

① 전선의 인입구에 설치할 때에는 충격파 부동작형

② 저압 전로에 설치할 때에는 전류 동작형

③ 감전 보호형 누전 차단기는 고감도 고속형

3) 누전 차단기에 의한 감전 방지

다음의 전기 기계 · 기구에 대하여 누전에 의한 감전 위험을 방지하기 위하여 해당 전로의 정격에 적합하고 감도가 양호하며 확실하게 작동하는 감전 방지용 누전 차단기를 설치하여야 한다.

① 대지 전압이 150V를 초과하는 이동형 또는 휴대형 전기 기계 · 기구

② 물 등 도전성이 높은 액체가 있는 습윤 장소에서 사용하는 저압(1500V 이하 직류 전압이나 1000V 이하의 교류 전압을 말한다)용 전기 기계 · 기구

③ 철판 · 철골 위 등 도전성이 높은 장소에서 사용하는 이동형 또는 휴대형 전기 기계 · 기구

④ 임시 배선의 전로가 설치되는 장소에서 사용하는 이동형 또는 휴대형 전기 기계 · 기구

4) 감전 방지용 누전 차단기를 설치하기 어려운 경우에는 작업 시작 전에 접지선의 연결 및 접속부 상태 등이 적합한지 확실하게 점검하여야 한다.

5) 다음의 어느 하나에 해당하는 경우에는 적용하지 아니한다.

① 「전기용품 및 생활용품 안전관리법」이 적용되는 이중절연 구조 또는 이와 동등 이상으로 보호되는 구조로 된 전기 기계 · 기구

② 절연대 위 등과 같이 감전 위험이 없는 장소에서 사용하는 전기 기계 · 기구

③ 비접지 방식의 전로

6) 전기 기계 · 기구를 사용하기 전에 해당 누전 차단기의 작동 상태를 점검하고 이상이 발견되면 즉시 보수하거나 교환하여야 한다.

7) 누전 차단기를 접속하는 경우에 다음의 사항을 준수하여야 한다.

① 전기 기계 · 기구에 설치되어 있는 누전 차단기는 정격 감도 전류가 30mA 이하이고 작동 시간은 0.03초 이내일 것. 다만, 정격 전 부하 전류가 50A 이상인 전기 기계 · 기구에 접속되는 누전 차단기는 오작동을 방지하기 위하여 징격 감도 전류는 200mA 이하로, 작동 시간은 0.1초 이내로 할 수 있다.

② 분기 회로 또는 전기 기계 · 기구마다 누전 차단기를 접속할 것. 다만, 평상시 누설 전류가 매우 적은 소용량 부하의 전로에는 분기 회로에 일괄하여 접속할 수 있다.

③ 누전 차단기는 배전반 또는 분전반 내에 접속하거나 꽂음 접속기형 누전 차단기를 콘센트에 접속하는 등 파손이나 감전 사고를 방지할 수 있는 장소에 접속할 것

④ 지락 보호 전용 기능만 있는 누전 차단기는 과전류를 차단하는 퓨즈나 차단기 등과 조합하여 접속할 것

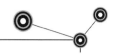

(4) 전기 기계·기구의 접지

① 사업주는 누전에 의한 감전의 위험을 방지하기 위하여 다음의 부분에 대하여 접지를 하여야 한다.

   ⊙ 전기 기계·기구의 금속제 외함, 금속제 외피 및 철대

   ⓒ 고정 설치되거나 고정배선에 접속된 전기 기계·기구의 노출된 비충전 금속체 중 충전될 우려가 있는 다음의 어느 하나에 해당하는 비충전 금속체

     • 지면이나 접지된 금속체로부터 수직거리 2.4m, 수평거리 1.5m 이내인 것

     • 물기 또는 습기가 있는 장소에 설치되어 있는 것

     • 금속으로 되어 있는 기기접지용 전선의 피복·외장 또는 배선관 등

     • 사용전압이 대지전압 150V를 넘는 것

   ⓒ 전기를 사용하지 아니하는 설비 중 다음의 어느 하나에 해당하는 금속체

     • 전동식 양중기의 프레임과 궤도

     • 전선이 붙어 있는 비전동식 양중기의 프레임

     • 고압(1,500V 초과 7,000V 이하의 직류전압 또는 1,000V 초과 7,000V 이하의 교류전압을 말한다. 이하 같다) 이상의 전기를 사용하는 전기 기계·기구 주변의 금속제 칸막이·망 및 이와 유사한 장치

   ⓔ 코드와 플러그를 접속하여 사용하는 전기 기계·기구 중 다음의 어느 하나에 해당하는 노출된 비충전 금속체

     • 사용전압이 대지전압 150V를 넘는 것

     • 냉장고·세탁기·컴퓨터 및 주변기기 등과 같은 고정형 전기 기계·기구

     • 고정형·이동형 또는 휴대형 전동 기계·기구

     • 물 또는 도전성(導電性)이 높은 곳에서 사용하는 전기 기계·기구, 비접지형 콘센트

     • 휴대형 손전등

   ⓜ 수중펌프를 금속제 물탱크 등의 내부에 설치하여 사용하는 경우 그 탱크(이 경우 탱크를 수중펌프의 접지선과 접속하여야 한다)

② 사업주는 다음의 어느 하나에 해당하는 경우에는 제1항을 적용하지 아니할 수 있다.

   ⊙ 「전기용품 및 생활용품 안전관리법」이 적용되는 이중절연 구조 또는 이와 같은 수준 이상으로 보호되는 구조로 된 전기 기계·기구

   ⓒ 절연대 위 등과 같이 감전 위험이 없는 장소에서 사용하는 전기 기계·기구

   ⓒ 비접지방식의 전로(그 전기 기계·기구의 전원측의 전로에 설치한 절연변압기의 2차 전압이 300볼트 이하, 정격용량이 3킬로볼트암페어 이하이고 그 절연전압기의 부하측의 전로가 접지되어 있지 아니한 것으로 한정한다)에 접속하여 사용되는 전기 기계·기구

③ 사업주는 특별고압(7천볼트를 초과하는 직교류전압을 말한다. 이하 같다)의 전기를 취급하는 변전소 · 개폐소, 그 밖에 이와 유사한 장소에서 지락(地絡) 사고가 발생하는 경우에는 접지극의 전위 상승에 의한 감전 위험을 줄이기 위한 조치를 하여야 한다.

④ 사업주는 제1항에 따라 설치된 접지 설비에 대하여 항상 적정 상태가 유지되는지를 점검하고 이상이 발견되면 즉시 보수하거나 재설치하여야 한다.

⑤ 사업주는 전기기계, 기구를 설치하려는 경우에는 다음 사항을 고려하여 적절하게 설치해야 한다.

　　㉠ 전기기계, 기구의 충분한 전기적 용량 및 기계적 강도

　　㉡ 습기, 분진 등 사용장소의 주위 환경

　　㉢ 전기적, 기계적 방호수단의 적정성

1.4 전격 시 응급 조치

(1) 피해자 구출

스위치를 끄고 신속하게 상해자를 구출하되, 당황하지 말고 침착하게 하며 구조자는 보호구를 착용하여 연쇄 재해를 방지하여야 한다.

(2) 관찰 사항

① 맥박(심장) 상태　　　　② 의식 상태
③ 호흡 상태　　　　　　　④ 골절 유무
⑤ 출혈 유무

(3) 인공 호흡

① 분당 12~15회의 속도로 30분 이상 반복 실시한다.

② 인체의 호흡이 멈추고 심장이 정지되었다 하더라도 인공 호흡을 실시하는 것이 바람직하다.

③ 인공 호흡 : 닐센법, 샤우엘법, 입맞추기법

연구　소생률

① 호흡 정지 후 1분 이내 인공 호흡 실시 : 95%
② 호흡 정지 후 3분 이내 인공 호흡 실시 : 75%
③ 호흡 정지 후 4분 이내 인공 호흡 실시 : 50%
④ 호흡 정지 후 5분 이내 인공 호흡 실시 : 25%

Chapter 02 전기 작업 안전

(1) 전기 작업 시 안전 대책

1) 전기 작업 시 안전을 위한 기본 대책

① 전기 설비의 품질 향상
② 전기 시설의 안전 관리 확립
③ 취급자의 자세

2) 과전류 차단 장치

과전류(정격 전류를 초과하는 전류로서 단락(短絡) 사고 전류, 지락 사고 전류를 포함하는 것을 말한다.)로 인한 재해를 방지하기 위하여 다음의 방법으로 과전류 차단 장치(차단기·퓨즈 또는 보호 계전기 등과 이에 수반되는 변성기(變成器)를 말한다.)를 설치하여야 한다.

① 과전류 차단 장치는 반드시 접지선이 아닌 전로에 직렬로 연결하여 과전류 발생 시 전로를 자동으로 차단하도록 설치할 것
② 차단기·퓨즈는 계통에서 발생하는 최대 과전류에 대하여 충분하게 차단할 수 있는 성능을 가질 것
③ 과전류 차단 장치가 전기 계통상에서 상호 협조·보완되어 과전류를 효과적으로 차단하도록 할 것

3) 전기 기계·기구의 조작 시 등의 안전 조치

① 전기 기계·기구의 조작 부분을 점검하거나 보수하는 경우에는 근로자가 안전하게 작업할 수 있도록 전기 기계·기구로부터 폭 70cm 이상의 작업 공간을 확보하여야 한다. 다만, 작업 공간을 확보하는 것이 곤란하여 근로자에게 절연용 보호구를 착용하도록 한 경우에는 그러하지 아니하다.
② 전기적 불꽃 또는 아크에 의한 화상의 우려가 있는 고압 이상의 충전 전로 작업에 근로자를 종사시키는 경우에는 방염 처리된 작업복 또는 난연(難燃) 성능을 가진 작업복을 착용시켜야 한다.

4) 이동 및 휴대 장비 등의 사용 전기 작업

이동 중에나 휴대 장비 등을 사용하는 작업에서 다음의 조치를 하여야 한다.

① 근로자가 착용하거나 취급하고 있는 도전성 공구·장비 등이 노출 충전부에 닿지 않도록 할 것

② 근로자가 사다리를 노출 충전부가 있는 곳에서 사용하는 경우에는 도전성 재질의 사다리를 사용하지 않도록 할 것

③ 근로자가 젖은 손으로 전기 기계·기구의 플러그를 꽂거나 제거하지 않도록 할 것

④ 근로자가 전기 회로를 개방, 변환 또는 투입하는 경우에는 전기 차단용으로 특별히 설계된 스위치, 차단기 등을 사용하도록 할 것

⑤ 차단기 등의 과전류 차단 장치에 의하여 자동 차단된 후에는 전기 회로 또는 전기 기계·기구가 안전하다는 것이 증명되기 전까지는 과전류 차단 장치를 재투입하지 않도록 할 것

(2) 정전 작업

1) 정전 전로에서의 전기 작업

근로자가 노출된 충전부 또는 그 부근에서 작업함으로써 감전될 우려가 있는 경우에는 작업에 들어가기 전에 해당 전로를 차단하여야 한다. 다만, 다음의 경우에는 그러하지 아니하다.

① 생명 유지 장치, 비상 경보 설비, 폭발 위험 장소의 환기 설비, 비상 조명 설비 등의 장치·설비의 가동이 중지되어 사고의 위험이 증가되는 경우

② 기기의 설계상 또는 작동상 제한으로 전로 차단이 불가능한 경우

③ 감전, 아크 등으로 인한 화상, 화재·폭발의 위험이 없는 것으로 확인된 경우

2) 위 1)의 전로 차단은 다음의 절차에 따라 시행하여야 한다.

① 전기 기기 등에 공급되는 모든 전원을 관련 도면, 배선도 등으로 확인할 것

② 전원을 차단한 후 각 단로기 등을 개방하고 확인할 것

③ 차단 장치나 단로기 등에 잠금 장치 및 꼬리표를 부착할 것

④ 개로된 전로에서 유도 전압 또는 전기 에너지가 축적되어 근로자에게 전기 위험을 끼칠 수 있는 전기 기기 등은 접촉하기 전에 잔류 전하를 완전히 방전시킬 것

⑤ 검전기를 이용하여 작업 대상 기기가 충전되었는지를 확인할 것

⑥ 전기 기기 등이 다른 노출 충전부와의 접촉, 유도 또는 예비 동력원의 역송전 등으로 전압이 발생할 우려가 있는 경우에는 충분한 용량을 가진 단락 접지 기구를 이용하여 접지할 것

3) 위 1) 각 호 외의 부분 본문에 따른 작업 중 또는 작업을 마친 후 전원을 공급하는 경우에는 작업에 종사하는 근로자 또는 그 인근에서 작업하거나 정전된 전기 기기 등(고정 설치된 것으로 한정한다.)과 접촉할 우려가 있는 근로자에게 감전의 위험이 없도록 다음의 사항을 준수하여야 한다.

① 작업 기구, 단락 접지 기구 등을 제거하고 전기 기기 등이 안전하게 통전될 수 있는지를 확인할 것

② 모든 작업자가 작업이 완료된 전기 기기 등에서 떨어져 있는지를 확인할 것

③ 잠금 장치와 꼬리표는 설치한 근로자가 직접 철거할 것

④ 모든 이상 유무를 확인한 후 전기 기기 등의 전원을 투입할 것

4) 전로 또는 지지물의 신설, 증설, 이설, 접속, 교체, 수리 등의 전기 공사 시 위험 전로를 정전시키고 작업을 실시할 때의 조치 사항

① 작업 전
  ㉠ 작업 지휘자 임명
  ㉡ 개로 개폐기의 시건 또는 표지
  ㉢ 잔류 전하 방전
  ㉣ 검전기에 의한 정전 확인
  ㉤ 단락 접지
  ㉥ 근접 활선에 대한 절연 방호

② 작업 중
  ㉠ 작업 지휘자에 의한 지휘
  ㉡ 개폐기의 관리
  ㉢ 근접 활선의 방호 상태 관리
  ㉣ 단락 접지의 상태 관리

③ 작업 후
  ㉠ 단락 접지 기구 철거
  ㉡ 표식의 철거
  ㉢ 작업자에 대한 위험이 없음을 확인
  ㉣ 개폐기를 투입해서 송전 재개

5) 정전 작업 요령

① 작업 책임자 임명, 정전 범위, 절연용 보호구의 이상 유무 점검 및 활선 접근 경보 장치의 휴대 등 작업 시작 전에 필요한 사항

② 전로 또는 설비의 정전 순서에 관한 사항

③ 개폐기 관리 및 표지판 부착에 관한 사항

④ 정전 확인 순서에 관한 사항

⑤ 단락 접지 실시에 관한 사항

⑥ 전원 재투입 순서에 관한 사항

⑦ 점검 또는 시운전을 위한 일시 운전에 관한 사항

⑧ 교대 근무 시 근무 인계에 필요한 사항

6) ISSA(국제사회안전협회)의 정전 작업의 5대 안전 수칙(정전 절차)

① 작업 전 전원 차단

② 전원 투입의 방지

③ 작업 장소의 무전압 여부 확인

④ 단락 접지

⑤ 작업 장소의 보호

(3) 활선 작업

1) 충전 전로에서의 전기 작업

① 근로자가 충전 전로를 취급하거나 그 인근에서 작업하는 경우에는 다음의 조치를 하여야 한다.

㉠ 충전 전로를 정전시키는 경우에는 정전 전로에서의 전기 작업에 따른 조치를 할 것

㉡ 충전 전로를 방호, 차폐하거나 절연 등의 조치를 하는 경우에는 근로자의 신체가 전로와 직접 접촉하거나 도전 재료, 공구 또는 기기를 통하여 간접 접촉되지 않도록 할 것

㉢ 충전 전로를 취급하는 근로자에게 그 작업에 적합한 절연용 보호구를 착용시킬 것

㉣ 충전 전로에 근접한 장소에서 전기 작업을 하는 경우에는 해당 전압에 적합한 절연용 방호구를 설치할 것. 다만, 저압인 경우에는 해당 전기 작업자가 절연용 보호구를 착용하되, 충전 전로에 접촉할 우려가 없는 경우에는 절연용 방호구를 설치하지 아니할 수 있다.

㉤ 고압 및 특별 고압의 전로에서 전기 작업을 하는 근로자에게 활선 작업용 기구 및 장치를 사용하도록 할 것

㉥ 근로자가 절연용 방호구의 설치·해체 작업을 하는 경우에는 절연용 보호구를 착용하거나 활선 작업용 기구 및 장치를 사용하도록 할 것

㉦ 유자격자가 아닌 근로자가 충전 전로 인근의 높은 곳에서 작업할 때에 근로자의 몸 또는 긴 도전성 물체가 방호되지 않은 충전 전로에서 대지 전압이 50kV 이하인 경우에는 300cm 이내로, 대지 전압이 50kV를 넘는 경우에는 10kV당 10cm씩 더한 거리 이내로 각각 접근할 수 없도록 할 것

㉧ 유자격자가 충선 선로 인근에서 작업하는 경우에는 다음의 경우를 제외하고는 노출 충전부에 다음 표에 제시된 접근 한계 거리 이내로 접근하거나 절연 손잡이가 없는 도전체에 접근할 수 없도록 할 것

• 근로자가 노출 충전부로부터 절연된 경우 또는 해당 전압에 적합한 절연 장갑을 착용한 경우

• 노출 충전부가 다른 전위를 갖는 도전체 또는 근로자와 절연된 경우

• 근로자가 다른 전위를 갖는 모든 도전체로부터 절연된 경우

| 표 5-2 | 접근 한계 거리

충전 전로의 선간 전압(kV)	충전 전로에 대한 접근 한계 거리(cm)
0.3 이하	접촉 금지
0.3 초과 0.75 이하	30
0.75 초과 2 이하	45
2 초과 15 이하	60
15 초과 37 이하	90
37 초과 88 이하	110
88 초과 121 이하	130
121 초과 145 이하	150
145 초과 169 이하	170
169 초과 242 이하	230
242 초과 362 이하	380
362 초과 550 이하	550
550 초과 800 이하	790

② 절연이 되지 않은 충전부나 그 인근에 근로자가 접근하는 것을 막거나 제한할 필요가 있는 경우에는 울타리를 설치하고 근로자가 쉽게 알아볼 수 있도록 하여야 한다. 다만, 전기와 접촉할 위험이 있는 경우에는 도전성이 있는 금속제 방책을 사용하거나, 위의 표에 정한 접근 한계 거리 이내에 설치해서는 아니 된다.

③ 제2항의 조치가 곤란한 경우에는 근로자를 감전 위험에서 보호하기 위하여 사전에 위험을 경고하는 감시인을 배치하여야 한다.

2) 충전 전로 인근에서의 차량·기계 장치 작업

① 충전 전로 인근에서 차량, 기계 장치 등의 작업이 있는 경우에는 차량 등을 충전 전로의 충전부로부터 300cm 이상 이격시켜 유지시키되, 대지 전압이 50kV를 넘는 경우 이격시켜 유지하여야 하는 거리는 10kV 증가할 때마다 10cm씩 증가시켜야 한다. 다만, 차량 등의 높이를 낮춘 상태에서 이동하는 경우에는 이격 거리를 120cm 이상(대지 전압이 50kV를 넘는 경우에는 10kV 증가할 때마다 이격 거리를 10cm씩 증가)으로 할 수 있다.

② 제1항에도 불구하고 충전 전로의 전압에 적합한 절연용 방호구 등을 설치한 경우에는 이격 거리를 절연용 방호구 앞면까지로 할 수 있으며, 차량 등의 가공 붐대의 버킷이나 끝부분 등이 충전 전로의 전압에 적합하게 절연되어 있고 유자격자가 작업을 수행하는 경우에는 붐대의 절연되지 않은 부분과 충전 전로 간의 이격 거리는 표 5-2에 따른 접근 한계 거리까지로 할 수 있다.

③ 다음의 경우를 제외하고는 근로자가 차량 등의 그 어느 부분과도 접촉하지 않도록 방책을 설치하거나 감시인 배치 등의 조치를 하여야 한다.

　　　　㉠ 근로자가 해당 전압에 적합한 절연용 보호구 등을 착용하거나 사용하는 경우

　　　　㉡ 차량 등의 절연되지 않은 부분이 표에 따른 접근 한계 거리 이내로 접근하지 않도록 하는 경우

　　④ 충전 전로 인근에서 접지된 차량 등이 충전 전로와 접촉할 우려가 있을 경우에는 지상의 근로자가 접지점에 접촉하지 않도록 조치하여야 한다.

3) 활선 작업 요령의 작성

　　① 작업 책임자의 임명, 작업 범위 등 작업 시작 전에 필요한 사항
　　② 작업 장소의 주변 상태, 작업 범위 등 작업 시작 전에 필요한 사항
　　③ 절연용 방호구 및 활선 작업용 기구·장치 등의 준비 및 사용에 관한 사항
　　④ 절연용 보호구의 착용 및 이상 유무의 점검에 관한 사항
　　⑤ 작업 중단에 관한 사항
　　⑥ 교대 근무 시 근무 인계에 관한 사항
　　⑦ 작업 장소의 관계 근로자 외의 자의 출입 금지에 관한 사항

(4) 절연용 보호 장구

1) 절연용 보호 장구의 종류

　　① 절연용 보호구
　　② 절연용 방호구
　　③ 활선 작업 용구
　　④ 접지 용구
　　⑤ 표지 용구
　　⑥ 검출 용구

2) 절연 보호구 착용

사업주는 충전 전로에 절연 방호구를 장착시키거나 철거하는 등 충전 전로에 접촉할 위험이 있는 작업을 수행하게 할 때에는 작업자에게 다음에서 정하는 보호구를 반드시 지급하여 착용케 한 후에 작업에 임하도록 한다.

　　① 손 : 저압용 고무 장갑
　　② 어깨, 팔 등 : 절연의 또는 활선 접근 경보기가 부착된 의복
　　③ 머리 : 절연용 안전모 또는 활선 접근 경보기가 부착된 안전모
　　④ 다리 : 고무 장화 등 절연화

3) 절연 보호구 사용 전 점검

절연용 보호구는 당일 사용 전에 반드시 점검하고 이상이 있는 것은 보수 교체하여야 한다.

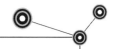

① 고무 장갑이나 고무 장화에 대해서는 공기 점검을 실시할 것

② 고무 소매 또는 절연의 등은 육안으로 점검할 것

③ 활선 접근 경보기는 시험 단추를 눌러 소리가 나는지 점검할 것

4) 절연용 보호구 등의 사용

① 다음의 작업에 사용하는 절연용 보호구, 절연용 방호구, 활선 작업용 기구, 활선 작업용 장치에 대하여 각각의 사용 목적에 적합한 종별·재질 및 치수의 것을 사용하여야 한다.

    ㉠ 밀폐 공간에서의 전기 작업

    ㉡ 이동 및 휴대 장비 등을 사용하는 전기 작업

    ㉢ 정전 전로 또는 그 인근에서의 전기 작업

    ㉣ 충전 전로에서의 전기 작업

    ㉤ 충전 전로 인근에서의 차량·기계 장치 등의 작업

② 절연용 보호구 등이 안전한 성능을 유지하고 있는지를 정기적으로 확인하여야 한다.

③ 근로자가 절연용 보호구 등을 사용하기 전에 흠·균열·파손, 그 밖의 손상 유무를 발견하여 정비 또는 교환을 요구하는 경우에는 즉시 조치하여야 한다.

2.2. 접지 설비

(1) 접지 공사의 목적

❙표 5-3❙ 접지 공사의 목적

접지의 종류	목 적
계통 접지	고압 전로와 저압 전로가 혼촉되었을 때의 감전이나 화재 방지
기기 접지	누전되고 있는 기기에 접촉되었을 때의 감전 방지
피뢰기 접지	낙뢰로부터 전기 기기의 손상을 방지
정전기 장해 방지용 접지	정전기 축적에 의한 폭발 재해 방지
지락 검출용 접지	누전 차단기의 동작을 확실하게 한다.
등전위 접지	병원에 있어서의 의료 기기 사용 시의 안전
잡음 대책용 접지	잡음에 의한 electronics 장치의 파괴나 오동작을 방지
기능용 접지	전기 방식 설비 등의 접지

(2) 접지 공사의 종류

| 표 5-4 | 접지 공사의 종류

접지 종별	공작물 또는 기기의 종류	접지선의 굵기	접지 저항
제1종	• 피뢰기 • 고압 또는 특별 고압용 기기의 철대 및 금속제 외함 • 주상에 설치하는 3상 4선식 접지 계통 변압기 및 기기 외함	단면적 $6mm^2$ 이상의 연동선	10Ω 이하
제2종	주상에 설치하는 비접지 계통의 고압 주상 변압기의 저압측 중성점 또는 저압측의 한 단자와 그 변압기의 외함	단면적 $16mm^2$ 이상의 연동선 (고압 전로 또는 특별 고압 가공 전선로의 전로와 저압 전로를 변압기에 의하여 결합하는 경우에는 $6mm^2$ 이상)	$\dfrac{150}{1선\ 지락\ 전류[\Omega]}$ 이하
제3종	• 철주, 철탑 등 • 교류 전차선이 교차하는 고압 전선로 완금 • 주상에 시설하는 고압 콘덴서, 고압 전압 조정기 및 고압 개폐기 등 기기의 외함 • 옥내 또는 지상에 시설하는 400V 이하 저압 기기의 외함	단면적 $2.5mm^2$ 이상의 연동선	100Ω 이하
특별 제3종	옥내 또는 지상에 시설하는 400V를 넘는 저압 기기의 외함	단면적 $2.5mm^2$ 이상의 연동선	10Ω 이하

(3) 접지 공사가 생략되는 장소

① 건조한 장소에 설치한 기계 · 기구이며 사용 전압이 직류 300V 또는 교류 대지 전압이 150V 이하인 곳
② 목재 마루 등 건조한 장소에서 전기 기기를 취급하는 곳
③ 철대와 외함의 주위에 절연대를 설치하고 취급하는 기계 · 기구
④ 전기용품안전관리법의 적용을 받은 이중 절연 기계 · 기구
⑤ 전기용품안전관리법의 적용을 받은 누전 차단기로 보호된 저압 전로의 기계 · 기구
⑥ 기타 플라스틱 등으로 몰드된 계기용 변성기의 철심

2.3. 교류 아크 용접기의 안전

(1) 아크 용접기

용접 아크에 전력을 공급해 주는 장치이며, 용접에 적합하도록 낮은 전압에서 큰 전류가 흐를 수 있도록 제작되어 있다.

(2) 전격 방지 장치

무부하 전압이 85~95V로 비교적 높은 교류 아크 용접기는 감전 재해의 위험이 있기 때문에 용접공을 보호하기 위해 전격 방지 장치를 사용한다.

1) 아크가 발생되기 전에는 보조 변압기에 의해 용접기의 2차 무부하 전압을 20~30V 이하로 유지하고, 용접봉을 모재에 접속하는 순간에만 릴레이가 작동하여 용접 작업이 가능하도록 되어 있다. 용접이 끝나면 자동적으로 릴레이가 차단되며, 2차 무부하는 다시 25V 이하가 된다. 휴식을 할 때도 25V를 유지한다.

2) 아크 용접 장치의 자동 전격 방지 장치의 성능 기준
① 아크 발생을 정지시킨 후로부터 주접점이 개로될 때까지의 시간을 1.0초 이내로 한다.
② 이때 2차 무부하 전압은 25V 이내로 한다.

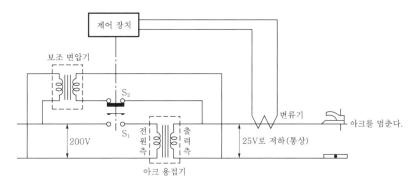

|그림 5-1| 자동 전격 방지 장치

3) 자동 전격 방지 장치의 부착
장치를 용접기에 부착할 때에는 다음 사항에 유의하여야 한다.
① 연직(불가피한 경우는 연직에서 20° 이내)으로 설치할 것
② 용접기의 이동, 전자 접촉기의 작동 등으로 인한 진동, 충격에 견딜 수 있도록 할 것
③ 표시등(외부에서 전격 방지기의 작동 상태를 판별할 수 있는 램프를 말한다.)이 보기 쉽고, 점검용 스위치(전격 방지기의 작동 상태를 점검하기 위한 스위치를 말한다.)의 조작이 용이하도록 설치할 것
④ 용접기의 전원측에 접속하는 선과 출력측에 접속하는 선을 혼동되지 않도록 할 것

⑤ 접속 부분은 확실하게 접속하여 이완되지 않도록 할 것

⑥ 접속 부분을 절연 테이프, 절연 커버 등으로 절연시킬 것

⑦ 전격 방지기의 외함은 접지시킬 것

⑧ 용접기 단자의 극성이 정해져 있는 경우에는 접속 시 극성이 맞도록 할 것

⑨ 전격 방지기와 용접기 사이의 배선 및 접속 부분에 외부의 힘이 가해지지 않도록 할 것

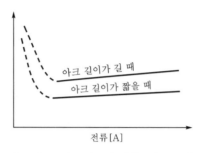

| 그림 5-2 | 아크의 전압, 전류 특성

4) 교류 아크 용접기 등

① 사업주는 아크 용접 등(자동 용접은 제외한다)의 작업에 사용하는 용접봉의 홀더에 대하여 한국산업표준에 적합하거나 그 이상의 절연 내력 및 내열성을 갖춘 것을 사용하여야 한다.

② 사업주는 다음의 어느 하나에 해당하는 장소에서 교류 아크 용접기(자동으로 작동되는 것은 제외한다)를 사용하는 경우에는 교류 아크 용접기에 자동 전격 방지기를 설치하여야 한다.

   ㉠ 선박의 이중 선체 내부, 밸러스트 탱크(ballast tank, 평형수 탱크), 보일러 내부 등 도전체에 둘러싸인 장소

   ㉡ 추락할 위험이 있는 높이 2미터 이상의 장소로 철골 등 도전성이 높은 물체에 근로자가 접촉할 우려가 있는 장소

   ㉢ 근로자가 물·땀 등으로 인하여 도전성이 높은 습윤 상태에서 작업하는 장소

(3) 용접기의 설치 장소

자동 전격 방지 장치를 부착한 용접기는 다음 조건에 적합한 장소에 설치하여야 한다.

① 주위 온도가 -20℃ 이상 40℃ 이하의 범위에 있을 것

② 습기, 분진, 유증, 부식성 가스, 다량의 염분이 포함된 공기 등을 피할 수 있도록 할 것

③ 비바람이 노출되지 않을 것

④ 전격 방지기의 설치면이 연직에 대하여 20°를 넘는 경사가 되지 않도록 할 것

⑤ 폭발성 가스가 존재하지 않는 장소일 것

⑥ 진동 또는 충격이 가해질 우려가 없을 것

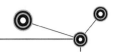

(4) 용접기의 전원

자동 전격 방지 장치를 부착한 용접기의 전원측 전압은 용접기 압력 전압의 85%에서 110%까지의 범위가 되도록 한다.

(5) 시작 전 점검

① 전격 방지기 외함의 접지 상태
② 전격 방지기 외함의 뚜껑 상태
③ 전격 방지기와 용접기와의 배선 및 이에 부속된 접속 기구의 피복 또는 외장의 손상 유무
④ 전자 접촉기의 작동 상태
⑤ 이상소음, 이상냄새 발생 유무

(6) 정기 점검

사업주는 안전 관리자 등 유자격자로 하여금 자동 전격 방지 장치에 대하여 1년에 1회 이상 다음 사항을 점검하고 그 결과를 기록하여야 하며, 점검 결과 이상을 발견할 때에는 즉시 보수, 기타 필요한 조치를 하여야 한다.
① 용접기 외함에 전격 방지기의 부착 상태
② 전격 방지기 및 용접기의 배선 상태
③ 외함의 변형, 파손 여부 및 개스킷 노화 상태
④ 표시등의 손상 유무
⑤ 퓨즈 이상 유무
⑥ 전자 접촉기 주접점 및 기타 보조 접점의 마모 상태
⑦ 점검용 스위치의 작동 및 파손 유무
⑧ 이상소음, 이상냄새 발생 유무

(7) 기타 주의 사항

1) 아크 용접 시 위험성
① 감전
② 유해 가스, 흄 등에 의한 질식
③ 유해 광선에 의한 전기성 안염(320 μm보다 짧은 파장의 자외선)
④ 화상
⑤ 화재 발생

2) 용접기에서 감전되기 쉬운 곳
① 용접기 케이스　　② 용접봉 와이어　　③ 용접봉 홀더　　④ 용접기 리더 단자

3) 아크의 길이
2~3mm(전압에 비례)

4) 유해 광선 차단
용접 시 반드시 앞치마를 착용한다.

Chapter 03

전기 화재 및 정전기 피해

3.1 전기 화재

(1) 단락 및 혼촉

단락이란 2개 이상의 전선이 서로 접촉하는 현상으로 많은 전류가 흐르게 되어 배선에 고열이 발생하게 되며, 단락 순간에 폭음과 함께 녹아버리는 것으로서 단락된 순간의 전압은 1,000~1,500A 정도가 된다. 단락 방지를 위해서 퓨즈, 누전 차단기 등을 설치한다.

 단락에 의한 발화 형태

다음과 같은 경우에 화재가 발생한다.
① 단락점에서 발생하는 스파크가 주위의 인화성 가스 또는 물질에 연소한 경우
② 단락 순간의 가열된 전선이 주위의 인화성 물질 또는 가연성 물체에 접촉한 경우
③ 단락점 이외에 전선 피복이 연소하는 경우

혼촉이란 고압선과 저압 가공선이 병가된 경우 접촉으로 인해 발생하는 것과 1, 2차로 코일의 절연 파괴로 인하여 발생한다.

혼촉에 의한 위험을 방지하기 위해서 전기설비기술기준령 제24조에서는 변압기의 저압측의 중성점에 제2종 접지 공사를 하며, 중성점에 접지 공사를 하기 어려울 때는 저압측의 1단자에 금속제의 혼촉 방지판이 있고 여기에 제2종 접지 공사를 시행할 것을 규정하고 있다.

(2) 누전과 지락

1) 누전

전류가 설계된 부분 이외의 곳에 흐르는 현상으로 누전 전류는 최대 공급 전류의 1/2,000을 넘지 않아야 한다.

2) 지락

누전 전류의 일부가 대지로 흐르게 되는 것으로 보호 접지를 하여야 한다.

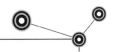

3) 전기 기기 누전에 의한 감전 방지 대책
① 절연 열화의 방지
② 과열, 습기, 부식의 방지
③ 충전부와 수도관, 가스관 등과 이격
④ 퓨즈, 누전 차단기 설치

4) 누전 화재의 3요소
① 누전점
② 발화점
③ 접지점

(3) 전기 누전에 의한 감전 방지 대책

① 보호 접지
② 이중 절연 기기 사용
③ 비접지식 전로의 채용
④ 누전 차단기 설치

(4) 절연 불량의 주원인

① 높은 이상 전압 등에 의한 전기적 요인
② 진동, 충격 등에 의한 기계적 요인
③ 산화 등에 의한 화학적 요인
④ 온도 상승에 의한 열적 요인

3.2. 피뢰기

(1) 피뢰기의 설치 장소

① 발전소, 변전소 또는 이에 준하는 장소의 가공 전선 인입구 및 인출구
② 가공 전선로에 접속되는 배전용 변압기의 고압측 및 특별 고압측
③ 고압 가공 전선로로부터 공급을 받는 수전 전력의 용량이 500kW 이상의 수용 장소의 인입구
④ 특고압 가공 전선으로부터 공급을 받는 수용 장소의 인입구
⑤ 배전 선로 차단기, 개폐기의 전원측 및 부하측
⑥ 콘덴서의 전원측

(2) 피뢰기가 구비해야 할 성능

① 반복 동작이 가능할 것
② 구조가 견고하며 특성이 변화하지 않을 것
③ 점검, 보수가 간단할 것
④ 충격 방전 개시 전압과 제한 전압이 낮을 것
⑤ 뇌전류의 방전 능력이 크고, 속류의 차단이 확실하게 될 것

(3) 피뢰기의 접지

① 피뢰기의 접지는 매설 전극과 최단 거리가 되도록 각 접속점을 연결한다.
② 피뢰기의 접지는 기기의 외함, 철골, 제어용 케이블 등과의 거리를 최소한 2m 이상 유지한다.
③ 피뢰기의 접지는 제1종 접지 공사(접지선 굵기 : 2.6mm 이상, 접지 저항 : 10Ω 이하)를 해야 한다.

(4) 피뢰침 설치 시 준수 사항

① 피뢰침의 보호 범위는 뇌격의 직격 위험으로부터 보호를 받을 수 있는 범위
② 피뢰침을 접지하기 위한 접지극과 대지간의 접지 저항은 10Ω 이하로 할 것
③ 피뢰침과 접지극을 연결하는 피뢰 도선은 단면적이 $30mm^2$ 이상인 동선을 사용하여 확실하게 접속할 것
④ 피뢰침은 가연성 가스 등이 누설될 우려가 있는 밸브, 게이지 및 배기구 등의 시설물로부터 1.5m 이상 떨어진 장소에 설치할 것

(5) 피뢰침의 구조

① 돌침 : 돌침은 12mm 이상의 동봉을 사용하여 1.5m 정도의 높이에 설치
② 피뢰 도선 : 일반적으로 나동 연선을 많이 사용하며, 인하 도선은 길이가 가장 짧게 설치

(6) 피뢰침 설치 대상

① 20m 이상의 구조물
② 위험물, 폭발물 등의 저장소
③ 피뢰침을 거꾸로 설치해야 하는 곳 : 수력 발전소

(7) 피뢰침의 보호 여유도

$$여유도(\%) = \frac{충격\ 절연\ 강도 - 제한\ 전압}{제한\ 전압} \times 100$$

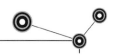

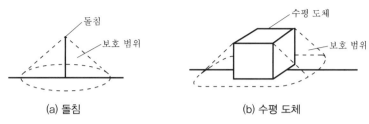

|그림 5-3| 보호 범위

(a) 돌침   (b) 수평 도체

피뢰기의 제한 전압이 735kV, 충격 절연 강도가 1,050kV라면 보호 여유도는?

풀이 여유도$(\%) = \dfrac{1{,}050 - 735}{735} \times 100 = 42.86\%$

(8) 피뢰침의 접지 공사

① 피뢰침의 종합 접지는 10Ω 이하로 하고, 단독 접지 저항치는 20Ω 이하로 한다.

② 각 인하 도선마다 1개 이상의 접지극을 접속한다.

③ 타 접지극과의 이격 거리는 2m 이상으로 한다.

④ 지하 50cm 이상 깊이의 곳에서는 30mm^2 이상의 나동선으로 접속한다.

(9) 피뢰기의 점검

1) 피뢰기 점검 사항

피뢰기 점검은 매년 뇌우기(6~7월경) 전에 실시하는 것이 바람직하다.

① 접지 저항 측정

② 지상의 각 접속부 검사

③ 지상의 단선, 용융, 기타 손상 개소의 유무 검사

④ 피뢰 설비의 4등급

2) 피뢰 설비 등급

피뢰 설비는 보호 능력면에서 다음과 같이 4등급으로 나누어진다.

① 완전 보호

② 증강 보호

③ 보통 보호

④ 간이 보호

3.3 정전기 발생 및 영향

(1) 정전기에 의한 위험성

① 전격의 위험

② 정전기 방전 불꽃에 의한 화재, 폭발

③ 생산 장해

(2) 정전기 발생

정전기는 물체의 접촉, 분리에 의하여 발생되며, 일반적으로 동종의 물체에서도 접촉, 분리에 의하여 발생된다.

1) 물체 A, B의 접촉에 의한 발생

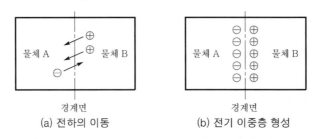

(a) 전하의 이동   (b) 전기 이중층 형성

┃그림 5-4┃ 정전기 발생Ⅰ(물체 A, B의 접촉에 의한)

2) 기계적 작용으로 인한 분리에 의한 발생

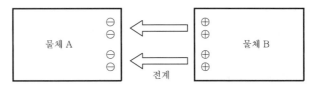

(c) 전하 분리에 의한 정전기 발생

┃그림 5-5┃ 정전기 발생Ⅱ(기계적 작용으로 인한 분리에 의한)

3) 정전기 발생에 영향을 주는 요인

① 물체의 특성

② 물체의 표면 상태

③ 접촉 면적 및 압력

④ 분리 속도

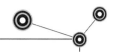

(3) 대전 형태

① **마찰 대전** : 고체, 액체, 분체류에서 주로 발생되며 두 물체의 접촉, 분리 등에 의해 마찰을 일으킬 때 열에너지에 의한 전자의 이동으로 발생하는 현상이다.(마찰 속도가 빠를수록, 도전성이 낮을수록, 대전 서열의 차가 클수록 많이 발생한다.)

② **유동 대전** : 액체류를 파이프를 통해서 이동시킬 때 액체와 관벽 사이에서 발생하는 현상으로 액체의 유동 속도가 빠를수록 많이 발생한다.(속도의 1.5~2배의 제곱에 비례) 배관 내의 유체의 유속은 1m/s 이하이어야 한다.

③ **박리 대전** : 서로 밀착되어 있는 물체가 박리되었을 때, 전하의 분리가 일어나서 발생하는 정전기 현상으로 마찰 대전보다 큰 정전기가 발생되며, 접촉 면적, 접촉면의 밀착력, 박리 속도 등에 영향을 받는다.

④ **분출 대전** : 분체류, 기체류, 액체류 등이 단면적이 작은 파이프를 통해서 분출할 때 마찰에 의해서 발생되는 현상이다.

⑤ **충돌 대전** : 입자 상호간, 다른 고체와의 충돌에 의해서 빠르게 접촉, 분리가 행해지기 때문에 발생하는 현상이다.

⑥ **비말 대전** : 공간에 분출된 액체류가 가늘게 비산해서 분리되고, 많은 물방울로 될 때 새로운 표면을 형성하기 위해 발생되는 현상이다.

(4) 정전기 예방 대책

① 접지 조치

② 유속 조절(석유류 제품 1m/s 이하)

③ 대전 방지제 사용

④ 제전기 사용

⑤ 70% 이상의 상대 습도 부여

1) 제전기 사용

① **가전압식 제전기(교류)** : 방전침을 7,000V 정도의 전압으로 코로나 방전을 일으키고 발생된 이온으로 대전체의 전하를 재결합시키는 방법이다. 자기 방전식은 약간 전위가 남지만 이 방식은 거의 0에 가깝다. 직류 방식도 있다.

② **자기 방전식 제전기** : stainless(5μm), 카본(7μm), 도전성 섬유(50μm) 등에 의해 작은 코로나 방전을 일으켜서 제전한다. 50kV 내외의 높은 대전을 제거하는 것이 특징이고, 2kV 내외의 대전이 남는 것이 결점이다. 아세테이트 필름의 권취 공정, 셀로판 제조 공정, 섬유 공장 등에 유용하다.

③ **이온식 제전기** : 7,000V의 교류 전압이 인가된 침을 배치하고 코로나 방전에 의해 발생한 이온을 blower로 대전체에 내뿜는 방식이다. 분체의 제전에는 효과가 있다.

2) 보호구 착용

① **정전화 착용** : 인체에 대전된 정전기가 방전할 때 인체에 전격을 받고 또한 주위에 가연성 가스 등이 존재할 경우 화재, 폭발이 된다. 정전화를 착용하면 인체에 접지한 것과 마찬가지의 효과를 볼 수 있고, 인체 자체의 대전을 피할 수 있다.

보통 구두는 바닥 저항이 1,012Ω 정도가 되므로 인체에 대전한다. 따라서 바닥 저항이 $10^8 \sim 10^5 \Omega$ 정도 되는 정전화를 신으면 인체의 대전을 방지할 수 있다. 정전화의 바닥 저항 하한값을 $10^5 \Omega$으로 하는 것은 동전기에 의한 전격을 예방하기 위해서이다.

② **정전 작업의 착용** : 정전기는 습도 5%인 저습도의 장소에서 착용하고 있는 작업의에 대전하고 방전할 때 사고가 많이 일어난다. 인체 자체에 대전된 정전기는 인체가 도전체이므로 정전화를 신으면 대지로 흘러 버리지만 작업의 자체가 절연물이므로 정전기는 방전할 수 없다. 때문에 직경이 $50 \mu m$ 정도이고 표면에 도전성 물질을 코팅한 도전성 섬유(ECF)를 1~5cm 간격으로 짜 넣은 정전 작업의를 입으면 정전기 재해를 예방할 수 있다.

3) 정전기로 인한 화재, 폭발 방지

사업주는 정전기에 의한 화재, 폭발 등의 위험이 발생할 우려가 있는 설비에 대하여 접지, 제전기 사용 등 정전기 제거를 위해 필요한 조치를 하여야 한다.

① 위험물을 탱크로리·탱크차 및 드럼 등에 주입하는 설비
② 탱크로리·탱크차 및 드럼 등 위험물 저장 설비
③ 인화성 액체를 함유하는 도로 및 접착제 등을 제조·저장·취급 또는 도포(塗布)하는 설비
④ 위험물 건조 설비 또는 그 부속 설비
⑤ 인화성 고체를 저장 또는 취급하는 설비
⑥ 드라이클리닝 설비·염색 가공 설비 또는 모피류 등을 씻는 설비 등 인화성 유기용제를 사용하는 설비
⑦ 유압·압축 공기 또는 고전위 정전기 등을 이용하여 인화성 물질이나 가연성 분체(粉體)를 분무 또는 이송하는 설비
⑧ 고압가스를 이송하거나 저장, 취급하는 설비
⑨ 화약류 제조 설비
⑩ 발파공에 장전된 화약류를 점화시킬 때 사용하는 발파기(발파공을 막는 재료로 물을 사용하거나 갱도 발파를 하는 경우를 제외한다.)

(5) 전자파로 인한 재해 예방

전기 기계·기구의 사용에 의하여 발생하는 전자파로 인하여 기계·설비의 오(誤)작동을 초래함으로써 산업 재해가 발생할 우려가 있는 때에는 다음의 조치를 하여야 한다.

① 전기 기계·기구에서 방사되는 전자파의 크기가 다른 기계·설비가 원래 의도된 대로 작동하는 것을 방해하지 아니하도록 할 것

② 기계·설비는 원래 의도된 대로 작동할 수 있도록 적절한 수준의 전자파 내성을 가지도록 하거나, 이에 준하는 전자파 차폐 조치를 할 것

Chapter 04

전기 설비의 방폭

전기 설비의 방폭이란 전기 설비가 원인이 되어 가연성 가스나 증기 또는 분진에 점화되거나 착화되어 폭발 또는 화재가 발생할 수 있는 분위기의 점화원이 조성되지 않도록 사고 방지를 목적으로 한다.

(1) 설비의 방폭

1) 전기 설비의 방폭화 방법
① 점화원의 방폭적 격리
② 전기 설비의 안전도 증강
③ 점화 능력의 본질적 억제

2) 방폭 대책
① 전기 설비의 방폭
② 전기 설비의 점화원 존재
③ 위험성 분위기 조성 방지

3) 위험 장소의 구분

┃표 5-5┃ 위험 장소의 구분

분류		적용	예
가스 폭발 위험 징소	0종 장소	인화성 액체의 증기 또는 가연성 가스에 의한 폭발 위험이 지속적으로 또는 장기간 존재하는 장소	용기·장치·배관 등의 내부 등
	1종 장소	정상 작동 상태에서 인화성 액체의 증기 또는 가연성 가스에 의한 폭발 위험 분위기가 존재하기 쉬운 장소	맨홀·벤트·피트 등의 주위
	2종 장소	정상 작동 상태에서 인화성 액체의 증기 또는 가연성 가스에 의한 폭발 위험 분위기가 존재할 우려가 없으나, 존재할 경우 그 빈도가 아주 적고 단기간만 존재할 수 있는 장소	개스킷·패킹 등의 주위

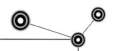

분 류		적 용	예
분진 폭발 위험 장소	20종 장소	분진운 형태의 가연성 분진이 폭발 농도를 형성할 정도로 충분한 양이 정상 작동중에 연속적으로 또는 자주 존재하거나, 제어할 수 없을 정도의 양 및 두께의 분진층이 형성될 수 있는 장소	호퍼·분진 저장소·집진 장치·필터 등의 내부
	21종 장소	20종 장소 외의 장소로서, 분진운 형태의 가연성 분진이 폭발 농도를 형성할 정도의 충분한 양이 정상 작동 중에 존재할 수 있는 장소	집진 장치·백필터·배기구 등의 주위, 이송 벨트 샘플링 지역 등
	22종 장소	21종 장소 외의 장소로서, 가연성 분진운 형태가 드물게 발생 또는 단기간 존재할 우려가 있거나, 이상작동 상태하에서 가연성 분진층이 형성될 수 있는 장소	21종 장소에서 예방 조치가 취하여진 지역, 환기 설비 등과 같은 안전 장치 배출구 주위 등

※ "인화성 액체의 증기 또는 가연성 가스에 의한 폭발 위험 분위기"라 함은 연소가 계속될 수 있는 가스나 증기 상태의 가연성 물질이 혼합되어 있는 상태를 말한다.

4) 안전 간극

내부에서 폭발이 발생 시 외부에 화염이 미치지 않는 한계의 안전한 간격

5) 폭발 등급

폭발성 가스가 기기의 내부에서 폭발한 경우 화염 일주 한계의 값에 따라 증기 또는 가스의 폭발 등급에 따라 다음과 같이 분류한다.

‖표 5-6‖　폭발 등급

폭발 등급	간극 25mm의 전화 파급이 발생하는 틈의 최소값(mm)
1 등급	0.6 이상
2 등급	0.4~0.6
3 등급	0.4 이하

6) 발화도

‖표 5-7‖　발화도

발화도 폭발 등급	G1 450℃ 이상	G2 300~450℃	G3 200~300℃	G4 135~200℃	G5 135℃ 이하
1	아세톤 암모니아 일산화탄소 에탄 초산 초산에틸 톨루엔 프로판 벤젠 메탄올 메탄	메탄올 초산염페닐 1-부탄올 부탄 무수초산	가솔린 핵산	아세트알데히드 에틸에테르	

발화도 폭발 등급	G1 450℃ 이상	G2 300~450℃	G3 200~300℃	G4 135~200℃	G5 135℃ 이하
2	석탄가스	에틸렌 에틸렌옥시드			
3	수성 가스 수소	아세틸렌			이황화탄소

(2) 설비의 방폭 구조

1) 내압 방폭 구조(d)

용기 내부에 아크 또는 고열이 발생하여 폭발이 일어날 경우에 용기가 폭발 압력에 견디고 외부의 폭발성 가스에 인화될 위험이 없도록 한 구조의 방폭 구조로서, 폭발한 고열 가스가 용기의 틈을 통하여 누설되더라도 틈의 냉각 효과로 인하여 폭발의 위험이 없도록 한다.

전폐형 구조로서 방폭 구조체의 내부 압력은 다음 표와 같다.

|표 5-8| 내압 방폭 구조의 내부 압력

내용적(cm^3)	내부 압력(kg/cm^3)
2~100	6 이상
100 이상	8 이상

2) 압력 방폭 구조(p)

용기 내부에 불연성 가스(공기 또는 질소)를 압입하여 용기 내부로 폭발성 가스가 침입하는 것을 방지하는 구조로서 용기 내부의 압력은 항상 용기 외부의 압력보다 높은 상태를 유지하여야 한다.

3) 유입 방폭 구조(o)

아크, 고열 등을 발생시키는 설비를 용기 내부의 기름에 내장하여 외부의 폭발성 가스 또는 점화원 등에 접촉 시 점화의 우려가 없도록 한 방폭 구조이다. 유면은 항상 10mm 이상이 되어야 하고, 온도는 60℃ 이상이면 사용을 금지하여야 하며 유입 개폐 부분에는 가스의 배출을 위한 배기공을 설치한다.

4) 안전증 방폭 구조(e)

정상 운전중의 내부에서 불꽃이 발생하지 않도록 전기적, 기계적, 구조적으로 온도 상승에 대해 안전도를 증가시킨 구조이다. 내압 방폭 구조보다 용량이 적다.

5) 본질 안전 방폭 구조(i)

정상 시 또는 단락, 단선, 지락 등의 사고 시에 발생하는 아크, 불꽃, 고열에 의하여 폭발성 가스나 증기에 점화되지 않는 것이 확인된 구조이다.

6) 특수 방폭 구조

폭발성 가스, 증기 등에 의하여 점화하지 않는 구조로서 모래 등을 채워넣은 사업 방폭 구조 등이 있다.

(3) 위험 장소에 따른 방폭 구조 선정

‖ 표 5-9 ‖ 위험 장소에 따른 방폭 구조 선정

폭발 위험 장소의 분류		방폭 구조 전기 기계·기구의 선정 기준
가스 폭발 위험 장소	0종 장소	• 본질 안전 방폭 구조(ia) • 그 밖에 관련 공인 인증 기관이 0종 장소에서 사용이 가능한 방폭 구조로 인증한 방폭 구조
	1종 장소	• 내압 방폭 구조(d) • 압력 방폭 구조(p) • 충전 방폭 구조(q) • 유입 방폭 구조(o) • 안전증 방폭 구조(e) • 본질 안전 방폭 구조(ia, ib) • 몰드 방폭 구조(m) • 그 밖에 관련 공인 인증 기관이 1종 장소에서 사용이 가능한 방폭 구조로 인증한 방폭 구조
	2종 장소	• 0종 장소 및 1종 장소에서 사용 가능한 방폭 구조 • 비점화 방폭 구조(n) • 그 밖에 2종 장소에서 사용하도록 특별히 고안된 비방폭형 구조
분진 폭발 위험 장소	20종 장소	• 밀폐 방진 방폭 구조(DIP A20 또는 DIP B20) • 그 밖에 관련 공인 인증 기관이 20종 장소에서 사용이 가능한 방폭 구조로 인증한 방폭 구조
	21종 장소	• 밀폐 방진 방폭 구조(DIP A20 또는 A21, DIP B20 또는 B21) • 특수 방진 방폭 구조(SDP) • 그 밖에 관련 공인 인증 기관이 21종 장소에서 사용이 가능한 방폭 구조로 인증한 방폭 구조
	22종 장소	• 20종 장소 및 21종 장소에서 사용 가능한 방폭 구조 • 일반 방진 방폭 구조(DIP A22 또는 DIP B22) • 보통 방진 방폭 구조(DP) • 그 밖에 22종 장소에서 사용하도록 특별히 고안된 비방폭형 구조

[비고] 1. 22종 장소의 경우에 가연성 분진의 전기 저항이 1,000 Ω · m 이하인 때에는 밀폐 방진 방폭 구조에 한한다.
2. 위의 표에서 정하는 폭발 위험 장소별 방폭 구조는 산업표준화법에서 정하는 한국산업규격 또는 국제전기표준회의(IEC)에 의한 국제 규격을 말한다.

(4) 분진 방폭 구조의 기호

1) 분진 방폭 구조의 기호

| 표 5-10 | 분진 방폭 구조의 기호

구 분		기 호
방폭 구조의 종류	특수 방진 방폭 구조	SDP
	보통 방진 방폭 구조	DP
	분진 특수 방폭 구조	XDP
발화도	발화도 11	11
	발화도 12	12
	발화도 13	13

2) 분진의 발화도 분류

| 표 5-11 | 분진의 발화도와 발화 온도

발화도	발화 온도
11	270℃ 이상인 것
12	200~270℃ 이하
13	150~200℃ 이하

실·전·문·제

Part 05

01 안전 관리자로서 전기 감전 사고 발생 예방을 위한 조치 사항을 쓰시오.

(해답)
1. 전기 설비의 점검 철저
2. 전기 기기에 위험 표지
3. 유자격자 이외에는 전기 기계, 기구의 조작 금지
4. 설비의 필요 부분에는 보호 접지
5. 노출된 충전 부분에는 절연용 방호구 설치
6. 재해 발생 시의 처리 순서를 미리 작성해 둘 것

02 충전 전로를 취급하거나 그 인근에서 작업 시 조치 사항을 쓰시오.

(해답)
1. 충전 전로를 정전시키는 경우에는 정전 전로에서의 전기 작업에 따른 조치를 할 것
2. 충전 전로를 방호, 차폐하거나 절연 등의 조치를 하는 경우에는 근로자의 신체가 전로와 직접 접촉하거나 도전 재료, 공구 또는 기기를 통하여 간접 접촉되지 않도록 할 것
3. 충전 전로를 취급하는 근로자에게 그 작업에 적합한 절연용 보호구를 착용시킬 것
4. 충전 전로에 근접한 장소에서 전기 작업을 하는 경우에는 해당 전압에 적합한 절연용 방호구를 설치할 것. 다만, 저압인 경우에는 해당 전기 작업자가 절연용 보호구를 착용하되, 충전 전로에 접촉할 우려가 없는 경우에는 절연용 방호구를 설치하지 아니할 수 있다.
5. 고압 및 특별 고압의 전로에서 전기 작업을 하는 근로자에게 활선 작업용 기구 및 장치를 사용하도록 할 것
6. 근로자가 절연용 방호구의 설치·해체 작업을 하는 경우에는 절연용 보호구를 착용하거나 활선 작업용 기구 및 장치를 사용하도록 할 것
7. 유자격자가 아닌 근로자가 충전 전로 인근의 높은 곳에서 작업할 때에 근로자의 몸 또는 긴 도전성 물체가 방호되지 않은 충전 전로에서 대지 전압이 50kV 이하인 경우에는 300cm 이내로, 대지 전압이 50kV를 넘는 경우에는 10kV당 10cm씩 더한 거리 이내로 각각 접근할 수 없도록 할 것
8. 유자격자가 충전 전로 인근에서 작업하는 경우에는 다음의 경우를 제외하고는 노출 충전부에 접근 한계 거리에 제시된 접근 한계 거리 이내로 접근하거나 절연 손잡이가 없는 도전체에 접근할 수 없도록 할 것
   ① 근로자가 노출 충전부로부터 절연된 경우 또는 해당 전압에 적합한 절연 장갑을 착용한 경우
   ② 노출 충전부가 다른 전위를 갖는 도전체 또는 근로자와 절연된 경우
   ③ 근로자가 다른 전위를 갖는 모든 도전체로부터 절연된 경우

03 접지 공사의 목적을 쓰시오.

(해답) 1. 고압 전로와 저압 전로가 혼촉되었을 때의 감전이나 화재를 방지
2. 누전되고 있는 기기에 접촉되었을 때의 감전을 방지
3. 낙뢰로부터 전기 기기의 손상을 방지
4. 정전기의 축적에 의한 폭발 재해 방지
5. 누전 차단기의 동작을 확실하게 한다.
6. 병원에 있어서의 의료 기기 사용 시의 안전

04 가스 폭발 배선과 증기, 분진 폭발 배선의 차이점을 쓰시오.

(해답) 방폭 전기 배선이란 위험 분위기 내에서 사용에 적합하도록 절연 전선, 케이블 및 기타의 배선 재료로 구성된 배선을 사용하며, 분진 위험 장소의 배선은 분진이 침투하지 못하도록 방진성이 있는 금속관 배선이나 케이블 배선 등을 사용한다.

05 산업안전보건법이 정한 구획되어 있는 장소로서 관계 근로자 이외의 자의 출입이 금지되어 있는 경우에는 감전을 방지하기 위한 보호망 또는 절연 덮개를 설치하여야 하는데 법규상 설치하지 않아도 되는 장소가 있다. 설치를 안 해도 되는 장소 3개소의 명칭을 쓰시오.

(해답) 1. 발전소   2. 변전소   3. 개폐소

06 노출된 충전부 또는 그 부근에서 작업 시 감전의 우려가 있는 경우 해당 전로를 차단하여야 한다. 해당 전로를 차단하지 않아도 되는 경우를 쓰시오.

(해답) 1. 생명 유지 장치, 비상 경보 설비, 폭발 위험 장소의 환기 설비, 비상 조명 설비 등의 장치·설비의 가동이 중지되어 사고의 위험이 증가되는 경우
2. 기기의 설계상 또는 작동상 제한으로 전로 차단이 불가능한 경우
3. 감전, 아크 등으로 인한 화상, 화재·폭발의 위험이 없는 것으로 확인된 경우

07 피뢰기의 성능(피뢰기의 구비 요건)을 쓰시오.

(해답) 1. 반복 동작이 가능할 것
2. 구조가 견고하며 특성이 변화하지 않을 것
3. 섬섬과 보수가 간단할 것
4. 충격 방전 개시 전압과 제한 전압이 낮을 것
5. 뇌전류의 방전 능력이 크고, 속류의 차단이 확실할 것

08 사용 전압 220V인 전동기에 감전 위험을 방지하기 위해 접지 공사를 하고자 한다. 접지선의 굵기(mm)는 얼마이고, 몇 종 접지 공사인가?

(해답) 지름 1.6mm 이상,   제3종 접지 공사

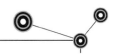

09 변압기의 심벌과 외함 및 저압측(2차측)의 접지 종류를 쓰시오.

(해답)↘ 제2종 접지 공사

10 감전의 위험을 결정하는 1차적 요인을 4가지 쓰시오.

(해답)↘ 1. 통전 전류의 세기   2. 통전 경로
3. 통전 시간   4. 통전 전원의 종류

11 자동 전격 방지기가 부착된 용접기를 설치할 수 있는 장소의 조건 5가지를 쓰시오.

(해답)↘ 1. 주위 온도가 $-10\,^{\circ}\!\text{C}$ 이상 $40\,^{\circ}\!\text{C}$ 이하일 것
2. 습기가 많지 않을 것
3. 비나 강풍에 노출되지 않도록 할 것
4. 분진, 유해 부식성 가스 또는 다량의 염분을 포함한 공기 및 폭발성 가스가 없을 것
5. 이상 진동이나 충격이 가해질 위험이 없을 것

12 교류 아크 용접기의 자동 전격 방지기 부착 시 주의 사항 4가지를 쓰시오.

(해답)↘ 1. 직각으로 부착할 것
2. 이완 방지 조치를 취할 것
3. 전방 장치의 작동 상태를 알기 위한 표시등은 보기 쉬운 곳에 설치할 것
4. 테스터 스위치는 조작하기 쉬운 위치에 설치할 것

13 전기 기기의 절연 불량 원인 4가지를 쓰시오.

(해답)↘ 1. 이상 전압 등에 의한 전기적 원인   2. 진동·충격 등에 의한 기계적 원인
3. 산화 등에 의한 화학적 원인   4. 온도 상승에 의한 열적 원인

14 작업도중 부주의나 기타의 사고에 의해 충전부에 작업자가 직접 접촉에 의하여 발생하는 사고의 방지 대책을 쓰시오.

(해답)↘ 1. 충전부가 노출되지 않도록 폐쇄형 외함(外函)이 있는 구조로 할 것
2. 충전부에 충분한 절연 효과가 있는 방호망 또는 절연 덮개를 설치할 것
3. 충전부는 내구성이 있는 절연물로 완전히 덮어 감쌀 것
4. 발전소·변전소 및 개폐소 등 구획되어 있는 장소로서 관계 근로자가 아닌 사람의 출입이 금지되는 장소에 충전부를 설치하고, 위험 표시 등의 방법으로 방호를 강화할 것
5. 전주 위, 철탑 위 등 격리되어 있는 장소로서 관계 근로자가 아닌 사람이 접근할 우려가 없는 장소에 충전부를 설치할 것

15 제전기의 종류 중에서 자기 방전식 제전기에 대하여 설명하시오.

(해답)▶ 스테인리스, 카본, 도전성 섬유 등에 의해 작은 코로나 방전을 일으켜 제전하며 고전압 제전도 가능하나 약간의 대전이 남는 단점이 있다.

16 전자파 방지 대책을 쓰시오.

(해답)▶ 1. 필터(filtering)에 의한 대책　　　　　2. 차폐(shielding)에 의한 대책
3. wiring에 의한 대책　　　　　　　　4. 접지(grounding)에 의한 대책

17 안전 관리자 등 유자격자로 하여금 전격 방지 장치에 대하여 매년 점검하고 그 결과를 기록 보존하여야 하며, 이상을 발견하였을 때는 즉시 보수, 기타 필요한 조치를 취하여야 한다. 노동부 전기 재해 방지를 위한 기술 지침 중 정기 점검 사항을 5가지만 쓰시오.

(해답)▶ 1. 자동 전격 방지 장치의 용접기 외함의 부착 상태
2. 자동 전격 방지 장치와 용접기의 배선 상태
3. 표시등의 파손 유무
4. 퓨즈의 이상 유무
5. 전자 접촉기의 주접점 및 보조 접점의 마모 상태
6. 테스터 스위치의 작동 및 파손 유무

18 어떤 공장의 작업장에 380V 전동기를 설치하고 감전 재해를 방지하기 위해 전동기의 철대에 접지 공사를 하고자 한다. 제 몇 종 접지 공사를 하여야 하며, 접지 저항은 몇 Ω 이하이어야 하는가?

(해답)▶ 제3종 접지 공사, 100Ω 이하

19 저압 전기 기기의 누전으로 인한 감전 재해의 방지 대책 4가지를 쓰시오.

(해답)▶ 1. 보호 접지　　　　　　　　　　　　2. 이중 절연 기기 사용
3. 비접지식 전로의 채용　　　　　　　4. 누전 차단기 설치

20 교류 아크 용접기의 자동 전격 방지 장치의 성능 기준 2가지를 쓰시오.

(해답)▶ 1. 아크 발생을 정지시킨 후로부터 주접점이 개로될 때까지 시간은 1.0초 이내로 한다.
2. 이때 2차측 무부하 전압은 25V 이내로 한다.

21 가스, 증기 위험 장소에서 사용할 수 있는 전기 기기의 방폭 구조를 3가지 쓰시오.

(해답)▶ 1. 내압 방폭 구조　　　2. 압력 방폭 구조　　　3. 안전증 방폭 구조

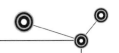

22 정전기의 발생 방지 방법을 쓰시오.

(해답) 1. 접지 조치
3. 대전 방지제 사용
5. 70% 이상의 상대 습도 부여
2. 유속 조절
4. 제전기 사용

23 인체에 감전이 발생하여 마비 한계의 전류가 흘러 나타나는 생리적 현상에 대하여 간단히 설명하시오.

(해답) 마비 한계 전류치는 10~15mA로서 신체 각 부의 근육이 수축 현상을 일으켜 신경이 마비되고, 신체를 움직일 수 없으며, 말을 할 수 없게 된다.

24 정전 전로에서 전기 작업 시 전로의 차단 시 절차와 정전 작업 중 또는 작업을 마친 후 전원을 공급하는 경우 조치 사항을 쓰시오.

(해답) 1. 전로 차단은 다음의 절차에 따라 시행하여야 한다.
   ① 전기 기기 등에 공급되는 모든 전원을 관련 도면, 배선도 등으로 확인할 것
   ② 전원을 차단한 후 각 단로기 등을 개방하고 확인할 것
   ③ 차단 장치나 단로기 등에 잠금 장치 및 꼬리표를 부착할 것
   ④ 개로된 전로에서 유도 전압 또는 전기 에너지가 축적되어 근로자에게 전기 위험을 끼칠 수 있는 전기 기기 등은 접촉하기 전에 잔류 전하를 완전히 방전시킬 것
   ⑤ 검전기를 이용하여 작업 대상 기기가 충전되었는지를 확인할 것
   ⑥ 전기 기기 등이 다른 노출 충전부와의 접촉, 유도 또는 예비 동력원의 역송전 등으로 전압이 발생할 우려가 있는 경우에는 충분한 용량을 가진 단락 접지 기구를 이용하여 접지할 것
2. 작업 중 또는 작업을 마친 후 전원을 공급하는 경우에는 작업에 종사하는 근로자 또는 그 인근에서 작업하거나 정전된 전기 기기 등(고정 설치된 것으로 한정한다.)과 접촉할 우려가 있는 근로자에게 감전의 위험이 없도록 다음의 사항을 준수하여야 한다.
   ① 작업 기구, 단락 접지 기구 등을 제거하고 전기 기기 등이 안전하게 통전될 수 있는지를 확인할 것
   ② 모든 작업자가 작업이 완료된 전기 기기 등에서 떨어져 있는지를 확인할 것
   ③ 잠금 장치와 꼬리표는 설치한 근로자가 직접 철거할 것
   ④ 모든 이상 유무를 확인한 후 전기 기기 등의 전원을 투입할 것

25 정전 작업 중 작업자의 위해 요인을 없애기 위해 잔류 전하를 방전시키고 작업하여야 하는 경우를 2가지 쓰시오.

(해답) 전력 케이블, 전력 콘덴서

26 산업안전보건법상 감전 방지 대책으로 근로자 출입 금지 구역에 덮개 및 보호망을 설치하여야 하나 이를 설치하지 않아도 되는 3곳을 쓰시오.

(해답) 1. 전주 위
2. 철탑 위
3. 발전소, 변전소 및 개폐소 등 구획된 장소

27 1,000Ω의 저항을 가진 사람이 70V의 전류에 감전되었다면 위험하겠는가? 위험하다면 옴의 법칙에 의해 설명하시오.

(해답) $I = \dfrac{V}{R}$

$= \dfrac{70}{1,000} = 70\text{mA}(50\text{mA}$ 이상이면 상당히 위험한 전류치이다.)

28 정전기 제거를 위한 제전기 중 화재 발생의 요인이 없는 제전기는 무슨 제전기인가?

(해답) 이온식 제전기

29 전동 드릴 등 수동용 공구의 충전부와 케이스 등 사람이 접촉하는 부분 사이에는 2중 절연 장치를 해야 하는데 여기서 2중 절연이 뜻하는 2가지 절연을 쓰시오.

(해답) 기능 절연, 보호 절연

30 감전 재해의 원인은 전기 기계, 기구의 충전부가 노출되어 있거나 배선의 절연 피복이 손상되어 있었다는 것과 같은 시설의 결함에 기인한 것 외에 절연 보호구의 사용을 게을리 하였거나 활선 부분에 실수하여 접촉했거나 또는 작업 방법의 잘못 등을 들 수 있다. 이와 같은 상태에서 발생하는 전기 재해를 방지하기 위한 대책을 2가지만 쓰시오.

(해답) 1. 충전부 전체를 접지하는 방법
2. 안전 전압 이하의 기기를 사용하는 방법

31 교류 아크 용접기(A.C arc welder)를 사용하려고 한다. 잠재 위험 예방을 위하여 설치해야 할 안전 장치명과 그 성능을 한 가지만 쓰시오.

(해답) 1. 안전 장치명 : 자동 전격 방지 장치
2. 성능 : 아크 발생을 정지시킨 후 주접점이 개로될 때까지의 시간은 1.0초 이내로 한다.

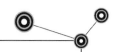

32 아크 용접 시 발생되는 위험 요인을 4가지만 쓰시오.

(해답) 1. 감전　　　　　　　　　　　　　　 2. 유해 가스나 흄 등에 의한 질식사
　　　3. 유해 광선에 의한 전기성 안염　　　 4. 화상
　　　5. 화재

33 인체의 감전 시는 가급적 빨리 응급 조치를 취하기 위하여 현상 파악을 하여야 한다. 감전을 당하여 넘어진 사람에 대한 중요한 관찰 사항 3가지를 쓰시오.

(해답) 1. 맥박 상태　　　　　　 2. 의식 상태　　　　　　 3. 호흡 상태
　　　4. 골절 유무　　　　　　 5. 출혈 유무

34 절연용 보호구는 당일 사용 전에 반드시 점검하여야 한다. 점검 내용을 쓰시오.

(해답) 1. 고무 장갑이나 고무 장화에 대해서는 공기 점검을 실시할 것
　　　2. 고무 소매 또는 절연의 등은 육안으로 점검할 것
　　　3. 활선 접근 경보기는 시험 단추를 눌러 소리가 나는지 점검할 것

35 피뢰기의 접지 공사는 몇 종이며, 접지 저항은 몇 Ω 이하인가?

(해답) 제1종 접지 공사, 10Ω 이하

36 피뢰기의 접지 저항 점검 사항 3가지를 쓰시오.

(해답) 1. 접지 저항 측정
　　　2. 지상의 각 접속부 검사
　　　3. 지상의 단선, 용융, 기타 손상 개소의 유무 검사

37 다음 (　　) 안에 알맞은 숫자 또는 말을 쓰시오.

> 제1종 접지는 접지선의 굵기는 연동선 (　①　)mm 이상, 접지 저항 (　②　)Ω 이하, 사용 기기는 (　③　)가 있다.

(해답) ① 2.6　　　　　　　② 10　　　　　　③ 고압 또는 특별 고압용 기기

38 이동 전선에서 사용하는 가장 좋은 보호망의 준수 사항 2가지를 쓰시오.

(해답) 1. 전구의 노출된 금속 부분에 근로자가 용이하게 접촉되지 아니하는 구조로 할 것
　　　2. 재료는 용이하게 파손되거나 변형되지 아니하는 것으로 할 것

39 전기 기계 · 기구 누전에 의한 감전 위험 방지를 위하여 누전 차단기를 설치한 경우 그 누전 차단기를 접속하는 경우 준수 사항을 쓰시오.

(해답) 1. 전기 기계 · 기구에 설치되어 있는 누전 차단기는 정격 감도 전류가 30mA 이하이고 작동 시간은 0.03초 이내일 것. 다만, 정격 전부하 전류가 50A 이상인 전기 기계 · 기구에 접속되는 누전 차단기는 오작동을 방지하기 위하여 정격 감도 전류는 200mA 이하로, 작동 시간은 0.1초 이내로 할 수 있다.
2. 분기 회로 또는 전기 기계 · 기구마다 누전 차단기를 접속할 것. 다만, 평상시 누설 전류가 매우 적은 소용량 부하의 전로에는 분기 회로에 일괄하여 접속할 수 있다.
3. 누전 차단기는 배전반 또는 분전반 내에 접속하거나 꽂음 접속기형 누전 차단기를 콘센트에 접속하는 등 파손이나 감전 사고를 방지할 수 있는 장소에 접속할 것
4. 지락 보호 전용 기능만 있는 누전 차단기는 과전류를 차단하는 퓨즈나 차단기 등과 조합하여 접속할 것

40 다음 ( ) 안을 채우시오.

> 활선 작업 시 접근 한계 거리의 한도는 머리 위 (①)cm 이내, 몸쪽 (②)cm 이내, 발밑 거리 (③)cm 이내의 거리를 유지해야 한다.

(해답) ① 30　　　　　　② 60　　　　　　③ 60

41 피뢰기의 제한 전압이 800kV, 충격 절연 강도가 1,200kV일 때의 보호 여유도를 구하여라.

(해답)
$$여유도 = \frac{1,200 - 800}{800} \times 100 = 50\%$$

42 위험 장소의 종류를 쓰고, 간단히 설명하시오.

(해답) 1. 0종 장소 : 폭발성 가스가 항상 존재하는 장소
2. 1종 장소 : 기기 및 장치 등이 정상 가동되는 상태에서 폭발성 가스가 가끔 누출되는 장소
3. 2종 장소 : 작동자의 조작 실수 또는 이상 운전 등으로 폭발성 가스가 유출되는 장소

43 설비의 방폭 구조 중에서 밀폐형(전폐형) 방폭 구조를 쓰시오.

(해답) 1. 내압 방폭 구조(d)
2. 압력 방폭 구조(p)
3. 유입 방폭 구조(o)

산업안전 기사 · 산업기사 실기

Part **6**

화공 안전

Chapter 01 유해 위험 물질의 안전

1.1 위험물의 종류, 성질 및 저장 위험성

(1) 위험물의 종류

1) 폭발성 물질 및 유기 과산화물

가열, 마찰, 충격 또는 다른 화학 물질과의 접촉 등으로 인하여 산소나 산화제의 공급이
없더라도 폭발 등 격렬한 반응을 일으킬 수 있는 고체나 액체

① 질산에스테르류

② 니트로 화합물

③ 니트로소 화합물

④ 아조 화합물

⑤ 디아조 화합물

⑥ 히드라진 및 그 유도체

⑦ 유기 과산화물

2) 물 반응성 물질 및 인화성 고체

스스로 발화하거나, 발화가 용이하거나, 물과 접촉하여 발화하는 등 발화가 용이하고 가
연성 가스가 발생할 수 있는 물질

① 리튬

② 칼륨, 나트륨

③ 황

④ 황린

⑤ 황화인, 적린

⑥ 셀룰로이드류

⑦ 알킬알루미늄, 알킬리튬

⑧ 마그네슘 분말

⑨ 금속 분말(마그네슘 분말을 제외한다.)

⑩ 알칼리 금속(리튬, 칼륨 및 나트륨을 제외한다.)

⑪ 유기금속 화합물(알킬알루미늄 및 알킬리튬을 제외한다.)

⑫ 금속의 수소화물

⑬ 금속의 인화물

⑭ 칼슘탄화물 · 알루미늄탄화물

⑮ 기타 '①' 내지 '⑭'의 물질과 같은 정도의 발화성이 있는 물질

⑯ '①' 내지 '⑮'의 물질을 함유한 물질

3) 산화성 액체 및 산화성 고체

산화력이 강하여 열을 가하거나 충격을 줄 경우 또는 다른 화학 물질과 접촉할 경우에 격렬히 분해되는 등 반응을 일으키는 고체 및 액체

① 차아염소산 및 그 염류

② 아염소산 및 그 염류

③ 염소산 및 그 염류

④ 과염소산 및 그 염류

⑤ 브롬산 및 그 염류

⑥ 요오드산 및 그 염류

⑦ 과산화수소 및 무기 과산화물

⑧ 질산 및 그 염류

⑨ 과망간산 및 그 염류

⑩ 중크롬산 및 그 염류

⑪ 기타 '①' 내지 '⑩'의 물질과 같은 정도의 산화성이 있는 물질

⑫ '①' 내지 '⑪'의 물질을 함유한 물질

4) 인화성 액체

대기압하에서 인화점(1기압 상태에서 태그 밀폐식 · 페스키마텐식 · 클리브랜드 개방식 또는 세탁식의 인화점 측정기로 측정한 값을 말한다. 이하 같다.)이 65℃ 이하인 가연성 액체

① 에틸에테르, 가솔린, 아세트알데히드, 산화프로필렌, 그 밖에 인화점이 23℃ 미만인 물질이고 끓는점이 35℃ 이하인 물질

② 노르말헥산, 아세톤, 메틸에틸케톤, 메틸알코올, 에틸알코올, 이황화탄소, 그 밖에 인화점이 23℃ 미만이고 초기 끓는점이 35℃를 초과하는 물질

③ 크실렌, 아세트산아밀, 등유, 경유, 테레빈유, 이소알코올, 아세트산, 하이드라진, 그 밖에 인화점이 23℃ 이상 60℃ 이하인 물질

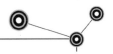

5) 인화성 가스

폭발 한계 농도의 하한이 10% 이하 또는 상하한의 차가 20% 이상인 가스

① 수소

② 아세틸렌

③ 에틸렌

④ 메탄

⑤ 에탄

⑥ 프로판

⑦ 부탄

⑧ 기타 15℃, 1기압하에서 기체 상태인 인화성 가스

6) 부식성 물질

금속 등을 쉽게 부식시키고 인체에 접촉하면 심한 상해(화상)를 입히는 물질

① 부식성 물질

   ⊙ 농도가 20% 이상인 염산, 황산, 질산, 그 밖에 이와 동등 이상의 부식성을 가지는 물질

   ⓒ 농도가 60% 이상인 인산, 아세트산, 불산, 그 밖에 이와 동등 이상의 부식성을 가지는 물질

② 부식성 염기류

   농도가 40% 이상인 수산화나트륨, 수산화칼륨, 그 밖에 이와 동등 이상의 부식성을 가지는 염기류

7) 급성 독성 물질

① 쥐에 대한 경구 투입 실험에 의하여 실험 동물의 50%를 사망시킬 수 있는 물질의 양, 즉 LD 50(경구, 쥐)이 kg당 300mg(체중) 이하인 화학 물질

② 쥐 또는 토끼에 대한 경피 흡수 실험에 의하여 실험 동물의 50%를 사망시킬 수 있는 물질의 양, 즉 LD 50(경피, 토끼 또는 쥐)이 kg당 1,000mg(체중) 이하인 화학 물질

③ 쥐에 대한 4시간 동안의 흡입 실험에 의하여 실험 동물의 50%를 사망시킬 수 있는 물질의 농도, 즉 LC 50(쥐, 4시간 흡입)이 2,500ppm 이하인 화학 물질, 증기 LC 50(쥐 4시간 흡입)이 10mg/L 이하인 화학 물질, 분진 또는 미스트 1mg/L 이하인 화학 물질

(2) 소방법상 위험물

|표 6-1| 소방법상 위험물

종 류	화학적 성질에 따른 분류	위험물
제1류	산화성 물질	염소산염, 과염소산염, 질산염, 과망간산염, 과산화물
제2류	환원성 물질	황린, 적린, 황, 황화인, 금속 가루
제3류	금수성 물질	금속나트륨, 금속칼륨, 탄화칼슘, 인화칼슘, 생석회
제4류	가연성 물질	제1석유류, 제2석유류, 제3석유류, 에테르, 이황화탄소, 아세톤, 아세트알데히드, 에스테르류, 케톤류, 알코올류, 테레빈유, 송진, 장뇌유, 동식물유
제5류	폭발성 물질	황산에스테르류, 셀룰로이드류, 니트로 화합물
제6류	혼합 위험성 물질의 일부	발열질산, 농질산, 발연황산, 무수황산, 농황산, 무수크롬산, chlorosulphuric acid

1.2 위험물 누출 취급 등 안전

(1) 위험물 등의 취급(위험 물질의 제조 등 작업 시의 조치)

① 폭발성 물질, 유기 과산화물을 화기나 그 밖에 점화원이 될 우려가 있는 것에 접근시키거나 가열하거나 마찰시키거나 충격을 가하는 행위

② 물 반응성 물질, 인화성 고체를 각각 그 특성에 따라 화기나 그 밖에 점화원이 될 우려가 있는 것에 접근시키거나 발화를 촉진하는 물질 또는 물에 접촉시키거나 마찰시키거나 가열하거나 충격을 가하는 행위

③ 산화성 액체, 산화성 고체를 분해가 촉진될 우려가 있는 물질에 접촉시키거나 가열하거나 마찰시키거나 충격을 가하는 행위

④ 인화성 액체를 화기나 그 밖에 점화원이 될 우려가 있는 것에 접근시키거나 주입 또는 가열하거나 증발시키는 행위

⑤ 인화성 가스를 화기나 그 밖에 점화원이 될 우려가 있는 것에 접근시키거나 압축, 가열 또는 주입하는 행위

⑥ 부식성 물질 또는 급성 독성 물질을 누출시키는 등으로 인하여 인체에 접촉시키는 행위

⑦ 위험물을 제조하거나 취급하는 설비가 있는 장소에 인화성 가스 또는 산화성 액체 및 산화성 고체를 방치하는 행위

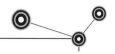

(2) 가스 등의 용기 취급 시 주의 사항

① 다음에 해당하는 장소에서 사용하거나 설치, 저장 또는 방치하지 않도록 할 것
    ㉠ 통풍 또는 환기가 불충분한 장소
    ㉡ 화기를 사용하는 장소 및 그 부근
    ㉢ 위험물이나 화약류 또는 가연성 물질을 취급하는 장소 및 그 부근
② 용기의 온도를 40℃ 이하로 유지할 것
③ 전도의 위험이 없도록 할 것
④ 충격을 가하지 아니하도록 할 것
⑤ 운반할 때에는 캡을 씌울 것
⑥ 사용할 때에는 용기의 마개에 부착되어 있는 유류 및 먼지를 제거할 것
⑦ 밸브의 개폐는 서서히 할 것
⑧ 사용 전 또는 사용 중인 용기와 그 외의 용기를 명확히 구별하여 보관할 것
⑨ 용해 아세틸렌의 용기는 세워 둘 것
⑩ 용기의 부식이나 마모 또는 변형 상태를 점검한 후 사용할 것

 **용기의 색깔**

① 산소 : 녹색
② 수소 : 주황색
③ 염화염소 : 갈색
④ 액화 탄산가스 : 청색
⑤ 액화 석유가스 : 회색
⑥ 아세틸렌 : 황색
⑦ 액화 암모니아 : 백색

Chapter 02 방폭 안전

폭발이란 급격한 압력의 급상승 현상으로 폭음과 발광을 동반하여 파열 또는 팽창하는 현상으로서 화학적, 물리적 반응에 의하여 생성하게 된다.

(1) 폭발의 분류

① **혼합 가스의 폭발** : 가연성 가스와 조연성 가스가 일정 비율로 혼합되어 있는 혼합 가스는 점화원에 의해 발화 시 가스 폭발을 일으키게 된다. 가연성 가스는 수소, 아세틸렌, 알코올 등에서 나오는 증기이며, 조연성 가스에는 공기, 산소, 염소, 불소 등이 포함된다.

② **가스의 분해 폭발** : 가스 분자의 분해에 의하여 발열하는 가스는 단일 성분의 가스라 하더라도 발화원에 의하여 착화 시 혼합 가스와 같이 가스 폭발을 일으킨다. 예를 들면, 아세틸렌, 에틸렌, 히드라진 등이 있다.

③ **분진 폭발** : 분진, mist 등이 일정 농도 이상으로 공기와 접촉, 혼합 시 발화원에 의해 발화가 일어나면 분진 폭발을 일으킨다. 예를 들면, 마그네슘, 티타늄 등의 분말에서 일어난다. 통상 $100 \mu m$ 이하의 분진에서 분진 폭발을 일으킨다.

④ **혼합 위험성 물질에 의한 폭발** : 산화성 물질과 환원성 물질의 혼합물이 혼합 직후 발화, 폭발을 일으키게 되는 것으로서 화학 공장에서의 배관 부식, 밸브의 오조작, 불꽃놀이용 화약의 제조 공정 등에서 발생한다.

⑤ **폭발성 화합물의 폭발** : 고압 또는 저압에서 폭발성 물질이 축적되어 폭발을 일으키게 된다.

⑥ **증기 폭발** : 물, 액체 등이 괴열에 의하여 순간적으로 증기화, 폭발 현상을 일으키게 되는 것으로서 비등점이 낮은 액체가 외부로부터 가해지는 화재의 열 때문에 온도가 상승하여 용기가 파열될 때 남아있는 액체는 순간적으로 심한 증기 폭발을 일으키게 된다.

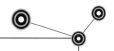

(2) 폭발의 성립 조건

① 가스 및 분진이 밀폐된 공간에 존재하여야 한다.
② 가연성 가스, 증기 또는 분진이 폭발 범위 내에 머물러야 한다.
③ 점화원이 존재하여야 한다.
④ 산소가 존재하여야 한다.

(3) 폭발 방지 원리

① 가스 누설의 위험 장소에는 밀폐 공간을 없앤다.
② 가스 누설을 밀폐하는 설비를 설치한다.
③ 국소 배기 장치 등 환기 장치를 설치한다.
④ 점화원을 제거한다.
⑤ 용기인 경우 비상 배기 장치의 기능을 확보한다.
⑥ 정기적인 가스 농도를 측정한다.

(4) 폭굉

연소파의 전파 속도가 음속을 초과하는 것으로 연소파의 진행에 앞서 충격파가 진행되어 심한 파괴 작용을 동반한다.

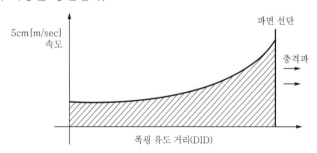

┃그림 6-1┃ 폭굉 현상

① 전파 속도 : 1,000~3,500m/sec
② 폭발 시 연소파의 전파 속도 : 0.1~10m/sec
③ 밀폐 공간에서의 연소파 압력 : $7~8kg/cm^3$

폭굉 유도 거리(DID)가 짧아지는 조건

① 압력이 높을수록
② 점화원의 에너지가 강할수록
③ 관 내에 장해물, 관경이 작을수록
④ 혼합 가스일 경우

(5) 위험도

폭발 범위가 넓고 폭발 하한계가 낮을수록 위험하다.

$$위험도(\,H\,)= \frac{U_2-U_1}{U_1}$$

여기서, U_1 : 폭발 하한계, U_2 : 폭발 상한계

예 C_2H_2의 위험도$= \dfrac{81-2.5}{2.5}=31.4$

(6) 완전 연소 조성 농도(화학 양론 농도)

발열량이 최대이고 폭발 파괴력이 가장 강한 농도를 말하며, 공기 중에서는 다음 식으로 구한다.

$$C_{st}= \frac{100}{1+4.773\left(n+\dfrac{m-f-2\lambda}{4}\right)}$$

여기서, n : 탄소, m : 수소, f : 할로겐 원소, λ : 산소의 원자 수

(7) 혼합 가스의 폭발 범위

〈르 샤틀리에(Le Chatelier)의 공식〉

$$L= \frac{100}{\dfrac{V_1}{L_1}+\dfrac{V_2}{L_2}+ \cdots +\dfrac{V_n}{L_n}}$$

여기서, L : 혼합 가스의 폭발 한계

$L_1,\ L_2,\ \cdots,\ L_n$: 각 성분 가스의 폭발 한계(Vol%)

$V_1,\ V_2,\ \cdots,\ V_n$: 각 성분 가스의 혼합비(Vol%)

(1) 화 재

연소의 일종으로 산화 반응으로서 반응이 급격하여 빛과 열을 수반하는 급격한 발열 반응을 뜻한다.

1) 연소의 3요소
① 가연물
② 산소 공급원
③ 점화원

2) 가연물의 구비 조건
① 산소와 친화력이 클 것
② 표면적이 클 것(기체 > 액체 > 고체)
③ 열전도도가 적을 것
④ 연소 열량이 클 것
⑤ 점화 에너지가 적을 것

3) 인화점 및 발화점
① 인화점 : 연소 시 가연성 증기, 가스 등을 발생시키는 최저의 온도로서 외부의 점화원에 의하여 인화될 수 있는 최저의 온도를 말한다.
② 발화점 : 외부의 직접적인 점화원이 없이 열의 축적에 의하여 발화가 되고 연소가 일어나는 최저의 온도를 말하며 착화점이 낮아지는 조건은 다음과 같다.
　㉠ 발열량이 높을수록 발화 온도는 낮아진다.
　㉡ 분자 구조가 복잡할수록 발화 온도는 낮아진다.
　㉢ 산소 농도가 높을수록 발화 온도는 낮아진다.
　㉣ 압력이 높을수록 발화 온도는 낮아진다.
　㉤ 접촉 물질의 열전도도가 높을수록 발화 온도는 낮아진다.

(2) 자연 발화

1) 자연 발화의 종류
① 산화열에 의한 발열 : 석탄, 원면, 고무 분말 등
② 분해열에 의한 발열 : 셀룰로이드, 니트로셀룰로이드
③ 흡착열에 의한 발열 : 활성탄, 목탄 분말
④ 미생물에 의한 발열 : 퇴비, 먼지

2) 자연 발화의 요인
① 열의 축적
② 열전도율
③ 공기의 유동
④ 발열량
⑤ 수분

3) 자연 발화가 쉬운 조건
① 표면적이 넓을 것
② 열전도율이 적을 것
③ 주위의 온도가 높을 것
④ 발열량이 클 것

4) 자연 발화의 방지 방법
① 저장소의 온도를 낮출 것
② 통풍 및 환기를 철저히 할 것
③ 습도가 높은 곳에는 저장하지 말 것
④ 산소와의 접촉을 피할 것

(3) 소 화

1) 소화 방법
① 가연물의 제거에 의한 소화 방법 : 제거 효과
② 산소 공급을 차단하는 소화 방법 : 질식 효과(희석 효과)
③ 냉각에 의한 온도 저하 소화 방법 : 냉각 효과
④ 연속적 관계의 차단 소화 방법 : 억제 효과

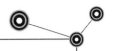

2) 소방 대책

① 예방 대책

② 국한 대책

③ 소화 대책

④ 피난 대책

3) 화재 종류별 소화 방법

|표 6-2| 화재 종류별 소화 방법

분 류	A급 화재	B급 화재	C급 화재	D급 화재
명칭	보통 화재	유류·가스 화재	전기 화재	금속 화재
가연물	목재, 종이, 섬유	유류, 가스	전기	Mg분, Al분
주된 소화 효과	냉각 효과	질식 효과	질식, 냉각 효과	질식 효과
적응 소화제	• 물 소화기 • 강화액 소화기	• 포말 소화기 • CO_2 소화기 • 분말 소화기 • 증발성 액체 소화기	• 유기성 소화액 • CO_2 소화기 • 분말 소화기	• 건조사 • 팽창 질식 • 팽창 진주암
구분색	백색	황색	청색	

4) 소화기 사용 시 주의 사항

① 소화기는 적응 화재에만 사용할 것

② 성능에 따라 불 가까이 접근하여 사용할 것

③ 소화는 바람을 등지고 풍상에서 풍하로 실시할 것

④ 소화는 양 옆으로 비로 쓸 듯이 골고루 방사할 것

5) 소화기 사용 순서

① 포말 소화기 사용 순서

   ㉠ 노즐을 한 손으로 막고 밑의 손잡이를 잡는다.

   ㉡ 통을 옆으로 눕혀 소화 약제가 혼합되도록 흔든다.

   ㉢ 노즐을 화원에 향하고 손을 놓는다.

② 분말 소화기 사용 순서

   ㉠ 안전핀을 뽑는다.

   ㉡ 노즐을 화원으로 향한다.

   ㉢ 레버를 강하게 누른다.

   ㉣ 화점 부위에 접근 방사한다.

6) 이산화탄소를 사용하는 소화기에 대한 조치

사업주는 지하실, 기관실, 선창(船倉), 그 밖에 통풍이 불충분한 장소에 비치한 소화기에 이산화탄소를 사용하는 경우에 다음의 조치를 해야 한다.

① 해당 소화기가 쉽게 뒤집히거나 손잡이가 쉽게 작동되지 않도록 할 것

② 소화를 위하여 작동하는 경우 외에 소화기를 임의로 작동하는 것을 금지하고, 그 내용을 보기 쉬운 장소에 게시할 것

7) 이산화탄소를 사용하는 소화설비 및 소화용기에 대한 조치

사업주는 이산화탄소를 사용한 소화설비를 설치한 지하실, 전기실, 옥내 위험물 저장창고 등 방호구역과 소화약제로 이산화탄소가 충전된 소화용기 보관장소(이하 이 조에서 "방호구역등"이라 한다)에 다음의 조치를 해야 한다.

① 방호구역등에는 점검, 유지·보수 등(이하 이 조에서 "점검등"이라 한다)을 수행하는 관계 근로자가 아닌 사람의 출입을 금지할 것

② 점검등을 수행하는 근로자를 사전에 지정하고, 출입일시, 점검기간 및 점검내용 등의 출입기록을 작성하여 관리하게 할 것. 다만, 다음 각 목의 어느 하나에 해당하는 경우는 제외한다.

　㉠ 「개인정보보호법」에 따른 영상정보처리기기를 활용하여 관리하는 경우

　㉡ 카드키 출입방식 등 구조적으로 지정된 사람만이 출입하도록 한 경우

③ 방호구역등에 점검등을 위해 출입하는 경우에는 미리 다음의 조치를 할 것

　㉠ 적정공기 상태가 유지되도록 환기할 것

　㉡ 소화설비의 수동밸브나 콕을 잠그거나 차단판을 설치하고 기동장치에 안전핀을 꽂아야 하며, 이를 임의로 개방하거나 안전핀을 제거하는 것을 금지한다는 내용을 보기 쉬운 장소에 게시할 것. 다만, 육안 점검만을 위하여 짧은 시간 출입하는 경우에는 그렇지 않다.

　㉢ 방호구역등에 출입하는 근로자를 대상으로 이산화탄소의 위험성, 소화설비의 작동 시 확인방법, 대피방법, 대피로 등을 주지시키기 위해 반기 1회 이상 교육을 실시할 것. 다만, 처음 출입하는 근로자에 대해서는 출입 전에 교육을 하여 그 내용을 주지시켜야 한다.

　㉣ 소화용기 보관장소에서 소화용기 및 배관·밸브 등의 교체 등의 작업을 하는 경우에는 작업자에게 공기호흡기 또는 송기마스크를 지급하고 착용하도록 할 것

　㉤ 소화설비 작동과 관련된 전기, 배관 등에 관한 작업을 하는 경우에는 작업일정, 소화설비 설치도면 검토, 작업방법, 소화설비 작동금지 조치, 출입금지 조치, 작업 근로자 교육 및 대피로 확보 등이 포함된 작업계획서를 작성하고 그 계획에 따라 작업을 하도록 할 것

④ 점검등을 완료한 후에는 방호구역등에 사람이 없는 것을 확인하고 소화설비를 작동할 수 있는 상태로 변경할 것

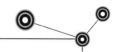

⑤ 소화를 위하여 작동하는 경우 외에는 소화설비를 임의로 작동하는 것을 금지하고, 그 내용을 방호구역등의 출입구 및 수동조작반 등에 누구든지 볼 수 있도록 게시할 것

⑥ 출입구 또는 비상구까지의 이동거리가 10m 이상인 방호구역과 이산화탄소가 충전된 소화용기를 100개 이상(45kg 용기 기준) 보관하는 소화용기 보관장소에는 산소 또는 이산화탄소 감지 및 경보 장치를 설치하고 항상 유효한 상태로 유지할 것

⑦ 소화설비가 작동되거나 이산화탄소의 누출로 인한 질식의 우려가 있는 경우에는 근로자가 질식 등 산업재해를 입을 우려가 없는 것으로 확인될 때까지 관계 근로자가 아닌 사람의 방호구역등 출입을 금지하고 그 내용을 방호구역등의 출입구에 누구든지 볼 수 있도록 게시할 것

(4) 화재 위험 작업 시의 준수 사항

① 사업주는 통풍이나 환기가 충분하지 않은 장소에서 화재 위험 작업을 하는 경우에는 통풍 또는 환기를 위하여 산소를 사용해서는 아니 된다.

② 사업주는 가연성 물질이 있는 장소에서 화재 위험 작업을 하는 경우에는 화재 예방에 필요한 다음의 사항을 준수하여야 한다.

　㉠ 작업 준비 및 작업 절차 수립

　㉡ 작업장 내 위험물의 사용·보관 현황 파악

　㉢ 화기 작업에 따른 인근 가연성 물질에 대한 방호 조치 및 소화 기구 비치

　㉣ 용접불티 비산 방지 덮개, 용접 방화포 등 불꽃, 불티 등 비산 방지 조치

　㉤ 인화성 액체의 증기 및 인화성 가스가 남아 있지 않도록 환기 등의 조치

　㉥ 작업 근로자에 대한 화재 예방 및 피난 교육 등 비상 조치

③ 사업주는 작업 시작 전에 제2항의 사항을 확인하고 불꽃·불티 등의 비산을 방지하기 위한 조치 등 안전 조치를 이행한 후 근로자에게 화재 위험 작업을 하도록 해야 한다.

④ 사업주는 화재 위험 작업이 시작되는 시점부터 종료될 때까지 작업 내용, 작업 일시, 안전 점검 및 조치에 관한 사항 등을 해당 작업 장소에 서면으로 게시해야 한다. 다만, 같은 장소에서 상시·반복적으로 화재 위험 작업을 하는 경우에는 생략할 수 있다.

(5) 화재 감시자

① 사업주는 근로자에게 다음의 어느 하나에 해당하는 장소에서 용접·용단 작업을 하도록 하는 경우에는 화재의 위험을 감시하고 화재 발생 시 사업장 내 근로자의 대피를 유도하는 업무만을 담당하는 화재 감시자를 지정하여 용접·용단 작업 장소에 배치하여야 한다. 다만, 같은 장소에서 상시·반복적으로 용접·용단 작업을 할 때 경보용 설비·기구, 소화설비 또는 소화기가 갖추어진 경우에는 화재 감시자를 지정·배치하지 않을 수 있다.

ⓐ 작업 반경 11미터 이내에 건물 구조 자체나 내부(개구부 등으로 개방된 부분을 포함한다)에 가연성 물질이 있는 장소

ⓑ 작업 반경 11미터 이내의 바닥 하부에 가연성 물질이 11미터 이상 떨어져 있지만 불꽃에 의해 쉽게 발화될 우려가 있는 장소

ⓒ 가연성 물질이 금속으로 된 칸막이 · 벽 · 천장 또는 지붕의 반대쪽 면에 인접해 있어 열전도나 열복사에 의해 발화될 우려가 있는 장소

② 사업주는 제1항에 따라 배치된 화재 감시자에게 업무 수행에 필요한 확성기, 휴대용 조명기구 및 방연 마스크 등 대피용 방연 장비를 지급하여야 한다.

③ 화재 감시자의 업무

ⓐ 가연성물질이 있는지 여부 확인

ⓑ 가스검지, 경보 성능을 갖춘 가스검지 및 경보장치의 작동 여부

ⓒ 화재 발생 시 사업장 내 근로자 대피 유도

(6) 폭발 또는 화재 등의 예방

① 사업주는 인화성 액체의 증기, 인화성 가스 또는 인화성 고체가 존재하여 폭발이나 화재가 발생할 우려가 있는 장소에서 해당 증기 · 가스 또는 분진에 의한 폭발 또는 화재를 예방하기 위해 환풍기, 배풍기(排風機) 등 환기장치를 적절하게 설치해야 한다.

② 사업주는 제1항에 따른 증기나 가스에 의한 폭발이나 화재를 미리 감지하기 위하여 가스검지 및 경보 성능을 갖춘 가스검지 및 경보장치를 설치하여야 한다. 다만, 한국 산업표준에 따른 0종 또는 1종 폭발위험장소에 해당하는 경우로서 방폭구조 전기기계 · 기구를 설치한 경우에는 그러하지 아니하다.

(7) 가스용접 등의 작업 시 주의점

사업주는 인화성 가스, 불활성 가스 및 산소를 사용하여 금속의 용접 · 용단 또는 가열작업을 하는 경우에는 가스 등의 누출 또는 방출로 인한 폭발 · 화재 또는 화상을 예방하기 위해 다음 사항을 준수해야 한다.

① 가스 등의 호스와 취관(吹管)은 손상 · 마모 등에 의하여 가스 등이 누출할 우려가 없는 것을 사용할 것

② 가스 등의 취관 및 호스의 상호 집촉부분은 호스밴드, 호스클립 등 조임기구를 사용하여 가스 등이 누출되지 않도록 할 것

③ 가스 등의 호스에 가스 등을 공급하는 경우에는 미리 그 호스에서 가스 등이 방출되지 않도록 필요한 조치를 할 것

④ 사용 중인 가스 등을 공급하는 공급구의 밸브나 콕에는 그 밸브나 콕에 접속된 가스 등의 호스를 사용하는 사람의 이름표를 붙이는 등 가스 등의 공급에 대한 오조작을 방지하기 위한 표시를 할 것

⑤ 용단작업을 하는 경우에는 취관으로부터 산소의 과잉방출로 인한 화상을 예방하기 위하여 근로자가 조절밸브를 서서히 조작하도록 주지시킬 것

⑥ 작업을 중단하거나 마치고 작업장소를 떠날 경우에는 가스 등의 공급구의 밸브나 콕을 잠글 것

⑦ 가스 등의 분기관은 전용 접속기구를 사용하여 불량체결을 방지하여야 하며, 서로 이어지지 않는 구조의 접속기구 사용, 서로 다른 색상의 배관·호스의 사용 및 꼬리표 부착 등을 통하여 서로 다른 가스배관과의 불량체결을 방지할 것

(8) 폭발위험이 있는 장소의 설정 및 관리

다음의 장소에 대하여 폭발 위험장소의 구분도(區分圖)를 작성하는 경우에는 한국산업표준으로 정하는 기준에 따라 가스폭발 위험장소 또는 분진폭발 위험장소로 설정하여 관리해야 한다.

① 인화성 액체의 증기나 인화성 가스 등을 제조·취급 또는 사용하는 장소

② 인화성 고체를 제조·사용하는 장소

Chapter 04

작업 환경 개선

(1) 작업 환경 측정 제외 대상 사업장

① 임시 작업 및 단시간 작업을 행하는 작업장
② 관리 대상 유해 물질의 허용 소비량을 초과하지 아니하는 작업장
③ 분진 작업의 적용 제외 대상 작업장

① 임시 작업이란 일시적으로 행하는 작업 중 월 24시간 미만인 작업을 뜻한다.
② 단시간 작업이란 관리 대상 유해 물질 취급에 소요되는 시간이 1일 1시간 미만인 작업을 뜻한다.
③ 관리 대상 유해 물질이란 법에 의한 보건상 조치를 해야 할 원재료로서 유기 화합물, 금속류, 산·알
칼리류, 가스상 물질류 등의 물질을 뜻한다.

(2) 특수 건강 진단 대상 사업

① 소음 발생 장소에서 행하는 업무
② 분진 작업 또는 특정 분진 작업
③ 연 업무
④ 유기 용제 업무
⑤ 특정 화학 물질 등의 업무
⑥ 코크스 제조 또는 사용 업무
⑦ 고압 실내 작업, 잠수 작업 또는 이상 기압하에서의 업무
⑧ 기타 유해 광선, 강렬한 진동 등이 발생하는 장소에서 행하는 작업 등 인체에 해로운 업무

(3) 근로자 출입을 금지해야 할 장소

① 다량의 고열 물체를 취급하는 장소 또는 심히 뜨거운 장소
② 다량의 저온 물체를 취급하는 장소 또는 심히 차가운 장소
③ 방사선, 유해 광선 및 초음파에 노출되는 장소
④ 인체에 해로운 가스, 증기 또는 분진을 발산하는 장소
⑤ 병원체에 의한 오염의 우려가 있는 장소

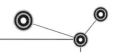

(4) 유기 용제 업무 시 게시 사항

① 유기 용제 등이 인체에 미치는 영향
② 유기 용제의 취급 시 주의 사항
③ 유기 용제에 의한 중독이 발생한 때의 응급 처치 방법

(5) 허가 대상 유해 물질 등의 작업장 게시 사항

① 허가 대상 유해 물질의 명칭
② 인체에 미치는 영향
③ 취급상의 주의 사항
④ 착용하여야 할 보호구
⑤ 응급 처치와 긴급 방재 요령

(6) 관리 대상 유해 물질을 취급하는 근로자에 대한 유해성 주지 사항

① 관리 대상 유해 물질의 명칭 및 물리적, 화학적 특성
② 인체에 미치는 영향과 증상
③ 취급상 주의 사항
④ 착용하여야 할 보호구와 착용 방법
⑤ 위급 상황 시의 대처 방법과 응급 조치 요령
⑥ 그 밖에 근로자 건강 장해 예방에 관한 사항

(7) 명칭 등의 게시

관리 대상 유해 물질을 취급하는 작업장의 보기 쉬운 장소에 다음의 사항을 게시하여야
한다. 작업 공정별 관리 요령을 게시한 경우에는 그러하지 아니하다.
① 관리 대상 유해 물질의 명칭
② 인체에 미치는 영향
③ 취급상 주의 사항
④ 착용하여야 할 보호구
⑤ 응급 조치와 긴급 방재 요령

(8) 허가 대상 유해 물질의 제조·사용 시 근로자에 대한 유해성 주지 사항

① 물리적, 화학적 특성
② 발암성 등 인체에 미치는 영향과 증상
③ 취급상의 주의 사항
④ 착용하여야 할 보호구와 착용 방법
⑤ 위급 상황 시의 대처 방법과 응급 처치 요령
⑥ 그 밖에 근로자의 건강 장해 예방에 관한 사항

(9) 유해성 등의 주지

사업자는 근로자가 금지 유해물질을 제조, 사용하는 경우에 다음 사항을 근로자에게 알려야 한다.

① 물리적, 화학적 특성
② 발암성 등 인체에 미치는 영향과 증상
③ 취급상의 주의사항
④ 착용해야 할 보호구와 착용 방법
⑤ 위급상황 시의 대처 방법과 응급처치 요령
⑥ 그 밖에 근로자의 건강 장해 예방에 관한 사항

(10) 보관상의 주의

① 사업주는 금지 유해물질을 관계 근로자가 아닌 사람이 취급할 수 없도록 일정한 장소에 보관하고, 그 사실을 보기 쉬운 장소에 게시하여야 한다.
② 제1항에 따라 보관하고 게시하는 경우에는 다음 기준에 맞도록 하여야 한다.
  ㉠ 실험실 등의 일정한 장소나 별도의 전용장소에 보관할 것
  ㉡ 금지 유해물질 보관장소에는 다음 사항을 게시할 것
   • 금지 유해물질의 명칭
   • 인체에 미치는 영향
   • 위급상황 시의 대처방법과 응급처치 방법

(11) 금지 유해물질의 제조, 사용 시 적어야 하는 사항

안전조치 및 보건조치에 관한 사항으로서 고용노동부령으로 정하는 사항이란 근로자가 금지 유해물질을 제조, 사용하는 경우 다음의 사항을 말한다.

① 근로자의 이름
② 금지 유해물질의 명칭
③ 제조량 또는 사용량
④ 작업 내용
⑤ 작업 시 착용한 보호구
⑥ 누출, 오염, 흡입 등의 사고가 발생한 경우 피해 내용 및 조치 사항

(12) 특별관리 물질 취급 시 적어야 하는 사항

안전조치 및 보건조치에 관한 사항으로서 고용노동부령으로 정하는 사항이란 근로자가 특별관리물질을 취급하는 경우 다음의 사항을 말한다.

① 근로자의 이름
② 특별관리물질의 명칭

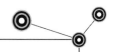

③ 취급량
④ 작업 내용
⑤ 작업 시 착용한 보호구
⑥ 누출, 오염, 흡입 등의 사고가 발생한 경우 피해 내용 및 조치 사항

(13) 허가대상 유해물질의 제조, 사용 시 적어야 하는 사항

안전조치 및 보건조치에 관한 사항으로서 고용노동부령으로 정하는 사항이란 근로자가 허가대상 유해물질을 제조, 사용하는 경우 다음의 사항을 말한다.
① 근로자의 이름
② 허가대상 유해물질의 명칭
③ 제조량 또는 사용량
④ 작업 내용
⑤ 작업 시 착용한 보호구
⑥ 누출, 오염, 흡입 등의 사고가 발생한 경우 피해 내용 및 조치 사항

(14) 난청 발생에 따른 조치 사항

① 해당 작업장의 소음성 난청 발생 원인 조사
② 청력 손실을 감소시키고 청력 손실의 재발을 방지하기 위한 대책 마련
③ 제2호의 규정에 의한 대책의 이행 여부 확인
④ 작업 전환 등 의사의 소견에 따른 조치

1. 소음 작업이란 1일 8시간 작업을 기준으로 85dB 이상의 소음이 발생하는 작업
2. 진동 작업에 해당되는 기계·기구
   ① 착암기
   ② 동력을 이용한 해머
   ③ 체인 톱
   ④ 엔진 커터
   ⑤ 동력을 이용한 연삭기
   ⑥ 임팩트 렌치
   ⑦ 그 밖에 진동으로 인하여 건강 장해를 유발할 수 있는 기계·기구
3. 진동 작업 시 유해성 주지 사항
   ① 인체에 미치는 영향 및 증상
   ② 보호구의 선정 및 착용 방법
   ③ 진동 기계·기구의 관리 방법
   ④ 진동 장해 예방 방법

(15) 환기 장치

1) 후드

인체에 해로운 분진·흄·미스트·증기 또는 가시상의 물질을 배출하기 위하여 설치하는 국소 배기 장치의 후드는 다음의 기준에 적합하도록 하여야 한다.

① 유해 물질이 발생하는 곳마다 설치할 것
② 유해 인자의 발생 형태와 비중, 작업 방법 등을 고려하여 해당 분진 등의 발산원을 제어할 수 있는 구조로 설치할 것
③ 후드 형식은 가능하면 포위식 또는 부스식 후드를 설치할 것
④ 외부식 또는 레시버식 후드는 해당 분진 등의 발산원에 가장 가까운 위치에 설치할 것

2) 덕트

분진 등을 배출하기 위하여 설치하는 국소 배기 장치(이동식을 제외한다.)의 덕트는 다음의 기준에 적합하도록 하여야 한다.

① 가능한 한 길이는 짧게 하고 굴곡부의 수는 적게 할 것
② 접속부의 내면은 돌출된 부분이 없도록 할 것
③ 청소구를 설치하는 등 청소하기 쉬운 구조로 할 것
④ 덕트 내 오염 물질이 쌓이지 아니하도록 이송 속도를 유지할 것
⑤ 연결 부위 등은 외부 공기가 들어오지 아니하도록 할 것

3) 전체 환기 장치

분진 등을 배출하기 위하여 설치하는 전체 환기 장치는 다음의 기준에 적합하도록 하여야 한다.

① 송풍기 또는 배풍기(덕트를 사용하는 경우에는 해당 덕트의 개구부를 말한다.)는 가능한 한 해당 분진 등의 발산원에 가장 가까운 위치에 설치할 것
② 송풍기 또는 배풍기는 직접 외기로 향하도록 개방하여 실외에 설치하는 등 배출되는 분진 등이 작업장으로 재유입되지 아니하는 구조로 할 것

(16) 유해·위험 작업에 대한 근로 시간 제한

근로 시간이 제한되는 작업은 잠함·잠수 작업 등 고기압하에서 행하는 작업을 말한다. 유해·위험 예방 조치 외에 작업과 휴식의 적정한 배분, 그 밖에 근로 시간과 관련된 근로 조건의 개선을 통하여 근로자의 건강 보호를 위한 조치를 하여야 한다.

① 갱 내에서 행하는 작업
② 다량의 고열 물체를 취급하는 작업과 현저히 덥고 뜨거운 장소에서 행하는 작업
③ 다량의 저온 물체를 취급하는 작업과 현저히 춥고 차가운 장소에서 행하는 작업
④ 라듐 방사선·엑스선·그 밖에 유해 방사선을 취급하는 작업
⑤ 유리·흙·돌·광물의 먼지가 현저히 비산하는 장소에서 행하는 작업

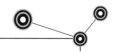

⑥ 강렬한 소음을 발하는 장소에서 행하는 작업

⑦ 착암기 등에 의하여 신체에 강렬한 진동을 주는 작업

⑧ 인력에 의하여 중량물을 취급하는 작업

⑨ 납·수은·크롬·망간·카드뮴 등의 중금속 또는 이황화탄소·유기 용제, 기타 노동 부령이 정하는 특정 화학 물질의 먼지·증기 또는 가스를 현저히 발산하는 장소에서 행하는 작업

(17) 신규 화학 물질

화학 물질의 유해성, 위험성 조사 결과의 제출 서류

① 해당 화학 물질의 안전 보건에 관한 자료

② 해당 화학 물질의 독성 시험 성적서

③ 해당 화학 물질의 제조 또는 사용 방법을 기록한 서류 및 제조 또는 사용 공정도

④ 그 밖에 해당 화학 물질의 유해성, 위험성과 관련된 서류 및 자료

Chapter 05 물질 안전 보건 자료

(1) 물질 안전 보건 자료의 작성, 비치 대상 화학 물질

1) 물리적 위험 물질
① 폭발성 물질
② 산화성 물질
③ 극인화성 물질
④ 고인화성 물질
⑤ 인화성 물질
⑥ 금수성 물질

2) 건강 장해 물질
① 고독성 물질
② 독성 물질
③ 유해 물질
④ 부식성 물질
⑤ 자극성 물질
⑥ 과민성 물질
⑦ 발암성 물질
⑧ 변이원성 물질
⑨ 생식독성 물질

(2) 물질 안전 보건 자료의 작성, 제출

① 제품명
② 안전, 보건상의 취급 주의 사항
③ 건강 및 환경에 대한 유해성 및 물리적 특성
④ 물리, 화학적 특성 등 고용노동부령으로 정하는 사항
⑤ 물질 안전 보건 자료 대상 물질을 구성하는 화학 물질 중 화학 물질의 명칭 및 함유량

(3) 물질 안전 보건 자료의 작성 · 제출 제외 대상 화학 물질 등

다음의 어느 하나에 해당하는 것을 말한다.

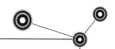

① 「건강 기능 식품에 관한 법률」에 따른 건강 기능 식품
② 「농약 관리법」에 따른 농약
③ 「마약류 관리에 관한 법률」에 따른 마약 및 향정신성 의약품
④ 「비료 관리법」에 따른 비료
⑤ 「사료 관리법」에 따른 사료
⑥ 「생활 주변 방사선 안전관리법」에 따른 원료 물질
⑦ 「생활 화학 제품 및 살생물제의 안전관리에 관한 법률」에 따른 안전 확인 대상 생활 화학 제품 및 살생물 제품 중 일반 소비자의 생활용으로 제공되는 제품
⑧ 「식품 위생법」에 따른 식품 및 식품 첨가물
⑨ 「약사법」에 따른 의약품 및 의약외품
⑩ 「원자력 안전법」에 따른 방사성 물질
⑪ 「위생 용품 관리법」에 따른 위생 용품
⑫ 「의료 기기법」에 따른 의료기기
⑬ 「총포·도검·화약류 등의 안전관리에 관한 법률」에 따른 화약류
⑭ 「폐기물 관리법」에 따른 폐기물
⑮ 「화장품법」에 따른 화장품
⑯ ①부터 ⑮까지의 규정 외의 화학 물질 또는 혼합물로서 일반 소비자의 생활용으로 제공되는 것(일반 소비자의 생활용으로 제공되는 화학 물질 또는 혼합물이 사업장 내에서 취급되는 경우를 포함한다)
⑰ 고용노동부 장관이 정하여 고시하는 연구·개발용 화학 물질 또는 화학 제품. 이 경우 법 제110조 제1항부터 제3항까지의 규정에 따른 자료의 제출만 제외된다.
⑱ 그 밖에 고용노동부 장관이 독성·폭발성 등으로 인한 위해의 정도가 적다고 인정하여 고시하는 화학 물질

(4) 물질 안전 보건 자료의 작성 방법 및 기재 사항

① 물리, 화학적 특성
② 독성에 관한 정보
③ 폭발 화재 시의 대처 방법
④ 응급 조치 요령
⑤ 그 밖에 고용노동부 장관이 정하는 사항

(5) 물질 안전 보건 자료의 제출, 변경

① 유통·게시하고 있거나 갖추어 두고 있는 물질 안전 보건 자료의 내용에 이상이 있다고 판단되는 경우
② 근로자의 안전 보건에 중대한 영향을 미치는 유해한 화학 물질을 포함하고 있는 경우

③ 기타 화학 물질로 인한 사고 등 중대 재해로부터 근로자의 안전, 보건을 유지하기 위하여 필요한 경우

(6) 화학 물질·화학 물질(물질 안전 보건 자료)을 함유한 제재를 취급하는 작업 공정별 관리 요령 게시 사항

① 화재·폭발 시 방재 요령
② 취급·저장 시 주의 사항

(7) 물질 안전 보건 자료 작성 시 포함되어야 할 항목 및 그 순서

① 화학 제품과 회사에 관한 정보 ② 구성 성분의 명칭 및 함유량
③ 위험·유해성 ④ 응급 조치 요령
⑤ 폭발·화재 시 대처 방법 ⑥ 누출 사고 시 대처 방법
⑦ 취급 및 저장 방법 ⑧ 노출 방지 및 개인 보호구
⑨ 물리, 화학적 특성 ⑩ 안정성 및 반응성
⑪ 독성에 관한 정보 ⑫ 환경에 미치는 영향
⑬ 폐기 시 주의 사항 ⑭ 운송에 필요한 정보
⑮ 법적 규제 현황 ⑯ 기타 참고 사항

(8) 사업장에 쓰이는 모든 대상 화학 물질에 대한 물질 안전 보건 자료를 다음의 장소 중 근로자가 쉽게 볼 수 있는 장소에 게시 또는 비치하고 정기 또는 수시로 점검·관리하여야 한다.

① 물질 안전 보건 자료 대상 화학 물질을 취급하는 작업 공정이 있는 장소
② 근로자가 작업 중 쉽게 접근할 수 있는 장소에 설치된 전산장비
③ 근로자가 가장 보기 쉬운 장소

(9) 경고 표지 부착 내용 및 방법(경고 표지에 포함되어야 할 사항)

① 명칭 : 제품명
② 그림 문자 : 화학 물질의 분류에 따라 유해·위험의 내용을 나타내는 그림
③ 신호어 : 유해·위험의 심각성 정도에 따라 표시하는 "위험" 또는 "경고" 문구
④ 유해·위험 문구 : 화학 물질의 분류에 따라 유해·위험을 알리는 문구
⑤ 예방 조치 문구 : 화학 물질에 노출되거나 부적절한 저장·취급 등으로 발생하는 유해·위험을 방지하기 위하여 알리는 주요 유의 사항
⑥ 공급자 정보 : 물질 안전 보건 자료 대상 화학 물질의 제조자 또는 공급자의 이름 및 전화번호 등

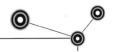

(10) 교육 실시 시기

다음에 해당하는 근로자에 대하여 교육을 실시하여야 한다.

① 물질 안전 보건 자료 대상 화학 물질을 제조·사용·운반 또는 저장하는 작업에 근로자를 배치하게 된 경우

② 새로운 대상 화학 물질이 도입된 경우

③ 유해성·위험성 정보가 변경된 경우

(11) 작업 공정별 관리 요령 게시

① 제품명

② 건강 및 환경에 대한 유해성, 물리적 위험성

③ 안전 및 보건상의 취급 주의 사항

④ 적절한 보호구

⑤ 응급 조치 요령 및 사고 시 대처 방법

(12) 비밀 유지 항목

대상 화학 물질 중에서 화학 물질명 등의 정보가 영업 비밀로서 보호하여야 할 가치가 있는 경우에는 동대상 화학물을 구체적으로 식별할 수 있는 정보를 공개하지 않을 수 있다. 정보를 공개하지 않을 수 있는 항목은 다음과 같다.

① 화학 물질명

② CAS 번호 또는 그 물질의 식별 번호

③ 구성 성분의 함유량

 물질 안전 보건 자료(MSDS)란?

화학 물질의 유해, 위험성, 응급 조치 요령, 취급 방법 등을 설명해 주는 자료를 뜻하며, 우리가 일상 생활에서 사용하는 가전 제품에도 그 취급 방법, 사용 시 주의 사항 등 설명서가 있는 것처럼 화학 제품의 안전 사용을 위한 설명서가 바로 MSDS(Material Safety Date Sheet)라 할 수 있다.

Chapter 06

석면 조사

(1) 석면 조사

건축물이나 설비를 철거하거나 해체하려는 자는 지정 기관으로부터 다음 사항을 조사한 후 그 결과를 기록 보존하여야 한다.
① 해당 건축물이나 설비에 석면이 함유되어 있는지 여부
② 해당 건축물이나 설비 중 석면이 함유된 자재의 종류, 위치 및 면적

(2) 석면 해체·제거 작업 계획 수립

① 석면 해체 제거 작업 전에 일반 석면 조사, 기관 석면 조사 결과를 확인 한 후 다음의 사항이 포함된 석면 해체·제거 작업 계획을 수립하고, 이에 따라 작업을 수행하여야 한다.
    ㉠ 석면 해체·제거 작업의 절차와 방법
    ㉡ 석면 흩날림 방지 및 폐기 방법
    ㉢ 근로자 보호 조치
② '①'에 따른 석면 해체·제거 작업 계획을 수립한 경우에 이를 해당 근로자에게 알려야 하며 작업장에 대한 석면 조사 방법 및 종료 일자 석면 조사 결과의 요지를 근로자가 보기 쉬운 장소에 게시하여야 한다.

(3) 석면 해체·제거 작업 시의 조치

석면 해체·제거 작업에 근로자를 종사하도록 하는 경우에 다음의 구분에 따른 조치를 하여야 한다.
① 분무(噴霧)된 석면이나 석면이 함유된 보온재 또는 내화 피복재(耐火被覆材)의 해체·제거 작업
    ㉠ 창문·벽·바닥 등은 비닐 등 불침투성 차단재로 밀폐하고 해낭 상소를 음압(陰壓)으로 유지하고 그 결과를 기록·보존할 것(작업장이 실내인 경우에만 해당한다.)
    ㉡ 작업 시 석면 분진이 흩날리지 않도록 고성능 필터가 장착된 석면 분진 포집 장치를 가동하는 등 필요한 조치를 할 것(작업장이 실외인 경우에만 해당한다.)
    ㉢ 물이나 습윤제(濕潤劑)를 사용하여 습식(濕式)으로 작업할 것
    ㉣ 평상복, 탈의실, 샤워실 및 작업복 탈의실 등의 위생 설비를 작업장과 연결하여 설치할 것(작업장이 실내인 경우에만 해당한다.)

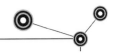

② 석면이 함유된 벽체, 바닥 타일 및 천장재의 해체·제거 작업
　⊙ 창문·벽·바닥 등은 비닐 등 불침투성 차단재로 밀폐할 것
　ⓛ 물이나 습윤제를 사용하여 습식으로 작업할 것
　ⓒ 작업 장소를 음압으로 유지하고 그 결과를 기록·보존할 것(석면 함유 벽체·바닥 타일·천장재를 물리적으로 깨거나 기계 등을 이용하여 절단하는 작업인 경우에만 해당한다.)
③ 석면이 함유된 지붕재의 해체·제거 작업
　⊙ 해체된 지붕재는 직접 땅으로 떨어뜨리거나 던지지 말 것
　ⓛ 물이나 습윤제를 사용하여 습식으로 작업할 것(습식 작업 시 안전상 위험이 있는 경우는 제외한다.)
　ⓒ 난방이나 환기를 위한 통풍구가 지붕 근처에 있는 경우에는 이를 밀폐하고 환기 설비의 가동을 중단할 것
④ 석면이 함유된 그 밖의 자재의 해체·제거 작업
　⊙ 창문·벽·바닥 등은 비닐 등 불침투성 차단재로 밀폐할 것(작업장이 실내인 경우에만 해당한다.)
　ⓛ 석면 분진이 흩날리지 않도록 석면 분진 포집 장치를 가동하는 등 필요한 조치를 할 것(작업장이 실외인 경우에만 해당한다.)
　ⓒ 물이나 습윤제를 사용하여 습식으로 작업할 것

(4) 석면 분진의 흩날림 방지 등

① 석면을 뿜어서 칠하는 작업에 근로자를 종사하도록 해서는 아니 된다.
② 석면을 사용하거나 석면이 붙어 있는 물질을 이용하는 작업을 하는 경우에 석면이 흩날리지 않도록 습기를 유지하여야 한다. 다만, 작업의 성질상 습기를 유지하기 곤란한 경우에는 다음의 조치를 한 후 작업하도록 하여야 한다.
　⊙ 석면으로 인한 근로자의 건강 장해 예방을 위하여 밀폐 설비나 국소 배기 장치의 설치 등 필요한 보호 대책을 마련할 것
　ⓛ 석면을 함유하는 폐기물은 새지 않도록 불침투성 자루 등에 밀봉하여 보관할 것

(5) 작업 수칙

석면의 제조·사용 작업에 근로자를 종사하도록 하는 경우에 석면 분진의 발산과 근로자의 오염을 방지하기 위하여 다음의 사항에 관한 작업 수칙을 정하고, 이를 작업 근로자에게 알려야 한다.
① 진공 청소기 등을 이용한 작업장 바닥의 청소 방법
② 작업자의 왕래와 외부 기류 또는 기계 진동 등에 의하여 분진이 흩날리는 것을 방지하기 위한 조치

③ 분진이 쌓일 염려가 있는 깔개 등을 작업장 바닥에 방치하는 행위를 방지하기 위한 조치

④ 분진이 확산되거나 작업자가 분진에 노출될 위험이 있는 경우에는 선풍기 사용 금지

⑤ 용기에 석면을 넣거나 꺼내는 작업

⑥ 석면을 담은 용기의 운반

⑦ 여과 집진 방식 집진 장치의 여과재 교환

⑧ 해당 작업에 사용된 용기 등의 처리

⑨ 이상 사태가 발생한 경우의 응급조치

⑩ 보호구의 사용·점검·보관 및 청소

⑪ 그 밖에 석면 분진의 발산을 방지하기 위하여 필요한 조치

(6) 개인 보호구의 지급·착용

① 석면 해체·제거 작업에 근로자를 종사하도록 하는 경우에 다음의 개인 보호구를 지급하여 착용하도록 하여야 한다. 다만, 'ⓛ'의 보호구는 근로자의 눈 부분이 노출될 경우에만 지급한다.

ⓐ 방진 마스크나 송기 마스크 또는 전동식 호흡 보호구

ⓑ 고글(goggles)형 보호 안경

ⓒ 신체를 감싸는 보호복과 보호 신발 및 보호 장갑

② 근로자는 'ⓛ'에 따라 지급된 개인 보호구를 사업주의 지시에 따라 착용하여야 한다.

Part **06** 실·전·문·제

01 연소의 3요소와 소화 효과를 각각 구분하여 열거하시오.

(해답)→ 1. 연소의 3요소 : 가연물, 산소 공급원, 점화원
2. 소화 효과 : 냉각 소화, 질식 소화, 제거 소화, 희석 소화

02 인체에 해로운 분진, 흄, 미스트, 증기 또는 가스상의 물질을 배출하기 위하여 설치하는 국소 배기 장치의 후드 설치 시 준수 사항을 쓰시오.

(해답)→ 1. 유해 물질이 발생하는 곳마다 설치할 것
2. 유해 인자의 발생 형태 및 비중, 작업 방법 등을 고려하여 해당 분진 등의 발산원을 제어할 수 있는 구조로 설치할 것
3. 후드 형식은 가능한 한 포위식 또는 부스식 후드를 설치할 것
4. 외부식 또는 레시버식 후드를 설치하는 때에는 해당 분진 등의 발산원에 가장 가까운 위치에 설치할 것

03 분진 폭발 발생에 영향을 주는 인자를 4가지 제시하시오.

(해답)→ 1. 분진의 화학적 성질과 조성
2. 입도와 입도 분포
3. 입자의 형상과 표면 상태
4. 수분

04 벤젠의 증기가 발생한 작업장을 측정하였더니 1시간당 400g의 증기가 발생하고 있었다. 이 작업장의 실내 평균 농도를 10ppm 이하로 하고자 대책을 세운다면 필요한 환기량(m^3/min)은 얼마 이상으로 하면 좋겠는가? (단, $Q = 50W/3K$, $K = K' \times M / 24.46$, 벤젠의 분자량은 78이다.)

(해답)→ 노출 기준(K) $= ppm \times \dfrac{M}{24.46} = 10 \times \dfrac{78}{24.46} = 31.888 mg/m^3$

$\therefore$ 환기량(Q) $= \dfrac{50\,W}{3K} = \dfrac{50 \times 400}{3 \times 31.888} = 209.07 m^3$

05 법에 의한 가스 등의 용기 취급 시 주의 사항을 쓰시오.

해답 1. 용기의 온도를 40℃ 이하로 유지할 것
2. 전도의 위험이 없도록 할 것
3. 충격을 가하지 아니하도록 할 것
4. 운반할 때에는 캡을 씌울 것
5. 사용할 때에는 용기의 마개에 부착되어 있는 유류 및 먼지를 제거할 것
6. 밸브의 개폐는 서서히 할 것
7. 용해 아세틸렌 용기는 세워 둘 것

06 A급, B급, C급 화재의 명칭과 소화약제의 종류를 쓰시오.

해답 1. A급 화재 : 보통 화재－물 소화기
2. B급 화재 : 유류 화재－CO_2 소화기, 분말 소화기
3. C급 화재 : 전기 화재－유기성 소화액, Halon 소화기, 분말 소화기

07 국소 배기 장치의 사용 전 점검 사항을 쓰시오.

해답 1. 덕트 및 배풍기의 분진 상태
2. 덕트의 접속부가 헐거워졌는지 여부
3. 흡기 및 배기 능력
4. 그 밖에 국소 배기 장치의 성능을 유지하기 위하여 필요한 사항

08 폭발의 성립 조건을 쓰시오.

해답 1. 가스 및 분진이 밀폐된 공간에 존재하여야 한다.
2. 가연성 가스, 증기 또는 분진이 폭발 범위 내에 머물러 있어야 한다.
3. 점화원이 존재하여야 한다.
4. 산소가 존재하여야 한다.

09 연소의 형태 중 고체 연소의 종류 4가지를 쓰시오.

해답 1. 표면 연소　　2. 분해 연소　　3. 증발 연소　　4. 자기 연소

10 A 사업장은 제조 과정에서 톨루엔을 사용하고 있으며 사용량은 작업 시간 8시간에 8kg이다. 이 작업장에 전체 환기 장치를 설치하고자 한다. 1분간의 환기량(m^3)을 계산하시오.

해답 환기량 $Q = 0.04\,W,\ W = \dfrac{8,000}{8} = 1,000$　∴ $Q = 0.04 \times 1,000 = 40.00\,\mathrm{m}^3$

11 분말 소화기의 사용 순서를 순서대로 쓰시오.

(해답) 1. 안전핀을 뽑는다.　　　　　　　　　2. 노즐을 화원으로 향한다.
　　　 3. 레버를 강하게 누른다.　　　　　　4. 화점 부근에 접근 방사한다.

12 다음 고압 가스의 용기 색상을 쓰시오.

> [보기]
> 산소, 아세틸렌, 액화 천연가스, 액화 염소

(해답) 1. 산소 – 녹색　　　　　　　　　　　2. 아세틸렌 – 황색
　　　 3. 액화 천연가스 – 회색　　　　　　 4. 액화 염소 – 갈색

13 자연 발화 방지 대책 4가지를 쓰시오.

(해답) 1. 저장소 내의 온도를 낮춘다.　　　　2. 습기가 많은 곳에 저장하지 않는다.
　　　 3. 공기와의 접촉을 피해서 저장한다.　4. 통풍이 잘 되는 곳에 저장한다.

14 공기 압축기의 작업 시작 전 점검 사항을 쓰시오.

(해답) 1. 공기 저장 압력 용기의 외관 상태　　2. 드레인 밸브의 조작 및 배수
　　　 3. 압력 방출 장치의 기능　　　　　　4. 언로드 밸브의 기능
　　　 5. 윤활유의 상태　　　　　　　　　　6. 회전부의 덮개 또는 울
　　　 7. 그 밖의 연결 부위의 이상 유무

15 아세틸렌 70%, 수소 20%로 혼합된 혼합 기체가 있다. (아세틸렌 2.5 ~ 81, 수소 4.0 ~ 94)
폭발 하한계와 위험도를 구하시오.

(해답) 1. 폭발 하한계(L) $= \dfrac{100}{\dfrac{70}{2.5} + \dfrac{20}{4}} = 3.03 \text{vol}\%$

　　　 2. 위험도(H) $= \dfrac{81 - 2.5}{2.5} = 31.4$

16 인화점과 발화점에 대해서 설명하시오.

(해답) 1. 인화점 : 연소 시 가연성 증기, 가스 등을 발생시키는 최저의 온도로서 외부의 점화원에
　　　　　　 의하여 인화될 수 있는 최저의 온도
　　　 2. 발화점 : 외부의 직접적인 점화원 없이 열의 축적에 의하여 발화가 되고 연소가 일어나
　　　　　　 는 최저의 온도

17 작업장의 높이 3m, 가로 6m, 세로 8m일 때 제1종 유기용제의 허용 소비량을 구하시오.

해답 ▶
$$W = \frac{1}{15} \times A$$

$$A = 3 \times 6 \times 8 = 144$$

$$\therefore \frac{1}{15} \times 144 = 9.60 \mathrm{g}$$

18 염화에틸(C_2H_5Cl)의 완전 연소 조성 농도를 구하시오.

해답 ▶
$$C_{st} = \frac{100}{1 + 4.773\left(n + \dfrac{m-f-2\lambda}{4}\right)} = \frac{100}{1 + 4.773\left(2 + \dfrac{5-1}{4}\right)} = 6.528 \mathrm{vol\%}$$

19 법상 위험 물질의 종류를 아는 대로 쓰시오.

해답 ▶ 1. 폭발성 물질　　　　　　　　 2. 발화성 물질
　　　 3. 산화성 물질　　　　　　　　 4. 인화성 물질
　　　 5. 가연성 가스　　　　　　　　 6. 부식성 물질
　　　 7. 독성 물질

20 법에 의하여 특정 화학 물질 등을 제조, 취급하는 작업장에 게시해야 할 사항은?

해답 ▶ 1. 특정 화학 물질 등의 명칭
　　　 2. 특정 화학 물질 등이 인체에 미치는 영향
　　　 3. 특정 화학 물질 등의 취급상 주의 사항
　　　 4. 착용해야 할 보호구
　　　 5. 특정 화학 물질 등에 근로자가 오염된 경우 긴급 방재 요령

21 산소 결핍 위험 작업장에 대한 안전 대책을 쓰시오.

해답 ▶ 1. 산소 농도가 18% 이상 유지되도록 환기
　　　 2. 안전대 또는 구명 밧줄 사용
　　　 3. 인원 점검
　　　 4. 출입 금지
　　　 5. 공기 호흡기 또는 호스 마스크 사용
　　　 6. 연락 설비 설치 및 대피용 기구 비치
　　　 7. 구급 시 공기 호흡기 사용

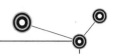

22 작업 환경 개선 방법 5가지를 쓰시오.

(해답) 1. 작업 공정 변경   2. 작업 방법 개선
3. 원자재 대체 사용   4. 작업자 보호 대책
5. 설비의 안전화   6. 밀폐 설비
7. 국소 배기 장치 등 환기 설비 설치   8. 유해물 비산 억제

23 국소 배기 장치의 후드 설치 요령을 쓰시오.

(해답) 1. 유해 물질이 발생하는 곳마다 설치할 것
2. 유해 인자의 발생 형태와 비중, 작업 방법 등을 고려하여 해당 분진 등의 발산원을 제어
할 수 있는 구조로 설치할 것
3. 후드 형식은 가능하면 포위식 또는 부스식 후드를 설치할 것
4. 외부식 또는 레시버식 후드는 해당 분진 등의 발산원에 가장 가까운 위치에 설치할 것

24 작업 환경 관리 방법으로 유해 원인의 제거 방법을 쓰시오.

(해답) 1. 대체물 사용
2. 작업 방법 변경
3. 기계의 개선

25 법에 의하여 관계 근로자 외의 자를 출입 금지시키고 그 뜻을 보기 쉬운 곳에 게시해야 할
장소를 쓰시오.

(해답) 1. 다량의 고열 물체를 취급하는 장소 또는 심히 뜨거운 장소
2. 다량의 저온 물체를 취급하는 장소 또는 심히 차가운 장소
3. 방사선, 유해 광선 및 초음파에 노출되는 장소
4. 인체에 해로운 가스, 증기 또는 분진을 발산하는 장소
5. 병원체에 의한 오염의 우려가 있는 장소

26 법에 의하여 화학 설비 및 그 부속 설비에는 안전 밸브 또는 파열판을 설치하여 그 성능을
발휘할 수 있게 하여야 한다. 안전 밸브를 설치해야 하는 설비는 어떠한 것이 있는가?

(해답) 1. 압력 용기
2. 정변위 압축기(다단의 압축기인 경우 압축기의 각 단)
3. 정변위 펌프(토출측에 차단 밸브가 설치된 것에 한한다.)
4. 배관
5. 그 밖에 화학 설비 및 부속 설비

27 법에 의해서 위험 물질을 기준량 이상으로 제조 또는 취급하는 화학 설비 내부의 이상 상태를 조기에 파악하기 위하여 온도계, 유량계, 압력계 등 계측 장치를 설치해야 하는 설비를 쓰시오.

해답 1. 발열 반응이 일어나는 반응 장치
2. 증류, 정류, 증발, 추출 등 분리를 행하는 장치
3. 반응 폭주 등 이상 화학 반응에 의하여 위험 물질이 발생할 우려가 있는 설비
4. 온도가 350℃ 이상이거나 게이지 압력이 cm^2당 10kg 이상인 상태에서 운전되는 설비
5. 가열로 또는 가열기

28 고압 작업 시 관리 감독자 직무 사항을 쓰시오.

해답 1. 작업 방법을 결정하여 고압 작업자를 직접 지휘하는 업무
2. 유해 가스의 농도를 측정하는 기구를 점검하는 업무
3. 고압 작업자가 작업실에 입실하거나 퇴실하는 경우에 고압 작업자의 수를 점검하는 업무
4. 작업실에서 공기 조절을 하기 위한 밸브나 콕을 조작하는 사람과 연락하여 작업실 내부의 압력을 적정한 상태로 유지하도록 하는 업무
5. 공기를 기압 조절실로 보내거나 기압 조절실에서 내보내기 위한 밸브나 콕을 조작하는 사람과 연락하여 고압 작업자에 대하여 가압이나 감압을 다음과 같이 따르도록 조치하는 업무
   ① 가압을 하는 경우 1분에 cm^2당 0.8kg 이하의 속도로 함
   ② 감압을 하는 경우에는 고용노동부 장관이 정하여 고시하는 기준에 맞도록 함
6. 작업실 및 기압 조절실 내 고압 작업자의 건강에 이상이 발생한 경우 필요한 조치를 하는 업무

29 밀폐 공간에서의 작업 시 관리 감독자 직무 사항을 쓰시오.

해답 1. 산소가 결핍된 공기나 유해 가스에 노출되지 않도록 작업 시작 전에 해당 근로자의 작업을 지휘하는 업무
2. 작업을 하는 장소의 공기가 적절한지를 작업 시작 전에 측정하는 업무
3. 측정 장비·환기 장치 또는 송기 마스크 등을 작업 시작 전에 점검하는 업무
4. 근로자에게 송기 마스크 등의 착용을 지도하고 착용 상황을 점검하는 업무

30 폭발의 방지 원리를 쓰시오.

해답 1. 가스 누설의 위험 장소에는 밀폐 공간을 없앤다.
2. 가스 누설을 밀폐하는 설비 설치
3. 국소 배기 장치 등 환기 설비 설치
4. 정기적인 가스 농도의 측정
5. 용기인 경우 안전 밸브, 비상 배기 장치 등 안전 장치 기능 확보
6. 점화원 제거

31 법에 의한 작업 환경 측정 제외 대상 작업을 쓰시오.

해답 1. 임시 작업 및 단시간 작업을 행하는 작업장
2. 관리 대상 유해 물질의 허용 소비량을 초과하지 아니하는 작업장
3. 분진 작업의 적용 제외 대상 작업장

32 법에 의하여 4알킬연 업무를 행하는 작업장마다 구비해야 할 구비 약품을 3가지 쓰시오.

해답 1. 제독제, 세정용 등유 및 비누 등
2. 세안액, 흡착제, 기타 구급약
3. 기타 제독제 또는 활성 백토 등 확산 방지제

33 허가 대상 유해 물질을 제조하거나 사용하는 작업장에 보기 쉬운 장소에 게시하여야 할 사항을 쓰시오.

해답 1. 허가 대상 유해 물질의 명칭　　　2. 인체에 미치는 영향
3. 취급상 주의 사항　　　　　　　　4. 착용하여야 할 보호구
5. 응급 처치와 긴급 방재 요령

34 옥내에서 유기용제 업무를 행하고자 하는 때에는 유기용제 등의 구분을 용이하게 하기 위하여 구분색을 보기 쉬운 곳에 표시하여야 한다. 유기용제 종류에 따른 색을 구분하여 쓰시오.

해답 1. 제1종 유기용제 : 적색　　　　　2. 제2종 유기용제 : 황색
3. 제3종 유기용제 : 청색

35 법에 의한 산소 결핍 위험 작업장에서 관리 감독자가 해야 할 직무 사항 4가지를 쓰시오.

해답 1. 산소가 결핍된 공기나 유해 가스에 노출되지 아니하도록 작업 시작 전에 작업 방법을 결정하고 이에 따라 해낭 근로사의 작업을 지휘하는 일
2. 작업을 행하는 장소의 공기가 적정한지 여부를 작업 시작 전에 확인하는 일
3. 측정 장비, 환기 장치 또는 송기 마스크 등을 작업 시작 전에 점검하는 일
4. 근로자에게 송기 마스크 등의 활용을 지도하고 착용 상황을 점검하는 일

36 연소가 정상적으로 일어나기 위해서는 산소, 점화원, 가연물이 필요하다. 이 중에서 가연물이 될 수 없는 것은?

해답 1. 이미 산소와의 반응이 완결된 물질
2. 0족 원소
3. 산화 반응을 하지만 흡열 반응을 하는 물질

37 법에 의한 위험 물질을 제조, 취급하는 경우 화재, 폭발 방지를 위해 취해야 할 조치 사항을 3가지 쓰시오.

(해답) 1. 폭발성 물질, 유기 과산화물을 화기나 그 밖에 점화원이 될 우려가 있는 것에 접근시키거나 가열하거나 마찰시키거나 충격을 가하는 행위

2. 물 반응성 물질, 인화성 고체를 각각 그 특성에 따라 화기나 그 밖에 점화원이 될 우려가 있는 것에 접근시키거나 발화를 촉진하는 물질 또는 물에 접촉시키거나 가열하거나 마찰시키거나 충격을 가하는 행위

3. 산화성 액체 · 산화성 고체를 분해가 촉진될 우려가 있는 물질에 접촉시키거나 가열하거나 마찰시키거나 충격을 가하는 행위

4. 인화성 액체를 화기나 그 밖에 점화원이 될 우려가 있는 것에 접근시키거나 주입 또는 가열하거나 증발시키는 행위

5. 인화성 가스를 화기나 그 밖에 점화원이 될 우려가 있는 것에 접근시키거나 압축 · 가열 또는 주입하는 행위

6. 부식성 물질 또는 급성 독성 물질을 누출시키는 등으로 인체에 접촉시키는 행위

7. 위험물을 제조하거나 취급하는 설비가 있는 장소에 인화성 가스 또는 산화성 액체 및 산화성 고체를 방치하는 행위

38 법에 의하여 물질 안전 보건 자료 작성 시 기재해야 할 사항 4가지를 쓰시오. (단, 고용노동부령이 정하는 사항을 쓰시오.)

(해답) 1. 물리, 화학적 특성
2. 독성에 관한 사항
3. 폭발, 화재 시의 대처 방법
4. 응급 조치 요령
5. 그 밖에 고용노동부 장관이 정하는 사항

39 화학 설비 안전성 평가 5단계를 순서대로 쓰시오.

(해답) 1. 제1단계 : 관계 자료의 작성 준비
2. 제2단계 : 정성적 평가
3. 제3단계 : 정량적 평가
4. 제4단계 : 안전 대책
5. 제5단계 : 재평가

40 슬롭 오버(slop over)를 간략히 설명하시오.

(해답) 원유, 고인화점의 기름에서 100℃가 넘는 기름층이 있는 때에 물, 포 등을 투입할 경우 물이 급격히 증발하여 비등 현상을 일으켜 유포 등이 탱크 외부로 넘쳐나오는 현상을 말한다.

41 법에 의한 물 반응성 물질 및 인화성 고체를 5가지 쓰시오.

(해답) 1. 리튬   2. 칼륨, 나트륨   3. 황
4. 황린   5. 황화인, 적린   6. 알킬알루미늄, 알킬리튬
7. 마그네슘 분말   8. 금속의 수소화물   9. 금속의 인화물

42 폭발성 가스의 폭발 등급에 따른 다음 빈 칸을 채우시오.

폭발 등급	안전 간극	해당 물질
1등급	①	②
2등급	③	④
3등급	0.4 이하	⑤

(해답) ① 0.6 이상   ② 아세톤, 에탄, 메탄, 프로판
③ 0.4~0.6   ④ 에틸렌, 석탄가스, 에틸렌옥시드
⑤ 수소, 아세틸렌, 이황화탄소

43 산업안전보건법과 고압가스안전관리법에서 규정하고 있는 화학 설비의 안전 장치를 3가지만 쓰시오.

(해답) 1. 안전 밸브   2. 파열판
3. 계측 장치   4. 통기 밸브

> **참고** 특수 화학 설비에는 계측 장치, 자동 경보 장치, 긴급 차단 장치, 예비 동력원 등을 설치하여야 한다.

44 사업주가 화학 물질 또는 화학 물질을 함유한 제재를 양도하거나, 양도받고자 할 때 작성해야 될 물질 안전 보건 자료에 반드시 기재할 사항 3가지를 쓰시오. (단, 산업안전보건법 기준에 의한다.)

(해답) 1. 대상 화학 물질의 명칭, 구성 성분   2. 안전, 보건상의 취급 주의 사항
3. 인체 및 환경에 미치는 영향

45 화학 설비 중 증류탑의 개방 시 점검하여야 할 항목 5가지를 쓰시오.

(해답) 1. tray의 부식 상태는 어떠한가? 정도와 범위는 어떠한가?
2. 고분자 등 생성물, 녹 등으로 포종이 막히지는 않았는가? 바라스트 유닛은 고정되어 있는가?
3. 넘쳐흐르는 둑의 높이는 설계되어 있는가?
4. 용접선의 상황은 어떤가? 포종은 선반에 고정되어 있는가?
5. 누출의 원인이 되는 갈라지거나 상처는 없는가?
6. 라이닝 코팅의 상황은 어떤가?

46 분진 등을 배출하기 위하여 설치하는 전체 환기 장치의 기준을 쓰시오.

(해답)▶ 1. 송풍기 또는 배풍기는 가능한 한 해당 분진 등의 발산원에 가장 가까운 위치에 설치할 것
2. 송풍기 또는 배풍기는 직접 외기로 향하도록 개방하여 실외에 설치하는 등 배출되는 분진 등이 작업장으로 재유입되지 아니하는 구조로 할 것

47 법상 석면 해체, 제거 작업 시 착용하여야 할 개인 보호구의 종류를 쓰시오.

(해답)▶ 1. 방진 마스크나 송기 마스크
2. 고글형 보호 안경
3. 신체를 감싸는 보호복과 보호 신발

48 분진 작업을 행하는 사내 작업장에는 분진을 감소시키기 위하여 밀폐 설비 또는 국소 배기 장치를 설치하여야 한다. 국소 배기 장치 설치 시 공기 정화 장치를 사용 전 점검하여야 할 사항을 쓰시오.

(해답)▶ 1. 공기 정화 장치 내부의 분진 상태
2. 여과 제진 장치에 있어서는 여과재의 파손 유무
3. 공기 정화 장치의 분진 처리 능력
4. 그 밖에 공기 정화 장치의 성능 유지를 위하여 필요한 사항

49 분진 작업과 관련된 업무를 근로자에게 종사시키고자 할 경우 근로자에게 알려야 할 사항을 쓰시오.

(해답)▶ 1. 분진의 유해성 및 노출 경로
2. 분진의 발산 방지 및 작업장의 환기 방법
3. 작업장 및 개인 위생 관리
4. 호흡용 보호구의 사용 방법
5. 분진에 관련된 질병 예방 방법

50 밀폐 공간에서 작업 시 밀폐 공간 보건 작업 프로그램을 수립, 시행하여야 한다. 그 내용을 쓰시오.

(해답)▶ 1. 작업 시작 전 공기 상태가 적정한지를 확인하기 위한 측정, 평가
2. 응급 조치 등 안전 보건 교육 및 훈련
3. 공기 호흡기나 송기 마스크 등의 착용과 관리
4. 그 밖에 밀폐 공간 작업 근로자의 건강 장해의 예방에 관한 사항

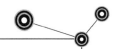

51 밀폐 공간에서 근로자로 하여금 작업을 하도록 하는 경우 작업 시작 전에 근로자에게 안전한 작업 방법 등에 관한 사항을 알려야 한다. 주지해야 할 사항을 쓰시오.

해답 ▶ 1. 산소 및 유해 가스 농도 측정에 관한 사항
2. 사고 시의 응급 조치 요령
3. 환기 설비 등 안전한 작업 방법에 관한 사항
4. 보호구 착용 및 사용 방법에 관한 사항
5. 구조용 장비 사용 등 비상시 구출에 관한 사항

52 산업안전보건법에 의한 진동 작업이란 어떠한 기계, 기구를 이용하는 작업인가?

해답 ▶ 1. 착암기
2. 동력을 이용한 해머
3. 체인 톱
4. 엔진 커터
5. 동력을 이용한 연삭기
6. 임팩트 렌치
7. 그 밖에 진동으로 인하여 건강 장해를 유발할 수 있는 기계, 기구

53 소음으로 인하여 소음성 난청이 발생할 우려가 있는 경우 조치해야 할 사항을 쓰시오.

해답 ▶ 1. 해당 작업장의 소음성 난청 발생 원인 조사
2. 청력 손실을 감소시키고 청력 손실의 재발을 방지하기 위한 대책 마련
3. 제2호의 규정에 의한 대책의 이행 여부 확인
4. 작업 전환 등 의사의 소견에 따른 조치

참고 ▶ 청력 보존 프로그램 시행
1. 소음의 작업 환경 측정 결과 소음 수준이 90dB을 초과하는 사업장
2. 소음으로 인하여 근로자에게 건강 장해가 발생한 사업장

54 허가 대상 유해 물질 취급 작업 시 관리 감독자의 직무 사항을 쓰시오.

해답 ▶ 1. 근로자가 허가 대상 유해 물질을 들이마시거나 허가 대상 유해 물질에 오염되지 않도록 작업 수칙을 정하고 지휘하는 업무
2. 작업장에 설치되어 있는 국소 배기 장치나 그 밖에 근로자의 건강 장해 예방을 위한 장치 등을 매월 1회 이상 점검하는 업무
3. 근로자의 보호구 착용 상황을 점검하는 업무

55 다음 물음에 답하시오.

1) 다량의 고열 물체를 취급하거나 현저히 더운 장소에서 작업 시 지급해야 할 보호구는?

2) 다량의 저온 물체를 취급하거나 현저히 추운 장소에서 작업 시 지급해야 할 보호구는?

(해답) 1) 방열 장갑, 방열복

2) 방한모, 방한화, 방한 장갑, 방한복

56 근골격계 부담 작업 근로자를 종사하도록 할 경우에는 3년마다 유해 요인 조사를 하여야 한다. 조사 사항을 쓰시오.

(해답) 1. 설비, 작업 공정, 작업량, 작업 속도 등 작업장 상황

2. 작업 시간, 작업 자세, 작업 방법 등 작업 조건

3. 작업과 관련된 근골격계 질환 징후 및 증상 유무 등

참고 ▶ 근골격계 질환이란?

반복적인 동작, 부적절한 자세, 무리한 힘의 사용, 날카로운 면과의 신체 접촉, 진동 및 온도 등의 요인에 의하여 발생하는 건강 장해로서 목, 어깨, 허리, 상·하지의 신경, 근육 및 그 주변 신체 조직 등에 나타나는 질환

57 관리 대상 유해 물질을 취급하는 작업장에 게시하여야 할 사항을 쓰시오.

(해답) 1. 관리 대상 유해 물질의 명칭

2. 인체에 미치는 영향

3. 취급상 주의 사항

4. 착용하여야 할 보호구

5. 응급 조치와 긴급 방재 요령

58 관리 대상 유해 물질을 취급하는 작업 시 해당 유해 물질의 유해, 위험성에 대한 유해성을 근로자에게 알려야 하는 사항을 쓰시오.

(해답) 1. 관리 대상 유해 물질의 명칭 및 물리적·화학적 특성

2. 인체에 미치는 영향과 증상

3. 취급상의 주의 사항

4. 착용하여야 할 보호구와 착용 방법

5. 위급 상황 시의 대처 방법과 응급 조치 요령

6. 그 밖에 근로자 건강 장해 예방에 관한 사항

59 컴퓨터 단말기의 조작 업무에 근로자를 종사하게 할 경우의 조치 사항을 쓰시오.

(해답) 1. 실내는 명암의 차이가 심하지 아니하도록 하고 직사광선이 들어오지 아니하는 구조로 할 것
2. 저휘도형의 조명 기구를 사용하고 창, 벽면 등은 반사되지 아니하는 재질을 사용할 것
3. 컴퓨터 단말기 및 키보드를 설치하는 책상 및 의자는 작업에 종사하는 근로자에 따라 그 높낮이를 조절할 수 있는 구조로 할 것
4. 연속적인 컴퓨터 단말기 작업에 종사하는 근로자에 대하여는 작업 시간중에 적정한 휴식 시간을 부여할 것

60 유해 광선, 초음파 등 비전리 전자기파에 의한 건강 장해를 일으킬 우려가 있는 경우의 조치 사항을 쓰시오.

(해답) 1. 발생원의 격리·차폐·보호구 착용 등 적절한 조치를 할 것
2. 비전리 전자기파 발생 장소에는 경고 문구를 표시할 것
3. 근로자에게 비전리 전자기파가 인체에 미치는 영향, 안전한 작업 방법 등을 널리 알릴 것

61 분진 등을 배출하기 위한 국소 배기 장치의 덕트 설치 시 적합한 기준을 쓰시오.

(해답) 1. 가능한 한 길이는 짧게 하고 굴곡부의 수는 적게 할 것
2. 접속부의 내면은 돌출된 부분이 없도록 할 것
3. 청소구를 설치하는 등 청소하기 쉬운 구조로 할 것
4. 덕트 내 오염 물질이 쌓이지 아니하도록 이송 속도를 유지할 것
5. 연결 부위 등은 외부 공기가 들어오지 아니하도록 할 것

62 작업장에서 발생 가능한 부상자의 응급 치료에 필요한 구급 용구를 쓰시오.

(해답) 1. 붕대 재료, 탈지면, 핀셋 및 반창고   2. 외상에 대한 소독약
3. 지혈대, 부목 및 들것   4. 화상약

63 화학 설비 및 그 부속 설비의 개조·수리 및 청소 작업 시 해당 설비를 분해하거나 설비의 내부에서 작업 시 준수해야 할 사항을 쓰시오.

(해답) 1. 해당 작업 방법 및 순서를 정하여 미리 관계 근로자에게 교육할 것
2. 작업 책임자를 정하여 해당 작업을 지휘하도록 할 것
3. 작업 장소에 위험물 등이 누출되거나 고온의 수증기가 새어나오지 아니하도록 할 것
4. 작업장 및 그 주변의 인화성 물질의 증기 또는 가연성 가스의 농도를 수시로 측정할 것

64 가연성 기체, 액체, 고체의 공기 중 연소의 형태를 쓰시오.

(해답) 1. 확산 연소   2. 분해 연소   3. 표면 연소
4. 예혼합 연소   5. 증발 연소

MEMO

산업안전 기사·산업기사 실기

Part 7

건설 안전

Chapter 01

건설 장비

1.1 . 차량계 건설기계

법상 차량계 건설기계의 종류는 다음과 같다.

1) 도저형 건설기계(불도저, 스트레이트도저, 틸트도저, 앵글도저, 버킷도저 등)

2) 모터그레이더(motor grader, 땅 고르는 기계)

3) 로더(포크 등 부착물 종류에 따른 용도 변경 형식을 포함한다)

4) 스크레이퍼(scraper, 흙을 절삭·운반하거나 펴 고르는 등의 작업을 하는 토공기계)

5) 크레인형 굴착 기계(클램셸, 드래그라인 등)

6) 굴삭기(브레이커, 크러셔, 드릴 등 부착물 종류에 따른 용도 변경 형식을 포함한다)

7) 항타기 및 항발기

8) 천공용 건설기계(어스드릴, 어스오거, 크롤러드릴, 점보드릴 등)

9) 지반 압밀 침하용 건설기계(샌드드레인머신, 페이퍼드레인머신, 팩드레인머신 등)

10) 지반 다짐용 건설기계(타이어롤러, 매커덤롤러, 탠덤롤러 등)

11) 준설용 건설기계(버킷준설선, 그래브준설선, 펌프준설선 등)

12) 콘크리트 펌프카

13) 덤프트럭

14) 콘크리트 믹서 트럭

15) 도로 포장용 건설기계(아스팔트 살포기, 콘크리트 살포기, 아스팔트 피니셔, 콘크리트 피니셔 등)

16) 골재 채취 및 살포용 건설기계(쇄석기, 자갈채취기, 골재살포기 등)

17) 1)부터 16)까지와 유사한 구조 또는 기능을 갖는 건설기계로서 건설 작업에 사용하는 것

(1) 헤드 가드

사업주는 암석이 떨어질 우려가 있는 등 위험한 장소에서 차량계 건설기계(불도저, 트랙터, 쇼벨, 로더, 파워 쇼벨 및 드래그 쇼벨에 한한다.)를 사용할 때 해당 차량계 건설 기계에 견고한 헤드 가드를 갖추어야 한다.

(2) 작업 계획의 작성

① 사업주는 차량계 건설기계를 사용하여 작업을 할 때 미리 위의 규정에 의한 조사 결과를 고려하여 작업 계획을 작성하고 그 작업 계획에 따라 작업을 실시하여야 한다.

② 작업 계획에는 다음 사항이 포함되어야 한다.

　㉠ 사용하는 차량계 건설기계의 종류 및 능력

　㉡ 차량계 건설기계의 운행 경로

　㉢ 차량계 건설기계에 의한 작업 방법

③ 사업주는 작업 계획을 수립할 때 작업 계획의 내용을 해당 근로자에게 주지시켜야 한다.

(3) 전도 등의 방지

차량계 건설기계를 사용하는 작업을 함에 있어서 그 기계가 넘어지거나 굴러떨어짐으로써 근로자에게 위험을 미칠 우려가 있는 경우에는 유도자를 배치하고 지반의 부동 침하 방지, 갓길의 붕괴 방지 및 도로 폭의 유지 등 필요한 조치를 하여야 한다.

(4) 신호

① 사업주는 다음의 작업을 하는 경우 일정한 신호 방법을 정하여 신호하도록 하여야 하며, 운전자는 그 신호에 따라야 한다.

　㉠ 양중기(揚重機)를 사용하는 작업

　㉡ 차량계 하역운반기계 전도 등의 방지에 따라 유도자를 배치하는 작업

　㉢ 차량계 건설기계의 접촉 방지에 따라 유도자를 배치하는 작업

　㉣ 항타기 또는 항발기의 운전 작업

　㉤ 중량물을 2명 이상의 근로자가 취급하거나 운반하는 작업

　㉥ 양화장치를 사용하는 작업

　㉦ 궤도작업 차량에 따라 유도자를 배치하는 작업

　㉧ 입환작업(入換作業)

② 운전자나 근로자는 제1항에 따른 신호 방법이 정해진 경우 이를 준수하여야 한다.

(5) 운전 위치의 이탈 금지

① 사업주는 다음의 기계를 운전하는 경우 운전자가 운전 위치를 이탈하게 해서는 아니 된다.

　㉠ 양중기

　㉡ 항타기 또는 항발기(권상장치에 하중을 건 상태)

　㉢ 양화장치(화물을 적재한 상태)

② 제1항에 따른 운전자는 운전 중에 운전 위치를 이탈해서는 아니 된다.

(6) 운전 위치 이탈 시의 조치

사업주는 차량계 하역운반기계 등, 차량계 건설기계의 운전자가 운전 위치를 이탈하는 경우 해당 운전자에게 다음 각 호의 사항을 준수하도록 하여야 한다.
① 포크, 버킷, 디퍼 등의 장치를 가장 낮은 위치 또는 지면에 내려 둘 것
② 원동기를 정지시키고 브레이크를 확실히 거는 등 갑작스러운 주행이나 이탈을 방지하기 위한 조치를 할 것
③ 운전석을 이탈하는 경우에는 시동 키를 운전대에서 분리시킬 것. 다만, 운전석에 잠금 장치를 하는 등 운전자가 아닌 사람이 운전하지 못하도록 조치한 경우에는 그러하지 아니하다.

(7) 차량계 건설 기계의 이송

사업주는 차량계 건설기계를 이송하기 위하여 자주 또는 견인에 의해 화물자동차 등에 싣거나 내리는 작업을 할 때에 발판, 성토 등을 사용하는 경우에 해당 차량계 건설기계의 전도 또는 굴러떨어짐에 의한 위험을 방지하기 위해 다음 사항을 준수해야 한다.
① 싣거나 내리는 작업은 평탄하고 견고한 장소에서 할 것
② 발판을 사용하는 경우에는 충분한 길이, 폭 및 강도를 가진 것을 사용하고 적당한 경사를 유지하기 위하여 견고하게 설치할 것
③ 자루, 가설대 등을 사용하는 경우에는 충분한 폭 및 강도와 적당한 경사를 확보할 것

(8) 낙화물 보호구조

암석이 떨어질 우려가 있는 등 위험한 장소에서 차량계 건설기계[불도저, 트랙터, 굴착기, 로더(loader : 흙 따위를 퍼올리는 데 쓰는 기계), 스크레이퍼(scraper : 흙을 절삭·운반하거나 퍼 고르는 등의 작업을 하는 토공기계), 덤프트럭, 모터그레이더(motor grader : 땅 고르는 기계), 롤러(roller : 지반 다짐용 건설기계), 천공기, 항타기 및 항발기로 한정한다]를 사용하는 경우에는 해당 차량계 건설기계에 견고한 낙하물 보호구조를 갖춰야 한다.

1.2 항타기 및 항발기

(1) 강도 등

사업주는 동력을 사용하는 항타기 및 항발기(불특정 장소에서 사용하는 자주식을 제외한다.)의 본체, 부속 장치 및 부속품은 다음에 해당하는 것을 사용하여야 한다.

① 적합한 강도를 가질 것
② 심한 손상, 마모, 변형 또는 부식이 없을 것

(2) 무너짐의 방지

사업주는 동력을 사용하는 항타기 또는 항발기의 무너짐을 방지하기 위하여 다음 사항을 준수하여야 한다.

① 연약한 지반에 설치하는 경우에는 아웃트리거·받침 등 지지구조물의 침하를 방지하기 위하여 깔판, 깔목 등을 사용할 것
② 시설 또는 가설물 등에 설치하는 경우에는 그 내력을 확인하고 내력이 부족하면 그 내력을 보강할 것
③ 아웃트리거·받침 등 지지구조물이 미끄러질 우려가 있는 경우에는 말뚝 또는 쐐기 등을 사용하여 해당 지지구조물을 고정시킬 것
④ 궤도 또는 차로 이동하는 항타기 또는 항발기에 대해서는 불시에 이동하는 것을 방지하기 위하여 레일 클램프(rail clamp) 및 쐐기 등으로 고정시킬 것
⑤ 상단 부분은 버팀대·버팀줄로 고정하여 안정시키고, 그 하단 부분은 견고한 버팀·말뚝 또는 철골 등으로 고정시킬 것

(3) 부적격한 권상용 와이어로프의 사용 금지

사업주는 항타기 또는 항발기의 권상용 와이어로프로 다음에 해당하는 것을 사용해서는 아니 된다.

① 이음매가 있는 것
② 와이어로프의 한 꼬임[스트랜드(strand)를 말한다]에서 끊어진 소선(素線)[필러(pillar)선은 제외한다]의 수가 10% 이상(비자전로프의 경우에는 끊어진 소선의 수가 와이어로프 호칭 지름의 6배 길이 이내에서 4개 이상이거나 호칭 지름 30배 길이 이내에서 8개 이상)인 것
③ 지름의 감소가 공칭 지름의 7%를 초과하는 것
④ 꼬인 것
⑤ 심하게 변형되거나 부식된 것
⑥ 열과 전기 충격에 의해 손상된 것

(4) 권상용 와이어로프의 안전계수

사업주는 항타기 또는 항발기의 권상용 와이어로프의 안전계수(와이어로프의 절단 하중의 값을 그 와이어로프에 걸리는 하중의 최대값으로 나눈 값을 말한다)가 5 이상이 아니면 이를 사용하여서는 아니 된다.

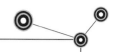

(5) 권상용 와이어로프의 길이

사업주는 항타기 또는 항발기에 권상용 와이어로프를 사용하는 때에는 다음 사항을 준수하여야 한다.

① 권상용 와이어로프는 추 또는 해머가 최저의 위치에 있을 때 또는 널말뚝을 빼내기 시작할 때를 기준으로 권상장치의 드럼에 적어도 2회 감기고 남을 수 있는 충분한 길이일 것

② 권상용 와이어로프는 권상장치의 드럼에 클램프, 클립 등을 사용하여 견고하게 고정할 것

③ 권상용 와이어로프에 있어서 추·해머 등과의 연결은 클램프·클립 등을 사용하여 견고하게 할 것

④ ② 및 ③의 클램프·클립 등은 한국산업표준 제품이거나 한국산업표준이 없는 제품의 경우에는 이에 준하는 규격을 갖춘 제품을 사용할 것

(6) 조립·해체 시 준수 및 점검사항

① 항타기 또는 항발기를 조립하거나 해체하는 경우 다음의 사항을 준수해야 한다.
  ㉠ 항타기 또는 항발기에 사용하는 권상기에 쐐기장치 또는 역회전방지용 브레이크를 부착할 것
  ㉡ 항타기 또는 항발기의 권상기가 들리거나 미끄러지거나 흔들리지 않도록 설치할 것
  ㉢ 그 밖에 조립·해체에 필요한 사항은 제조사에서 정한 설치·해체 작업 설명서에 따를 것

② 항타기 또는 항발기를 조립하거나 해체하는 경우 다음의 사항을 점검해야 한다.
  ㉠ 본체 연결부의 풀림 또는 손상의 유무
  ㉡ 권상용 와이어로프·드럼 및 도르래의 부착 상태의 이상 유무
  ㉢ 권상장치의 브레이크 및 쐐기장치 기능의 이상 유무
  ㉣ 권상기의 설치 상태의 이상 유무
  ㉤ 리더(leader)의 버팀 방법 및 고정상태의 이상 유무
  ㉥ 본체·부속장치 및 부속품의 강도가 적합한지 여부
  ㉦ 본체·부속장치 및 부속품에 심한 손상·마모·변형 또는 부식이 있는지 여부

(7) 사용 시 조치사항

① 압축공기를 동력원으로 하는 항타기나 항발기를 사용하는 경우에는 다음의 사항을 준수하여야 한다.
  ㉠ 해머의 운동에 의하여 공기호스와 해머의 접속부가 파손되거나 벗겨지는 것을 방지하기 위하여 그 접속부가 아닌 부위를 선정하여 공기호스를 해머에 고정시킬 것
  ㉡ 공기를 차단하는 장치를 해머의 운전자가 쉽게 조작할 수 있는 위치에 설치할 것

② 항타기나 항발기의 권상장치의 드럼에 권상용 와이어로프가 꼬인 경우에는 와이어로프에 하중을 걸어서는 아니 된다.

③ 항타기나 항발기의 권상장치에 하중을 건 상태로 정지하여 두는 경우에는 쐐기장치 또는 역회전방지용 브레이크를 사용하여 제동하는 등 확실하게 정지시켜 두어야 한다.

1.3 양중기

양중기란 다음의 기계를 말한다.

1) 크레인[호이스트(hoist)를 포함한다.]
2) 이동식 크레인
3) 리프트(이삿짐 운반용 리프트의 경우에는 적재 하중이 0.1톤 이상인 것으로 한정한다.)
4) 곤돌라
5) 승강기

(1) 방호 장치의 조정

① 다음의 양중기에 과부하 방지 장치, 권과 방지 장치(捲過防止裝置), 비상 정지 장치 및 제동 장치, 그 밖의 방호 장치[승강기의 파이널 리밋 스위치(final limit switch), 조속기(調速機), 출입문 인터 록(inter lock) 등을 말한다]가 정상적으로 작동될 수 있도록 미리 조정해 두어야 한다.
  ㉠ 크레인
  ㉡ 이동식 크레인
  ㉢ 리프트
  ㉣ 곤돌라
  ㉤ 승강기

② 크레인·이동식 크레인의 양중기에 대한 권과 방지 장치는 훅·버킷 등 달기구의 윗면(그 달기구에 권상용 도르래가 설치된 경우에는 권상용 도르래의 윗면)이 드럼, 상부 도르래, 트롤리 프레임 등 권상 장치의 아랫면과 접촉할 우려가 있는 경우에 그 간격이 0.25미터 이상(직동식(直動式) 권과 방지 장치는 0.05미터 이상으로 한다.)이 되도록 조정하여야 한다.

③ 제2항의 권과 방지 장치를 설치하지 않은 크레인에 대해서는 권상용 와이어 로프에 위험 표시를 하고 경보 장치를 설치하는 등 권상용 와이어 로프가 지나치게 감겨서 근로자가 위험해질 상황을 방지하기 위한 조치를 하여야 한다.

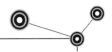

(2) 탑승의 제한

① 사업주는 크레인을 사용하여 근로자를 운반하거나 근로자를 달아 올린 상태에서 작업에 종사시켜서는 아니된다. 다만, 크레인에 전용 탑승 설비를 설치하고 추락 위험을 방지하기 위하여 다음의 조치를 한 경우에는 그러하지 아니하다.

   ㉠ 탑승 설비가 뒤집히거나 떨어지지 않도록 필요한 조치를 할 것

   ㉡ 안전대나 구명줄을 설치하고, 안전 난간을 설치할 수 있는 구조이면 안전 난간을 설치할 것

   ㉢ 탑승 설비를 하강시킬 때에는 동력 하강 방법으로 할 것

② 사업주는 이동식 크레인을 사용하여 근로자를 운반하거나 근로자를 달아 올린 상태에서 작업에 종사시켜서는 아니된다.

③ 사업주는 내부에 비상 정지 장치·조작 스위치 등 탑승 조작 장치가 설치되어 있지 아니한 리프트의 운반구에 근로자를 탑승시켜서는 아니된다. 다만, 리프트의 수리·조정 및 점검 등의 작업을 하는 경우로서 그 작업에 종사하는 근로자가 추락할 위험이 없도록 조치를 한 경우에는 그러하지 아니하다.

④ 사업주는 자동차 정비용 리프트에 근로자를 탑승시켜서는 아니된다. 다만, 자동차 정비용 리프트의 수리·조정 및 점검 등의 작업을 할 때에 그 작업에 종사하는 근로자가 위험해질 우려가 없도록 조치한 경우에는 그러하지 아니하다.

⑤ 사업주는 곤돌라의 운반구에 근로자를 탑승시켜서는 아니된다. 다만, 추락 위험을 방지하기 위하여 다음의 조치를 한 경우에는 그러하지 아니하다.

   ㉠ 운반구가 뒤집히거나 떨어지지 않도록 필요한 조치를 할 것

   ㉡ 안전대나 구명줄을 설치하고, 안전 난간을 설치할 수 있는 구조인 경우이면 안전 난간을 설치할 것

⑥ 사업주는 소형 화물용 엘리베이터에 근로자를 탑승시켜서는 아니된다. 다만, 엘리베이터의 수리·조정 및 점검 등의 작업을 하는 경우에는 그러하지 아니하다.

⑦ 사업주는 차량계 하역 운반 기계(화물 자동차는 제외한다)를 사용하여 작업을 하는 경우 승차석이 아닌 위치에 근로자를 탑승시켜서는 아니된다. 다만, 추락 등의 위험을 방지하기 위한 조치를 한 경우에는 그러하지 아니하다.

⑧ 사업주는 화물 자동차 적재함에 근로자를 탑승시켜서는 아니된다. 다만, 화물 자동차에 울 등을 설치하여 추락을 방지하는 조치를 한 경우에는 그러하지 아니하다.

⑨ 사업주는 운전 중인 컨베이어 등에 근로자를 탑승시켜서는 아니된다. 다만, 근로자를 운반할 수 있는 구조를 갖춘 컨베이어 등으로서 추락·접촉 등에 의한 위험을 방지할 수 있는 조치를 한 경우에는 그러하지 아니하다.

⑩ 사업주는 이삿짐 운반용 리프트 운반구에 근로자를 탑승시켜서는 아니된다. 다만, 이삿짐 운반용 리프트의 수리·조정 및 점검 등의 작업을 할 때에 그 작업에 종사하는 근로자가 추락할 위험이 없도록 조치한 경우에는 그러하지 아니하다.

⑪ 사업주는 전조등 · 제동등 · 후미등 · 후사경 또는 제동장치가 정상적으로 작동되지 아니하는 이륜 자동차에 근로자를 탑승시켜서는 아니된다.

1.4 . 크레인

(1) 조립 등의 작업

① 사업주는 크레인의 조립 또는 해체 작업을 할 때 다음의 조치를 하여야 한다.
  ㉠ 작업을 할 구역에 관계 근로자 외의 자의 출입을 금지시키고 그 취지를 보기 쉬운 곳에 표시할 것
  ㉡ 비, 눈, 그 밖의 기상 상태의 불안정으로 인하여 날씨가 몹시 나쁠 때에는 그 작업을 중지시킬 것
  ㉢ 작업 순서를 정하고 그 순서에 의하여 작업을 실시할 것
  ㉣ 작업 장소는 안전한 작업이 이루어 질 수 있도록 충분한 공간을 확보하고 장애물이 없도록 할 것
  ㉤ 들어올리거나 내리는 기자재는 균형을 유지하면서 작업을 실시하도록 할 것
  ㉥ 크레인의 능력, 사용 조건 등에 따라 충분한 응력을 갖는 구조로 기초를 설치하고 침하 등이 일어나지 않도록 할 것
  ㉦ 규격품인 조립용 볼트를 사용하고 대칭되는 곳을 순차적으로 결합하고 분해할 것
② 사업주는 크레인을 사용하는 작업을 하는 때에는 관리 감독자로 하여금 다음 사항을 이행하도록 하여야 한다.
  ㉠ 작업 방법과 근로자의 배치를 결정하고, 그 작업을 지휘하는 일
  ㉡ 재료의 결함 유무 또는 기구 및 공구의 기능을 점검하고 불량품을 제거하는 일
  ㉢ 작업 중 안전대 또는 안전모의 착용 상황을 감시하는 일

(2) 작업 시작 전의 점검

사업주는 근로자가 크레인을 사용하여 작업하는 때에는 해당 작업 시작 전에 다음 사항을 점검하여야 한다.
① 권과 방지 장치, 브레이크, 클러치 및 운전 장치의 기능
② 주행로의 상측 및 트롤리가 횡행하는 레일의 상태
③ 와이어로프가 통하고 있는 곳의 상태

(3) 타워크레인의 지지

① 사업주는 타워크레인을 자립고(自立高) 이상의 높이로 설치하는 경우 건축물 등의 벽체에 지지하도록 하여야 한다. 다만, 지지할 벽체가 없는 등 부득이한 경우에는 와이어 로프에 의하여 지지할 수 있다.

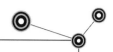

② 사업주는 타워크레인을 벽체에 지지하는 경우 다음의 사항을 준수해야 한다.

　㉠ 서면심사에 관한 서류(「건설기계관리법」 제18조에 따른 형식승인서류를 포함한다) 또는 제조사의 설치 작업 설명서 등에 따라 설치할 것

　㉡ '㉠'의 서면 심사 서류 등이 없거나 명확하지 아니한 경우에는 「국가기술자격법」에 따른 건축 구조·건설 기계·기계 안전·건설 안전 기술사 또는 건설 안전 분야 산업 안전 지도사의 확인을 받아 설치하거나 기종별·모델별 공인된 표준 방법으로 설치할 것

　㉢ 콘크리트 구조물에 고정시키는 경우에는 매립이나 관통 또는 이와 같은 수준 이상의 방법으로 충분히 지지되도록 할 것

　㉣ 건축 중인 시설물에 지지하는 경우에는 그 시설물의 구조적 안정성에 영향이 없도록 할 것

③ 사업주는 타워크레인을 와이어로프로 지지하는 경우 다음의 사항을 준수해야 한다.

　㉠ 제2항 '㉠' 또는 '㉡'의 조치를 취할 것

　㉡ 와이어로프를 고정하기 위한 전용 지지프레임을 사용할 것

　㉢ 와이어로프 설치 각도는 수평면에서 60도 이내로 하되, 지지점은 4개소 이상으로 하고, 같은 각도로 설치할 것

　㉣ 와이어로프와 그 고정 부위는 충분한 강도와 장력을 갖도록 설치하고, 와이어로프를 클립·새클(shackle, 연결 고리) 등의 고정기구를 사용하여 견고하게 고정시켜 풀리지 아니하도록 하며, 사용 중에는 충분한 강도와 장력을 유지하도록 할 것. 이 경우 클립·새클 등의 고정기구는 한국산업표준 제품이거나 한국산업표준이 없는 제품의 경우에는 이에 준하는 규격을 갖춘 제품이어야 한다.

　㉤ 와이어 로프가 가공전선(架空電線)에 근접하지 않도록 할 것

⋮⋮⋮ 1.5 승강기

(1) 조립 등의 작업

① 사업주는 옥외에 설치되어 있는 승강기의 설치, 수리, 점검, 조립 또는 해체 작업을 할 때 다음 조치를 하여야 한다.

　㉠ 작업을 지휘하는 사람을 선임하여 그 사람의 지휘하에 작업을 실시할 것

　㉡ 작업을 할 구역에 관계 근로자 외의 자의 출입을 금지시키고 그 취지를 보기 쉬운 장소에 표시할 것

　㉢ 비, 눈, 그 밖의 기상 상태의 불안정으로 인하여 날씨가 몹시 나쁜 경우에는 그 작업을 중지시킬 것

② 사업주는 작업을 지휘하는 자로 하여금 다음 사항을 이행하도록 하여야 한다.
　　㉠ 작업 방법과 근로자의 배치를 결정하고 해당 작업을 지휘하는 일
　　㉡ 재료의 결함 유무 또는 기구 및 공구의 기능을 점검하고 불량품을 제거하는 일
　　㉢ 작업 중 안전대 등 보호구의 착용 상황을 감시하는 일

〈참고〉승강기란 고정된 시설물에 설치되어 일정한 경로에 따라 사람이나 화물을 승강장으로 옮기는 데에 사용하는 설비로서 다음의 것을 말한다.
　　㉠ 승객용 엘리베이터 : 사람의 운송에 적합하게 제조, 설치된 엘리베이터
　　㉡ 승객화물용 엘리베이터 : 사람의 운송과 화물 운반을 겸용하는데 적합하게 제조, 설치된 엘리베이터
　　㉢ 화물용 엘리베이터 : 화물 운반에 적합하게 제조, 설치된 엘리베이터로서 조작자 또는 화물취급자 1명은 탑승할 수 있는 것(적재용량이 300kg 미만인 것은 제외한다)
　　㉣ 소형화물용 엘리베이터 : 음식물이나 서적 등 소형화물의 운반에 적합하게 제조, 설치된 엘리베이터로서 사람의 탑승이 금지된 것
　　㉤ 에스컬레이터 : 일정한 경사로 또는 수평로를 따라 위, 아래 또는 옆으로 움직이는 디딤판을 통해 사람이나 화물을 승강장으로 운송시키는 설비

(2) 폭풍 등으로 인한 이상 유무 점검

사업주는 순간 풍속이 초당 30m를 초과하는 바람이 불어온 후에 옥외에 설치되어 있는 승강기를 사용하여 작업할 때 미리 그 승강기 각 부위의 이상 유무를 점검하여야 한다.

(3) 이음매가 있는 와이어로프의 사용 금지

사업주는 권상용 와이어로프로 다음에 해당하는 것을 사용하여서는 아니 된다.
① 이음매가 있는 것
② 와이어로프의 한 꼬임[스트랜드(strand)를 말한다]에서 끊어진 소선(素線)[필러(pillar) 선은 제외한다]의 수가 10% 이상(비자전 로프의 경우에는 끊어진 소선의 수가 와이어로프 호칭 지름의 6배 길이 이내에서 4개 이상이거나 호칭 지름 30배 길이 이내에서 8개 이상)인 것
③ 지름의 감소가 공칭 지름의 7%를 초과하는 것
④ 꼬인 것
⑤ 심하게 변형되거나 부식된 것
⑥ 열과 전기 충격에 의해 손상된 것

(4) 부적격한 달기 체인의 사용 금지

사업주는 달기 체인이 다음에 해당하는 때에는 이를 양중기에 사용하여서는 아니 된다.
① 달기 체인의 길이의 증가가 그 달기 체인이 제조된 때의 길이의 5%를 초과한 것

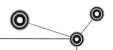

② 링의 단면 지름의 감소가 그 달기 체인이 제조된 때의 해당 링 지름의 10%를 초과하여 감소한 것

③ 균열이 있거나 심하게 변형된 것

(5) 꼬임이 끊어진 섬유로프의 사용 금지

사업주는 다음에 해당하는 때에는 섬유로프 또는 섬유벨트를 양중기에 사용하여서는 아니 된다.

① 꼬임이 끊어진 것

② 심하게 손상 또는 부식된 것

③ 2개 이상의 작업용 섬유로프 또는 섬유벨트를 연결한 것

④ 작업 높이보다 길이가 짧은 것

⠿ 1.6 ˌ 이삿짐 운반용 리프트

사업주는 이삿짐 운반용 리프트를 사용하는 작업을 하는 경우 이삿짐 운반용 리프트의 전도를 방지하기 위하여 다음을 준수하여야 한다.

(1) 아우트리거가 정해진 작동 위치 또는 최대 전개 위치에 있지 않는 경우(아우트리거 발이 닿지 않는 경우를 포함한다)에는 사다리 붐 조립체를 펼친 상태에서 화물 운반 작업을 하지 않을 것

(2) 사다리 붐 조립체를 펼친 상태에서 이삿짐 운반용 리프트를 이동시키지 않을 것

(3) 지반의 부동 침하 방지 조치를 할 것

⠿ 1.7 ˌ 차량계 하역 운반 기계

(1) 화물 적재 시의 조치

① 사업주는 차량계 하역 운반 기계에 화물을 적재하는 때에는 다음 사항을 준수하여야 한다.

  ㉠ 하중이 한쪽으로 치우치지 않도록 적재할 것

  ㉡ 구내 운반차 또는 화물 자동차에 있어서 화물의 붕괴 또는 낙하로 인한 근로자의 위험을 방지하기 위하여 화물에 로프를 거는 등 필요한 조치를 할 것

  ㉢ 운전자의 시야를 가리지 않도록 화물을 적재할 것

② 구내 운반차, 화물 자동차를 사용할 때에는 최대 적재량을 초과하여서는 아니 된다.

(2) 운전 위치 이탈 시의 조치

사업주는 차량계 하역 운반 기계의 운전자가 운전 위치를 이탈할 때에는 해당 운전자로 하여금 다음 사항을 준수하도록 하여야 한다.

① 포크, 버킷, 디퍼 등의 장치를 가장 낮은 위치 또는 지면에 둘 것
② 원동기를 정지시키고 브레이크를 확실히 거는 등 갑작스러운 주행이나 이탈을 방지하기 위한 조치를 할 것
③ 운전석을 이탈할 경우 시동키를 운전대에서 분리시킬 것

1.8 지게차

(1) 헤드 가드

사업주는 다음 규정에 적합한 헤드 가드를 갖추지 아니한 지게차를 사용하여서는 아니 된다. 다만, 화물의 낙하에 의하여 지게차의 운전자에게 위험이 미칠 우려가 없는 때에는 사용할 수 있다.

① 강도는 지게차의 최대 하중의 2배의 값(그 값이 4톤을 넘는 것에 대하여서는 4톤으로 한다.)의 등분포 정하중에 견딜 수 있는 것일 것
② 상부틀의 각 개구의 폭 또는 길이가 16cm 미만일 것
③ 운전자가 앉아서 조작하는 지게차의 헤드 가드는 한국산업표준에서 정하는 높이 이상일 것
④ 지게차에 의한 하역 운반 작업에 사용하는 팔레트(pallet) 또는 스키드(skid)는 다음에 해당하는 것을 사용하여야 한다.
  ㉠ 적재하는 화물의 중량에 따른 충분한 강도를 가질 것
  ㉡ 심한 손상·변형 또는 부식이 없을 것

(2) 작업 시작 전 점검

사업주는 지게차를 사용하여 작업을 할 때 해당 작업 시작 전에 다음 사항을 점검하여야 한다.

① 제동 장치 및 조종 장치 기능의 이상 유무
② 하역 장치 및 유압 장치 기능의 이상 유무
③ 바퀴의 이상 유무
④ 전조등, 후미등, 방향 지시기 및 경보 장치 기능의 이상 유무

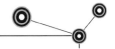

1.9 특정 건설 기계

건설 기계 가운데 특정 건설 기계는 다음과 같다.

(1) 크레인

(2) 이동식 크레인

(3) 데릭

(4) 건설용 리프트

(5) 간이 리프트

(6) 화물용 승강기

건설 기계의 작업

① 파워 셔블 : 작업 위치보다 높은 산이나 절벽의 굴착 시 이용

② 백 호(back hoe) : 작업 위치보다 낮은 곳의 굴착에 용이(하천, 기초 굴착 시도 이용)

③ 클램셸(clamshell) : 수중 굴착 등 일정한 장소에서의 흙의 굴착

④ 드래그 라인(drag line) : 작업 위치보다 낮은 굴착에 적합하며 작업 반경이 크고 수중 굴착도 가능

1.10 악천후 및 강풍 시 작업 중지

(1) 사업주는 비·눈·바람 또는 그 밖의 기상상태의 불안정으로 인하여 근로자가 위험해 질 우려가 있는 경우 작업을 중지하여야 한다. 다만, 태풍 등으로 위험이 예상되거나 발생되어 긴급 복구 작업을 필요로 하는 경우에는 그러하지 아니하다.

(2) 사업주는 순간풍속이 초당 10m를 초과하는 경우 타워크레인의 설치·수리·점검 또 는 해체 작업을 중지하여야 하며, 순간풍속이 초당 15m를 초과하는 경우에는 타워크 레인의 운전 작업을 중지하여야 한다.

1.11 출입 금지

다음의 작업 또는 장소에 방책을 설치하는 등 관계 근로자가 아닌 사람의 출입을 금지 하여야 한다. 다만, 제2호 및 제7호의 장소에서 수리 또는 점검 등을 위하여 그 암 (arm) 등의 움직임에 의한 하중을 충분히 견딜 수 있는 안전 지주(安全支柱) 또는 안전 블록 등을 사용하도록 한 경우에는 그러하지 아니하다.

① 추락에 의하여 근로자에게 위험을 미칠 우려가 있는 장소

② 유압(流壓), 체인 또는 로프 등에 의하여 지탱되어 있는 기계·기구의 덤프, 램(ram), 리프트, 포크(fork) 및 암 등이 갑자기 작동함으로써 근로자에게 위험을 미칠 우려가 있는 장소

③ 케이블 크레인을 사용하여 작업을 하는 경우에는 권상용(卷上用) 와이어 로프 또는 횡행용(橫行用) 와이어 로프가 통하고 있는 도르래 또는 그 부착부의 파손에 의하여 위험을 발생시킬 우려가 있는 그 와이어 로프의 내각측(內角側)에 속하는 장소

④ 인양 전자석(引揚電磁石) 부착 크레인을 사용하여 작업을 하는 경우에는 달아 올려진 화물의 아래쪽 장소

⑤ 인양 전자석 부착 이동식 크레인을 사용하여 작업을 하는 경우에는 달아 올려진 화물의 아래쪽 장소

⑥ 리프트를 사용하여 작업을 하는 다음의 장소
　㉠ 리프트 운반구가 오르내리다가 근로자에게 위험을 미칠 우려가 있는 장소
　㉡ 리프트의 권상용 와이어 로프 내각측에 그 와이어 로프가 통하고 있는 도르래 또는 그 부착부가 떨어져 나감으로써 근로자에게 위험을 미칠 우려가 있는 장소

⑦ 지게차·구내 운반차·화물 자동차 등의 차량계 하역 운반 기계 및 고소(高所) 작업대(이하 "차량계 하역 운반 기계 등"이라 한다.)의 포크·버킷(bucket)·암 또는 이들에 의하여 지탱되어 있는 화물의 밑에 있는 장소. 다만, 구조상 갑작스러운 하강을 방지하는 장치가 있는 것은 제외한다.

⑧ 운전 중인 항타기(杭打機) 또는 항발기(杭拔機)의 권상용 와이어 로프 등의 부착 부분의 파손에 의하여 와이어 로프가 벗겨지거나 드럼(drum), 도르래 뭉치 등이 떨어져 근로자에게 위험을 미칠 우려가 있는 장소

⑨ 화재 또는 폭발의 위험이 있는 장소

⑩ 낙반(落磐) 등의 위험이 있는 다음의 장소
　㉠ 부석의 낙하에 의하여 근로자에게 위험을 미칠 우려가 있는 장소
　㉡ 터널 지보공(支保工)의 보강 작업 또는 보수 작업을 하고 있는 장소로서 낙반 또는 낙석 등에 의하여 근로자에게 위험을 미칠 우려가 있는 장소

⑪ 토석(土石)이 떨어져 근로자에게 위험을 미칠 우려가 있는 채석 작업을 하는 굴착 작업장의 아래 장소

⑫ 암석 채취를 위한 굴착 작업, 채석에서 암석을 분할 가공하거나 운반하는 작업, 그 밖에 이러한 작업에 수반(隨伴)한 작업(이하 "채석 작업"이라 한다)을 하는 경우에는 운전 중인 굴착 기계·분할 기계·적재 기계 또는 운반 기계(이하 "굴착 기계 등"이라 한다)에 접촉함으로써 근로자에게 위험을 미칠 우려가 있는 장소

⑬ 해체 작업을 하는 장소

⑭ 하역 작업을 하는 경우에는 쌓아놓은 화물이 무너지거나 화물이 떨어져 근로자에게 위험을 미칠 우려가 있는 장소

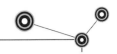

⑮ 다음의 항만 하역 작업 장소
   ㉠ 해치 커버(해치 보드(hatch board) 및 해치 빔(hatch beam)을 포함한다.)의 개폐
      ·설치 또는 해체 작업을 하고 있어 해치 보드 또는 해치 빔 등이 떨어져 근로자
      에게 위험을 미칠 우려가 있는 장소
   ㉡ 양화장치(揚貨裝置) 붐(boom)이 넘어짐으로써 근로자에게 위험을 미칠 우려가 있
      는 장소
   ㉢ 양화장치, 데릭(derrick), 크레인, 이동식 크레인(이하 "양화 장치 등"이라 한다)
      에 매달린 화물이 떨어져 근로자에게 위험을 미칠 우려가 있는 장소
⑯ 벌목, 목재의 집하 또는 운반 등의 작업을 하는 경우에는 벌목한 목재 등이 아래 방
   향으로 굴러 떨어지는 등의 위험이 발생할 우려가 있는 장소
⑰ 양화 장치 등을 사용하여 화물의 적하(부두 위의 화물에 훅(hook)을 걸어 선(船) 내
   에 적재하기까지의 작업을 말한다.) 또는 양하(선 내의 화물을 부두 위에 내려 놓고
   훅을 풀기까지의 작업을 말한다.)를 하는 경우에는 통행하는 근로자에게 화물이 떨어
   지거나 충돌할 우려가 있는 장소
⑱ 굴착기 붐·암·버킷 등의 선회(旋回)에 의하여 근로자에게 위험을 미칠 우려가 있는
   장소

1.12 굴착기

(1) 충돌위험 방지조치

① 굴착기에 사람이 부딪히는 것을 방지하기 위해 후사경과 후방 영상 표시장치 등 굴착
   기를 운전하는 사람이 좌우 및 후방을 확인할 수 있는 장치를 굴착기에 갖춰야 한다.
② 굴착기로 작업을 하기 전에 후사경과 후방 영상 표시장치 등의 부착 상태와 작동 여
   부를 확인해야 한다.

(2) 좌석안전띠의 착용

① 굴착기를 운전하는 사람이 좌석안전띠를 착용하도록 해야 한다.
② 굴착기를 운전하는 사람은 좌석안전띠를 착용해야 한다.

(3) 잠금장치의 체결

굴착기 퀵커플러(quick coupler)에 버킷, 브레이커(breaker), 크램셸(clamshell) 등 작
업장치(이하 "작업장치"라 한다)를 장착 또는 교환하는 경우에는 안전핀 등 잠금장치를
체결하고 이를 확인해야 한다.

(4) 충돌위험 방지조치

① 다음의 사항을 모두 갖춘 굴착기의 경우에는 굴착기를 사용하여 화물 인양작업을 할 수 있다.
　㉠ 굴착기의 퀵커플러 또는 작업장치에 달기구(훅, 걸쇠 등을 말한다)가 부착되어 있는 등 인양작업이 가능하도록 제작된 기계일 것
　㉡ 굴착기 제조사에서 정한 정격하중이 확인되는 굴착기를 사용할 것
　㉢ 달기구에 해지장치가 사용되는 등 작업 중 인양물의 낙하 우려가 없을 것
② 굴착기를 사용하여 인양작업을 하는 경우에는 다음의 사항을 준수해야 한다.
　㉠ 굴착기 제조사에서 정한 작업설명서에 따라 인양할 것
　㉡ 사람을 지정하여 인양작업을 신호하게 할 것
　㉢ 인양물과 근로자가 접촉할 우려가 있는 장소에 근로자의 출입을 금지시킬 것
　㉣ 지반의 침하 우려가 없고 평평한 장소에서 작업할 것
　㉤ 인양 대상 화물의 무게는 정격하중을 넘지 않을 것

Chapter 02

건설 작업 안전 시설 및 설비

2.1 추락에 의한 위험 방지

(1) 추락의 방지

① 사업주는 근로자가 추락하거나 넘어질 위험이 있는 장소(작업 발판의 끝·개구부(開口部) 등을 제외한다.) 또는 기계·설비·선박 블록 등에서 작업을 할 때에 근로자가 위험해질 우려가 있는 경우 비계(飛階)를 조립하는 등의 방법으로 작업 발판을 설치하여야 한다.

② 사업주는 작업 발판을 설치하기 곤란한 경우 다음의 기준에 맞는 추락방호망을 설치하여야 한다. 다만, 추락방호망을 설치하기 곤란한 경우에는 근로자에게 안전대를 착용하도록 하는 등 추락 위험을 방지하기 위하여 필요한 조치를 하여야 한다.

 ㉠ 추락방호망의 설치 위치는 가능하면 작업면으로부터 가까운 지점에 설치하여야 하며, 작업면으로부터 망의 설치 지점까지의 수직 거리는 10m를 초과하지 아니할 것

 ㉡ 추락방호망은 수평으로 설치하고, 망의 처짐은 짧은 변 길이의 12% 이상이 되도록 할 것

 ㉢ 건축물 등의 바깥쪽으로 설치하는 경우 추락방호망의 내민 길이는 벽면으로부터 3m 이상 되도록 할 것. 다만, 그물코가 20mm 이하인 추락방호망을 사용한 경우에는 낙하물 방지망을 설치한 것으로 본다.

③ 사업주는 추락방호망을 설치하는 경우에는 「산업표준화법」에 따른 한국산업표준에서 정하는 성능기준에 적합한 추락방호망을 사용하여야 한다.

(2) 개구부 등의 방호 조치

① 사업주는 작업 발판 및 통로의 끝이나 개구부로서 근로자가 추락할 위험이 있는 장소에는 안전 난간, 울타리, 수직형 추락방망 또는 덮개 등(이하 "난간 등"이라 한다.)의 방호 조치를 충분한 강도를 가진 구조로 튼튼하게 설치하여야 하며, 덮개를 설치하는 경우에는 뒤집히거나 떨어지지 않도록 설치하여야 한다. 이 경우 어두운 장소에서도 알아볼 수 있도록 개구부임을 표시해야 하며 수직형 추락방망은 한국 산업 표준에서 정하는 성능 기준에 적합한 것을 사용해야 한다.

② 사업주는 난간 등을 설치하는 것이 매우 곤란하거나 작업의 필요상 임시로 난간 등을 해체하여야 하는 경우 기준에 맞는 추락방호망을 설치하여야 한다. 다만, 추락방호망을 설치하기 곤란한 경우에는 근로자에게 안전대를 착용하도록 하는 등 추락할 위험을 방지하기 위하여 필요한 조치를 하여야 한다.

(3) 지붕 위에서의 위험 방지

① 사업주는 근로자가 지붕 위에서 작업을 할 때 추락하거나 넘어질 위험이 있는 경우에는 다음 조치를 해야 한다.
㉠ 지붕의 가장자리에 안전난간을 설치할 것
㉡ 채광창에는 견고한 구조의 덮개를 설치할 것
㉢ 슬레이트 등 강도가 약한 재료로 덮은 지붕에는 폭 30㎝ 이상의 발판을 설치할 것
② 사업주는 작업환경 등을 고려할 때 안전난간을 설치하기 곤란한 경우 기준을 갖춘 추락방호망을 설치해야 한다. 다만, 사업주는 작업환경 등을 고려할 때 추락방호망을 설치하기 곤란할 경우에는 근로자에게 안전대를 착용하도록 하는 등 추락 위험을 방지하기 위한 필요한 조치를 해야 한다.

(4) 낙하물 방지망의 설치 기준

① 첫단 망의 설치 높이는 지상으로부터 8m 이내여야 한다.
② 설치 간격은 망의 첫단 높이 위치에서 매 10m 기준으로 바닥 외측에 설치하여야 한다.
③ 낙하물 방지망이 수평면과 이루는 각도는 20~30° 정도로 하여야 한다.
④ 내민 길이는 비계 외측으로부터 3m 이상이어야 한다.
⑤ 방망의 가장자리는 테두리 로프를 그물코마다 엮어 단과 비계 등에 긴결하여야 한다.
⑥ 낙하물 방지망을 지지하는 긴결재의 강도는 100kg 이상의 외력에 견딜 수 있는 철물이나 로프를 사용하여야 한다.

(5) 방호 선반의 설치 기준

① 방호 선반은 풍압, 진동, 충격 등으로 탈락하지 않도록 견고하게 설치하여야 한다.
② 방호 선반의 깔판은 틈새가 없도록 설치하여야 한다.
③ 방호 선반의 내민 길이는 구조체의 외측에서 3m 이상 돌출되도록 설치하여야 한다.
④ 수평으로 설치하는 방호 선반의 경우 선반 끝단에는 수평면으로부터 높이 60cm 이상의 난간을 설치하여야 한다.
⑤ 난간은 낙하물이 방호 선반에 낙하하여 선반 외부로 튀겨 나감을 방지할 수 있는 구조이어야 한다.
⑥ 경사지게 설치하는 방호 선반이 수평면과 이루는 각도는 20° 이상 30° 이내로 설치하여야 한다.
⑦ 방호 선반의 설치 높이는 지상으로부터 8m 이내에 설치하여야 한다.

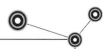

(6) 추락 방지용 안전대의 착용 방법

① 벨트는 추락 시 작업자에게 충격을 최소한으로 하고 추락 저지 시 발쪽으로 빠지지 않도록 요골 근처에 확실하게 착용하도록 하여야 한다.

② 버클을 바르게 사용하고 벨트 끝이 벨트 통로를 확실하게 통과하도록 하여야 한다.

③ 신축 조절기를 사용할 때 각 링에 바르게 걸어야 하며 벨트 끝이나 작업복이 말려 들어가지 않도록 주의하여야 한다.

④ U자걸이 사용 시 훅을 각 링이나 D링 이외의 것에 잘못 거는 일이 없도록 벨트의 링이나 각 링부에는 훅이 걸릴 수 있는 물건은 부착하지 말아야 한다.

⑤ 착용 후 지상에서 각각의 사용 상태에서 체중을 걸고 각 부품의 이상 유무를 확인한 후 사용하도록 하여야 한다.

⑥ 안전대를 지지하는 대상물은 로프의 이동에 의해 로프가 벗겨지거나 빠질 우려가 없는 구조로 충격에 충분히 견딜 수 있어야 한다.

⑦ 안전대를 지지하는 대상물에 추락 시 로프를 절단할 위험이 있는 예리한 각에 접촉하지 않도록 충분한 조치를 하여야 한다.

2.2. 고소 작업대

(1) 고소 작업대 설치 등의 조치

① 고소 작업대를 설치하는 경우에는 다음에 해당하는 것을 설치하여야 한다.

　㉠ 작업대를 와이어 로프 또는 체인으로 올리거나 내릴 경우에는 와이어 로프 또는 체인이 끊어져 작업대가 떨어지지 아니하는 구조여야 하며, 와이어 로프 또는 체인의 안전율은 5 이상일 것

　㉡ 작업대를 유압에 의해 올리거나 내릴 경우에는 작업대를 일정한 위치에 유지할 수 있는 장치를 갖추고 압력의 이상 저하를 방지할 수 있는 구조일 것

　㉢ 권과 방지 장치를 갖추거나 압력의 이상 상승을 방지할 수 있는 구조일 것

　㉣ 붐의 최대 지면 경사각을 초과 운전하여 전도되지 않도록 할 것

　㉤ 작업대에 정격 하중(안전율 5 이상)을 표시할 것

　㉥ 작업대에 끼임·충돌 등 재해를 예방하기 위한 가드 또는 과상승 방지 장치를 설치할 것

　㉦ 조작반의 스위치는 눈으로 확인할 수 있도록 명칭 및 방향 표시를 유지할 것

② 고소 작업대를 설치하는 경우에는 다음의 사항을 준수하여야 한다.

　㉠ 바닥과 고소 작업대는 가능하면 수평을 유지하도록 할 것

　㉡ 갑작스러운 이동을 방지하기 위하여 아웃트리거 또는 브레이크 등을 확실히 사용할 것

③ 고소 작업대를 이동하는 경우에는 다음의 사항을 준수하여야 한다.
　㉠ 작업대를 가장 낮게 내릴 것
　㉡ 작업대를 올린 상태에서 작업자를 태우고 이동하지 말 것. 다만, 이동 중 전도 등의 위험 예방을 위하여 유도하는 사람을 배치하고 짧은 구간을 이동하는 경우에는 그러하지 아니하다.
　㉢ 이동 통로의 요철 상태 또는 장애물의 유무 등을 확인할 것
④ 고소 작업대를 사용하는 경우에는 다음의 사항을 준수하여야 한다.
　㉠ 작업자가 안전모·안전대 등의 보호구를 착용하도록 할 것
　㉡ 관계자가 아닌 사람이 작업 구역에 들어오는 것을 방지하기 위하여 필요한 조치를 할 것
　㉢ 안전한 작업을 위하여 적정 수준의 조도를 유지할 것
　㉣ 전로(電路)에 근접하여 작업을 하는 경우에는 작업 감시자를 배치하는 등 감전 사고를 방지하기 위하여 필요한 조치를 할 것
　㉤ 작업대를 정기적으로 점검하고 붐·작업대 등 각 부위의 이상 유무를 확인할 것
　㉥ 전환 스위치는 다른 물체를 이용하여 고정하지 말 것
　㉦ 작업대는 정격 하중을 초과하여 물건을 싣거나 탑승하지 말 것
　㉧ 작업대의 붐대를 상승시킨 상태에서 탑승자는 작업대를 벗어나지 말 것. 다만, 작업대에 안전대 부착 설비를 설치하고 안전대를 연결하였을 때에는 그러하지 아니하다.

(2) 악천후 시 작업 중지

사업주는 비, 눈, 그 밖의 기상 상태의 불안정으로 인하여 날씨가 몹시 나쁠 때에 10m 이상의 높이에서 고소 작업대를 사용함에 있어 근로자에게 위험을 미칠 우려가 있는 때에는 작업을 중지하여야 한다.

2.3 붕괴에 의한 위험 방지

(1) 붕괴, 낙하에 의한 방지

사업주는 지반의 붕괴, 구축물의 붕괴 또는 토석의 낙하 등에 의하여 근로자에게 위험을 미칠 우려가 있는 때에는 해당 위험을 방지하기 위하여 다음 조치를 하여야 한다.
① 지반은 안전한 경사로 하고 낙하의 위험이 있는 토석을 제거하거나 옹벽, 흙막이 지보공 등을 설치할 것
② 지반의 붕괴 또는 토석의 낙하 원인이 되는 빗물이나 지하수 등을 배제할 것
③ 갱 내의 낙반, 측벽 붕괴의 위험이 있는 경우에는 지보공을 설치하고 부석을 제거하는 등 필요한 조치를 할 것

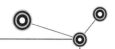

(2) 구축물 또는 이와 유사한 시설물 등의 안전 유지

사업주는 구축물 또는 이와 유사한 시설물이 자중·적재 하중·적설·풍압·지진이나 진동 및 충격 등에 의하여 붕괴·전도·도괴·폭발하는 등의 위험을 예방하기 위하여 다음의 조치를 하여야 한다.

① 설계 도서에 따라 시공했는지 확인
② 건설 공사 시방서에 따라 시공했는지 여부 확인
③ 건축물의 구조 기준 등에 관한 규칙에 따른 구조 기준을 준수했는지 확인

(3) 구축물 또는 이와 유사한 시설물의 안전성 평가

사업주는 구축물 또는 이와 유사한 시설물이 다음의 하나에 해당하는 경우에는 안전 진단 등 안전성 평가를 실시하여 근로자에게 미칠 위험성을 미리 제거하여야 한다.

① 구축물 또는 이와 유사한 시설물의 인근에서 굴착·항타 작업 등으로 침하·균열 등이 발생하여 붕괴의 위험이 예상될 경우
② 구축물 또는 이와 유사한 시설물에 지진·동해·부동 침하 등으로 균열·비틀림 등이 발생하였을 경우
③ 구조물, 건축물, 그 밖의 시설물이 그 자체의 무게·전선·풍압 또는 그 밖에 부가되는 하중 등으로 붕괴 등의 위험이 있을 경우
④ 화재 등으로 구축물 또는 이와 유사한 시설물의 내력이 현저히 저하된 경우
⑤ 오랜 기간 사용하지 아니하던 구축물 또는 이와 유사한 시설물을 재사용하게 되어 안전성을 검토하여야 할 경우
⑥ 그 밖의 잠재적 위험이 예상될 경우

(4) 낙반, 붕괴에 의한 위험 방지

사업주는 갱 내에서의 낙반 또는 측벽의 붕괴에 의하여 근로자에게 위험을 미칠 우려가 있는 때에는 지보공을 설치하고 부석을 제거하는 등 해당 위험을 방지하기 위하여 필요한 조치를 하여야 한다.

(5) 계측 장치의 설치

사업주는 터널 등의 건설 작업에 있어서 붕괴 등에 의하여 근로자에게 위험을 미칠 우려가 있거나 또는 유해, 위험 방지 계획서 심사 시 계측 시공을 지시받은 때에는 그에 필요한 계측 장치 등을 설치하여 위험을 방지하기 위한 조치를 하여야 한다.

(6) 투하 설비

사업주는 높이가 3m 이상인 장소로부터 물체를 투하하는 때에는 적당한 투하 설비를 설치하거나 감시인을 배치하는 등 위험 방지를 위하여 필요한 조치를 하여야 한다.

(7) 낙하, 비래에 의한 위험 방지

물체가 낙하 또는 비래할 위험이 있는 때에는 낙하물 방지망, 수직 방호망 또는 방호 선반의 설치, 출입 금지 구역의 설정, 보호구의 착용 등 위험 방지를 위한 조치를 하여야 하며 낙하물 방지망 설치 시 준수 사항은 다음과 같다.

① 설치 높이는 10m 이내마다 설치하고 내민 길이는 벽면으로부터 2m 이상으로 할 것
② 수평면과의 각도는 20~30°를 유지할 것

Chapter 03 건설 작업 안전

3.1 유해 위험 방지 계획서

건설업 중 다음 사업을 착공하려고 하는 사업주는 유해 위험 방지 계획서를 공사 착공 전에 고용노동부 장관에게 제출하여야 한다.

(1) 해당 사업

① 다음의 어느 하나에 해당하는 건축물 또는 시설 등의 건설·개조 또는 해체 공사
   ㉠ 지상높이가 31미터 이상인 건축물 또는 인공구조물
   ㉡ 연면적 3만제곱미터 이상인 건축물
   ㉢ 연면적 5천제곱미터 이상인 시설로서 다음의 어느 하나에 해당하는 시설
   • 문화 및 집회시설(전시장 및 동물원·식물원은 제외한다)
   • 판매시설, 운수시설(고속철도의 역사 및 집배송시설은 제외한다)
   • 종교시설
   • 의료시설 중 종합병원
   • 숙박시설 중 관광숙박시설
   • 지하도상가
   • 냉동·냉장 창고시설
② 연면적 5천m² 이상의 냉동·냉장 창고 시설의 설비 공사 및 단열 공사
③ 최대지간 길이가 50m 이상인 다리 건설 등 공사
④ 터널 건설 등의 공사
⑤ 다목적 댐, 발전용 댐 및 저수 용량 2천만톤 이상의 용수 전용 댐, 지방 상수도 전용 댐 건설 등의 공사
⑥ 깊이 10m 이상인 굴찰 공사

(2) 심사 결과의 구분

① 적정 : 근로자의 안전과 보건상 필요한 조치가 구체적으로 확보되었다고 인정될 때
② 조건부 적정 : 근로자의 안전과 보건을 확보하기 위하여 일부 개선이 필요하다고 인정될 때
③ 부적정 : 기계·설비 또는 건설물이 심사 기준에 위반되어 공사 착공 시 중대한 위험 발생의 우려가 있거나 계획에 근본적 결함이 있다고 인정될 때

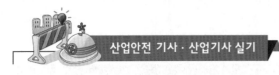

(3) 유해 위험 방지 계획서를 제출한 사업주는 고용노동부 장관의 확인을 받아야 한다.

① 유해 위험 방지 계획서의 내용과 실제 공사 내용과의 부합 여부
② 유해 위험 방지 계획서의 변경 내용의 적정성
③ 추가적인 유해, 위험 요인의 존재 여부

3.2. 건설업 산업안전보건관리비 계상 및 사용 기준

2022.6.2 고시

제1장 총 칙

제1조(목적) 이 고시는 「산업안전보건법」(이하 "법"이라 한다) 제72조, 같은 법 시행령(이하 "영"이라 한다) 제59조 및 제60조와 같은 법 시행규칙(이하 "규칙"이라 한다) 제89조에 따라 건설업의 산업안전보건관리비 계상 및 사용 기준을 정함을 목적으로 한다.

제2조(정의) ① 이 고시에서 사용하는 용어의 뜻은 다음과 같다.

1. "건설업 산업안전보건관리비"(이하 "안전관리비"라 한다)란 산업재해 예방을 위하여 건설공사 현장에서 직접 사용되거나 해당 건설업체의 본점 또는 주사무소(이하 "본사"라 한다)에 설치된 안전전담부서에서 법령에 규정된 사항을 이행하는 데 소요되는 비용을 말한다.

2. "안전관리비 대상액"(이하 "대상액"이라 한다)이란 「예정가격 작성준칙」(기획재정부 계약예규) 및 「지방자치단체 입찰 및 계약집행기준」(행정자치부 예규) 등 관련 규정에서 정하는 공사 원가 계산서 구성 항목 중 직접 재료비, 간접 재료비와 직접 노무비를 합한 금액(발주자가 재료를 제공할 경우에는 해당 재료비를 포함한다)을 말한다.

3. "자기공사자"란 건설공사의 시공을 주도하여 총괄·관리하는 자(건설공사발주자로부터 건설공사를 최초로 도급받은 수급인은 제외한다)를 말한다.

4. "감리자"란 다음 각 목의 어느 하나에 해당하는 자를 말한다.
   가. 「건설기술진흥법」 제2조제5호에 따른 감리 업무를 수행하는 자
   나. 「건축법」 제2조제1항제15호의 공사감리자
   다. 「문화재수리 등에 관한 법률」 제2조제12호의 문화재감리원
   라. 「소방시설공사업법」 제2조제3호의 감리원
   마. 「전력기술관리법」 제2조제5호의 감리원
   바. 「정보통신공사업법」 제2조제10호의 감리원
   사. 그 밖에 관계 법률에 따라 감리 또는 공사감리 업무와 유사한 업무를 수행하는 자

② 그 밖에 이 고시에서 사용하는 용어의 정의는 이 고시에 특별한 규정이 없으면 「산업안전보건법」 법·시행령·같은 법 시행규칙·예산 회계 법령 및 건설 관계 법령에서 정하는 바에 따른다.

제3조(적용 범위) 이 고시는 법 제2조제11호의 건설공사 중 총공사금액 2천만원 이상인 공사에 적용한다. 다만, 다음의 어느 하나에 해당되는 공사 중 단가계약에 의하여 행하는 공사에 대하여는 총계약금액을 기준으로 이를 적용한다.

1. 「전기공사업법」 제2조에 따른 전기공사로서 저압·고압 또는 특별고압 작업으로 이루어지는 공사
2. 「정보통신공사업법」 제2조에 따른 정보통신공사

제2장 안전관리비의 계상 및 사용

제4조(계상 기준) ① 건설공사발주자(이하 "발주자"라 한다)가 도급계약 체결을 위한 원가계산에 의한 예정가격을 작성하거나, 자기공사자가 건설공사 사업 계획을 수립할 때에는 다음 각 호와 같이 안전보건관리비를 계상하여야 한다. 다만, 발주자가 재료를 제공하거나 일부 물품이 완제품의 형태로 제작·납품되는 경우에는 해당 재료비 또는 완제품 가액을 대상액에 포함하여 산출한 안전보건관리비와 해당 재료비 또는 완제품 가액을 대상액에서 제외하고 산출한 안전보건관리비의 1.2배에 해당하는 값을 비교하여 그 중 작은 값 이상의 금액으로 계상한다.

1. 대상액이 5억원 미만 또는 50억원 이상인 경우 : 대상액에 [별표 1]에서 정한 비율을 곱한 금액
2. 대상액이 5억원 이상 50억원 미만인 경우 : 대상액에 [별표 1]에서 정한 비율을 곱한 금액에 기초액을 합한 금액
3. 대상액이 명확하지 않은 경우 : 제4조제1항의 도급계약 또는 자체 사업계획상 책정된 총공사금액의 10분의 7에 해당하는 금액을 대상액으로 하고 제1호 및 제2호에서 정한 기준에 따라 계상

② 발주자는 제1항에 따라 계상한 안전보건관리비를 입찰공고 등을 통해 입찰에 참가하려는 자에게 알려야 한다.

③ 발주자와 법 제69조에 따른 건설공사도급인 중 자기공사자를 제외하고 발주자로부터 해당 건설공사를 최초로 도급받은 수급인(이하 "도급인" 이라 한다)은 공사계약을 체결할 경우 제1항에 따라 계상된 안전보건관리비를 공사도급계약서에 별도로 표시하여야 한다.

④ [별표 1]의 공사의 종류는 [별표 5]의 건설공사의 종류 예시표에 따른다. 다만, 하나의 사업장 내에 건설공사 종류가 둘 이상인 경우(분리발주한 경우를 제외한다)에는 공사금액이 가장 큰 공사 종류를 적용한다.

⑤ 발주자 또는 자기공사자는 설계변경 등으로 대상액의 변동이 있는 경우 [별표 1의3]에

따라 지체 없이 안전보건관리비를 조정 계상하여야 한다. 다만, 설계변경으로 공사금액이 800억원 이상으로 증액된 경우에는 증액된 대상액을 기준으로 제1항에 따라 재계상한다.

제5조(계상방법 및 계상시기 등) <삭제>

제6조(수급인 등의 의무) <삭제>

제7조(사용 기준) ① 수급인 또는 자기공사자는 안전관리비를 다음의 항목별 사용기준에 따라 건설사업장에서 근무하는 근로자의 산업 재해 및 건강 장해 예방을 위한 목적으로만 사용하여야 한다.

1. 안전관리자 · 보건관리자의 임금 등

　가. 법 제17조제3항 및 법 제18조제3항에 따라 안전관리 또는 보건관리 업무만을 전담하는 안전관리자 또는 보건관리자의 임금과 출장비 전액

　나. 안전관리 또는 보건관리 업무를 전담하지 않는 안전관리자 또는 보건관리자의 임금과 출장비의 각각 2분의 1에 해당하는 비용

　다. 안전관리자를 선임한 건설공사 현장에서 산업재해 예방 업무만을 수행하는 작업지휘자, 유도자, 신호자 등의 임금 전액

　라. [별표 1의2]에 해당하는 작업을 직접 지휘 · 감독하는 직 · 조 · 반장 등 관리감독자의 직위에 있는 자가 영 제15조제1항에서 정하는 업무를 수행하는 경우에 지급하는 업무수당(임금의 10분의 1 이내)

2. 안전시설비 등

　가. 법 제17조제3항 및 법 제18조제3항에 따라 안전관리 또는 보건관리 업무만을 전담하는 안전관리자 또는 보건관리자의 임금과 출장비 전액

　나. 안전관리 또는 보건관리 업무를 전담하지 않는 안전관리자 또는 보건관리자의 임금과 출장비의 각각 2분의 1에 해당하는 비용

　다. 안전관리자를 선임한 건설공사 현장에서 산업재해 예방 업무만을 수행하는 작업지휘자, 유도자, 신호자 등의 임금 전액

3. 보호구 등

　가. 영 제74조제1항제3호에 따른 보호구의 구입 · 수리 · 관리 등에 소요되는 비용

　나. 근로자가 가목에 따른 보호구를 직접 구매 · 사용하여 합리적인 범위 내에서 보전하는 비용

　다. 제1호가목부터 다목까지의 규정에 따른 안전관리자 등의 업무용 피복, 기기 등을 구입하기 위한 비용

　라. 제1호가목에 따른 안전관리자 및 보건관리자가 안전보건 점검 등을 목적으로 건설공사 현장에서 사용하는 차량의 유류비 · 수리비 · 보험료

4. 안전보건진단비 등

　가. 법 제42조에 따른 유해위험방지계획서의 작성 등에 소요되는 비용

　나. 법 제47조에 따른 안전보건진단에 소요되는 비용

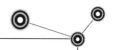

    다. 법 제125조에 따른 작업환경 측정에 소요되는 비용

    라. 그 밖에 산업재해예방을 위해 법에서 지정한 전문기관 등에서 실시하는 진단, 검사, 지도 등에 소요되는 비용

5. 안전보건교육비 등

    가. 법 제29조부터 제31조까지의 규정에 따라 실시하는 의무교육이나 이에 준하여 실시하는 교육을 위해 건설공사 현장의 교육 장소 설치·운영 등에 소요되는 비용

    나. 가목 이외 산업재해 예방 목적을 가진 다른 법령상 의무교육을 실시하기 위해 소요되는 비용

    다. 안전보건관리책임자, 안전관리자, 보건관리자가 업무수행을 위해 필요한 정보를 취득하기 위한 목적으로 도서, 정기간행물을 구입하는 데 소요되는 비용

    라. 건설공사 현장에서 안전기원제 등 산업재해 예방을 기원하는 행사를 개최하기 위해 소요되는 비용. 다만, 행사의 방법, 소요된 비용 등을 고려하여 사회통념에 적합한 행사에 한한다.

    마. 건설공사 현장의 유해·위험요인을 제보하거나 개선방안을 제안한 근로자를 격려하기 위해 지급하는 비용

6. 근로자 건강장해예방비 등

    가. 법·영·규칙에서 규정하거나 그에 준하여 필요로 하는 각종 근로자의 건강장해 예방에 필요한 비용

    나. 중대재해 목격으로 발생한 정신질환을 치료하기 위해 소요되는 비용

    다. 「감염병의 예방 및 관리에 관한 법률」 제2조제1호에 따른 감염병의 확산 방지를 위한 마스크, 손소독제, 체온계 구입비용 및 감염병병원체 검사를 위해 소요되는 비용

    라. 법 제128조의2 등에 따른 휴게시설을 갖춘 경우 온도, 조명 설치·관리기준을 준수하기 위해 소요되는 비용

7. 법 제73조 및 제74조에 따른 건설재해예방전문지도기관의 지도에 대한 대가로 지급하는 비용

8. 「중대재해 처벌 등에 관한 법률」 시행령 제4조제2호나목에 해당하는 건설사업자가 아닌 자가 운영하는 사업에서 안전보건 업무를 총괄·관리하는 3명 이상으로 구성된 본사 전담조직에 소속된 근로자의 임금 및 업무수행 출장비 전액. 다만, 제4조에 따라 계상된 안전보건관리비 총액의 20분의 1을 초과할 수 없다.

9. 법 제36조에 따른 위험성평가 또는 「중대재해 처벌 등에 관한 법률 시행령」 제4조제3호에 따라 유해·위험요인 개선을 위해 필요하다고 판단하여 법 제24조의 산업안전보건위원회 또는 법 제75조의 노사협의체에서 사용하기로 결정한 사항을 이행하기 위한 비용. 다만, 제4조에 따라 계상된 안전보건관리비 총액의 10분의 1을 초과할 수 없다.

② 제1항에도 불구하고 도급인 및 자기공사자는 다음 각 호의 어느 하나에 해당하는 경우에는 안전보건관리비를 사용할 수 없다. 다만, 제1항제2호나목 및 다목, 제1항제6호나목부터 라목, 제1항제9호의 경우에는 그러하지 아니하다.

1. 「(계약예규)예정가격작성기준」제19조제3항 중 각 호(단, 제14호는 제외한다)에 해당되는 비용

2. 다른 법령에서 의무사항으로 규정한 사항을 이행하는 데 필요한 비용

3. 근로자 재해예방 외의 목적이 있는 시설·장비나 물건 등을 사용하기 위해 소요되는 비용

4. 환경관리, 민원 또는 수방대비 등 다른 목적이 포함된 경우

③ 도급인 및 자기공사자는 [별표 3]에서 정한 공사진척에 따른 안전보건관리비 사용기준을 준수하여야 한다. 다만, 건설공사발주자는 건설공사의 특성 등을 고려하여 사용기준을 달리 정할 수 있다.

④ 〈삭제〉

⑤ 도급인 및 자기공사자는 도급금액 또는 사업비에 계상된 안전보건관리비의 범위에서 그의 관계수급인에게 해당 사업의 위험도를 고려하여 적정하게 안전보건관리비를 지급하여 사용하게 할 수 있다.

제8조(사용금액에 대한 감액·반환 등) 발주자는 도급인이 법 제72조 제2항에 위반하여 다른 목적으로 사용하거나 사용하지 않은 안전보건관리비에 대하여 이를 계약금액에서 감액 조정하거나 반환을 요구할 수 있다.

제9조(사용내역의 확인) ① 도급인은 안전보건관리비 사용내역에 대하여 공사 시작 후 6개월마다 1회 이상 발주자 또는 감리자의 확인을 받아야 한다. 다만, 6개월 이내에 공사가 종료되는 경우에는 종료 시 확인을 받아야 한다.

② 제1항에도 불구하고 발주자, 감리자 및 「근로기준법」 제101조에 따른 관계 근로감독관은 안전보건관리비 사용내역을 수시 확인할 수 있으며, 도급인 또는 자기공사자는 이에 따라야 한다.

③ 발주자 또는 감리자는 제1항 및 제2항에 따른 안전보건관리비 사용내역 확인 시 기술지도 계약 체결, 기술지도 실시 및 개선 여부 등을 확인하여야 한다.

제10조(실행예산의 작성 및 집행 등) ① 공사금액 4천만원 이상의 도급인 및 자기공사자는 공사실행예산을 작성하는 경우에 해당 공사에 사용하여야 할 안전보건관리비의 실행예산을 계상된 안전보건관리비 총액 이상으로 별도 편성해야 하며, 이에 따라 안전보건관리비를 사용하고 [별지 제1호서식]의 안전보건관리비 사용내역서를 작성하여 해당 공사현장에 갖추어 두어야 한다.

② 도급인 및 자기공사자는 제1항에 따른 안전보건관리비 실행예산을 작성하고 집행하는 경우에 법 제17조와 영 제16조에 따라 선임된 해당 사업장의 안전관리자가 참여하도록 하여야 한다.

③ 〈삭제〉

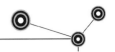

제3장 재해 예방 기술 지도 등

제11조(기술 지도 횟수 등) 〈삭제〉

제12조(재검토기한) 고용노동부 장관은 이 고시에 대하여 2022년 1월 1일 기준으로 매 3년이 되는 시점(매 3년째의 12월 31일까지를 말한다)마다 그 타당성을 검토하여 개선 등의 조치를 하여야 한다.

[별표 1] 공사종류 및 규모별 안전관리비 계상기준표
(단위 : 원)

공사 종류 \ 구분	대상액 5억원 미만 적용비율(%)	대상액 5억원 이상 50억원 미만		대상액 50억원 이상인 경우 적용비율(%)	영 [별표 5]에 따른 보건관리자 선임대상 건설공사의 적용비율(%)
		비율(%)	기초액		
일반 건설공사(갑)	2.93%	1.86%	5,349,000원	1.97%	2.15%
일반 건설공사(을)	3.09%	1.99%	5,499,000원	2.10%	2.29%
중건설공사	3.43%	2.35%	5,400,000원	2.44%	2.66%
철도・궤도 신설공사	2.45%	1.57%	4,411,000원	1.66%	1.81%
특수 및 기타 건설공사	1.85%	1.20%	3,250,000원	1.27%	1.38%

[별표 1의 2] 관리감독자 안전보건업무 수행 시 수당 지급 작업
1. 건설용 리프트・곤돌라를 이용한 작업
2. 콘크리트 파쇄기를 사용하여 행하는 파쇄작업(2m 이상인 구축물 파쇄에 한정한다)
3. 굴착 깊이가 2m 이상인 지반의 굴착작업
4. 흙막이지보공의 보강, 동바리 설치 또는 해체 작업
5. 터널 안에서의 굴착작업, 터널거푸집의 조립 또는 콘크리트 작업
6. 굴착면의 깊이가 2m 이상인 암석 굴착 작업
7. 거푸집지보공의 조립 또는 해체 작업
8. 비계의 조립, 해체 또는 변경 작업
9. 건축물의 골조, 교량의 상부 구조 또는 탑의 금속제의 부재에 의하여 구성되는 것(5m 이상에 한정한다)의 조립, 해체 또는 변경 작업
10. 콘크리트 공작물(높이 2m 이상에 한정한다)의 해체 또는 파괴 작업
11. 전압이 75V 이상인 정전 및 활선 작업
12. 맨홀 작업, 산소 결핍 장소에서의 작업
13. 도로에 인섭하여 관로, 케이블 등을 매실하거나 칠거하는 작업
14. 전주 또는 통신주에서의 케이블 공중 가설 작업
15. 영 [별표 2]의 위험방지가 특히 필요한 작업

[별표 1의 3] 설계 변경 시 안전관리비 조정・계상 방법
1. 설계 변경에 따른 안전관리비는 다음 계산식에 따라 산정한다.
   • 설계 변경에 따른 안전관리비＝설계 변경 전의 안전관리비＋설계 변경으로 인한 안전관리비 증감액
2. 제1호의 계산식에서 설계 변경으로 인한 안전관리비 증감액은 다음 계산식에 따라 산정한다.
   • 설계 변경으로 인한 안전관리비 증감액＝설계 변경 전의 안전관리비×대상액의 증감 비율
3. 제2호의 계산식에서 대상액의 증감 비율은 다음 계산식에 따라 산정한다. 이 경우, 대상액은 예정 가격 작성 시의 대상액이 아닌 설계 변경 전후의 도급 계약서상의 대상액을 말한다.
   • 대상액의 증감 비율＝[(설계 변경 후 대상액－설계 변경 전 대상액) / 설계 변경 전 대상액]×100%

[별표 2] 삭제

[별표 3] 공사진척에 따른 안전관리비 사용 기준

공정률	50% 이상 70% 미만	70% 이상 90% 미만	90% 이상
사용 기준	50% 이상	70% 이상	90% 이상

※ 공정률은 기성공정률을 기준으로 한다.

[별표 4] 삭제

[별표 5] 건설공사의 종류 예시표

공사 종류	내용 예시
1. 일반 건설 공사(갑)	□ 중건설공사, 철도 또는 궤도 건설공사, 기계 장치 공사 이외의 건축 건설, 도로신설 등 공사와 이에 부대하여 해당 공사를 현장 내에서 행하는 공사 1. 건축물 등의 건설공사 • 건축 건설공사와 이에 부대하여 해당 공사 현장 내에서 행하여지는 공사 • 목조, 연와조, 블록조, 석조, 철근 콘크리트조 등의 건물 건설공사 　−건축물의 신설 공사와 그의 보수 및 파괴 공사 또는 이에 부대하여 행하여지는 건설공사 • 주택, 축사, 가건물, 창고, 학교, 강당, 체육관, 사무소, 백화점, 점포, 공장, 발전소, 특수공장, 연구소, 병원, 기념탑, 기념 건물, 역사 등을 신축, 개축, 보수, 파괴, 해체하는 건설공사 • 철골, 철근 및 철근 콘크리트조 가옥을 이축하는 공사 • 구입한 철파이프를 절단, 벤딩(구부림), 조립하여 축사 등을 건설하는 공사 • 건축물 설비 공사 　−해당 건축물 내·외에서 행하는 설비 또는 부대 공사 　　·해당 건축물 내·외의 전기, 전등, 전신기 등의 설비 공사 　　·해당 건축물 내·외의 송·배전 선로, 전기 배선, 전화 선로, 네온 장치 등의 부설 공사 　　·해당 건축물 내·외의 급수 및 급탕 등의 설비 공사 　　·해당 건축물 내·외의 안전 및 소화 등의 설비 공사 　　·해당 건축물 내·외의 난방, 냉방, 환기, 건조, 온·습도 조절 등의 설비 공사 　　·해당 건축물의 도장 공사 및 시멘트 취부 방수 공사 　　·해당 건축물의 설비를 위한 석축, 타일, 기와, 슬레이트 등을 부설하는 건설 공사 　　·해당 건축물 내의 냉동기의 부설에 일관하여 행하여지는 난방 및 냉동 등의 시설에 관한 공사 　　·건물 내의 아이스 스케이팅 설비에 관한 공사 　　·그 밖의 건축물의 설비 공사 　−내장, 유리 등의 기타 전문 제공사 • 교량 건설공사 　−일반 교량의 신설 공사와 이에 부대하여 해당 공사장 내에서 행하는 건설공사 　−기설 교량의 보수와 개수에 관한 공사, 교량에 교각, 교대 등의 기초 건설공사, 기타 교량의 보수 공사 　−선창의 건설공사 2. 도로 신설 공사 • 도로 신설에 관한 공사와 이에 부대하여 행하여지는 공사 　−도로 또는 광장의 신설 공사 　−기설 도로의 변경, 굴곡의 제거 및 확장 공사 　−도로 및 광장의 포장 공사(사리살포 공사 포함)

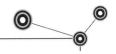

공사 종류	내용 예시

3. 기타 건설공사
- 중건설공사, 철도 또는 궤도 신설 공사(다만, 철도 또는 궤도의 신설 공사에 단순히 노무 용역과 건설 기술만을 제공하는 사업 제외), 건축 건설공사, 도로 신설 공사, 기계 장치 공사 이외의 기타 건설공사와 이에 부대하여 해당 공사 현장 내에서 행하는 건설공사
  - 수력 발전 시설 및 댐 시설 이외의 제방 건설공사
  - 기설 터널의 보수 및 복구 공사
  - 기설의 도로 등의 개수, 복구 또는 유지·관리의 공사
  - 구내에서 인입선 공사, 증선 공사 등
  - 옹벽 축조의 건설공사
  - 기설 도로 또는 플랫폼 등의 포장 공사(사리살포, 잔디붙이기 공사 등 포함)
  - 공작물의 해체, 이동, 제거 또는 철거의 공사
  - 철골조, 철근조, 철근 콘크리트조 등의 고가 철도의 신설 공사와 이에 부대하여 해당 공사 현장 내에서 행하는 건설공사
  - 지반으로부터 10m 이내의 지하에 복개식으로 시공하는 지하도, 지하철도, 지하상가 또는 통신 선로 등의 인입 통신구의 신설 공사와 이에 부대하여 해당 공사 현장 내에 서 행하는 건설공사
  - 하천의 연제(연제 : 제방 도로), 제방 수문, 통문, 갑문 등의 신설 개수에 관한 공사
  - 관개용수로, 그 밖의 각종 수로의 신설 개수, 유지에 관한 공사
  - 운하 및 수로 또는 이의 부속 건물의 건설공사
  - 저수지, 광독 침전지 수영장 등의 건설공사
  - 사방 설비의 건설공사
  - 해안 또는 항만의 방파제, 안벽 등의 건설공사(중건설 공사의 고제방(댐) 등 신설 공사 이외의 공사)
  - 호반, 하천 또는 해면의 준설, 간척 또는 매립 등의 공사
  - 비행장, 골프장, 경마장 또는 경기장의 조성에 관한 공사
  - 개간, 경지 정리, 부지 또는 광장의 조성 공사
  - 지하에 구축하는 각종 물탱크의 건설공사(기초 공사 포함)
  - 철관, 콘크리트관, 케이블류, 가스관, 흄관, 지중선, 동재 등의 매설 공사
  - 침몰된 공작물의 인양 공사
  - 수중 오물 수거 작업 공사
  - 그 밖의 각종 건설공사(건설 공사를 위한 시추 공사를 포함하나 광업 시추 및 시굴 공사는 제외)
  - 가종 운동장 스탠드 건설공사
  - 체토사(쌓여서 막힌 흙과 모래)의 붕괴 및 낙석 등의 방지벽 건설 공사와 이와 부대 하여 해당 공사장 내에서 행하는 각종 공사
  - 과선교(구름다리)의 건설공사
  - 철탑, 연돌(굴뚝), 풍동 등의 건설공사
  - 광고탑, 탱크 등의 건설공사
  - 문, 담장, 축대, 정원 등의 건설공사
  - 용광로의 건설공사
  - 전차 궤도의 송전 가선의 건설공사와 그 보수 공사
  - 송전 선로, 통신 선로 또는 철관의 건설공사 및 기계 장치의 산세정 공사
  - 신호기의 건설공사
  - 하수도관 세척 공사
  - 무대 세트 제작, 조립, 도색, 도배, 철거 공사

공사 종류	내용 예시
	−그 밖의 각종 건설공사 −일반 경상 보수의 용역 사업은 이에 분류 • 일반 건설 공사(을), 중건설 공사, 철도·궤도 신설 공사, 특수 및 기타 건설공사의 사업에 직접적으로 관련하여 행하지 않는다고 인정되는 건설공사로서 다른 것에 분류하지 아니한 건설공사
2. 일반 건설 공사(을)	□ 각종 기계·기구 장치 등을 설치하는 공사 1. 기계 장치 공사 • 각종 기계·기구 장치를 위한 조립 및 부설 공사와 이에 부대하여 행하여지는 건설공사 −각종의 기계 및 기구 장치를 위한 기초 처리 공사 −기계 및 기구 장치를 위한 기계대 건설공사 −보일러, 기중기, 양중기 등의 조립 및 부설 공사 −전기 수진기, 공기 압축기, 건조기, 각종 운반기 등의 조립 및 부설 공사 −석유 정제 장치, 펌프 제조 장치 등과 같은 기계·기구의 조립 또는 부설 공사 −삭도 건설공사 −화력 및 원자력 발전 시설의 설치 공사 −변전소 설치 및 수리 공사 −그 밖의 각종 기계 및 기구의 설치 공사 또는 해체 공사 −기계 장치의 수리 공사 −승강기 및 에스컬레이터의 설치 공사 −화력, 원자력 및 수력 발전소의 수리 공사(단, 산세정 공사 제외) −공해 방지 시설 및 폐수 처리 시설 공사 −도시 가스 제조 및 공급 설비 공사 −통신 장비(컴퓨터 통신 장비 포함)의 설치, 이전, 철거 공사
3. 중건설 공사	□ 고제방(댐), 수력 발전 시설, 터널 등을 신설하는 공사 1. 고제방(댐) 등 신설 공사 • 제방의 기초 지반(터파기 밑나비가 10m 이상인 경우에는 그 최심부 : 기초 지반의 최심부는 말뚝 선단의 위치임. 다만, 잔교식 공법의 경우는 제외)에서 그 정상까지의 높이가 20m 이상되는 제방 및 해안 또는 항만의 방파제, 안벽 등의 신설에 관한 공사와 이에 부대하여 해당 공사장 내에서 행하여지는 건설공사 −제방의 신설에 관한 가설 공사 또는 기초 공사 −제방의 신설 공사장 내에서 시공하는 제방체, 배사구(쌓인 모래를 내보내는 출구), 가제방, 골재 채취, 송전 선로, 철탑, 발전소, 변전소 등의 시설 공사 −제방 공사용 자재의 운반을 하기 위한 도로, 철도 또는 궤도의 건설공사 −제방의 신설에 따른 취수구, 배수로, 가배수로, 여수로, 하수구의 복개, 물탱크 등의 취수 시설에 관한 공사 −제방의 신설에 따른 수력 발전 시설용의 터널 또는 토석 제방 등의 신설에 관한 공사 −제방의 신실에 따른 기실의 수력 발전소의 수로를 이용하여 유수량의 소설 등을 목적으로 시공하는 저수지의 신설 공사 −제방의 신설에 따른 수력 발전 시설의 신설 공사용의 각종 기계의 철관의 조립 또는 그 부설 공사 −제방의 신설에 따른 홍수 조절 관개용수로 또는 발전 등의 사업에 이용하기 위한 다목적댐 건설공사 −제방의 신설 공사를 건설하기 위하여 해당 건설업자의 사무소, 종업원의 숙사, 취사장 등을 건설하는 공사 −해안 또는 항만의 방파제, 안벽 등의 건설 공사와 이에 부대하여 해당 공사장에서 시행하는 건설공사

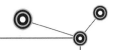

공사 종류	내용 예시
	2. 수력 발전 시설 설비 공사 • 이 분야에서 수력 발전 시설 신설 공사, 고제방(댐) 신설 공사 및 터널 신설 공사 등과 이 공사에 부대하여 해당 공사 현장 내에서 행하여지는 공사 　– 수력 발전 시설의 신설 공사에 관한 가설 공사 또는 기초 공사 　– 수력 발전 시설의 신설 공사장 내에서 시공하는 제방체, 배사구, 가제방, 골재 채취, 송전 선로, 철탑, 발전소, 변전소 등의 건설공사 　– 수력 발전 시설의 신설 공사용 자재의 운반을 하기 위한 도로, 철도 또는 궤도의 건설 공사 　– 수력 발전 시설의 신설에 따른 취수구, 배수로, 가배수로, 여수로, 하수구의 복개, 물탱크 등의 취수 시설에 관한 공사 　– 수력 발전 시설용의 터널 또는 토목 제방 등의 신설에 관한 공사 　– 기설의 수력 발전소의 수로를 이용하여 유출량의 조절 등을 목적으로 시공되는 수력 발전 조절지(저수지)의 신설공사 　– 수력 발전 시설의 신설 공사용 배치 플랜트, 시멘트 사일로, 골재 운반용의 벨트, 컨베이어 등의 기계와 철관의 조립 또는 부설 공사 　– 수력 발전 시설에 따른 홍수 조절 관개용수 보급 또는 발전 등의 사업에 이용하기 위한 다목적댐 시설 공사 　– 수력 발전의 신설 공사를 위하여 해당 건설업자의 사무소, 종업원의 숙사, 취사장 등을 건설하는 공사 　– 그 밖의 삭도 건설공사 3. 터널 신설 공사 • 터널 신설에 관한 건설 공사와 이에 부대하여 행하는 내면 설비 공사 　– 터널 신설 공사 현장에서 시공하는 가설 공사, 갱도 굴착 공사, 토사 및 암괴지(바위 지역)의 운반 처리 공사, 배수 시설 공사 또는 터널 내면 설비 공사 　– 터널 신설 공사 현장에서 시공하는 노면 포장, 사리의 살포, 궤도의 신설, 건축물의 건설, 전선의 가설, 전등 및 전화의 가설 등의 건설공사 • 지반에서 10m 이상의 지하까지 복개식으로 시공하는 지하철도, 지하도, 지하상가 및 통신 선로 등의 인입 통신구 신설 공사와 이에 부대하여 해당 사업장 내에서 행하는 건설 공사 • 굴착식으로 시공하는 지하철도 및 지하도 신설 공사와 이에 부대하여 해당 공사장에서 행하는 건설공사
4. 철도 또는 궤도 신설 공사	□ 철도 또는 궤도 등을 신설하는 공사 1. 철도 또는 궤도 신실 공사 • 철도 또는 궤도 신설에 관한 공사와 이에 부대하여 행하는 공사(기설 노반 또는 구조물에서 행하는 철도·궤도 신설 공사에 한한다.) 　– 철도 및 궤도의 건설용 기계의 조립 또는 부설 공사 　– 철도 및 궤도 신설 공사에 따른 역사·과선교, 송전 선로 등의 건설공사 　※ 이 공사에서 신설이란 신설선의 건설, 단선을 복선으로 하는 경우 등 신설 형태로 시공되는 것을 말한다.
5. 특수 및 기타 건설 공사	□ 타 공사와 분리 발주되어 시간·장소적으로 독립하여 행하는 다음의 공사(타 공사와 병행하여 행하는 경우에는 일반 건설공사(갑)으로 분류) • 건설산업기본법에 의한 준설 공사, 조경 공사, 택지 조성 공사(경지 정리 공사 포함), 포장 공사 • 전기공사업법에 의한 전기 공사 • 정보통신공사업법에 의한 정보 통신 공사

[별지 제1호 서식] 안전보건관리비 사용내역서

안전보건관리비 사용내역서

건설업체명		공사명	
소재지		대표자	
공사금액	원	공사기간	~
발주자		누계공정률	%
계상된 안전관리비	원		

사 용 금 액		
항 목	( )월 사용금액	누계 사용금액
계		
1. 안전 · 보건관리자 임금 등		
2. 안전시설비 등		
3. 보호구 등		
4. 안전보건진단비 등		
5. 안전보건교육비 등		
6. 근로자 건강장해예방비 등		
7. 건설재해예방전문지도기관 기술지도비		
8. 본사 전담조직 근로자 임금 등		
9. 위험성평가 등에 따른 소요비용		

「건설업 산업안전보건관리비 계상 및 사용기준」 제10조제1항에 따라 위와 같이 사용내역서를 작성하였습니다.

년   월   일

작성자   직책   성명   (서명 또는 인)
확인자   직책   성명   (서명 또는 인)

210mm×297mm[일반용지 60g/m^2(재활용품)]

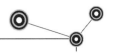

3.3. 재해 예방 기술 지도

(1) 재해 예방 전문 지도 기관의 지도 분야

건설업의 재해 예방 전문 지도 기관(이하 '건설 재해 예방 지도 기관'이라 한다.)이 법 제30조 제4항의 규정에 의하여 사업장에 대하여 실시하는 지도(이하 '기술 지도'라 한다.)는 공사의 종류에 따라 건설 공사 지도 분야와 전기 및 정보 통신 공사 지도 분야로 구분한다.

(2) 기술 지도 계약

① 건설 재해 예방 지도 기관의 기술 지도를 받아야 하는 수급인은 공사 착공 후 14일 이내에 건설 재해 예방 지도 기관과 기술 지도 계약을 별지 제42호 서식에 따라 체결 하고 그 증빙 서류를 비치하여야 한다.

② 건설 재해 예방 지도 기관의 기술 지도를 받아야 하는 자체 사업을 행하는 자는 공사 착공 후 14일 이내에 건설 재해 예방 지도 기관과 기술 지도 계약을 별지 제42호 서 식에 따라 체결하고 그 증빙 서류를 비치하여야 한다.

③ 기술 지도 계약을 체결하지 아니한 수급인에 대하여 발주자는 법 제30조 제1항의 규 정에 의하여 계상한 산업 안전 보건 관리비의 20%에 해당하는 금액을 지급하지 아니 하거나 환수할 수 있다.

④ 발주자는 수급인이 기술 지도 계약을 지연체결하여 기술 지도 대가가 조정된 경우에 는 조정된 금액만큼 산업 안전 보건 관리비를 지급하지 아니하거나 환수할 수 있다.

(3) 기술 지도 횟수 및 수수료

① 기술 지도는 공사 금액에 따라 고용노동부 장관이 정하는 지도 횟수 이상 실시하되, 공 사 금액이 40억원 이상인 공사는 [별표 6]의 2 제1호 및 제2호 중 각 지도 분야에 따라 해당 인력란의 각 호의 1에 해당하는 자가 매 4회 중 1회 이상 방문 지도를 하여야 한다.

② 기술 지도 대가는 고용노동부 장관이 정하는 금액을 초과할 수 없다.

(4) 기술 지도 한계 및 지도 지역

① 해당 기관의 사업장 지도 담당 요원 1인당 사업장 수는 30개소로 하되, 이 경우 총 공사 금액이 3억원 미만인 사업장은 3개소를 1개소로, 3억원 이상 40억원 미만인 사 업장은 2개소를 1개소로 계산한다.

② 건설 재해 예방 지도 기관의 지도 지역은 건설 재해 예방 지도 기관으로 지정을 받은 지방 노동청 및 지방 노동청의 소속 사무소 관할 지역으로 한다.

(5) 기술 지도 범위 및 준수 의무

① 건설 재해 예방 지도 기관이 기술 지도를 함에 있어서는 공사의 종류, 공사 규모, 담당 사업 장소 등을 고려하여 담당 요원을 지정하여야 하고 담당 요원은 해당 사업주에게 산업 안전 보건 관리비 집행 및 산업 재해 예방을 위하여 필요한 사항을 권고하여야 한다.

② 건설 재해 예방 지도 기관이 해당 사업주에게 권고를 함에 있어서 법, 영, 규칙, 산업 안전 기준에 관한 규칙, 산업 보건 기준에 관한 규칙, 법 제27조의 규정에 의한 기술 상의 지침, 영 제26조의 2 제2항 제3호의 규정에 의하여 고용노동부 장관이 고시하는 건설 공사 표준 안전 시방서를 고려하여야 한다.

③ 건설 재해 예방 지도 기관의 개선 권고를 받은 사업주는 그 사항을 이행하여야 한다.

④ 건설 재해 예방 지도 기관의 장은 사업주가 기술 지도 결과 권고 사항을 2회 이상 이행하지 아니하거나 추락 · 붕괴 등 중대 위험 요인이 발견된 경우에는 즉시 관할 지방 노동관서의 장에게 보고하여야 한다.

⑤ 건설 재해 예방 지도 기관의 장으로부터 '④'의 규정에 의한 보고를 받은 지방 노동관서의 장은 지체없이 사실 여부를 확인하고 필요한 조치를 하여야 한다.

(6) 기술 지도 결과의 기록

① 건설 재해 예방 지도 기관은 기술 지도를 실시하고 기술 지도 결과 보고서 2부를 작성하여 공사 관계자의 확인을 받은 후 1부는 해당 사업장에 교부하고 1부는 비치하여야 한다.

② 건설 재해 예방 지도 기관은 별지 제44호 서식의 사업장 관리 카드를 작성, 비치하여야 한다. 이 경우 사업장 안전 시설 개선 권고 사항에 대하여는 사진 등의 근거를 사업장 관리 카드에 첨부하여야 한다.

(7) 기술 지도 관련 서류의 보존

건설 재해 예방 지도 기관은 기술 지도 계약서, 기술 지도 결과 보고서, 사업장 관리 카드 및 기타 기술 지도 업무 수행에 관한 서류를 기술 지도 종료 후 3년간 보존하여야 한다.

(8) 전담 기술 지도 또는 정기 기술 지도 제외 대상

① 공사 기간이 1개월 미만인 공사

② 육지와 연결되지 아니한 섬 지역(제주특별자치도를 제외한다.)에서 이루어지는 공사

③ 안전 관리자 자격을 가진 자를 선임하여 안전 관리자의 직무만을 전담하도록 하는 공사

④ 유해 · 위험 방지 계획서를 제출하여야 하는 공사

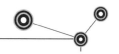

3.4 지반의 안전성

(1) 토석 붕괴의 원인 및 형태

1) 토석 붕괴의 원인
토석이 붕괴되는 원인은 다음과 같으므로 굴착 작업 전·중·후에 항상 유념하여 토석이 붕괴되지 않도록 조치를 취해야 한다.
① 외적 요인
　　㉠ 사면, 법면의 경사 및 구배의 증가
　　㉡ 절토 및 성토 높이의 증가
　　㉢ 공사에 의한 진동 및 반복 하중의 증가
　　㉣ 지표수 및 지하수의 침투에 의한 토사 중량의 증가
　　㉤ 지진, 차량, 구조물의 중량
　　㉥ 토사 및 암석의 혼합층 두께
② 내적 요인
　　㉠ 절토 사면의 토질, 암질
　　㉡ 성토 사면의 토질 구성 및 분포
　　㉢ 토석의 강도 저하

2) 붕괴의 형태
① 미끄러져 내림(sliding)
② 절토면의 붕괴
③ 얕은 표층의 붕괴
④ 깊은 절토 법면의 붕괴
⑤ 성토면의 붕괴

3) 붕괴 방지 공법
① 활동할 가능성이 있는 토석은 제거하여야 한다.
② 비탈면 또는 법면의 하단을 다져서 활동이 안 되도록 저항을 만들어야 한다.
③ 지표수가 침투되지 않도록 배수를 시키고 지하수위를 낮추기 위하여 수평 보링(boring)을 하여 배수시켜야 한다.
④ 말뚝(강관, H형 강, 철근 콘크리트)을 박아 지반을 강화시킨다.

4) 점검 사항
① 전 표면의 답사
② 법면의 지층 변화부 상황 확인
③ 부석의 상황 변화 확인

④ 용수의 발생 유무 또는 용수량의 변화 확인

⑤ 결빙과 해빙에 대한 상황의 확인

⑥ 각종 법면 보호공의 변화 유무

⑦ 점검 시기

　㉠ 작업 전후

　㉡ 비온 후

　㉢ 인접 작업 구역에서 발파한 경우

(2) 주요 지반 조사 방법

1) 터파보기(trial pit test pit, 시굴)

생땅의 깊이 또는 얕은 지층의 토질, 지하수위 등을 알기 위하여 삽으로 구멍을 파보는 것으로 주택 공사 등에 흔히 사용된다. 구멍은 거리 간격 5~10m, 크기는 60~90cm, 깊이는 1.5~3.0m 정도까지 가능하다.

2) 탐사간(sound rod)

지름 9mm 정도의 철봉을 땅 속에 인력으로 회전하여 꽂거나 때려 박아보고, 그 꽂히는 속도, 내려 박히는 손짐작으로 지반의 단단함을 판단한다. 주로 얕은 지층, 생땅을 파는 데 사용된다.

3) 물리적 탐사법(geophysical exploration)

터파보기나 탐사간법은 지반의 구성층을 파악하는 데는 편리하나 흙의 공학적 성질을 판별하기는 곤란하므로 필요한 곳에 보링과 병행을 하면 지층 변화와 심도를 파악하는 데 편리하다.

전기 저항식과 탄성파식 및 강제 진동식 탐사법이 있으나 전기 저항식 지하 탐사법이 많이 사용된다.

4) 베인 시험(vane test)

보링 구멍을 이용하여 +자 날개형의 vane tester를 지반에 박아 회전시켜서 그 회전력에 의해 진흙의 점착력을 판별하는 방법으로서 깊이 10m 이상이면 부정확하다. 진단 강도(S_v)는 다음의 식으로 구한다.

$$S_v = \frac{M_{\max}}{\dfrac{\pi D^2}{6}(3H + D)}$$

여기서, S : 점토의 점착력

　　　 D : 날개의 폭

　　　 H : 날개의 연직 높이

　　　 $M_{\max}$: 최대 비틀림 모멘트

5) 표준 관입 시험(standard penetration test)

표준 관입 시험용 샘플러를 중량 63.5kg의 추로 75cm 높이에서 자유 낙하시켜 충격에 의해 30cm 관입시키는 데 필요한 타격 횟수 N 값이 클수록 밀실한 토질이다.

|표 7-1| **30cm 관입에 필요한 타격 횟수 N**

N값	모래의 상대 밀도
0~5	몹시 느슨하다.
5~10	느슨하다.(연약한 지반)
10~30	보통
50 이상	다진 상태(밀실한 상태)

6) 딘 월 샘플링(Thin Wall sampling)

연약한 점토의 채취에 적당하며, 굳은 진흙층이나 사질 지층이라도 튜브가 파괴되지 아니하면 이 방법이 좋다.

7) 히빙(heaving)에 의한 파괴

점성토 지반 또는 연약 점토 지반 굴착 시, 어느 정도 깊이까지 굴착을 해 흙막이 벽 뒤쪽의 흙 중량이 굴착부 바닥 지지력 이상이 되면 지지력이 약해져서 흙막이 벽 근입 부분의 지반이 부풀어 올라오는 현상을 말하며, 연약한 점토 지반의 굴착 공사에서는 흙막이의 전면 파괴를 일으키게 되므로 특히 주의해야 한다.

※ **히빙(heaving)의 방지 대책**

1. 흙막이 판은 강성이 높은 것을 사용한다.
2. 지반 개량을 한다.
3. 흙막이 벽의 전면 굴착을 남겨 두어 흙의 중량에 대항하게 한다.
4. 흙막이 벽의 뒷면 지반에 약액을 주입하거나 탈수 공법으로 지반 개량을 실시하여 흙의 전단 강도를 높인다.
5. 굴착 예정 부분을 부분 굴착하여 기초 콘크리트로 고정시킨다.
6. 흙막이 벽의 근입 깊이를 깊게 한다.
7. 설계 계획을 변경한다.

8) 보일링(boiling) 현상

지하수위가 높은 모래 지반(사질토)과 같은, 투수성이 좋은 지반에서 지하수위보다 낮게 굴착하는 경우, 부근의 피압수에 의해 널말뚝 아래를 침투해 올라오는 물 때문에 토사가 굴착한 곳으로 밀려나와 굴착한 부분을 다시 메우는 현상을 말한다.

※ **보일링(boiling) 현상의 방지 대책**

1. 굴착 저면 아래까지 지하수위를 낮춘다.(가장 좋은 방법)
2. 흙막이 벽을 깊이 설치하여 지하수의 흐름을 막는다.

9) 흙의 동상 방지 대책

① 배수구를 설치하여 지하수위를 낮춘다.

② 지하수 상승을 방지하기 위해 차단층(콘크리트, 아스팔트, 모래 등)을 설치한다.

③ 흙속에 단열 재료를 넣는다.

④ 동결 심도 상부의 흙을 비동결 흙으로 치환한다.(비동결 흙 : 자갈, 석탄재 등)

⑤ 흙을 화학 약품으로 처리하여 동결 온도를 내린다.(약품 : $CaCl_2$, $MgCl_2$, $NaCl$)

10) 굴착면의 기울기 기준

| 표 7-2 | 굴착면의 기울기 기준

구분	지반의 종류	기울기
보통흙	습지	$1:1 \sim 1:1.5$
	건지	$1:0.5 \sim 1:1$
암반	풍화암	$1:1.0$
	연암	$1:1.0$
	경암	$1:0.5$

Chapter 04 가설 공사

4.1. 통 로

(1) 옥내 통로

① 사업주는 옥내에 통로를 설치하는 때에는 걸려 넘어지거나 미끄러지는 등의 위험이 없도록 하여야 한다.

② 통로에 대하여는 통로면으로부터 높이 2m 이내에 장애물이 없도록 한다.

(2) 가설 통로의 구조

① 사업주는 가설 통로를 설치하는 때에는 다음 사항을 준수하여야 한다.

　㉠ 견고한 구조로 할 것

　㉡ 경사는 30° 이하로 할 것(계단을 설치하거나 높이 2m 미만의 가설 통로로서 튼튼한 손잡이를 설치한 때에는 그러하지 아니하다.)

　㉢ 경사가 15°를 초과하는 때에는 미끄러지지 아니하는 구조로 할 것

　㉣ 추락의 위험이 있는 장소에는 안전 난간을 설치할 것(작업상 부득이한 때에는 필요한 부분에 한하여 임시로 이를 해체할 수 있다.)

　㉤ 수직 갱에 가설될 통로의 길이가 15m 이상인 때에는 10m 이내마다 계단참을 설치할 것

　㉥ 건설 공사에 사용하는 높이 8m 이상인 비계 다리에는 7m 이내마다 계단참을 설치할 것

② 안전 난간의 구조 및 설치 요건

사업주는 근로자의 추락 등에 의한 위험을 방지하기 위하여 안전 난간을 설치하는 때에는 다음에 적합한 구조로 설치하여야 한다.

　㉠ 상부 난간대, 중간 난간대, 발끝막이판 및 난간 기둥으로 구성할 것. 다만, 중간 난간대, 발끝막이판 및 난간 기둥은 이와 비슷한 구조와 성능을 가진 것으로 대체할 수 있다.

　㉡ 상부 난간대는 바닥면·발판 또는 경사로의 표면으로부터 90센티미터 이상 지점에 설치하고, 상부 난간대를 120센티미터 이하에 설치하는 경우에는 중간 난간대는 상부 난간대와 바닥면 등의 중간에 설치하여야 하며, 120센티미터 이상 지점

에 설치하는 경우에는 중간 난간대를 2단 이상으로 균등하게 설치하고 난간의 상하 간격은 60센티미터 이하가 되도록 할 것

ⓒ 발끝막이판은 바닥면 등으로부터 10센티미터 이상의 높이를 유지할 것. 다만, 물체가 떨어지거나 날아올 위험이 없거나 그 위험을 방지할 수 있는 망을 설치하는 등 필요한 예방 조치를 한 장소는 제외한다.

ⓔ 난간 기둥은 상부 난간대와 중간 난간대를 견고하게 떠받칠 수 있도록 적정한 간격을 유지할 것

ⓜ 상부 난간대와 중간 난간대는 난간 길이 전체에 걸쳐 바닥면 등과 평행을 유지할 것

ⓗ 난간대는 지름 2.7센티미터 이상의 금속제 파이프나 그 이상의 강도가 있는 재료일 것

ⓢ 안전 난간은 구조적으로 가장 취약한 지점에서 가장 취약한 방향으로 작용하는 100킬로그램 이상의 하중에 견딜 수 있는 튼튼한 구조일 것

(3) 사다리식 통로의 구조

사업주는 사다리식 통로를 설치하는 때에는 다음 사항을 준수하여야 한다.

① 견고한 구조로 할 것
② 심한 손상·부식 등이 없는 재료를 사용할 것
③ 발판의 간격은 일정하게 할 것
④ 발판과 벽과의 사이는 15센티미터 이상의 간격을 유지할 것
⑤ 폭은 30센티미터 이상으로 할 것
⑥ 사다리가 넘어지거나 미끄러지는 것을 방지하기 위한 조치를 할 것
⑦ 사다리의 상단은 걸쳐놓은 지점으로부터 60센티미터 이상 올라가도록 할 것
⑧ 사다리식 통로의 길이가 10미터 이상인 경우에는 5미터 이내마다 계단참을 설치할 것
⑨ 사다리식 통로의 기울기는 75도 이하로 할 것. 다만, 고정식 사다리식 통로의 기울기는 90도 이하로 하고, 그 높이가 7미터 이상인 경우에는 바닥으로부터 높이가 2.5미터 되는 지점부터 등받이 울을 설치할 것
⑩ 접이식 사다리 기둥은 사용 시 접혀지거나 펼쳐지지 않도록 철물 등을 사용하여 견고하게 조치할 것

(4) 이동식 사다리의 구조

사업주는 이동식 사다리를 조립하는 때에는 다음 사항을 준수하여야 한다.

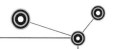

① 견고한 구조로 할 것
② 재료는 심한 손상, 부식 등이 없는 것으로 할 것
③ 폭은 30cm 이상으로 할 것
④ 다리 부분에는 미끄럼 방지 장치를 설치하는 등 미끄러지거나 넘어지는 것을 방지하기 위한 필요한 조치를 할 것
⑤ 발판의 간격은 동일하게 할 것

(5) 사다리 기둥의 기능

사업주는 사다리 기둥을 설치하는 때에는 다음 사항을 준수하여야 한다.
① 견고한 구조로 할 것
② 재료는 심한 손상, 부식 등이 없는 것으로 할 것
③ 기둥과 수평면과의 각도는 75° 이하로 하고, 접는식 사다리 기둥은 철물 등을 사용하여 기둥과 수평면과의 각도가 충분히 유지되도록 할 것
④ 바닥 면적은 작업을 안전하게 하기 위하여 필요한 면적이 유지되도록 할 것

4.2. 비 계

(1) 달비계의 안전 계수

① 달기 와이어 로프 및 달기 강선의 안전 계수 10 이상
② 달기 체인 및 달기 훅의 안전 계수 5 이상
③ 달기 강대와 달비계의 하부 및 상부 지점의 안전 계수는 강재의 경우 2.5 이상, 목재의 경우 5 이상

(2) 작업 발판의 구조

① 발판 재료는 작업할 때 하중치를 견딜 수 있도록 견고한 것으로 할 것
② 작업 발판의 폭은 40cm 이상으로 하고 발판 재료 간의 틈은 3cm 이하로 할 것
③ '②'에도 불구하고 선박 및 보트 건조 작업의 경우 선박 블록 또는 엔진실 등의 좁은 작업 공간에 작업 발판을 설치하기 위하여 필요하면 작업 발판의 폭을 30cm 이상으로 할 수 있고, 걸침 비계의 경우 강관 기둥 때문에 발판 재료 간의 틈을 3cm 이하로 유지하기 곤란하면 5cm 이하로 할 수 있다. 이 경우 그 틈사이로 물체 등이 떨어질 우려가 있는 곳에는 출입 금지 등의 조치를 하여야 한다.
④ 추락의 위험이 있는 장소에는 안전 난간을 설치할 것. 다만, 작업의 성질상 안전 난간을 설치하는 것이 곤란한 경우, 작업의 필요상 임시로 안전 난간을 해체할 때에 추락방호망을 설치하거나 근로자로 하여금 안전대를 사용하도록 하는 등 추락 위험 방지 조치를 한 경우에는 그러하지 아니하다.

⑤ 작업 발판의 지지물은 하중에 의하여 파괴될 우려가 없는 것을 사용할 것

⑥ 발판 재료는 뒤집히거나 떨어지지 않도록 둘 이상의 지지물에 연결하거나 고정시킬 것

⑦ 작업 발판을 작업에 따라 이동시킬 경우에는 위험 방지에 필요한 조치를 할 것

4.3. 조 립

(1) 달비계 등의 조립, 해체 및 변경

1) 비계 등의 조립, 해체 및 변경

사업주는 달비계 또는 높이 5m 이상의 비계를 조립 또는 해체하거나 변경하는 작업을 하는 때에는 다음 사항을 준수하여야 한다.

① 근로자가 관리 감독자의 지휘에 따라 작업하도록 할 것

② 조립, 해체 또는 변경의 시기, 범위 및 절차를 그 작업에 종사하는 근로자에게 교육할 것

③ 조립, 해체 또는 변경 작업 구역 내에는 해당 작업에 종사하는 근로자 외의 자의 출입을 금지시키고 그 내용을 보기 쉬운 장소에 게시할 것

④ 비, 눈, 그 밖의 기상 상태의 불안정으로 인하여 날씨가 몹시 나쁠 때에는 그 작업을 중지시킬 것

⑤ 비계 재료의 연결, 해체 작업을 하는 때에는 폭 20cm 이상의 발판을 설치하고 근로자로 하여금 안전대를 사용하도록 하는 등 근로자의 추락 방지를 위한 조치를 할 것

⑥ 재료, 기구 또는 공구 등을 올리거나 내리는 때에는 근로자로 하여금 달줄 또는 달포대 등을 사용하도록 할 것

2) 관리 감독자의 직무

사업주는 달비계 또는 높이 5m 이상의 비계를 조립·해체하거나 변경 작업을 하는 때에는 관리 감독자로 하여금 다음 사항을 이행하도록 하여야 한다.

① 재료의 결함 유무를 점검하고 불량품을 제거하는 일

② 기구, 공구, 안전대 및 안전모 등의 기능을 점검하고 불량품을 제거하는 일

③ 작업 방법 및 근로자의 배치를 결정하고 작업 진행 상태를 감시하는 일

④ 안전대 및 안전모 등의 착용 상황을 감시하는 일

3) 비계의 점검 보수

사업주는 비, 눈, 그 밖의 기상 상태의 불안정으로 인하여 날씨가 몹시 나빠서 작업을 중지시킨 후 비계를 조립, 해체하거나 변경한 후 그 비계에서 작업을 하는 때에는 해당 작업 시작 전에 다음 사항을 점검하고 이상을 발견한 때에는 즉시 보수하여야 한다.

① 발판 재료의 손상 여부 및 부착 또는 걸림 상태

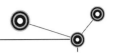

② 해당 비계의 연결부 또는 접속부의 풀림 상태

③ 연결 재료 및 연결 철물의 손상 또는 부식 상태

④ 손잡이의 탈락 여부

⑤ 기둥의 침하, 변형, 변위 또는 흔들림 상태

⑥ 로프의 부착 상태 및 매단 장치의 흔들림 상태

(2) 통나무 비계

사업주는 통나무 비계를 조립하는 때에는 다음 사항을 준수하여야 한다.

① 비계 기둥의 간격은 2.5m 이하로 하고 지상으로부터 첫번째 띠장은 3m 이하의 위치에 설치할 것

② 비계 기둥의 미끄러지거나 침하하는 것을 방지하기 위하여 비계 기둥의 하단부를 묻고, 밑둥잡이를 설치하거나 깔판을 사용하는 등의 조치를 할 것

③ 비계 기둥의 이음이 겹침 이음인 때에는 이음 부분에서 1m 이상을 서로 겹쳐서 2개소 이상을 묶고, 비계 기둥의 이음이 맞댄 이음인 때에는 비계 기둥을 쌍기둥틀로 하거나 1.8m 이상의 덧댐목을 사용하여 4군데 이상을 묶을 것

④ 비계 기둥, 띠장, 장선 등의 접속부 및 교차부는 철선, 그 밖의 튼튼한 재료로 견고하게 묶을 것

⑤ 교차 가새로 보강할 것

⑥ 외줄 비계, 쌍줄 비계 또는 돌출 비계는 다음 정하는 바에 의하여 벽이음 및 버팀을 설치할 것

ㄱ 간격은 수직 방향에서는 5.5m 이하, 수평 방향에서는 7.5m 이하로 할 것

ㄴ 강관, 통나무 등의 재료를 사용하여 견고한 것으로 할 것

ㄷ 인장재와 압축재로 구성되어 있는 때에는 인장재와 압축재의 간격을 1m 이내로 할 것

⑦ 통나무 비계는 지상 높이 4층 이하 또는 12m 이하인 건축물·공작물 등의 건조·해체 및 조립 등의 작업에만 사용 가능

(3) 강관 비계 및 강관틀 비계

1) 강관 비계 조립 시의 준수 사항

사업주는 강관 비계를 조립하는 때에는 다음의 사항을 준수하여야 한다.

① 비계 기둥에는 미끄러지거나 침하하는 것을 방지하기 위하여 밑받침 철물을 사용하거나 깔판·깔목 등을 사용하여 밑둥잡이를 설치하는 등의 조치를 할 것

② 강관의 접속부 또는 교차부는 적합한 부속 철물을 사용하여 접속하거나 단단히 묶을 것

③ 교차 가새로 보강할 것

④ 외줄 비계·쌍줄 비계 또는 돌출 비계에 대하여는 다음의 정하는 바에 따라 벽이음 및 버팀을 설치할 것

ㄱ 강관 비계의 조립 간격은 [별표 5]의 기준에 적합하도록 할 것

ㄴ 강관·통나무 등의 재료를 사용하여 견고한 것으로 할 것

ㄷ 인장재와 압축재로 구성되어 있는 때에는 인장재와 압축재의 간격을 1m 이내로 할 것

⑤ 가공 전로에 근접하여 비계를 설치하는 때에는 가공 전로를 이설하거나 가공 전로에 절연용 방호구를 장착하는 등 가공 전로와의 접촉을 방지하기 위한 조치를 할 것

2) 강관 비계의 구조

사업주는 강관을 사용하여 비계를 구성하는 때에는 다음의 사항을 준수하여야 한다.

① 비계 기둥의 간격은 띠장 방향에서는 1.85m 이하, 장선(長線) 방향에서는 1.5m 이하로 할 것. 다만, 선박 및 보트 건조 작업의 경우 안전성에 대한 구조 검토를 실시하고 조립도를 작성하면 띠장 방향 및 장선 방향으로 각각 2.7m 이하로 할 수 있다.

② 띠장 간격은 2m 이하로 할 것. 다만, 작업의 성질상 이를 준수하기가 곤란하여 쌍기둥틀 등에 의하여 해당 부분을 보강한 경우에는 그러하지 아니하다.

③ 비계 기둥의 제일 윗부분으로부터 31m 되는 지점 밑부분의 비계 기둥은 2개의 강관으로 묶어 세울 것. 다만, 브래킷 등으로 보강하여 2개 이상의 강관으로 묶을 경우 그 이상의 강도가 유지되는 경우에는 그러하지 아니하다.

④ 비계 기둥 간의 적재 하중은 400kg을 초과하지 아니하도록 할 것

3) 강관틀 비계

사업주는 강관틀 비계를 조립하여 사용할 때에는 다음의 사항을 준수하여야 한다.

① 비계 기둥의 밑둥에는 밑받침 철물을 사용하여야 하며 밑받침에는 고저차가 있는 경우에는 조절형 밑받침 철물을 사용하여 각각의 강관틀 비계가 항상 수평 및 수직을 유지하도록 할 것

② 높이가 20m를 초과하거나 중량물의 적재를 수반하는 작업을 할 경우에는 주틀 간의 간격을 1.8m 이하로 할 것

③ 주틀 간에 교차 가새를 설치하고 최상층 및 5층 이내마다 수평재를 설치할 것

④ 수직 방향으로 6m, 수평 방향으로 8m 이내마다 벽이음을 할 것

⑤ 길이가 띠장 방향으로 4m 이하이고 높이가 10m를 초과하는 경우에는 10m 이내마다 띠장 방향으로 버팀 기둥을 설치할 것

4) 이동식 비계

사업주는 이동식 비계를 조립하여 작업을 할 때에는 다음의 사항을 준수하여야 한다.

① 이동식 비계의 바퀴에는 뜻밖의 갑작스러운 이동 또는 전도를 방지하기 위하여 브레이크·쐐기 등으로 바퀴를 고정시킨 다음 비계의 일부를 견고한 시설물에 고정하거나 아웃트리거를 설치하는 등의 조치를 할 것

② 승강용 사다리는 견고하게 설치할 것

③ 비계의 최상부에서 작업을 할 때에는 안전 난간을 설치할 것

④ 작업 발판은 항상 수평을 유지하고 작업 발판 위에서 안전 난간을 딛고 작업을 하거나 받침대 또는 사다리를 사용하여 작업하지 않도록 할 것

⑤ 작업 발판의 최대 적재 하중은 250kg을 초과하지 않도록 할 것

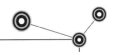

5) 시스템 비계

① **시스템 비계의 구조** : 사업주는 시스템 비계를 사용하여 비계를 구성하는 경우에 다음의 사항을 준수하여야 한다.

　㉠ 수직재·수평재·가새재를 견고하게 연결하는 구조가 되도록 할 것

　㉡ 비계 밑단의 수직재와 받침 철물은 밀착되도록 설치하고, 수직재와 받침 철물의 연결부의 겹침 길이는 받침 철물 전체 길이의 3분의 1 이상이 되도록 할 것

　㉢ 수평재는 수직재와 직각으로 설치하여야 하며, 체결 후 흔들림이 없도록 견고하게 설치할 것

　㉣ 수직재와 수직재의 연결 철물은 이탈되지 않도록 견고한 구조로 할 것

　㉤ 벽 연결재의 설치 간격은 제조사가 정한 기준에 따라 설치할 것

② **시스템 비계의 조립 작업 시 준수 사항** : 사업주는 시스템 비계를 조립 작업하는 경우 다음의 사항을 준수하여야 한다.

　㉠ 비계 기둥의 밑둥에는 밑받침 철물을 사용하여야 하며, 밑받침에 고저차가 있는 경우에는 조절형 밑받침 철물을 사용하여 시스템 비계가 항상 수평 및 수직을 유지하도록 할 것

　㉡ 경사진 바닥에 설치하는 경우에는 피벗형 받침 철물 또는 쐐기 등을 사용하여 밑받침 철물의 바닥면이 수평을 유지하도록 할 것

　㉢ 가공 전로에 근접하여 비계를 설치하는 경우에는 가공 전로를 이설하거나 가공 전로에 절연용 방호구를 설치하는 등 가공 전로와의 접촉을 방지하기 위하여 필요한 조치를 할 것

　㉣ 비계 내에서 근로자가 상하 또는 좌우로 이동하는 경우에는 반드시 지정된 통로를 이용하도록 주지시킬 것

　㉤ 비계 작업 근로자는 같은 수직면상의 위와 아래 동시 작업을 금지할 것

　㉥ 작업 발판에는 제조사가 정한 최대 적재 하중을 초과하여 적재해서는 아니되며, 최대 적재 하중이 표기된 표지판을 부착하고 근로자에게 주지시키도록 할 것

6) 달비계, 달대비계 및 걸침비계

① 사업주는 곤돌라형 달비계를 설치하는 경우에는 다음의 사항을 준수해야 한다.

　㉠ 다음 어느 하나에 해당하는 와이어로프를 달비계에 사용해서는 아니 된다.

　　• 이음매가 있는 것

　　• 와이어로프의 한 꼬임[스트랜드(strand)를 말한다]에서 끊어진 소선(素線)[필러(pillar)선은 제외한다]의 수가 10% 이상(비자전로프의 경우에는 끊어진 소선의 수가 와이어로프 호칭지름의 6배 길이 이내에서 4개 이상이거나 호칭지름 30배 길이 이내에서 8개 이상)인 것

　　• 지름의 감소가 공칭지름의 7%를 초과하는 것

　　• 꼬인 것

- 심하게 변형되거나 부식된 것
- 열과 전기충격에 의해 손상된 것

ⓛ 다음의 어느 하나에 해당하는 달기 체인을 달비계에 사용해서는 아니 된다.
- 달기 체인의 길이가 달기 체인이 제조된 때의 길이의 5%를 초과한 것
- 링의 단면지름이 달기 체인이 제조된 때의 해당 링의 지름의 10%를 초과하여 감소한 것
- 균열이 있거나 심하게 변형된 것

ⓒ 달기 강선 및 달기 강대는 심하게 손상·변형 또는 부식된 것을 사용하지 않도록 할 것

ⓔ 달기 와이어로프, 달기 체인, 달기 강선, 달기 강대는 한쪽 끝을 비계의 보 등에, 다른 쪽 끝을 내민 보, 앵커볼트 또는 건축물의 보 등에 각각 풀리지 않도록 설치할 것

ⓜ 작업발판은 폭을 40cm 이상으로 하고 틈새가 없도록 할 것

ⓗ 작업발판의 재료는 뒤집히거나 떨어지지 않도록 비계의 보 등에 연결하거나 고정시킬 것

ⓢ 비계가 흔들리거나 뒤집히는 것을 방지하기 위하여 비계의 보·작업발판 등에 버팀을 설치하는 등 필요한 조치를 할 것

ⓞ 선반 비계에서는 보의 접속부 및 교차부를 철선·이음철물 등을 사용하여 확실하게 접속시키거나 단단하게 연결시킬 것

ⓩ 근로자의 추락 위험을 방지하기 위하여 다음의 조치를 할 것
- 달비계에 구명줄을 설치할 것
- 근로자에게 안전대를 착용하도록 하고 근로자가 착용한 안전줄을 달비계의 구명줄에 체결(締結)하도록 할 것
- 달비계에 안전난간을 설치할 수 있는 구조인 경우에는 달비계에 안전난간을 설치할 것

② 사업주는 작업의자형 달비계를 설치하는 경우에는 다음의 사항을 준수해야 한다.
ⓐ 달비계의 작업대는 나무 등 근로자의 하중을 견딜 수 있는 강도의 재료를 사용하여 견고한 구조로 제작할 것
ⓑ 작업대의 4개 모서리에 로프를 매달아 작업대가 뒤집히거나 떨어지지 않도록 연결할 것
ⓒ 작업용 섬유로프는 콘크리트에 매립된 고리, 건축물의 콘크리트 또는 철재 구조물 등 2개 이상의 견고한 고정점에 풀리지 않도록 결속(結束)할 것
ⓔ 작업용 섬유로프와 구명줄은 다른 고정점에 결속되도록 할 것
ⓜ 작업하는 근로자의 하중을 견딜 수 있을 정도의 강도를 가진 작업용 섬유로프, 구명줄 및 고정점을 사용할 것

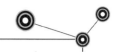

ⓗ 근로자가 작업용 섬유로프에 작업대를 연결하여 하강하는 방법으로 작업을 하는 경우 근로자의 조종 없이는 작업대가 하강하지 않도록 할 것

ⓢ 작업용 섬유로프 또는 구명줄이 결속된 고정점의 로프는 다른 사람이 풀지 못하게 하고 작업 중임을 알리는 경고표지를 부착할 것

ⓞ 작업용 섬유로프와 구명줄이 건물이나 구조물의 끝부분, 날카로운 물체 등에 의하여 절단되거나 마모(磨耗)될 우려가 있는 경우에는 로프에 이를 방지할 수 있는 보호 덮개를 씌우는 등의 조치를 할 것

ⓩ 달비계에 다음의 작업용 섬유로프 또는 안전대의 섬유벨트를 사용하지 않을 것
- 꼬임이 끊어진 것
- 심하게 손상되거나 부식된 것
- 2개 이상의 작업용 섬유로프 또는 섬유벨트를 연결한 것
- 작업높이보다 길이가 짧은 것

ⓒ 근로자의 추락 위험을 방지하기 위하여 다음의 조치를 할 것
- 달비계에 구명줄을 설치할 것
- 근로자에게 안전대를 착용하도록 하고 근로자가 착용한 안전줄을 달비계의 구명줄에 체결(締結)하도록 할 것

4.4 굴착 공사

(1) 작업 장소 등의 조사

사업주는 지반의 굴착 작업에 있어서 지반의 붕괴 또는 매설물, 기타 지하 공작물의 손괴 등에 의하여 근로자에게 위험을 미칠 우려가 있는 때에는 미리 작업 장소 및 그 주변의 지반에 대하여 보링 등 적절한 방법으로 다음 사항을 조사하여 굴착 시기와 작업 순서를 정하여야 한다.

① 형상, 지질 및 지층의 상태
② 균열, 함수, 용수 및 동결의 유무 또는 상태
③ 매설물 등의 유무 또는 상태
④ 지반의 지하수위 상태

(2) 흙막이 지보공 및 터널 작업

1) 흙막이 지보공 붕괴 등의 위험 방지

사업주는 흙막이 지보공을 설치한 때에는 정기적으로 다음 사항을 점검하고 이상을 발견한 때에는 즉시 보수하여야 한다.

① 부재의 손상, 변형, 부식, 변위 및 탈락의 유무와 상태
② 버팀대의 긴압의 정도
③ 부재의 접속부, 부착부 및 교차부의 상태
④ 침하의 정도

2) 터널 작업

① **지형 등의 조사** : 사업주는 터널 굴착 작업을 하는 때에는 낙반·출수(出水) 및 가스 폭발 등에 의한 근로자의 위험을 방지하기 위하여 미리 지형·지질 및 지층 상태를 보링 등 적절한 방법으로 조사하여 그 결과를 기록·보존하여야 한다.

② **시공 계획의 작성** : 시공 계획에는 다음의 사항이 포함되어야 한다.
　㉠ 굴착의 방법
　㉡ 터널 지보공 및 복공의 시공 방법과 용수의 처리 방법
　㉢ 환기 또는 조명 시설을 하는 때에는 그 방법

③ **터널 지보공의 위험 방지** : 사업주는 터널 지보공을 조립하는 때에는 다음의 사항을 조치하여야 한다.
　㉠ 기둥에는 침하를 방지하기 위하여 받침목을 사용하는 등의 조치를 할 것
　㉡ 강(鋼)아치 지보공의 조립은 다음의 정하는 바에 의할 것
　　• 조립 간격은 조립도에 의할 것
　　• 주재(主材)가 아치 작용을 충분히 할 수 있도록 쐐기를 박는 등 필요한 조치를 할 것
　　• 연결 볼트 및 띠장 등을 사용하여 주재 상호간을 튼튼하게 연결할 것
　　• 터널 등의 출입구 부분에는 받침대를 설치할 것
　　• 낙하물에 의하여 근로자에게 위험을 미칠 우려가 있는 때에는 널판 등을 설치할 것
　㉢ 목재 지주식 지보공은 다음의 정하는 바에 의할 것
　　• 주기둥은 변위를 방지하기 위하여 쐐기 등을 사용하여 지반에 고정시킬 것
　　• 양끝에는 받침대를 설치할 것
　　• 목재 지주식 지보공에 터널 등의 세로 방향의 하중이 걸림으로써 넘어지거나 비틀어질 우려가 있는 때에는 양끝 외의 부분에도 받침대를 설치할 것
　　• 부재의 접속부는 꺾쇠 등으로 고정시킬 것
　㉣ 강아치 지보공 및 목재 지주식 지보공 외의 터널 지보공에 대하여는 터널 등의 출입구 부분에 받침대를 설치할 것

④ **자동 경보 장치** : 자동 경보 장치에 대하여 당일의 작업 시작 전 다음의 사항을 점검하고 이상을 발견한 때에는 즉시 보수하여야 한다.
　㉠ 계기의 이상 유무
　㉡ 검지부의 이상 유무
　㉢ 경보 장치의 작동 상태

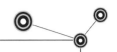

⑤ 터널 지보공 정기 점검 사항
　　㉠ 부재의 손상, 변형, 부식, 변위 탈락의 유무 및 상태
　　㉡ 부재의 긴압의 정도
　　㉢ 부재의 접속부 및 교차부의 상태
　　㉣ 기둥 침하의 유무 및 상태

3) 잠함 등 내부에서의 작업
① 급격한 침하로 인한 위험 방지 : 사업주는 잠함 또는 우물통의 내부에서 근로자가 굴착 작업을 하는 때에는 잠함 또는 우물통의 급격한 침하에 의한 위험을 방지하기 위하여 다음의 사항을 준수하여야 한다.
　　㉠ 침하 관계도에 따라 굴착 방법 및 재하량(載荷量) 등을 정할 것
　　㉡ 바닥으로부터 천장 또는 보까지의 높이는 1.8m 이상으로 할 것
② 사업주는 잠함, 우물통, 수직갱, 기타 이와 유사한 건설물 또는 설비의 내부에서 굴착 작업을 하는 때에는 다음 사항을 준수하여야 한다.
　　㉠ 산소 결핍의 우려가 있는 때에는 산소의 농도를 측정하는 자를 지명하여 측정하도록 할 것
　　㉡ 근로자가 안전하게 오르내리기 위한 설비를 설치할 것
　　㉢ 굴착 깊이가 20m를 초과하는 때에는 해당 작업 장소와 외부와의 연락을 위한 통신 설비 등을 설치할 것

4) 공사용 가설 도로 설치 시 준수 사항
① 도로는 장비와 차량이 안전하게 운행할 수 있도록 견고하게 설치할 것
② 도로와 작업장이 접하여 있을 경우에는 울타리 등을 설치할 것
③ 도로는 배수를 위하여 경사지게 설치하거나 배수 시설을 설치할 것
④ 차량의 속도 제한 표지를 부착할 것

4.5. 거푸집 동바리 및 거푸집

(1) 거푸집 동바리 등의 안전 조치

사업주는 거푸집 동바리 등을 조립하는 때에는 다음 사항을 준수하여야 한다.
① 깔목의 사용, 콘크리트 타설, 말뚝박기 등 동바리의 침하를 방지하기 위한 조치를 할 것
② 개구부 상부에 동바리를 설치하는 때에는 상부 하중을 견딜 수 있는 견고한 받침대를 설치할 것
③ 동바리의 상하 고정 및 미끄러짐 방지 조치를 하고, 하중의 지지 상태를 유지할 것
④ 동바리의 이음은 맞댄 이음 또는 장부 이음으로 하고 같은 품질의 재료를 사용할 것

⑤ 강재와 강재와의 접속부 및 교차부는 볼트, 클램프 등 전용 철물을 사용하여 단단히 연결할 것

⑥ 거푸집이 곡면인 때에는 버팀대의 부착 등 그 거푸집의 부상을 방지하기 위한 조치를 할 것

⑦ 동바리로 사용하는 강관(파이프 서포트를 제외한다.)에 대하여는 다음 정하는 바에 의할 것

　　㉠ 높이 2m 이내마다 수평 연결재를 2개 방향으로 만들고 수평 연결재의 변위를 방지할 것

　　㉡ 멍에 등을 상단에 올릴 때에는 해당 상단에 강재의 단판을 붙여 멍에 등을 고정시킬 것

⑧ 동바리로 사용하는 파이프 서포트에 대하여는 다음의 정하는 바에 의할 것

　　㉠ 파이프 서포트를 3개 이상 이어서 사용하지 아니하도록 할 것

　　㉡ 파이프 서포트를 이어서 사용할 때에는 4개 이상의 볼트 또는 전용 철물을 사용하여 이을 것

　　㉢ 높이가 3.5m를 초과할 때에는 위 '⑦'의 '㉠'의 조치를 할 것

⑨ 동바리로 사용하는 강관틀에 대하여는 다음의 정하는 바에 의할 것

　　㉠ 강관틀과 강관틀과의 사이에 교차 가새를 설치할 것

　　㉡ 최상층 및 5층 이내마다 거푸집 동바리의 측면과 틀면의 방향 및 교차 가새의 방향에서 5개 이내마다 수평 연결재를 설치하고 수평 연결재의 변위를 방지할 것

　　㉢ 최상층 및 5층 이내마다 거푸집 동바리의 틀면의 방향에서 양단 및 5개틀 이내마다의 장소에 교차 가새의 방향으로 띠장틀을 설치할 것

　　㉣ '⑦'의 '㉡'의 조치를 할 것

⑩ 동바리로 사용하는 조립 강주에 대하여는 다음의 정하는 바에 의할 것

　　㉠ '⑦'의 '㉡'의 조치를 할 것

　　㉡ 높이가 4m를 초과할 때에는 높이 4m 이내마다 수평 연결재를 2개 방향으로 설치하고 수평 연결재의 변위를 방지할 것

⑪ 동바리로 사용하는 목재에 대하여는 다음의 정하는 바에 의할 것

　　㉠ '⑦'의 '㉠'의 조치를 할 것

　　㉡ 목재를 이어서 사용할 때에는 2개 이상의 덧댐목을 대고 4군데 이상 견고하게 묶은 후 상단을 보 또는 멍에에 고정시킬 것

⑫ 보로 구성된 것은 다음의 정하는 바에 의할 것

　　㉠ 보의 양끝을 지지물로 고정시켜 보의 미끄러짐 및 탈락을 방지할 것

　　㉡ 보와 보의 사이에 수평 연결재를 설치하여 보가 옆으로 넘어지지 아니하도록 견고하게 할 것

⑬ 거푸집을 조립하는 때에는 거푸집이 넘어지지 아니하도록 버팀대를 설치하는 등 필요한 조치를 할 것

⑭ 시스템 동바리(규격화·부품화된 수직재, 수평재 및 가새재 등의 부재를 현장에서 조립하여 거푸집으로 지지하는 동바리 형식을 말한다.)는 다음의 방법에 따라 설치할 것

　㉠ 수평재는 수직재와 직각으로 설치하여야 하며, 흔들리지 않도록 견고하게 설치할 것

　㉡ 연결 철물을 사용하여 수직재를 견고하게 연결하고, 연결 부위가 탈락 또는 꺾어지지 않도록 할 것

　㉢ 수직 및 수평 하중에 의한 동바리 본체의 변위가 발생하지 않도록 각각의 단위 수직재 및 수평재에는 가새재를 견고하게 설치하도록 할 것

　㉣ 동바리 최상단과 최하단의 수직재와 받침 철물은 서로 밀착되도록 설치하고 수직재와 받침 철물의 연결부의 겹침 길이는 받침 철물 전체 길이의 3분의 1 이상 되도록 할 것

(2) 계단 형상으로 조립하는 거푸집 지보공

사업주는 깔판 및 깔목 등을 끼워서 단상으로 조립하는 거푸집 동바리에 대하여는 다음 사항을 준수하여야 한다.

① 거푸집의 형상에 따른 부득이한 경우를 제외하고는 깔판, 깔목 등을 2단 이상 끼우지 아니하도록 할 것

② 깔판, 깔목 등을 이어서 사용할 때에는 해당 깔판, 깔목 등을 단단히 연결할 것

③ 동바리는 상·하부의 동바리가 동일 수직선 상에 위치하도록 하여 깔판, 깔목 등에 고정시킬 것

(3) 거푸집 동바리 조립 또는 해체 작업 시 준수 사항

① 해당 작업을 하는 구역에는 관계 근로자 외의 자의 출입을 금지시킬 것

② 비, 눈, 그 밖의 기상 상태의 불안정으로 인하여 날씨가 몹시 나쁠 때에는 그 작업을 중지시킬 것

③ 재료, 기구 또는 공구 등을 올리거나 내릴 때에는 근로자로 하여금 달줄·달포대 등을 사용하도록 할 것

④ 낙하, 충격에 의한 돌발적 재해를 방지하기 위하여 버팀목을 설치하고 거푸집 동바리 등을 인양 장비에 매단 후에 작업을 하도록 하는 등 필요한 조치를 할 것

(4) 계단 형상으로 조립하는 거푸집 동바리

깔판 및 깔목 등을 끼워서 계단 형상으로 조립하는 거푸집 동바리에 대하여 다음의 사항을 준수하여야 한다.

① 거푸집의 형상에 따른 부득이한 경우를 제외하고는 깔판·깔목 등을 2단 이상 끼우지 않도록 할 것

② 깔판·깔목 등을 이어서 사용하는 경우에는 그 깔판·깔목 등을 단단히 연결할 것

③ 동바리는 상·하부의 동바리가 동일 수직선상에 위치하도록 하여 깔판·깔목 등에 고정시킬 것

(5) 작업 발판 일체형 거푸집의 안전 조치

① "작업 발판 일체형 거푸집"이란 거푸집의 설치 · 해체, 철근 조립, 콘크리트 타설, 콘크리트 면처리 작업 등을 위하여 거푸집을 작업 발판과 일체로 제작하여 사용하는 거푸집으로서 다음의 거푸집을 말한다.

　㉠ 갱 폼(gang form)

　㉡ 슬립 폼(slip form)

　㉢ 클라이밍 폼(climbing form)

　㉣ 터널 라이닝 폼(tunnel lining form)

　㉤ 그 밖에 거푸집과 작업 발판이 일체로 제작된 거푸집 등

② 제1항 ㉠의 갱 폼의 조립 · 이동 · 양중 · 해체 작업을 하는 경우에는 다음의 사항을 준수하여야 한다.

　㉠ 조립 등의 범위 및 작업 절차를 미리 그 작업에 종사하는 근로자에게 주지시킬 것

　㉡ 근로자가 안전하게 구조물 내부에서 갱 폼의 작업 발판으로 출입할 수 있는 이동 통로를 설치할 것

　㉢ 갱 폼의 지지 또는 고정 철물의 이상 유무를 수시 점검하고 이상이 발견된 경우에는 교체하도록 할 것

　㉣ 갱 폼을 조립하거나 해체하는 경우에는 갱 폼을 인양 장비에 매단 후에 작업을 실시하도록 하고, 인양 장비에 매달기 전에 지지 또는 고정 철물을 미리 해체하지 않도록 할 것

　㉤ 갱 폼 인양 시 작업 발판용 케이지에 근로자가 탑승한 상태에서 갱 폼의 인양 작업을 하지 아니할 것

③ 제1항 ㉡부터 ㉤까지의 조립 등의 작업을 하는 경우에는 다음의 사항을 준수하여야 한다.

　㉠ 조립 등 작업 시 거푸집 부재의 변형 여부와 연결 및 지지재의 이상 유무를 확인할 것

　㉡ 조립 등 작업과 관련한 이동 · 양중 · 운반 장비의 고장 · 오조작 등으로 인해 근로자에게 위험을 미칠 우려가 있는 장소에는 근로자의 출입을 금지하는 등 위험 방지 조치를 할 것

　㉢ 거푸집이 콘크리트면에 지지될 때에 콘크리트의 굳기 정도와 거푸집의 무게, 풍압 등의 영향으로 거푸집의 갑작스런 이탈 또는 낙하로 인해 근로자가 위험해질 우려가 있는 경우에는 설계 도서에서 정한 콘크리트의 양생 기간을 준수하거나 콘크리트면에 견고하게 지지하는 등 필요한 조치를 할 것

　㉣ 연결 또는 지지 형식으로 조립된 부재의 조립 등 작업을 하는 경우에는 거푸집을 인양 장비에 매단 후에 작업을 하도록 하는 등 낙하 · 붕괴 · 전도의 위험 방지를 위하여 필요한 조치를 할 것

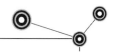

(6) 교량 작업

교량의 설치·해체 또는 변경 작업을 하는 경우에는 다음의 사항을 준수하여야 한다.
① 작업을 하는 구역에는 관계 근로자가 아닌 사람의 출입을 금지할 것
② 재료, 기구 또는 공구 등을 올리거나 내릴 경우에는 근로자로 하여금 달줄, 달포대 등을 사용하도록 할 것
③ 중량물 부재를 크레인 등으로 인양하는 경우에는 부재에 인양용 고리를 견고하게 설치하고, 인양용 로프는 부재에 두 군데 이상 결속하여 인양하여야 하며, 중량물이 안전하게 거치되기 전까지는 걸이 로프를 해제시키지 아니할 것
④ 자재나 부재의 낙하·전도 또는 붕괴 등에 의하여 근로자에게 위험을 미칠 우려가 있을 경우에는 출입 금지 구역의 설정, 자재 또는 가설 시설의 좌굴(挫屈) 또는 변형 방지를 위한 보강재 부착 등의 조치를 할 것

4.6 발파 작업의 위험 방지

(1) 발파의 작업 기준

사업주는 발파 작업에 종사하는 근로자로 하여금 다음의 사항을 준수하도록 하여야 한다.
① 얼어붙은 다이너마이트는 화기에 접근시키거나 기타의 고열물에 직접 접촉시키는 등 위험한 방법으로 융해하지 아니하도록 할 것
② 화약 또는 폭약을 장진하는 때에는 그 부근에서 화기의 사용 또는 흡연을 하지 아니하도록 할 것
③ 장전구(裝塡具)는 마찰·충격·정전기 등에 의한 폭발이 발생할 위험이 없는 안전한 것을 사용할 것
④ 발파공의 충진 재료는 점토·모래 등 발화성 또는 인화성의 위험이 없는 재료를 사용할 것
⑤ 점화 후 장진된 화약류가 폭발하지 아니한 때 또는 장진된 화약류의 폭발 여부를 확인하기 곤란한 때에는 다음의 정하는 바에 따를 것
　㉠ 전기 뇌관에 의한 때에는 발파 모선을 점화기에서 떼어 그 끝을 단락시켜 놓는 등 재 점화되지 아니하도록 조치하고 그때부터 5분 이상 경과한 후가 아니면 화약류의 장진 장소에 접근시키지 아니하도록 할 것
　㉡ 전기 뇌관 외의 것에 의한 때에는 점화한 때부터 15분 이상 경과한 후가 아니면 화약류의 장진 장소에 접근시키지 아니하도록 할 것
⑥ 전기 뇌관에 의한 발파의 경우 점화하기 전에 화약류를 장진한 장소로부터 30m 이상 떨어진 안전한 장소에서 전선에 대하여 저항 측정 및 도통(導通) 시험을 하고 그 결과를 기록·관리하도록 할 것

(2) 발파 작업 시 관리 감독자의 직무 사항

① 점화 전에 점화 작업에 종사하는 근로자 외의 자의 대피를 지시하는 일
② 점화 작업에 종사하는 근로자에 대하여는 대피 장소 및 경로를 지시하는 일
③ 점화 전에 위험 구역 내에서 근로자가 대피한 것을 확인하는 일
④ 점화 순서 및 방법에 대하여 지시하는 일
⑤ 점화 신호를 하는 일
⑥ 점화 작업에 종사하는 근로자에 대하여 대피 신호를 하는 일
⑦ 발파 후 터지지 아니한 장약이나 남은 장약의 유무, 용수의 유무 및 암석·토사의 낙하 여부 등을 점검하는 일
⑧ 점화하는 자를 정하는 일
⑨ 공기 압축기의 안전 밸브 작동 유무를 점검하는 일
⑩ 안전모 등 보호구의 착용 상황을 감시하는 일

4.7, 채석 작업

(1) 조사 및 기록

사업주는 암석 채취를 위한 굴착 작업·채석장에서의 암석의 분할 가공 및 운반 작업 등 (이하 "채석 작업"이라 한다.)을 하는 때에는 지반의 붕괴·굴착 기계의 전락 등에 의한 근로자의 위험을 방지하기 위하여 미리 해당 작업장의 지형·지질 및 지층의 상태를 조사하고 그 결과를 기록·보존하여야 한다.

(2) 작업 계획의 작성

사업주는 채석 작업을 하는 때에는 채석 작업 계획을 작성하고 그 계획에 의하여 작업을 실시하도록 하여야 한다. 채석 작업 계획에는 다음의 사항이 포함되어야 한다.
① 노천 굴착과 갱내 굴착의 구별 및 채석 방법
② 굴착면의 높이와 기울기
③ 굴착면의 소단(小段)의 위치와 넓이
④ 갱내에서의 낙반 및 붕괴 방지의 방법
⑤ 발파 방법
⑥ 암석의 분할 방법
⑦ 암석의 가공 장소
⑧ 사용하는 굴착 기계·분할 기계·적재 기계 또는 운반 기계(이하 "굴착 기계 등"이라 한다.)의 종류 및 능력
⑨ 토석 또는 암석의 적재 및 운반 방법과 운반 경로
⑩ 표토 또는 용수의 처리 방법

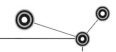

(3) 지반 붕괴 위험 방지

사업주는 채석 작업을 하는 때에는 지반의 붕괴 또는 토석의 낙하에 의한 근로자의 위험을 방지하기 위하여 다음의 조치를 하여야 한다.
① 점검자를 지명하고 작업 장소 및 그 주변의 지반에 대하여 당일의 작업을 시작하기 전에 부석과 균열의 유무와 상태, 함수·용수 및 동결 상태의 변화를 점검할 것
② 점검자는 발파를 행한 후 해당 발파를 행한 장소와 그 주변의 부석과 균열의 유무 및 상태를 점검할 것

(4) 인접 채석장과의 연락

사업주는 지반의 붕괴, 토석의 비래 등에 의한 근로자의 위험을 방지하기 위하여 인접한 채석장에서의 발파 시기·부석 제거의 방법 등 필요한 사항에 관하여 해당 채석장과 연락을 유지하여야 한다.

(5) 붕괴 등에 의한 위험 방지

사업주는 채석 작업(갱내에서의 작업을 제외한다)에 있어서 붕괴 또는 낙하에 의하여 근로자에게 위험을 미칠 우려가 있는 토석·입목 등에 대하여는 미리 해당 물건을 제거하거나 방호망을 설치하는 등 해당 위험을 방지하기 위하여 필요한 조치를 하여야 한다.

(6) 낙반 등에 의한 위험 방지

사업주는 갱내에서 채석 작업을 하는 경우로서 암석·토사의 낙하 또는 측벽의 붕괴에 의하여 근로자에게 위험이 미칠 우려가 있는 때에는 동바리 또는 버팀대를 설치한 후 천장을 아치형으로 하는 등 해당 위험을 방지하기 위한 조치를 하여야 한다.

4.8 해체 작업

(1) 해체 건물 등의 조사

사업주는 해체 작업을 하는 때에는 해체 건물 등의 구조, 주변 상황 등을 조사하여 그 결과를 기록·보전하여야 한다.

(2) 해체 계획의 작성

사업주는 해체 작업을 하는 때에는 미리 해체 건물의 조사 결과에 따른 해체 계획을 작성하고 그 해체 계획에 의하여 작업하도록 하여야 한다. 해체 계획에는 다음의 사항이 포함되어야 한다.

① 해체의 방법 및 해체 순서 도면
② 가설 설비·방호 설비·환기 설비 및 살수·방화 설비 등의 방법
③ 사업장 내 연락 방법
④ 해체물의 처분 계획
⑤ 해체 작업용 기계·기구 등의 작업 계획서
⑥ 해체 작업용 화약류 등의 사용 계획서
⑦ 기타 안전·보건에 관련된 사항

(3) 작업 구역 내 근로자의 출입 금지 등

사업주는 해체 작업을 하는 때에는 다음의 사항을 조치하여야 한다.
① 작업 구역 내에는 관계 근로자 외의 자의 출입을 금지시킬 것
② 비·눈, 그 밖의 기상 상태의 불안정으로 인하여 날씨가 몹시 나쁠 때에는 그 작업을 중지시킬 것

(4) 보호구의 착용

사업주는 해체 작업에 종사하는 근로자로 하여금 안전모 등의 보호구를 착용하도록 하여야 한다.

(5) 작업 계획의 작성

사업주는 중량물을 취급하는 작업을 하는 때에는 다음의 사항이 포함된 작업 계획서를 작성하고 이를 준수하여야 한다.
① 중량물의 종류 및 형상
② 취급 방법 및 순서
③ 작업 장소의 넓이 및 지형

4.9. 사전 조사 및 작업 계획서의 작성 등

다음의 작업을 하는 경우 근로자의 위험을 방지하기 위하여 해당 작업, 작업장의 지형·지반 및 지층 상태 등에 대한 사전 조사를 하고 그 결과를 기록·보존하여야 하며, 조사 결과를 고려하여 작업 계획서를 작성하고 그 계획에 따라 작업을 하도록 하여야 한다.
① 타워 크레인을 설치·조립·해체하는 작업
② 차량계 하역 운반 기계 등을 사용하는 작업(화물 자동차를 사용하는 도로상의 주행 작업은 제외한다.)
③ 차량계 건설 기계를 사용하는 작업
④ 화학 설비와 그 부속 설비를 사용하는 작업
⑤ 제318조에 따른 전기 작업(해당 전압이 50볼트를 넘거나 전기 에너지가 250볼트암페어를 넘는 경우로 한정한다.)

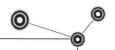

⑥ 굴착면의 높이가 2미터 이상이 되는 지반의 굴착 작업

⑦ 터널 굴착 작업

⑧ 교량(상부 구조가 금속 또는 콘크리트로 구성되는 교량으로서 그 높이가 5미터 이상 이거나 교량의 최대 지간 길이가 30미터 이상인 교량으로 한정한다.)의 설치·해체 또는 변경 작업

⑨ 채석 작업

⑩ 건물 등의 해체 작업

⑪ 중량물의 취급 작업

⑫ 궤도나 그 밖의 관련 설비의 보수·점검 작업

⑬ 열차의 교환·연결 또는 분리 작업

01 위험물을 제조, 취급하는 작업장 및 해당 작업장이 있는 건축물에 대하여는 안전한 장소로 대피할 수 있는 비상구를 설치하여야 하는데 그 수는 몇 개인가?

(해답)→ 출입문 외에 1개 이상의 비상구

02 법에 의한 옥내 통로의 기준 2가지를 쓰시오.

(해답)→ 1. 옥내에 통로를 설치하는 때에는 걸려 넘어지거나 미끄러지는 등의 위험이 없도록 하여야 한다.
2. 통로면으로부터 높이 2m 이내에는 장애물이 없도록 하여야 한다.

03 법상 가설 통로 설치 시 준수 사항 5가지를 쓰시오.

(해답)→ 1. 견고한 구조로 할 것
2. 경사는 30° 이하로 할 것
3. 경사가 15°를 초과하는 때에는 미끄러지지 아니하는 구조로 할 것
4. 추락의 위험이 있는 장소에는 안전 난간을 설치할 것
5. 수직갱에 가설된 통로의 길이가 15m 이상인 때에는 10m 이내마다 계단참을 설치할 것
6. 건설 공사에 사용하는 높이 8m 이상인 비계 다리에는 7m 이내마다 계단참을 설치할 것

04 법에 의한 사다리식 통로의 구조 5가지를 쓰시오.

(해답)→ 1. 견고한 구조로 할 것
2. 발판의 간격은 일정하게 할 것
3. 발판과 벽과의 사이는 15cm 이상의 간격을 유지할 것
4. 사다리가 넘어지거나 미끄러지는 것을 방지하기 위한 조치를 할 것
5. 사다리의 상단은 걸쳐놓은 지점으로부터 60cm 이상 올라가도록 할 것
6. 사다리식 통로의 길이가 10m 이상인 때에는 5m 이내마다 계단참을 설치할 것
7. 사다리식 통로의 기울기는 75° 이하로 할 것. 다만, 고정식 사다리식 통로의 기울기는 90° 이하로 하고 그 높이가 7m 이상인 경우에는 바닥으로부터 2.5m 되는 지점부터 등받이 울을 설치할 것

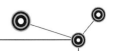

05 안전 난간은 목재, 강재 등 견고한 재질로서 3가지의 구성 부품으로 구성이 되어 있다. 그 구성 부품 3가지는?

(해답) 1. 상부 난간대   2. 중간 난간대
3. 난간 기둥   4. 발끝막이판

06 법에 의한 안전 난간의 구비 조건 3가지를 쓰시오.

(해답) 1. 상부 난간대, 중간 난간대, 발끝막이판 및 난간 기둥으로 구성할 것. 다만, 중간 난간대·발끝막이판 및 난간 기둥은 이와 비슷한 구조 및 성능을 가진 것으로 대체할 수 있다.
2. 상부 난간대는 바닥면, 발판 또는 경사로의 표면으로부터 90cm 이상 지점의 중간에 설치하고, 상부 난간대를 120cm 이하에 설치하는 경우에는 중간 난간대는 상부 난간대와 바닥면 등의 중간에 설치하여야 하며 120cm 이상 지점에 설치하는 경우에는 중간 난간대를 2단 이상으로 균등하게 설치하고 난간의 상하 간격은 60cm 이하가 되도록 할 것
3. 발끝막이판은 바닥면 등으로부터 10cm 이상의 높이를 유지할 것. 다만, 물체가 떨어지거나 날아올 위험이 없거나 그 위험을 방지할 수 있는 망을 설치하는 등 필요한 예방 조치를 한 장소는 제외한다.
4. 난간 기둥은 상부 난간대와 중간 난간대를 견고하게 떠받칠 수 있도록 적정 간격을 유지할 것
5. 상부 난간대와 중간 난간대는 난간 길이 전체에 걸쳐 바닥면 등과 평행을 유지할 것
6. 난간대는 지름 2.7cm 이상의 금속제 파이프나 그 이상의 강도를 가진 재료일 것
7. 안전 난간은 구조적으로 가장 취약한 지점에서 가장 취약한 방향으로 작용하는 100kg 이상의 하중에 견딜 수 있는 튼튼한 구조일 것

07 법상 유해 위험 작업에 대한 근로 시간을 제한해야 되는 작업의 종류를 쓰시오. (단, 1일 6시간, 1주 34시간 초과 금지 대상)

(해답) 1. 갱내에서 행하는 작업
2. 다량의 고열 물체를 취급하는 작업과 현저히 덥고 뜨거운 장소에서 행하는 작업
3. 다량의 저온 물체를 취급하는 작업과 현저히 춥고 차가운 장소에서 행하는 작업
4. 라듐방사선·엑스선 그 밖의 유해 방사선을 취급하는 작업
5. 유리·흙·광물의 먼지가 심하게 날리는 장소에서 행하는 작업
6. 강렬한 소음을 발하는 장소에서 행하는 작업
7. 착암기 등에 의하여 신체에 강렬한 진동을 주는 작업
8. 인력에 의하여 중량물을 취급하는 작업
9. 납·수은·크롬·망간·카드뮴 등의 중금속 또는 이황화탄소·유기용제, 그 밖에 고용노동부령으로 정하는 특정 화학 물질의 먼지·증기 또는 가스를 많이 발생하는 장소에서 행하는 작업

08 법에 의하여 4단 이상인 계단의 개방된 측면에 대하여는 계단에 난간을 설치하여야 한다. 난간의 구비 조건을 쓰시오.

(해답) 1. 상부 난간대, 중간 난간대, 발끝막이판 및 난간 기둥으로 구성할 것(중간 난간대 · 발끝막이판 및 난간 기둥은 이와 비슷한 구조 및 성능을 가진 것으로 대체할 수 있다.)
2. 상부 난간대는 바닥면, 발판 또는 경사로의 표면으로부터 90cm 이상 지점의 중간에 설치하고, 상부 난간대를 120cm 이하에 설치하는 경우에는 중간 난간대는 상부 난간대와 바닥면 등의 중간에 설치하여야 하며 120cm 이상 지점에 설치하는 경우에는 중간 난간대를 2단 이상으로 균등하게 설치하고 난간의 상하 간격은 60cm 이하가 되도록 할 것
3. 발끝막이판은 바닥면 등으로부터 10cm 이상의 높이를 유지할 것(물체가 떨어지거나 날아올 위험이 없거나 그 위험을 방지할 수 있는 망을 설치하는 등 필요한 예방 조치를 한 장소는 제외한다.)
4. 난간 기둥은 상부 난간대와 중간 난간대를 견고하게 떠받칠 수 있도록 적정 간격을 유지할 것
5. 상부 난간대와 중간 난간대는 난간 길이 전체에 걸쳐 바닥면 등과 평행을 유지할 것
6. 난간대는 지름 2.7cm 이상의 금속제 파이프나 그 이상의 강도를 가진 재료일 것
7. 안전 난간은 구조적으로 가장 취약한 지점에서 가장 취약한 방향으로 작용하는 100kg 이상의 하중에 견딜 수 있는 튼튼한 구조일 것

09 크레인에 부착해야 하는 방호 장치의 종류를 쓰시오.

(해답) 1. 과부하 방지 장치　　　　　　　2. 권과 방지 장치
3. 비상 정지 장치　　　　　　　　4. 브레이크

10 크레인의 조립 또는 해체 작업 시 사업주가 해야 할 조치 사항 7가지를 쓰시오.

(해답) 1. 작업 순서를 정하고 그 순서에 의하여 작업을 실시할 것
2. 작업을 할 구역에 관계 근로자 외의 자의 출입을 금지시키고 그 취지를 보기 쉬운 곳에 표시할 것
3. 비, 눈, 그 밖의 기상 상태의 불안정으로 인하여 날씨가 몹시 나쁠 때에는 그 작업을 중지시킬 것
4. 작업 장소는 안전한 작업이 이루어질 수 있도록 충분한 공간을 확보하고 장애물이 없도록 할 것
5. 들어 올리거나 내리는 기자재는 균형을 유지하면서 작업을 실시하도록 할 것
6. 크레인의 능력, 사용 조건 등에 따라 충분한 응력을 갖는 구조로 기초를 설치하고 침하 등이 일어나지 않도록 할 것
7. 규격품인 조립용 볼트를 사용하고 대칭되는 곳을 순차적으로 결합하고 분해할 것

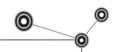

11 크레인을 이용한 작업에서 관리 감독자의 직무 사항 3가지를 쓰시오.

(해답) 1. 작업 방법과 근로자의 배치를 결정하고, 그 작업을 지휘하는 일
2. 재료의 결함 유무 또는 기구 및 공구의 기능을 점검하고 불량품을 제거하는 일
3. 작업중 안전대 또는 안전모의 착용 상황을 감시하는 일

12 승강기의 설치, 조립 또는 해체 작업을 하는 때에 사업주가 취해야 할 조치 사항 3가지를 쓰시오.

(해답) 1. 작업을 지휘하는 사람을 선임하여 그 사람의 지휘하에 작업을 실시할 것
2. 작업을 할 구역에 관계 근로자 외의 자의 출입을 금지시키고 그 취지를 보기 쉬운 장소에 표시할 것
3. 비, 눈, 그 밖의 기상 상태의 불안정으로 인하여 날씨가 몹시 나쁠 때에는 그 작업을 중지시킬 것

13 법에 의한 부적격한 와이어 로프는 사용할 수가 없다. 그 사용 제한이 되는 로프의 조건을 5가지 쓰시오. (단, 이음매가 있는 와이어 로프의 사용 금지 사항)

(해답) 1. 이음매가 있는 것
2. 와이어 로프의 한 꼬임에서 끊어진 소선의 수가 10% 이상 절단된 것
3. 지름의 감소가 공칭 지름의 7%를 초과하는 것
4. 꼬인 것
5. 심하게 변형 또는 부식된 것
6. 열과 전기 충격에 의해 손상된 것

14 차량계 하역 운반 기계의 운전자가 운전 위치를 이탈하는 때 조치해야 할 사항 2가지를 쓰시오.

(해답) 1. 포크, 버킷, 디퍼 등의 하역 장치를 가장 낮은 위치 또는 지면에 둘 것
2. 원동기를 정지시키고 브레이크를 확실히 거는 등 불시 주행이나 이탈을 방지하기 위한 조치를 할 것
3. 운전석을 이탈하는 경우 시동키를 운전대에서 분리시킬 것

15 지게차의 작업 시작 전 점검 사항을 쓰시오.

(해답) 1. 제동 장치 및 조종 장치 기능의 이상 유무
2. 하역 장치 및 유압 장치 기능의 이상 유무
3. 바퀴의 이상 유무
4. 전조등, 후미등, 방향 지시기 및 경보 장치 기능의 이상 유무

16 차량계 건설 기계를 이용하여 작업을 하고자 하는 때에는 미리 법에 의하여 작업 계획을 작성하고 그 계획에 따라 작업을 실시하여야 한다. 작업 계획에 포함되어야 할 사항 3가지를 쓰시오.

(해답) 1. 사용하는 차량계 건설 기계의 종류 및 성능
2. 차량계 건설 기계의 운행 경로
3. 차량계 건설 기계에 의한 작업 방법

17 차량계 건설 기계를 사용하여 작업을 하는 때에는 해당 기계의 넘어지거나 굴러떨어짐 등에 의한 위험 방지를 위하여 필요한 조치를 하여야 한다. 그 조치 사항 3가지를 쓰시오.

(해답) 1. 유도자 배치   2. 지반의 부동 침하 방지
3. 갓길 붕괴 방지   4. 도로의 폭 유지

18 차량계 건설 기계의 운전자가 운전 위치 이탈 시 조치 사항 2가지를 쓰시오.

(해답) 1. 포크, 버킷, 디퍼 등의 하역 장치를 가장 낮은 위치 또는 지면에 둘 것
2. 원동기를 정지시키고 브레이크를 확실히 거는 등 불시 주행이나 이탈을 방지하기 위한 조치를 할 것
3. 운전석을 이탈하는 경우 시동키를 운전대에서 분리시킬 것

19 다음 빈칸에 알맞은 말을 쓰시오.

차량계 건설 기계의 붐, 암 등을 올리고 그 밑에서 수리, 점검 작업을 하는 때에는 붐, 암 등이 불시에 하강함으로써 발생하는 위험을 방지하기 위하여 해당 작업에 종사하는 근로자로 하여금 (①) 또는 (②)을 사용하도록 하여야 한다.

(해답) ① 안전 지주   ② 안전 블록

20 사면 굴착 작업 시 붕괴 재해 방지 대책 2가지를 쓰시오.

(해답) 1. 붕괴 발생 방지   2. 붕괴 발생의 조기 예측   3. 붕괴 발생 시 재해의 방지

21 히빙 현상의 방지 대책 5가지를 쓰시오.

(해답) 1. 흙막이판은 강성이 높은 것을 사용한다.
2. 지반 개량을 한다.
3. 흙막이 벽의 전면 굴착을 남겨 두어 흙의 중량에 대항하게 한다.
4. 굴착 예정 부분을 부분 굴착하여 기초 콘크리트로 고정시킨다.
5. 흙막이 벽의 근입 깊이를 깊게 한다.

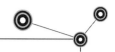

22 보일링 현상의 방지 대책 2가지를 쓰시오.

(해답)➔ 1. 굴착 저면 아래까지 지하수위를 낮춘다.
2. 흙막이 벽을 깊이 설치하여 지하수의 흐름을 막는다.

23 절토 법면의 토사 붕괴 예방 점검 시기는 언제인가?

(해답)➔ 1. 작업 전후
2. 비온 후
3. 인접 구역에서 발파 작업한 후

24 항타기, 항발기의 무너짐 방지를 위한 조치 사항 5가지를 쓰시오.

(해답)➔ 1. 연약한 지반에 설치하는 경우에는 아웃트리거·받침 등 지지구조물의 침하를 방지하기
위하여 깔판, 깔목 등을 사용할 것
2. 시설 또는 가설물 등에 설치하는 경우에는 그 내력을 확인하고 내력이 부족하면 그 내
력을 보강할 것
3. 아웃트리거·받침 등 지지구조물이 미끄러질 우려가 있는 경우에는 말뚝 또는 쐐기 등
을 사용하여 해당 지지구조물을 고정시킬 것
4. 궤도 또는 차로 이동하는 항타기 또는 항발기에 대해서는 불시에 이동하는 것을 방지하
기 위하여 레일 클램프(rail clamp) 및 쐐기 등으로 고정시킬 것
5. 상단 부분은 버팀대·버팀줄로 고정하여 안정시키고, 그 하단 부분은 견고한 버팀, 말
뚝 또는 철골 등으로 고정시킬 것

25 항타기, 항발기의 이음매가 있는 권상용 와이어 로프의 조건 5가지를 쓰시오.

(해답)➔ 1. 이음매가 있는 것
2. 와이어 로프의 한 꼬임에서 끊어진 소선 수가 10% 이상 절단된 것
3. 지름의 감소가 호칭 지름의 7%를 초과하는 것
4. 심하게 변형 또는 부식된 것
5. 꼬임, 꺾임, 비틀림 등이 있는 것

26 항타기, 항발기의 사용 전 점검 사항 5가지를 쓰시오.

(해답)➔ 1. 본체 연결부의 풀림 또는 손상의 유무
2. 권상용 와이어 로프, 드럼 및 도르래의 부착 상태의 이상 유무
3. 권상 장치의 브레이크 및 쐐기 장치 기능의 이상 유무
4. 권상기의 설치 상태의 이상 유무
5. 버팀의 방법 및 고정 상태의 이상 유무

27 다음 ( ) 안에 적당한 말을 쓰시오.

> 거푸집 동바리를 조립하는 때에는 조립도를 작성하고 해당 조립도에 의하여 조립하여야
> 하며 조립도에는 동바리, 멍에 등 (①) 및 (②)이 명시되어야 한다.

(해답) ① 부재의 재질
② 단면 규격

참고 조립도에는 동바리, 멍에 등 부재의 재질, 단면 규격, 설치 간격 및 이음 방법 등을 명
시하여야 한다.

28 거푸집 동바리를 조립 시 사업주가 해야 할 안전상 준수 사항을 5가지 쓰시오.

(해답) 1. 깔목의 사용, 콘크리트 타설, 말뚝박기 등 동바리의 침하를 방지하기 위한 조치를 할 것
2. 개구부 상부에 동바리를 설치하는 때에는 상부 하중을 견딜 수 있는 견고한 받침대를
설치할 것
3. 동바리의 상하 고정 및 미끄러짐 방지 조치를 하고, 하중의 지지 상태를 유지
할 것
4. 동바리의 이음은 맞댄 이음 또는 장부 이음으로 하고 같은 품질의 재료를 사용할 것
5. 강재와 강재와의 접속부 및 교차부는 볼트, 클램프 등 전용 철물을 사용하여 단단히 연
결할 것
6. 거푸집이 곡면인 때에는 버팀대의 부착 등 그 거푸집의 부상을 방지하기 위한 조치를 할 것

29 거푸집 동바리 조립 시 지주로 사용하는 파이프 서포트에 대하여 준수해야 할 사항 3가지를
쓰시오.

(해답) 1. 파이프 서포트를 3본 이상 이어서 사용하지 아니하도록 할 것
2. 파이프 서포트를 이어서 사용할 때에는 4개 이상의 볼트 또는 전용 철물을 사용하여 이
을 것
3. 높이가 3.5m를 초과할 때에는 높이 2m 이내마다 수평 연결재를 2개 방향으로 만들고 수
평 연결재의 변위를 방지할 것

30 법에 의하여 단상으로 조립하는 거푸집 동바리의 조립 시 준수 사항 3가지를 쓰시오.

(해답) 1. 거푸집의 형상에 따른 부득이한 경우를 제외하고는 깔판, 깔목 등을 2단 이상 끼우지
아니하도록 할 것
2. 깔판, 깔목 등을 이어서 사용할 때에는 해당 깔판, 깔목 등을 단단히 연결할 것
3. 동바리는 상·하부의 동바리가 동일 수직선 상에 위치하도록 하여 깔판, 깔목 등에 고
정시킬 것

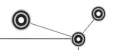

31 법상 콘크리트 타설 작업 시 준수 사항 4가지를 쓰시오.

(해답)▼ 1. 당일의 작업을 시작하기 전에 해당 작업에 관한 거푸집 동바리 등의 변형·변위 및 지반의 침하 유무 등을 점검하고 이상을 발견한 때에는 이를 보수할 것
2. 작업중에는 거푸집 동바리 등의 변형·변위 및 침하 유무 등을 감시할 수 있는 감시자를 배치하여 이상을 발견한 때에는 작업을 중지시키고 근로자를 대피시킬 것
3. 콘크리트 타설 작업 시 거푸집 붕괴의 위험이 발생할 우려가 있는 때에는 충분한 보강 조치를 할 것
4. 설계 도서상의 콘크리트 양생 기간을 준수하여 거푸집 동바리 등을 해체할 것

32 콘크리트 타설 시 콘크리트 펌프카를 사용할 때의 준수 사항을 쓰시오.

(해답)▼ 1. 작업을 시작하기 전에 콘크리트 펌프용 비계를 점검하고 이상을 발견한 때에는 즉시 보수할 것
2. 건축물의 난간 등에서 작업하는 근로자가 호스의 요동·선회로 인하여 추락하는 위험을 방지하기 위하여 안전 난간의 설치 등 필요한 조치를 할 것
3. 콘크리트 펌프카의 붐을 조정할 때에는 주변 전선 등에 의한 위험을 예방하기 위한 적절한 조치를 할 것
4. 작업중에 지반의 침하, 아웃트리거의 손상으로 인하여 콘크리트 펌프카의 전도 우려가 있는 때에는 이를 방지하기 위한 적절한 조치를 할 것

33 법에 의한 거푸집 동바리 조립 또는 해체 작업을 하는 때 사업주가 준수해야 할 사항 4가지를 쓰시오.

(해답)▼ 1. 해당 작업을 하는 구역에는 관계 근로자 외의 자의 출입을 금지시킬 것
2. 비, 눈, 그 밖의 기상 상태의 불안정으로 인하여 날씨가 몹시 나쁠 때에는 그 작업을 중지시킬 것
3. 재료, 기구 또는 공구 등을 올리거나 내릴 때에는 근로자로 하여금 달줄·달포대 등을 사용하도록 할 것
4. 낙하, 충격에 의한 돌발적 재해를 방지하기 위하여 버팀목을 설치하고 거푸집 동바리 등을 인양 장비에 매단 후에 작업을 하도록 하는 등 필요한 조치를 할 것

34 건설 현장에서 철근 조립 등의 작업을 하는 때에 사업주가 준수해야 할 사항 2가지를 쓰시오.

(해답)▼ 1. 크레인 등 양중기로 철근을 운반할 경우에는 2개소 이상 묶어서 수평으로 운반할 것
2. 작업 위치의 높이가 2m 이상일 경우에는 작업 발판을 설치하거나 안전대를 착용하게 하는 등 위험 방지를 위하여 필요한 조치를 할 것

35 달비계, 달대 비계 및 말비계를 제외한 비계의 높이가 2m 이상인 작업 장소에서 작업 시 작업 발판을 설치하여야 한다. 작업 발판의 구조 5가지를 쓰시오.

(해답)➤ 1. 발판 재료는 작업 시의 하중을 견딜 수 있도록 견고한 것으로 할 것
2. 작업 발판의 폭은 40cm 이상으로 하고 발판 재료간의 틈은 3cm 이하로 할 것
3. 추락의 위험이 있는 장소에는 안전 난간을 설치할 것
4. 작업 발판의 지지물은 하중에 의하여 파괴될 우려가 없는 것을 사용할 것
5. 발판 재료는 뒤집히거나 떨어지지 않도록 둘 이상의 지지물에 연결하거나 고정시킬 것
6. 작업 발판을 작업에 따라 이동시킬 때에는 위험 방지에 필요한 조치를 할 것

36 달비계 또는 높이 5m 이상의 비계를 조립, 해체하거나 변경하는 때 준수하여야 할 사항 5가지를 쓰시오.

(해답)➤ 1. 근로자가 관리 감독자의 지휘에 따라 작업하도록 할 것
2. 조립, 해체 또는 변경의 시기, 범위 및 절차를 그 작업에 종사하는 근로자에게 교육시킬 것
3. 조립, 해체 또는 변경 작업 구역 내에는 해당 작업에 종사하는 근로자 외의 자의 출입을 금지시키고 그 내용을 보기 쉬운 장소에 게시할 것
4. 비, 눈, 그 밖의 기상 상태의 불안정으로 인하여 날씨가 몹시 나쁠 때에는 그 작업을 중지시킬 것
5. 비계 재료의 연결, 해체 작업을 하는 때에는 폭 20cm 이상의 발판을 설치하고 근로자로 하여금 안전대를 사용하도록 하는 등 근로자의 추락 방지를 위한 조치를 할 것
6. 재료, 기구 또는 공구 등을 올리거나 내리는 때에는 근로자로 하여금 달줄 또는 달포대 등을 사용하도록 할 것

37 비, 눈, 그 밖의 기상 상태의 불안정으로 인하여 작업을 중지시킨 후 또는 변경한 후 그 비계에서 작업을 하는 때에는 해당 작업 시작 전에 이상 발견 시에는 즉시 보수하여야 한다. 비계의 정기 점검 사항 5가지를 쓰시오.

(해답)➤ 1. 발판 재료의 손상 여부 및 부착 또는 걸림 상태
2. 해당 비계의 연결부 또는 접속부의 풀림 상태
3. 연결 재료 및 연결 철물의 손상 또는 부식 상태
4. 손잡이의 탈락 여부
5. 기둥의 침하, 변형, 변위 또는 흔들림 상태
6. 로프의 부착 상태 및 매단 장치의 흔들림 상태

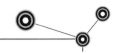

38 다음 빈칸에 알맞은 말을 쓰시오.

> 통나무 비계에 있어서 비계 기둥의 이음이 겹침 이음인 때에는 이음 부분에서 (①) 이상을 서로 겹쳐서 (②) 이상을 묶고, 비계 기둥의 이음이 맞댄 이음인 때에는 비계 기둥을 쌍기둥틀로 하거나 (③) 이상의 (④)을 사용하여 (⑤) 이상을 묶어야 한다.

(해답)▶ ① 1m   ② 2개소   ③ 1.8m   ④ 덧댐목   ⑤ 5개소

39 달비계에 사용하는 달기 체인의 사용 제한 조건 3가지를 쓰시오.

(해답)▶ 1. 달기 체인의 길이의 증가와 그 달기 체인이 제조된 때의 길이의 5%를 초과한 것
2. 링의 단면 지름의 감소가 그 달기 체인이 제조된 때의 해당 링의 지름의 10%를 초과한 것
3. 균열이 있거나 심하게 변형된 것

40 법에 의한 강관 비계의 구조를 4가지 쓰시오.

(해답)▶ 1. 비계 기둥의 간격은 띠장 방향에서는 1.85m 이하, 장선(長線) 방향에서는 1.5m 이하로 할 것. 다만, 선박 및 보트 건조 작업의 경우 안전성에 대한 구조 검토를 실시하고 조립도를 작성하면 띠장 방향 및 장선 방향으로 각각 2.7m 이하로 할 수 있다.
2. 띠장 간격은 2m 이하로 설치할 것. 다만, 작업의 성질상 이를 준수하기가 곤란하여 쌍기둥틀 등에 의하여 해당 부분을 보강한 경우에는 그러하지 아니하다.
3. 비계 기둥의 최고부로부터 31m되는 지점 밑부분의 비계 기둥은 2개의 강관으로 묶어 세울 것
4. 비계 기둥 간의 적재 하중은 400kg을 초과하지 아니하도록 할 것

41 법에 의하여 사업주가 말비계를 조립하여 사용할 때에 준수해야 할 사항 3가지를 쓰시오.

(해답)▶ 1. 지주 부재의 하단에는 미끄럼 방지 장치를 하고, 양측 끝부분에 올라서서 작업하지 아니하도록 할 것
2. 지주 부재와 수평면의 기울기를 75° 이하로 하고, 지주 부재와 지주 부재 사이를 고정시키는 보조 부재를 설치할 것
3. 말비계의 높이가 2m를 초과할 경우에는 작업 발판의 폭을 40cm 이상으로 할 것

42 법에 의하여 이동식 비계의 조립 시 준수 사항 3가지를 쓰시오.

(해답)▶ 1. 이동식 비계의 바퀴에는 뜻밖의 갑작스러운 이동 또는 전도를 방지하기 위하여 브레이크, 쐐기 등으로 바퀴를 고정시킨 다음 비계의 일부를 견고한 시설물에 잡아매는 등의 조치를 할 것
2. 승강용 사다리는 견고하게 설치할 것
3. 비계의 최상부에서 작업을 할 때에는 안전 난간을 설치할 것

43 지반의 굴착 작업에 있어서 지반의 붕괴 또는 매설물, 기타 지하 공작물의 손괴 등에 의하여 근로자에게 위험을 미칠 우려가 있는 때에는 미리 작업 장소 및 그 주변의 지반에 대하여 어떠한 것을 조사하여야 하는지 쓰시오.

(해답) 1. 형상, 지질 및 지층의 상태
2. 균열, 함수, 용수 및 동결의 유무 또는 상태
3. 매설물 등의 유무 또는 상태
4. 지반의 지하수위 상태

44 다음 ( )에 적당한 말을 쓰시오.

굴착 작업에 있어서 지반의 붕괴 또는 토석의 낙하에 의하여 근로자에게 위험을 미칠 우려가 있을 때에는 (①), (②), (③) 등 위험을 방지하기 위한 필요한 조치를 하여야 한다.

(해답) ① 흙막이 지보공 설치
② 방호망 설치
③ 근로자 출입 금지

45 흙막이 지보공의 정기 점검 사항 4가지를 쓰시오.

(해답) 1. 부재의 손상, 변형, 부식, 변위 및 탈락의 유무와 상태
2. 버팀대의 긴압의 정도
3. 부재의 접속부, 부착부 및 교차부의 상태
4. 침하의 정도

46 터널 굴착 작업 시 존재 가능한 위험성 3가지를 쓰시오.

(해답) 1. 낙반
2. 출수
3. 가스 폭발

47 터널 굴착 작업을 하는 때 조사 결과에 따른 시공 계획서 작성 시 포함해야 할 사항 3가지를 쓰시오.

(해답) 1. 굴착의 방법
2. 터널 지보공 및 복공의 시공 방법과 용수의 처리 방법
3. 환기 또는 조명 시설을 하는 때에는 그 방법

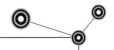

48 다음 ( )에 적당한 말을 쓰시오.

> 터널 건설 작업 시 낙반 등에 의하여 근로자에게 위험을 미칠 우려가 있을 때에는 (①), (②), (③) 등 필요한 조치를 하여야 한다.

(해답) ① 터널 지보공
② 록 볼트 설치
③ 부석 제거

49 터널 지보공의 설치 시 정기 점검 사항 4가지를 쓰시오.

(해답) 1. 부재의 손상, 변형, 부식, 변위 탈락의 유무 및 상태
2. 부재의 긴압의 정도
3. 부재의 접속부, 부착부 및 교차부의 상태
4. 기둥 침하의 유무 및 상태

50 채석을 위한 굴착 작업 시 관리 감독자의 직무 사항 3가지를 쓰시오.

(해답) 1. 대피 방법을 미리 교육하는 일
2. 작업을 시작하기 전 또는 폭우가 내린 후에는 암석·토사의 낙하, 균열의 유무 또는 함수·용수 및 동결 상태를 점검하는 일
3. 발파한 후에는 발파 장소 및 그 주변의 암석·토사의 낙하, 균열의 유무를 점검하는 일

51 채석 작업 시 작업 계획서에 포함해야 할 사항 5가지를 쓰시오.

(해답) 1. 노천 굴착과 갱내 굴착의 구별 및 채석 방법
2. 굴착면의 높이와 기울기
3. 굴착면의 소단의 위치와 넓이
4. 갱내에서의 낙반 및 붕괴 방지의 방법
5. 발파 방법
6. 암석의 분할 방법
7. 암석의 가공 장소
8. 사용하는 굴착 기계·분할 기계·적재 기계 또는 운반 기계의 종류 및 능력
9. 토석 또는 암석의 적재 및 운반 방법과 운반 경로
10. 표토 또는 용수의 처리 방법

52 잠함 또는 우물통, 수직갱, 기타 이와 유사한 장소에서 작업 시 준수해야 할 사항 3가지를 쓰시오.

해답 1. 산소 결핍의 우려가 있는 때에는 산소의 농도를 측정하는 자를 지명하여 측정하도록 할 것
2. 근로자가 안전하게 오르내리기 위한 설비를 설치할 것
3. 굴착 깊이가 20m를 초과하는 때에는 해당 작업 장소와 외부와의 연락을 위한 통신 설비 등을 설치할 것

53 법에 의하여 공사용 가설 도로를 설치 시 준수 사항 3가지를 쓰시오.

해답 1. 도로는 장비와 차량이 안전하게 운행할 수 있도록 견고하게 설치할 것
2. 도로와 작업장이 접하여 있을 경우에는 울타리 등을 설치할 것
3. 도로는 배수를 위하여 경사지게 설치하거나 배수 시설을 설치할 것
4. 차량의 속도 제한 표지를 부착할 것

54 높이가 2m 이상인 장소에서 작업 시 근로자에게 추락에 의한 위험을 미칠 우려가 있을 때에는 어떠한 안전 조치를 하여야 하는지 쓰시오.

해답 1. 비계를 조립하는 등 방법에 의한 작업 발판 설치
2. 추락방호망 설치
3. 근로자에게 안전대 착용

55 높이 2m 이상인 작업 발판의 끝이나 개구부로부터 추락에 의한 위험이 있을 때에는 사업주는 어떠한 안전 조치를 하여야 하는지 쓰시오.

해답 1. 안전 난간 설치   2. 수직형 추락방망 설치   3. 덮개 설치

56 슬레이트 등의 재료로 덮은 지붕 위에서 작업 시 발이 빠지는 등 근로자에게 위험을 미칠 우려가 있는 때에 취해야 할 안전 조치를 쓰시오.

해답 1. 폭 30cm 이상의 발판 설치
2. 추락방지망 설치

57 이동식 사다리의 조립 시 준수 사항을 쓰시오.

해답 1. 견고한 구조로 할 것
2. 재료는 심한 손상, 부식 등이 없는 것으로 할 것
3. 폭은 30cm 이상으로 할 것
4. 다리 부분에는 미끄럼 방지 장치를 설치하는 등 미끄러지거나 넘어지는 것을 방지하기 위해 필요한 조치를 할 것

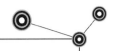

58 사다리의 기둥을 설치할 때의 준수 사항을 쓰시오.

해답 1. 견고한 구조로 할 것
2. 재료는 심한 손상, 부식 등이 없는 것으로 할 것
3. 기둥과 수평면과의 각도는 75° 이하로 하고, 접는식 사다리 기둥은 철물 등을 사용하여 기둥과 수평면과의 각도가 충분히 유지되도록 할 것
4. 바닥 면적은 작업을 안전하게 하기 위하여 필요한 면적이 유지되도록 할 것

59 법에 의하여 건축물·교량·비계 등의 조립, 해체, 변경 작업 시 추락에 의한 위험이 있을 때의 안전 조치 사항 2가지를 쓰시오.

해답 1. 관리 감독자를 지정하여 해당 작업을 지휘하도록 할 것
2. 작업 방법 및 절차를 해당 작업에 종사하는 근로자에게 미리 주지시킬 것

60 갱 내에서 낙반, 측벽의 붕괴에 의하여 근로자에게 위험을 미칠 우려가 있을 때에는 어떠한 안전 조치를 취해야 하는가?

해답 1. 지보공 설치
2. 부석 제거

61 높이가 3m 이상인 장소로부터 물체를 투하하는 때에는 위험 방지를 위하여 어떠한 조치를 하여야 하는가?

해답 투하 설비 설치 및 감시인 배치

62 작업으로 인하여 물체가 떨어지거나 날아올 위험이 있는 때에는 어떠한 위험 방지 조치를 하여야 하는가?

해답 1. 낙하물 방지망 설치
2. 방호 선반의 설치
3. 출입 금지 구역의 설정
4. 보호구의 착용
5. 수직 보호망 설치

63 법상 낙하물 방지망 설치 시 준수 사항 3가지를 쓰시오.

해답 1. 설치 높이는 10m 이내마다 설치하고 내민 길이는 벽면으로부터 2m 이상으로 할 것
2. 수평면과의 각도는 20~30°를 유지할 것

64 법상 철골 작업을 하는 때에 작업을 중지시켜야 되는 경우 3가지를 쓰시오.

(해답)→ 1. 풍속이 초당 10m 이상인 경우
2. 강우량이 시간당 1mm 이상인 경우
3. 강설량이 시간당 1cm 이상인 경우

65 해체 작업 시에는 해체 계획서를 작성한 후 작업을 실시하여야 한다. 해체 작업 계획서에 포함해야 할 사항 5가지를 쓰시오.

(해답)→ 1. 해체의 방법 및 해체 순서 도면
2. 가설 설비 · 방호 설비 · 환기 설비 및 살수 · 방화 설비 등의 방법
3. 사업장 내 연락 방법
4. 해체물의 처분 계획
5. 해체 작업용 기계 · 기구 등의 작업 계획서
6. 해체 작업용 화약류 등의 사용 계획서
7. 기타 안전 · 보건에 관련된 사항

66 중량물 취급 시 작업 계획서에 포함해야 할 사항 3가지를 쓰시오.

(해답)→ 1. 중량물의 종류 및 형상
2. 취급 방법 및 순서
3. 작업 장소의 넓이 및 지형

67 해체 공사에 있어서 해체물 처리 시에 고려해야 할 사항 3가지를 쓰시오.

(해답)→ 1. 해체물 낙하   2. 해체물 적치   3. 해체물 반출

68 해체 공사 시 사용되는 가설 계획서 작성 시 고려해야 할 사항 5가지를 쓰시오.

(해답)→ 1. 가설 건물   2. 가설물의 범위
2. 출입구   4. 안전 통로 및 출입 금지 구역 설정
5. 조명 설비   6. 연락 설비
7. 환기 설비   8. 살수 및 방화 설비

69 표준 관입 시험을 간략히 설명하시오.

(해답)→ 지중에 파이프 등을 관입하여 흙의 강도를 측정하는 시험으로 표준 관입 시험용 샘플러를 중량 63.5kg의 추로 75cm 높이에서 자유 낙하시켜 충격에 의해 30cm 관입시키는 데 필요한 N값을 구한다.

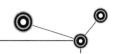

70 법에 의하여 헤드 가드를 설치해야 할 기계·기구를 쓰시오.

(해답) 1. 불도저　　　　　　　2. 트랙터　　　　　　　3. 로더
4. 파워 셔블　　　　　　5. 드래그 셔블

71 건설 현장에서 발생된 부상자의 응급 처치를 위한 구급 용구를 쓰시오.

(해답) 1. 붕대 재료, 탈지면, 핀셋 및 반창고　　2. 외상에 의한 소독약
3. 화상약　　　　　　　　　　　　　　4. 지혈대, 부목 및 들것

72 콘크리트가 거푸집의 측압에 영향을 주는 요소 5가지를 쓰시오.

(해답) 1. 콘크리트의 시공연도가 클수록(슬럼프 값) 측압은 크다.
2. 콘크리트의 부어 넣기 속도가 빠를수록 측압은 크다.
3. 온도가 낮을수록 측압은 크다.
4. 콘크리트 다지기가 충분할수록 측압은 크다.
5. 벽 두께가 클수록 측압은 커진다.
6. 철골 또는 철근량이 많을수록 측압은 적다.

73 연화 현상(frost boil)을 간략히 설명하고 연화 현상의 주원인을 쓰시오.

(해답) 1. 연화 현상 : 흙의 동상과 반대 현상으로서 얼음이 녹으면서 흙속의 수분이 과잉 상태로
존재할 때 발생하는 현상을 말한다.
2. 연화 현상의 주원인
① 지표수의 침투가 발생할 경우
② 지하수위가 상승할 경우
③ 융해수가 배수되지 않고 저류하는 경우

74 연약 지반의 개량 공법을 점성토 지반과 사질토 지반으로 구분하여 분류하시오.

(해답) 1. 점성토 지반 개량 공법
　　① 치환 공법　　　　　　　② 샌드 드레인 공법
　　③ 페이퍼 드레인 공법　　　④ 생석회 기둥 공법
　　⑤ 고결 공법　　　　　　　⑥ 전기 침투 공법
2. 사질토 지반의 개량 공법
　　① 다짐 말뚝 공법　　　　　② 진동 물다짐 공법
　　③ 전기 충격 공법　　　　　④ 폭파 다짐 공법
　　⑤ 약액 주입 공법　　　　　⑥ 다짐 모래 말뚝 공법

[참고] 일시적 지반 개량 공법
　　① 웰 포인트 공법　　② 진공 공법
　　③ 전기 침투 공법　　④ 동결 공법

75 다음 표는 지반 등의 인력 굴착 시 기울기 기준을 나타낸 것이다. ①, ②, ③에 적당한 것을 쓰시오.

구 분	지반의 종류	기울기
보통흙	습지	1 : 1~1 : 1.5
	건지	①
암반	풍화암	②
	연암	1 : 1.0
	③	1 : 0.5

(해답) ① 1 : 0.5 ~ 1 : 1   ② 1 : 1.0   ③ 경암

76 토석이 붕괴되는 원인을 외적 원인과 내적 원인으로 구분하여 쓰시오.

(해답) 1. 외적 요인
    ① 사면, 법면의 경사 및 구배의 증가
    ② 절토 및 성토 높이의 증가
    ③ 공사에 의한 진동 및 반복 하중의 증가
    ④ 지표수 및 지하수의 침투에 의한 토사 중량의 증가
    ⑤ 지진, 차량, 구조물의 중량
2. 내적 요인
    ① 절토 사면의 토질, 암질
    ② 성토 사면의 토질
    ③ 토석의 강도 저하

77 가설 공사용 비계가 갖추어야 할 조건 3가지를 쓰시오.

(해답) 1. 안전성
2. 작업성
3. 경제성

78 비계의 도괴 및 파괴 재해의 원인을 4가지 쓰시오.

(해답) 1. 비계, 발판 또는 지지재의 파괴
2. 비계, 발판의 탈락 또는 그 지지재의 변위, 변형
3. 풍압에 의한 도괴
4. 지주의 좌굴에 의한 도괴

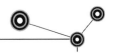

79 유해 위험 방지 계획서 제출 대상 건설 공사의 종류를 쓰시오.

(해답) 1. 다음의 어느 하나에 해당하는 건축물 또는 시설 등의 건설·개조 또는 해체 공사
   ① 지상높이가 31미터 이상인 건축물 또는 인공구조물
   ② 연면적 3만제곱미터 이상인 건축물
   ③ 연면적 5천제곱미터 이상인 시설로서 다음의 어느 하나에 해당하는 시설
      • 문화 및 집회시설(전시장 및 동물원·식물원은 제외한다)
      • 판매시설, 운수시설(고속철도의 역사 및 집배송시설은 제외한다)
      • 종교시설
      • 의료시설 중 종합병원
      • 숙박시설 중 관광숙박시설
      • 지하도상가
      • 냉동·냉장 창고시설
2. 연면적 5,000m^2 이상의 냉동·냉장 창고 시설의 설비 공사 및 단열 공사
3. 최대지간 길이가 50m 이상인 교량 건설 등 공사
4. 터널 건설 등의 공사
5. 다목적 댐, 발전용 댐 및 저수 용량 2천만톤 이상의 용수전용 댐·지방 상수도전용 댐 건설 등의 공사
6. 깊이 10m 이상인 굴착 공사

 MEMO

부록

도해 및 실전 문제

도해 및 실전 문제

01 탁상용 연삭기를 이용하여 연삭 작업을 하고 있다. 위험을 찾아서 안전 조치를 강구하시오.

해답 1. 위험 요인
  ① 보안경을 착용하지 않아 칩이 눈에 들어간다.
  ② 연삭기에 작업 받침대가 없어서 재료가 반발할 위험이 있다.
  ③ 작업자가 연삭기의 정면에 위치하므로 숫돌의 파괴 시 작업자가 파편에 맞는다.
  ④ 재료의 고정 방법 불량으로 재료가 반발할 위험이 있다.
  ⑤ 바닥이 정리정돈이 안 되어 넘어질 위험이 있다.
  ⑥ 칩비산 방지 투명판이 미설치되어 칩이 눈에 튄다.
2. 대책
  ① 연삭기 작업 시 보안경 착용
  ② 연삭기 작업 시 작업 받침대 설치
  ③ 연삭기 작업 시 작업자는 연삭기의 측면에 위치할 것
  ④ 연삭기 작업 시 칩비산 방지 투명판 설치

02 A, B 작업자가 바이스대 위에서 해머를 이용하여 앵글을 절단하고 있다. 위험의 포인트를 찾아 쓰시오.

해답 1. A 작업자의 해머 작업 시 작업 공간이 좁아 벽에 부딪힌다.
2. A 작업자는 작업점(앵글의 절단점)을 주시하지 않고 있어서 위험하다.
3. B 작업자가 손으로 재료를 잡고 있어 해머의 타격 시 B 작업자의 손이 다칠 위험이 있다.
4. 작업대 위에 공구(망치)가 방치되어 있으므로 타격 시 진동에 의하여 튀어 오르거나 떨어진다.
5. 작업장 주위가 정리정돈이 안 되어 작업자가 걸려 넘어질 위험이 있다.
6. 보안경 등 보호구 미착용으로 인하여 파편이 튈 경우 눈에 상해를 입을 우려가 있다.

03 컨트롤 밸브를 A, B 두 사람이 분해 작업을 하고 있다. 어떠한 위험이 잠재하고 있는지 위험 포인트 3가지를 쓰시오.

해답 ➤ 1. A, B 작업자가 보안경을 착용하지 않고 작업을 하므로 칩 등이 튀어 눈에 들어간다.

2. B 작업자가 해머 작업 중 장갑을 착용하고 있으므로 해머가 빠질 우려가 있다.

3. 정의 머리가 버섯 모양으로 되어 있어서 타격 시 손을 다칠 우려가 있다.

4. 밸브의 고정 방법 불량으로 B가 타격 시 A 작업자가 충격에 의해 다칠 위험이 있다.

5. 작업자의 자세 불량으로 밸브의 분해 시 발에 상해를 입는다.

04 다음 그림과 같이 아파트 공사 현장인 슬래브 위에서 A, B 두 근로자가 작업 중 A 근로자가 전선관을 운반하고 있다. 사고의 위험성과 안전 대책을 각각 3가지를 쓰시오.

해답 ➤ 1. 위험 요인

① A 작업자가 전선관을 묶어서 운반하지 않으므로 작업자가 전선관을 놓칠 위험이 높다.

② A 작업자가 안전모 턱끈을 고정하지 않고 작업을 하므로 머리를 다칠 위험이 있다.

③ 전선관의 운반 방법 불량으로 B 작업자가 전선관에 부딪힐 위험이 있다.

④ A 작업자의 복장 상태가 아주 불량하다.

2. 대책

① 전선관을 운반 시에는 반드시 2군데 이상 묶어서 운반할 것

② 안전모의 턱끈을 꼭 착용할 것

③ 전선관의 운반 자세 및 운반 시 작업 공간을 확보할 것

④ 작업자는 반드시 정확한 복장을 착용할 것

05 가설 비계 위에서 공구 상자를 로프로 묶어 올리고 있다. 안전 조치를 강구하시오.

해답 ↓ 1. 위험 요인

　① A 작업자가 안전대를 착용하지 않아 추락의 위험이 있다.

　② 가설 비계에 안전 난간이 설치되어 있지 않아 작업자가 추락할 위험이 있다.

　③ 공구 상자의 체결 상태 불량으로 공구의 낙하 위험이 있다.

　④ B 작업자가 위험 구역에 존재하므로 공구의 낙하 시 상해를 입을 우려가 있다.

　2. 대책

　① A 작업자는 추락 위험 방지를 위한 안전대를 착용할 것

　② 작업자의 추락 위험 방지를 위하여 가설 비계에 표준 안전 난간 또는 손잡이를 설치
　　할 것

　③ B 작업자를 위험 구역에 출입 금지시킬 것

　④ 공구를 올리거나 내릴 때에는 달줄 또는 달포대를 사용할 것

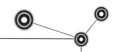

06 다음 그림과 같이 근로자 두 사람이 롤링 타워 위에서 복도 천장의 배관 작업을 하고 있다. 당신이 안전 관리자라고 할 때 사고 요인과 안전 대책을 각각 3가지를 쓰시오.

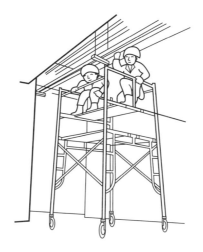

(해답) 1. 위험 요인

① 이동식 비계가 고정이 되어 있지 않아 불시 이동의 위험이 있다.

② 이동식 비계의 작업상 발판이 좁아 추락의 위험이 있다.

③ 이동식 비계의 승강 설비가 설치되지 않아 승·하강 시 추락의 위험이 있다.

2. 대책

① 이동식 비계의 불의의 이동을 방지하기 위한 제동 장치를 반드시 갖출 것

② 이동식 비계의 작업 시에는 반드시 작업상 발판을 전면에 걸쳐 빈틈없이 설치할 것

③ 이동식 비계의 작업 시에는 안전모를 착용하고 구명 로프를 소지할 것

④ 승강용 설비를 설치할 것

07 그림과 같이 유조선 선창에서 근로자 2명이 기름 찌꺼기 제거 작업 중 출입구(개구부)에서 거리 3m, 높이 5m의 위치에서 용접공이 용접기로 철판 용접 작업 중 용접 불꽃이 선창 내에 튀어 혼합 가스로 인화해 폭발이 일어나 근로자 2명이 사망하였다. 재해 대책을 4가지 쓰시오.

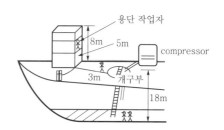

(해답) 1. 선창 내부의 혼합 가스 농도를 작업 전 측정할 것

2. 선창 내부의 혼합 가스를 제거 후 용접 작업 실시

3. 선창 내부의 기름 찌꺼기 제거 후 용접 작업 실시

4. 불꽃 비산 방지 격벽 설치 후 용접 작업 실시

08 기계 운전과 병행하여 작업자가 무게 40kg의 롤을 혼자 조립하려 한다. 잠재적인 위험 요인과 대책을 각각 3가지를 쓰시오.

(해답)▶ 1. 위험 요인
① 작업화를 착용하지 않아서 두 발이 말려들어갈 위험이 있다.
② 바닥에 기름이 흩어져 있어 미끄러질 위험이 있다.
③ 중량물을 단독 작업을 하므로 비상시 구출이 어렵다.
④ 기계의 가동중 조립 작업을 하므로 회전하는 기계에 접촉할 우려가 높다.
2. 대책
① 두 발 보호를 위하여 작업자는 작업화를 착용할 것
② 바닥의 기름 제거 후 조립 작업 실시
③ 기계를 정지시킨 후 조립 작업 실시(동시 작업 금지)
④ 중량물 취급 작업은 단독으로 하지 말 것(작업 지휘자 배치)

09 산업안전보건법상 산업 재해의 정의를 간략히 기술하시오.

(해답)▶ 근로자가 업무에 관계되는 건설물, 설비, 원재료, 가스, 증기, 분진 등에 의하거나 작업, 기타 업무에 기인하여 사망 또는 부상하거나 질병에 이환되는 것을 말한다.

10 사업주가 기계의 운전을 시작함에 있어서 근로자에게 위험을 미칠 우려가 있는 때에는 운전 전 사전에 확인해야 할 사항이 있다. 확인 사항 3가지를 쓰시오.

(해답)▶ 1. 근로자 배치 및 교육
2. 작업 방법
3. 방호 조치

11 건설 공사 산업안전보건관리비의 항목별 사용 내역 및 기준을 참고하여 사용 계획 세부 내역서를 작성하고 항목별 비율을 명시하시오.

(해답)→ 1. 안전 관리자 등의 인건비 및 각종 업무 수당 등
2. 안전 시설비 등
3. 개인 보호구 및 안전 장구 구입비 등
4. 사업장의 안전 진단비 등
5. 안전 보건 교육비 및 행사비 등
6. 근로자의 건강 관리비 등
7. 건설 재해 예방 기술 지도비 등
8. 본사 사용비

12 개정된 산업 재해 조사표상 기인물의 분류를 5가지 쓰시오.

(해답)→ 1. 일반 동력 기계　　　　　2. 건설용 기계
3. 목재 가공용 기계　　　　4. 동력 크레인
5. 동력 운반기　　　　　　6. 운반 차량
7. 압력 용기　　　　　　　8. 용접 장치
9. 화학 설비　　　　　　　10. 건조 설비
11. 전기 설비　　　　　　　12. 인력 기계 및 용구
13. 가설 건축 구조물　　　　14. 유해 위험물
15. 재료　　　　　　　　　16. 적재물
17. 산업 로봇　　　　　　　18. 환경
19. 노, 요 등

13 사업주가 동력에 의하여 작동되는 문을 설치할 경우 적합한 구조 기준을 3가지 쓰시오.

(해답)→ 1. 동력으로 작동되는 문에 근로자가 끼일 위험이 있는 2.5m 높이까지는 위급 또는 위험한 사태가 발생한 때에 문의 작동을 정지시킬 수 있도록 비상 정지 장치의 설치 등 필요한 조치를 할 것(위험 구역에 사람이 없어야만 문이 작동되도록 안전 장치가 설치되어 있거나 운전자가 특별히 지정되어 상시 조작하는 때에는 그러하지 아니하다.)
2. 동력으로 작동되는 문의 비상 정지 장치는 근로자가 잘 알아 볼 수 있고 쉽게 조작할 수 있을 것
3. 동력으로 작동되는 문의 동력이 끊어진 때에는 즉시 정지되도록 할 것(방화문인 경우에는 그러하지 아니하다.)
4. 수동으로 열고 닫음이 가능하도록 할 것
5. 동력으로 작동되는 문을 수동으로 조작하는 때에는 제어 장치에 의하여 즉시 정지시킬 수 있는 구조일 것

14 산업용 로봇의 작업 시작 전 점검 사항 3가지를 쓰시오.

(해답) 1. 외부 전선의 피복 또는 외장의 손상 유무
2. 매니퓰레이터 작동의 이상 유무
3. 제동 장치 및 비상 정지 장치의 기능

15 위험물을 저장, 취급하는 화학 설비 및 그 부속 설비를 설치하는 때에는 폭발 또는 화재에 의한 피해를 줄일 수 있도록 설비 및 시설 간에 충분한 안전 거리를 유지하여야 한다. 법에 의한 안전 거리를 구분하여 명시하시오.

(해답)

구 분	안전 거리
단위 공정 설비 및 설비로부터 다른 공정 시설 및 설비의 사이	설비 외면으로부터 10m 이상
플레어 스텍으로부터 단위 공정 시설 및 설비, 위험 물질 저장 탱크 또는 위험 물질 하역 설비의 사이	플레어스텍으로부터 반경 20m 이상. 다만, 단위 공정 시설 등을 불연재로 시공
위험 물질 저장 탱크로부터 단위 공정 시설 및 설비 보일러 또는 가열로의 사이	저장 탱크의 외면으로부터 20m 이상
사무실, 연구실, 실험실, 정비실 또는 식당으로부터 단위 공정 시설 및 설비, 위험 물질 저장 탱크, 위험 물질 하역 설비, 보일러 또는 가열로의 사이	사무실 등의 외면으로부터 20m 이상

16 법에 의하여 발파 작업 시 관리 감독자의 직무 사항 5가지를 쓰시오.

(해답) 1. 점화 전에 점화 작업에 종사하는 근로자가 아닌 사람의 대피를 지시하는 일
2. 점화 작업에 종사하는 근로자에게 대피 장소 및 경로를 지시하는 일
3. 점화 전에 위험 구역 내에서 근로자가 대피한 것을 확인하는 일
4. 점화 순서 및 방법에 대하여 지시하는 일
5. 점화 신호를 하는 일
6. 점화 작업에 종사하는 근로자에게 대피 신호를 하는 일
7. 발파 후 터지지 이니한 장약이나 남은 장약의 유무, 용수의 유무 및 암석 · 토사의 낙하 여부 등을 점검하는 일
8. 점화하는 사람을 정하는 일
9. 공기 압축기의 안전 밸브 작동 유무를 점검하는 일
10. 안전모 등 보호구의 착용 상황을 감시하는 일

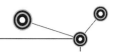

17 강렬한 소음을 내는 옥내 작업장에 대하여는 소음으로 인한 근로자의 건강 장해를 예방하기 위하여 흡음 시설, 밀폐, 소음원의 격리 또는 격벽을 설치해야 할 작업장의 종류 5가지를 쓰시오.

(해답) 1. 리베팅기, 절삭기 또는 주물의 자동 조형기 등 압축 공기로 작동되는 기계 또는 기구를 취급하는 작업장
2. 롤러, 압연, 프레스 등에 의한 금속의 압연, 신선, 절단, 절곡 또는 판곡을 하는 작업장
3. 동력으로 작동되는 해머를 사용하여 금속을 단조 또는 성형하는 작업장
4. 동력으로 목재를 절단 또는 가공하는 작업장
5. 운전 파쇄기를 사용하여 광물 또는 금속 물질을 파쇄하는 작업장
6. 그라인더 또는 금속끌을 사용하여 금속 부분을 갈아내는 작업장
7. 강렬한 충격음을 발생하는 기계가 밀집되어 가동되는 작업장
8. 내연 기관의 제조 또는 수리 공장에서 내연 기관을 시운전하는 작업장

18 컴퓨터 단말기의 조작 업무에 종사하는 근로자에 대한 조치 업무 4가지를 쓰시오.

(해답) 1. 실내는 명암의 차이가 심하지 아니하도록 하고 직사광선이 들어오지 아니하는 구조로 할 것
2. 저휘도형의 조명 기구를 사용하고 창, 벽면 등은 반사되지 아니하는 재질을 사용할 것
3. 컴퓨터 단말기 및 키보드를 설치하는 책상 및 의자는 작업에 종사하는 근로자에 따라 그 높낮이를 조절할 수 있는 구조로 할 것
4. 연속적인 컴퓨터 단말기 작업에 종사하는 근로자에 대하여는 작업 시간중에 적정한 휴식 시간을 부여할 것

19 방사선 업무에 근로자를 종사하게 하는 때에는 방사선 물질의 밀폐, 차폐물의 설치, 국소 배기 장치의 설치 등 사업주가 근로자의 건강 장해 예방을 위하여 조치하여야 할 사항 5가지를 쓰시오.

(해답) 1. 엑스선 장치의 제조, 사용 또는 엑스선이 발생되는 장치의 검사 업무
2. 선형 가속기, 사이크로트론 및 신크로트론 등 하전 입자를 가속하는 장치의 제조, 사용 또는 방사선이 발생되는 장치의 검사 업무
3. 엑스선관 및 케노트론의 가스 제거 또는 엑스선이 발생되는 장비의 검사 업무
4. 방사선 물질이 장치되어 있는 기기의 취급 업무
5. 원자로를 이용한 발전 업무
6. 갱내에서의 핵 원료 물질의 채굴 업무

참고 방사선 취급 작업실의 내벽, 책상 등 오염의 우려가 있는 경우 그 구조
① 기체 또는 액체가 침투하거나 부식되기 어려운 재질로 할 것
② 표면이 편평하게 다듬어져 있을 것
③ 돌기가 없고 패이거나 틈이 적은 구조로 할 것

20 법에 의하여 세안, 세면, 목욕, 탈의, 세탁 및 건조 시설 등 세척 시설을 하고 필요한 용품 및 용구를 비치해야 할 작업의 종류 5가지를 쓰시오.

(해답)
1. 인체에 해로운 가스, 증기, 미스트, 흄 또는 분진이 발산되는 장소에서 작업하는 근로자에게는 방독 마스크 또는 방진 마스크
2. 다량의 탄산가스가 발생되거나 산소 결핍의 우려가 있는 장소에서 작업하는 근로자에게는 공기 호흡기, 산소 호흡기 또는 호스 마스크
3. 병원체 등에 의하여 오염될 우려가 있는 장소에서 작업하는 근로자에게는 보호의, 보호 마스크, 보호 장갑 및 보호 신발
4. 유해 광원에 의한 시력 장해의 우려가 있는 장소에서 작업하는 근로자에게는 보안경
5. 다량의 고열 물체를 취급하거나 심히 더운 장소에서 작업하는 근로자에게는 방열 장갑 또는 방열복
6. 다량의 저온 물체를 취급하거나 심히 차가운 장소에서 작업하는 근로자에게는 방한모, 방한화, 방한 장갑 및 방한복
7. 강렬한 소음이 발생되는 장소에서 작업하는 근로자에게는 귀마개, 귀덮개 등 방음 보호구
8. 강렬한 진동이 발생되는 장소에서 작업하는 근로자에게는 방진용 장갑
9. 피부에 장해를 일으키거나 피부를 통하여 흡수되어 중독을 일으킬 우려가 있는 물질을 취급하는 작업에 종사하는 근로자에게는 피부 도포제, 불침투성 보호의, 보호 마스크, 보호 장갑 및 신발

21 법상 안전 인증의 전부 또는 일부를 면제할 수 있는 경우를 쓰시오.

(해답)
1. 연구·개발을 목적으로 제조·수입하거나 수출을 목적으로 제조하는 경우
2. 고압가스 안전관리법에 따른 검사를 받은 경우
3. 선박안전법에 따른 검사를 받은 경우

22 분진 작업 시 국소 배기 장치 및 공기 정화 장치를 설치한 후 처음으로 사용하는 때나 국소 배기 장치 및 공기 정화 장치를 분해하여 개조 또는 수리를 한 후 처음으로 사용하는 때에 점검해야 할 사항을 쓰시오.

(해답)
1. 국소 배기 장치
  ① 덕트 및 배풍기의 분진 상태
  ② 덕트의 접속부의 헐거움 유무
  ③ 흡기 및 배기 능력
  ④ 그 밖에 국소 배기 장치의 성능을 유지하기 위하여 필요한 사항
2. 공기 정화 장치
  ① 공기 정화 장치 내부의 분진 상태
  ② 여과 제진 장치에 있어서는 여과제의 파손 유무
  ③ 공기 정화 장치의 분진 처리 능력
  ④ 그 밖에 공기 정화 장치의 성능 유지를 위하여 필요한 사항

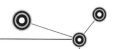

23 밀폐 공간(산소 결핍 위험) 작업에 있어서 관리 감독자의 직무 사항 4가지를 쓰시오.

(해답) 1. 산소가 결핍된 공기나 유해 가스에 노출되지 않도록 작업 시작 전에 작업 방법을 결정하고 이에 따라 해당 근로자의 작업을 지휘하는 일
2. 작업을 하는 장소의 공기가 적절한지를 작업 시작 전에 측정하는 업무
3. 측정 장비, 환기 장치 또는 송기 마스크 등을 작업 시작 전에 점검하는 업무
4. 근로자에게 송기 마스크 등의 착용을 지도하고 착용 상황을 점검하는 업무

24 고압 작업을 위한 설비나 기구, 송기 설비 등에 대하여는 점검을 하고 결과를 기록하여야 한다. 그 기록 보존 사항을 쓰시오.

(해답) 1. 점검 연월일   2. 점검 방법
3. 점검 구분   4. 점검 결과
5. 점검자 성명   6. 점검 결과에 따라 필요한 조치 사항

25 작업장의 안전 보건 관리 체제 7단계를 순서대로 쓰시오.

(해답) 1. 안전에 대한 기본적 태도   2. 안전 관리 원칙
3. 물적, 인적 관리 방법   4. 각급 감독자의 책임 분담
5. 작업자의 안전 훈련   6. 안전 활동 평가
7. feed back

26 연삭기의 숫돌에 표시해야 할 사항 3가지를 쓰시오.

(해답) 1. 제조자명   2. 결합체의 종류
3. 최고 사용 주속도

27 안전 점검표(check list)에 의한 안전 점검이 FTA나 ETA에 비해 어떠한 장점과 단점을 가지고 있는지 각각 2가지를 쓰시오.

(해답) 1. 장점
① 중요도 순으로 점검할 수 있다.
② 시간적 기술이 가능하다.
③ 정성적 평가에 유효하다.
2. 단점
① 원인과 결과 사고에 이르기까지의 재산상의 관계를 명확하게 기술하기 어렵다.
② 정량적 평가를 실시하기 어렵다.
③ 점검자의 주관에 의존하게 되므로 타당도가 결여되기 쉽다.

28 A 사업장에서는 지게차를 구입하고자 한다. 축전지식과 가솔린식의 지게차 중에서 어느 것을 선택하는 것이 보다 안전한지를 결정하고 그 이유를 3가지 쓰시오.

해답 1. 축전지식이 보다 안전하다.
   2. 이유
      ① 배기 가스가 발생되지 않는다.
      ② 소음이 적게 발생한다.
      ③ 유류 등에 의한 화재의 위험이 적다.

29 사업장의 안전 활동을 평가하고자 할 때 주로 사용되는 주요 평가 척도 4가지를 쓰시오.

해답 1. 도수 척도   2. 상대 척도
   3. 평정 척도   4. 절대 척도

30 물질 안전 보건 자료의 대상 물질 중에서 화학 물질 등의 정보가 영업 비밀로서 보호되어야 할 사항 중 영업 비밀로서 명시되어야 할 사항 3가지를 쓰시오.

해답 1. 화학 물질명
   2. CAS 번호 또는 그 물질의 식별 번호
   3. 구성 성분의 함유량

31 작업 환경 개선의 방법 3가지를 쓰시오.

해답 1. 작업 공정 변경
   2. 작업 방법 개선
   3. 원자재 대체 사용
   4. 작업자 보호 대책
   5. 설비의 안전화

32 법에 의하여 공정 안전 보고서 제출 대상 사업장 5가지를 쓰시오.

해답 1. 원유 정제 처리업
   2. 기타 석유 정제물 재처리업
   3. 복합 비료 제조업
   4. 농약 제조업
   5. 화약 및 불꽃 제품 제조업
   6. 질소화합물, 질소, 인산 및 칼리질 비료 제조업 중 질소질 비료 제조업
   7. 석유 화학계 기초 화학물 또는 합성수지 및 기타 플라스틱 물질 제조업

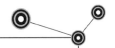

33 법에 의하여 인화성 가스의 정의와 그 종류 5가지를 쓰시오.

해답 1. 정의 : 폭발 한계 농도의 하한이 10% 이하 또는 상하한의 차가 20% 이상인 가스
2. 종류 : 수소, 아세틸렌, 메탄, 에탄, 프로판, 부탄

34 법에 의하여 화약류 또는 위험물을 저장하거나 취급하는 시설물에 대하여는 낙뢰에 의한 재해를 예방하기 위하여 피뢰침을 설치하여야 한다. 피뢰침의 설치 제외 대상을 쓰시오.

해답 금속판을 전기적으로 접속하여 통전시켜도 불꽃이 발생되지 아니하도록 되어 있는 밀폐 구조의 저장탑, 저장조 등의 시설물이 두께 3.2mm 이상의 금속판으로 되어 있고 해당 시설물의 대지 접지 저항이 5Ω 이하인 경우

35 정상 작업 영역과 최대 작업 영역을 설명하시오.

해답 1. 정상 작업 영역 : 상완을 자연스럽게 수직으로 늘어뜨린 상태에서 전완만으로 편하게 뻗어 파악할 수 있는 34~45cm 정도의 한계
2. 최대 작업 영역 : 전완과 상완을 곧게 펴서 파악할 수 있는 영역으로 약 55~65cm 정도의 한계

36 달기 체인의 사용 제한 조건 2가지를 쓰시오.

해답 1. 달기 체인의 길이의 증가가 그 달기 체인이 제조된 때의 길이의 5%를 초과한 것
2. 링의 단면 지름의 감소가 그 달기 체인이 제조된 때의 해당 링의 지름의 10%를 초과한 것
3. 균열이 있거나 심하게 변형된 것

37 산업용 로봇의 오동작 및 오조작 방지를 위한 조치 사항 3가지를 쓰시오.

해답 1. 다음 사항에 관한 지침을 정하고 그 지침에 따라 작업을 시킬 것
① 로봇의 조작 방법 및 순서
② 작업 중의 매니퓰레이터의 속도
③ 2인 이상의 근로자에게 작업을 시킬 때의 신호 방법
④ 이상을 발견한 때의 조치
⑤ 이상을 발견하고 로봇의 운전을 정지시킨 후 이를 재가동시킬 때의 조치
2. 작업에 종사하고 있는 근로자 또는 근로자를 감시하는 자가 이상을 발견한 때에는 즉시 로봇의 운전을 정지시키기 위한 조치를 할 것
3. 작업을 하고 있는 동안 로봇의 가동 스위치 등에 작업 중이라는 표시를 하는 등 작업에 종사하고 있는 근로자 외의 자가 해당 스위치 등을 조작할 수 없도록 필요한 조치를 할 것

38 시스템 안전 관리의 업무 내용 3가지를 쓰시오.

(해답) 1. 사명 및 필요 사항과 모순되지 않는 안전성의 시스템 설계에 의한 구체화
2. 개개의 시스템, 서브 시스템 및 장비에 수반되는 사고의 식별, 평가 및 제거 또는 제어에 의한 허용 레벨 이하로서 저감
3. 제거할 수 없는 사고로부터 인원, 장비 및 특성을 보호하는 제어의 실시
4. 신재료 및 신제조, 시험 기술의 채용 및 사용에 따른 위험의 최소화
5. 안전성을 높이기 위하여 필요한 시스템의 제조 과정에서 안전율의 적시의 착수에 의한 후퇴 조치의 최소화

39 정전 작업에 있어서의 정전 작업 절차를 5가지 쓰시오.

(해답) 1. 작업 전 전원 차단   2. 전원 투입의 방지   3. 작업 장소의 무전압 여부 확인
4. 단락 접지   5. 작업 장소의 보호

40 관리 대상 유해 물질을 취급하는 장소의 국소 배기 장치 또는 전체 환기 장치의 월 1회 이상 점검하여야 할 사항 5가지를 쓰시오. (단, 유기용제를 사용하는 국소 배기 장치)

(해답) 1. 후드 또는 덕트의 마모, 부식, 그 밖의 손상 유무와 정도
2. 송풍기 및 배풍기의 주유 및 청결 상태
3. 덕트 접속부의 헐거움 유무
4. 전동기와 배풍기를 연결하는 벨트의 작동 상태
5. 흡기 및 배기 능력의 상태

41 특수 화학 설비의 안전 장치 종류 3가지를 쓰시오.

(해답) 1. 자동 경보 장치   2. 긴급 차단 장치   3. 예비 동력원

42 인화성 물질, 가연성 가스, 가연성 분진에 의하여 화재 또는 폭발할 우려가 있는 때에는 화재 또는 폭발 방지를 예방하기 위해 설치해야 할 설비를 쓰시오.

(해답) 가스 검지 및 자동 경보 장치

참고 자동 경보 장치를 설치하고 그 성능이 발휘될 수 있도록 하여야 하고 통풍, 환기, 제진 등의 조치를 할 것

43 인간 – 기계의 시스템에서 통제에 따른 분류 3가지를 쓰시오.

(해답) 1. 개폐에 의한 통제   2. 양의 조절에 의한 통제   3. 반응에 의한 통제

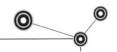

44 보호구 선택 시 유의 사항을 쓰시오.

해답 ➤ 1. 사용 목적에 알맞은 보호구를 선택할 것
2. 산업 규격에 합격하고 보호 성능이 보장되는 것을 선택할 것
3. 작업 행동에 방해되지 않는 것을 선택할 것
4. 착용이 용이하고 크기 등이 사용자에게 편리한 것을 선택할 것

45 기계 작업 시 존재하는 위험점 6가지를 쓰시오.

해답 ➤ 1. 끼임점   2. 절단점   3. 물림점   4. 협착점   5. 접선 물림점   6. 회전 말림점

46 잠함 등 내부에서 굴착 작업 시 준수해야 할 사항 3가지를 쓰시오.

해답 ➤ 1. 산소 결핍의 우려가 있는 때에는 산소의 농도를 측정하는 자를 지명하여 측정하도록 할 것
2. 근로자가 안전하게 오르내리기 위한 설비를 설치할 것
3. 굴착 깊이가 20m를 초과하는 때에는 해당 작업 장소와 외부와의 연락을 위한 통신 설비를 설치할 것

47 fail-safe의 기능 3가지를 쓰시오.

해답 ➤ 1. fail-passive 기능   2. fail-operational 기능   3. fail-active 기능

48 크레인의 설계 시 고려되어야 할 하중의 종류를 쓰시오.

해답 ➤ 1. 수직 동하중   2. 수직 정하중   3. 수평 동하중
4. 열하중   5. 풍하중   6. 충돌 하중

49 수증기의 증류 목적 3가지를 쓰시오.

해답 ➤ 1. 증기압이 낮은 물질을 비휘발성 물질로부터 분리
2. 고온에서 분해하는 물질을 증류하는 목적
3. 물과 섞이지 않는 물질을 증류하는 목적

50 K. Davis의 동기 부여 이론에 대해 쓰시오.

해답 ➤ 인간의 성과×물질적 성과=경영의 성과
• 지식×기능=능력
• 상황×태도=동기 유발
• 능력×동기 유발=인간의 성과

51 양중기를 사용하는 운전자 또는 작업자에게 보기 쉬운 곳에 표시해야 할 사항 3가지는?

(해답)▶ 정격 하중, 운전 속도, 경고 표시

52 공정 안전 보고서에 포함해야 할 사항 5가지를 쓰시오.

(해답)▶ 1. 공정 안전 자료
2. 공정 위험성 평가서
3. 안전 운전 계획
4. 비상 조치 계획
5. 그 밖에 공정 안전과 관련하여 노동부 장관이 필요하다고 인정하여 고시하는 사항

53 가연성 가스가 존재하는 작업장의 자동 경보 장치 설치 시 점검해야 할 사항 3가지를 쓰시오.

(해답)▶ 1. 계기의 이상 유무   2. 검지부의 이상 유무   3. 경보 장치의 작동 상태

54 프레스, 전단기, 선반 등 작업점에 대한 방호 방법 3가지를 쓰시오.

(해답)▶ 1. 작업점에는 작업자가 절대 가까이 가지 않도록 할 것
2. 기계 조작 시 위험 부위에 접근을 금지할 것
3. 작업자가 위험 지대를 벗어나지 않는 한 기계를 움직이지 못하게 할 것
4. 작업점에 손을 넣지 않도록 할 것

55 정전기로 인한 화재, 폭발 방지 대책을 쓰시오.

(해답)▶ 1. 접지   2. 도전성 재료 사용   3. 제전기 사용   4. 대전 물체의 차폐

56 ISSA에서 제시하는 정전 작업의 5대 원칙을 쓰시오.

(해답)▶ 1. 작업 전 전원 차단   2. 전원 투입 방지
3. 작업 장소의 무전압 여부 확인   4. 단락 접지
5. 작업 장소의 보호

57 강의식 교육의 장점 4가지를 쓰시오.

(해답)▶ 1. 시간, 장소 등의 제한이 없다.
2. 강사가 강의의 강도를 조절할 수 있으며 시간 등을 조절할 수 있다.
3. 보다 많은 수강자를 동시에 교육할 수 있다.
4. 여러 가지 수업 매체 및 방법을 활용할 수 있다.

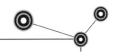

58 해체 공사 공법은 해체 대상물 조건에 따라 여러 가지 방법을 병용하게 되므로 작업 계획 수립 시 준수해야 할 사항을 쓰시오.

(해답) 1. 작업 구역 내에는 관계자 이외의 자에 대하여 출입을 통제하여야 한다.
2. 강풍, 폭우, 폭설 등 악천후 시에는 작업을 중지하여야 한다.
3. 사용 기계・기구 등을 인양하거나 내릴 때에는 그물망이나 그물포대 등을 사용토록 하여야 한다.
4. 외벽과 기둥 등을 전도시키는 작업을 할 경우에는 전도 낙하 위치 검토 및 파편 비산 거리 등을 예측하여 작업 반경을 설정하여야 한다.
5. 전도 작업을 수행할 때에는 작업자 이외의 다른 작업자는 대피시키도록 하고 완전 대피 상태를 확인한 다음 전도시키도록 하여야 한다.
6. 해체 건물 외곽에 방호용 비계를 설치하여야 하며 해체물의 전도, 낙하, 비산의 안전 거리를 유지하여야 한다.
7. 파쇄 공법의 특성에 따라 방진벽, 비산 차단벽, 분진 억제 살수 시설을 설치하여야 한다.
8. 작업자 상호간의 적정한 신호 규정을 준수하고 신호 방식 및 신호 기기 사용법은 사전 교육에 의해 숙지되어야 한다.
9. 적정한 위치에 대피소를 설치하여야 한다.

59 전기 방폭 구조의 종류 및 기호를 쓰고 위험 장소에 따른 선정을 구분하시오.

(해답) 1. 방폭 구조의 종류 및 기호
① 내압 방폭 구조 : d
② 압력 방폭 구조 : p
③ 유입 방폭 구조 : o
④ 안전증 방폭 구조 : e
⑤ 특수 방폭 구조 : s
⑥ 본질 안전 방폭 구조 : ia 또는 ib
2. 위험 장소에 따른 방폭 구조
① 0종 장소 : 본질 안전 방폭 구조
② 1종 장소 : 내압 방폭 구조, 압력 방폭 구조, 유입 방폭 구조
③ 2종 장소 : 안전증 방폭 구조

[참고] 분진 방폭 구조
특수 방진 방폭 구조(SDP), 보통 방진 방폭 구조(DP), 방진 특수 방폭 구조(XDP)

60 파브로브의 조건 반사설의 학습 이론 원리 4가지를 쓰시오.

(해답) 1. 강도의 원리   2. 일관성의 원리   3. 계속성의 원리   4. 시간의 원리

61 해체 공사에 따른 공해 방지 대책을 쓰시오.

(해답) 1. 소음 및 진동 2. 분진 3. 지반 침하 4. 폐기물

62 리던던시에 대해 쓰시오.

(해답) redundancy는 일부에 고장이 나더라도 전체가 고장나지 않도록 기능적으로 여력인 부분을 부가해서 신뢰도를 향상시키려는 중복 설계를 뜻하며 그 방식에는 병렬 리던던시, 대기 리던던시, 스페어에 의한 교환, fail-safe 방식, M out of N 방식 등이 있다.

63 화학 설비의 폭발 위험을 방지하는 안전 장치를 쓰시오.

(해답) 1. 안전 밸브 2. 파열판 3. 통기 밸브 4. 긴급 차단 장치

64 셔틀이 부착되어 있는 직기에는 어떤 종류의 방호 장치를 부착하여야 하는지 쓰시오.

(해답) 북이탈 방지 장치

65 5m 이상의 장소에서 달비계 작업 시 달기 와이어 로프의 사용 제한 조건을 쓰시오.

(해답) 1. 이음매가 있는 것
2. 와이어 로프의 한 꼬임에서 끊어진 소선수가 10% 이상인 것
3. 지름의 감소가 공칭 지름의 7%를 초과하는 것
4. 꼬인 것
5. 심하게 변형 또는 부식된 것

66 특수 화학 설비의 이상 상태의 발생에 따른 폭발, 화재, 위험물 누출 방지를 위한 설비를 쓰시오.

(해답) 1. 원재료 공급의 긴급 차단 2. 제품 등의 방출
3. 불활성 가스의 주입 또는 냉각 용수 공급

67 인간 과오의 심리적 분류를 쓰시오.

(해답) 1. omission error 2. time error 3. commision error
4. squential error 5. extraneous error

참고 1. 원인의 level적 분류
① primary error ② secondary error ③ command error
2. 인간 과오의 배후 요인
① Man ② Madia ③ Machine ④ Management

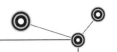

68 청각 장치를 이용한 자극이 시각 장치를 이용하는 방법보다 유리한 점을 쓰시오.

해답 1. 전언이 간단하고 짧을 때　　　　2. 전언이 즉각적인 사상을 다룰 때
　　　3. 전언이 즉각적인 행동을 다룰 때　　4. 수신자의 시각 계통이 과부하일 때
　　　5. 직무상 수신자가 자주 움직일 때

　　　참고 시각 장치가 유리한 때
　　　　　① 전언이 복잡하고 길 때
　　　　　② 전언이 공간적 위치를 다룰 때
　　　　　③ 수신 장소가 시끄러울 때
　　　　　④ 수신자의 청각 계통이 과부하일 때

69 기계 및 재료의 검사 방법 중 파괴 검사를 쓰시오.

해답 1. 인장 검사(항복점, 인장 강도, 비례 한도, 탄성 계수, 신장률, 탄성 한도)
　　　2. 굽힘 검사
　　　3. 견고도 검사
　　　4. 크리프 검사
　　　5. 내구 검사

70 비접지식 전로의 채용 방법 2가지를 쓰시오.

해답 1. 절연 변압기의 이중 사용
　　　2. 혼촉 방지판이 부착된 절연 변압기 사용

71 동작 경제의 원칙 중 동작 개선의 원칙 4가지를 쓰시오.

해답 1. 동작이 자동적으로 리드미컬한 순서로 한다.
　　　2. 양손은 동시에 반대 방향으로 좌우대칭적으로 운동하게 한다.
　　　3. 관성, 중력, 기계력 등을 이용한다.
　　　4. 작업점의 높이를 적당히 하여 피로를 줄인다.

　　　참고 동작 경제의 3원칙
　　　　　① 동작 활용의 원칙
　　　　　② 동작량 절약의 원칙
　　　　　③ 동작 개선의 원칙

72 교류 아크 용접기의 전방 장치 배선 사용 시 유의 사항을 쓰시오.

해답 1. 용접기의 전원에 접속하는 선과 출력측에 접속하는 선은 혼돈되지 않도록 할 것
　　　2. 접속 부분은 쉽게 이완되지 않도록 이완 방지 조치를 취하고 절연 테이프 등으로 감을 것
　　　3. 전방 장치에는 접지 공사를 할 것

73 위험 관리(risk management) 과정 중 risk의 처리 기술 4가지를 쓰시오.

(해답) 1. 위험의 회피   2. 위험의 제거   3. 위험의 보류   4. 위험의 전가

74 일반적인 폭발의 분류를 쓰시오.

(해답) 1. 가스, 증기의 폭발
2. 분진에 의한 폭발
3. 비등 액체 팽창 증기 폭발

75 산업용 로봇의 안전 작업 대책을 쓰시오.

(해답) 1. 안전한 작업 위치를 선정하면서 작업을 한다.
2. 될 수 있는 한 복수로 작업을 하고 1인이 감시인이 된다.
3. 작업 전 외부 전선의 피복 손상, 팔의 작동 상황, 제동 장치, 비상 장치 등의 기능을 점검한다.
4. 로봇의 검사, 수리, 조정 등의 작업은 로봇의 가동 범위 외측에 행한다.
5. 가동 범위 내에서 검사 등을 행할 때에는 운전을 정지한다.

76 기계의 위험 요소를 분류할 때 체크해야 할 사항을 쓰시오.

(해답) 1. 트랩(작업점)   2. 충격   3. 접촉
4. 얽힘(말림)   5. 튀어나옴

77 cable 전로의 방화 대책을 쓰시오.

(해답) 1. 선로 설계의 적정화   2. cable의 불연화, 난연화   3. 화재 검지
4. 소화   5. cable 관통부의 방화

78 안전 밸브를 작동 기구에 의해 분류하시오.

(해답) 1. 스프링식 안전 밸브   2. 레벨식 안전 밸브   3. 중추식 안전 밸브

79 시스템 안전의 5단계 중 기계 설비의 설치 시 그 과정을 5단계로 구분하시오.

(해답) 1. 제1단계 : 구상 단계
2. 제2단계 : 사양 결정 단계
3. 제3단계 : 설계 단계
4. 제4단계 : 제작 단계
5. 제5단계 : 조업 단계

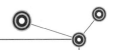

80 작업 자세 결정 시 신체 각 부위와 작업 대상물의 각 부분과의 상호 관계를 고려하여야 한다. 작업 자세의 결정 조건을 쓰시오.

(해답) ▶ 1. 작업자와 작업점의 거리 및 높이
2. 작업자의 힘과 작업자의 성별
3. 작업의 정밀도
4. 작업 장소의 넓이와 사용하는 장비
5. 작업 기간의 장단

81 MSDS(물질 안전 보건 자료)를 간략히 설명하시오.

(해답) ▶ 물질 안전 보건 자료(MSDS)란 화학 물질의 유해, 위험성, 응급 조치 요령, 취급 방법 등을 설명해 주는 자료를 뜻하며, 우리가 일상생활에서 사용하는 가전제품에도 그 취급 방법, 사용 시 주의 사항 등 설명서가 있는 것처럼 화학 제품의 안전한 사용을 위한 설명서가 바로 MSDS(Material Safety Data Sheet)라 할 수 있다.

82 MSDS 적용 대상 화학 물질을 분류하여 쓰시오.

(해답) ▶ MSDS 및 경고 표지 대상 물질은 다음과 같다.
1. 물리적 위험 물질 : 폭발성 물질, 산화성 물질, 극인화성 물질, 고인화성 물질, 인화성 물질, 금수성 물질
2. 건강 장해 물질 : 고독성 물질, 독성 물질, 유해 물질, 부식성 물질, 자극성 물질, 과민성 물질, 발암성 물질, 변이원성 물질, 생식독성 물질
3. 환경 유해 물질
4. 위 물질을 1% 이상(다만, 발암성 물질은 0.1% 이상) 함유한 제제

83 MSDS 작성 항목을 쓰시오.

(해답) ▶ 1. 화학 제품과 회사에 관한 정보   2. 구성 성분의 명칭 및 함유량
3. 위험, 유해성   4. 응급 조치 요령
5. 폭발, 화재 시 대처 방법   6. 누출 사고 시 대처 방법
7. 취급 및 저장 방법   8. 노출 방지 및 개인 보호구
9. 물리 화학적 특성   10. 안정성 및 반응성
11. 독성에 관한 정보   12. 환경에 미치는 영향
13. 폐기 시 주의 사항   14. 운송에 필요한 정보
15. 법적 규제 현황   16. 기타 참고 사항

84 공정 안전 보고서의 세부 내용을 쓰시오.

(해답) 1. 공정 안전 자료
① 취급·저장하고 있거나 취급·저장하고자 하는 유해·위험 물질의 종류 및 수량
② 유해·위험 물질에 대한 물질 안전 보건 자료
③ 유해·위험 설비의 목록 및 사양
④ 유해·위험 설비의 운전 방법을 알 수 있는 공정 도면
⑤ 각종 건물·설비의 배치도
⑥ 방폭 지역 구분도 및 전기 단선도
⑦ 위험 설비의 안전 설계·제작 및 설치 관련 지침서
2. 공정 위험성 평가서 및 잠재 위험에 대한 사고 예방·피해 최소화 대책 : 공정 위험성 평가서는 공정의 특성 등을 고려하여 다음 각 목의 위험성 평가 기법 중 한 가지 이상을 선정하여 위험성 평가를 실시한 후 그 결과에 따라 작성하여야 하며, 사고 예방·피해 최소 대책의 작성은 위험성 평가 결과 잠재 위험이 있다고 인정되는 경우에 한한다.
① 체크 리스트(check list)
② 상대 위험 순위 결정(dow and mond indices)
③ 작업자 실수 분석(HEA)
④ 사고 예방 질문 분석(what-if)
⑤ 위험과 운전 분석(HAZOP)
⑥ 이상 위험도 분석(FMECA)
⑦ 결함수 분석(FTA)
⑧ 사건수 분석(ETA)
⑨ 원인 결과 분석(CCA)
⑩ '①' 내지 '⑨'와 동등 이상의 기술적 평가법
3. 안전 운전 계획
① 안전 운전 지침서
② 설비 점검·검사 및 보수 계획, 유지 계획 및 지침서
③ 안전 작업 허가
④ 도급 업체 안전 관리 계획
⑤ 근로자 등 교육 계획
⑥ 가동 전 점검 지침
⑦ 변경 요소 관리 계획
⑧ 자체 검사 및 사고 조사 계획
⑨ 기타 안전 운전에 필요한 사항
4. 비상 조치 계획
① 비상 조치를 위한 장비·인력 보유 현황
② 사고 발생 시 각 부서·관련 기관과의 비상 연락 체계
③ 사고 발생 시 비상 조치를 위한 조직의 임무 및 수행 절차
④ 비상 조치 계획에 따른 교육 계획
⑤ 주민 홍보 계획
⑥ 기타 비상 조치 관련 사항

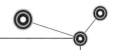

85 다음 FTA와 FMEA의 상대적 특성을 비교하시오.

해답

FTA	FMEA
연역적	귀납적
top-down	bottom up
정량적 분석	정성적 분석
논리적 기호를 사용한 해석	표를 사용한 해석
soft ware나 인간 과오까지 포함한 해석	hard ware의 고장 해석

86 동기의 형태를 간략히 구분하시오.

해답 1. 기본적 동기
　① 적극적인 공급의 동기　② 부정적 또는 회피적인 동기　③ 종족 보존의 동기
2. 일반적 동기
　① 적응 능력 동기　② 호기심, 조작, 활력의 동기　③ 애정의 동기
3. 부차적 동기
　① 권력 동기　② 성취 동기　③ 참여 동기

87 리더의 행동 연속선을 나타낸 것이다. ( ) 안에 적당한 말을 쓰시오.

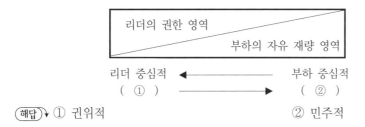

해답 ① 권위적　② 민주적

88 누적 외상성 질환(Cumulative Trauma Disorder)은 테니스 elbow보나 방아쇠 등 손가락 등으로 더 잘 알려져 있는데 이러한 직업병 원인이 되는 CTD의 대표적인 원인 2가지를 쓰시오.

해답 1. 큰 힘이 가해지는 반복적인 동작
2. 낮은 작업 온도

89 기계 설비의 재해 예방을 위한 안전 조건 5가지를 쓰시오.

해답 1. 외관의 안전화　2. 기능의 안전화　3. 구조의 안전화
4. 작업점의 안전화　5. 작업의 안전화　6. 보전 작업의 안전화

90 재해 조사 시 유의 사항 4가지를 쓰시오.

(해답) 1. 사실을 수집
2. 조사는 신속히 실시하고 2차 재해 방지
3. 사람, 설비 양면의 제재 요인 적출
4. 재해 조사는 2인 이상이 실시
5. 사실 이외 추측의 말은 참고로 활용

91 법에 의한 화학 설비의 안전 장치 3가지를 쓰시오.

(해답) 1. 안전 밸브   2. 파열판   3. 자동 경보 장치

92 승강기에 부착해야 할 방호 장치의 종류를 쓰시오.

(해답) 과부하 방지 장치, 파이널 리밋 스위치, 비상 정지 장치, 조속기, 출입문 인터 로크 장치

93 양립성(compatibility)이란 무엇을 뜻하는지 간략히 설명하시오.

(해답) 1. 정의 : 자극들간의, 반응들간의, 혹은 자극-반응 조합의 관계가 인간의 기대와 모순되지 않는 것
2. 종류
① 공간적(spatial) 양립성 : 어떤 사물들, 표시 장치나 조종 장치에서 물리적 형태나 공간적인 배치의 양립성
② 운동(movement) 양립성 : 표시 장치, 조종 장치, 체계 반응의 운동 방향의 양립성
③ 개념적 양립성 : 사람들이 가지고 있는 개념적 연상의 양립성

94 허즈버그의 위생 이론과 동기 요인 중 위생 이론이란 무엇을 뜻하는지 쓰시오.

(해답) 금전, 안전, 작업 조건, 대인 관계, 직위, 직책 등 저차적 욕구 단계(환경 요인)이다.

95 정전기 발생에 영향을 주는 주요 요인을 쓰시오.

(해답) 1. 물체의 특성   2. 물체의 표면 상태   3. 물질의 이력
4. 접촉 면적 및 압력   5. 분리 속도

96 알킬연 등의 업무를 행하는 작업장에서 구비해야 할 약품을 쓰시오.

(해답) 1. 제독제, 세정용 등유 및 비누 등
2. 세안액, 흡착제, 기타 구급약
3. 기타 제독제 또는 활성 백토 등 확산 방지제

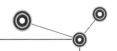

97 사업주가 화학 물질 또는 화학 물질을 함유한 제재를 양도하거나, 양도받고자 할 때 작성해야 될 물질 안전 보건 자료에 반드시 기재할 사항 3가지를 쓰시오. (단, 산업안전보건법 기준에 의한다.)

해답 1. 대상 화학 물질의 명칭
2. 안전, 보건상의 취급 주의 사항
3. 건강 유해성 및 물리적 특성
4. 그 밖에 고용노동부령으로 정하는 사항

98 안전 관리 부서의 역할을 다음 분야별로 2가지 쓰시오.
1) 산업 재해 방지면에서
2) 설비 재해 방지면에서

해답 1) ① 모든 위험 제거   ② 제거 기술 수준 향상   ③ 재해 예방률 향상
2) ① 설비, 기계, 공구 등의 보수 관리 제도의 확립
　 ② 기계 등의 유지 관리 기준의 작성
　 ③ 설비, 기계 등의 상시 점검 정비

99 법상 유압 프레스의 램 이상 유무를 검사할 때 그 검사 방법 2가지를 쓰시오.

해답 1. 육안 검사   2. 스패너 검사

100 건설 현장에서 4단 이상인 계단을 설치하고자 할 때 계단의 개방된 측면에 설치한 난간의 규격 4가지를 쓰시오.

해답 1. 상부 난간대, 중간 난간대, 발끝막이판 및 난간 기둥으로 구성할 것. 다만, 중간 난간대, 발끝막이판 및 난간 기둥은 이와 비슷한 구조와 성능을 가진 것으로 대체할 수 있다.
2. 상부 난간대는 바닥면·발판 또는 경사로의 표면으로부터 90cm 이상 지점에 설치하고, 상부 난간대를 120cm 이하에 설치하는 경우에는 중간 난간대는 상부 난간대와 바닥면 등의 중간에 설치하여야 하며, 120cm 이상 지점에 설치하는 경우에는 중간 난간대를 2단 이상으로 균등하게 설치하고 난간의 상하 간격은 60cm 이하가 되도록 할 것
3. 발끝막이판은 바닥면 등으로부터 10cm 이상의 높이를 유지할 것. 다만, 물체가 떨어지거나 날아올 위험이 없거나 그 위험을 방지할 수 있는 망을 설치하는 등 필요한 예방 조치를 한 장소는 제외한다.
4. 난간 기둥은 상부 난간대와 중간 난간대를 견고하게 떠받칠 수 있도록 적정한 간격을 유지할 것
5. 상부 난간대와 중간 난간대는 난간 길이 전체에 걸쳐 바닥면 등과 평행을 유지할 것
6. 난간대는 지름 2.7cm 이상의 금속제 파이프나 그 이상의 강도가 있는 재료일 것
7. 안전 난간은 구조적으로 가장 취약한 지점에서 가장 취약한 방향으로 작용하는 100kg 이상의 하중에 견딜 수 있는 튼튼한 구조일 것

101 법상 안전 표지 중 금지 표지의 종류 4가지를 쓰시오.

해답 1. 출입 금지 2. 보행 금지 3. 차량 통행 금지 4. 사용 금지
5. 탑승 금지 6. 금연 7. 화기 금지 8. 물체 이동 금지

102 인간-기계 체계의 구성 요소 및 정보의 흐름을 순서대로 나열하시오.

해답 1. 표시기 → 2. 감지 → 3. 정보 처리(대치 중추) → 4. 제어 → 5. 조종 장치 → 6. 운전(작동)

103 사업장에서 실시하는 5C 운동에 대해 쓰시오.

해답 1. 복장 단정(Correctness) 2. 정리 정돈(Clearance) 3. 청소 청결(Cleaning)
4. 점검 확인(Checking) 5. 전심 전력(Concentrating)

104 화학 설비 장치 중 증류탑의 개방 시 점검해야 할 항목 5가지를 쓰시오.

해답 1. tray의 부식 상태는 어떠한가? 정도와 범위는 어떠한가?
2. 고분자 등 생성물, 녹 등으로 포종이 막히지는 않는가?
3. 넘쳐흐르는 둑의 높이는 설계되어 있는가?
4. 용접선의 상황은 어떠한가? 포종은 선반에 고정되어 있는가?
5. 누출의 원인이 되는 갈라지거나 상처는 없는가?
6. 라이닝 코팅의 상황은 어떤가?

105 작업장의 재해 예방, 피해의 최소화를 위한 안전 설계 원칙 3가지를 쓰시오.

해답 1. 위험의 최소화 2. 안전 장치 선택 3. 경보 장치 선택 4. 특수한 방법 개발

106 습윤한 장소에서 사용하는 배선 중 이동 전선을 사용하는 경우 감전 방지 대책에 대해 쓰시오.

해답 1. 해당 전선의 절연 성능 이상으로 절연될 수 있는 것으로 충분히 피복하거나 적합한 부속 기구를 사용하여야 한다.
2. 접속 기구는 해당 전도성이 높은 액체에 대하여 충분한 절연 효과가 있는 것을 사용하여야 한다.

107 안전 점검 시 체크 리스트의 내용에 포함해야 할 사항 5가지를 쓰시오.

해답 1. 점검 항목 2. 점검 부분 3. 판정 4. 점검 시기 5. 조치

108 다음 물음에 답하시오.

단조로운 업무가 장시간 지속될 때 감각 기능 및 판단 능력이

1) 둔화 또는 마비되는 현상

2) 상황 해석을 잘못하거나 틀린 목표를 착각하여 행하는 행동

3) 사람이 주의를 번갈아 가며 두 가지 이상을 돌보아야 하는 상황

(해답) 1) 감각 차단 현상

2) 착오

3) 시배분

109 바닥으로부터 2m 이상 높이에 설치된 벨트가 매초 10m 이상을 회전하고 있을 때에는 어떠한 방호 장치를 설치해야 하는지 쓰시오.

(해답) 울 설치

110 사업장에서 사용하는 보호구의 점검 및 관리 사항을 쓰시오.

(해답) 1. 정기적인 점검 및 관리를 할 것

2. 청결하고 습기가 없는 곳에 보관할 것

3. 항상 깨끗이 보관하고 사용 후 세척하여 둘 것

4. 세척한 후에는 완전히 건조시켜 보관할 것

5. 개인 보호구는 관리자 등에 일괄 보관하지 말 것

MEMO

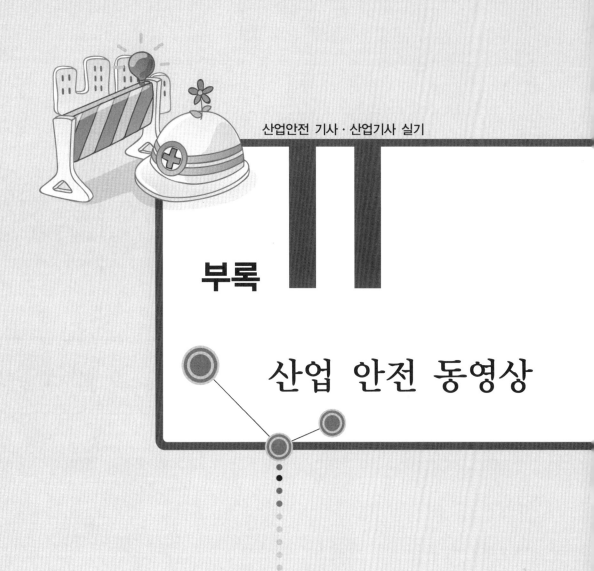

부록

산업 안전 동영상

본서에 수록된 사진은 수험자에게 작업형 시험에서 조금이나마 도움을 드리고자 자체적으로 제작한 것이니 실제 시험장에서의 문제 또는 사진 및 동영상과는 다소 차이가 날 수 있습니다.

실제 문제에서는 동영상 및 사진으로 문제가 제시되므로 본서에 수록된 문제와 내용을 잘 숙지하셔서 유사한 내용 및 관계되는 내용들에 혼란이 없기를 바랍니다.

지속적인 수정 · 가필로 보다 많은 내용의 현장 사진을 추가하도록 노력하겠습니다.

산업 안전 동영상

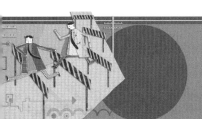

동/ 영/ 상/ 문/ 제 ❶

01 위 영상은 틀비계(시스템 서포드) 조립 장면이다. 법상 강관틀 비계 조립 시 준수 사항을 쓰시오.

(해답) 1. 비계 기둥의 밑둥에는 밑받침 철물을 사용하여야 하며 밑받침에는 고저차가 있는 경우에는 조절형 밑받침 철물을 사용하여 각각의 강관틀 비계가 항상 수평 및 수직을 유지하도록 할 것

2. 높이가 20m를 초과하거나 중량물의 적재를 수반하는 작업을 할 경우에는 주틀간의 간격을 1.8m 이하로 할 것

3. 주틀 간에 교차 가새를 설치하고 최상층 및 5층 이내마다 수평재를 설치할 것

4. 수직 방향으로 6m, 수평 방향으로 8m 이내마다 벽이음을 할 것

5. 길이가 띠장 방향으로 4m 이하이고 높이가 10m를 초과하는 경우에는 10m 이내마다 띠장 방향으로 버팀 기둥을 설치할 것

동/영/상/문/제 ❷

01 위 영상 화면은 연삭기를 이용한 작업이다. 연삭기의 방호 장치 설치 대상을 쓰시오.

(해답) 연삭기의 숫돌 직경이 5cm 이상인 것

02 연삭기의 방호 장치명을 쓰시오.

(해답) 덮개

03 연삭기의 방호 장치 설치 방법을 쓰시오.

(해답) 연삭 숫돌에 덮개를 하지 아니하는 노출 각도는 다음과 같다.
 1. 탁상용 연삭기의 노출 각도는 90° 이내로 하되, 숫돌의 주축에서 수평면 이하의 부분에서 연삭하여야 할 경우에는 노출 각도를 125°까지 증가시킬 수 있다.
 2. 연삭 숫돌의 상부를 사용하는 것을 목적으로 하는 연삭기의 노출 각도는 60° 이내로 한다.
 3. 휴대용 연삭기의 노출 각도는 180° 이내로 한다.
 4. 원통형 연삭기의 노출 각도는 180° 이내로 하되, 숫돌의 주축에서 수평면 위로 이루는 원주 각도는 65° 이상이 되지 않도록 하여야 한다.
 5. 절단 및 평면 연삭기의 노출 각도는 150° 이내로 하되, 숫돌의 주축에서 수평면 밑으로 이루는 덮개의 각도는 15° 이상이 되도록 하여야 한다.

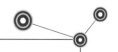

동/ 영/ 상/ 문/ 제 ❸

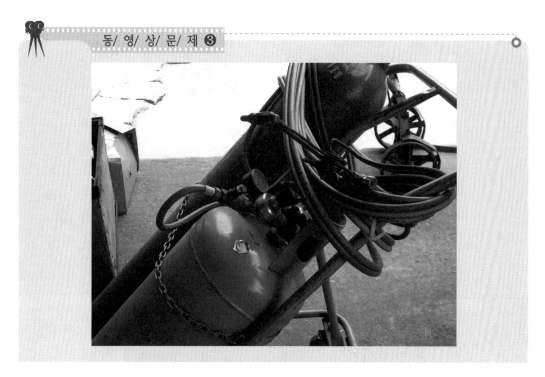

01 위 영상 화면은 산소 아세틸렌 용접 장치이다. 다음 물음에 답하시오.

1) 방호 장치명
2) 방호 장치 설치 요령

(해답) ▶ 1) 안전기
2) 안전기 설치 요령
   ① 아세틸렌 용접 장치에는 취관마다 1개 이상 설치할 것
   ② 가스 집합 용접 장치는 취관에 1개 이상, 주관에 1개 이상 도합 2개 이상 설치할 것

02 아세틸렌 용접 장치 및 가스 집합 용접 장치의 방호 장치 성능 기준을 쓰시오.

(해답) ▶ 1. 주요 부분은 두께 2mm 이상의 강판 또는 강관을 사용할 것
2. 도입부는 수봉 배기관을 갖춘 수봉식으로 하며 유효 수주는 25mm 이상 되도록 할 것
3. 물의 보충 및 교환이 용이하며 수위는 쉽게 점검할 수 있는 구조로 할 것

동/ 영/ 상/ 문/ 제 ❹

01 위 영상 화면은 아세틸렌 용접 장치이다. 아세틸렌 가스의 생성 반응식을 쓰시오.

(해답) $CaC_2 + 2H_2O \rightarrow C_2H_2 + Ca(OH)_2$

02 아세틸렌가스의 성질을 쓰시오.

(해답) 1. 공기보다 가볍다.

2. 고압에서 산소없이 폭발한다.

3. 폭발 범위는 2.5~81.0vol이다.

4. 구리 및 그 합금과 접촉 시 폭발한다.

03 아세틸렌의 위험도를 구하시오.

(해답) 위험도$(H) = \dfrac{\text{폭발 상한계} - \text{폭발 하한계}}{\text{폭발 하한계}} = \dfrac{81 - 2.5}{2.5} = 31.4$

04 법상 위험물의 종류 중 인화성 가스의 종류를 쓰시오.

(해답) 폭발 한계 농도의 하한이 10% 이하 또는 상하한의 차가 20% 이상인 가스로 수소, 아세틸렌, 에틸렌, 메탄, 에탄, 프로판, 부탄, 그 밖에 15℃ 1기압 이하에서 기체 상태인 가연성 가스이다.

> **참고** 인화성 액체
> ① 에틸에테르, 가솔린, 아세트알데히드, 산화프로필렌, 그 밖에 인화점이 23℃ 미만이고 초기 끓는점이 35℃ 이하인 물질
> ② 노르말헥산, 아세톤, 메틸에틸케톤, 메틸알코올, 에틸알코올, 이황화탄소, 그 밖에 인화점이 23℃ 미만이고 초기 끓는점이 35℃를 초과하는 물질
> ③ 크실렌, 아세트산아밀, 등유, 경유, 테레빈유, 이소아밀알코올, 아세트산, 하이드라진, 그 밖에 인화점이 23℃ 이상 60℃ 이하인 물질

동/영/상/문/제 **❺**

01 아세틸렌 발생기실을 설치할 수 있는 장소를 쓰시오.

(해답)▼ 1. 아세틸렌 용접 장치의 아세틸렌 발생기실을 설치할 때에는 전용의 발생기실 내에 설치 하여야 한다.
2. 발생기실은 건물의 최상층에 위치하여야 하며, 화기를 사용하는 설비로부터 3m를 초과 하는 장소에 설치하여야 한다.
3. 발생기실을 옥외에 설치할 때에는 그 개구부를 다른 건축물로부터 1.5m 이상 떨어지도 록 한다.

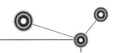

02 아세틸렌 발생기실의 구조를 쓰시오.

해답 ▸
1. 벽은 불연성의 재료로 하고 철근 콘크리트 또는 그 밖에 이와 같은 수준이거나 그 이상의 강도를 가진 구조로 할 것
2. 지붕 및 천장에는 얇은 철판이나 가벼운 불연성 재료를 사용할 것
3. 바닥 면적의 1/16 이상의 단면적을 가진 배기통을 옥상으로 돌출시키고 그 개구부를 창 또는 출입구로부터 1.5m 이상 떨어지도록 할 것
4. 출입구의 문은 불연성 재료로 하고 두께 1.5mm 이상의 철판이나 그 밖에 그 이상의 강도를 가진 구조로 할 것
5. 벽과 발생기 사이에는 발생기의 조정 또는 카바이드 공급 등의 작업을 방해하지 아니하도록 간격을 확보할 것

참고 ▸ 아세틸렌 용접 장치의 관리
① 발생기의 종류, 형식, 제작 업체명, 매시 평균 가스 발생량 및 1회의 카바이드 공급량을 발생기실 내의 보기 쉬운 장소에 게시할 것
② 발생기실에는 관계 근로자 외의 자가 출입하는 것을 금지시킬 것
③ 발생기에서 5m 이내 또는 발생기실에서 3m 이내의 장소에서는 흡연, 화기의 사용 또는 불꽃이 발생할 위험한 행위를 금지시킬 것
④ 도관에는 산소용과 아세틸렌용과의 혼돈을 방지하기 위한 조치를 할 것
⑤ 아세틸렌 용접 장치의 설치 장소에는 적당한 소화 설비를 갖출 것
⑥ 이동식의 아세틸렌 용접 장치의 발생기는 고온의 장소, 통풍이나 환기가 불충분한 장소 또는 진동이 많은 장소 등에 설치하지 아니하도록 할 것

동/영/상/문/제 ❻

01 다음에 해당하는 가스 용기의 색을 명시하시오.

　　1) 산소　　2) 액화 탄산가스　　3) 액화 석유가스　　4) 아세틸렌

(해답)▶ 1) 녹색　　2) 청색　　　　3) 회색　　　　4) 황색

02 법상 가스 등의 용기 취급 시 주의 사항을 쓰시오.

(해답)▶ 1. 다음에 해당하는 장소에서 사용하거나 설치, 저장 또는 방치하지 않도록 할 것
　　　① 통풍 또는 환기가 불충분한 장소
　　　② 화기를 사용하는 장소 및 그 부근
　　　③ 위험물이나 화약류 또는 가연성 물질을 취급하는 장소 및 그 부근
　　2. 용기의 온도를 40℃ 이하로 유지할 것
　　3. 전도의 위험이 없도록 할 것
　　4. 충격을 가하지 아니하도록 할 것
　　5. 운반할 때에는 캡을 씌울 것
　　6. 사용할 때에는 용기의 마개에 부착되어 있는 유류 및 먼지를 제거할 것
　　7. 밸브의 개폐는 서서히 할 것
　　8. 사용 전 또는 사용중인 용기와 그 외의 용기를 명확히 구별하여 보관할 것
　　9. 용해 아세틸렌의 용기는 세워 둘 것
　　10. 용기의 부식·마모 또는 변형 상태를 점검한 후 사용할 것

　　참고 ▶ 용기의 색깔
　　　1. 산소 : 녹색　　2. 수소 : 주황색　　3. 염화염소 : 갈색　　4. 액화 탄산가스 : 청색
　　　5. 액화 석유가스 : 회색　　6. 아세틸렌 : 황색　　7. 액화 암모니아 : 백색

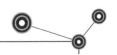

01 위 영상 화면은 공기 압축기를 이용하는 작업이다. 공기 압축기 시작 전 점검 사항을 쓰시오.

(해답) 1. 공기 저장 압력 용기의 외관 상태　　2. 드레인 밸브의 조작 및 배수
　　　 3. 압력 방출 장치의 기능　　　　　　 4. 언로드 밸브의 기능
　　　 5. 윤활유의 상태　　　　　　　　　　 6. 회전부의 덮개 또는 울
　　　 7. 그 밖의 연결 부위의 이상 유무

02 법상 자율 안전 확인 대상 기계, 기구, 설비의 종류를 쓰시오.

(해답) 1. 연삭기 또는 연마기(휴대형은 제외)　 2. 산업용 로봇　　 3. 혼합기
　　　 4. 파쇄기 또는 분쇄기　　　　　　　 5. 컨베이어　　　 6. 인쇄기

　참고　자율 안전 확인 대상 방호 장치
　　　 ① 아세틸렌 용접 장치용 또는 가스 집합 용접 장치용 안전기
　　　 ② 교류 아크 용접기용 자동 전격 방지기
　　　 ③ 롤러기 급정지 장치
　　　 ④ 연삭기 덮개
　　　 ⑤ 목재 가공용 둥근톱 반발 예방 장치 및 날 접촉 예방 장치
　　　 ⑥ 동력식 수동 대패용 칼날 접촉 방지 장치
　　　 ⑦ 추락, 낙하 및 붕괴 등의 위험 방호에 필요한 가설 기자재로서 고용노동부 장관이
　　　　 정하여 고시하는 것

동/영/상/문/제 ❽

01 위 영상 화면은 산업용 로봇을 이용하는 작업 광경이다. 방호 장치명을 쓰시오.

(해답) 안전 매트, 방호 울

02 시작 전 점검 사항을 쓰시오.

(해답) 1. 외부 전선의 피복 또는 외장의 손상 유무
2. 매니퓰레이터 작동의 이상 유무
3. 제동 장치 및 비상 정지 장치의 기능

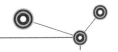

참고 1. 교시 : 산업용 로봇의 작동 범위 내에서 해당 로봇에 대하여 교시 등(매니퓰레이터의 작동 순서, 위치·속도의 설정·변경 또는 그 결과를 확인하는 것을 말한다.)의 작업을 하는 때에는 해당 로봇의 불의의 작동 또는 오조작에 의한 위험을 방지하기 위하여 다음의 조치를 하여야 한다. 다만, 로봇의 구동원을 차단하고 작업을 실시하는 때에는 제2호 및 제3호의 조치를 하지 아니할 수 있다.

   (1) 다음의 사항에 관한 지침을 정하고 그 지침에 따라 작업을 시킬 것

      ① 로봇의 조작 방법 및 순서

      ② 작업 중의 매니퓰레이터의 속도

      ③ 2인 이상의 근로자에게 작업을 시킬 때의 신호 방법

      ④ 이상을 발견한 때의 조치

      ⑤ 이상을 발견하여 로봇의 운전을 정지시킨 후 이를 재가동시킬 때의 조치

      ⑥ 기타 로봇의 불의의 작동 또는 오조작에 의한 위험을 방지하기 위하여 필요한 조치

   (2) 작업에 종사하고 있는 근로자 또는 해당 근로자를 감시하는 자가 이상을 발견한 때에 즉시 로봇의 운전을 정지시키기 위한 조치를 할 것

   (3) 작업을 하고 있는 동안 로봇의 기동 스위치 등에 작업 중이라는 표시를 하는 등 작업에 종사하고 있는 근로자 외의 자가 해당 스위치 등을 조작할 수 없도록 필요한 조치를 할 것

2. 운전 중 위험 방지 : 로봇을 운전하는 경우(교시 등을 위하여 로봇을 운전하는 경우를 제외한다.)로서 해당 로봇에 접촉함으로써 근로자에게 위험이 발생할 우려가 있는 때에는 안전 매트 및 높이 1.8m 이상의 울타리(로봇의 가동 범위 등을 고려하여 높이로 인한 위험성이 없는 경우에는 높이를 그 이하로 조절할 수 있다)을 설치해야 하며, 컨베이어 시스템의 설치 등으로 울타리를 설치할 수 없는 일부 구간에 대해서는 안전매트 또는 광전자식 방호장치 등 감응형(感應形) 방호장치를 설치해야 한다. 다만, 고용노동부장관이 해당 로봇의 안전기준이 한국산업표준에서 정하고 있는 안전기준 또는 국제적으로 통용되는 안전기준에 부합한다고 인정하는 경우에는 본문에 따른 조치를 하지 않을 수 있다.

동/ 영/ 상/ 문/ 제 ❾

01 위 영상 화면은 선반을 이용하는 작업 장면이다. 선반의 방호 장치명을 쓰시오.

(해답) 칩 브레이크

02 선반의 안전 작업 방법을 쓰시오.

(해답) 1. 작업 시 보안경 등 보호구를 착용할 것
2. 베드 위에는 공구를 올려 놓지 말 것
3. 양센터 작업 시에는 심압대에 윤활유를 자주 주입할 것
4. 공작물의 직경이 12배 이상일 때에는 방진구를 사용할 것
5. 바이트는 끝을 짧게 설치할 것
6. 시동 전에는 척핸들을 빼둘 것
7. 칩 제거는 운전 중지 후 솔을 이용할 것

참고 선반 작업 시 돌출 가공물에 의한 위험 방지를 위하여 덮개 또는 울을 설치하여야 한다.

01 위 영상 화면은 분쇄기, 혼합기를 이용하는 작업이다. 빈 칸에 알맞은 것을 쓰시오.

1) 분쇄기, 파쇄기, 혼합기 등 가동, 원료의 비산 등에 의한 위험이 있을 때에는 해당 부위에 (   )를 설치하여야 한다.

2) 분쇄기 등 개구부에 근로자가 떨어질 위험이 있는 경우 해당 부위에 (   ) 등을 설치하여야 한다.

3) 고속 회전체의 회전축이 1ton을 초과하고 원주 속도가 매 초당 (   ) 이상인 때에는 (   )를 실시하여 결함 유무를 확인하여야 한다.

해답 ▶ 1) 덮개
    2) 덮개 또는 울
    3) 120m, 비파괴 시험

동/ 영/ 상/ 문/ 제 ⑪

01 위 화면 영상은 지게차를 이용한 하역 운반 작업이다. 작업 시작 전 점검 사항을 쓰시오.

(해답) 1. 제동 장치 및 조종 장치 기능의 이상 유무
2. 하역 장치 및 유압 장치 기능의 이상 유무
3. 바퀴의 이상 유무
4. 전조등, 후미등, 방향 지시기 및 경보 장치 기능의 이상 유무

02 지게차를 이용한 작업 시 안전 대책을 쓰시오.

(해답) 1. 차량의 안정도 유지
2. 운전중 급브레이크를 피함
3. 통로의 경사도 고려
4. 마스트 뒷면에 낙하 방지 가드 설치
5. 운전자 머리 위에 head guard 설치
6. 지게차를 이용한 작업 시 작업자는 안전띠 착용

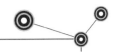

03 지게차 헤드 가드 설치 시 준수 사항을 쓰시오.

(해답)▸ 1. 강도는 지게차의 최대 하중의 2배의 값(그 값이 4톤을 넘는 것에 대하여서는 4톤으로 한다.)의 등분포 정하중에 견딜 수 있는 것일 것

2. 상부틀의 각 개구의 폭 또는 길이가 16cm 미만일 것

3. 운전자가 앉아서 조작하는 지게차의 헤드 가드는 한국 산업 표준에서 정하는 높이 이상일 것

4. 지게차에 의한 하역 운반 작업에 사용하는 팔레트(pallet) 또는 스키드(skid)는 다음에 해당하는 것을 사용하여야 한다.

   ① 적재하는 화물의 중량에 따른 충분한 강도를 가질 것

   ② 심한 손상·변형 또는 부식이 없을 것

참고 ▸ 지게차의 안정도

   ① 하역 작업 시 전후 안정도 : 4%

   ② 주행 시 전후 안정도 : 18%

   ③ 하역 작업 시 좌우 안정도 : 6%

   ④ 주행 시 좌우 안정도 : (15+1.1 V)%

동/ 영/ 상/ 문/ 제 ⑫

01 위 영상 화면은 차량계 하역 운반 기계를 이용하는 작업이다. 차량계 하역 운반 기계를 이용하여 화물 적재 시 조치 사항을 쓰시오.

(해답) 1. 사업주는 차량계 하역 운반 기계에 화물을 적재하는 때에는 다음 사항을 준수하여야 한다.
　　① 편하중이 생기지 아니하도록 적재할 것
　　② 구내 운반차 또는 화물 자동차에 있어서 화물의 붕괴 또는 낙하로 인한 근로자의 위험을 방지하기 위하여 화물에 로프를 거는 등 필요한 조치를 할 것
　　③ 운전자의 시야를 가리지 않도록 화물을 적재할 것
　　2. 화물을 적재할 때에는 최대 적재량을 초과하여서는 아니된다.

02 차량계 건설 기계의 운전 위치 이탈 시 준수 사항을 쓰시오.

(해답) 1. 포크, 버킷 디퍼 등의 장치를 가장 낮은 위치 또는 지면에 둘 것
　　2. 원동기를 정지시키고 브레이크를 확실히 거는 등 갑작스러운 주행이나 이탈을 방지하기 위한 조치를 할 것
　　3. 운전석을 이탈하는 경우 시동키를 운전대에서 분리시킬 것

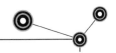

03 차량계 건설 기계를 이용한 작업 시 제한 속도를 쓰시오.

해답 매시 10km

참고 1. 차량계 하역 운반 기계의 이송 : 차량계 하역 운반 기계를 이송하기 위하여 지주 또는 견인에 의하여 화물 자동차에 싣거나 내리는 작업에 있어서 발판·성토 등을 사용하는 때에는 해당 차량계 하역 운반 기계의 전도 또는 전락에 의한 위험을 방지하기 위하여 다음의 사항을 준수하여야 한다.
① 싣거나 내리는 작업을 평탄하고 견고한 장소에서 할 것
② 발판을 사용하는 때에 충분한 길이·폭 및 강도를 가진 것을 사용하고 적당한 경사를 유지하기 위하여 견고하게 설치할 것
③ 가설대 등을 사용하는 때에는 충분한 폭 및 강도와 적당한 경사를 확보할 것

2. 승차석 외의 탑승 제한 : 차량계 하역 운반 기계(화물 자동차를 제외한다.)을 사용하여 작업을 하는 때에는 승차석 외의 위치에 근로자를 탑승시켜서는 아니된다. 다만, 근로자의 추락 등에 의한 위험을 방지하기 위한 조치를 한 때에는 그러하지 아니한다.

3. 수리 등의 작업 시 조치 : 차량계 하역 운반 기계 등의 수리 또는 부속 장치의 장착 및 해체 작업을 하는 때에는 해당 작업의 지휘자를 지정하여 다음의 사항을 준수하도록 하여야 한다.
① 작업 순서를 결정하고 작업을 지휘할 것
② 안전 지주 또는 안전 블록 등의 사용 상황 등을 점검할 것

4. 싣거나 내리는 작업 : 차량계 하역 운반 기계에 단위 화물의 무게가 100kg 이상인 화물을 싣는 작업(로프 걸이 작업 및 덮개를 덮는 작업을 포함한다.) 또는 내리는 작업(로프 풀기 작업 또는 덮개를 벗기는 작업을 포함한다.)을 하는 때에는 해당 작업의 지휘자를 지정하여 다음 사항을 준수하도록 하여야 한다.
① 작업 순서 및 그 순서마다의 작업 방법을 정하고 작업을 지휘할 것
② 기구 및 공구를 점검하고 불량품을 제거할 것
③ 해당 작업을 행하는 장소에 관계 근로자 외의 자의 출입을 금지시킬 것
④ 로프를 풀거나 덮개를 벗기는 작업을 행하는 때에는 적재함의 화물이 낙하할 위험이 없음을 확인한 후에 하도록 할 것

동/영/상/문/제 ⑬

01 위 영상 화면은 달기 체인을 이용한 작업이다. 부적격한 달기 체인의 사용 금지 대상을 쓰시오.

해답 1. 달기 체인의 길이의 증가가 그 달기 체인이 제조된 때의 길이의 5%를 초과한 것
2. 링의 단면 지름의 감소가 그 달기 체인이 제조된 때의 해당 링 지름의 10%를 초과한 때
3. 균열이 있거나 심하게 변형된 것

참고 꼬임이 끊어진 섬유 로프의 사용 금지 : 다음에 해당하는 때에는 섬유 로프 또는 섬유 벨트를 양중기에 사용하여서는 아니된다.
① 꼬임이 끊어진 것
② 심하게 손상되거나 부식된 것

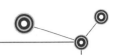

01 위 영상 화면은 연삭기를 이용한 절삭 작업이다. 빈 칸에 알맞은 말을 쓰시오.

연삭기의 덮개와 숫돌과의 간격은 (①) 이내, 작업대와 숫돌과의 간격은 (②) 이내로 한다.

(해답)▶ ① 10mm · ② 3mm

02 연삭기를 이용하는 작업 시 안전 대책을 쓰시오.

(해답)▶ 1. 숫돌에 충격을 가하지 말 것
2. 작업 시작 전 1분 이상, 숫돌 대체 시 3분 이상 시운전을 할 것
3. 연삭 숫돌 최고 사용 원주 속도 초과 사용을 금지할 것
4. 측면을 사용하는 것을 목적으로 제작된 연삭기 이외에는 측면 사용을 금지할 것
5. 작업 시에는 숫돌의 원주면을 이용하고, 작업자는 숫돌의 측면에서 작업할 것

참고 1. 연삭기의 구조적인 면에서의 안전 장치
① 덮개 설치
② 칩 비산 방지 투명판 설치
③ 작업 받침대 설치
④ 연삭분의 비래를 방지하기 위한 국소 배기 장치 설치
⑤ 플랜지 크기는 숫돌 직경의 1/3 이상인 것을 사용
2. 연삭기 숫돌의 파괴 원인
① 숫돌의 회전 속도가 너무 빠를 때

$$V = \pi DN(\text{m/min}) = \frac{\pi DN}{1,000}(\text{m/min})$$

여기서, V : 회전 속도, D : 숫돌 지름, N : 회전수(rpm)

② 숫돌 자체에 균열이 있을 때
③ 숫돌의 측면을 사용하여 작업할 때
④ 숫돌에 과대한 충격을 가할 때
⑤ 플랜지가 현저히 작을 때

동/ 영/ 상/ 문/ 제 ⑮

01 위 영상 화면은 드릴기를 이용하는 작업이다. 드릴 작업 시 일감 고정 방법을 쓰시오.

해답 1. 일감이 작을 때 : 바이스로 고정
2. 일감이 크고 복잡할 때 : 볼트와 고정구 사용
3. 대량 생산과 정밀도를 요할 때 : 전용의 지그 사용

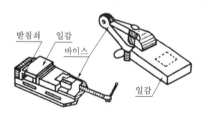

(a) 바이스로 일감 고정   (b) 클램프로 일감 고정   (c) 지그로 일감 고정

[일감 고정 방법]

02 드릴 작업 시 안전 작업 방법을 쓰시오.

해답 1. 드릴 작업 시에는 장갑 착용을 금지할 것
2. 칩 제거 시에는 운전 중지 후 솔로서 제거할 것
3. 큰 구멍을 뚫을 때에는 작은 구멍을 먼저 뚫은 후에 뚫을 것
4. 작업 시에는 보안경을 착용할 것
5. 자동 이송 작업 중에는 기계를 멈추지 말 것

동/영/상/문/제 ⑯

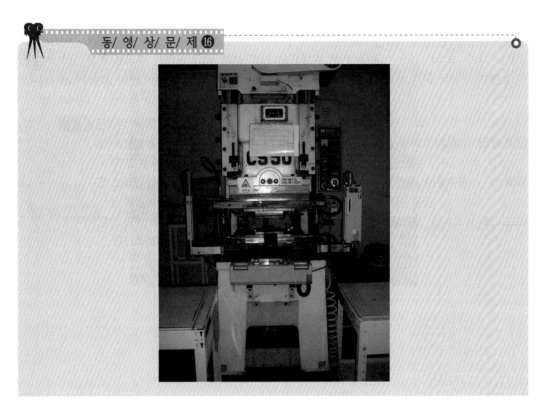

01 위 영상 화면은 감응식 방호 장치가 부착된 프레스기를 이용하는 작업 상황이다. 감응식(광전자식) 방호 장치의 설치 요령을 쓰시오.

해답 ➤ 1. 광축은 2개 이상 설치할 것
2. 광축과의 간격은 30mm 이하로 할 것
3. 위험 구역을 충분히 감지할 수 있는 구조일 것
4. 투광기에서 발생하는 빛 이외의 광선에 감응하지 않을 것
5. 광축과 위험점과의 설치 거리는 다음에 정하는 안전 거리를 확보할 것
$$D(\text{mm}) = 1.6(T_l + T_s)$$
여기서, D : 안전 거리(mm)
T_l : 손이 광선 차단 후 급정지 기구 작동 시까지의 시간(m/s)
T_s : 급정지 기구 작동 직후로부터 슬라이드가 정지할 때까지의 시간(m/s)

02 프레스기의 위험 방지 기구를 쓰시오.

해답 ➤ 1. 1행정 1정지 기구　　　　　2. 급정지 기구
3. 비상 정지 장치　　　　　　4. 안전 블록
5. 전환 스위치　　　　　　　　6. 덮개

동/ 영/ 상/ 문/ 제 **17**

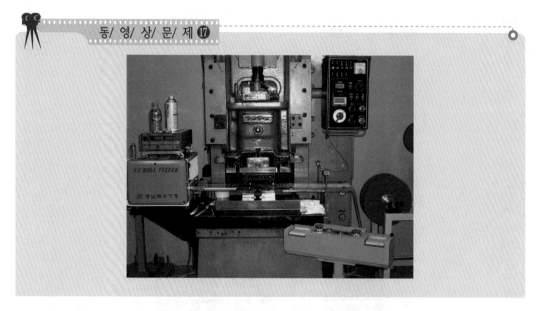

01 위 영상 화면은 양수 조작식 방호 장치가 부착된 프레스기를 이용하는 작업이다. 양수 조작식 방호 장치의 설치 방법을 쓰시오.

(해답)
1. 누름 버튼 등은 양손으로 조작하지 않으면 슬라이드를 작동시킬 수 없는 구조의 것일 것
2. 조작부의 간격은 300mm 이상으로 할 것
3. 조작부의 설치 거리는 스위치 작동 직후 손이 위험점까지 들어가지 못하도록 다음에 정하는 거리 이상에 설치할 것
   설치 거리(cm)=160×프레스기 작동 후 작업점까지 도달 시간(초)
4. 양손의 동시 누름 시간차를 0.5초 이내에서만 가동할 것
5. 1행정마다 누름 버튼 등에서 양손을 떼지 않으면 재가동 조작할 수 없는 구조의 것일 것

02 프레스기의 종류에 따른 방호 장치의 종류를 쓰시오.

(해답)
1. 일행정 일정지식 프레스(크랭크 프레스)
   ① 양수 조작식　　　　　　　　　② 게이트 가드식
2. 행성 길이 40mm 이상
   ① 손쳐내기식　　　　　　　　　② 수인식
3. 슬라이드 작동중 정지 가능한 구조(마찰식 프레스) : 감응식(광전자식)

　참고　hand in die 방식
1. 프레스기의 종류, 압력 능력, 매분 행정 수, 행정 길이 및 작업 방법에 따른 방호 장치
   ① 가드식 방호 장치　　② 손쳐내기식 방호 장치　　③ 수인식 방호 장치
2. 프레스기의 정지 성능에 상응하는 방호 장치
   ① 양수 조작식 방호 장치　　② 감응식 방호 장치

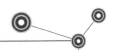

동/ 영/ 상/ 문/ 제 ⑱

01 위 영상 화면은 프레스기의 금형과 관련된 영상 화면이다. 금형 안전화 대책과 금형에 표시할 사항을 쓰시오.

해답 1. 금형의 안전화
　　(1) 금형 사이에 신체 일부가 들어가지 않도록 한다.
　　　① 안전울 설치
　　　② 펀치와 다이 틈새, 가이드 포스트와 부시와의 틈새는 상하간의 틈새를 8mm 이하로 할 것
　　(2) 금형 사이에 손을 넣지 말 것(자동 송급 및 배출 장치 설치)
　　2. 금형의 보기 쉬운 곳에 표시할 사항
　　　① 압력 능력　　　　　　　　② 길이
　　　③ 총 중량　　　　　　　　　④ 상형 중량

02 프레스기에 사용하는 수공구의 종류를 쓰시오.

해답 ① 누름봉　　　　　　　　　② 갈고리류
　　③ 핀셋류　　　　　　　　　④ 집게류
　　⑤ 마그넷 공구류　　　　　　⑥ 진공컵류

동/ 영/ 상/ 문/ 제 ⑲

01 위 영상 화면은 프레스기를 이용하는 작업이다. 프레스기의 작업 시작 전 점검 사항을 쓰시오.

해답 ▶ 1. 클러치 및 브레이크의 기능
2. 크랭크축, 플라이휠, 슬라이드, 연결 봉 및 연결 나사의 볼트 풀림 유무
3. 1행정 1정지 기구, 급정지 장치 및 비상 정지 장치의 기능
4. 슬라이드 또는 칼날에 의한 위험 방지 기구의 기능
5. 프레스의 금형 및 고정 볼트 상태
6. 방호 장치의 기능
7. 전단기의 칼날 및 테이블의 상태

02 프레스기의 이용 작업 시 관리 감독자의 직무 사항을 쓰시오.

해답 ▶ 1. 프레스 등 및 그 방호 장치를 점검하는 일
2. 프레스 등 및 그 방호 장치에 이상이 발견되면 즉시 필요한 조치를 하는 일
3. 프레스 등 및 그 방호 장치에 전환 스위치를 설치했을 때 그 전환 스위치의 열쇠를 관리하는 일
4. 금형의 교환, 해체 또는 조정 작업을 직접 지휘하는 일

참고 ▶ 1. 사출 성형기, 주형 조형기, 형타기 등의 방호 조치 사항
① 양수 조작식
② 게이트 가드식
2. 급정지 기구가 부착되어야만 유효한 방호 장치
① 양수 조작식   ② 감응식(광전자식)
3. 급정지 기구가 부착되지 않아도 유효한 방호 장치
① 양수 기동식   ② 게이트 가드식   ③ 수인식   ④ 손쳐내기식

동/ 영/ 상/ 문/ 제 ⑳

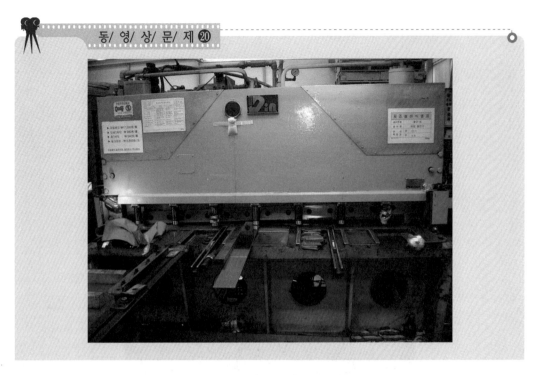

01 위 영상 화면은 절단기(전단기)를 이용하는 절단 작업이다. 절단기의 방호 장치에 표시해야할 사항을 쓰시오.

(해답)▶ 1. 제조 번호
2. 제조자명
3. 제조 연월
4. 사용할 수 있는 절단 두께
5. 사용할 수 있는 절삭 공구의 길이

02 슬라이드(칼날)의 불시 하강 방지 조치 사항을 쓰시오.

(해답)▶ 안전 블록

03 페달에 U자형 덮개를 설치하는 이유를 쓰시오.

(해답)▶ 안전 작업을 위하여 U자형 덮개 설치(재료의 불시 하강에 의한 페달에 충격이 가해지거나, 작업자의 오조작에 의한 페달의 작동 위험, 재료의 운반 시 페달의 오조작 우려 등)

동/ 영/ 상/ 문/ 제 ㉑

01 위 영상 화면은 크레인(천장 크레인)을 이용하는 작업이다. 양중기의 종류를 쓰시오.

해답 ▶ 1. 크레인
2. 리프트
3. 곤돌라
4. 승강기(최대 하중이 0.25ton 이상)

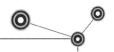

02 양중기에 사용하는 와이어 로프의 사용 금지 사항을 쓰시오.

(해답) 이음매가 있는 와이어 로프의 사용 금지(다음에 해당하는 외이어 로프를 양중기에 사용하여서는 안 된다.)

1. 이음매가 있는 것
2. 와이어 로프의 한 꼬임[(스트랜드(strand)를 말한다.)]에서 끊어진 소선(素線)[필러(pillar) 선은 제외한다.)]의 수가 10% 이상(비자전 로프의 경우에는 끊어진 소선의 수가 와이어 로프 호칭 지름의 6배 길이 이내에서 4개 이상이거나 호칭 지름 30배 길이 이내에서 8개 이상)인 것
3. 지름의 감소가 공칭 지름의 7%를 초과하는 것
4. 꼬인 것
5. 심하게 변형되거나 부식된 것
6. 열과 전기 충격에 의해 손상된 것

03 양중기에 사용하는 와이어 로프의 안전 계수를 쓰시오.

(해답) 1. 근로자가 탑승하는 운반구를 지지하는 경우에는 10 이상
2. 화물의 하중을 직접 지지하는 경우에는 5 이상
3. 제1호 및 제2호 외의 경우에는 4 이상

참고 1. 늘어난 달기 체인 등의 사용 금지 : 다음에 해당하는 달기 체인을 양중기에 사용하여서는 아니된다.
① 달기 체인의 길이 증가가 그 달기 체인이 제조된 때 길이의 5%를 초과한 것
② 링의 단면 지름 감소가 그 달기 체인이 제조된 때 해당 링 지름의 10%를 초과한 것
③ 균열이 있거나 심하게 변형된 것
2. 승강기의 종류
① 승용 승강기
② 인화공용 승강기
③ 화물용 승강기
④ 에스컬레이터

동/ 영/ 상/ 문/ 제 ㉒

01 위 영상 화면은 고소 작업 상황이다. 고소 작업대 작업 시 작업 시작 전 점검 사항을 쓰시오.

(해답) ➤ 1. 비상 정지 장치 및 비상 하강 방지 장치 기능의 이상 유무
2. 과부하 방지 장치의 작동 유무
3. 아우트리거 또는 바퀴의 이상 유무
4. 작업면의 기울기 또는 요철 유무

참고 ▶ 고소 작업 관련 고소 작업대의 구조
1. 고소 작업대를 설치하는 경우 다음에 해당하는 것을 설치하여야 한다.
　① 작업대를 와이어 로프 또는 체인으로 올리거나 내릴 경우에는 와이어 로프 또는 체인이 끊어져 작업대가 떨어지지 아니하는 구조여야 하며, 와이어 로프 또는 체인의 안전율은 5 이상일 것
　② 작업대를 유압에 의해 올리거나 내릴 경우에는 작업대를 일정한 위치에 유지할 수 있는 장치를 갖추고 압력의 이상 저하를 방지할 수 있는 구조일 것
　③ 권과 방지 장치를 갖추거나 압력의 이상 상승을 방지할 수 있는 구조일 것
　④ 붐의 최대 지면 경사각을 초과 운전하여 전도되지 않도록 할 것
　⑤ 작업대에 정격 하중(안전율 5 이상)을 표시할 것
　⑥ 작업대에 끼임 · 충돌 등 재해를 예방하기 위한 가드 또는 과상승 방지 장치를 설치할 것
　⑦ 조작반의 스위치는 눈으로 확인할 수 있도록 명칭 및 방향 표시를 유지할 것

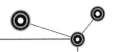

2. 고소 작업대를 설치하는 경우에는 다음의 사항을 준수하여야 한다.
   ① 바닥과 고소 작업대는 가능하면 수평을 유지하도록 할 것
   ② 갑작스러운 이동을 방지하기 위하여 아우트리거 또는 브레이크 등을 확실히 사용할 것

3. 고소 작업대를 이동하는 경우에는 다음의 사항을 준수하여야 한다.
   ① 작업대를 가장 낮게 내릴 것
   ② 작업대를 올린 상태에서 작업자를 태우고 이동하지 말 것. 다만, 이동중 전도 등의 위험 예방을 위하여 유도하는 사람을 배치하고 짧은 구간을 이동하는 경우에는 그러하지 아니하다.
   ③ 이동 통로의 요철 상태 또는 장애물의 유무 등을 확인할 것

4. 고소 작업대를 사용하는 경우에는 다음의 사항을 준수하여야 한다.
   ① 작업자가 안전모·안전대 등의 보호구를 착용하도록 할 것
   ② 관계자가 아닌 사람이 작업 구역에 들어오는 것을 방지하기 위하여 필요한 조치를 할 것
   ③ 안전한 작업을 위하여 적정 수준의 조도를 유지할 것
   ④ 전로(電路)에 근접하여 작업을 하는 경우에는 작업 감시자를 배치하는 등 감전 사고를 방지하기 위하여 필요한 조치를 할 것
   ⑤ 작업대를 정기적으로 점검하고 붐·작업대 등 각 부위의 이상 유무를 확인할 것
   ⑥ 전환 스위치는 다른 물체를 이용하여 고정하지 말 것
   ⑦ 작업대는 정격 하중을 초과하여 물건을 싣거나 탑승하지 말 것
   ⑧ 작업대의 붐대를 상승시킨 상태에서 탑승자는 작업대를 벗어나지 말 것. 다만, 작업대에 안전대 부착 설비를 설치하고 안전대를 연결하였을 때에는 그러하지 아니하다.

동/ 영/ 상/ 문/ 제 ㉓

01 위 영상 화면은 압력 용기를 보여 주고 있다. 압력 용기의 작업 시작 전 점검 사항을 쓰시오.

해답 ↘ 1. 공기 저장 압력 용기 외관 상태
2. 드레인 밸브의 조작 및 배수
3. 압력 방출 장치의 기능
4. 언로드 밸브의 기능
5. 윤활유의 상태
6. 회전부의 덮개 또는 울
7. 그 밖의 연결 부위의 이상 유무

02 다음 빈 칸에 알맞은 것을 쓰시오.

압력 용기에는 과압 상승 방지를 위하여 (①)를 설치해야 하며, 압력 방출 장치는 (②) 이상 토출압을 측정하여야 한다.

(해답)▸ ① 압력 방출 장치
② 1년 1회

참고 ▸ 1. 압력 방출 장치의 설치
① 압력 용기 등에 과압으로 인한 폭발을 방지하기 위하여 압력 방출 장치를 설치하여야 한다.
② 다단형 압축기 또는 직렬로 접속된 공기 압축기에는 과압 방지 압력 방출 장치를 각 단마다 설치하여야 한다.
③ 압력 방출 장치가 압력 용기의 최고 사용 압력 이전에 작동되도록 설정하여야 한다.
④ 압력 방출 장치는 1년에 1회 이상 국가 교정 기관으로부터 교정을 받은 압력계를 이용하여 토출 압력을 시험한 후 납으로 봉인하여 사용하여야 한다. 공정 안전 보고서 제출 대상으로서 노동부 장관이 실시하는 공정 안전 관리 이행 수준 평가 결과가 우수한 사업장은 압력 방출 장치에 대하여 4년에 1회 이상 토출 압력을 시험할 수 있다.
⑤ 사업주는 운전자가 토출 압력을 임의로 조정하기 위하여 납으로 봉인된 압력 방출 장치를 해체하거나 조정할 수 없도록 조치하여야 한다.
2. 최고 사용 압력의 표시 : 압력 용기 등의 식별이 가능하도록 하기 위하여 그 압력 용기 등의 최고 사용 압력·제조 연월일·제조 회사명 등이 지워지지 아니하도록 각인 표시된 것을 사용하여야 한다.

동/영/상/문/제 ㉔

01 산업안전보건법상 누전 차단기를 설치해야 하는 장소를 쓰시오.

해답 1. 대지 전압이 150V를 초과하는 이동형 또는 휴대형 전기 기계·기구
2. 물 등 도전성이 높은 액체가 있는 습윤 장소에서 사용하는 저압(1,500V 이하 직류 전압 이나 1,000V 이하의 교류전압을 말한다.)용 전기 기계·기구
3. 철판·철골 위 등 도전성이 높은 장소에서 사용하는 이동형 또는 휴대형 전기 기계· 기구
4. 임시 배선의 전로가 설치되는 장소에서 사용하는 이동형 또는 휴대형 전기 기계·기구

참고 누전 차단기 설치 시 준수 사항

① 전기 기계·기구에 설치되어 있는 누전 차단기는 정격 감도 전류가 30mA 이하이 고 작동 시간은 0.03초 이내일 것. 다만, 정격 전부하 전류가 50A 이상인 전기 기 계·기구에 접속되는 누전 차단기는 오작동을 방지하기 위하여 정격 감도 전류는 200mA 이하로, 작동 시간은 0.1초 이내로 할 수 있다.

② 분기 회로 또는 전기 기계·기구마다 누전 차단기를 접속할 것. 다만, 평상시 누설 전류가 매우 적은 소용량 부하의 전로에는 분기 회로에 일괄하여 접속할 수 있다.

③ 누전 차단기는 배전반 또는 분전반 내에 접속하거나 꽂음 접속기형 누전 차단기를 콘센트에 접속하는 등 파손이나 감전 사고를 방지할 수 있는 장소에 접속할 것

④ 지락 보호 전용 기능만 있는 누전 차단기는 과전류를 차단하는 퓨즈나 차단기 등과 조합하여 접속할 것

02 전기 기계, 기구에 의한 직접 접촉에 의한 감전 방지 조치를 쓰시오.

(해답) 1. 충전부가 노출되지 아니하도록 폐쇄형 외함이 있는 구조로 할 것

2. 충전부에 충분한 절연 효과가 있는 방호망 또는 절연 덮개를 설치할 것

3. 충전부는 내구성이 있는 절연물로 완전히 덮어 감쌀 것

4. 발전소·변전소 및 개폐소 등 구획되어 있는 장소로서 관계 근로자 외의 자의 출입이 금지되는 장소에 충전부를 설치하고 위험 표시 등의 방법으로 방호를 강화할 것

5. 전주 위 및 철탑 위 등 격리되어 있는 장소로서 관계 근로자 외의 자가 접근할 우려가 없는 장소에 충전부를 설치할 것

참고 ▶ 간접 접촉에 의한 방지 대책

① 보호 절연

② 안전 전압 이하의 전기 기기 사용

③ 보호 접지

동/ 영/ 상/ 문/ 제 ㉕

01 감전 위험 요소를 쓰시오.

(해답) 1. 통전 전류의 세기
2. 통전 경로
3. 통전 시간
4. 통전 전원의 종류
5. 주파수 및 파형

02 정전 작업 시 전로의 차단은 그 절차에 따라 시행해야 한다. 그 절차를 쓰시오.

(해답) 1. 전기 기기 등에 공급되는 모든 전원을 관련 도면, 배선도 등으로 확인할 것
2. 전원을 차단한 후 각 단로기 등을 개방하고 확인할 것
3. 차단 장치나 단로기 등에 잠금 장치 및 꼬리표를 부착할 것
4. 개로된 전로에서 유도 전압 또는 전기 에너지가 축적되어 근로자에게 전기 위험을 끼칠 수 있는 전기 기기 등은 접촉하기 전에 잔류 전하를 완전히 방전시킬 것
5. 검전기를 이용하여 작업 대상 기기가 충전되었는지를 확인할 것
6. 전기 기기 등이 다른 노출 충전부와의 접촉, 유도 또는 예비 동력원의 역송전 등으로 전압이 발생할 우려가 있는 경우에는 충분한 용량을 가진 단락 접지 기구를 이용하여 접지할 것

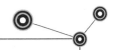

정전 작업 중 또는 작업을 마친 후 전원을 공급하는 경우에는 작업에 종사하는 근로자 또는 그 인근에서 작업하거나 정전된 전기 기기 등(고정 설치된 것으로 한정한다.)과 접촉할 우려가 있는 근로자에게 감전의 위험이 없도록 다음의 사항을 준수하여야 한다.

① 작업 기구, 단락 접지 기구 등을 제거하고 전기 기기 등이 안전하게 통전될 수 있는 지를 확인할 것

② 모든 작업자가 작업이 완료된 전기 기기 등에서 떨어져 있는지를 확인할 것

③ 잠금 장치와 꼬리표는 설치한 근로자가 직접 철거할 것

④ 모든 이상 유무를 확인한 후 전기 기기 등의 전원을 투입할 것

03 심실 세동 전류를 간략히 설명하시오.

(해답) 인체에 흐르는 전류의 크기가 증가하게 되면, 전류의 일부가 심장 부분을 흐르게 되어 심장은 정상적인 맥동을 하지 못하게 되며 불규칙적인 세동을 하게 된다. 이때 혈액 순환이 곤란하며 심장이 마비되는 형상을 일으키게 되는 데 이것을 심실 세동이라 한다.

〈통전 시간과 전류치의 관계식〉

$$I = \frac{165 \sim 185}{\sqrt{T}} \, (\text{mA})$$

여기서, I : 1,000명 중 5명 정도가 심실 세동을 일으키는 전류(mA)

　　　　T : 통전 시간(초)

참고 1. 접근 한계 거리

충전 전로의 선간 전압(kV)	충전 전로에 대한 접근 한계 거리(cm)
0.3 이하	접촉 금지
0.3 초과 0.75 이하	30
0.75 초과 2 이하	45
2 초과 15 이하	60
15 초과 37 이하	90
37 초과 88 이하	110
88 초과 121 이하	130
121 초과 145 이하	150
145 초과 169 이하	170
169 초과 242 이하	230
242 초과 362 이하	380
362 초과 550 이하	550
550 초과 800 이하	790

2. 충전 전로 인근에서의 차량 · 기계 장치 작업
① 충전 전로 인근에서 차량, 기계 장치 등의 작업이 있는 경우에는 차량 등을 충전 전로의 충전부로부터 300cm 이상 이격시켜 유지시키되, 대지 전압이 50kV를 넘는 경우 이격시켜 유지하여야 하는 거리는 10kV 증가할 때마다 10cm씩 증가시켜야 한다. 다만, 차량 등의 높이를 낮춘 상태에서 이동하는 경우에는 이격 거리를 120cm 이상(대지 전압이 50kV를 넘는 경우에는 10kV 증가할 때마다 이격 거리를 10cm씩 증가)으로 할 수 있다.

② 제1항에도 불구하고 충전 전로의 전압에 적합한 절연용 방호구 등을 설치한 경우에는 이격 거리를 절연용 방호구 앞면까지로 할 수 있으며, 차량 등의 가공 붐대의 버킷이나 끝부분 등이 충전 전로의 전압에 적합하게 절연되어 있고 유자격자가 작업을 수행하는 경우에는 붐대의 절연되지 않은 부분과 충전 전로 간의 이격 거리에 따른 접근 한계 거리까지로 할 수 있다.

③ 다음의 경우를 제외하고는 근로자가 차량 등의 그 어느 부분과도 접촉하지 않도록 방책을 설치하거나 감시인 배치 등의 조치를 하여야 한다.
1. 근로자가 해당 전압에 적합한 절연용 보호구 등을 착용하거나 사용하는 경우
2. 차량 등의 절연되지 않은 부분이 접근 한계 거리 이내로 접근하지 않도록 하는 경우

④ 충전 전로 인근에서 접지된 차량 등이 충전 전로와 접촉할 우려가 있을 경우에는 지상의 근로자가 접지점에 접촉하지 않도록 조치하여야 한다.

01 위 영상 화면은 띠톱 기계를 이용하는 작업이다. 띠톱 기계에 설치해야 할 방호 장치명을 쓰시오.

(해답) 덮개 또는 울

참고 방호 장치명

① 띠톱 기계 : 덮개 또는 울

② 동력식 수동 대패기 : 칼날 접촉 예방 장치

③ 기계 공작용 둥근톱 기계 : 톱날 접촉 예방 장치, 반발 예방 장치

④ 원형톱 기계 : 톱날 접촉 예방 장치

⑤ 띠톱 기계(스파이크가 부착되어 있는 이송 롤러기 또는 요철형 이송 롤러기) : 날 접촉 예방 장치 또는 덮개

⑥ 모떼기 기계 : 날 접촉 예방 장치

동/ 영/ 상/ 문/ 제 ㉗

01 위 사진은 방독 마스크이다. 방독 마스크 정화통에 표시해야 할 사항을 쓰시오.

해답 ▶ 1. 제조자명
2. 제조 연월일
3. 검정 합격 번호 및 규격

참고 ▪1. 정화통에 첨부되어야 할 내용
① 정화통의 외부 측면의 표시색
② 사용상 주의 사항
③ 파과 곡선도
④ 사용 시간 기록 카드

2. 정화통 외부 측면의 표시색

종 류	표시색
유기화합물용 정화통	갈색
할로겐용 정화통	회색
황화수소용 정화통	
시안화수소용 정화통	
아황산용 정화통	노란색
암모니아용 정화통	녹색
복합용 및 겸용의 정화통	• 복합용의 경우 : 해당 가스 모두 표시(2층 분리) • 겸용의 경우 : 백색과 해당 가스 모두 표시(2층 분리)

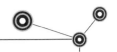

3. 방독 마스크의 종류

종 류	시험 가스
유기화합물용	시클로헥산(C_6H_{12})
할로겐용	염소가스 또는 증기(Cl_2)
황화수소용	황화수소가스(H_2S)
시안화수소용	시안화수소가스(HCN)
아황산용	아황산가스(SO_2)
암모니아용	암모니아가스(NH_3)

4. 방독 마스크의 등급

등 급	사용 장소
고농도	가스 또는 증기의 농도가 100분의 2(암모니아에 있어서는 100분의 3) 이하의 대기 중에서 사용하는 것
중농도	가스 또는 증기의 농도가 100분의 1(암모니아에 있어서는 100분의 1.5) 이하의 대기 중에서 사용하는 것
저농도 및 최저 농도	가스 또는 증기의 농도가 100분의 0.1 이하의 대기 중에서 사용하는 것으로서 긴급용이 아닌 것

[비고] 방독 마스크는 산소 농도가 18% 이상인 장소에서 사용하여야 하고, 고농도와 중농도에서 사용하는 방독 마스크는 전면형(격리식, 직결식)을 사용해야 한다.

동/ 영/ 상/ 문/ 제 ㉘

01   위 사진은 송기 마스크이다. 송기 마스크의 종류를 쓰시오.

해답 1. 호스 마스크
2. 에어라인 마스크
3. 복합식 에어라인 마스크

02   송풍기형 호스 마스크의 분진 포집 효율을 쓰시오.

해답 1. 전동 : 99% 이상
2. 수동 : 95% 이상

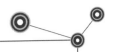

동/ 영/ 상/ 문/ 제 ㉙

01 목재 가공용 둥근톱 기계의 방호 장치명을 쓰시오.

(해답)→ 1. 반발 예방 장치
2. 날 접촉 예방 장치

02 목재 가공용 둥근톱 기계의 방호 장치 설치 방법을 쓰시오.

(해답)→ 1. 날 접촉 예방 장치는 분할날과 대면하고 있는 부분과 가공재를 절단하는 부분 이외의 톱 날을 덮을 수 있는 구조여야 한다.
2. 반발 방지 기구는 목재의 송급쪽에 설치하되 목재의 반발을 충분히 방지할 수 있는 구조 여야 한다.
3. 분할날은 톱 원주 높이의 2/3 이상을 덮을 수 있고, 톱 두께의 1.1배 이상이어야 하며, 톱 후면 날과 12mm 이상의 거리에 설치하여야 한다.

동/ 영/ 상/ 문/ 제 ❸

01 이동식 크레인이 설치해야 할 방호 장치를 쓰시오.

(해답) 과부하 방지 장치, 권과 방지 장치, 브레이크 장치

02 이동식 크레인의 달기구에 전용 탑승 설비를 설치한 경우 근로자를 탑승시킬 수 있는 경우를 쓰시오.

(해답) 1. 탑승 설비가 뒤집히거나 떨어지지 아니하도록 필요한 조치를 한 것
  2. 안전대 및 구명줄을 설치하고 안전 난간의 설치가 가능한 구조인 경우 안전 난간을 설치한 것
  3. 탑승 설비를 하강시키는 때에는 동력 하강 방법에 의한 것

  참고 1. 크레인의 방호 장치명 : 과부하 방지 장치, 권과 방지 장치, 비상 정지 장치, 제동 장치
    2. 탑승 설비의 조치 사항
      ① 탑승 설비가 뒤집히거나 떨어지지 아니하도록 필요한 조치를 할 것
      ② 안전대 및 구명줄을 설치하고 안전 난간의 설치가 가능한 구조인 경우 안전 난간을 설치할 것
      ③ 탑승 설비를 하강시키는 때에는 동력 하강 방법에 의할 것
    3. 크레인 작업 시작 전 점검 사항
      ① 권과 방지 장치, 브레이크, 클러치 및 운전 장치의 기능
      ② 주행로의 상측 및 트롤리가 횡행하는 레일의 상태
      ③ 와이어 로프가 통하고 있는 곳의 상태

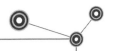

동/영/상/문/제 ③

01 위 사진은 사다리식 통로이다. 사다리식 통로 설치 시 준수 사항을 쓰시오.

(해답) 1. 견고한 구조로 할 것
2. 심한 손상·부식 등이 없는 재료를 사용할 것
3. 발판의 간격은 일정하게 할 것
4. 발판과 벽과의 사이는 15cm 이상의 간격을 유지할 것
5. 폭은 30cm 이상으로 할 것
6. 사다리가 넘어지거나 미끄러지는 것을 방지하기 위한 조치를 할 것
7. 사다리의 상단은 걸쳐놓은 지점으로부터 60cm 이상 올라가도록 할 것
8. 사다리식 통로의 길이가 10m 이상인 경우에는 5m 이내마다 계단참을 설치할 것
9. 사다리식 통로의 기울기는 75° 이하로 할 것. 다만, 고정식 사다리식 통로의 기울기는 90° 이하로 하고, 그 높이가 7m 이상인 경우에는 바닥으로부터 높이가 2.5m 되는 지점부터 등받이울을 설치할 것
10. 접이식 사다리 기둥은 사용 시 접혀지거나 펼쳐지지 않도록 철물 등을 사용하여 견고하게 조치할 것

02 발받침대의 간격과 벽면과의 이격 거리를 쓰시오.

(해답) 1. 발받침대의 간격 : 25~35cm   2. 벽면과의 이격 거리 : 15cm 이상

   참고 ▶ 가설 통로, 이동식 사다리 등의 설치 시 준수 사항은 반드시 기억해 둘 것

동/영/상/문/제 ③②

01 위 사진은 거푸집 동바리(파이프 서포트)이다. 동바리로 사용하는 파이프 서포트 이용 시 준수 사항을 쓰시오.

(해답) 1. 파이프 서포트를 3개 이상 이어서 사용하지 아니할 것
2. 파이프 서포트를 이어서 사용할 때에는 4개 이상의 볼트 또는 전용 철물을 사용하여 이을 것
3. 높이가 3.5m를 초과할 때에는 높이 2m 이내마다 수평 연결재를 2개 방향으로 만들고 수평 연결재의 변위를 방지할 것

02 거푸집 동바리 등의 조립 또는 해체 작업 시 준수 사항을 쓰시오.

(해답) 1. 해당 작업을 하는 구역에는 관계 근로자가 아닌 사람의 출입을 금지시킬 것
2. 비, 눈, 그 밖의 기상 상태의 불안정으로 인하여 날씨가 몹시 나쁠 때에는 그 작업을 중지시킬 것
3. 재료, 기구 또는 공구 등을 올리거나 내릴 때에는 근로자로 하여금 달줄, 달포대 등을 사용하도록 할 것
4. 낙하, 충격에 의한 돌발적 재해를 방지하기 위하여 버팀목을 설치하고 거푸집 동바리 등을 인양 장비에 메단 후에 작업을 하도록 하는 등 필요한 조치를 할 것

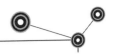

동/영/상/문/제 ㉝

01 위 사진은 추락 방지를 위한 안전대이다. 높이 2m 이상인 작업 발판의 끝이나 개구부로부터 추락 위험 방지 조치를 쓰시오.

(해답)▶ 1. 안전 난간 설치   2. 울 및 손잡이 설치   3. 덮개 설치
4. 안전방망 설치   5. 안전대 착용

02 안전 난간의 설치 기준을 쓰시오.

(해답)▶ 1. 상부 난간대, 중간 난간대, 발끝막이판 및 난간 기둥으로 구성할 것. 다만, 중간 난간대, 발끝막이판 및 난간 기둥은 이와 비슷한 구조와 성능을 가진 것으로 대체할 수 있다.
2. 상부 난간대는 바닥면·발판 또는 경사로의 표면으로부터 90cm 이상 지점에 설치하고, 상부 난간대를 120cm 이하에 설치하는 경우에는 중간 난간대는 상부 난간대와 바닥면 등의 중간에 설치하여야 하며, 120cm 이상 지점에 설치하는 경우에는 중간 난간대를 2단 이상으로 균등하게 설치하고 난간의 상하 간격은 60cm 이하가 되도록 할 것
3. 발끝막이판은 바닥면 등으로부터 10cm 이상의 높이를 유지할 것. 다만, 물체가 떨어지거나 날아올 위험이 없거나 그 위험을 방지할 수 있는 망을 설치하는 등 필요한 예방 조치를 한 장소는 제외한다.
4. 난간 기둥은 상부 난간대와 중간 난간대를 견고하게 떠받칠 수 있도록 적정한 간격을 유지할 것
5. 상부 난간대와 중간 난간대는 난간 길이 전체에 걸쳐 바닥면 등과 평행을 유지할 것
6. 난간대는 지름 2.7cm 이상의 금속제 파이프나 그 이상의 강도가 있는 재료일 것
7. 안전 난간은 구조적으로 가장 취약한 지점에서 가장 취약한 방향으로 작용하는 100kg 이상의 하중에 견딜 수 있는 튼튼한 구조일 것

동/ 영/ 상/ 문/ 제 ㉞

01 위 사진은 수평 버팀대식 공사를 보여주고 있다. 버팀대식 공법의 장점과 단점을 각각 구분하여 쓰시오.

(해답) 1. 장점
   ① 공법이 단순하다.
   ② 총파기를 하고, 메움 토량이 적다.
   ③ 대지 가득 건물을 지을 수 있다.
   ④ 비교적 공기가 짧다.
2. 단점
   ① 굴착 기계 활동이 버팀대에 의해 제한을 받아 불편하다.
   ② 지하 구조체의 작업이 불편하다.
   ③ 버팀 부재들의 맞춤 부분 및 수축에 의한 변형이 있다.
   ④ 건축 면적이 넓으면 보조 부재의 증가로 공사비가 증대된다.

02 지반의 굴착 작업 시 작업 장소 등의 사전 조사 사항을 쓰시오.

(해답) 1. 형상, 지질 및 지층의 상태
2. 균열, 함수, 용수 및 동결의 유무 또는 상태
3. 매설물 등의 유무 또는 상태
4. 지반의 지하수위 상태

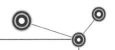

동/ 영/ 상/ 문/ 제 ㉟

01 위 사진은 건설 현장에서 사용하는 리프트이다. 법상 양중기의 종류를 쓰시오.

(해답)▶ 1. 크레인[호이스트(hoist)를 포함한다.]
2. 이동식 크레인
3. 리프트(이삿짐 운반용 리프트의 경우에는 적재 하중이 0.1톤 이상인 것으로 한정한다.)
4. 곤돌라
5. 승강기(최대 하중이 0.25톤 이상인 것으로 한정한다.)

02 리프트 설치, 조립, 수리, 점검, 해체 작업 시 준수 사항을 쓰시오.

(해답)▶ 1. 작업을 지휘하는 자를 선임하여 그 자의 지휘하에 작업을 실시할 것
2. 작업할 구역에 관계 근로자 외의 자의 출입을 금지하고 그 취지를 보기 쉬운 장소에 표시할 것
3. 비, 눈, 그 밖의 기상 상태의 불안정으로 인하여 날씨가 몹시 나쁠 때에는 그 작업을 중지시킬 것

03 리프트 이용 작업 시 작업 지휘자의 준수 사항을 쓰시오.

(해답)▶ 1. 작업 방법과 근로자의 배치를 결정하고 해당 작업을 지휘하는 일
2. 재료의 결함 유무 또는 기구 및 공구의 기능을 점검하고 불량품을 제거하는 일
3. 작업 중 안전대 등 보호구의 착용 상황을 감시하는 일

동/ 영/ 상/ 문/ 제 ❸❻

01 위 사진은 비계를 이용한 작업 발판이다. 작업 발판 설치 시 준수 사항을 쓰시오.

(해답) 1. 발판 재료는 작업할 때 하중을 견딜 수 있도록 견고한 것으로 할 것
2. 작업 발판의 폭은 40cm 이상으로 하고, 발판 재료간의 틈은 3cm 이하로 할 것
3. 추락의 위험이 있는 경우에는 안전 난간을 설치할 것
4. 작업 발판의 지지물은 하중에 의하여 파괴될 우려가 없는 것을 사용할 것
5. 작업 발판 재료는 뒤집히거나 떨어지지 아니하도록 2 이상의 지지물에 연결하거나 고정 시킬 것
6. 작업 발판을 작업에 따라 이동시킬 때에는 위험 방지에 필요한 조치를 할 것

02 비계의 구조 및 재료에 따라 작업 발판의 최대 적재 하중을 정하여 이를 초과하지 아니하여 야 한다. 달비계 최대 적재 하중에 대한 것으로 안전 계수를 쓰시오.

(해답) 1. 달기 와이어 로프 및 달기 강선의 안전 계수는 10 이상
2. 달기 체인 및 달기 훅의 안전 계수는 5 이상
3. 달기 강대와 달비계의 하부 및 상부 지점의 안전 계수는 강재의 경우 2.5 이상, 목재의 경우 5 이상

참고 안전 계수란 와이어 로프의 절단 하중값을 와이어 로프에 걸리는 하중의 최대값으로 나눈 값이다.

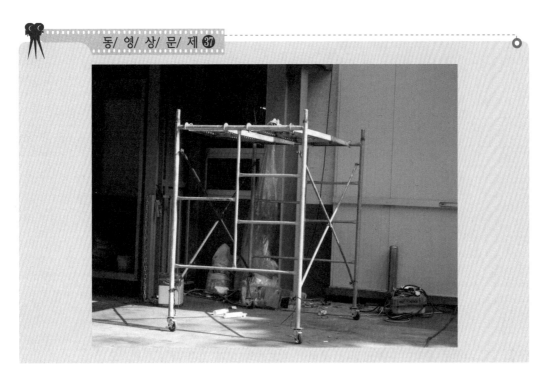

01 위 사진은 이동식 비계를 이용한 작업이다. 이동식 비계를 조립하여 작업 시 준수 사항을 쓰시오.

해답▶ 1. 이동식 비계의 바퀴에는 뜻밖의 갑작스러운 이동 또는 전도를 방지하기 위하여 브레이크, 쐐기 등으로 바퀴를 고정시킨 다음 비계의 일부를 견고한 시설물에 고정하거나 아웃트리거를 설치하는 등의 조치를 할 것
2. 승강용 사다리는 견고하게 설치할 것
3. 비계의 최상부에서 작업을 할 때에는 안전 난간을 설치할 것
4. 작업 발판의 최대 적재 하중은 250kg을 초과하지 않도록 할 것

02 이동식 비계를 이용하는 작업 시 준수 사항을 쓰시오.

해답▶ 1. 관리 감독자의 지휘하에 작업을 행하여야 한다.
2. 비계의 최대 높이는 밑변, 최소 폭의 4배 이하여야 한다.
3. 작업대의 발판은 전면에 걸쳐 빈틈없이 깔아야 한다.
4. 최대 적재 하중을 표시하여야 한다.
5. 불의의 이동을 방지하기 위한 제동 장치를 반드시 갖추어야 한다.
6. 안전모를 착용하여야 하며 지지 로프를 설치하여야 한다.
7. 재료, 공구의 오르내리기에는 포대, 로프 등을 이용하여야 한다.

동/ 영/ 상/ 문/ 제 ㉛

01 위 사진은 흙막이 지보공이다. 흙막이 지보공의 정기 점검 사항을 쓰시오.

해답 1. 부재의 손상, 변형, 부식, 변위 및 탈락의 유무와 상태
2. 버팀대의 긴압의 정도
3. 부재의 접속부, 부착부 및 교차부의 상태
4. 침하의 정도

02 다음 빈칸에 알맞은 것을 쓰시오.

굴착 작업 시 지반의 붕괴 또는 토석의 낙하 등에 의하여 근로자에게 위험이 미칠 경우
(①), (②), (③) 등 위험 방지를 위한 조치를 하여야 한다.

해답 ① 흙막이 지보공 설치
② 방호망 설치
③ 근로자 출입 금지

참고 터널 지보공의 정기 점검 사항
① 부재의 손상, 변형, 부식, 변위 탈락의 유무 및 상태
② 부재의 긴압의 정도
③ 부재의 접속부 및 교차부의 상태
④ 기둥 침하의 유무 및 상태

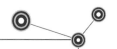

동/ 영/ 상/ 문/ 제 39

01 위 사진은 굴착 작업 현장이다. 굴착면의 기울기 기준을 쓰시오.

(해답)

구 분	지반의 종류	기울기
보통 흙	습지	1 : 1 ~ 1 : 1.5
	건지	1 : 0.5 ~ 1 : 1
암반	풍화암	1 : 1.0
	연암	1 : 1.0
	경암	1 : 0.5

02 굴착 작업 시 미리 작업 장소 및 그 주변 지반을 보링 등의 방법에 의하여 사전 조사해야 할 사항을 쓰시오.

(해답) 1. 형상, 지질 및 지층의 상태
2. 균열, 함수, 용수 및 동결의 유무 또는 상태
3. 매설물 등의 유무 또는 상태
4. 지반의 지하수위 상태

03 굴착 깊이가 10.5m 이상인 경우 계측 기기에 의하여 흙막이의 안전을 예측하여야 한다. 계측 기기의 종류를 쓰시오.

(해답) 1. 수위계   2. 경사계   3. 하중 및 침하계   4. 응력계

동/영/상/문/제 ④

01 위 사진은 방호 선반이다. 방호 선반 또는 낙하물 방지망 설치 시 준수 사항을 쓰시오.

(해답) 1. 설치 높이는 10m 이내마다 설치하고, 내민 길이는 벽면으로부터 2m 이상으로 할 것
2. 수평면과의 각도는 20° 내지 30°를 유지할 것

02 작업으로 인하여 물체가 떨어지거나 날아올 위험이 있을 때의 조치 사항을 쓰시오.

(해답) 1. 낙하물 방지망 설치
2. 수직 보호망 설치
3. 방호 선반 설치
4. 출입 금지 구역 설정
5. 보호구 착용

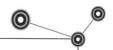

동/영/상/문/제 ④1

01 법상 가설 통로 설치 시 준수 사항 5가지를 쓰시오.

(해답) 1. 견고한 구조로 할 것
2. 경사는 30° 이하로 할 것
3. 경사가 15°를 초과하는 때에는 미끄러지지 아니하는 구조로 할 것
4. 추락의 위험이 있는 장소에는 안전 난간을 설치할 것
5. 수직갱에 가설된 통로의 길이가 15m 이상인 때에는 10m 이내마다 계단참을 설치할 것
6. 건설 공사에 사용하는 높이 8m 이상인 비계 다리에는 7m 이내마다 계단참을 설치할 것

02 표준 안전 난간은 목재, 강재 등 견고한 재질로서 3가지의 구성 부품으로 구성이 되어 있다. 그 구성 부품 3가지를 쓰시오.

(해답) 1. 상부 난간대
2. 중간 난간대
3. 난간 기둥
4. 발끝막이판

MEMO

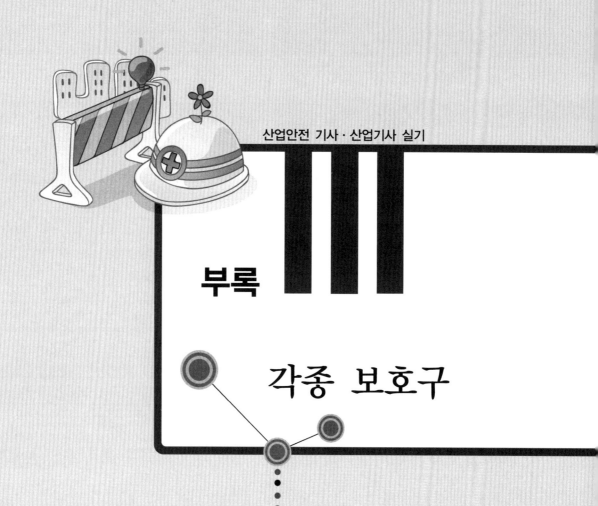

부록 III

각종 보호구

각종 보호구

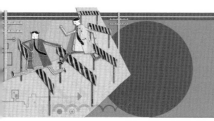

1. 안전모

[안전모 1]

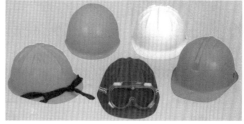

[안전모 2]

2. 보안경

[보안경 1]

[보안경 2]

[보안경 3]

3. 방음 보호구

[귀마개]

[귀덮개 1]

[귀덮개 2]

[귀덮개 3]

4. 방진 마스크

[방진 마스크 1]

[방진 마스크 2]

[방진 마스크(안면부 여과식 1)]

[방진 마스크(안면부 여과식 2)]

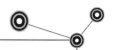

5. 방독 마스크

[방독 마스크 1]

[방독 마스크 2]

[방독 마스크 3(격리식)]

[방독 마스크 4]

[방독 마스크 정화통 1(고농도)]

[방독 마스크 정화통 2(중농도)]

[방독 마스크 정화통 3(저농도)]

6. 송기 마스크

[송기 마스크(전동식)]

[송기 마스크]

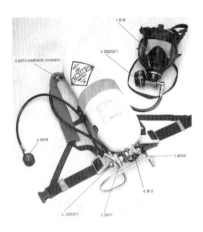

[공기 호흡기]

7. 안전 장갑

[안전 장갑]

[안전 장갑(가죽)]

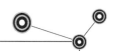

8. 보안면

[보안면 1]

[보안면 2]

[보안면 3]

[보안면 4]

9. 안전화

[안전화]

[안전 단화]

[안전 장화]

[절연 장화]

10. 안전대

[안전대 1]

[안전대 2]

[안전대 3]

[안전대 4]

[안전대 5]

[안전 그네 1]

[안전 그네 2]

산업안전 기사·산업기사 실기

IV

부록

작업형 예상 문제

제1회~제12회 산업 안전 작업형

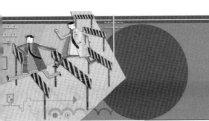

제1회 산업 안전 작업형

영 / 상 / 화 / 면 ❶

지게차 운행 중 하역 장치(포크)가 고장나서 엔진을 끄지 않고 내려서 점검을 하던 중 포크에 의한 협착 사고

01 위의 사고에 대한 방지 대책을 쓰시오.

(해답) 1. 운전자의 운전 위치 이탈 시 포크 및 버킷 등의 하역 장치를 가장 낮은 위치에 둘 것
2. 포크 등을 올리고 수리 · 점검 등의 작업 시 안전 지주 또는 안전 블록을 사용할 것
3. 기계의 점검, 정비, 수리 등 작업 시 운전 정지할 것

02 위의 사고를 방지하기 위하여 사전에 점검해야 할 사항을 쓰시오.

(해답) 하역 장치 및 유압 장치 기능 이상 유무

영 / 상 / 화 / 면 ❷

1만 볼트 고압선 아래서 이동식 크레인을 이용하여 도로변 고압 전선 아래 맨홀에서 작업용 기구를 인양하던 중 신호의 잘못으로 고압선에 접촉되는 사고

01 크레인 붐대와 고압 전선과의 접촉 사고 방지를 위한 조치 사항을 쓰시오.

(해답) 1. 해당 충전 전로를 이설할 것
2. 감전 위험 방지를 위한 방책을 설치할 것
3. 해당 충전 전로에 절연용 방호구를 설치할 것
4. 감시인을 배치할 것

02 1만 볼트 전압에 대한 이동식 크레인의 안전 작업을 위한 접근 한계 거리는 얼마인지 쓰시오.

(해답) 20cm

영 / 상 / 화 / 면 ❸

교각 하부에서 가설 통로를 설치하고 작업자가 교각 하부 위쪽의 작업을 하다가 하부로 떨어지는 사고

01 작업자의 추락 방지를 위한 조치 사항을 쓰시오.

(해답)▸ 1. 안전 난간 또는 안전망 설치
2. 안전대 착용

02 작업자의 안전을 위해 작업 발판 설치 시 그 폭은 얼마이어야 하는지 쓰시오.

(해답)▸ 40cm 이상

영 / 상 / 화 / 면 ❹

지하에서 슬러시 처리 작업 중 작업자가 쓰러지는 사고

01 작업자가 착용해야 할 보호구를 쓰시오.

(해답)▸ 공기 호흡기, 송기 마스크

02 산소 농도가 얼마 이하인 장소에서 작업을 실시하면 안 되는지 쓰시오.

(해답)▸ 산소 농도 18% 미만인 장소

영 / 상 / 화 / 면 ❺

유기용제를 취급하는 작업장에서의 보호구 고르기

01 유기용제를 취급하는 작업장에서의 보호구를 쓰시오.

(해답)▸ 방독 마스크
※ 화면으로 보호구의 사진이 주어지면 그 보호구의 명칭, 기호, 번호 등을 문제에 따라 쓸 것

제2회 산업 안전 작업형

영/상/화/면 ❶

작업 환경이 불량한 작업장에서 크랭크 프레스를 이용하는 작업 상황

01 크랭크 프레스에 광전자식 방호 장치를 설치하여 급정지 시간이 5m/s였다. 광축의 거리를 구하시오.

(해답)▶ $U = 1.6(T_l + T_s) = 1.6 \times 5\text{m/s} = 8\text{mm}$

02 이물질 제거 작업 중 실수로 페달을 밟아 손이 다치는 사고를 예방하기 위하여 조치해야 할 사항을 쓰시오.

(해답)▶ 1. 이물질(칩) 제거 시에는 수공구를 사용한다.
2. 프레스를 정지 시에는 페달에 U자형 덮개를 설치한다.

영/상/화/면 ❷

지하 변전실의 변전 시설 및 제어실의 상황을 보여 주는 화면

01 변압기의 활선 여부를 확인할 수 있는 방법을 쓰시오.

(해답)▶ 1. 검전기에 의한 확인
2. 접지봉을 이용한 접촉 확인
3. 테스터기의 지시치 확인

02 제어실과 변전실이 막혀 있어 의사소통이 불량하여 사고의 위험이 있다. 그 대책을 쓰시오.

(해답)▶ 대화가 가능한 대화창 설치

영 / 상 / 화 / 면 ❸

공기 중에 LPG가 누출하여 폭발하는 상황

01 LPG의 주성분인 프로판가스의 최소 산소 농도(MOC)를 구하시오.

(해답)▸ $MOC = LEL \times \dfrac{산소\ 몰수}{연료\ 몰수}$

$$= 2.1 \times \dfrac{5}{1}$$

$$= 10.5\,vol\%$$

02 영상의 사고 형태와 기인물을 쓰시오.

(해답)▸ 1. 사고 형태 : 폭발
2. 기인물 : LPG

영 / 상 / 화 / 면 ❹

크레인을 이용하여 와이어 로프에 화물을 매달아 운반하는 작업 상황

01 화면에서 와이어 로프의 안전 계수, 화물의 매다는 각도는 얼마로 해야 하는지 쓰시오.

(해답)▸ 1. 와이어 로프의 안전 계수 : 5
2. 화물의 매다는 각도 : 60°

02 화면에서 화물이 흔들려 골조에 부딪힐 위험이 있으며 신호의 방법이 서로 맞지 않아 위험하다. 이에 대한 대책을 쓰시오.

(해답)▸ 1. 보조 로프를 설치하여 화물의 흔들림을 방지한다.
2. 운전자와의 신호 방법 사전 숙지 및 무전기를 이용한다.
3. 와이어 로프의 체결 상태 확인 후 화물을 인양한다.

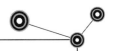

영 / 상 / 화 / 면 ❺

먼지, 미스트 등이 발생하는 작업 장소에서 착용해야 할 보호구 고르기

01 먼지, 미스트 등이 발생하는 작업 장소에서 착용해야 할 보호구를 화면을 보고 쓰시오.

해답 ⟩ 방진 마스크

참고 ▸ 먼지, 미스트, 가스, 증기가 존재한다면 방독 마스크

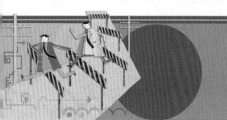

제3회 산업 안전 작업형

영/상/화/면 ❶

무 채 써는 기계를 이용한 작업에서 기계가 작동 중 무가 끼어서 기계가 작동을 멈춘 상태에서 제거 작업 중 사고가 발생하는 상황

01 화면에서 위험 포인트를 쓰시오.

(해답)▼ 1. 기계의 전원을 차단하지 않은 상태로 기계 점검에 의하여 재해가 발생하게 된다.
2. 기계에 연동 시건 장치가 설치되어 있지 않으므로 덮개를 개방하는 경우 재해가 발생하게 된다.

02 화면 기계의 덮개를 개방 시 기계가 작동하지 않게 하기 위한 방호 장치를 쓰시오.

(해답)▼ 연동 시건 장치, 시건 장치, 울 설치

영/상/화/면 ❷

단무지를 저장하는 대형 물이 있는 저장고에서 작업자가 수중 펌프를 조작하다가 감전 사고가 발생하는 상황

01 사고 예방을 위한 조치 사항을 쓰시오.

(해답)▼ 1. 누전 차단기 설치
2. 수분이 습윤한 장소의 전선은 수분 침투가 불가능한 전선 사용
3. 작업 전 전선 접속 상태 확인 및 감전 방지를 위한 안전 장갑 착용

02 작업자가 왜 감전 되었는지를 인체 전기 저항을 기준으로 쓰시오.

(해답)▼ 인체가 물에 젖어 있는 상태에서는 인체의 전기 저항이 1/25로 감소하여 쉽게 감전되게 된다.

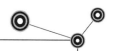

영/상/화/면 ❸

선박 하부의 밀폐 공간에서 연삭 작업 중 송풍기의 갑작스러운 고장으로 작업자가 질식하는 상황

01 퍼지의 목적 3가지를 쓰시오.

해답 1. 가연성 가스 및 지연성 가스 : 농도를 희석하여 화재 폭발 방지
2. 독성 가스 : 농도를 희석하여 중독 방지
3. 불활성 가스 : 농도를 희석하여 질식 방지

02 산소 결핍 위험 장소에서 작업 시 준수 사항을 쓰시오.

해답 1. 공기 중 산소 농도를 18% 이상 유지하도록 환기시킨다.
2. 관계 근로자 이외의 출입을 금지한다.
3. 작업장과 외부 연락을 위한 연락 설비를 설치한다.
4. 관리 감독자를 배치한다.

영/상/화/면 ❹

고압 전선 주위에서 항타기, 항발기의 조립 작업 상황

01 항타기, 항발기의 와이어 로프 안전율을 고려할 때 인양하고자 하는 H형강의 하중이 1ton이라면 와이어 로프의 절단 하중은 얼마인지 쓰시오.

해답 안전율 $= \dfrac{\text{절단 하중}}{\text{사용 하중}} = 5 \times 1 = 5\text{ton}$

02 항타기, 항발기 작업 시 충전 전로에 의한 감전 위험 시 조치 사항을 쓰시오.

해답 1. 해당 충전 전로를 이설할 것
2. 감전 위험 방지를 위한 방책을 설치할 것
3. 해당 충전 전로에 절연용 방호구를 설치할 것
4. 감시인을 배치할 것

영 / 상 / 화 / 면 ❺

가스, 증기, 미스트, 먼지가 발생하는 작업장에서 작업 시 착용해야 할 보호구 고르기

01 가스, 증기, 미스트, 먼지가 발생하는 작업장에서 작업 시 착용해야 할 보호구를 화면을 보고 쓰시오.

(해답) 방진 마스크, 방독 마스크, 송기 마스크 등

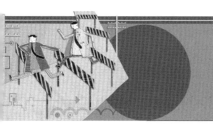

제4회 산업 안전 작업형

영/상/화/면 ❶

작업자가 장갑을 끼고 선반 작업을 하다가 손이 말려 들어가는 사고의 상황

01 사고 발생의 이유를 쓰시오.

(해답) 선반 작업 시 장갑 착용 금지(날, 공작물 또는 축이 회전하는 기계를 취급하는 작업을 하는 때에는 손에 밀착이 잘 되는 가죽제 장갑 등 외에 손이 말려 들어갈 위험이 있는 장갑은 착용해서는 안 된다.)

02 화면 영상에서 발생한 사고의 위험점을 쓰시오.

(해답) 협착점

영/상/화/면 ❷

승강기 패널 조작 작업을 하고 있는 상황

01 정전 및 활선 작업 시 특별 안전 보건 교육 내용을 쓰시오.

(해답) 1. 전기의 위험성 및 전격 방지에 관한 사항
2. 해당 설비의 보수 점검에 관한 사항
3. 정전 작업, 활선 작업 시의 안전 작업 방법 및 순서에 관한 사항
4. 절연용 보호구 및 활선 작업용 기구 등의 사용에 관한 사항
5. 그 밖에 안전 보건 관리에 관한 사항

02 작업 시 착용해야 할 보호구를 쓰시오.

(해답) 절연화, 절연 장갑

영/상/화/면 ❸

작업장에 화학 설비가 보이고 작업자가 배관 부분에서 너트를 조이는 작업을 하다가 추락하는 상황

01 화학 설비의 탱크 내 작업 시 특별 안전 보건 교육의 내용을 쓰시오.

(해답) 1. 차단 장치·정지 장치 및 밸브 개폐 장치 점검에 관한 사항
   2. 탱크 내의 산소 농도 측정 및 작업 환경에 관한 사항
   3. 안전 보호구 및 이상시 응급 조치에 관한 사항
   4. 작업 절차·방법 및 유해 위험에 관한 사항
   5. 그 밖에 안전 보건 관리에 필요한 사항

02 특수 화학 설비의 내부 이상 상태를 조기에 파악하기 위하여 설치해야 할 장치를 쓰시오.

(해답) 1. 자동 경보 장치 설치
   2. 긴급 차단 장치 설치
   3. 예비 동력원 설치
   4. 온도계, 유량계, 압력계 등 계측 장치 설치

영/상/화/면 ❹

교량에서 볼트를 조이는 작업 중 작업자가 공구를 교환하던 중 추락하는 상황

01 철골 건립 작업 중 작업을 중지해야 할 사항을 쓰시오.

(해답) 1. 풍속이 초당 10m 이상인 경우
   2. 강우량이 시간당 1mm 이상인 경우
   3. 강설량이 시간당 1cm 이상인 경우

02 토크 렌치를 이용하여 측정한 축력이 800kg·m이다. 토크 계수 $K = 0.15$, 볼트 직경 $d = 22\text{mm}$일 때 볼트의 축력을 구하시오.

(해답) $T = KFd$

$$\therefore \ F = \frac{T}{Kd} = \frac{80\text{kg}\cdot\text{m}}{22 \times 10^{-3}\text{m}} = 24.24\text{ton}$$

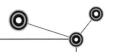

발파공 천공 작업에 있어서 작업자가 착용해야 할 보호구 고르기

01 발파공 천공 작업에 있어서 작업자가 착용해야 할 보호구를 쓰시오.

해답↘ 안전모, 안전화, 방진 안경, 귀덮개 등(화면에서 주어지는 보호구명과 해당 번호를 쓰는 것임.)

제5회 산업 안전 작업형

 영/상/화/면 ❶

인쇄 윤전기를 이용하여 작업하는 작업자가 장갑을 착용하여 작업하다가 윤전기에 말려 들어가는 상황

01 윤전기의 표면 원주 속도를 구하는 공식을 쓰시오.

(해답)▶ $V = \dfrac{\pi D N}{1,000}$ (m/min)

02 화면의 작업에서 형성되는 위험점의 종류와 정의를 쓰시오.

(해답)▶ 1. 위험점의 종류 : 맞물림점
2. 정의 : 회전하는 두 개의 회전체에 말려 들어가는 위험성이 존재하는 위험점

 영/상/화/면 ❷

VDT(영상 표시 단말기) 작업에서 작업자가 불량한 작업 자세로 작업을 하고 있는 상황

01 영상 표시 단말기 작업 시 작업 자세를 쓰시오.

(해답)▶ 1. 영상 표시 단말기 취급 근로자의 시선은 화면 상단과 눈높이가 일치할 정도로 하고 작업 화면상의 시야 범위는 수평선상으로부터 10~15° 밑에 오도록 하며 화면과 근로자의 눈과의 거리(시거리 : eye-screen distance)는 적어도 40cm 이상이 확보될 수 있도록 할 것
2. 위팔(upper arm)은 자연스럽게 늘어뜨리고, 작업자의 어깨가 들리지 않아야 하며, 팔꿈치의 내각은 90° 이상이 되어야 하고, 아래팔(fore arm)은 손등과 수평을 유지하여 키보드를 조작하도록 할 것
3. 연속적인 자료의 입력 작업 시에는 서류 받침대(document holder)를 사용하도록 하고, 서류 받침대는 높이·거리·각도 등을 조절하여 화면과 동일한 높이 및 거리에 두어 작업하도록 할 것

4. 의자에 앉을 때는 의자 깊숙이 앉아 의자 등받이에 작업자의 등이 충분히 지지되도록 할 것

5. 영상 표시 단말기 취급 근로자의 발바닥 전면이 바닥면에 닿는 자세를 기본으로 하되, 그러하지 못할 때에는 발 받침대(foot rest)를 조건에 맞는 높이와 각도로 설치할 것

6. 무릎의 내각(knee angle)은 90° 전후가 되도록 하되, 의자의 앉는 면의 앞부분과 영상 표시 단말기 취급 근로자의 종아리 사이에는 손가락을 밀어 넣을 정도의 틈새가 있도록 하여 종아리와 대퇴부에 무리한 압력이 가해지지 않도록 할 것

7. 키보드를 조작하여 자료를 입력할 때 양손목에 바깥을 꺾은 자세가 오래 지속되지 않도록 주의할 것

참고 영상 표시 단말기(VDT)

1. 작업 기기의 조건
   ① 사업주는 영상 표시 단말기 화면의 성능이 다음에서 정한 것으로 제공하여야 한다.
      ㉠ 영상 표시 단말기 화면은 회전 및 경사 조절이 가능할 것
      ㉡ 화면의 깜박거림은 영상 표시 단말기 취급 근로자가 느낄 수 없을 정도이어야 하고 화질은 항상 선명할 것
      ㉢ 화면에 나타나는 문자·도형과 배경의 휘도비(contrast)는 작업자가 용이하게 조절할 수 있는 것일 것
      ㉣ 화면상의 문자나 도형 등은 영상 표시 단말기 취급 근로자가 읽기 쉽도록 크기·간격 및 형상 등을 고려할 것
      ㉤ 단색 화면일 경우 색상은 일반적으로 어두운 배경에 밝은 황·녹색 또는 백색 문자를 사용하고 적색 또는 청색의 문자는 가급적 사용하지 않도록 할 것
   ② 사업주는 키보드와 마우스의 성능 및 구조가 다음 각 호에서 정한 것으로 제공하여야 한다.
      ㉠ 키보드는 특수 목적으로 고정된 경우를 제외하고는 영상 표시 단말기 취급 근로자가 조작 위치를 조정할 수 있도록 이동 가능한 것으로 할 것
      ㉡ 키의 성능은 키 입력 시 영상 표시 단말기 취급 근로자가 키의 작동을 자연스럽게 느낄 수 있도록 촉각·청각 및 작동 압력 등을 고려할 것
      ㉢ 키의 윗부분에 새겨진 문자나 기호는 명확하고, 작업자가 쉽게 판별할 수 있도록 할 것
      ㉣ 키보드의 경사는 5~15°, 두께는 3cm 이하로 할 것
      ㉤ 키보드와 키 윗부분의 표면은 무광택으로 할 것
      ㉥ 키의 배열은 키 입력 작업 시 작업자의 상지의 자세가 자연스럽게 유지되고 조작이 원활하도록 배치되게 할 것
      ㉦ 작업자의 손목을 지지해 줄 수 있도록 작업대 끝면과 키보드의 사이는 15cm 이상을 확보하고 손목의 부담을 경감할 수 있도록 적절한 받침대(패드)를 이용할 수 있도록 할 것
      ㉧ 마우스는 쥐었을 때 작업자의 손이 자연스러운 상태를 유지할 수 있는 것일 것

③ 사업주는 다음에서 규정한 작업대를 제공하여야 한다.

㉠ 작업대는 모니터 · 키보드 및 마우스 · 서류 받침대 · 기타 작업에 필요한 기구를 적절하게 배치할 수 있도록 충분한 넓이를 갖출 것

㉡ 작업대는 가운데 서랍이 없는 것을 사용하도록 하며, 근로자가 영상 표시 단말기 작업 중에 다리를 편안하게 놓을 수 있도록 다리 주변에 충분한 공간을 확보하도록 할 것

㉢ 작업대의 높이(키보드 지지대가 별도 설치된 경우에는 키보드 지지대 높이)는 조정되지 않는 작업대를 사용하는 경우에는 바닥면에서 작업대 높이가 60~70cm 범위 내의 것을 선택하고, 높이 조정이 가능한 작업대를 사용하는 경우에는 바닥면에서 작업대 표면까지의 높이가 65cm 전후에서 작업자의 체형에 알맞도록 조정하여 고정할 수 있는 것일 것

㉣ 작업대의 앞쪽 가장자리는 둥글게 처리하여 작업자의 신체를 보호할 수 있도록 할 것

④ 사업주는 다음의 규정에서 정한 의자를 제공하여야 한다.

㉠ 의자는 안정감이 있어야 하며 이동 회전이 자유로운 것으로 하되 미끄러지지 않는 구조의 것으로 할 것

㉡ 바닥면에서 앉는 면까지의 높이는 눈과 손가락의 위치를 적절하게 조절할 수 있도록 적어도 35~45cm의 범위 내에서 조정이 가능한 것으로 할 것

㉢ 의자는 충분한 넓이의 등받이가 있어야 하고 영상 표시 단말기 취급 근로자의 체형에 따라 요추(lumbar) 부위부터 어깨 부위까지 편안하게 지지할 수 있어야 하며 높이 및 각도의 조절이 가능한 것으로 할 것

㉣ 영상 표시 단말기 취급 근로자의 필요에 따라 팔걸이(elbow rest)가 있는 것을 사용할 것

㉤ 작업 시 영상 표시 단말기 취급 근로자의 등이 등받이에 닿을 수 있도록 의자 끝부분에서 등받이까지의 깊이가 38~42cm 범위로 적절할 것

㉥ 의자의 앉는 면은 영상 표시 단말기 취급 근로자의 엉덩이가 앞으로 미끄러지지 않는 재질과 구조로 되어야 하며 그 폭은 40~45cm 범위로 할 것

02 VDT 작업으로 올 수 있는 장애를 쓰시오.

(해답)▼ VDT 증후군(경견완 장애, 정전기 등에 의한 피부 장애, 정신적 스트레스, 전자기파에 의한 건강 장해 등)

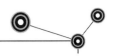

영 / 상 / 화 / 면 ❸

아파트를 재건축 하기 위하여 아파트를 해체하는 상황

01 해체 공사 시 해체 계획에 포함해야 할 사항을 쓰시오.

(해답)▶ 1. 해체의 방법 및 해체 순서 도면
2. 가설 설비·방호 설비·환기 설비 및 살수·방화 설비 등의 방법
3. 사업장 내 연락 방법
4. 해체물의 처분 계획
5. 해체 작업용 기계·기구 등의 작업 계획서
6. 해체 작업용 화약류 등의 사용 계획서
7. 그 밖에 안전·보건에 관련된 사항

02 해체 공사 시 분진 발생을 억제하기 위한 방법을 쓰시오.

(해답)▶ 1. 살수 설비에 의해 물을 뿌린다.(피라밋식, 수평 살수식)
2. 방진 시트, 분진 차단막 등의 방진벽을 설치한다.

영 / 상 / 화 / 면 ❹

가연성 가스가 누출되어 있는 장소에서 작업자의 부주의에 의하여 폭발하는 상황

01 공기 50%, 프로판 45%, 부탄 5%인 경우 혼합 가스의 폭발 하한가를 구하시오. (단, 프로판과 부탄의 폭발 하한계는 2.1%, 1.8%이다.)

(해답)▶ 프로판의 조성비 $= \dfrac{45}{50} \times 100 = 90\,\mathrm{vol\%}$

부탄의 조성비 $= \dfrac{5}{50} \times 100 = 10\,\mathrm{vol\%}$

$\therefore \ \dfrac{100}{\dfrac{90}{2.1} + \dfrac{10}{1.8}} = 2.07\,\mathrm{vol\%}$

02 가스 등의 용기 저장소로서 부적절한 경우를 쓰시오.

(해답) 1. 통풍 또는 환기가 불충분한 장소
2. 화기를 사용하는 장소 및 그 부근
3. 위험물, 화약류 또는 가연성 물질을 취급하는 장소 및 그 부근

 영 / 상 / 화 / 면 ❺

터널 공사 현장에서 암벽에 천공을 한 후 화약을 충전하는 상황

01 터널 공사에서 사용하는 계측기의 종류를 쓰시오.

(해답) 1. 천단 침하계
2. 지중 변위계
3. rock bolt 축력계
4. shotcrete 응력계

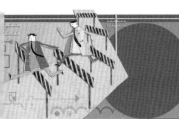

제6회 산업 안전 작업형

영/상/화/면 ❶

인쇄 윤전기가 작동하는 상황에서 기름 제거 청소 작업 중 말려 들어가는 상황

01 윤전기 청소 작업 시 안전 조치 사항을 쓰시오.

(해답)▶ 기계의 청소, 점검, 수리 등 작업 시에는 운전 정지 후 실시할 것(운전 정지 후 시건 장치 설치, 표지판 부착 등 안전 조치 후 작업 실시)

02 위 화면에서 사고의 위험점을 쓰시오.

(해답)▶ 맞물림점

영/상/화/면 ❷

전주 위에서 정전을 시킨 후 작업자가 형강 교체 작업을 하고 있는 상황

01 위 화면의 작업에서 전로의 차단은 그 절차에 따라 시행해야 한다. 그 절차를 쓰시오.

(해답)▶ 1. 전기 기기 등에 공급되는 모든 전원을 관련 도면, 배선도 등으로 확인할 것
2. 전원을 차단한 후 각 단로기 등을 개방하고 확인할 것
3. 차단 장치나 단로기 등에 잠금 장치 및 꼬리표를 부착할 것
4. 개로된 전로에서 유도 전압 또는 전기 에너지가 축적되어 근로자에게 전기 위험을 끼칠 수 있는 전기 기기 등은 접촉하기 전에 잔류 전하를 완전히 방전시킬 것
5. 검전기를 이용하여 작업 대상 기기가 충전되었는지를 확인할 것
6. 전기 기기 등이 다른 노출 충전부와의 접촉, 유도 또는 예비 동력원의 역송전 등으로 전압이 발생할 우려가 있는 경우에는 충분한 용량을 가진 단락 접지 기구를 이용하여 접지할 것

02 위 화면의 작업 종료 시 조치 사항을 쓰시오.

(해답) 정전 작업 중 또는 작업을 마친 후 전원을 공급하는 경우에는 작업에 종사하는 근로자 또는 그 인근에서 작업하거나 정전된 전기 기기 등(고정 설치된 것으로 한정한다.)과 접촉할 우려가 있는 근로자에게 감전의 위험이 없도록 다음의 사항을 준수하여야 한다.

1. 작업 기구, 단락 접지 기구 등을 제거하고 전기 기기 등이 안전하게 통전될 수 있는지를 확인할 것
2. 모든 작업자가 작업이 완료된 전기 기기 등에서 떨어져 있는지를 확인할 것
3. 잠금 장치와 꼬리표는 설치한 근로자가 직접 철거할 것
4. 모든 이상 유무를 확인한 후 전기 기기 등의 전원을 투입할 것

영 / 상 / 화 / 면 ❸

작업장에서 도금이 잘 되었는지 확인하는 상황

01 도금 작업장에서 착용해야 할 보호구를 쓰시오.

(해답) 불침투성 보호의, 보호 장갑 및 신발, 방진 마스크, 방독 마스크

02 인체에 해로운 증기, 흄, 미스트 등이 존재하는 작업장에서 국소 배기 장치 설치 시 후드의 설치 기준을 쓰시오.

(해답) 1. 유해 물질이 발생하는 곳마다 설치할 것
2. 유해 인자의 발생 형태와 비중, 작업 방법 등을 고려하여 해당 분진 등의 발산원을 제어할 수 있는 구조로 설치할 것
3. 후드 형식은 가능하면 포위식 또는 부스식 후드를 설치할 것
4. 외부식 또는 레시버식 후드는 해당 분진 등의 발산원에 가장 가까운 위치에 설치할 것

영 / 상 / 화 / 면 ❹

건설 현장에서 리프트를 이용하는 작업 상황

01 위 화면에서 리프트를 사용하기 전 점검해야 할 사항을 쓰시오.

(해답) 1. 방호 장치, 브레이크 및 클러치의 기능
2. 와이어 로프가 통하고 있는 곳의 상태

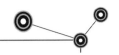

02 리프트를 이용하는 작업에서의 순간 풍속은 얼마 이하여야 하는지 쓰시오.

(해답) 순간 풍속은 매 초당 30m를 초과하면 안 된다.

영 / 상 / 화 / 면 ❺

보호구 관련 문제

01 용접 작업 시 착용하는 보안면을 화면을 보고 번호를 쓰시오.

(해답) 화면에 주어지는 보호구 중 보안면을 찾아서 그 번호를 쓰면 된다.

제7회 산업 안전 작업형

영/상/화/면 ❶

지게차를 이용하여 화물의 하역 작업 시

01 다음 물음에 해당하는 안정도를 쓰시오.

1) 하역 작업 시 전후 안정도?

2) 주행 시 전후 안정도?

3) 하역 작업 시 좌우 안정도?

4) 지게차가 5km로 주행 시 좌우 안정도?

해답
1) 4%
2) 18%
3) 6%
4) $15+1.1\times5=20.5\%$

영/상/화/면 ❷

변압기를 유기 화합물에 넣어서 절연 처리를 하여 건조 작업을 행하는 동영상이다.

01 착용해야 할 보호구를 쓰시오.

1) 손

2) 눈

3) 피부

해답
1) 절연용 안전 장갑
2) 화학 약품 방지용 보안경
3) 불침투성 보호의

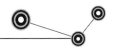

환풍기 팬 수리 작업 중 전기에 의하여 씽크대 위에서 떨어져 선반에 머리를 부딪혀 부상을 당하였다.

01 다음 물음에 답하시오.

1) 기인물
2) 가해물
3) 재해 형태

(해답) ↘ 1) 전기
2) 선반
3) 추락

흙막이 지보공을 설치한 후 보수 · 점검을 하여야 한다.

01 이상 발견 시 즉시 보수하여야 할 사항을 쓰시오.

(해답) ↘ 1. 부재의 손상, 변형, 부식, 변위 및 탈락의 유무와 상태
2. 버팀대의 긴압의 정도
3. 부재의 접속부, 부착부 및 교차부의 상태
4. 침하의 정도

02 다음은 방독면의 정화통과 그에 따른 색이다. 빈칸을 채우시오.

종 류	색
할로겐용 정화통	①
유기 화합물용 정화통	②
황화수소용 정화통	회색
암모니아용 정화통	③
아황산용 정화통	④

(해답) ↘ ① 회색   ② 갈색
③ 녹색   ④ 노란색

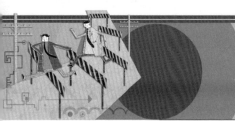

제8회 산업 안전 작업형

영 / 상 / 화 / 면 ❶

지게차를 이용한 작업이다.

01 지게차 헤드 가드의 설치 조건에 관한 사항이다. 다음 물음에 답하시오.

1) (①)값 등분포 정하중에 견딜 수 있을 것

2) 상부틀의 각 개구의 폭 또는 길이가 (②) 미만일 것

3) 운전자가 앉아서 조작하는 방식의 지게차의 헤드 가드의 높이는 (③) 이상일 것

4) 운전자가 서서 조작하는 방식의 지게차의 헤드 가드의 높이는 (④) 이상일 것

해답 ① 2배 ② 16cm ③ 1m ④ 2m

영 / 상 / 화 / 면 ❷

크레인을 이용하여 전주를 옮기는 작업 중 작업자가 전주에 부딪히는 사고가 발생하였다.

01 가해물과 작업자가 착용해야 할 안전모의 종류(기호)를 쓰시오.

해답 1. 가해물 : 전주

2. 안전모 기호 : AE, ABE

02 다음은 가스 등의 용접 취급 시 주의 사항에 관한 사항이다. 다음 물음에 답하시오.

1) 산소 등의 용기의 온도는 섭씨 (①) 이하로 유지할 것

2) 운반할 때에는 (②)을 씌울 것

3) 밸브의 개폐는 (③) 할 것

4) 아세틸렌 용기는 (④) 둘 것

해답 ① 40℃ ② 캡 ③ 서서히 ④ 세워

03 양중기에 사용하는 와이어 로프의 사용 금지 조건이다. 다음 물음에 답하시오.

1) 와이어 로프의 한 꼬임에서 끊어진 소선의 수가 (①) 이상인 것
2) 지름의 감소가 공칭 지름의 (②)를 초과하는 것

해답 ① 10%
② 7%

04 안전모의 성능 시험 항목을 쓰시오.

해답 1. 내관통성 시험
2. 충격 흡수성 시험
3. 내전압성 시험
4. 내수성 시험
5. 난연성 시험

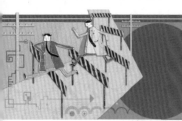

제9회 산업 안전 작업형

영/ 상/ 화/ 면 ❶

건설 현장에서 크레인을 사용한 작업 시

01 다음 물음에 답하시오.

1) 크레인의 안전 검사 주기
2) 건설 현장 사용 크레인

(해답) 1) 설치 끝난 날부터 3년 이내에 최초 안전 검사 실시. 그 후 매 2년
2) 최초 설치한 날부터 매 6개월

영/ 상/ 화/ 면 ❷

전기 퓨즈 점검 작업 중 감전 사고가 발생하였다.

01 작업자의 신체 부위별 착용해야 할 보호구를 쓰시오.

1) 머리
2) 손
3) 발
4) 어깨, 팔 등

(해답) 1) 절연용 안전모 또는 활선 접근 경보기가 부착된 안전모
2) 저압용 고무장갑
3) 고무장화 등 절연화
4) 절연의 또는 활선 접근 경보기가 부착된 의복

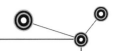

02 산업안전보건법상 누전 차단기를 설치하여야 하는 장소를 쓰시오.

(해답)▶ 1. 대지 전압이 150V를 초과하는 이동형 또는 휴대형 전기 기계·기구
2. 물 등 도전성이 높은 액체가 있는 습윤 장소에서 사용하는 저압(1,500V 이하 직류 전압이나 1,000V 이하의 교류 전압을 말한다.)용 전기 기계·기구
3. 철판·철골 위 등 도전성이 높은 장소에서 사용하는 이동형 또는 휴대형 전기 기계·기구
4. 임시 배선의 전로가 설치되는 장소에서 사용하는 이동형 또는 휴대형 전기 기계·기구

> **참고** 누전 차단기 설치 시 준수 사항
> ① 전기 기계·기구에 설치되어 있는 누전 차단기는 정격 감도 전류가 30mA 이하이고 작동 시간은 0.03초 이내일 것. 다만, 정격 전부하 전류가 50A 이상인 전기 기계·기구에 접속되는 누전 차단기는 오작동을 방지하기 위하여 정격 감도 전류는 200mA 이하로, 작동 시간은 0.1초 이내로 할 수 있다.
> ② 분기 회로 또는 전기 기계·기구마다 누전 차단기를 접속할 것. 다만, 평상시 누설 전류가 매우 적은 소용량 부하의 전로에는 분기 회로에 일괄하여 접속할 수 있다.
> ③ 누전 차단기는 배전반 또는 분전반 내에 접속하거나 꽂음 접속기형 누전 차단기를 콘센트에 접속하는 등 파손이나 감전 사고를 방지할 수 있는 장소에 접속할 것
> ④ 지락 보호 전용 기능만 있는 누전 차단기는 과전류를 차단하는 퓨즈나 차단기 등과 조합하여 접속할 것

03 법상 밀폐 공간 산소 결핍 위험 장소라 하면 산소 농도가 몇 % 미만인 장소를 말하는가? 또한 밀폐 공간에서 작업자가 질식한 경우 작업자를 구출할 때 착용해야 할 보호구를 쓰시오.

(해답)▶ 1. 산소 농도 18% 미만인 장소
2. 착용해야 할 보호구 : 송기 마스크

 영 / 상 / 화 / 면 ❸

작업 발판을 이용하여 작업을 하다가 발을 헛디뎌 넘어지는 사고가 발생하였다.

01 다음 물음에 답하시오.

1) 비계 발판의 폭은 얼마 이상이어야 하는가?
2) 발판 재료 간의 틈은 얼마 이상이어야 하는가?

(해답)▶ 1) 40cm 이상
2) 3cm 이하

02 법상 안전 인증 대상 보호구의 종류를 쓰시오.

해답 ↘ 1. 추락 및 감전 방지용 안전모
3. 방진 마스크
5. 차광 및 비산물 위험 방지용 보안경
7. 안전화
9. 방음용 귀마개 또는 귀덮개
11. 보호복

2. 안전대
4. 방독 마스크
6. 용접용 보안면
8. 안전장갑
10. 송기 마스크
12. 전동식 호흡 보호구

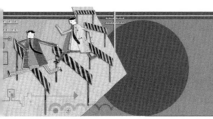

제10회 산업 안전 작업형

톱을 이용하여 작업 시 작업자가 불안전한 자세로 인하여 바닥으로 넘어져 상해를 입은 사고가 발생하였다.

01 가해물과 재해 발생 형태를 쓰시오.

(해답)▶ 1. 가해물 : 바닥   2. 재해 발생 형태 : 전도

02 법상 이동식 사다리 조립 시 준수 사항을 쓰시오.

(해답)▶ 1. 견고한 구조로 할 것
2. 재료는 심한 손상, 부식 등이 없는 것으로 할 것
3. 폭은 30cm 이상으로 할 것
4. 다리 부분에는 미끄럼 방지 장치를 설치하는 등 미끄러지거나 넘어지는 것을 방지하기 위한 필요한 조치를 할 것
5. 발판의 간격은 동일하게 할 것

비계의 높이가 2m 이상인 작업 장소에서 작업 시

01 작업 발판의 설치 시 준수 사항을 쓰시오.

(해답)▶ 1. 발판 재료는 작업할 때의 하중을 견딜 수 있도록 견고한 것으로 할 것
2. 작업 발판의 폭은 40cm 이상으로 하고 발판 재료간의 틈은 3cm 이하로 할 것
3. 추락의 위험이 있는 장소에는 안전 난간을 설치할 것
4. 작업 발판의 지지물은 하중에 의하여 파괴될 우려가 없는 것으로 사용할 것
5. 작업 발판 재료는 뒤집히거나 떨어지지 아니하도록 2 이상의 지지물에 연결하거나 고정시킬 것
6. 작업 발판을 작업에 따라 이동시킬 때에는 위험 방지에 필요한 조치를 할 것

영 / 상 / 화 / 면 ❸

안전모에 관한 사항

01 다음 빈칸을 채우시오.

1) (   ) : 물체의 낙하 또는 비래 및 추락에 의한 위험을 방지 또는 경감시키기 위한 것

2) (   ) : 물체의 낙하 및 비래에 의한 위험을 방지 또는 경감하고 머리부위 감전에 의한 위험을 방지하기 위한 것

3) (   ) : 물체의 낙하, 비래 및 추락에 의한 위험을 방지 또는 경감하고, 머리부위 감전에 위험을 방지하기 위한 것

해답 ↓ 1) AB

2) AE

3) ABE

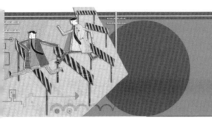

제11회 산업 안전 작업형

영 / 상 / 화 / 면 ❶

호이스트를 이용하여 와이어 로프를 걸어 변압기 이송 작업 시 변압기가 떨어져 작업자가 다치게 되는 사고 발생의 상황

01 위 작업 시 위험 요소를 쓰시오.

(해답) ↘ 1. 훅에 해지 장치가 설치되어 있지 않아 로프가 벗겨질 위험이 있다.
2. 반드시 2군데 이상을 묶어 운반할 것(보조 로프를 사용해야 한다.)
3. 반드시 신호수를 배치하고, 표준 신호 방법을 준수하여야 한다.
4. 작업 지휘자를 배치하여야 한다.
5. 작업장에는 관계자 외 출입을 금하여야 한다.

02 재해 발생 형태 및 정의를 쓰시오.

(해답) ↘ 1. 재해 발생 형태 : 낙하   2. 정의 : 물체가 주체가 되어 사람이 맞는 경우

영 / 상 / 화 / 면 ❷

교류 아크 용접기를 이용한 직업 상황

01 교류 아크 용접 장치의 방호 장치명과 그 성능을 쓰시오.

(해답) ↘ 1. 방호 장치명 : 자동 전격 방지 장치
2. 성능
① 아크 발생을 정지시킨 후로부터 주접점이 개로될 때까지의 시간을 1.0초 이내로 한다.
② 이때 2차 무부하 전압은 25V 이내로 한다.

02 교류 아크 용접 작업 시 착용해야 할 보호구를 쓰시오.

(해답) ↘ 착용해야 할 보호구 : 차광 안경, 용접용 보안면, 절연용 안전장갑

영 / 상 / 화 / 면 ❸

석면 작업장에서 일반 마스크 착용 후 작업을 행하는 상황

01 위험 요인을 쓰시오.

(해답)↘ 석면 작업 시에는 방진 마스크를 착용하여 석면 분진이 흡입되지 않게 하여야 한다.

02 석면 작업 시 발생할 직업병을 쓰시오.

(해답)↘ 석면폐증, 폐암 등

 영 / 상 / 화 / 면 ❹

지붕 위에서 작업 중 작업자가 떨어지는 사고의 상황

01 지붕 위에서 작업 시 추락 위험 요인을 쓰시오.

(해답)↘ 1. 지붕 위에서 작업 시에는 폭 30cm 이상의 작업 발판 미설치
2. 안전대 부착 설비 미설치
3. 안전대 미착용
4. 안전방망 미설치

02 지붕 위에서 작업 시 안전 수칙을 쓰시오.

(해답)↘ 1. 폭 30cm 이상의 작업 발판 설치   2. 안전대 부착 설비 설치
3. 안전대 착용   4. 안전방망 설치

 영 / 상 / 화 / 면 ❺

보호구 관련 사항

01 암모니아가 유출되는 작업장에서 착용해야 할 보호구를 쓰시오.

(해답)↘ 방독 마스크(암모니아가스용)

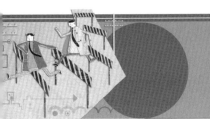

제12회 산업 안전 작업형

영/상/화/면 ❶

H형강에 걸려 있는 줄걸이 로프를 빼내고 있는 상황에서 와이어 로프에 작업자가 맞아서 발생하는 사고 상황

01 가해물의 정의와 가해물을 쓰시오.

(해답)▶ 1. 가해물 정의 : 재해자에게 직접적으로 상해를 가한 기계, 물체 또는 물질
   2. 가해물 : 줄걸이 와이어 로프

02 화면과 같은 작업 시 와이어 로프를 빼내기 위한 적합한 작업 방법을 쓰시오.

(해답)▶ 1. 형강이 붕괴되지 않도록 지주 등을 이용하여 형강을 고정시킬 것
   2. 2인 이상이 공동 작업을 실시할 것
   3. 작업 지휘자를 배치할 것

영/상/화/면 ❷

작업자가 스피커를 통하여 지시하는 상황을 듣지 못한 상태에서 MCC 패널 차단기의 전원을 투입하여 감전 사고 발생 상황

01 감전 재해 방지 대책을 쓰시오.

(해답)▶ 1. 전선로의 계통을 판별하기 위한 장치 설치
   2. 개폐기의 전선로가 무부하 상태가 아니면 개로할 수 없도록 인터로크 장치를 설치할 것
   3. 무부하 상태를 표시하는 파일럿 램프를 설치할 것

02 정전 작업 종료 후 전원 재투입 시 조치 사항을 쓰시오.

(해답)→ 1. 작업 기구, 단락 접지 기구 등을 제거하고 전기 기기 등이 안전하게 통전될 수 있는지를 확인할 것
2. 모든 작업자가 작업이 완료된 전기 기기 등에서 떨어져 있는지를 확인할 것
3. 잠금 장치와 꼬리표는 설치한 근로자가 직접 철거할 것
4. 모든 이상 유무를 확인한 후 전기 기기 등의 전원을 투입할 것

영 / 상 / 화 / 면 ❸

선박 발라스트 탱크 내부에서 슬러지 제거 작업 중 작업자가 질식에 의해 의식을 잃어버리는 상황

01 안전 작업 수칙을 쓰시오.

(해답)→ 1. 작업 전 적정한 공기 상태 여부의 확인을 위한 측정 및 평가
2. 공기 호흡기 또는 송기 마스크 착용
3. 작업 시작 전 또는 작업 중 적정한 공기 상태 유지를 위해 환기
4. 작업장과 외부의 감시인 사이에 상시 연락을 취할 수 있는 설비 설치
5. 관계자 외 작업장의 출입 금지

02 사고 시 피난 용구를 쓰시오.

(해답)→ 1. 송기 마스크   2. 사다리
3. 안전대   4. 구명 로프

영 / 상 / 화 / 면 ❹

타워 크레인을 이용하여 강관 비계를 운반하는 도중 재해 발생 상황

01 타워 크레인 운전 시 준수하지 않은 작업 방법을 쓰시오.

(해답)→ 1. 신호수를 배치하지 않았다.
2. 비계는 2군데 이상 묶어서 운반하지 않았다.
3. 보조 로프가 없었다.
4. 작업 책임자를 배치하지 않았다.

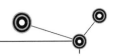

02 타워 크레인 작업 시 운전 작업을 중지해야 할 순간 풍속을 쓰시오.

(해답)↘ 매 초당 20m 초과 시 운전 작업 중지

영 / 상 / 화 / 면 ❺

보호구 관련 상황

01 방수를 중요한 목적으로 하고 내화학성의 재료를 사용하여 만들어진 것으로 압박 및 충격으로부터 발을 보호하기 위해 사용하는 보호구를 쓰시오.

(해답)↘ 고무제 안전화(고무장화)

MEMO

산업안전 기사 · 산업기사 실기

V

부록

과년도 출제 문제

과년도 출제 문제 수록

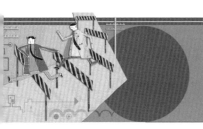
01 비, 눈, 그 밖의 기상 상태의 불안정으로 인하여 날씨가 몹시 나빠서 작업을 중지시킨 후 비계를 조립, 해체, 변경 작업 시 비계의 점검 사항을 쓰시오.

해답 1. 발판 재료의 손상 여부 및 부착 또는 걸림 상태
2. 해당 비계의 연결부 또는 접속부의 풀림 상태
3. 연결 재료 및 연결 철물의 손상 또는 부식 상태
4. 손잡이의 탈락 여부
5. 기둥의 침하·변형·변위 또는 흔들림 상태
6. 로프의 부착 상태 및 매단 장치의 흔들림 상태

02 산업안전보건법상 산업 재해 조사표를 작성 시 다음 보기에서 산업 재해 조사표의 주요 작성 항목이 아닌 것을 고르시오.

> **보기**
> ① 발생 일시　　　② 목격자 인적 사항　　　③ 발생 형태
> ④ 상해 종류　　　⑤ 고용 형태　　　　　　⑥ 가해물
> ⑦ 기인물　　　　⑧ 재발 방지 계획　　　　⑨ 재해 발생 후 첫 출근 일자

해답 ②, ⑦, ⑨

03 다음 물음에 맞는 용기의 색을 쓰시오.

1) 산소　　　　　　　　　　　　　2) 아세틸렌
3) 암모니아　　　　　　　　　　　4) 질소

해답 1) 녹색　　　　　　　　　　　　2) 황색
3) 백색　　　　　　　　　　　　4) 회색

04 철골 공사 시 작업을 중지해야 하는 조건을 쓰시오. (단, 단위를 명확히 쓰시오.)

해답 1. 풍속 : 초당 10m 이상인 경우
2. 강우량 : 시간당 1mm 이상인 경우
3. 강설량 : 시간당 1cm 이상인 경우

05 사람이 작업할 때 느끼는 체감 온도(감각 온도) 또는 실효 온도에 영향을 주는 요인을 쓰시오.

(해답) 1. 온도
2. 습도
3. 기류(공기 유동)

06 정전기의 발생 방지 방법을 쓰시오.

(해답) 1. 접지 조치
2. 유속 조절
3. 대전 방지제 사용
4. 제전기 사용
5. 70% 이상의 상대 습도 부여

07 산업용 로봇의 작동 범위 내에서 해당 로봇에 대하여 교시 등의 작업을 할 경우 해당 로봇의 예기치 못한 작동 또는 오동작에 의한 위험을 방지하기 위하여 관련 지침을 정하여 그 지침에 따라 작업을 하도록 하여야 한다. 지침에 포함되어야 할 사항을 쓰시오. (단, 그 밖에 로봇의 예기치 못한 작동 또는 오동작에 의한 위험을 방지하기 위하여 필요한 조치는 제외한다.)

(해답) 1. 로봇의 조작 방법 및 순서
2. 작업 중의 매니퓰레이터의 속도
3. 2명 이상의 근로자에게 작업을 시킬 때의 신호 방법
4. 이상을 발견한 때의 조치
5. 이상을 발견하여 로봇의 운전을 정지시킨 후 이를 재가동시킬 때의 조치

08 공정 안전 보고서의 내용 가운데 공정 위험성 평가서에서 적용된 위험성 평가 기법에 있어 저장 탱크 설비, 유틸리티 설비 및 제조 공정 중 고체의 건조, 분쇄 설비 등 각 단위 공정에 대한 위험성 평가 기법을 쓰시오.

(해답) 1. 체크 리스트(Check List)
2. 상대 위험 순위 결정(Dow and Mond Indices)
3. 작업자 실수 분석(HEA)
4. 사고 예상 질문 분석(What-if)
5. 위험과 운전 분석(HAZOP)
6. 이상 위험도 분석(FMECA)
7. 결함수 분석(FTA)
8. 사건수 분석(ETA)
9. 원인 결과 분석(CCA)
10. 1. 내지 9.와 동등 이상의 기술적 평가 방법

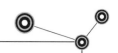

09 산업안전보건법상 압력 용기 등의 식별이 가능하도록 하기 위하여 그 압력 용기에 표시가 지워지지 않도록 각인 표시된 것을 사용하여야 한다. 그 표시 사항을 쓰시오.

(해답) 1. 최고 사용 압력
2. 제조 연월일
3. 제조 회사명

10 다음 보기는 휴먼 에러에 관한 사항이다. 각각 Omission error와 Commission error로 분류하시오.

> [보기]
> ① 납접합을 빠뜨렸다.　　② 전선의 연결이 바뀌었다.
> ③ 부품을 빠뜨렸다.　　④ 부품을 거꾸로 배열하였다.
> ⑤ 틀린 부품을 사용하였다.

(해답) 1. Omission error : ①, ③
2. Commission error : ②, ④, ⑤

> [참고] ① Omission error(생략적 과오) : 필요한 직무 또는 절차를 수행하지 않는 데서 일어나는 과오
> ② Commission error(수행적 과오) : 필요한 직무 또는 절차의 불확실한 수행으로 인한 과오
> ③ Time error(시간적 과오) : 필요한 직무 또는 절차의 수행 지연으로 인한 과오
> ④ Sequential error(순서적 과오) : 필요한 직무 또는 절차의 순서 잘못 이해로 인한 과오
> ⑤ Extraneous error(불필요한 과오) : 불필요한 직무 또는 절차를 수행함으로써 일어나는 과오

11 산업안전보건법상 안전 보건 관리 책임자의 교육 시간이다. (　) 안의 교육 시간을 쓰시오.

교육 대상	교육 시간	
	신 규	보 수
안전 관리자	34시간 이상	(①)시간 이상
보건 관리자	(②)시간 이상	24시간 이상
안전 보건 관리 책임자	6시간 이상	(③)시간 이상
재해 예방 전문 지도 기관 종사자		(④)시간 이상

(해답) ① 24
② 34
③ 6
④ 24

12 보호구 중 사용 구분에 따른 차광 보안경의 종류를 쓰시오.

해답 ▶ 1. 자외선용

2. 적외선용

3. 복합용

4. 용접용

13 평균 근로자 수가 540명인 A 사업장에서 연간 12건의 재해 발생과 15명의 재해자가 발생하여 근로 손실 일수가 총 6,500일 발생하였다. 다음 물음에 답하시오. (단, 근무 시간은 1일 9시간, 근무 일수는 연간 280일이다.)

1) 도수율

2) 강도율

3) 연천인율

4) 종합 재해 지수

해답 ▶ 1) 도수율 $= \dfrac{\text{재해 발생 건수}}{\text{연평균 근로 총 시간수}} \times 10^6 = \dfrac{12}{540 \times 9 \times 280} \times 10^6 = 8.82$

2) 강도율 $= \dfrac{\text{근로 손실 일수}}{\text{근로 총 시간수}} \times 1,000 = \dfrac{6,500}{540 \times 9 \times 280} \times 1,000 = 4.78$

3) 연천인율 $= \dfrac{\text{재해자 수}}{\text{연평균 근로자 수}} \times 1,000 = \dfrac{15}{540} \times 1,000 = 27.78$

4) 종합 재해 지수 $= \sqrt{\text{도수율} \times \text{강도율}} = \sqrt{8.82 \times 4.78} = 6.49$

14 산업안전법상 물질 안전 보건 자료의 작성, 비치 제외 대상 제제를 쓰시오.

해답 ▶ 1. 원자력에 의한 방사성 물질

2. 약사법에 의한 의약품 및 의약부외품

3. 마약류 관리법에 따른 마약 및 향정신성 의약품

4. 농약 관리법에 의한 농약

5. 사료 관리법에 의한 사료

6. 비료 관리법에 의한 비료

7. 식품 위생법에 의한 식품 및 식품 첨가물

8. 총포, 도검, 화약류 단속법에 의한 화약류

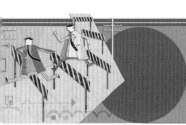

01 방독 마스크의 안전 인증 표시 외에 추가로 표시해야 할 사항을 쓰시오.

(해답) 1. 파과 곡선도
2. 사용 시간 기록 카드
3. 정화통의 외부 측면의 표시색
4. 사용상의 주의 사항

02 산업안전보건법상 자율 안전 확인 대상 기계 · 기구의 방호 장치를 쓰시오.

(해답) 1. 아세틸렌 용접 장치용 또는 가스 집합 용접 장치용 안전기
2. 교류 아크 용접기용 자동 전격 방지기
3. 롤러기 급정지 장치
4. 연삭기 덮개
5. 목재 가공용 둥근톱 반발 예방 장치 및 날 접촉 예방 장치
6. 동력식 수동 대패용 칼날 접촉 방지 장치
7. 추락 · 낙하 및 붕괴 등의 위험 방호에 필요한 가설 기자재로서 고용노동부 장관이 정하여 고시하는 것

03 누적 외상성 질환(Cumulative Trauma Disorder)은 테니스 Elbow나 방아쇠, 손가락 등으로 더 잘 알려져 있는데 이러한 직업병의 원인이 되는 CTD의 대표적인 원인을 쓰시오.

(해답) 1. 큰 힘(과도한 힘)
2. 반복적인 격심한 굴곡
3. 낮은 작업 온도
4. 심한 국소 진동(Vibration induced white finger)

04 통전 전류의 크기에서 심실 세동 전류를 설명하고, 통전 시간과 전류치의 관계식을 쓰시오.

(해답) 인체에 흐른 전류의 크기가 증가되면 전류의 일부가 심장 부분을 흐르게 되어 정상적인 맥동을 하지 못하게 되며 불규칙적인 세동을 하게 된다. 이때 혈액 순환이 곤란하여 심장이 마비되는 현상을 일으키게 되는데 이를 심실 세동이라고 한다.

관계식$(I) = \dfrac{165 \sim 185}{\sqrt{T}}\,[\text{mA}]$

05 비계의 벽이음 및 버팀의 설치 기준이다. ( ) 안에 알맞은 숫자를 쓰시오.

구 분		조립 간격(m)	
		수직 방향	수평 방향
통나무 비계		①	②
강관 비계	단관 비계	③	④
	틀 비계	⑤	⑥

해답 ① 5.5   ② 7.5
③ 5   ④ 5
⑤ 6   ⑥ 8

06 근로자 수 80명인 목재 가공용 기계를 사용하는 사업장의 안전 관리자의 수와 안전 관리자의 직무 사항을 쓰시오. (단, 일반적으로 산업안전보건법상 고용노동부 장관이 고시한 직무는 제외한다.)

해답 1. 안전 관리자 수 : 1명
2. 안전 관리자 직무
① 산업안전보건위원회 또는 안전, 보건에 관한 노사 협의체에서 심의, 의결한 직무와 해당 사업장의 안전 보건 관리 규정 및 취업 규칙에서 정한 직무
② 안전 인증 대상 기계, 기구 등과 자율 안전 확인 대상 기계, 기구 등 구입 시 적격품 선정에 관한 보좌 및 조언·지도
③ 해당 사업장 안전 교육 계획의 수립 및 실시에 관한 보좌 및 조언·지도
④ 사업장 순회 점검, 지도 및 조치의 건의
⑤ 산업 재해 발생의 원인 조사 및 재발 방지를 위한 기술적 보좌 및 조언·지도
⑥ 산업 재해에 관한 통계의 유지·관리 분석을 위한 보좌 및 조언·지도
⑦ 업무수행 내용의 기록·유지

07 재해 사례 연구 순서를 쓰시오. (단, 전제 조건을 포함한다.)

해답 1. 전제 조건 : 재해 상황 파악(상해 부위, 상해 성질, 상해 정도)
2. 제1단계 : 사실의 확인(사람, 물건, 관리, 재해 발생 경과)
3. 제2단계 : 문제점의 발견
4. 제3단계 : 근본 문제점의 결정
5. 제4단계 : 대책 수립

08 화재의 종류별 소화에 대한 사항으로 전기 화재의 분류와 적응 소화기의 종류를 쓰시오.

해답 1. 분류 : C급 화재
2. 적응 소화기 : ① 유기성 소화액, ② CO_2 소화기, ③ 분말 소화기

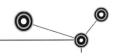

09 다음 사항의 (   ) 안에 알맞은 내용을 쓰시오.

> 사업주는 계단 및 계단참을 설치하는 때에는 매 제곱미터당 (①)kg 이상의 하중을 견딜 수 있는 강도를 가진 구조로 설치하여야 하며, 안전율은 (②) 이상으로 하여야 한다. 또한 높이가 3m를 초과하는 계단에는 높이 3m 이내마다 너비 (③)m 이상의 계단참을 설치하여야 한다.

(해답)▶ ① 500
② 4
③ 1.2

10 다음은 강렬한 소음 작업을 나타내고 있다. 다음 (   ) 안을 채우시오.

1) 90dB 이상의 소음이 1일 (①)시간 이상 발생되는 작업
2) 100dB 이상의 소음이 1일 (②)시간 이상 발생되는 작업
3) 105dB 이상의 소음이 1일 (③)시간 이상 발생되는 작업
4) 110dB 이상의 소음이 1일 (④)시간 이상 발생되는 작업

(해답)▶ ① 8   ② 2
③ 1   ④ 0.5

11 무재해 운동의 3원칙을 쓰고, 간략히 설명하시오.

(해답)▶ 1. 무의 원칙 : 무재해란 단순히 사망 사고, 휴업 재해만 없으면 된다는 소극적인 사고가 아니고 물휴 재해는 물론이고 일체의 잠재 위험 요인을 사전에 발견, 파악, 해결함으로서 근원적으로 산업 재해를 제거하고자 하는 것
2. 참가의 원칙 : 작업에 따르는 잠재적인 위험 요인을 발견, 해결하기 위하여 전원이 협력하여 문제 해결을 실천하려는 것
3. 선취의 원칙 : 무재해 궁극의 목표로서 무재해를 위하여 일체의 직장 위험 요인을 행동하기 전에 발견, 파악, 해결하여 재해를 예방하는 것

12 어느 사업장의 연평균 근로자 수가 800명, 잔업 시간이 1인당 100시간, 연간 재해가 60건, 이 사업장에서 작업자가 평생 작업 시 몇 건의 재해를 당할 수 있겠는가?

(해답)▶ 도수율 $= \dfrac{\text{재해 발생 건수}}{\text{근로 총 시간수}} \times 10^6 = \dfrac{60}{(800 \times 8 \times 300) + (800 \times 100)} \times 10^6 = 30.00$

∴ 환산 도수율 $= 30.00 \times \dfrac{100,000}{1,000,000} = 3$건

13 다음은 프레스기의 손쳐내기식 방호 장치에 관한 설명이다. ( ) 안에 알맞게 쓰시오.

1) 손쳐내기판은 금형 크기의 (①) 이상 또는 높이가 행정 길이 이상

2) 손쳐내기봉은 진폭의 (②)의 폭 이상

3) 손쳐내기식 방호 장치의 일반 구조에 있어 슬라이드 하행 거리의 (③) 위치 내에서 손을 완전히 밀어내야 한다.

4) 손쳐내기식 방호판의 높이는 최대 (④) 이상이어야 한다.

해답 ① $\frac{1}{2}$ ② 금형

③ $\frac{3}{4}$ ③ 300mm

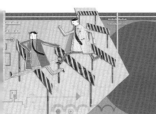
01 양립성의 종류 3가지를 쓰고, 간략히 설명하시오.

(해답)▶ 1. 공간적 양립성 : 어떤 사물들, 표시 장치나 조종 장치에서 물리적 형태나 공간적인 배치의 양립성
2. 운동 양립성 : 표시 장치, 조종 장치, 체계 반응의 운동 방향의 양립성
3. 개념적 양립성 : 어떤 암호 체계에서 청색이 정상을 나타내듯이 우리가 가지고 있는 개념적 연상의 양립성

02 롤러기에서 앞면 롤러의 표면 속도가 25m/min인 롤러기에 설치하는 급정지 장치의 급정지 거리는 얼마인지 쓰시오. (단, 롤러의 직경은 120cm이다.)

(해답)▶ 급정지 거리 $= \dfrac{\pi \times D}{2.5} = \dfrac{\pi \times 120}{2.5} = 150\text{cm}$

참고 ① 표면 속도가 30m/min 미만이면 원주 길이의 1/2.5이다.
② 표면 속도가 30m/min 이상이면 원주 길이의 1/30이다.

03 위험 및 운전성 평가(Hazop)에서 사용되는 지칭어(유인어)를 종류에 따라 간략히 설명하시오.

(해답)▶ 1. NO, NOT : 검토하고자 하는 개념이 존재하지 않음
2. MORELESS : 양적인 증가 또는 감소
3. AS WELL AS : 성질적 증가
4. PART OFF : 성질적 감소
5. REVERSE : 검토하고자 하는 개념과 논리적인 역, 역반응
6. OTHER THAN : 완전한 교체(대체)

04 산업안전보건법상 방사선 업무에 관계되는 작업 시 특별 안전 보건 교육의 내용을 쓰시오.

(해답)▶ 1. 방사선의 유해·위험 및 인체에 미치는 영향
2. 방사선의 측정 기기 기능의 점검에 관한 사항
3. 방호 거리·방호벽 및 방사선 물질의 취급 요령에 관한 사항
4. 응급 처치 및 보호구 착용에 관한 사항
5. 그 밖에 안전·보건 관리에 필요한 사항

05 인체의 전기 저항이 500Ω, 통전 시간이 1초라면 심실 세동을 일으키는 위험 한계 에너지는 몇 J인가?

해답▶ $W = I^2 RT = \left(\dfrac{165}{\sqrt{T}} \times 10^{-3} \right)^2 \times 500$

$\qquad = 13.5 \text{WS} = 13.5 \text{J}$

06 잠함 또는 우물통의 내부에서 작업 시 급격한 침하에 의한 위험을 방지하기 위한 준수 사항을 쓰시오.

해답▶ 1. 침하 관계도에 따라 굴착 방법 및 재하량 등을 정할 것
2. 바닥으로부터 천장 또는 보까지의 높이는 1.8m 이상으로 할 것

07 지상 높이 31m 이상의 건축물, 인공 구조물 등의 건설 공사 시 유해 위험 방지 계획서 제출 시 작업 공종별 제출 서류를 쓰시오.

해답▶ 1. 가설 공사
2. 굴착 및 발파 공사
3. 구조물 공사
4. 강구조물 공사
5. 마감 공사
6. 전기 및 기계 설비 공사
7. 그 밖의 공사(해체 공사 등)

08 공사용 가설 도로 설치 시 준수 사항을 쓰시오.

해답▶ 1. 도로는 장비 및 차량이 안전하게 운행할 수 있도록 견고하게 설치할 것
2. 도로와 작업장이 접하여 있을 경우에는 방책 등을 설치할 것
3. 도로는 배수를 위하여 경사지게 설치하거나 배수 시설을 설치할 것
4. 차량의 속도 제한 표지를 부착할 것

09 산업안전보건법상 안전 보건 총괄 책임자의 직무 사항을 쓰시오.

해답▶ 1. 작업 중지
2. 도급 사업 시 산업재해예방조치
3. 산업 안전 보건 관리비의 관계 수급인 간의 사용에 관한 협의·조정 및 그 집행의 감독
4. 안전 인증 대상 기계 등과 자율 안전 확인 대상 기계 등의 사용 여부 확인
5. 위험성 평가의 실시에 관한 사항

10 산업안전보건법상 안전 인증 대상 기계·기구에 대한 안전 인증 심사의 종류를 쓰시오.

(해답)▶ 1. 예비 심사
2. 서면 심사
3. 기술 능력 및 생산 체계 심사
4. 제품 심사

11 보호구 중 안전화의 종류를 쓰시오.

(해답)▶ 1. 가죽제 안전화
2. 고무제 안전화
3. 정전기 안전화
4. 발등 안전화
5. 절연화
6. 절연 장화

12 아세틸렌 용접 장치의 안전기 설치 기준을 쓰시오.

(해답)▶ 1. 아세틸렌 용접 장치에 대하여는 그 취관마다 안전기를 설치하여야 한다. 다만, 주관 및 취관에 가장 근접한 분기관마다 안전기를 부착한 때에는 그러하지 아니하다.
2. 가스 용기가 발생기와 분리되어 있는 아세틸렌 용접 장치에 대하여는 발생기와 가스 용기 사이에 안전기를 설치하여야 한다.

13 하인리히, 버드, 아담스, 웨버의 재해 발생 이론을 쓰시오.

(해답)▶ 1. 하인리히 : 사회적 환경 및 유전적 요소, 개인적 결함, 불안전 상태 및 불안전 행동, 사고·재해
2. 버드 : 관리 부족, 기본 원인, 직접 원인, 사고·재해
3. 아담스 : 관리 구조, 작전적 에러, 전술적 에러, 사고·재해
4. 웨버 : 유전과 환경, 인간의 결함, 불안전 행동 및 불안전 상태, 사고·재해

> **참고**▶ 자베타키스 사고 연쇄성 이론
> ① 개인적 요인 및 환경적 요인
> ② 불안전 행동 및 불안전 상태
> ③ 에너지 및 위험물의 예기치 못한 폭주
> ④ 사고
> ⑤ 구호(구조)

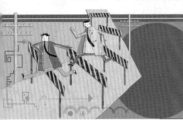

01 법상 조명 기준을 쓰시오.

해답▶ 1. 초정밀 작업 : 750lux 이상

2. 정밀 작업 : 300lux 이상

3. 보통 작업 : 150lux 이상

4. 그 밖의 작업 : 75lux 이상

02 다음 물음에 답하시오.

1) 욕조 곡선을 그리고 고장 기간 및 명칭을 쓰시오.

2) 각 고장의 고장 기간에서 고장률을 감소시키는 대책을 간략히 쓰시오.

해답▶ 1) 고장의 발생 상황

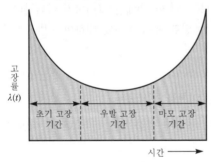

2) ① 초기 고장 : 사전 점검, 시운전 등으로 사전 예방이 가능하다.

② 우발 고장 : 근로자에게 교육, 작동 방법, 조작 방법 등의 교육에 의해 줄일 수 있다.

③ 마모 고장 : 안전 진단, 점검, 보수 등에 의하여 고장 및 재해 방지가 가능하다.

03 산업안전보건법상 경고 표지의 종류를 쓰시오.

해답▶ 1. 인화성 물질 경고   2. 산화성 물질 경고

3. 폭발성 물질 경고   4. 부식성 물질 경고

5. 방사성 물질 경고   6. 고압 전기 경고

7. 매달린 물체 경고   8. 낙하물 경고

9. 고온 경고   10. 저온 경고

11. 레이저 광선 경고   12. 위험 장소 경고

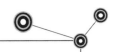

04 산업안전보건법상 암석의 낙하 등에 의하여 근로자에게 위험이 발생할 우려가 있는 장소에서 차량계 건설 기계를 사용하여 작업 시에는 헤드 가드를 갖추어야 한다. 헤드 가드를 갖추어야 할 차량계 건설 기계의 종류를 쓰시오.

(해답) 1. 불도저   2. 트랙터
      3. 셔블   4. 로더
      5. 파워 셔블   6. 드래그 셔블

05 승강기의 설치, 조립, 수리 또는 점검, 해체 시 준수 사항을 쓰시오.

(해답) 1. 작업을 지휘하는 자를 선임하여 그 자의 지휘하에 작업을 실시할 것
      2. 작업을 할 구역에 관계 근로자 외의 자의 출입을 금지시키고 그 취지를 보기 쉬운 장소에 표시할 것
      3. 비, 눈, 그 밖의 기상 상태의 불안정으로 인하여 날씨가 몹시 나쁜 경우에는 그 작업을 중지시킬 것

06 아크 용접 장치의 자동 전격 방지 장치의 회로도를 그리시오.

(해답)

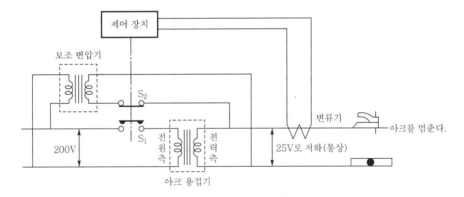

07 안전 인증 심사의 종류와 그 심사 기간을 쓰시오.

(해답) 1. 예비 심사 : 7일
      2. 서면 심사 : 15일(외국에서 제조한 경우는 30일)
      3. 기술 능력 및 생산 체계 심사 : 30일(외국에서 제조한 경우는 45일)
      4. 제품 심사
       ① 개별 제품 심사 : 15일
       ② 형식별 제품 심사 : 30일(방폭 구조 전기 기계·기구 및 부품의 방호 장치와 일부의 보호구는 60일)

08 재해 누발자 유형 중 상황성 누발자와 소질성 누발자의 재해 유발 요인을 쓰시오.

(해답) 1. 상황성 누발자
　　① 작업 자체가 어렵기 때문에
　　② 기계 · 설비의 결함이 있기 때문에
　　③ 심신에 근심이 있기 때문에
　　④ 환경상 주의력 집중이 곤란하기 때문에
2. 소질성 누발자
　　① 주의력 산만(주의력 지속 불능)
　　② 소심한 성격
　　③ 침착성 결여
　　④ 도덕성 결여

[참고] 소질적인 사고의 요인
　　① 지능　　② 성격　　③ 시각 기능(감각 운동 기능)

09 위험 방지 기술에서 리스크 처리 기술의 종류를 쓰시오.

(해답) 1. 회피(Avoidance)
2. 경감 · 감축(Reduction)
3. 보유(Retention)
4. 전가(Transfer)

10 롤러의 지름 120mm, 회전 속도가 60rpm인 롤러의 급정지 거리는?

(해답) $V = \dfrac{\pi DN}{1,000} = \dfrac{3.14 \times 60 \times 120}{1,000} = 22.61 \text{m/min}$

회전 속도가 30m/min 미만이므로 급정지 거리는 앞면롤 원주의 $\dfrac{1}{3}$이므로 급정지 거리는 125.66mm이다.

11 토석 붕괴의 형태를 쓰시오.

(해답) 1. 미끄러져 내림
2. 절토면의 붕괴
3. 얕은 표층의 붕괴
4. 깊은 절토 표면의 붕괴
5. 성토 법면의 붕괴

12 산업안전보건법상 화학 설비 및 부속 설비를 설치할 때에 폭발 또는 화재에 의한 위험을 방지하기 위하여 충분한 안전 거리를 확보하여야 한다. 다음 물음에 대한 안전 거리를 쓰시오.

1) 단위 공정 시설, 설비로부터 다른 공정 시설 및 설비
2) 플레어 스텍으로부터 단위 공정 시설 및 설비
3) 위험물 저장 탱크로부터 단위 공정 시설 및 설비
4) 사무실, 연구실, 실험실

해답 ↘ 1) 설비의 바깥면으로부터 10m 이상
2) 플레어 스텍으로부터 반경 20m 이상
3) 저장 탱크의 바깥면으로부터 20m 이상
4) 사무실 외면으로부터 20m 이상

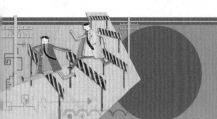
01 다음 FT도에서 정상 사상의 발생 확률을 구하시오. (단, 각 사상의 발생 확률은 0.1, 0.2, 0.3, 0.4, 0.5이다.)

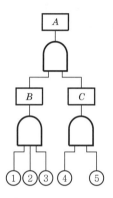

(해답) $A = B \times C$, $B = ① \times ② \times ③$, $C = ④ \times ⑤$

∴ $0.1 \times 0.2 \times 0.3 \times 0.4 \times 0.5 = 0.0012$

02 기계 설비에 형성되는 위험점 6가지를 쓰시오.

(해답) 1. 끼임점   2. 절단점

3. 물림점   4. 협착점

5. 접선 물림점   6. 회전 말림점

참고 기계의 위험성

① 끼임점 : 고정 부분과 회전 운동하는 부분(연삭 숫돌과 작업대)

② 절단점 : 회전하는 기계 자체와 운동하는 기계 자체(둥근톱의 톱날, 띠톱날)

③ 물림점 : 회전체가 서로 반대 방향으로 맞물려 회전(롤러기)

④ 협착점 : 왕복 운동 부분과 고정 부분 사이에 형성(프레스, 절단기, 성형기)

⑤ 접선 물림점 : 회전 방향에 말려 들어갈 위험이 있는 부분(벨트와 풀리)

⑥ 회전 말림점 : 회전하는 물체의 굵기, 길이, 속도 등 불규칙 부위와 돌기 회전 부분에 의해 형성되는 점(회전축, 드릴)

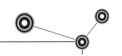

03 비, 눈, 그 밖의 기상 상태의 불안정으로 인하여 날씨가 몹시 나빠서 작업을 중지시킨 후 비계를 조립, 해체, 변경 작업 시 비계의 점검 사항을 쓰시오.

(해답) 1. 발판 재료의 손상 여부 및 부착 또는 걸림 상태
2. 해당 비계의 연결부 또는 접속부의 풀림 상태
3. 연결 재료 및 연결 철물의 손상 또는 부식 상태
4. 손잡이 탈락 여부
5. 기둥의 침하·변형·변위 또는 흔들림 상태
6. 로프의 부착 상태 및 매단 장치의 흔들림 상태

04 다음 기호에 대한 물음에 답하시오.

$$d\,\mathrm{II}\,AT_4$$

1) d는 무엇을 나타내는가?
2) ⅡA는 무엇을 나타내는가?
3) T_4는 무엇을 나타내는가?

(해답) 1) d : 방폭 기기의 구조. 즉, 내압 방폭 구조
2) ⅡA : 폭발 등급. 즉, 폭발 등급이 Ⅱ등급
3) T_4 : 방폭 기기의 온도 등급. 즉, T_4는 100~135℃ 이하

05 산업안전보건법상 밀폐된 장소에서 하는 용접 작업 또는 습한 장소에서 하는 전기 용접 작업 시 특별 안전 보건 교육의 내용을 쓰시오. (단, 그 밖에 안전, 보건 관리에 필요한 사항)

(해답) 1. 작업 순서, 안전 작업 방법 및 수칙에 관한 사항
2. 환기 설비에 관한 사항
3. 전격 방지 및 보호구 착용에 관한 사항
4. 질식 시 응급 조치에 관한 사항
5. 작업 환경 점검에 관한 사항
6. 그 밖에 안전·보건 관리에 필요한 사항

06 A 사업장의 근로자 수(1/4분기 300명, 2/4분기 320명, 3/4분기 270명, 4/4분기 260명)이고, 연간 15건의 재해 발생으로 인한 휴업 일수가 288일일 경우 도수율과 강도율을 구하시오. (단, 1일 8시간, 연간 280일 근무)

(해답) 연평균 근로자 수 $= \dfrac{300+320+270+260}{4} = 288$ 명

도수율 $= \dfrac{재해\ 발생\ 건수}{근로\ 총\ 시간수} \times 10^6 = \dfrac{15}{288 \times 8 \times 280} \times 10^6 = 23.25$

강도율 $= \dfrac{근로\ 손실\ 일수}{근로\ 총\ 시간수} \times 1,000 = \dfrac{288 \times \dfrac{300}{365}}{288 \times 8 \times 280} \times 1,000 = 0.37$

07 산업안전보건법상 다음 보기에 해당하는 사업의 종류에 따른 안전 관리자 수를 쓰시오.

> **보기**
> ① 펄프 제조업 상시 근로자 수 : 600명
> ② 고무 제품 제조업 상시 근로자 수 : 300명
> ③ 운수, 통신업 상시 근로자 수 : 500명
> ④ 건설업 상시 근로자 수 : 500명

해답
① 2명　　　　　　　② 1명
③ 1명　　　　　　　④ 1명

08 다음 물음에 대하여 (　) 안에 알맞게 쓰시오.

1) 순간 풍속이 (①)를 초과하는 바람이 불어올 우려가 있는 경우에 옥외에 설치되어 있는 주행 크레인에 대하여 이탈 방지 장치를 작동시키는 등 그 이탈을 방지하기 위한 조치를 하여야 한다.

2) 양중기의 권과 방지 장치는 훅, 버킷 등 달기구의 윗면이 드럼, 상부 도르레, 트롤리 프레임 등 권상 장치의 아랫면과 접촉할 우려가 있는 때에는 그 간격이 (②) 이상이 되도록 조정 하여야 한다.

3) 갠트리 크레인 등과 같이 작업장 바닥에 고정된 레일을 따라 주행하는 크레인의 새들 돌출부와 구조물 사이의 공간이 (③) 이상이 되도록 바닥에 표시하는 등 안전 공간을 확보 하여야 한다.

해답
① 30m/s
② 0.25m
③ 40cm

09 산업안전보건법상 안전 보건 표지 중 응급 구호 표지를 그리시오. (단, 색상 표시는 글자로 나타내고, 크기에 관한 기준은 표기하지 말 것)

해답

① 바탕색 : 녹색
② 도형, 그림의 색 : 흰색

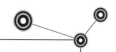

10 보일러 운전 중 발생되는 플라이밍, 포밍의 발생 원인을 쓰시오.

(해답) 1. 수증기 밸브를 급히 개방 시

2. 고수위로 운전 시

3. 증기 부하가 과대할 때

4. 보일러수가 농축되었을 때

5. 보일러수 중에 부유물, 유지분, 불순물이 많이 함유되어 있을 때

11 다음의 보기 중에서 인간 과오(실수) 확률에 대한 추정 기법(분석 기법)의 종류로 맞는 것을 쓰시오.

보기

① FTA ② ETA ③ HAZOP ④ THERP

⑤ CA ⑥ FMCA ⑦ PHA

(해답) ①, ②, ④, ⑥

12 산업안전보건법상 산업 재해를 예방하기 위하여 필요하다고 인정할 때에는 산업 재해 발생 건수, 재해율 또는 그 순위를 공표할 수 있는 대상 사업장의 종류를 쓰시오.

(해답) 1. 산업재해로 인한 사망자가 연간 2명 이상 발생한 사업장

2. 사망만인율(死亡萬人率 : 연간 상시근로자 1만명당 발생하는 사망재해자 수의 비율을 말한다)이 규모별 같은 업종의 평균 사망만인율 이상인 사업장

3. 중대산업사고가 발생한 사업장

4. 산업재해 발생 사실을 은폐한 사업장

5. 산업재해의 발생에 관한 보고를 최근 3년 이내 2회 이상 하지 않은 사업장

13 산업안전보건법상 위험 물질 중 니트로 화합 물질을 제조, 취급하는 작업장과 그 작업장이 있는 건축물에 출입구 외에 안전한 장소로 대피할 수 있는 비상구 1개 이상을 다음 보기와 같은 구조로 설치하여야 한다. 다음 (   ) 안에 알맞게 쓰시오.

1. 출입구와 같은 방향에 있지 아니하고, 출입구로부터 (①) 이상 떨어져 있을 것

2. 작업장의 각 부분으로부터 하나의 비상구 또는 출입구까지의 수평 거리가 (②) 이하가 되도록 할 것

3. 비상구의 너비는 (③) 이상으로 하고, 높이는 (④) 이상으로 할 것

4. 비상구의 문은 피난 방향으로 열리도록 하고, 실내에서 항상 열 수 있는 구조로 할 것

(해답) ① 3m　　　　　　　② 50m

③ 0.75m　　　　　④ 1.5m

14 산업안전보건법상 화학 설비 또는 그 배관의 밸브나 콕에는 (①), (②), (③), (④) 등에 따라 내구성이 있는 재료를 사용하여야 한다. ( ) 안에 알맞게 쓰시오.

해답 ① 개폐의 빈도　　　　② 위험 물질 등의 종류
　　③ 위험 물질 등의 온도　　④ 위험 물질 등의 농도

참고 1. 안전 밸브 등의 설치
　　 1) 사업주는 다음의 어느 하나에 해당하는 설비에 대해서는 과압에 따른 폭발을 방지하기 위하여 폭발 방지 성능과 규격을 갖춘 안전 밸브 또는 파열판을 설치하여야 한다. 다만, 안전 밸브 등에 상응하는 방호 장치를 설치한 경우에는 그러하지 아니하다.
　　　 ① 압력 용기(안지름이 150mm 이하인 압력 용기는 제외하며, 압력 용기 중 관형 열교환기의 경우에는 관의 파열로 인하여 상승한 압력이 압력 용기의 최고 사용 압력을 초과할 우려가 있는 경우만 해당한다.)
　　　 ② 정변위 압축기
　　　 ③ 정변위 펌프(토출축에 차단 밸브가 설치된 것만 해당한다.)
　　　 ④ 배관(2개 이상의 밸브에 의하여 차단되어 대기 온도에서 액체의 열팽창에 의하여 파열된 우려가 있는 것으로 한정한다.)
　　　 ⑤ 그 밖의 화학 설비 및 그 부속 설비로서 해당 설비의 최고 사용 압력을 초과할 우려가 있는 것
　　 2) 1)에 따라 안전 밸브 등을 설치하는 경우에는 다단형 압축기 또는 직렬로 접속된 공기 압축기에 대해서는 각 단 또는 각 공기 압축기별로 안전 밸브 등을 설치하여야 한다.
　　 3) 1)에 따라 설치된 안전 밸브에 대해서는 다음의 구분에 따른 검사 주기마다 국가 교정 기관에서 교정을 받은 압력계를 이용하여 설정 압력에서 안전 밸브가 적정하게 작동하는지를 검사한 후 납으로 봉인하여 사용하여야 한다. 다만, 공기나 질소 취급 용기 등에 설치된 안전 밸브 중 안전 밸브 자체에 부착된 레버 또는 고리를 통하여 수시로 안전 밸브가 적정하게 작동하는지를 확인할 수 있는 경우에는 검사하지 아니할 수 있고 납으로 봉인하지 아니할 수 있다.
　　　 ① 화학 공정 유체와 안전 밸브의 디스크 또는 시트가 직접 접촉될 수 있도록 설치된 경우 : 매년 1회 이상
　　　 ② 안전 밸브 전단에 파열판이 설치된 경우 : 2년마다 1회 이상
　　　 ③ 영 제33조의 6에 따른 공정 안전 보고서 제출 대상으로서 고용노동부 장관이 실시하는 공정 안전 보고서 이행 상태 평가 결과가 우수한 사업장의 안전 밸브의 경우 : 4년마다 1회 이상
　　 4) 사업주는 3)에 따라 납으로 봉인된 안전 밸브를 해체하거나 조정할 수 없도록 조치하여야 한다.
　 2. 파열판의 설치
　　 사업주는 다음의 어느 하나에 해당하는 경우에는 파열판을 설치하여야 한다.
　　 ① 반응 폭주 등 급격한 압력 상승 우려가 있는 경우
　　 ② 급성 독성 물질의 누출로 인하여 주위의 작업 환경을 오염시킬 우려가 있는 경우
　　 ③ 운전 중 안전 밸브에 이상 물질이 누적되어 안전 밸브가 작동되지 아니할 우려가 있는 경우

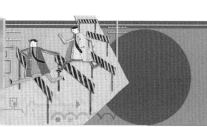

산업안전산업기사 2012.10.14 시행

01 어떤 작업을 수행하는 작업자에게 Doulas백을 사용하여 5분간 수집한 배기 가스의 가스 분석기로 성분을 조사하니 다음과 같았다. 분당 산소 소비량과 에너지가는 얼마인가? (단, 1L의 산소는 5kcal의 에너지와 같다.)

> 보기
>
> O_2 : 16%, CO_2 : 4%, N_2 : 80%, 총 배기량 : 90L

해답 ▶ 흡기량×79%＝배기량×N_2(%)

$$\therefore \ 흡기량＝배기량\times\frac{100-O_2(\%)-CO_2(\%)}{79}$$

O_2 소비량＝흡기량×21%－배기량×O_2(%)

그러므로

$$흡기량＝18\times\frac{100-16-4}{79}＝18.23\text{L/min}$$

$$O_2 \ 소비량＝18.23\times21\%－18\times16\%＝0.9483\text{L/min}$$

$$에너지 \ 소비량＝0.9483\times5＝4.74\text{kcal}$$

02 다음 그림과 같은 회로도에서 램프가 켜지지 않을 정상 사상의 FT도를 작성하시오.

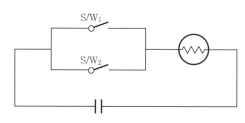

해답 ▶

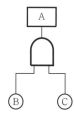

단, 정상 사상 : A
S/W_1 : B
S/W_2 : C

03 전기 설비의 폭발 방지를 위해 설치하는 방폭 구조의 종류와 기호를 각각 구분하여 쓰시오.

(해답) 1. 내압 방폭 구조(d)　　　　　　2. 압력 방폭 구조(p)
　　　 3. 유입 방폭 구조(o)　　　　　　4. 안전증 방폭 주조(e)
　　　 5. 본질 안전 방폭 구조(ia, ib)

04 폭굉 현상 발생 시 폭굉 유도 거리가 짧아지는 조건을 쓰시오.

(해답) 1. 압력이 높을수록
　　　 2. 점화원의 에너지가 강할수록
　　　 3. 관 내에 장애물이 있을 경우
　　　 4. 혼합 가스일 경우
　　　 5. 관경이 작을수록

05 산업안전보건법상 작업 발판 일체형 거푸집의 종류를 쓰시오.

(해답) 1. 갱 폼(Gang form)
　　　 2. 슬립 폼(Slip form)
　　　 3. 클라이밍 폼(Climbing form)
　　　 4. 터널 라이닝 폼(Tunnel lining form)
　　　 5. 그 밖에 거푸집과 작업 발판이 일체로 제작된 거푸집 등

06 산업안전보건법상 안전 인증 대상 방호 장치 중 압력 용기 압력 방출용 파열판의 안전 인증 외에 표시해야 할 사항을 쓰시오.

(해답) 1. 호칭 지름
　　　 2. 용도(요구 성능)
　　　 3. 설정 파열 압력 및 설정 온도
　　　 4. 분출량 또는 공칭 분출 계수
　　　 5. 파열 재질
　　　 6. 유체의 흐름 방향 지시

07 안전 보건 개선 계획 작성 시 반드시 포함해야 할 사항을 쓰시오.

(해답) 1. 시설
　　　 2. 안전 보건 교육
　　　 3. 안전 보건 관리 체계
　　　 4. 산업 재해 예방 및 작업 환경 개선을 위한 필요한 사항

08 다음 물음에 대한 시스템 안전 기법의 명칭을 쓰시오.

1) 모든 요소의 고장을 형태별로 분석하여 그 영향을 검토하는 방법
2) 모든 시스템 안전 프로그램의 최초 단계 분석 기법
3) 인간의 과오를 정량적으로 평가하는 기법
4) 재해 발생을 연역적, 정량적으로 분석하는 결함수법
5) 초기 사상의 고장 영향에 의해 사고나 재해로 발전해 나가는 과정을 분석하는 위험과 운전 분석

(해답) 1) FMEA   2) PHA
3) ETA   4) FTA
5) HAZOP

09 산업안전보건법상 방호 조치를 하지 아니하고 양도, 대여, 설치하거나 양도, 대여의 목적으로 진열하여서는 안 되는 기계, 기구의 종류를 쓰시오.

(해답) 1. 예초기
2. 원심기
3. 공기 압축기
4. 금속 절단기
5. 지게차
6. 포장 기계(진공 포장기, 랩핑기)

> **참고** 유해·위험 방지를 위하여 필요한 조치를 하여야 할 기계·기구·설비 및 건축물 등
> ① 사무실 및 공장용 건축물   ② 이동식 크레인
> ③ 타워 크레인   ④ 불도저
> ⑤ 모터그레이더   ⑥ 로더
> ⑦ 스크레이퍼   ⑧ 스크레이퍼 도저
> ⑨ 파워 셔블   ⑩ 드래그 라인
> ⑪ 클램셸   ⑫ 버킷 굴삭기
> ⑬ 트렌치   ⑭ 항타기
> ⑮ 항발기   ⑯ 어스 드릴
> ⑰ 천공기   ⑱ 어스 오거
> ⑲ 페이퍼 드레인 머신   ⑳ 리프트
> ㉑ 지게차   ㉒ 롤러기
> ㉓ 콘크리트 펌프
> ㉔ 그 밖에 산업 재해 보상 보험 및 예방 심의 위원회 심의를 거쳐 고용노동부 장관이 정하여 고시하는 기계, 기구, 설비 및 건축물 등

10 재해 손실비 계산법 중 Simonds의 방법에서 비보험 Cost의 종류를 쓰시오

(해답) 1. 휴업 상해 건수
2. 통원 상해 건수
3. 구급 조치 건수
4. 무상해 사고 건수

11 굴착 작업 시 지반 붕괴 또는 토석의 낙하에 의하며 근로자에게 위험을 미칠 우려가 있을 때의 조치 사항을 쓰시오.

(해답) 1. 흙막이 지보공 설치
2. 방호망 설치
3. 근로자 출입 금지

12 다음 안전 표지판의 명칭을 쓰시오.

1)　　　2)　　　3)　　　4)

(해답) 1) 세안 장치
2) 폭발성 물질 경고
3) 낙하물 경고
4) 보안면 착용

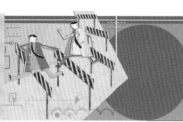

산업안전기사 2013.4.21 시행

01 근로자의 추락 등에 의한 위험을 방지하기 위하여 설치하는 안전 난간의 구성 요소를 쓰시오.

해답 ▶ 1. 상부 난간대　　　　　2. 중간 난간대
　　　 3. 난간 기둥　　　　　　4. 발끝막이판

02 눈과 글자의 거리가 28cm, 글자의 크기가 0.2cm, 획폭은 0.03cm일 때 시각은 얼마인가?

해답 ▶ 시각(분) $= \dfrac{57.3 \times 60 \times L}{D}$

여기서, D : 물체와 눈 사이의 거리
　　　　 L : 시선과 직각으로 측정한 물체의 크기

∴ $\dfrac{57.3 \times 60 \times 0.2}{28} = 24.55$

03 위험 및 운전성 분석(Hazop)의 다음 용어를 설명하시오.

1) MORE LESS　　　　　　　2) AS WELL AS
3) OTHER THAN　　　　　　 4) PART OF
5) NO. NOT　　　　　　　　 6) REVERSE

해답 ▶ 1) 양의 증가 혹은 감소　　2) 성질상 증가
　　　 3) 완전한 대체　　　　　　4) 성질상 감소
　　　 5) 완전한 부정　　　　　　6) 논리적인 역, 역반응

04 다음 보기 중 산업 안전 보건 관리비를 사용할 수 없는 것을 고르시오.

> 보기
> ① 건설용 리프트 운전자 인건비　　② 가설 계단 시설비
> ③ 안전 작업 발판 시설비　　　　　④ 덤프 트럭 신호자 인건비
> ⑤ 현장 보조원 인건비　　　　　　⑥ 청소원 인건비
> ⑦ 방호 선반 시설비　　　　　　　⑧ 산소 농도 측정 기구 구입비
> ⑨ 전기 안전 대행 수수료　　　　　⑩ 외부 비계 설치비

해답 ▶ ②, ③, ⑥, ⑨, ⑩

05 산업안전보건법상 산업안전보건위원회의 심의·의결할 사항을 쓰시오.

(해답) 1. 사업장의 산업재해 예방계획의 수립에 관한 사항
2. 안전보건관리규정의 작성 및 변경에 관한 사항
3. 안전보건교육에 관한 사항
4. 작업환경측정 등 작업환경의 점검 및 개선에 관한 사항
5. 근로자의 건강진단 등 건강관리에 관한 사항
6. 산업재해에 관한 통계의 기록 및 유지에 관한 사항
7. 중대재해에 관한 사항
8. 유해하거나 위험한 기계·기구·설비를 도입한 경우 안전 및 보건 관련 조치에 관한 사항

06 작업장에서 사용하는 방독 마스크의 수명이 0.8% 농도하에서 80분이라면 1.5%인 흡수통의 수명은 얼마인지 쓰시오.

(해답) 방독 마스크의 정화통 유효 시간 $= \dfrac{\text{표준 유효 시간} \times \text{시험 가스의 농도}}{\text{사용한 공기 중의 유해 가스 농도}}$

$= \dfrac{1.5}{0.8} \times 80 = 150$분

07 다음은 프레스기의 방호 장치에 대한 물음에 알맞은 방호 장치명을 쓰시오.

1) 슬라이드 작동 중 정지 가능한 마찰 프레스

2) 1행정 1정지식 크랭크 프레스

3) 슬라이드 하행정 거리의 3/4 위치에서 손을 밀어내어 방호하는 장치

4) 행정 수 120spm 이하, 행정 길이 40mm 이상인 프레스

(해답) 1) 감응식(광전자식) 방호 장치
2) 양수 조작식, 게이트 가이드식 방호 장치
3) 손쳐내기식 방호 장치
4) 수인식 방호 장치

08 다음은 연삭기의 덮개 노출 각도에 관한 사항이다. ( ) 안에 알맞게 쓰시오.

> 탁상용 연삭기의 노출 각도는 90° 이내로 하되, 숫돌의 주축에서 수평면 위로 이루는 원주 각도는 (①)이 되지 않도록 하여야 한다. 다만, 수평면 이하의 부분에서 연삭하여야 할 경우에는 노출 각도를 (②) 증가할 수 있다. 또한 절단 및 평면 연삭기는 (③)로 한다.

(해답) ① 65° 이상, ② 125°까지, ③ 150° 이내

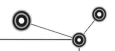

09 재해 손실비 계산 중 시몬즈의 방법에서 비보험 Cost 항목을 쓰시오.

해답 1. 휴업 상해 건수
2. 통원 상해 건수
3. 구급 조치 건수
4. 무상해 사고 건수

10 활선 작업 시 충전 전압에 따른 접근 한계 거리를 쓰시오.

1) 380V　　　　　　　　　2) 1.5kV

3) 10kV　　　　　　　　　4) 22kV

해답 1) 30cm　　　　　　　　　2) 45cm

3) 60cm　　　　　　　　　4) 90cm

11 산업안전보건법상 작업 발판 일체형 거푸집의 종류를 쓰시오.

해답 1. 갱 폼(Gang form)
2. 슬립 폼(Slip form)
3. 클라이밍 폼(Climbing form)
4. 터널 라이닝 폼(Tunnel lining form)
5. 그 밖에 거푸집과 작업 발판이 일체로 제작된 거푸집 등

12 산업안전보건법상 다음에 대한 교육 시간을 쓰시오.

1) 안전 관리자 신규 교육

2) 안전 보건 관리 책임자 보수 교육

3) 사무직 정기 교육

4) 일용직 외 채용 시 교육

5) 일용직 외 작업 내용 변경 시 교육

해답 1) 34시간 이상
2) 6시간 이상
3) 매 분기 3시간 이상
4) 8시간 이상
5) 2시간 이상

01 휴먼 에러의 심리적 분류 4가지를 쓰시오.

(해답) 1. Omission error(생략적 과오)

2. Commission error(수행적 과오)

3. Time error(시간적 과오)

4. Sequential error(순서적 과오)

5. Extraneous error(불필요한 과오)

02 다음은 산업안전보건법상 산소아세틸렌 용접 장치 및 가스 집합 용접 장치에 관한 사항이다. ( ) 안에 알맞게 쓰시오.

> 가스 집합 장치에 대해서는 화기를 사용하는 설비로부터 (①) 이상 떨어진 장소에 설치하여야 하며, 주관 및 분기관에는 안전기를 설치해야 할 것. 이 경우 하나의 취관에 (②) 이상의 안전기를 설치하여야 한다. 또한, 용해 아세틸렌의 가스 집합 용접 장치의 배관 및 부속 기구는 구리나 구리 함유량이 (③) 이상인 합금을 사용해서는 아니된다.

(해답) ① 5m

② 2개

③ 70%

03 다음은 화재의 종류에 따른 소화기의 종류이다. 보기에 대한 번호를 쓰시오.

> **보기**
> ① 포소화기 ② CO_2 소화기 ③ 무상수 소화기
> ④ 할로겐 화합물 소화기 ⑤ 분말 소화기 ⑥ 봉상수 소화기

1) 전기 화재

2) 유류 화재

3) 자기 반응성 물질

(해답) 1) 전기 화재 : ②, ③, ⑤

2) 유류 화재 : ①, ②, ④ ⑤

3) 자기 반응성 물질 : ③, ⑥

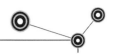

04 정전기 대전의 종류를 쓰시오.

(해답)➤ 1. 마찰 대전　　　　　　　　2. 유동 대전
　　 3. 박리 대전　　　　　　　　4. 분출 대전
　　 5. 충돌 대전　　　　　　　　6. 비말 대전

05 산업안전보건법상 안전 표지판 중 안내 표지의 종류를 쓰시오.

(해답)➤ 1. 녹십자 표지　　　　　　　2. 응급 구호 표지
　　 3. 들것　　　　　　　　　　 4. 세안 장치
　　 5. 비상구

06 산업안전보건법상 양중기의 종류 중 승강기의 종류를 쓰시오.

(해답)➤ 1. 승용 승강기
　　 2. 인화 공용 승강기
　　 3. 화물용 승강기
　　 4. 에스컬레이터

07 산업안전보건법상 안전 관리자의 직무를 쓰시오.

(해답)➤ ① 산업안전보건위원회 또는 안전 보건에 관한 협의체에서 심의·의결한 직무와 해당 사업
　　　 장의 안전 보건 관리 규정 및 취업 규칙에서 정한 직무
　　 ② 안전 인증 대상 기계·기구 등과 자율 안전 확인 대상 기계·기구 등의 적격품 선정에
　　　 관한 보좌 및 조언·지도
　　 ③ 해당 사업장 안전 교육 계획의 수립 및 실시에 관한 보좌 및 조언·지도
　　 ④ 사업장 순회 점검·지도 및 조치의 건의
　　 ⑤ 산업 재해 발생의 원인 조사 및 재발 방지를 위한 기술적 보좌 및 조언·지도
　　 ⑥ 산업 재해에 관한 통계의 유지·관리 분석을 위한 보좌 및 조언·지도
　　 ⑦ 법 또는 법에 따른 명령으로 정한 안전에 관한 사항의 이행에 관한 보좌 및 조언·지도
　　 ⑧ 그 밖에 안전에 관한 사항으로서 고용노동부 장관이 정하는 사항

08 인체의 1L의 산소를 소모하는 데에는 5kcal의 에너지가 소모된다. 작업 시 산소 소모량의 측정 결과 분당 1.5L의 산소를 소비하였다면 60분 동안 작업 시 휴식 시간을 쓰시오. (단, 평균 에너지 소비량의 상한은 5kcal이다.)

(해답)➤ 휴식 시간$= \dfrac{60(E-5)}{E-1.5} = \dfrac{60(7.5-5)}{7.5-1.5} = 25$분

> **참고** 작업 시 평균 에너지 소비량=5kcal/L×1.5L/min=7.5kcal/min

09 하인리히의 재해 연쇄성 이론, 버드의 연쇄성 이론, 아담스의 연쇄성 이론을 각각 구분하여 쓰시오.

(해답) 1. 하인리히의 재해 연쇄성 이론
   ① 제1단계 : 사회적 환경과 유전적 요소
   ② 제2단계 : 개인적 결함
   ③ 제3단계 : 불안전 행동 및 불안전 상태
   ④ 제4단계 : 사고
   ⑤ 제5단계 : 상해
2. 버드의 연쇄성 이론
   ① 제1단계 : 관리 부족(통제 부족)
   ② 제2단계 : 기본 원인(기원)
   ③ 제3단계 : 직접 원인(징후)
   ④ 제4단계 : 사고(접촉)
   ⑤ 제5단계 : 상해(손실)
3. 아담스의 연쇄성 이론
   ① 제1단계 : 관리 구조
   ② 제2단계 : 작전적 에러
   ③ 제3단계 : 전술적 에러
   ④ 제4단계 : 사고
   ⑤ 제5단계 : 상해

10 기계 설비의 위험점을 쓰시오.

(해답) ① 끼임점 : 고정 부분과 회전 운동하는 부분(연삭 숫돌과 작업대)
② 절단점 : 회전하는 기계 자체와 운동하는 기계 자체(둥근톱의 톱날, 띠톱날)
③ 물림점 : 회전체가 서로 반대 방향으로 맞물려 회전(롤러기)
④ 협착점 : 왕복 운동 부분과 고정 부분 사이에 형성(프레스, 절단기, 성형기)
⑤ 접선 물림점 : 회전 방향에 말려 들어갈 위험이 있는 부분(벨트와 풀리)
⑥ 회전 말림점 : 회전하는 물체의 굵기, 길이, 속도 등 불규칙 부위와 돌기 회전 부분에 의해 형성되는 점(회전축, 드릴)

11 표시 장치 이용 시 조작 부분의 촉각에 의한 암호화 방법을 쓰시오.

(해답) 1. 형상 암호
2. 표면 촉감 암호
3. 크기의 암호

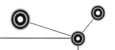

12 산업안전보건법상 크레인에 대한 다음 물음에 답하시오.

> 순간 풍속이 매 초당 (①) 초과하는 바람이 불어온 후 옥외에 설치되어 있는 크레인을 사용하여 작업 시에는 미리 크레인의 각 부위의 이상 유무를 점검하여야 하며, 순간 풍속이 매 초당 (②) 초과하는 경우 타워 크레인의 설치, 이전, 수리, 점검, 해체 등 작업을 중지하여야 하며, 순간 풍속이 매 초당 (③) 초과하는 경우에는 타워 크레인의 운전 작업을 중지하여야 한다.

해답 ① 30m
② 10m
③ 15m

13 다음 보기의 유해 인자별 배치 후 최초 특수 건강 진단 시기를 쓰시오.

> **보기**
> ① 벤젠 ② 석면 ③ 광물성 분진

해답 ① 2개월 이내
② 12개월 이내
③ 12개월 이내

참고 특수 건강 진단의 시기 및 주기

구 분	대상 유해 인자	시 기 배치 후 첫 번째 특수 건강 진단	주 기
1	N,N-디메틸아세트아미드 N,N-디메틸포름아미드	1개월 이내	6개월
2	벤젠	2개월 이내	6개월
3	1,1,2,2-테트라클로로에탄 사염화탄소 아크릴로니트릴 염화비닐	3개월 이내	6개월
4	석면, 면 분진	12개월 이내	12개월
5	광물성 분진 나무 분진 소음 및 충격 소음	12개월 이내	24개월
6	1부터 5까지 규정의 대상 유해 인자를 제외한 별표 12의 2의 모든 대상 유해 인자	6개월 이내	12개월

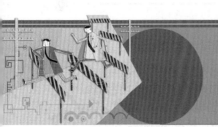

산업안전기사   2013.10.5 시행

01 산업안전보건법상 교량 작업을 하는 경우 작업 계획서에 포함되어야 할 사항을 쓰시오. (단, 그 밖에 안전·보건에 관련된 사항은 제외)

(해답)▶ 1. 작업 방법 및 순서
2. 부재(部材)의 낙하·전도 또는 붕괴를 방지하기 위한 방법
3. 작업에 종사하는 근로자의 추락 위험을 방지하기 위한 안전 조치 방법
4. 공사에 사용되는 가설 철 구조물 등의 설치·사용·해체 시 안전성 검토 방법
5. 사용하는 기계 등의 종류 및 성능, 작업 방법
6. 작업 지휘자 배치 계획

02 어느 작업장에서 아세틸렌 70%, 수소 30%로 혼합된 혼합 기체가 존재하고 있다. 혼합 기체의 폭발 하한가를 구하시오. (단, 폭발 범위는 아세틸렌 2.5~81.0vol%, 수소 4.0~75vol%)

(해답)▶ 폭발 하한계$(L) = \dfrac{100}{\dfrac{V_1}{L_1} + \dfrac{V_2}{L_2} + \cdots + \dfrac{V_n}{L_n}}$

$\qquad = \dfrac{100}{\dfrac{70}{2.5} + \dfrac{30}{4}} = 2.87\,\text{vol}\%$

03 다음 물음에 따른 활선 작업 시 접근 한계 거리를 쓰시오.

1) 0.3kV 이하
2) 0.3kV 초과 0.75kV 이하
3) 2kV 초과 15kV 이하
4) 37kV 초과 88kV 이하

(해답)▶ 1) 접촉금지
2) 30cm
3) 45cm
4) 110cm

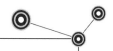

04 산업안전보건법상 자율 안전 확인 대상 기계·기구의 방호 장치를 쓰시오.

(해답) 1. 아세틸렌 용접 장치용 또는 가스 집합 용접 장치용 안전기
2. 교류 아크 용접기용 자동 전격 방지기
3. 롤러기 급정지 장치
4. 연삭기 덮개
5. 목재 가공용 둥근톱 반발 예방 장치 및 날 접촉 예방 장치
6. 동력식 수동 대패용 칼날 접촉 방지 장치
7. 산업용 로봇 안전 매트
8. 추락·낙하 및 붕괴 등의 위험 방호에 필요한 가설 기자재로서 고용노동부 장관이 정하여 고시하는 것

05 법상 공정 안전 보고서 제출 대상 사업장을 쓰시오.

(해답) 1. 원유 정제 처리업
2. 기타 석유 정제물 재처리업
3. 석유 화학계 기초 화학물 또는 합성수지 및 기타 플라스틱 물질 제조업
4. 질소 화합물, 질소, 인산 및 칼리질 비료 제조업 중 질소질 비료 제조업
5. 복합 비료 및 기타 화학 비료제조업 중 복합 비료 제조업
6. 화학 살균, 살충제 및 농업용 약제 제조업
7. 화학 및 불꽃제품 제조업

06 다음은 차광 보안경에 관한 내용이다. 해당 빈칸을 채우시오.

(①) : 착용 시의 시야를 확보하는 보안경의 일부로서, 렌즈 및 플레이트 등을 말한다.
(②) : 필터와 플레이트의 유해 광선을 차단할 수 있는 능력을 말한다.
(③) : 필터 입사에 대한 투과 광속의 비를 말하며, 분광 투과율을 말한다.

(해답) ① 접안경, ② 차광도 번호, ③ 시감 투과율

07 산업안전보건법상 다음 보기의 안전 관리자 최소 인원을 쓰시오.

> **보기**
> ① 통신업 : 상시 근로자 150명
> ② 펄프 제조업 : 상시 근로자 300명
> ③ 식료품 제조업 : 상시 근로자 500명
> ④ 운수업 : 상시 근로자 1,000명
> ⑤ 총 공사 금액 700억 이상인 건설업

(해답) ① 1명, ② 1명, ③ 2명, ④ 2명, ⑤ 1명

08 다음의 불 대수를 계산하시오.

1) $A + 1$
2) $A + 0$
3) $A(A + B)$
4) $A + AB$

해답 1) $A + 1 = 1$
2) $A + 0 = 0$
3) $A(A + B) = (A \cdot A) + (A \cdot B) = A + (A \cdot B) = A(1 + B) = A$
4) $A + AB = A(1 + B) = A$

09 다음은 연삭기 덮개에 관한 내용이다. 각각의 물음에 대하여 답하시오.

1) 탁상용 연삭기의 덮개에는 (①) 및 조정편을 구비하여야 한다.
2) (①)는 연삭 숫돌과의 간격을 (②) 이하로 조정할 수 있는 구조여야 한다.
3) 연삭기의 덮개 추가 표시 사항은 숫돌 사용 주속도, (③)이다.

해답 ① 워크레스트
② 3mm
③ 숫돌 회전 방향

10 산업안전보건법상 로봇을 운전하는 경우 로봇에 부딪힐 위험이 있는 경우 위험 방지를 위하여 필요한 조치를 쓰시오.

해답 1. 매트를 설치한다.
2. 높이 1.8m 이상의 울타리를 설치한다.

참고 운전 중 위험 방지
사업주는 로봇의 운전으로 인하여 근로자에게 발생할 수 있는 부상 등의 위험을 방지하기 위하여 높이 1.8미터 이상의 울타리(로봇의 가동 범위 등을 고려하여 높이로 인한 위험성이 없는 경우에는 높이를 그 이하로 조절할 수 있다)를 설치하여야 하며, 컨베이어 시스템의 설치 등으로 울타리를 설치할 수 없는 일부 구간에 대해서는 안전 매트 또는 광전자식 방호 장치 등 감응형(感應形) 방호 장치를 설치하여야 한다. 다만, 고용노동부 장관이 해당 로봇의 안전 기준이 「산업표준화법」 제12조에 따른 한국산업표준에서 정하고 있는 안전 기준 또는 국제적으로 통용되는 안전 기준에 부합한다고 인정하는 경우에는 본문에 따른 조치를 하지 아니할 수 있다.

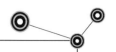

11 다음은 동기 부여 이론 중 허즈버그의 2요인 이론과 알더퍼의 EPG 이론을 비교한 것이다. ①~⑤의 빈칸을 채우시오.

ERG 이론	2요인이론
①	④
②	⑤
③	

(해답)▶ ① 생존 욕구　　　② 관계 욕구　　　③ 성장 욕구
④ 위생 요인　　　⑤ 동기 요인

12 500명이 근무하는 어느 공장에서 1년간 6건(6명)의 재해가 발생하였고, 사상자 중에서 신체 장애 등급 3급, 5급, 7급, 11급 각 1명씩의 장애가 발생하였으며, 기타의 사상자로 인한 총 휴업 일수가 438일이었다. 도수율과 강도율을 구하시오. (단, 5급 4,000일, 7급 2,200일, 11급 400일이고, 소수점 셋째 자리에서 반올림하시오.)

(해답)▶ 1. 도수율 : $\dfrac{6}{500 \times 2,400} \times 10^6 = 5.00$

2. 강도율 : $\dfrac{7,500 + 4,000 + 2,200 + 400 + \left(438 \times \dfrac{300}{365}\right)}{500 \times 2,400} \times 10^3 = 12.05$

13 구축물 또는 이와 유사한 시설물에 대하여 안전 진단 등 안전성 평가를 실시하여 근로자에게 미칠 위험성을 미리 제거하여야 하는 경우를 쓰시오. (단, 그 밖의 잠재적 위험이 예상될 경우는 제외)

(해답)▶ 1. 구축물 또는 이와 유사한 시설물의 인근에서 굴착, 항타 작업 등으로 침하·균열 등이 발생하여 붕괴의 위험이 예상될 경우
2. 구축물 또는 이와 유사한 시설물에 지진·동해·부동 침하 등으로 균열·비틀림 등이 발생하였을 경우
3. 구조물 건축물, 그 밖의 시설물이 그 자체의 무게, 적설, 풍압 또는 그 밖에 부가되는 하중 등으로 붕괴 등의 위험이 있을 경우
4. 화재 등으로 구축물 또는 이와 유사한 시설물의 내력이 현저히 저하된 경우
5. 오랜 기간 사용하지 아니하던 구축물 또는 이와 유사한 시설물을 재사용하게 되어 안전성을 검토하여야 할 경우

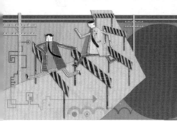
산업안전산업기사 2013.10.5 시행

01 300명의 근로자가 근무하는 사업장에서 연간 15건의 재해가 발생하여 사망 1명, 14급 장애
가 113명이 발생하였다. 연천인율, 빈도율, 종합 재해 지수를 각각 구하시오.

해답

1. 연천인율 $= \dfrac{\text{재해자수}}{\text{연평균 근로자 수}} \times 1,000 = \dfrac{114}{300} \times 1,000 = 380.00$

2. 빈도율 $= \dfrac{\text{재해 건수}}{\text{근로 총 시간수}} \times 10^6 = \dfrac{15}{300 \times 8 \times 300} \times 10^6 = 20.83$

   강도율 $= \dfrac{\text{근로 손실 일수}}{\text{근로 총 시간수}} \times 1,000 = \dfrac{7,500 + 50 \times 113}{300 \times 8 \times 300} \times 1,000 = 18.26$

3. 종합 재해 지수 $= \sqrt{\text{빈도율} \times \text{강도율}} = \sqrt{20.83 \times 18.26} = 19.50$

02 비, 눈, 그 밖의 기상 상태의 불안정으로 인하여 작업을 중지시킨 후 비계의 점검 사항 5가
지를 쓰시오.

해답
1. 발판 재료의 손상 여부 및 부착 또는 걸림 상태
2. 해당 비계의 연결부 또는 접속부의 풀림 상태
3. 연결 재료 및 연결 철물의 손상 또는 부식 상태
4. 손잡이의 탈락 여부
5. 기둥의 침하, 변형, 변위 또는 흔들림 상태
6. 로프의 부착 상태 및 매단 장치의 흔들림 상태

03 다음의 FT도에서 Cut set을 구하시오.

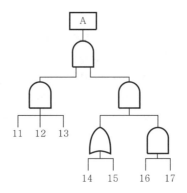

해답 11, 12, 13, 14, 16, 17
11, 12, 13, 15, 16, 17

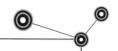

04 공정 안전 보고서의 내용 가운데 공정 위험성 평가서에서 적용된 위험성 평가 기법에 있어 저장 탱크 설비, 유틸리티 설비 및 제조 공정 중 고체의 건조, 분쇄 설비 등 각 단위 공정에 대한 위험성 평가 기법을 쓰시오.

해답▶ 1. 체크 리스트(Check list)
2. 상대 위험 순위 결정(Dow and Mond Indices)
3. 작업자 실수 분석(HEA)
4. 사고 예상 질문 분석(What-if)
5. 위험과 운전 분석(HAZOP)
6. 이상 위험도 분석(FMECA)
7. 결함수 분석(FTA)
8. 사건수 분석(ETA)
9. 원인 결과 분석(CCA)
10. 1. 내지 9.와 동등 이상의 기술적 평가 기법

05 다음은 연삭 숫돌에 관한 사항이다. 다음 빈칸을 채우시오.

> 사업주는 연삭 숫돌을 사용하는 작업의 경우 작업을 시작하기 전에는 (①) 이상, 연삭 숫돌을 교체한 후에는 (②) 이상 시험 운전을 하고, 해당 기계에 이상이 있는지를 확인하여야 한다.

해답▶ ① 1분　　　　　　　　② 3분

06 산업안전보건법상 근로자가 반복하여 계속적으로 중량물을 취급하는 작업을 하는 때 작업 시작 전 점검 사항을 쓰시오.

해답▶ 1. 중량물 취급의 올바른 자세 및 복장
2. 위험물의 비산에 따른 보호구의 착용
3. 카바이드·생석회 등과 같이 온도 상승이나 습기에 의하여 위험성이 존재하는 중량물의 취급 방법
4. 그 밖의 하역 운반 기계 등의 적절한 사용 방법

07 산업안전보건법상 인체에 해로운 분진, 흄(fume), 미스트(mist), 증기 또는 가스 상태의 물질을 배출하기 위하여 설치하는 국소 배기 장치의 후드 설치 시 준수 사항을 쓰시오.

해답▶ 1. 유해 물질이 발생하는 곳마다 설치할 것
2. 유해 인자의 발생 형태와 비중, 작업 방법 등을 고려하여 해당 분진 등의 발산원을 제어할 수 있는 구조로 설치할 것
3. 후드 형식은 가능하면 포위식 또는 부스식 후드를 설치할 것
4. 외부식 또는 레시버식 후드는 해당 분진 등의 발산원에 가장 가까운 위치에 설치할 것

08 다음 보기의 안전 밸브 형식 표시 사항을 상세히 기술하시오.

보기

SF Ⅱ 1-B

해답

SF Ⅱ 1-B

요구 성능 | 유량 제한 기구 | 호칭 입구 크기 구분 | 호칭 압력 구분 | 평형형

참고 ▶ 안전 밸브의 성능 기준

안전 밸브의 형식은 비평형형과 평형형으로 대별하고 요구 성능, 유량 제한 기구, 크기 및 호칭 압력에 따라 다음과 같이 한다.

① 안전 밸브의 요구 성능은 〈표 1〉과 같이 한다.

〈표 1〉 안전 밸브 요구 성능

요구 성능의 기호	요구 성능	용도
S	증기의 분출 압력을 요구	증기(steam)
G	가스의 분출 압력을 요구	가스

② 안전 밸브의 유량 제한 기구는 〈표 2〉와 같이 한다.

〈표 2〉 유량 제한 기구의 구분

형식 기호	유량 제한 기구
L	양정식
F	전량식

③ 안전 밸브의 크기는 유체 취입구의 호칭 지름으로 표시하고, 〈표 3〉과 같이 한다.

〈표 3〉 호칭 지름의 구분

호칭 지름의 구분	I	Ⅱ	Ⅲ	Ⅳ	V
범위(mm)	25 이하	25 초과 50 이하	50 초과 80 이하	80 초과 100 이하	100 초과

④ 안전 밸브의 호칭 압력은 설정 압력의 범위에 따라 〈표 4〉와 같이 한다.

〈표 4〉 호칭 압력의 구분

호칭 압력의 구분	1	3	5	10	21	22
설정 압력의 범위 (MPa)	1 이하	1 초과 3 이하	3 초과 5 이하	5 초과 10 이하	10 초과 21 이하	21 초과

09 사업장 안전성 평가를 순서대로 쓰시오.

(해답) 1. 제1단계 : 관계 자료의 작성 준비   2. 제2단계 : 정성적 평가
3. 제3단계 : 정량적 평가   4. 제4단계 : 안전 대책 수립
5. 제5단계 : 재해 정보에 의한 재평가   6. 제6단계 : FTA에 의한 재평가

10 다음은 산업안전보건법상 경고 표지에 관한 사항이다. 다음의 물음에 적당한 종류를 쓰시오.

1) 폭발성 물질이 있는 장소

2) 돌 및 블록 등 떨어질 우려가 있는 물체가 있는 장소

3) 경사진 통로의 입구

4) 휘발유 등 화기의 취급을 극히 주의해야 할 물질이 있는 장소

(해답) 1) 폭발성 물질 경고   2) 낙하물 경고
3) 몸균형 상실 경고   4) 인화성 물질 경고

11 건설업 중 건설 공사 유해·위험 방지 계획서 제출 기한과 첨부 서류를 쓰시오.

(해답) 1. 제출 기한 : 해당 공사 착공 전일까지
2. 첨부 서류 : 공사 개요, 안전·보건 관리 계획, 작업 공사 종류별 유해·위험 방지 계획

12 산업안전보건법상 안전 인증을 전부 또는 일부 면제할 수 있는 대상을 쓰시오.

(해답) 1. 연구, 개발을 목적으로 제조·수입하거나 수출을 목적으로 제조하는 경우
2. 「고압가스 안전관리법」에 따른 검사를 받은 경우
3. 「선박안전법」에 따른 검사를 받은 경우
4. 「방위사업법」에 따른 품질보증을 받은 경우
5. 「에너지 이용 합리화법」에 따른 검사를 받은 경우

13 산업안전보건법상 물질 안전·보건 자료에 해당하는 내용을 근로자에게 교육하여야 하는 교육 내용을 쓰시오.

(해답) 1. 대상 화학 물질의 명칭(또는 제품명)
2. 물리적 위험성 및 건강 유해성
3. 취급상의 주의 사항
4. 적절한 보호구
5. 응급조치 요령 및 사고 시 대처 방법
6. 물질 안전·보건 자료 및 경고 표지를 이해하는 방법

14 산업안전보건법상 소형 전기 기기 및 방폭 부품은 표시 공간이 제한되어 있으므로 표시 사항을 줄일 수 있다. 표시 사항을 쓰시오.

(해답) → 1. 제조자의 명칭 또는 등록 상표
2. EX 기호와 방폭 구조 각각의 이름
3. 시험 기관의 명칭 및 표시
4. 필요한 경우 인증서 참조 번호
5. 해당되는 경우 전기 기기에는 x 표시, 방폭 부품에는 u 기호

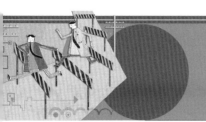
01 산업안전보건법상 안전 인증 심사의 종류를 쓰시오.

해답 ➤ 1. 예비 심사
   2. 서면 심사
   3. 기술 능력 및 생산 체계 심사
   4. 제품 심사

   참고 ➤ 안전 인증 심사의 기간
      ① 예비 심사 : 7일
      ② 서면 심사 : 15일(외국에서 제조한 경우는 30일)
      ③ 기술 능력 및 생산 체계 심사 : 30일(외국에서 제조한 경우는 45일)
      ④ 제품 심사
         • 개별 제품 심사 : 15일
         • 형식별 제품 심사 : 30일(방폭 구조 전기 기계·기구 및 부품의 방호 장치와
           일부의 보호구는 60일)

02 산업안전보건법상 타워 크레인의 설치·조립·해체 작업을 하는 때에는 작업 계획서를 작성
하고 이를 준수하여야 한다. 작업 계획서에 포함해야 할 사항을 쓰시오.

해답 ➤ 1. 타워 크레인의 종류 및 형식
   2. 설치·조립 및 해체 순서
   3. 작업 도구·장비·가설 설비 및 방호 설비
   4. 작업 인원의 구성 및 작업 근로자의 역할 범위
   5. 지지 방법

03 보일링 현상의 방지 대책을 쓰시오.

해답 ➤ 1. 굴착 저면까지 지하수위를 낮춘다.
   2. 흙막이 벽의 근입 깊이를 깊게 한다.
   3. 차수벽 등의 설치

04 어느 작업자가 100V 단상 2선식 회로의 전류를 물에 젖은 손으로 조작하였다. 통전 전류와 심실 세동을 일으킨 시간을 구하시오.

(해답)
1. 통전 전류$(I) = \dfrac{V}{R} = \dfrac{100}{5,000} \times 25 \times 1,000 = 500\text{mA}$

2. 심실 세동 시간$(I) = \dfrac{165 \sim 185}{\sqrt{T}}$ [mA]에서, $500 = \dfrac{165 \sim 185}{\sqrt{T}}$

$\therefore T = \left(\dfrac{165 \sim 185}{500\text{mA}}\right)^2 = 0.11 \sim 0.14\text{sec}$

05 파블로프의 조건 반사설의 실험 과정에서의 원리 전체 중 학습 원리 4가지를 쓰시오.

(해답)
1. 강도의 원리 2. 일관성의 원리
3. 시간의 원리 4. 계속성의 원리

06 Fail Safe와 Fool Proof를 각각 간략히 설명하시오.

(해답)
1. Fail Safe : 인간 또는 기계에 과오나 동작상의 실수가 있어도 사고를 발생하지 않도록 2중, 3중으로 통제를 가하는 것
2. Fool Proof : 인간의 과오나 동작상 실수가 있어도 인간이 기계의 위험 부위에 접근하지 못하게 하는 안전 설계 방법 중 하나이다.

07 근로자를 환경 미화 업무에 상시 종사하도록 하는 경우 근로자가 접근하기 쉬운 장소에 설치해야 하는 위생 시설의 종류를 쓰시오.

(해답)
1. 세면 시설 2. 목욕 시설
3. 탈의 시설 4. 세탁 시설

08 무재해 운동 추진 중 사고나 재해가 발생하여도 무재해로 인정되는 경우를 쓰시오.

(해답)
1. 출·퇴근 도중에 발생한 재해
2. 운동 경기 등 각종 행사 중 발생한 재해
3. 작업 시간 중 천재지변 또는 돌발적인 사고로 인한 구조 행위 또는 긴급 피난 중 발생한 사고
4. 작업 시간 외에 천재지변 또는 돌발적인 사고 우려가 많은 장소에서 사회 통념상 인정되는 업무 수행 중 발생한 사고
5. 제3자의 행위에 의한 업무상 재해
6. 업무상 재해인정 기준 중 뇌혈관 질환 또는 심장 질환에 의한 재해

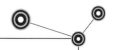

09 다음은 공정 안전 보고서 이행 상태의 평가에 관한 사항이다. ( ) 안에 알맞게 쓰시오.

1) 고용노동부 장관은 공정 안전 보고서의 확인 후 1년이 경과한 날부터 (①) 이내에 공정 안전 보고서 이행 상태의 평가를 하여야 한다.

2) 사업주가 이행 평가에 대한 추가 요청을 하면 (②) 내에 이행 평가를 할 수 있다.

해답 ① 2년　　　　　② 1년 또는 2년

10 직렬이나 병렬 구조로 단순화 될 수 없는 복잡한 시스템의 신뢰도나 고장 확률을 평가하는 기법을 쓰시오.

해답 1. 사상－공간법　　　　2. 경로－추적법
3. 분해법　　　　　　　4. 절단 집합과 연결 집합법

11 산업안전보건법상 사업주의 의무와 근로자의 의무 사항을 쓰시오.

해답 1. 사업주의 의무 사항
① 이 법과 이 법에 따른 명령으로 정하는 산업 재해 예방을 위한 기준을 지킬 것
② 근로자의 신체적 피로와 정신적 스트레스 등을 줄일 수 있는 쾌적한 작업 환경을 조성하고 근로 조건을 개선할 것
③ 해당 사업장의 안전·보건에 관한 정보를 근로자에게 제공할 것
2. 근로자의 의무 사항
근로자는 이 법과 이 법에 따른 명령으로 정하는 기준 등 산업 재해 예방에 필요한 사항을 지켜야 하며, 사업주 또는 근로 감독관, 공단 등 관계자가 실시하는 산업 재해 방지에 관한 조치에 따라야 한다.

12 광전자식 방호 장치 프레스에 관한 설명 중 ( ) 안에 알맞게 쓰시오.

1) 프레스 또는 전단기에서 일반적으로 많이 활용하고 있는 형태로서 투광부, 수광부, 컨트롤 부분으로 구성된 것으로 신체의 일부가 광선을 차단하면 기계를 급정지시키는 방호 장치로 (①) 분류에 해당한다.

2) 정상 작동 표시 램프는 (②), 위험 표시 램프는 (③)으로 하며, 근로자가 볼 수 있는 곳에 설치해야 한다.

3) 방호 장치는 릴레이, 리미트 스위치 등의 전기 부품의 고장, 전원 전압의 변동 및 정전에 의해 슬라이드가 불시에 작동하지 않아야 하며, 사용 전원 전압의 (④)의 변동에 대하여 정상적으로 작동되어야 한다.

해답 ① A－1　　　　　② 녹색
③ 적색　　　　　④ ±20%

13 휴먼 에러의 분류에서 심리적 분류와 원인의 level적 분류로 나누어 그 종류를 쓰시오.

해답 1. 심리적 분류
　① omission error
　② commission error
　③ time error
　④ sequential error
2. level적 분류
　① primary error
　② secondary error
　③ command error

14 산업안전보건법상 안전 보건 표지 중 응급 구호 표지를 그리시오. (단, 색상 표시는 글자로 표기)

해답
바탕 : 녹색
도형 : 흰색

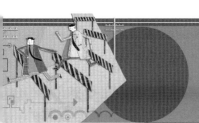
01 재해 사례 연구 순서를 쓰시오. (단, 전제 조건을 포함한다.)

(해답) 1. 전제 조건 : 재해 상황 파악(상해 부위, 상해 성질, 상해 정도)
2. 제1단계 : 사실의 확인(사람, 물건, 관리, 재해 발생 경과)
3. 제2단계 : 문제점의 발견
4. 제3단계 : 근본 문제점의 결정
5. 제4단계 : 대책 수립

02 클러치 맞물림 개수 4개, 200spm(stroke per minute)의 동력 프레스기 양수 기동식 안전 장치의 안전 거리를 쓰시오.

(해답) 양수 기동식 안전 거리(D_m) = $1.6\,T_m$

여기서, D_m : 안전 거리(mm)

T_m : 양손으로 누름 단추를 누르기 시작할 때부터 슬라이드가 하사점까지의 소요 시간(ms)

$$T_m = \left(\frac{1}{클러치\ 맞물림\ 개수} + \frac{1}{2} \right) \times \frac{60,000}{매분\ 행정\ 수}$$

$$\therefore\ D_m = 1.6 \left(\frac{1}{4} + \frac{1}{2} \right) \times \frac{60,000}{200} = 360\,mm$$

03 법상 안전관리자의 직무 사항을 쓰시오.

(해답) 1. 산업안전보건위원회 또는 안전 및 보건에 관한 노사협의체에서 심의·의결한 업무와 해당 사업장의 안전보건관리규정 및 취업규칙에서 정한 직무
2. 위험성평가에 대한 보좌 및 지도·조언
3. 안전인증대상 기계 등과 자율안전확인대상 기계 등 구입 시 적격품의 선정에 관한 보좌 및 지도·조언
4. 해당 사업장 안전교육계획의 수립 및 안전교육실시에 관한 보좌 및 지도·조언
5. 사업장 순회점검, 지도 및 조치 건의
6. 산업재해 발생의 원인 조사 및 재발 방지를 위한 기술적 보좌 및 지도·조언
7. 산업재해에 관한 통계의 유지·관리·분석을 위한 보좌 및 지도·조언
8. 법 또는 법에 따른 명령으로 정한 안전에 관한 사항의 이행에 관한 보좌 및 지도·조언

9. 업무 수행 내용의 기록 · 유지

10. 그 밖에 안전에 관한 사항으로서 고용노동부장관이 정하는 사항

04 인간 과오(Human error)의 분류 중 Swain의 심리적 분류에서의 종류를 쓰시오.

(해답) 1. Omission error 2. Commission error

3. Time error 4. Sequential error

5. Extraneous error

05 연삭기의 덮개 각도를 쓰시오.

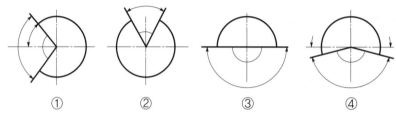

① ② ③ ④

1) 일반 연삭 작업 등에 사용하는 것을 목적으로 하는 탁상용 연삭기의 덮개 각도는 몇 도 이내인가?

2) 연삭 숫돌의 상부를 사용하는 것을 목적으로 하는 탁상용 연삭기의 덮개 각도는 몇 도인가?

3) 휴대용 연삭기, 스윙 연삭기, 스라브 연삭기, 기타 이와 비슷한 연삭기의 덮개 각도는?

4) 평면 연삭기, 절단 연삭기, 이와 비슷한 연삭기의 각도는 몇 도 이상인가?

(해답) 1) 125°

2) 65°

3) 180°

4) 15°

06 교류 아크 용접기의 자동 전격 방지 장치를 설치 시 주의 사항을 쓰시오.

(해답) 1. 연직(불가피한 경우는 연직에서 20° 이내)으로 설치할 것

2. 용접기의 이동, 전자 접촉기의 작동 등으로 인한 진동, 충격에 견딜 수 있도록 할 것

3. 표시등(외부에서 전격 방지기의 작동 상태를 점검하기 위한 스위치를 말한다.)의 조작이 용이하도록 설치할 것

4. 용접기의 전원측에 접속하는 선과 출력측에 접속하는 선을 혼동되지 않도록 할 것

5. 접속 부분은 확실하게 접속하여 이완되지 않도록 할 것

6. 접속 부분을 절연 테이프, 절연 커버 등으로 절연시킬 것

7. 전격 방지기의 외함은 접지시킬 것

8. 용접기 단자의 극성이 정해져 있는 경우에는 접속 시 극성이 맞도록 할 것

9. 전격 방지기와 용접기 사이의 배선 및 접속 부분에 외부의 힘이 가해지지 않도록 할 것

07 인간-기계 기능 체계의 기본 기능 4가지를 쓰시오.

(해답)▶ 1. 감지 기능   2. 정보 보관 기능
3. 정보 처리 및 의사 결정 기능   4. 행동 기능

08 산업안전보건법에서 정한 위험 물질을 기준량 이상 제조·취급·사용 또는 저장하는 설비의 이상 상태를 조기에 파악하기 위하여 필요한 온도계, 유량계 등의 계측 장치를 설치하여야 하는 경우를 쓰시오.

(해답)▶ 1. 발열 반응이 일어나는 반응 장치
2. 증류·정류·증발·추출 등 분리를 하는 장치
3. 가열로 또는 가열기
4. 온도가 350℃ 이상이거나 게이지 압력이 980kPa 이상인 상태에서 운전되는 설비
5. 반응 폭주 등 이상 화학 반응에 의하여 위험 물질이 발생할 우려가 있는 설비

09 다음은 압력 용기 안전 검사의 주기에 관한 사항이다. 그 검사 주기를 쓰시오.

1) 사업장에 설치가 끝난 날부터 몇 년 이내에 최초 안전 검사를 실시하는가?
2) 그 이후부터 몇 년마다 안전 검사를 실시하는가?
3) 공정 안전 보고서를 제출하여 확인을 받은 압력 용기는 몇 년마다 안전 검사를 실시하는가?

(해답)▶ 1) 3년   2) 2년   3) 4년

10 다음 물음에 대하여 알맞게 쓰시오.

1) 근로자가 탑승한 운반구를 지지하는 달기 와이어 로프 또는 달기 체인의 경우
2) 화물의 하중을 직접 지지하는 달기 와이어 로프 또는 달기 체인의 경우
3) 훅, 섀클, 클램프, 리프팅의 경우

(해답)▶ 1) 10 이상   2) 5 이상   3) 3 이상

11 히빙 현상이 일어나기 쉬운 지반과 그 발생 원인을 쓰시오.

(해답)▶ 1. 지반 조건 : 연약한 점토성 지반
2. 발생 원인
① 흙막이 벽체의 근입 부족
② 지표의 재하중
③ 흙막이 내·외부의 중량 차이

12 다음은 방진 마스크의 성능 시험 기준 중 여과재 분진 등 포집 효율 시험에 관한 사항이다. 다음 ( ) 안에 알맞게 쓰시오.

종 류	등 급	염화나트륨(NaCl) 및 파라핀 오일(Paraffin oil) 시험(%)
분리식	특급	(①)
	1급	94.0 이상
	2급	(②)
안면부 여과식	특급	(③)
	1급	94.0 이상
	2급	(④)

(해답) ① 99.95   ② 80
③ 99   ④ 80

13 Project method(구간법)의 장점을 쓰시오.

(해답) 1. 창조력 향성
2. 동기 부여 향상
3. 협동성 · 희생정신 등의 향상

참고 Project method의 진행 방법
① 1단계 : 목표 설정
② 2단계 : 계획 수립
③ 3단계 : 활동(수행)
④ 4단계 : 평가

산업안전기사   2014.7.5 시행

01 산업안전보건법상 안전 보건 총괄 책임자 지정 대상 사업의 종류를 쓰시오.

(해답)▶ 수급인과 하수급인에게 고용된 근로자를 포함한 상시 근로자 100명(선박 및 보트 건조업, 1차 금속 제조업 및 토사석 광업의 경우 50명) 이상인 사업 및 수급인과 하수급인의 공사 금액을 포함한 해당 공사의 총 공사 금액이 20억 이상인 건설업

02 위험물을 제조·취급하는 작업장과 그 작업장이 있는 건축물에 출입구 외에 안전한 장소로 대피할 수 있는 비상구 1개 이상을 설치해야 하는 구조의 조건을 쓰시오.

(해답)▶ 1. 출입구와 같은 방향에 있지 아니하고 출입구로부터 3m 이상 떨어져 있을 것
2. 작업장의 각 부분으로부터 하나의 비상구 또는 출입구까지의 수평 거리가 50cm 이하가 되도록 할 것
3. 비상구의 너비는 0.75m 이상으로, 높이는 1.5m 이상으로 할 것
4. 비상구의 문은 피난 방향으로 열리도록 하고 실내에서 항상 열 수 있는 구조로 할 것

03 다음은 누전 차단기에 관한 내용이다. (　　) 안을 알맞게 채우시오.

1) 누전 차단기는 지락 검출 장치, (①), 개폐 기구 등으로 구성
2) 중감도형 누전 차단기의 정격 감도 전류는 (②) 이상～1,000mA 이하
3) 시연형 누전 차단기의 동작 시간은 0.1초 초과～(③) 이내

(해답)▶ ① 트립 장치
② 300mA
③ 2초

04 사업주가 보일러의 폭발 사고를 예방하기 위하여 기능이 정상적으로 작동할 수 있도록 유지 관리하여야 하는 부속을 쓰시오.

(해답)▶ 1. 압력 방출 장치
2. 압력 제한 스위치
3. 고저수위 조절 장치
4. 화염 검출기

05 다음은 안전 보건 관리비의 계상 및 사용에 관한 사항이다. (   ) 안을 알맞게 채우시오.

1) 발주자가 재료를 제공하거나 물품이 완제품의 형태로 제작 또는 납품되어 설치되는 경우 해당 재료비 또는 완제품의 가액을 대상액에 포함시킬 시에 안전 관리비는 해당 재료비 또는 완제품의 가액을 포함시키지 않은 대상액을 기준으로 계상한 안전 관리비의 (①)를 초과할 수 없다.

2) 대상액이 구분되어 있지 않은 공사는 도급 계약 또는 자체 사업 계획상 총 공사 금액의 (②)를 대상액으로 하여 안전 관리비를 계상하여야 한다.

3) 수급인 또는 자기 공사자는 안전 관리비 사용 내역에 대하여 공사 시작 후 (③)마다 1회 이상 발주자 또는 감리원의 확인을 받아야 한다.

(해답)▶ ① 1.2배　　　　② 70%　　　　③ 6개월

06 에어컨 스위치의 수명은 지수 분포에 따르며, 평균 수명은 1,000시간이다. 다음을 계산하시오.

1) 새로 구입한 스위치가 향후 500시간 동안 고장 없이 작동할 확률
2) 이미 1,000시간을 사용한 스위치가 향후 500시간 이상을 견딜 확률

(해답)▶
1) $R = e^{-\lambda t} = e^{-\frac{t}{t_o}} = e^{-\frac{500}{1,000}} = 0.606 = 0.61$

2) $R = e^{-\lambda t} = e^{-\frac{500}{1,000}} = 0.606 = 0.61$

07 안전 보건 표지 중 금지 표지인 출입 금지 표지의 그림을 그리고, 해당 부위의 색을 표기하시오.

(해답)▶

08 산업안전보건법상 컨베이어의 작업 시작 전 점검 사항을 쓰시오.

(해답)▶ 1. 원동기 및 풀리 기능의 이상 유무
2. 이탈 등의 방지 장치 기능의 이상 유무
3. 비상 정지 장치 기능의 이상 유무
4. 원동기 · 회전축 · 기어 및 풀리 등의 덮개 또는 울 등의 이상 유무

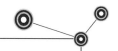

09 자율 안전 확인을 필한 제품에 대한 부분적 변경의 허용 범위를 쓰시오.

(해답) 1. 자율 안전 기준에서 정한 기준에 미달되지 않는 것
2. 주요 구조 부분의 변경이 아닌 것
3. 방호 장치가 동일 종류로서 동등급 이상인 것
4. 스위치, 계전기, 계기류 등의 부품이 동등급 이상인 것

10 도끼를 이용하여 나무를 자르는 데 소요되는 에너지가 분당 8kcal, 작업에 대한 평균 에너지는 5kcal/min, 휴식 시 에너지는 15kcal/min, 작업 시간이 60분일 경우의 휴식 시간을 산출하시오.

(해답) $R = \dfrac{60(\text{작업 시 평균 에너지 소모량} - 5)}{E - \text{휴식 시간 중 에너지 소비량}} = \dfrac{60(8-5)}{5-15} = 18 \text{분}$

11 재해 예방 4원칙을 쓰고, 간략히 설명하시오.

(해답) 1. 예방 가능의 원칙 : 천재지변(20%)을 제외한 모든 인재(약 99%)는 예방이 가능하다.
2. 손실 우연의 원칙 : 사고의 결과 손실의 유무 또는 대소는 사고 당시의 조건에 따라 우연적이다.
3. 원인 연계의 원칙 : 사고에는 반드시 원인이 있으며 그 원인은 대부분 복합적인 연계에 의한 원인이다.
4. 대책 선정의 원칙 : 사고의 원인이나 불안전 요소가 발생되면 반드시 대책은 선정 실시되어야 하며 대책 선정이 가능하다.

12 양립성의 종류를 쓰고, 간략히 설명하시오.

(해답) 1. 공간적 양립성 : 어떤 사물들, 표시 장치나 조종 장치에서 물리적 형태나 공간적인 배치의 양립성
2. 운동 양립성 : 표시 장치, 조종 장치, 체계 반응의 운동 방향의 양립성
3. 개념적 양립성 : 어떤 암호 체계에서 청색이 정상을 나타내듯이 우리가 가지고 있는 개념적 연상의 양립성

13 대상 화학 물질을 양도하거나 제공하는 자는 물질 안전 보건 자료의 기재 내용을 변경할 필요가 생긴 때에는 이를 물질 안전 보건 자료에 반영하여 대상 화학 물질을 양도받거나 제공받은 자에게 신속하게 제공해야 한다. 이때 제공하여야 하는 항목을 쓰시오.

(해답) 1. 제품명(구성성분의 명칭 및 함유량의 변경이 없는 경우로 한정)
2. 물질 안전 보건 자료 대상 물질을 구성하는 화학 물질 중 건강 장해를 일으키는 화학 물질 및 물리적 인자의 화학 물질의 명칭 및 함유량(제품명의 변경 없이 구성 성분의 명칭 함유량만 변경된 경우)
3. 건강 및 환경에 대한 유해성, 물리적 위험성

14 다음 각 물음에 적응성이 있는 소화기를 보기에서 골라 2가지씩 쓰시오.

> 보기
> ① CO_2 ② 건조사 ③ 봉상수 소화기
> ④ 물통 또는 수조 ⑤ 포 소화기 ⑥ 할로겐화합물 소화기

1) 전기 설비
2) 인화성 액체
3) 자기 반응성 물질

해답 ▸ 1) ①, ⑥
2) ①, ②, ⑤, ⑥
3) ②, ③, ④, ⑤

대상물 구분 / 소화 설비의 구분	건축물·그 밖의 공작물	전기 설비	제1류 위험물 알칼리 금속과 산화물 등	제1류 위험물 그 밖의 것	제2류 위험물 철분·금속분·마그네슘 등	제2류 위험물 인화성 고체	제2류 위험물 그 밖의 것	제3류 위험물 금수성 물질	제3류 위험물 그 밖의 것	제4류 위험물	제5류 위험물	제6류 위험물
봉상수 소화기	O			O		O	O		O		O	O
무상수 소화기	O	O		O		O	O		O		O	O
봉상 강화액 소화기	O			O		O	O		O		O	O
무상 강화액 소화기	O	O		O		O	O		O		O	O
포 소화기	O			O		O	O		O		O	O
이산화탄소 소화기		O				O				O		△
할로겐화합물 소화기		O				O				O		
분말 소화기 / 인산염류 소화기	O			O		O	O			O		O
분말 소화기 / 탄산수소염류 소화기		O	O		O	O		O		O		
분말 소화기 / 그 밖의 것			O		O			O				
기타 / 물통 또는 수조	O			O		O	O		O		O	O
기타 / 건조사				O	O	O	O	O	O	O	O	O
기타 / 팽창 질석 또는 팽창 진주암				O	O	O	O	O	O	O	O	O

참고 ① 제1류 : 산화성 고체 ② 제2류 : 가연성 고체
③ 제3류 : 자연 발화 및 금수성 ④ 제4류 : 인화성 액체
⑤ 제5류 : 자기 반응성 물질 ⑥ 제6류 : 산화성 액체

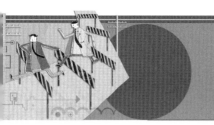

01 다음 안전 표지판의 명칭을 쓰시오.

1)   2)   3)   4)

(해답)▸ 1) 세안 장치
2) 폭발성 물질 경고
3) 낙하물 경고
4) 보안면 착용

02 다음은 프레스기의 손쳐내기식 방호 장치에 관한 설명이다. (   ) 안에 알맞게 쓰시오.

1) 손쳐내기판은 금형 크기의 (①) 이상 또는 높이가 행정 길이 이상
2) 손쳐내기봉은 진폭의 (②)의 폭 이상
3) 손쳐내기식 방호 장치의 일반 구조에 있어 슬라이드 하행 거리의 (③) 위치 내에서 손을 완전히 밀어내야 한다.
4) 손쳐내기식 방호판의 높이는 최대 (④) 이상이어야 한다.

(해답)▸ ① $\dfrac{1}{2}$ ② 금형

③ $\dfrac{3}{4}$ ④ 300mm

03 비, 눈, 그 밖의 기상 상태 불안정으로 인하여 날씨가 몹시 나빠서 작업을 중지시킨 후 비계의 조립·해체·변경 작업을 할 경우 비계의 점검 사항을 쓰시오.

(해답)▸ 1. 발판 재료의 손상 여부 및 부착 또는 걸림 상태
2. 해당 비계의 연결부 또는 접속부의 풀림 상태
3. 연결 재료 및 연결 철물의 손상 또는 부식 상태
4. 손잡이의 탈락 여부
5. 기둥의 침하·변형·변위 또는 흔들림 상태
6. 로프의 부착 상태 및 매단 장치의 흔들림 상태

04 다음은 산업안전보건법상 급성 독성 물질에 관한 사항이다. ( ) 안에 알맞게 쓰시오.

1) 쥐에 대한 경구 투입 실험에서 실험 동물의 50%를 사망시킬 수 있는 양, 즉 LD 50(경구, 쥐) kg당 (①) 체중 이하인 화학 물질

2) 쥐 또는 토끼에 대한 경피 흡수 실험에도 실험 동물의 50%를 사망시킬 수 있는 양, 즉 LD 50(경피, 쥐 또는 토끼) kg당 (②) 체중 이하인 화학 물질

3) 쥐에 대한 4시간 동안의 흡입 실험에 의하여 실험 동물의 50%를 사망시킬 수 있는 농도, 즉 LC 50(쥐, 4시간 흡입)이 (③) 이하인 화학 물질, 증기 LC 50(쥐, 4시간 흡입)이 (④) 이하인 화학 물질, 분진 또는 미스트 (⑤) 이하인 화학 물질

해답▶ ① 300mg ② 1,000mg
③ 2,500ppm ④ 10mg/L ⑤ 1mg/L

05 다음 안전 표지를 보고, 그 표지의 명칭을 쓰시오.

1)

2)

3)

4)

해답▶

종류 \ 명칭	①	②	③
1) 금지 표지	사용 금지	탑승 금지	화기 엄금
2) 경고 표지	인화성 물질 경고	위험 장소 경고	방사성 물질 경고
3) 지시 표지	방진 마스크 착용	보안면 착용	안전모 착용
4) 안내 표지	응급 구호 표지	들것	세안 장치

06 500명이 근무하는 어느 공장에서 1년간 6건(6명)의 재해가 발생하였고, 사상자 중에서 발생한 장애는 신체 장애 등급 3급, 5급, 7급, 11급이 각 1명씩이며, 기타 사상자로 인한 총 휴업일수가 438일이었다. 이때 도수율과 강도율을 구하시오. (단, 5급 4,000일, 7급 2,200일, 11급 400일이며, 소수점 셋째 자리에서 반올림하시오.)

해답▶ 1. 도수율 : $\dfrac{6}{500 \times 2,400} \times 10^6 = 5.00$

2. 강도율 : $\dfrac{7,500 + 4,000 + 2,200 + 400 + \left(438 \times \dfrac{300}{365}\right)}{500 \times 2,400} \times 10^3 = 12.05$

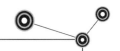

07 밀폐 공간에서의 작업에 관하여 특별 안전 보건 교육을 실시하는 경우 정규직 근로자에 대한 교육 시간과 그 교육 내용을 쓰시오.

(해답) 1. 교육 시간 : 16시간 이상
2. 교육 내용
① 산소농도 측정 및 작업환경에 관한 사항
② 사고 시 응급처치 및 비상시 구출에 관한 사항
③ 보호구 착용 및 보호 장비 사용에 관한 사항
④ 작업내용·안전작업방법 및 절차에 관한 사항
⑤ 장비·설비 및 시설 등의 안전점검에 관한 사항

08 산업안전보건법상 자율 안전 확인 대상 안전기에 자율 안전 확인 표시 외에 추가로 표시하여야 할 사항을 쓰시오.

(해답) 1. 가스의 흐름 방향
2. 가스의 종류

09 양중기에 사용하는 달기 체인의 사용 금지 기준을 쓰시오.

(해답) 1. 달기 체인 길이의 증가가 그 달기 체인이 제조된 때의 길이의 5%를 초과한 것
2. 링의 단면 지름의 감소가 그 달기 체인이 제조된 때의 해당 링 지름의 10%를 초과한 것
3. 균열이 있거나 심하게 변형된 것

10 산업안전보건법상 안전 인증 대상 기계·기구 중 주요 구조 부분을 변경하는 경우 인증을 받아야 하는 기계·기구의 종류를 쓰시오.

(해답) 1. 프레스   2. 전단기 및 절곡기
3. 크레인   4. 리프트
5. 압력 용기   6. 롤러기
7. 사출 성형기   8. 고소 작업대
9. 곤돌라   10. 기계톱

참고 설치·이전하는 경우 안전 인증을 받아야 하는 기계·기구
① 크레인   ② 리프트   ③ 곤돌라

11 MIL-STD-882B 카테고리를 쓰시오.

(해답) 1. Category Ⅰ : 파국적   2. Category Ⅱ : 위기적
3. Category Ⅲ : 한계적   4. Category Ⅳ : 무시

12 산업안전보건법상 안전 보건 관리 책임자의 직무 사항을 쓰시오.

(해답) ① 산업 재해 예방 계획의 수립에 관한 사항
② 사업장의 안전 보건 관리 규정의 작성 및 변경에 관한 사항
③ 안전 보건 교육에 관한 사항
④ 작업 환경 측정 등 작업 환경의 점검 및 개선에 관한 사항
⑤ 근로자의 건강 진단 등 건강 관리에 관한 사항
⑥ 산업 재해의 원인 조사 및 재발 방지 대책의 수립에 관한 사항
⑦ 산업 재해에 관한 통계의 기록 및 유지에 관한 사항
⑧ 안전 장치 및 보호구 구입 시의 적격품 여부 확인에 관한 사항
⑨ 그 밖에 근로자의 유해 위험 예방 조치에 관한 사항으로서 고용노동부령으로 정하는 사항

13 다음 시스템의 발생 확률을 구하시오. (단, A, B, C의 발생 확률은 각각 0.15이다.)

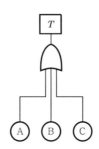

(해답) $T = 1 - (1-0.15)(1-0.15)(1-0.15) = 0.385 = 0.39$

01 산업안전보건법상 위험물의 종류 중 다음 각 물질에 해당하는 것을 보기에서 골라 2가지씩 쓰시오.

> 보기
> ① 황　　　　　　　② 염소산　　　　　　③ 하이드라진 유도체
> ④ 아세톤　　　　　⑤ 과망간산　　　　　⑥ 니트로 화합물
> ⑦ 수소　　　　　　⑧ 리튬

해답 1. 폭발성 물질 및 유기 과산화물 : ③, ⑥
　　　2. 물반응성 물질 및 인화성 고체 : ⑧, ①

02 콘크리트 구조물로 옹벽을 축조할 경우에 필요한 안정 조건을 쓰시오.

해답 1. 전도에 대한 안정
　　　2. 활동에 대한 안정
　　　3. 지반 지지력에 대한 안정

03 기계 설비의 근원적 안전을 확보하기 위한 안전화 방법을 쓰시오.

해답 1. 외관상 안전화
　　　2. 작업의 안전화
　　　3. 기능적 안전화
　　　4. 구조적 안전화
　　　5. 보전 작업의 안전화
　　　6. 작업점의 안전화

04 산업안전보건법상 공정 안전 보고서에 포함해야 할 사항을 쓰시오.

해답 1. 공정 안전 자료
　　　2. 공정 위험성 평가서
　　　3. 안전 운전 계획
　　　4. 비상 조치 계획

05 산업안전보건법상 안전 보건 표지 중 안내 표지의 종류를 쓰시오.

해답 ▶ 1. 녹십자 표지
2. 응급 구호 표지
3. 들것
4. 세안 장치
5. 비상구

06 인간-기계 통합 시스템에서 시스템이 갖는 기능을 쓰시오.

해답 ▶ 1. 감지 기능
2. 정보 보관 기능
3. 정보 처리 및 의사 결정 기능
4. 행동 기능

07 다음 물음에 대하여 간략히 설명하시오.

1) 연천인율

2) 강도율

해답 ▶ 1) 연천인율 : 근로자 1,000명당 1년간의 재해 발생자 수를 나타내는 통계로서,

$\dfrac{\text{연간 재해자 수}}{\text{연평균 근로자 수}} \times 1,000$ 으로 산정한다.

2) 강도율 : 근로 시간 1,000시간당 산업 재해로 인한 근로 손실 일수를 나타내는 통계로서,

$\dfrac{\text{근로 손실 일수}}{\text{근로 총 시간수}} \times 1,000$ 으로 산정한다.

08 산업안전보건법상 굴착면의 높이가 2m 이상이 되는 지반의 굴착 작업을 하는 경우 작업장의 지형 · 지반 및 지층 상태 등에 대한 사전 조사 후 작성하여야 하는 작업 계획서에 포함해야 할 사항을 쓰시오. (단, 기타 안전 보건에 관련된 사항은 제외한다.)

해답 ▶ 1. 굴착 방법 및 순서, 토사 반출 방법
2. 필요한 인원 및 장비 사용 계획
3. 매설물 등에 대한 이설 · 보호 대책
4. 사업장 내 연락 방법 및 신호 방법
5. 흙막이 지보공 설치 방법 및 계측 계획
6. 작업 지휘자 배치 계획

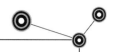

09 다음 보기에서 안전 인증 대상 기계·기구 및 설비·방호 장치 또는 보호구에 해당하는 것의번호를 골라 쓰시오.

> **보기**
> ① 안전대
> ③ 파쇄기
> ⑤ 압력 용기
> ⑦ 교류 아크 자동 전격 방지 장치
> ⑨ 용접용 보안면
> ② 연삭기 덮개
> ④ 산업용 로봇 안전 매트
> ⑥ 양중기용 과부하 방지 장치
> ⑧ 이동식 사다리

해답 ➔ ①, ⑤, ⑥, ⑨

10 100V 단상 2선식 전류를 물에 젖은 손으로 조작하였다. 통전 시간을 구하시오.

해답 ➔ $I = \dfrac{V}{R}$

$I = \dfrac{165 \sim 185}{\sqrt{T}} [\text{mA}]$

$\therefore \; I = \dfrac{100}{5,000} = 500 \text{mA}$

$T = \left(\dfrac{165 \sim 185}{500 \text{mA}} \right)^2 = 0.11 \sim 0.13 \sec$

11 무재해 운동 추진 중 사고나 재해가 발생하여도 무재해로 인정되는 경우를 쓰시오.

해답 ➔ 1. 출퇴근 도중에 발생한 재해
2. 운동 경기 등 각종 행사 중 발생한 재해
3. 업무 시간 외에 발생한 재해
4. 업무 수행 중의 사고 중 천재지변으로 발생한 사고

12 아세틸렌 또는 가스 집합 용접 장치에 설치하는 역화 방지 장치의 성능 시험 종류를 쓰시오.

해답 ➔ 1. 내압 시험
2. 기밀 시험
3. 역류 방지 시험
4. 역화 방지 시험
5. 가스 압력 손실 시험

13 다음은 안전 관리의 주요 대상인 4M과 안전 대책 3E와의 관계를 나타낸 것이다. 빈칸을
채우시오.

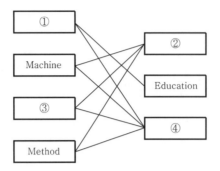

(해답) ① Man
② Engineering
③ Materia
④ Enforcement

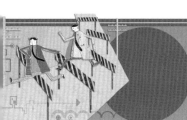

산업안전산업기사 2014.10.4 시행

01 어느 작업장에 아세틸렌 70%, 수소 30%로 혼합된 혼합 기체가 존재하고 있다. 아세틸렌의 위험도와 혼합 시 혼합 가스의 폭발 하한계를 구하시오. (단, 폭발 범위는 아세틸렌 2.5~81.0vol%, 수소 4.0~75vol%이다.)

해답 ▶ 1. 아세틸렌의 위험도 $= \dfrac{\text{폭발 상한계} - \text{폭발 하한계}}{\text{폭발 하한계}} = \dfrac{81 - 2.5}{2.5} = 31.40$

2. 폭발 하한계$(L) = \dfrac{100}{\dfrac{V_1}{L_1} + \dfrac{V_2}{L_2} + \cdots + \dfrac{V_n}{L_n}} = \dfrac{100}{\dfrac{70}{2.5} + \dfrac{30}{4}} = 2.82\,\text{vol}\%$

02 재해의 분석 방법에는 개별적 분석 방법과 통계적 분석 방법이 있다. 이 중 통계적 분석 방법의 종류를 쓰고, 간략히 설명하시오.

해답 ▶ 1. 파레토도 : 재해 발생의 유형, 기인물 등을 많은 순서대로 막대 그래프에 도표화한다.
2. 특성 요인도 : 재해 발생의 유형을 작업자, 작업 방법, 기계 설비, 환경 등에 의하여 세분하여 어골상으로 분류한다.
3. 클로즈(크로스) 분석 : 2개 이상의 재해 관계를 분석하는 데 이용하는 것으로 원인별 결과를 교차한 크로스 그림으로 작성·분석한다.
4. 관리도 : 재해 발생 건수 등의 추이를 분석하여 목표를 설정하고 관리하는 데 필요한 월별 재해 건수 등을 도표화하여 관리선을 설정하여 관리한다.

03 작업장 주변 기계 및 벽의 반사율은 60%이고, 작업장 안전 표지판의 반사율은 80%이다. 기계 및 벽과 안전 표지판의 대비를 구하시오.

해답 ▶ 대비 $= \dfrac{\text{배경의 광속 발산도} - \text{표적의 광속 발산도}}{\text{배경의 광속 발산도}} \times 100$

$= \dfrac{60 - 80}{60} \times 100$

$= -33.33\%$

참고 ① 표적이 배경보다 어두울 경우의 대비 : +100% ~ 0
② 표적이 배경보다 밝을 경우의 대비 : 0 ~ $-\infty$

04 양중기에 사용하는 와이어 로프의 사용 금지 기준을 쓰시오. (단, 꼬인 것, 부식된 것, 변형된 것은 제외한다.)

(해답) 1. 이음매가 있는 것
2. 와이어 로프의 한 꼬임에서 끊어진 소선의 수가 10% 이상인 것
3. 지름의 감소가 공칭 지름의 7%를 초과하는 것
4. 열과 전기 충격에 의해 손상된 것

05 다음은 보호구에 관한 규정에서 정의한 설명이다. 각 정의에 해당하는 용어를 쓰시오.

1) 유기 화합물 보호복에 있어 화학 물질이 보호복 재료의 외부 표면에 접촉된 후 내부로 확산하여 내부 표면으로부터 탈착되는 현상
2) 방독 마스크에 있어 대응하는 가스에 대하여 정화통 내부의 흡착제가 포화 상태가 되어 흡착 능력을 상실한 상태

(해답) 1) 투과
2) 파괴

06 산업안전보건법에 따른 차량계 하역 운반 기계의 운전자가 운전 위치를 이탈할 경우의 조치 사항을 쓰시오.

(해답) 1. 포크, 버킷, 디퍼 등의 장치를 가장 낮은 위치 또는 지면에 둘 것
2. 원동기를 정지시키고 브레이크를 확실히 거는 등 갑작스런 주행이나 이탈을 방지하기 위한 조치를 할 것
3. 운전석을 이탈하는 경우 시동 키를 운전대에서 분리시킬 것

07 산업안전보건법상 다음의 기계, 기구에 설치해야 할 방호 장치의 명칭을 쓰시오.

1) 예초기   2) 공기 압축기   3) 원심기
4) 금속 절단기   5) 지게차

(해답) 1) 날 접촉 예방 장치
2) 압력 방출 장치
3) 회전체 접촉 예방 장치
4) 날 접촉 예방 장치
5) 헤드 가드, 백레스트, 제조등, 후미등, 안전벨트

참고 ▶ 포장 기계 : 구동부 방호 연동 장치

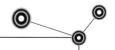

08 암실에서 정지된 소광점을 응시하게 되면 광점이 움직이는 것처럼 보이는 현상을 운동의 착각 현상 중 자동 운동이라 한다. 자동 운동이 생기기 쉬운 조건을 쓰시오.

(해답) 1. 광점이 작을 것
2. 대상이 단순할 것
3. 광의 강도가 작을 것
4. 시야의 다른 부분이 어두울 것

09 가공 기계에 주로 사용하는 Fool proof 중에서 고정식 가드와 인터록 가드에 대하여 간략히 쓰시오.

(해답) 1. 고정식 가드 : 개구부 등으로부터 가공물, 공구 등을 넣어도 손이 위험 구역에 머무르지 않는 것처럼 기계, 기구 등에 설치된 확고한 안전 장치로서 안전 블록 등이 이에 해당한다.
2. 인터록 가드 : 기계의 작동 중 개폐 시 기계가 자동 정지되는 일종의 연동 기구로, 어떠한 동작의 종료 시에 자동으로 안전한 상태가 확보될 수 있는 기구이며 기계적·전기적 구조로 되어 있다.

10 다음 재해 발생 현상에 대한 산업 재해에서 각 상해의 정도를 쓰시오.

1) 재해자가 전도에 의해 추락하여 두개골에 골절이 발생한 경우
2) 재해자가 전도에 의해 물에 빠져서 익사한 경우

(해답) 1) 영구 일부 노동 불능 상해
2) 사망

11 휴대용 목재 가공용 둥근 톱 기계의 방호 장치와 설치 방법에서 덮개에 대한 구조 조건을 쓰시오. (단, 자율 안전 확인 대상 기계, 기구이다.)

(해답) 1. 절단 작업이 완료되었을 때 자동으로 원위치에 되돌아오는 구조일 것
2. 이동 범위를 임의의 위치로 고정할 수 없을 것
3. 휴대용 둥근톱 덮개의 지지부는 덮개를 지지하기 위한 충분한 강도를 가질 것
4. 휴대용 둥근톱 덮개 지지부의 볼트 및 이동 덮개가 자동으로 되돌아오도록 기계의 스프링 고정 볼트에 이완 방지 장치가 설치되어 있을 것

12 보기는 교류 아크 용접기의 자동 전격 방지기의 표시 사항이다. ①, ②에 대해 답하시오.

> 보기
>
> $$\underset{①}{SP} - \underset{②}{3A} - H$$

(해답) ① SP : 외장형

② 3 : 300A

　　A : 용접기에 내장되어 있는 콘덴서의 유무에 관계없이 사용할 수 있는 것

13 열압박 지수, 휴식 시간, 열교환 과정(열균형 방정식)의 공식을 쓰시오.

(해답) 1. 열압박 지수(HSI ; Heat Stress Index) : 열평형을 유지하기 위하여 증발해야 하는 발한량, 즉 열부하를 나타내는 지수

$$HSI = \frac{E_{req}}{E_{max}}$$

여기서, E_{req} : 열평형을 유지하기 위한 증발량(Btu/h=대사(M)+복사(R)+대류(C))

　　　　E_{max} : 특정 환경 조건에서 증발에 의해 손실할 수 있는 열량(Btu/h)

2. 휴식 시간(R)=$\dfrac{60(E-4)}{E-1.5}$

여기서, R : 휴식 시간

　　　　E : 작업 시 평균 에너지 소비량(kcal/분)

　　　　1.5(kcal/분) : 휴식 시간 중 에너지 소비량

3. 열교환 방법(S)

　　S(열축적)=대사열(M)-증발(E)±복사(R)±대류(C)-한 일(W)

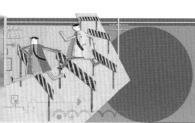

01 보일러에서 발생하는 캐리 오버(carry-over : 기수 공발)의 발생 원인을 쓰시오.

해답 ✔ 1. 기수 분리 장치가 불완전할 때
　　2. 보일러 부하가 과대할 때
　　3. 보일러 구조상 공기실이 작고, 증기 수면이 좁을 때
　　4. 보일러수가 과잉 농축되었을 때
　　5. 수증기를 멈추는 밸브를 급히 열었을 때

02 산업안전보건법상 로봇 작업에 대한 특별 안전 보건 교육 실시 시의 교육 내용을 쓰시오.

해답 ✔ 1. 로봇의 기본 원리·구조 및 작업 방법에 관한 사항
　　2. 이상 발생 시 응급 조치에 관한 사항
　　3. 안전 시설 및 안전 기준에 관한 사항
　　4. 조작 방법 및 작업 순서에 관한 사항

03 산업안전보건법상 안전 보건 표지 중 응급 구호 표지를 그리시오. (단, 색상 표기는 글자로 명시하고, 크기에 대한 기준을 표시하지 않아도 된다.)

해답 ✔

　바탕 : 녹색
　　　　　　도형 : 흰색

04 하인리히의 재해 예방 원리 5단계를 쓰시오.

해답 ✔ 1. 안전 조직
　　2. 사실의 발견
　　3. 분석
　　4. 시정책 선정
　　5. 시정책 적용

05 가연성 가스 제조, 취급 시 폭발, 화재 또는 누출을 방지하기 위한 방호 장치가 없을 때 하여야 하는 조치를 쓰시오.

(해답)▼ 1. 통풍
2. 환기
3. 제진

06 목재 가공용 둥근톱 기계의 방호 장치명과 그 설치 방법을 쓰시오.

(해답)▼ 1. 방호 장치명 : 날 접촉 예방 장치, 반발 예방 장치
2. 설치 방법
① 날 접촉 예방 장치는 분할 날과 대면하고 있는 부분과 가공재를 절단하는 부분 이외의 톱날을 덮을 수 있는 구조여야 한다.
② 반발 방지 기구는 목재의 송급쪽에 설치하되 목재의 반발을 충분히 방지할 수 있는 구조여야 한다.
③ 분할날은 톱 원주 높이의 2/3 이상을 덮을 수 있고 톱 두께의 1.1배 이상이어야 하며, 톱 후면날과 12mm 이상의 거리에 설치하여야 한다.

07 다음은 달비계의 안전 계수에 대한 것이다. 물음에 답하시오.

1) 달기 와이어 로프 및 달기 강선의 안전 계수
2) 달기 체인 및 달기 훅의 안전 계수
3) 달기 강대와 달비계의 하부 및 상부 지점의 안전 계수는 강재는 (①) 이상, 목재는
(②) 이상

(해답)▼ 1) 10 이상
2) 5 이상
3) ① 2.5, ② 5

08 에어컨 스위치의 수명은 지수 분포에 따르며, 평균 수명은 1,000시간이다. 다음을 계산하시오.

1) 새로 구입한 스위치가 향후 500시간 동안 고장 없이 작동할 확률
2) 이미 1,000시간을 사용한 스위치가 향후 500시간 이상을 견딜 확률

(해답)▼
1) $R = e^{-\lambda t} = e^{-\frac{t}{t_o}} = e^{-\frac{500}{1,000}} = 0.606 = 0.61$

2) $R = e^{-\lambda t} = e^{-\frac{500}{1,000}} = 0.606 = 0.61$

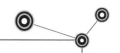

09 다음은 산업 재해 조사표의 주요 항목이다. 산업 재해 조사표의 항목에 해당하지 않는 것을 고르시오.

> **보기**
> ① 재해자의 국적 　　　　　　② 재발 방지 계획
> ③ 재해 발생 일시 　　　　　　④ 고용 형태
> ⑤ 근로 손실 　　　　　　　　⑥ 응급 조치 내역
> ⑦ 인적 피해 및 물적 피해 　　⑧ 재해자 복직 예정일
> ⑨ 급여 수준

해답 ⑥, ⑧, ⑨

10 산업안전보건법상 크레인을 사용하는 작업 시 작업 시작 전 점검 사항을 쓰시오.

해답 1. 권과 방지 장치, 브레이크, 클러치 및 운전 장치의 기능
2. 주행로의 상측 및 트롤리가 횡행하는 레일의 상태
3. 와이어 로프가 통하고 있는 곳의 상태

11 산업안전보건법상 물질 안전 보건 자료의 작성, 비치 등 제외 대상 화학 물질을 쓰시오.

해답 1. 「건강기능식품에 관한 법률」에 따른 건강 기능 식품
2. 「농약관리법」에 따른 농약
3. 「비료관리법」에 따른 비료
4. 「사료관리법」에 따른 사료
5. 「원자력안전법」에 따른 방사성 물질
6. 「화장품법」에 따른 화장품
7. 「폐기물관리법」에 따른 폐기물

12 다음 빈칸을 채우시오.

1) 화물을 취급하는 작업 등에 사업주는 바닥으로부터 높이가 2m 이상되는 하적단과 인접 하적단 사이의 간격을 하적단의 밑부분을 기준하여 (　　) 이상으로 할 것
2) 부두 또는 안벽의 선을 따라 통로를 설치하는 경우 폭을 (　　) 이상으로 할 것
3) 육상에서의 통로 및 작업 장소로서 다리 또는 선거 갑문을 넘는 보도 등의 위험한 부분에는 (　　) 또는 울타리를 설치할 것

해답 1) 10cm
2) 90cm
3) 안전 난간

13 시스템 안전을 실행하기 위한 시스템 안전 프로그램(SSP) 작성 시 작성 계획에 포함해야 할 사항을 쓰시오.

(해답)▶ 1. 계획의 개요
2. 안전 조직
3. 계약의 조건
4. 관련 부문과의 조정
5. 안전 기준
6. 안전 해석
7. 안전성 평가
8. 안전 데이터의 수집 및 분석
9. 경과 및 결과의 분석

참고 1. 시스템 안전 설계 원칙
① 1순위 : 위험 상태의 최소화
② 2순위 : 안전 장치 채용
③ 3순위 : 경보 장치 채용
④ 4순위 : 특수한 수단
2. 시스템 안전 계획(SSP)의 내용
① 안전성 관리 조직 및 그것과 타 프로그램의 관계
② 시스템에 생기는 모든 사고의 식별 평가를 위한 해석법 양식
③ 허용 수준까지 최소 또는 제거하여야 할 사고의 종류
④ 작성 보존되어야 할 기록의 종류

14 다음 기호에 대한 물음에 답하시오.

$$dⅡAT_4$$

1) d는 무엇을 나타내는가?
2) ⅡA는 무엇을 나타내는가?
3) T_4는 무엇을 나타내는가?

(해답)▶ 1) 방폭 기기의 구조. 즉, 내압 방폭 구조
2) 폭발 등급. 즉, 폭발 등급이 Ⅱ등급
3) 방폭 기기의 온도 등급. 즉, T_4는 100~135℃ 이하

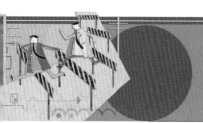

01 다음은 프레스기의 방호 장치에 관한 설명이다. (   ) 안에 알맞게 쓰시오.

1) 광전자식 방호 장치의 일반 구조에 있어 정상 작동 표시 램프는 (①), 위험 표시 램프는 (②)으로 하여 근로자가 쉽게 볼 수 있는 곳에 설치하여야 한다.

2) 양수 조작식 방호 장치의 일반 구조에 있어 누름 버튼 간의 상호 내측 거리는 (   ) 이상이어야 한다.

3) 손쳐내기식 방호 장치의 일반 구조에 있어 슬라이드 하행정 거리의 (   ) 위치 내에 손을 완전히 밀어내야 한다.

4) 수인식 방호 장치의 일반 구조에 있어 수인끈의 재료는 합성 섬유로 직경이 (   ) 이상 이어야 한다.

해답 1) ① 녹색, ② 적색

2) 300mm

3) 3/4

4) 4mm

02 다음 표는 지반 등의 인력 굴착 시 기울기 기준을 나타낸 것이다. ①, ②, ③에 적당한 것을 쓰시오.

구 분	지반의 종류	기울기
보통 흙	습지	1 : 1~1 : 1.5
	건지	①
암반	풍화암	②
	연암	1 : 1.0
	③	1 : 0.5

해답 ① 1 : 0.5~1 : 1

② 1 : 1.0

③ 경암

03 500명이 근무하는 어느 공장에서 1년간 6건(6명)의 재해가 발생하였고 사상자 중에서 신체 장애 등급 3급, 5급, 7급, 11급 각 1명씩의 장애가 발생하였으며, 기타의 사상자로 인한 총 휴업 일수가 438일이었다. 도수율과 강도율을 구하시오. (단, 3급 7,500일, 5급 4,000일, 7급 2,200일, 11급 400일이고, 소수점 셋째 자리에서 반올림하시오.)

해답 ▶ 1. 도수율 : $\dfrac{6}{500 \times 2,400} \times 10^6 = 5.00$

2. 강도율 : $\dfrac{7,500 + 4,000 + 2,200 + 400 + \left(438 \times \dfrac{300}{365}\right)}{500 \times 2,400} \times 10^3 = 12.05$

04 다음은 접지 공사의 종류에 관한 사항이다. (   ) 안에 알맞게 쓰시오.

종 별	접지 저항	접지선의 굵기
제1종	(①) 이하	단면적 (④) 이상의 연동선
제3종	(②) 이하	단면적 (⑤) 이상의 연동선
특별 제3종	(③) 이하	단면적 (⑥) 이상의 연동선

해답 ▶ ① 10Ω, ② 100Ω, ③ 10Ω, ④ 6mm², ⑤ 2.5mm², ⑥ 2.5mm²

05 다음은 법상 위험물의 종류, 성질에 관한 사항이다. (   ) 안에 알맞게 쓰시오.

1) 인화성 물질이란 인화점이 (   ) 이하인 가연성 액체
2) 가연성 가스란 폭발 한계 농도의 하한이 (①) 이하 또는 상하한의 차가 (②) 이상인 가스

해답 ▶ 1) 65%
2) ① 10%, ② 20%

06 다음의 명칭과 식을 쓰시오.

1) MTBF   2) MTTF   3) MTTR

해답 ▶ 1) MTBF : Mean Time Between Failures로서 체계의 고장 발생 순간부터 수리가 완료되어 정상 작동하다가 다시 고장이 발생하기까지의 평균 시간으로 평균 고장 간격을 뜻하며, 1/λ로 구한다.
2) MTTF : Mean Time To Failures로서 체계가 작동한 후 고장이 발생하기까지의 평균 시간으로 평균 고장 시간을 뜻하며, $R(t) = e^{-\lambda t}$로 구한다.
3) MTTR : Mean Time To Repair로서 체계에서의 평균 수리 기간, 즉 불신뢰도를 뜻하며, $F(t) = 1 - R(t)$, 즉 $1 - e^{-\lambda t}$로 구한다.

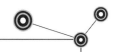

07 가죽제 안전화의 성능 시험의 종류를 쓰시오.

(해답) 1. 내압박성 시험
2. 내충격성 시험
3. 박리 저항 시험
4. 내답발성 시험

08 헤드 가드를 설치해야 할 차량계 건설 기계의 종류를 쓰시오.

(해답) 1. 불도저   2. 트랙터
3. 셔블   4. 로더
5. 파워 셔블   6. 드래그 셔블

09 주의의 특징을 쓰고, 각각을 간략히 설명하시오.

(해답) 1. 선택성 : 다종의 자극을 지각할 때 소수의 특정 자극에 선택적으로 주의를 기울이는 기능
2. 방향성 : 주시점만 인지하는 기능
3. 변동성 : 주의의 집중 시 주기적으로 부주의의 리듬이 존재

10 Fool proof의 기계·기구의 종류를 쓰시오.

(해답) 1. 가드   2. 록 기구
3. 트립 기구   4. 밀어내기 기구
5. 오버런 기구

11 공정 안전 보고서에 포함되어야 할 사항을 쓰시오.

(해답) 1. 공정 안전 자료
2. 공정 위험성 평가서
3. 안전 운전 계획
4. 비상 조치 계획

12 산업안전보건법상 신규, 보수 교육 대상자를 쓰시오.

(해답) 1. 안전 관리자
2. 보건 관리자
3. 안전 보건 관리 책임자
4. 재해 예방 전문 지도 기관 종사자

13 다음 설명에 알맞는 용어를 각각 쓰시오.

1) 단조로운 업무가 지속될 때 작업자의 감각 기능 및 판단 기능이 둔화, 마비되는 현상

2) 작업 대사량과 기초 대사량의 비(작업 대사량은 작업 시 소비된 에너지와 안정 시 소비된 에너지와의 차를 말한다.)

3) 기계의 결함을 찾아내서 고장률을 안정시키는 기간

4) 인간 또는 기계의 과오나 동작상의 실수가 있어도 사고를 발생시키지 않도록 2중, 3중으로 통제를 가하는 것

(해답)▶ 1) 감각 차단 현상
   2) 에너지 소비량
   3) 디버깅 기간
   4) 페일 세이프

산업안전기사   2015.5.31 시행

01 다음 괄호 안에 알맞게 쓰시오.

전동 기계·기구에 접속되어 있는 누전 차단기는 정격 감도 전류가 (①) 이하이고, 작동 시간은 (②) 이내이어야 한다.

(해답) ① 30mA, ② 0.03초

02 Fail-safe의 기능적 분류를 쓰시오.

(해답) 1. fail passive
2. fail operational
3. fail active

03 연소의 3요소와 소화 효과를 각각 구분하여 열거하시오.

(해답) 1. 연소의 3요소 : 가연물, 산소 공급원, 점화원
2. 소화 효과 : 냉각 소화, 질식 소화, 제거 소화, 희석 소화

04 법상 콘크리트 타설 작업 시 준수 사항을 쓰시오.

(해답) 1. 당일 작업을 시작하기 전에 해당 작업에 관한 거푸집 동바리 등의 변형, 변위 및 지반의 침하 유무 등을 점검하고 이상을 발견한 때에는 이를 보수할 것
2. 작업 중에는 거푸집 동바리 등의 변형, 변위 및 침하 유무 등을 감시할 수 있는 감시자를 배치하여 이상을 발견한 때에는 작업을 중지시키고 근로자를 대피시킬 것
3. 콘크리트의 타설 작업 시 거푸집 붕괴의 위험이 발생할 우려가 있는 때에는 충분한 보강 조치를 할 것
4. 설계도서상의 콘크리트 양생 기간을 준수하여 거푸집 동바리 등을 해체할 것

05 어느 사업장에서 어떤 부품을 10,000시간 동안 사용 시 10개의 불량품이 발생하였다면 불량 률은 얼마인지 쓰시오. 또한 900시간 사용 시 최저 하나 이상의 불량품 발생 확률을 쓰시오.

(해답) 1. 불량률 $= \dfrac{10}{10,000} = 0.001$

2. 불량품 발생 확률 $= 1 - e^{-\lambda t} = 1 - e^{-0.001 \times 900}$

06 다음 설명은 산업안전보건법상 신규 화학 물질의 제조 및 수입 등에 관한 사항이다. ( ) 안에 해당하는 사항을 쓰시오.

신규 화학 물질을 제조, 수입하고자 하는 자는 제조 또는 수입하고자 하는 날 (①)일 전까지 해당 신규 화학 물질에 관한 자료와 제조 또는 사용, 취급 방법을 기록한 서류 및 제조 또는 사용 공정도, 그 밖의 서류를 첨부하여 (②)에게 제출하여야 한다.

해답 ① 45
② 고용노동부 장관

07 산업안전보건법상 사업주의 의무와 근로자의 의무를 각각 구분하여 쓰시오.

해답 1. 사업주의 의무
① 사업주는 다음의 사항을 이행함으로써 근로자의 안전과 건강을 유지·증진시키는 한편, 국가의 산업 재해 예방 시책에 따라야 한다.
㉠ 법에 따른 명령으로 정하는 산업 재해 예방을 위한 기준을 지킬 것
㉡ 근로자의 신체적 피로와 정신적 스트레스 등을 줄일 수 있는 쾌적한 작업 환경을 조성하고 근로 조건을 개선할 것
㉢ 해당 사업장의 안전·보건에 관한 정보를 근로자에게 제공할 것
② 다음의 어느 하나에 해당하는 자는 설계·제조·수입 또는 건설을 할 때 법에 따른 명령으로 정하는 기준을 지켜야 하고, 그 물건을 사용함으로 인하여 발생하는 산업 재해를 방지하기 위하여 필요한 조치를 하여야 한다.
㉠ 기계·기구와 그 밖의 설비를 설계·제조 또는 수입하는 자
㉡ 원재료 등을 제조·수입하는 자
㉢ 건설물을 설계·건설하는 자
2. 근로자의 의무
근로자는 법에 따른 명령으로 정하는 기준 등 산업 재해 예방에 필요한 사항을 지켜야 하며, 사업주 또는 근로 감독관, 공단 등 관계자가 실시하는 산업 재해 방지에 관한 조치에 따라야 한다.

08 와이어 로프의 꼬임 형식을 쓰시오.

해답 1. 보통 꼬임
2. 랭 꼬임

참고 1. 보통 꼬임 : 스트랜드 꼬임 방향과 로프의 꼬임 방향이 반대로 된 것으로 선박, 육상 등에서 사용하며, 종류로는 보통 Z꼬임, 보통 S꼬임이 있다.
2. 랭 꼬임 : 스트랜드의 꼬임 방향과 로프의 꼬임 방향이 동일한 것으로 유연성, 마모성 등은 우수하나 풀리기 쉬우며, 종류로는 랭 Z꼬임, 랭 S꼬임이 있다.

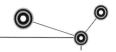

09 산업안전보건법상 산업안전보건위원회의 회의록 작성 시 그 작성 사항을 쓰시오.

(해답)↴ 1. 개최 일시 및 장소
2. 출석 위원
3. 심의 내용 및 의결, 결정 사항

10 인간-기계 통합 시스템에서 시스템이 갖는 기능을 쓰시오.

(해답)↴ 1. 감지 기능
2. 정보 보관 기능
3. 정보 처리 기능
4. 의사 결정 기능
5. 행동 기능

11 산업안전보건법상 도급 사업의 활동 안전 점검 시 점검반으로 구성할 수 있는 사람을 쓰시오.

(해답)↴ 1. 도급인인 사업주
2. 수급인인 사업주
3. 도급인 및 수급인의 근로자 각 1명

12 산업안전보건법상 안전 보건 교육 중 채용 시의 교육 및 작업 내용 변경 시의 교육 내용을 쓰시오.

(해답)↴ 1. 기계·기구의 위험성과 작업의 순서 및 동선에 관한 사항
2. 작업 개시 전 점검에 관한 사항
3. 정리정돈 및 청소에 관한 사항
4. 사고 발생 시 긴급 조치에 관한 사항
5. 산업 보건 및 직업병 예방에 관한 사항
6. 물질 안전 보건 자료에 관한 사항
7. 산업 안전 및 사고 예방에 관한 사항
8. 산업안전보건법령 및 산업재해보상보험 제도에 관한 사항
9. 직무 스트레스 예방 및 관리에 관한 사항
10. 직장 내 괴롭힘, 고객의 폭언 등으로 인한 건강장해 예방 및 관리에 관한 사항

13 다음의 산업 안전 보건 표지 중 경고 표지와 지시 표지를 각각 구분하여 표기하시오.

①	②	③	④	⑤	⑥	⑦	⑧	⑨	⑩

해답 1. 경고 표지 : ①, ③, ⑤, ⑥, ⑩
2. 지시 표지 : ②, ⑧, ⑨

14 산업안전보건법에 따라 산업 재해 조사표를 작성하고자 한다. 다음 보기에 대하여 재해 발생 개요를 작성하시오.

> 보기
>
> 작업자 고군이 난방용 증기(스팀) 배관 트랩 가까이에서 배관 수리 작업을 하고 있을 때 김직장이 스팀 밸브를 열라고 지시하여 스팀 밸브를 열었다. 이때 트랩 연결 불량 부분에서 스팀이 유출되어 고군이 머리에 화상을 입었다. 이 사례에서 상해와 사고를 육하원칙에 의해 분석

해답 1. 상해 : 화상
2. 재해 분석
  ① 누가 : 고군이
  ② 언제 : 배관 수리 작업을 하고 있을 때
  ③ 어떻게 : 김직장이 스팀 밸브를 열라고 지시하여
  ④ 왜 : 스팀 밸브를 열어
  ⑤ 어디에서 : 트랩 연결 불량 부분에서
  ⑥ 무엇이 : 스팀 유출

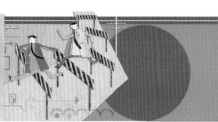

산업안전산업기사 2015.5.31 시행

01 법상 안전 관리자의 직무 사항을 쓰시오.

(해답) 1. 산업안전보건위원회 또는 안전, 보건에 관한 노사협의체에서 심의, 의결한 직무와 해당 사업장의 안전 보건 관리 규정 및 취업 규칙에서 정한 직무
2. 안전 인증 대상 기계, 기구 등과 자율 안전 확인 대상 기계, 기구 등 구입 시 적격품 선정에 관한 보좌 및 조언·지도
3. 해당 사업장 안전 교육 계획의 수립 및 실시에 관한 보좌 및 조언·지도
4. 사업장 순회 점검, 지도 및 조치의 건의
5. 산업 재해 발생의 원인 조사 및 재발 방지를 위한 기술적 보좌 및 조언·지도
6. 산업 재해에 관한 통계의 유지·관리 분석을 위한 보좌 및 조언·지도
7. 법 또는 법에 따른 명령으로 정한 안전에 관한 사항의 이행에 관한 보좌 및 조언·지도
8. 업무 수행 내용의 기록 유지
9. 그 밖에 안전에 관한 사항으로서 고용노동부 장관이 정하는 사항

02 전압에 따른 전원의 종류를 저압·고압·특별고압으로 구분하시오.

(해답)

전원의 종류	저 압	고 압	특별 고압
직류	1,500V 이하	1,500V 초과~7,000V 이하	7,000V 초과
교류	1,000V 이하	1,000V 초과~7,000V 이하	7,000V 초과

03 산업안전보건법상 안전 인증 대상 방호 장치의 종류를 쓰시오.

(해답) 1. 프레스 및 전단기 방호 장치
2. 양중기용 과부하 방지 장치
3. 보일러 압력 방출용 안전밸브
4. 압력 용기 압력 방출용 안전밸브
5. 압력 용기 압력 방출용 파열판
6. 절연용 방호구 및 활선 작업용 기구
7. 방폭 구조 전기 기계·기구 및 부품
8. 추락·낙하 및 붕괴 등의 위험 방호에 필요한 가설 기자재로서 고용노동부 장관이 정하여 고시하는 것

04 산업안전보건법상 승강기의 종류를 쓰시오.

해답 1. 승용 승강기　　　　　　 2. 인화 공용 승강기
　　 3. 화물용 승강기　　　　　　 4. 에스컬레이터

05 습구 온도 20℃, 건구 온도 30℃일 경우 Oxford 지수를 계산하시오.

해답 $WD = 0.85 \times W(습구\ 온도) + 0.15 \times D(건구\ 온도) = 0.85 \times 20 + 0.15 \times 30 = 21.5$

06 허즈버그의 위생 요인과 동기 요인을 각각 구분하여 쓰시오.

해답 1. 위생 요인 : 작업 조건, 임금, 직위, 감독
　　 2. 동기 요인 : 성취감, 성장과 발전, 책임감, 안정감

참고 위생 요인과 동기 요인

위생 요인(직무 환경)	동기 요인(직무 내용)
회사 정책과 관리, 개인 상호 간의 관계, 감독, 임금, 보수, 작업 조건, 직위, 안전	성취감, 책임감, 안정감, 성장과 발전, 도전감, 일 그 자체

07 산업안전보건법상 사업장 안전 보건 관리 규정 작성 시 포함되어야 할 사항을 쓰시오.

해답 1. 안전 보건 관리 조직과 그 직무에 관한 사항
　　 2. 안전 보건 교육에 관한 사항
　　 3. 작업장 안전 관리에 관한 사항
　　 4. 작업장 보건 관리에 관한 사항
　　 5. 사고 조사 및 대책 수립에 관한 사항

08 산업안전보건법상 지게차의 시작 전 점검 사항을 쓰시오.

해답 1. 제동 장치 및 조종 장치 기능의 이상 유무
　　 2. 하역 장치 및 유압 장치 기능의 이상 유무
　　 3. 바퀴의 이상 유무
　　 4. 전조등·후미등·방향 지시기 및 경보 장치 기능의 이상 유무

참고 구내 운반자의 시작 전 점검 사항
　　 ① 제동 장치 및 조종 장치 기능의 이상 유무
　　 ② 하역 장치 및 유압 장치 기능의 이상 유무
　　 ③ 바퀴의 이상 유무
　　 ④ 전조등·후미등·방향 지시기 및 경음기 기능의 이상 유무
　　 ⑤ 충전 장치를 포함한 홀더 등의 결합 상태의 이상 유무

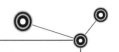

09 다음은 아세틸렌 용접 장치를 사용하여 금속의 용접·용단 또는 가열 작업을 하는 경우 준수 사항이다. 빈칸을 채우시오.

발생기에서 (①) 이내 또는 발생기실에서 (②) 이내의 장소에서 흡연, 화기의 사용 또는 불꽃이 발생할 위험한 행위를 금지시킬 것

해답▸ ① 5m, ② 3m

10 다음은 사업장의 위험성 평가에 관한 설명이다. 다음 설명하는 용어의 내용을 각각 쓰시오.

1) 유해·위험 요인이 부상 또는 질병으로 이어질 수 있는 가능성과 중대성을 포함한 것을 의미한다.
2) 유해·위험 요인별로 부상 또는 질병으로 이어질 수 있는 가능성과 중대성의 크기를 각각 추정하여 위험성의 크기를 산출하는 것을 말한다.
3) 유해·위험 요인별로 추정한 위험성의 크기가 허용 가능한 범위인지 여부를 판단하는 것을 말한다.

해답▸ 1) 위험성
2) 위험성 추정
3) 위험성 결정

11 터널 공사 시 NATM 공법 계측 방법의 종류를 쓰시오.

해답▸ 1. 터널 내 육안 조사
2. 내공 변위 측정
3. 천단 침하 측정
4. 록 볼트 인발 시험
5. 지표면 침하 측정
6. 지중 변위 측정
7. 지중 침하 측정
8. 지중 수평 변위 측정
9. 지하수위 측정
10. 록 볼트 축력 측정
11. 뿜어붙이기 콘크리트 응력 측정
12. 터널 내 탄성과 속도 측정
13. 주변 구조물의 변형 상태 조사

12 휘발유 저장 탱크 안전 표지에 관한 다음 사항을 쓰시오.

1) 표지판의 종류

2) 모양

3) 바탕색

4) 그림색

(해답) 1) 경고 표지

2) 마름모

3) 무색

4) 검정색

> **참고** 안전 표지의 색채
> ① 금지 표지 : 바탕은 흰색, 기본 모형은 빨간색, 관련 부호 및 그림은 검정색
> ② 경고 표지 : 바탕은 노란색, 기본 모형, 관련 부호 및 그림은 검정색. 다만, 인화성 물질 경고, 산화성 물질 경고, 폭발성 물질 경고, 급성 물질 경고, 부식성 물질 경고 및 발암성, 변이원성, 생식 독성, 전신 독성, 호흡기 과민성 물질 경고의 경우 바탕은 무색, 기본 모형은 적색(흑색도 가능)
> ③ 지시 표지 : 바탕은 파란색, 관련 그림은 흰색
> ④ 안내 표지 : 바탕은 흰색, 기본 모형 및 관련 부호는 녹색

13 가스 폭발 위험 장소 또는 분진 폭발 위험 장소에 설치되는 건축물 등에 대해서 해당하는 부분을 내화 구조로 하여야 하며 그 성능이 항상 유지될 수 있도록 점검 · 보수 등 적절한 조치를 하여야 한다. 해당 사항을 쓰시오.

(해답) 1. 건축물의 기둥 및 보 : 지상 1층(지상 1층의 높이가 6m를 초과하는 경우 6m)까지

2. 위험물 저장 · 취급 용기의 지지대(용기 높이가 30cm 이하는 제외) : 지상으로부터 지지대의 끝부분까지

3. 배관 · 전선관 등의 지지대 : 지상으로부터 1단(1단의 높이가 6m를 초과하는 경우 6m)까지

01 일정한 고장률을 가진 어떤 기계의 고장률이 0.04/시간일 경우 10시간 이내에 고장을 일으킬 확률을 쓰시오.

(해답) 확률$(R) = 1 - e^{-\lambda t} = 1 - e^{-0.04 \times 10} = 1 - e^{-0.4}$

02 기계 설비의 위험점을 쓰시오.

(해답) 1. 끼임점 : 고정 부분과 회전 운동하는 부분(연삭 숫돌과 작업대)
2. 절단점 : 회전하는 기계 자체와 운동하는 기계 자체(둥근톱의 톱날, 띠톱날)
3. 물림점 : 회전체가 서로 반대 방향으로 맞물려 회전하는 부분(롤러기)
4. 협착점 : 왕복 운동 부분과 고정 부분 사이에 형성(프레스, 절단기, 성형기)
5. 접선 물림점 : 회전 방향에 말려 들어갈 위험이 있는 부분(벨트와 풀리)
6. 회전 말림점 : 회전하는 물체의 굵기, 길이, 속도 등 불규칙 부위와 돌기 회전 부분에 의해 형성되는 점(회전축, 드릴)

03 연삭기의 덮개 각도를 쓰시오.

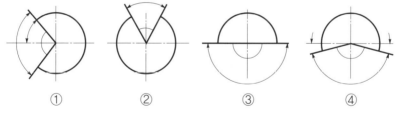

① ② ③ ④

1) 일반 연삭 작업 등에 사용하는 것을 목적으로 하는 탁상용 연삭기의 덮개 각도는 몇 도 이내인가?

2) 연삭 숫돌의 상부를 사용하는 것을 목적으로 하는 탁상용 연삭기의 덮개 각도는 몇 도인가?

3) 휴대용 연삭기, 스윙 연삭기, 슬래브 연삭기, 기타 이와 비슷한 연삭기의 덮개 각도는?

4) 평면 연삭기, 절단 연삭기, 이와 비슷한 연삭기의 덮개 각도는 몇 도 이상인가?

(해답) 1) 125° 2) 65°
3) 180° 4) 15°

04 다음 가스 용기의 색채를 쓰시오.

1) 산소   2) 아세틸렌

3) 암모니아   4) 질소

해답 1) 녹색   2) 황색

        3) 백색   4) 회색

> **참고** 용기의 색깔
> ① 산소 : 녹색   ② 수소 : 주황색
> ③ 염화염소 : 갈색   ④ 액화 탄산가스 : 청색
> ⑤ 액화 석유가스 : 회색   ⑥ 아세틸렌 : 황색
> ⑦ 액화 암모니아 : 백색

05 접지 공사 종류에 따른 접지선의 굵기를 쓰시오. (단, 접지선의 굵기는 연동선의 직경을 기준으로 한다.)

1) 제1종 접지   2) 제2종 접지

3) 제3종 접지   4) 특별 제3종 접지

해답 1) 단면적 $6mm^2$ 이상   2) 단면적 $16mm^2$ 이상

        3) 단면적 $2.5mm^2$ 이상   4) 단면적 $2.5mm^2$ 이상

> **참고** 접지 공사의 종류

접지 종별	공작물 또는 기기의 종류	접지선의 굵기	접지 저항
제1종	• 피뢰기 • 고압 또는 특별 고압용 기기의 철대 및 금속제 외함 • 주상에 설치하는 3상 4선식 접지 계통 변압기 및 기기 외함	단면적 $6mm^2$ 이상의 연동선	10Ω 이하
제2종	주상에 설치하는 비접지 계통의 고압 주상 변압기의 저압측 중성점 또는 저압측의 한 단자와 그 변압기의 외함	단면적 $16mm^2$ 이상의 연동선(고압 전로 또는 특별 고압 가공 전선로의 전로와 저압 전로를 변압기에 의하여 결합하는 경우에는 $6mm^2$ 이상)	$\dfrac{150}{1선 지락 전류[\Omega]}$ 이하
제3종	• 철주, 철탑 등 • 교류 전차선이 교차하는 고압 전선로 완금 • 주상에 시설하는 고압 콘덴서, 고압 전압 조정기 및 고압 개폐기 등 기기의 외함 • 옥내 또는 지상에 시설하는 400V 이하 저압 기기의 외함	단면적 $2.5mm^2$ 이상의 연동선	100Ω 이하
특별 제3종	옥내 또는 지상에 시설하는 400V를 넘는 저압 기기의 외함	단면적 $2.5mm^2$ 이상의 연동선	10Ω 이하

06 다음은 산업 재해 조사표의 주요 항목이다. 산업 재해 조사표의 항목에 해당하지 않는 것을 고르시오.

> **보 기**
> ① 재해자의 국적   ② 재발 방지 계획
> ③ 재해 발생 일시   ④ 고용 형태
> ⑤ 근로 손실   ⑥ 응급 조치 내역
> ⑦ 인적 피해 및 물적 피해   ⑧ 재해자 복직 예정일
> ⑨ 급여 수준

해답 ⑥, ⑧, ⑨

07 산업안전보건법상 관리감독자의 업무 사항을 쓰시오.

해답 1. 사업장 내 관리감독자가 지휘·감독하는 작업과 관련되는 기계, 기구 또는 설비의 안전, 보건 점검 및 이상 유무의 확인
2. 관리감독자에게 소속된 근로자의 작업복, 보호구 및 방호장치의 점검과 그 착용, 사용에 관한 교육, 지도
3. 해당 작업에서 발생한 산업재해에 관한 보고 및 이에 대한 응급조치
4. 해당 작업의 작업장 정리정돈 및 통로 확보의 확인·감독
5. 사업장의 다음에 해당하는 사람의 지도·조언에 대한 협조
   ① 안전관리자 또는 안전관리자의 업무를 같은 항에 따른 안전관리전문기관에 위탁한 사업장의 경우에는 그 안전관리전문기관의 해당 사업장 담당자
   ② 보건관리자 또는 보건관리자의 업무를 같은 항에 따른 보건관리자전문기관에 위탁한 사업장의 경우에는 그 보건관리전문기관의 해당 사업장 담당자
   ③ 안전보건관리담당자 또는 안전보건관리담당자의 업무를 안전관리전문기관 또는 보건관리전문기관에 위탁한 사업장의 경우에는 그 안전관리전문기관 또는 보건관리전문기관의 해당 사업장 담당자
   ④ 산업보건의
6. 위험성평가에 관한 다음의 업무
   ① 유해·위험요인의 파악에 대한 참여
   ② 개선 조치의 사항에 참여
7. 그 밖에 해당 작업의 안전 및 보건에 관한 사항으로서 고용노동부령으로 정하는 사항

08 위험 예지 훈련 4라운드를 순서대로 쓰시오.

해답 1. 제1라운드 : 현상 파악
2. 제2라운드 : 본질 추구
3. 제3라운드 : 대책 수립
4. 제4라운드 : 목표 설정

09 잠함 또는 우물통의 내부에서 근로자가 굴착 작업을 하는 경우 잠함 또는 우물통의 급격한 침하에 의한 위험을 방지하기 위한 사업주의 준수 사항을 쓰시오.

(해답) 1. 침하 관계도에 따라 굴착 방법 및 재하량 등을 정할 것
　　　 2. 바닥으로부터 천장 또는 보까지의 높이는 1.8m 이상으로 할 것

10 자율 검사 프로그램의 인정을 취소하거나 인정받은 자율 검사 프로그램의 내용에 따라 검사를 하도록 개선을 명할 수 있는 경우를 쓰시오.

(해답) 1. 거짓이나 그 밖의 부정한 방법으로 자율 검사 프로그램을 인정받는 경우
　　　 2. 자율 검사 프로그램을 인정받고도 검사를 하지 아니한 경우
　　　 3. 인정받은 자율 검사 프로그램의 내용에 따라 검사를 하지 아니한 경우
　　　 4. 성능 검사와 관련된 자격 및 경험을 가진 사람 또는 자율 안전 검사 기관이 검사를 하지 아니한 경우

11 타워크레인에 사용하는 와이어로프의 사용 금지 기준을 쓰시오.

(해답) 1. 이음매가 있는 것
　　　 2. 와이어로프의 한 꼬임[스트랜드(strand)를 말한다]에서 끊어진 소선(素線)[필러(pillar)선은 제외한다]의 수가 10% 이상(비자전 로프의 경우에는 끊어진 소선의 수가 와이어로프 호칭 지름의 6배 길이 이내에서 4개 이상이거나 호칭 지름 30배 길이 이내에서 8개 이상)인 것
　　　 3. 지름의 감소가 공칭 지름의 7%를 초과하는 것
　　　 4. 꼬인 것
　　　 5. 심하게 변형되거나 부식된 것
　　　 6. 열과 전기 충격에 의해 손상된 것

12 PHA의 목표를 달성하기 위한 주요 목표를 쓰시오.

(해답) 1. 시스템에 대한 모든 주요 사고를 식별하고 대략적으로 표현
　　　 2. 사고를 유발하는 요건을 식별
　　　 3. 사고가 발생한다고 가정하고 시스템에 생기는 결과 식별
　　　 4. 식별된 사고를 4가지 category(파국, 중대, 한계, 무시)로 분류

13 내전압용 절연 장갑의 성능 기준에 있어서 각 등급에 대한 최대 사용 전압을 쓰시오.

등 급	최대 사용 전압		비 고
	교 류(V, 실효값)	직 류	
00	500	(①)	
0	(②)	1,500	
1	7,500	11,250	
2	17,000	25,500	
3	26,500	39,750	
4	(③)	(④)	

해답▶ ① 750, ② 1,000, ③ 36,000, ④ 54,000

01 산업안전보건법상 산업 안전 표지에 관한 사항이다. 다음 표지판의 명칭을 쓰시오.

1)   2)   3)   4)

(해답) 1) 방사성 물질 경고   2) 사용 금지
    3) 폭발성 물질 경고   4) 낙하물 경고

02 다음 물음에 대하여 알맞은 안전계수를 쓰시오.

1) 근로자가 탑승한 운반구를 지지하는 달기 와이어 로프 또는 달기 체인의 경우

2) 화물의 하중을 직접 지지하는 달기 와이어 로프 또는 달기 체인의 경우

3) 훅, 섀클, 클램프, 리프팅의 경우

(해답) 1) 10 이상   2) 5 이상   3) 3 이상

03 인체의 1L의 산소를 소모하는 데에는 5kcal의 에너지가 소모된다. 작업 시 산소 소모량의 측정 결과 분당 1.5L의 산소를 소비하였다면 60분 동안 작업 시의 휴식 시간을 쓰시오. (단, 평균 에너지 소비량의 상한은 5kcal이다.)

(해답) 휴식 시간 $= \dfrac{60(E-5)}{E-1.5} = \dfrac{60(7.5-5)}{7.5-1.5} = 25$분

참고 작업 시 평균 에너지 소비량=5kcal/L×1.5L/min=7.5kcal/min

04 산업안전보건법상 방호 조치를 하지 아니하고 양도, 대여, 설치, 사용하거나 양도, 대여를 목적으로 진열해서는 안 되는 기계, 기구를 쓰시오.

(해답) 1. 예초기   2. 원심기
    3. 공기 압축기   4. 금속 절단기
    5. 지게차   6. 포장 기계(진공 포장기, 래핑기)

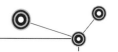

05 Sewin은 인간의 실수를 작위적 실수(Commision error)와 부작위적 실수(Ommision error)로 구분하고 있다. 이 중 작위적 실수에 포함되는 착오를 쓰시오.

해답 ▶ 1. 순서 착오　　　　　　　　2. 시간적 오류　　　　　　　3. 불확실한 수행

참고 ▶ ① 부작위적 실수 : 어떠한 일에 대한 태만에 관한 것
　　　　② 작위적 실수 : 잘못된 행위에 관한 것

06 다음은 사업장 내 안전 보건 교육에 관한 사항이다. 빈칸에 알맞게 쓰시오.

교육 과정	교육 대상	교육 시간
채용 시 교육	일용 근로자 일용 근로자를 제외한 근로자	① ②
정기 교육	생산직 근로자 사무직 종사 근로자	③ ④

해답 ▶ ① 1시간 이상, ② 8시간 이상, ③ 매월 2시간 이상, ④ 매월 1시간 이상 또는 매분기 3시간 이상

참고 ▶ 산업 안전·보건 관련 교육 과정별 교육 시간

교육 과정	교육 대상		교육 시간
정기 교육	사무직 종사 근로자		매분기 3시간 이상
	사무직 종사 근로자 외의 근로자	판매 업무에 직접 종사하는 근로자	매분기 3시간 이상
		판매 업무에 직접 종사하는 근로자 외의 근로자	매분기 6시간 이상
	관리 감독자의 지위에 있는 사람		연간 16시간 이상
채용 시의 교육	일용 근로자		1시간 이상
	일용 근로자를 제외한 근로자		8시간 이상
작업 내용 변경 시의 교육	일용 근로자		1시간 이상
	일용 근로자를 제외한 근로자		2시간 이상
특별 교육	특별 안전 보건 교육 대상 작업의 어느 하나에 해당하는 작업에 종사하는 일용 근로자		2시간 이상
	타워 크레인 신호작업에 종사하는 일용근로자		8시간 이상
	특별 안전 보건 교육 대상 작업의 어느 하나에 해당하는 작업에 종사하는 일용 근로자를 제외한 근로자		• 16시간 이상(최초 작업에 종사하기 전 4시간 이상 실시하고 12시간은 3개월 이내에서 분할하여 실시 가능) • 단기간 작업 또는 간헐적 작업인 경우에는 2시간 이상
건설업 기초 안전 보건 교육	건설 일용 근로자		4시간

07 절토면의 토사 붕괴 발생을 예방하기 위한 점검의 시기를 쓰시오.

(해답) 1. 작업 전   2. 작업 중
3. 작업 후   4. 비온 후
5. 인접 구역에서 발파한 경우

08 산업안전보건법상 사업주가 실시해야 할 건강 진단의 종류를 쓰시오.

(해답) 1. 일반 건강 진단   2. 특수 건강 진단
3. 배치 전 건강 진단   4. 수시 건강 진단
5. 임시 건강 진단

09 산업안전보건법상 중대 재해의 종류를 쓰시오.

(해답) 1. 사망자가 1명 이상 발생한 재해
2. 3개월 이상의 요양이 필요한 부상자가 동시에 2명 이상 발생한 재해
3. 부상자 또는 직업성 질병자가 동시에 10명 이상 발생한 재해

10 다음은 정전기 대전에 관한 사항이다. 다음이 설명하는 대전의 종류를 각각 쓰시오.

1) 상호 밀착되어 있는 물질이 떨어질 때 전하 분리에 의해 정전기가 발생하는 현상
2) 액체류 등을 파이프 등으로 이송할 때 액체류가 파이프 등의 고체류와 접촉 마찰하면서 두 물질 사이의 경계에서 전기 이중층이 형성되고 전하의 일부가 액체류의 유동과 같이 이동하기 때문에 대전되는 현상
3) 분체류, 액체류, 기체류가 작은 분출구를 통해 공기 중으로 분출될 때 분출되는 물질과 분출구의 마찰에 의해 발생되는 현상

(해답) 1) 박리 대전   2) 유동 대전   3) 분출 대전

11 다음은 분진 폭발 과정이다. 순서대로 쓰시오.

> 보기
> ① 입자 표면 열 분해 및 기체 발생
> ② 주위 공기와 혼합
> ③ 입자 표면 온도 상승
> ④ 폭발 열에 의해 주위 입자 온도 상승, 열 분해
> ⑤ 점화원에 의한 폭발

(해답) ③ - ① - ② - ⑤ - ④

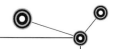

12 다음 각각의 설명에 맞는 프레스 및 절단기의 방호 장치명을 쓰시오.

1) 1행정 1정지식 프레스에 사용하는 것으로 양손으로 동시에 조작하지 않으면 기계가 작동하지 않으며, 한 손이라도 떼어내면 기계를 정지시키는 방호 장치

2) 슬라이드와 작업자의 손을 끈으로 연결하여 하강 시 작업자의 손을 당겨 위험 영역에서 빼낼 수 있도록 한 방호 장치

해답 → 1) 양수 조작식 방호 장치
2) 수인식 방호 장치

 MEMO

01 법상 양중기의 종류를 쓰시오. (단, 세부 사항이 있으면 세부 사항도 쓴다.)

(해답) 1. 크레인(호이스트를 포함한다.)
2. 리프트(이삿짐 운반용 리프트의 경우 적재 하중이 1ton 이상인 것으로 한정한다.)
3. 곤돌라
4. 승강기
5. 이동식 크레인

02 폭발 등급에 따른 해당 물질을 쓰시오.

(해답) 1. 1등급(안전 간극 0.6 이상) : 메탄, 에탄, 프로판, 일산화탄소
2. 2등급(안전 간극 0.4~0.6) : 에틸렌, 석탄가스
3. 3등급(안전 간극 0.4 이하) : 수소, 아세틸렌, 이황화탄소

03 Swain은 인간의 실수를 작위적 실수(Commision error)와 부작위적 실수(Ommision error)로 구분하고 있다. 이 중 작위적 실수에 포함되는 착오를 쓰시오.

(해답) 1. 순서 착오
2. 시간적 오류
3. 불확실한 수행

　참고　① 작위적 실수 : 잘못된 행위에 관한 것
　　　　② 부작위적 실수 : 어떠한 일에 대한 태만에 관한 것

04 법상 사업장에서 실시하는 안전 보건 교육의 종류를 쓰시오.

(해답) 1. 정기 교육(관리 감독자 정기 교육, 근로자 정기 교육)
2. 채용 시 교육
3. 작업 내용 변경 시 교육
4. 특별 교육
5. 건설업 기초 안전 보건 교육

05 지게차의 헤드 가드가 갖추어야 할 조건을 쓰시오.

(해답) ↳ 1. 강도는 지게차의 최대 하중의 2배 값의 등분포 하중에 견딜 수 있는 것일 것
2. 상부틀의 각 개구부의 폭 또는 길이는 16cm 미만일 것
3. 운전자가 앉아서 조작하는 지게차의 헤드 가드는 한국 산업 표준에서 정하는 높이 이상일 것

06 다음의 FT도에서 Cut set을 구하시오.

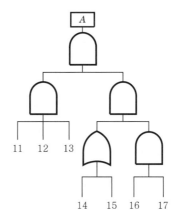

(해답) ↳ 11, 12, 13, 14, 16, 17
11, 12, 13, 15, 16, 17

07 산업안전보건법상 근로자가 반복하여 계속적으로 중량물을 취급하는 작업을 하는 때에 작업 시작 전 점검 사항을 쓰시오.

(해답) ↳ 1. 중량물 취급의 올바른 자세 및 복장
2. 위험물의 비산에 따른 보호구의 착용
3. 카바이드 · 생석회 등과 같이 온도 상승이나 습기에 의하여 위험성이 존재하는 중량물의 취급 방법
4. 그 밖의 하역 운반 기계 등의 적절한 사용 방법

08 산소 아세틸렌 용접기의 도관의 시험 종류를 쓰시오.

(해답) ↳ 1. 내압 시험
2. 기밀 시험
3. 내식성 시험
4. 내열성 시험

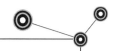

09 타워크레인에 사용하는 와이어로프의 사용 금지 기준을 쓰시오.

(해답) 1. 이음매가 있는 것
2. 와이어로프의 한 꼬임[스트랜드(strand)를 말한다]에서 끊어진 소선(素線)[필러(pillar)선은 제외한다]의 수가 10% 이상(비자전로프의 경우에는 끊어진 소선의 수가 와이어 로프 호칭 지름의 6배 길이 이내에서 4개 이상이거나 호칭 지름의 30배 길이 이내에서 8개 이상)인 것
3. 지름의 감소가 공칭 지름의 7%를 초과하는 것
4. 꼬인 것
5. 심하게 변형되거나 부식된 것
6. 열과 전기 충격에 의해 손상된 것

10 다음 ( ) 속에 알맞은 말을 쓰시오.

> 기계의 원동기, 회전축, 기어, 풀리, 플라이휠 및 벨트 등 근로자에게 위험을 미칠 우려가 있는 부분에는 (①), (②), (③) 및 (④) 등을 설치하여야 한다.

(해답) ① 덮개
② 울
③ 슬리브
④ 건널다리

11 어느 사업장의 연천인율이 36이고, 근로 총 시간수가 120,000시간, 연간 근로 손실 일수가 219일이다. 다음 물음에 답하시오.

1) 도수율을 구하시오.
2) 강도율을 구하시오.
3) 작업자가 평생 근무한다면 재해를 당할 수 있는 횟수를 구하시오.
4) 작업자가 평생 근무한다면 근로 손실 일수를 구하시오.

(해답) 1) 도수율 $= \dfrac{\text{연천인율}}{2.4} = \dfrac{36}{2.4} = 15.00$

2) 강도율 $= \dfrac{\text{근로 손실 일수}}{\text{근로 총 시간수}} \times 1,000 = \dfrac{219}{120,000} \times 1,000 = 1.83$

3) 환산 도수율 $= \dfrac{100,000}{1,000,000} \times 15 = 1.50$건

4) 환산 강도율 $= \dfrac{100,000}{1,000} \times 1.83 = 183$일

12 프레스기 방호 장치 중 감응식 방호 장치를 설치한 프레스에서 광선을 차단한 후 200ms 후에 슬라이드가 정지하였다. 이때 방호 장치의 안전 거리는 최소 몇 mm 이상이어야 하는지 계산하시오.

(해답) $D = 1.6 \times T_m = 1.6 \times 200 = 320 \text{mm}$

13 사업장에서 중대 사고 발생 시 고용노동부에 구두나 유선으로 보고해야 할 사항을 쓰시오.

(해답) 1. 발생 개요
2. 피해 상황
3. 조치 및 전망
4. 그 밖에 중요한 사항

14 산업안전보건법상 보안경의 종류를 쓰고, 사용 예를 간략히 설명하시오.

(해답)

종 류	사용 구분	렌즈의 재질
차광 안경	눈에 대하여 해로운 자외선 및 적외선 또는 강렬한 가시광선 (이하 '유해광선'이라 한다)이 발생하는 장소에서 눈을 보호하기 위한 것	유리 및 플라스틱
유리 보호 안경	미분, 칩, 기타 비산물로부터 눈을 보호하기 위한 것	유리
플라스틱 보호 안경	미분, 칩, 기타 비산물로부터 눈을 보호하기 위한 것	플라스틱
도수렌즈 보호 안경	근시, 원시 혹은 난시인 근로자가 차광 안경, 유리 보호 안경, 플라스틱 보호 안경을 착용해야 하는 장소에서 작업하는 경우, 빛이나 비산물 및 기타 유해 물질로부터 눈을 보호함과 동시에 시력을 교정하기 위한 것	유리 및 플라스틱

01 아세틸렌과 벤젠이 7 : 3으로 함유되어 있는 장소의 아세틸렌의 위험도와 혼합 가스의 폭발 하한계를 구하시오.

(해답) 1. 아세틸렌 위험도 $= \dfrac{81 - 2.5}{2.5} = 31.40$

2. 폭발 하한계 $= \dfrac{100}{\dfrac{70}{2.5} + \dfrac{30}{1.4}} = 2.02\text{vol}\%$

02 법에 의하여 가설 통로를 설치하고자 한다. 가설 통로 설치 시 사업주의 준수 사항 5가지를 쓰시오.

(해답) 1. 견고한 구조로 할 것
2. 경사는 30° 이하로 할 것
3. 경사가 15°를 초과하는 때에는 미끄러지지 않는 구조로 할 것
4. 추락의 위험이 있는 장소에는 안전 난간을 설치할 것
5. 수직갱에 가설된 통로의 길이가 15m 이상인 때에는 10m 이내마다 계단참을 설치할 것
6. 건설 공사에 사용하는 높이 8m 이상인 비계다리에는 7m 이내마다 계단참을 설치할 것

03 기계의 원동기, 회전축, 기어, 풀리, 플라이휠, 벨트 및 체인 등 근로자에게 위험을 미칠 우려가 있는 부위에 설치해야 할 안전 장치를 쓰시오.

(해답) 1. 덮개
2. 울
3. 슬리브
4. 건널다리

04 로봇을 운전하는 경우 로봇에 접촉함으로써 근로자에게 위험이 발생할 우려가 있는 경우 조치해야 할 사항을 쓰시오.

(해답) 안전 매트 및 높이 1.8m 이상의 울타리 설치

05 안전모의 종류를 기호로 표시하고, 사용 구분 및 내전압성을 각각 구분하시오.

해답

종류(기호)	사용 구분	모체의 재질	내전압성
AB	물체의 낙하 또는 비래 및 추락에 의한 위험을 방지 또는 경감시키기 위한 것	합성수지	비내전압성
AE	물체의 낙하 또는 비래에 의한 위험을 방지 또는 경감하고, 머리 부위 감전에 의한 위험을 방지하기 위한 것	합성수지	내전압성
ABE	물체의 낙하 또는 비래 및 추락에 의한 위험을 방지 또는 경감하고, 머리 부위 감전에 의한 위험을 방지하기 위한 것	합성수지	내전압성

06 하인리히, 버드, 아담스, 웨버의 재해 발생 이론을 쓰시오.

해답
1. 하인리히 : 사회적 환경 및 유전적 요소, 개인적 결함, 불안전 상태 및 불안전 행동, 사고 · 재해
2. 버드 : 관리 부족, 기본 원인, 직접 원인, 사고 · 재해
3. 아담스 : 관리 구조, 작전적 에러, 전술적 에러, 사고 · 재해
4. 웨버 : 유전과 환경, 인간의 결함, 불안전 행동 및 불안전 상태, 사고 · 재해

참고 ▶ 자베타키스 사고 연쇄성 이론
① 개인적 요인 및 환경적 요인
② 불안전 행동 및 불안전 상태
③ 에너지 및 위험물의 예기치 못한 폭주
④ 사고
⑤ 구호(구조)

07 인간 과오(Human error)의 분류 중 Swain의 심리적 분류의 종류를 쓰시오.

해답
1. Omission error
2. Commission error
3. Time error
4. Sequential error
5. Extraneous error

08 잠함 또는 우물통의 내부에서 근로자가 굴착 작업을 하는 경우 잠함 또는 우물통의 급격한 침하에 의한 위험을 방지하기 위한 사업주의 준수 사항을 쓰시오.

해답
1. 침하 관계도에 따라 굴착 방법 및 재하량 등을 정할 것
2. 바닥으로부터 천장 또는 보까지의 높이는 1.8m 이상으로 할 것

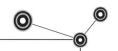

09 위험 기계·기구의 조종 장치를 촉각적으로 암호화할 수 있는 차원을 쓰시오.

해답 ➤ 1. 색채 암호   2. 위치 암호   3. 형상 암호

10 다음은 산업안전보건법상 인화성 액체 및 산화성 물질에 대한 내용이다. (   ) 안을 채우시오.

1) 인화성 액체

노르말헥산, 아세톤, 메틸에틸케톤, 메틸알코올, 에틸알코올, 이황화탄소, 그 밖에 인화점이 (   ) 미만이고 초기 끓는점이 35℃를 초과하는 물질

2) 부식성 물질

농도가 (   ) 이상인 염산, 황산, 질산, 그 밖에 이와 동등 이상의 부식성을 가지는 물질

3) 부식성 염기류

농도가 (   ) 이상인 수산화나트륨, 수산화칼륨, 그 밖에 이와 동등 이상의 부식성을 가지는 염기류

해답 ➤ 1) 23℃   2) 20%   3) 40%

11 인간공학에서 인간 성능 기준을 쓰시오.

해답 ➤ 1. 인간 성능 척도
2. 생물학적 지표
3. 주관적 반응
4. 사고 빈도

12 다음은 교류 아크 용접 장치의 자동 전격 방지기에 관한 사항이다. (   ) 안을 채우시오.

(①) : 용접봉을 모재로부터 분리시킨 후 주접점이 개로될 때 용접기 2차측 (②)이 전격 방지기의 25V 이하로 될 때까지의 시간

해답 ➤ ① 지동 시간
② 무부하 전압

13 산업안전보건법상 안전 보건 총괄 책임자 지정 대상 사업을 쓰시오.

해답 ➤ 관계 수급인에게 고용된 근로자를 포함한 상시 근로자 100명(선박 및 보트 건조업, 1차 금속 제조업 및 토사석 광업의 경우 50명) 이상인 사업이나 관계 수급인의 공사 금액을 포함한 해당 공사의 총 공사 금액이 20억원 이상인 건설업

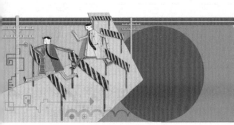
01 공기 압축기의 시작 전 점검 사항을 쓰시오.

(해답) 1. 공기 저장 압력 용기의 외관 상태
2. 드레인 밸브의 조작 및 배수
3. 압력 방출 장치의 기능
4. 언로드 밸브의 기능
5. 윤활유 상태
6. 회전부의 덮개 또는 울
7. 그 밖에 연결 부위의 이상 유무

02 지게차를 이용한 작업을 할 때 운전자가 운전 위치를 이탈 시 조치 사항을 쓰시오.

(해답) 1. 포크, 버킷, 디퍼 등의 장치를 가장 낮은 위치 또는 지면에 둘 것
2. 원동기를 정지시키고 브레이크를 확실히 거는 등 갑작스러운 주행이나 이탈을 방지하기 위한 조치를 할 것
3. 운전석을 이탈하는 경우 시동키를 운전대에서 분리시킬 것

03 비, 눈, 그 밖의 기상 상태의 불안정으로 인하여 날씨가 몹시 나빠서 작업을 중지시킨 후 비계를 조립, 해체하거나 또는 변경한 후 그 비계에서 작업 시작 전 점검 사항을 쓰시오.

(해답) 1. 발판 재료의 손상 여부 및 부착 또는 걸림 상태
2. 해당 비계의 연결부 또는 접속부의 풀림 상태
3. 연결 재료 및 연결 철물의 손상 또는 부식 상태
4. 손잡이의 탈락 여부
5. 기둥의 침하·변형·변위 또는 흔들림 상태
6. 로프의 부착 상태 및 매단 장치의 흔들림 상태

04 다음은 재해 발생 시 처리 단계를 기술한 것이다. 빈칸에 알맞은 답을 쓰시오.

재해 발생 – (①) – (②) – (③) – 대책 수립

(해답) ① 긴급 처리　　② 재해 조사　　③ 원인 강구

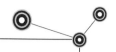

05 상해 정도별 분류 중 영구 전노동 불능 상해, 영구 일부 노동 불능 상해, 일시 전노동 불능 상해를 설명하시오. (단, 장애 등급이 있을 때에는 표기한다.)

(해답) 1. 영구 전노동 불능 상해 : 부상의 결과로 근로의 기능을 완전히 잃은 상해 정도(신체 장애 등급 1급~3급)
2. 영구 일부 노동 불능 상해 : 부상의 결과로 신체의 일부가 영구적으로 노동 기능을 상실한 상해 정도(신체 장애 등급 4급~14급)
3. 일시 전노동 불능 상해 : 의사의 진단으로 일정 기간 정규 노동에 종사할 수 없는 상해 정도(완치 후 노동력 회복 가능)

06 산업안전보건법상 방호 조치를 하지 아니하고 양도, 대여, 설치하거나 양도, 대여의 목적으로 진열하여서는 안 되는 기계, 기구의 종류를 쓰시오.

(해답) 1. 예초기
2. 원심기
3. 공기 압축기
4. 금속 절단기
5. 지게차
6. 포장 기계(진공 포장기, 래핑기)

참고 유해·위험 방지를 위하여 필요한 조치를 하여야 할 기계·기구·설비 및 건축물 등
① 사무실 및 공장용 건축물　② 이동식 크레인
③ 타워 크레인　　　　　　　④ 불도저
⑤ 모터 그레이더　　　　　　⑥ 로더
⑦ 스크레이퍼　　　　　　　⑧ 스크레이퍼 도저
⑨ 파워 셔블　　　　　　　　⑩ 드래그 라인
⑪ 클램셸　　　　　　　　　⑫ 버킷 굴삭기
⑬ 트렌치　　　　　　　　　⑭ 항타기
⑮ 항발기　　　　　　　　　⑯ 어스 드릴
⑰ 천공기　　　　　　　　　⑱ 어스 오거
⑲ 페이퍼 드레인 머신　　　⑳ 리프트
㉑ 지게차　　　　　　　　　㉒ 롤러기
㉓ 콘크리트 펌프
㉔ 그 밖에 산업재해보상보험 및 예방심의위원회의 심의를 거쳐 고용노동부 장관이 정하여 고시하는 기계, 기구, 설비 및 건축물 등

07 다음은 법상 산업 안전 보건 표지에 관한 사항이다. 빈칸에 알맞게 쓰시오.

색 채	색도 기준	용 도
빨간색	①	금지 표지
②	5Y 8.5/12	③
파란색	2.5PB 4/10	④
녹색	2.5G 4/10	안내 표지
⑤	N9.5	–

해답 ① 7.5R 4/14 ② 노란색 ③ 경고 표지
④ 지시 표지 ⑤ 흰색

08 법상 공정 안전 보고서 제출 시 공정 안전 보고서에 포함해야 할 내용을 쓰시오.

해답 1. 공정 안전 자료
2. 공정 위험성 평가서
3. 안전 운전 계획
4. 비상 조치 계획
5. 그 밖에 공정상의 안전과 관련하여 고용노동부 장관이 필요하다고 인정하여 고시하는 사항

09 다음은 법상 MSDS(물질 안전 보건 자료)의 자료 작성 시 포함하여야 할 내용이다. ( ) 안에 알맞게 쓰시오.

1) 화학 제품과 회사에 대한 정보   2) (①)
3) 구성 성분의 명칭 및 함유량   4) 응급 조치 요령
5) 폭발, 화재 시 대처 방법   6) (②)
7) 취급 및 저장 방법   8) 노출 방지 및 개인 보호구
9) 물리 화학적 특성   10) (③)
11) (④)   12) 환경에 미치는 영향
13) 폐기 시 주의 사항   14) (⑤)
15) (⑥)   16) 기타 참고 사항

해답 ① 위험 유해성 ② 누출 사고 시 대처 방법
③ 안정성 및 반응성 ④ 독성에 관한 정보
⑤ 운송에 필요한 정보 ⑥ 법적 규제 사항

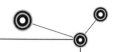

10 실내 작업장에서 장시간 소음에 노출 작업 시 소음 측정 결과 85dB에서 2시간, 90dB에서 4시간, 95dB에서 2시간 노출이 되었을 경우 소음 노출 수준을 구하고, 노출 기준 초과 여부를 쓰시오.

(해답) 소음 노출 수준(%) $= \left(\dfrac{2}{16} + \dfrac{4}{8} + \dfrac{2}{4} \right) \times 100 = 112.5\%$, 노출 기준 초과

11 다음은 동기 부여 이론 중 매슬로우의 욕구 단계론과 알더퍼의 ERG 이론의 비교이다. 빈칸에 알맞게 쓰시오.

욕구 단계론	ERG 이론
제1단계 : 생리적 욕구	생존 욕구
제2단계 : ①	
제3단계 : ②	③
제4단계 : 인정 받으려는 욕구	
제5단계 : 자아 실현 욕구	④

(해답) ① 안전 욕구   ② 사회적 욕구   ③ 관계 욕구   ④ 성장 욕구

12 FT의 각 단계별 내용이 다음과 같을 때 올바른 순서대로 쓰시오.

> 보기
> ① 정상 사상의 원인이 되는 기초 사상을 분석한다.
> ② 정상 사상과의 관계는 논리 게이트를 이용하여 도해한다.
> ③ 분석 현상이 된 시스템을 정의한다.
> ④ 이전 단계에서 결정된 사상이 조금더 전개가 가능한지 검사한다.
> ⑤ 정성, 정량적으로 해석, 평가한다.
> ⑥ FT를 간소화한다.

(해답) ③ → ① → ② → ④ → ⑥ → ⑤

참고 FTA 작성 절차
① 재해 위험도를 검토하여 해석할 재해 결정(필요시 PHA 실시)
② 재해 발생 확률의 목표치 결정
③ 예상되는 재해의 과거 재해 상태나 재해 통계를 기초로 가급적 폭넓게 조사
④ FT 작성
⑤ cut set, minimal cut set을 구함
⑥ 불대수를 적용하여 수식화 및 간략화
⑦ 해석하는 재해의 발생 확률 계산

13 폭발의 정의에서 UVCE와 BLEVE를 각각 간략히 설명하시오.

(해답) 1. UVCE(개방계 증기운 폭발) : 대기 중에 구름 모양으로 존재하다가 바람, 대류 등의 영
향으로 점화원에 의하여 순간적으로 폭발하는 현상
2. BLEVE(비등액 팽창 증기 폭발) : 비점이나 인화점이 낮은 액체가 들어 있는 용기 주위
의 화재 등으로 인하여 가열되면 내부의 비등 현상으로 인한 압력 상승으로 용기의 벽면
이 파열되면서 내용물들이 폭발적으로 증발, 팽창하면서 폭발하는 현상

14 아래의 기호에 대한 다음 물음에 답하시오.

$$d \, \text{II} \, AT_4$$

1) d란 무엇을 나타내는가?
2) ⅡA란 무엇을 나타내는가?
3) T_4란 무엇을 나타내는가?

(해답) 1) d : 방폭 기기의 구조, 즉 내압 방폭 구조
2) ⅡA : 폭발 등급, 즉 폭발 등급이 2등급
3) T_4 : 방폭 기기의 온도 등급, 즉 T_4는 100~135℃ 이하

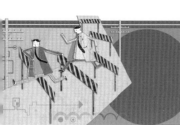
01 법상 가설 통로 설치 시 준수해야 할 사항을 쓰시오.

(해답) 1. 견고한 구조로 할 것
2. 경사는 30° 이하로 할 것(계단을 설치하거나 높이 2m 미만의 가설 통로로서 튼튼한 손잡이를 설치한 때에는 그러하지 아니한다.)
3. 경사가 15°를 초과하는 때에는 미끄러지지 아니하는 구조로 할 것
4. 추락의 위험이 있는 장소에는 안전 난간을 설치할 것(작업상 부득이한 때에는 필요한 부분에 한하여 임시로 이를 해체할 수 있다.)
5. 수직갱에 가설된 통로의 길이가 15m 이상인 때에는 10m 이내마다 계단참을 설치할 것
6. 건설 공사에 사용하는 높이 8m 이상인 비계다리에는 7m 이내마다 계단참을 설치할 것

02 인체의 1L의 산소를 소모하는 데에는 5kcal의 에너지가 소모된다. 작업 시 산소 소모량의 측정 결과 분당 1.5L의 산소를 소비하였다면 60분 동안 작업 시의 휴식 시간을 구하시오. (단, 평균 에너지 소비량의 상한은 5kcal이다.)

(해답) 휴식 시간 $= \dfrac{60(E-5)}{E-1.5} = \dfrac{60(7.5-5)}{7.5-1.5} = 25분$

참고 ▶ 작업 시 평균 에너지 소비량=5kcal/L×1.5L/min=7.5kcal/min

03 구축물 또는 이와 유사한 시설물에 대하여 안전 진단 등 안전성 평가를 실시하여 근로자에게 미칠 위험성을 미리 제거하여야 하는 경우를 쓰시오. (단, 그 밖의 잠재적 위험이 예상될 경우는 제외한다.)

(해답) 1. 구축물 또는 이와 유사한 시설물의 인근에서 굴착, 항타 작업 등으로 침하·균열 등이 발생하여 붕괴의 위험이 예상될 경우
2. 구축물 또는 이와 유사한 시설물에 지진·동해·부동 침하 등으로 균열·비틀림 등이 발생하였을 경우
3. 구조물, 건축물, 그 밖의 시설물이 그 자체의 무게, 적설, 풍압 또는 그 밖에 부가되는 하중 등으로 붕괴 등의 위험이 있을 경우
4. 화재 등으로 구축물 또는 이와 유사한 시설물의 내력이 현저히 저하된 경우
5. 오랜 기간 사용하지 아니하던 구축물 또는 이와 유사한 시설물을 재사용하게 되어 안전성을 검토하여야 할 경우

04 재해 예방 4원칙을 쓰고, 간략히 설명하시오.

(해답) 1. 예방 가능의 원칙 : 천재지변(2%)을 제외한 모든 인재(약 98%)는 예방이 가능하다.

2. 손실 우연의 원칙 : 사고의 결과 손실의 유무 또는 대소는 사고 당시의 조건에 따라 우연적이다.

3. 원인 연계의 원칙 : 사고에는 반드시 원인이 있으며, 그 원인은 대부분 복합적인 연계에 의한 원인이다.

4. 대책 선정의 원칙 : 사고의 원인이나 불안전 요소가 발생되면 반드시 대책은 선정 실시되어야 하며 대책 선정이 가능하다.

05 산업안전보건법상 작업 발판 일체형 거푸집의 종류를 쓰시오.

(해답) 1. 갱 폼(Gang form)

2. 슬립 폼(Slip form)

3. 클라이밍 폼(Climbing form)

4. 터널 라이닝 폼(Tunnel lining form)

5. 그 밖에 거푸집과 작업 발판이 일체로 제작된 거푸집 등

06 활선 작업 시 충전 전압에 따른 접근 한계 거리를 쓰시오.

1) 380V	2) 1.5kV	3) 10kV	4) 22kV

(해답)

1) 30cm	2) 45cm	3) 60cm	4) 90cm

07 법상 조명 기준을 쓰시오.

(해답) 1. 초정밀 작업 : 750lux 이상

2. 정밀 작업 : 300lux 이상

3. 보통 작업 : 150lux 이상

4. 그 밖의 작업 : 75lux 이상

08 산업안전보건법상 밀폐 공간에서 작업 시 밀폐 공간 보건 작업 프로그램을 수립하여 시행하여야 한다. 밀폐 공간 보건 작업 프로그램의 내용을 쓰시오.

(해답) 1. 사업장 내 밀폐 공간의 위치 파악 및 관리 방안

2. 밀폐 공간 내 질식, 중독 등을 일으킬 수 있는 유해 · 위험 요인의 파악 및 관리 방안

3. 밀폐 공간 작업 시 사전 확인이 필요한 사항에 대한 확인 절차

4. 안전 보건 교육 및 훈련

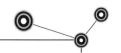

09 산업안전보건법상 고용노동부 장관이 안전 보건 개선 계획의 수립, 시행을 명할 수 있는 사업장을 쓰시오.

(해답) 1. 산업 재해율이 같은 업종의 규모별 평균 산업 재해율보다 높은 사업장
2. 사업주가 안전 보건 조치 의무를 이행하지 아니하여 중대 재해가 발생한 사업장
3. 유해 인자의 노출 기준을 초과한 사업장

10 공칭 지름 10mm, 지름 9.2mm인 와이어 로프를 양중기에 사용 가능한지 쓰시오.

(해답) 사용 가능 : $1-0.07 \times$ 공칭지름 $= 1-0.7 \times 10 = 9.3$mm
사용 가능 범위는 10~9.3mm이므로 9.2mm 와이어 로프는 사용 불가능하다.

> **참고** 와이어 로프의 지름의 감소가 공칭 지름의 7%를 초과하는 것은 사용할 수 없다.

11 다음은 산업 현장에서 사용되는 컬러테라피에 관한 사항이다. 알맞은 색채를 쓰시오.

색 채	심 리
①	공포, 일정, 예정, 활기, 용기
②	주의, 조심, 희망, 광명, 향상
③	안전, 안식, 위안, 평화, 이상
④	진정, 소원, 냉담, 소극
⑤	우미, 고취, 불안, 영원

(해답) ① 적색　② 황색　③ 녹색　④ 청색　⑤ 보라색(자색)

12 다음은 방진 마스크에 관한 사항이다. 물음에 답하시오.

1) 석면 취급 장소에서 착용 가능한 방진 마스크 등급은?
2) 금속 흄 등과 같이 열적으로 생기는 분진 등이 발생하는 장소에서 착용 가능한 방진 마스크의 등급은?
3) 베릴륨 등과 같이 독성이 강한 물질을 함유한 장소에서 착용 가능한 방진 마스크의 등급은?
4) 산소 농도 (　　) 미만인 장소에서는 방진 마스크의 착용을 금지한다.
5) 안면부 내부의 이산화탄소 농도는 부피 분율 (　　) 이하이어야 한다.

(해답) 1) 특급　2) 1급　3) 특급　4) 18%　5) 1%

13 공기 압축기의 서징 방지 대책을 쓰시오.

(해답) 1. 방출 밸브에 의한 교정 방법
2. 회전수를 변경시키는 방법
3. 우상이 없는 특성으로 하는 방법
4. 교축 밸브를 기계 가까이에 설치하는 방법

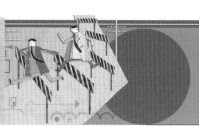
01 산업안전보건법상 크레인을 사용하는 작업 시 작업 시작 전 점검 사항을 쓰시오.

(해답) ↘ 1. 권과 방지 장치, 브레이크, 클러치 및 운전 장치의 기능
2. 주행로의 상측 및 트롤리가 횡행하는 레일의 상태
3. 와이어 로프가 통하고 있는 곳의 상태

02 어느 작업장에 아세틸렌 70%, 수소 30%로 혼합된 혼합 기체가 존재하고 있다. 아세틸렌의 위험도와 혼합 시 혼합 가스의 폭발 하한계를 구하시오. (단, 폭발 범위는 아세틸렌 2.5~81.0vol%, 수소 4.0~75vol%이다.)

(해답) ↘ 1. 아세틸렌의 위험도 $= \dfrac{\text{폭발 상한계} - \text{폭발 하한계}}{\text{폭발 하한계}} = \dfrac{81 - 2.5}{2.5} = 31.40$

2. 폭발 하한계$(L) = \dfrac{100}{\dfrac{V_1}{L_1} + \dfrac{V_2}{L_2} + \cdots + \dfrac{V_n}{L_n}} = \dfrac{100}{\dfrac{70}{2.5} + \dfrac{30}{4}} = 2.82\,\text{vol}\%$

03 산업안전보건법상 의무 안전 인증 대상 기계·기구 중 주요 구조 부분을 변경하는 경우 인증을 받아야 하는 기계·기구의 종류를 쓰시오.

(해답) ↘ 1. 프레스
2. 전단기 및 절곡기
3. 크레인
4. 리프트
5. 압력 용기
6. 롤러기
7. 사출 성형기
8. 고소 작업대
9. 곤돌라
10. 기계톱

> **참고** 설치·이전하는 경우 안전 인증을 받아야 하는 기계·기구
> ① 크레인
> ② 리프트
> ③ 곤돌라

04 광전자식 방호 장치 프레스에 관한 설명 중 ( ) 안에 알맞게 쓰시오.

1) 프레스 또는 전단기에서 일반적으로 많이 활용하고 있는 형태로서 투광부, 수광부, 컨트롤 부분으로 구성된 것으로 신체의 일부가 광선을 차단하면 기계를 급정지시키는 방호 장치로 ( ) 분류에 해당한다.

2) 정상 작동 표시 램프는 (①), 위험 표시 램프는 (②)으로 하며, 근로자가 볼 수 있는 곳에 설치해야 한다.

3) 방호 장치는 릴레이, 리밋 스위치 등의 전기 부품의 고장, 전원 전압의 변동 및 정전에 의해 슬라이드가 불시에 작동하지 않아야 하며, 사용 전원 전압의 ( )의 변동에 대하여 정상적으로 작동되어야 한다.

해답 ▶ 1) A-1
2) ① 녹색, ② 적색
3) ±20%

05 400kg의 화물을 두 줄 걸이 로프로 상부 각도 60°의 각도로 들어 올릴 때 그림과 같이 와이어 로프의 한 줄에 걸리는 하중을 구하시오.

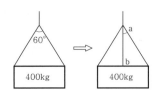

해답 ▶ $\dfrac{400}{2} \div \cos\dfrac{60°}{2} = 231\text{kg}$

참고 ① 하중 $= \dfrac{\text{화물 무게}}{2} \div \cos\dfrac{\theta}{2}$

② 총 하중 $=$ 정하중 $+$ 동하중

동하중 $= \dfrac{\text{정하중}}{g} \times$ 가속도

※ g : 중력 가속도(9.8m/s^2)

06 법상 관리 대상 유해 물질을 취급하는 작업장의 보기 쉬운 장소에 게시해야 할 사항을 쓰시오.

해답 ▶ 1. 관리 대상 유해 물질의 명칭
2. 인체에 미치는 영향
3. 취급상 주의 사항
4. 착용하여야 할 보호구
5. 응급 조치와 긴급 방재 요령

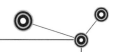

07 법상 관리 감독자에게 실시해야 할 정기 안전 보건 교육의 내용을 쓰시오.

(해답) 1. 작업 공정의 유해·위험과 재해 예방 대책에 관한 사항
2. 표준 안전 작업 방법 및 지도 요령에 관한 사항
3. 관리 감독자의 역할과 임무에 관한 사항
4. 산업 보건 및 직업병 예방에 관한 사항
5. 유해·위험 작업 환경 관리에 관한 사항
6. 산업안전보건법령 및 산업재해보상보험 제도에 관한 사항
7. 직무 스트레스 예방 및 관리에 관한 사항
8. 직장 내 괴롭힘, 고객의 폭언 등으로 인한 건강장해 예방 및 관리에 관한 사항
9. 산업 안전 및 사고 예방에 관한 사항
10. 안전 보건 교육 능력 배양에 관한 사항

08 다음 내용의 ( ) 안에 알맞은 내용을 쓰시오.

> 사업주는 계단 및 계단참을 설치하는 때에는 매 제곱미터당 (①)kg 이상의 하중을 견딜 수 있는 강도를 가진 구조로 설치하여야 하며, 안전율은 (②) 이상으로 하여야 한다. 또한 높이가 3m를 초과하는 계단에는 높이 3m 이내마다 너비 (③)m 이상의 계단참을 설치하여야 한다.

(해답) ① 500   ② 4   ③ 1.2

09 법에 의한 조도 기준을 작업의 종류에 따라 분류하시오.

(해답) 1. 초정밀 작업 : 750lux 이상
2. 정밀 작업 : 300lux 이상
3. 보통 작업 : 150lux 이상
4. 기타 작업 : 75lux 이상

10 산업안전보건법 시행규칙에서 정한 산업 재해 조사표 작성 시 상해의 종류를 쓰시오.

(해답) 골절, 절단, 타박상, 찰과상, 중독, 질식, 화상, 감전, 뇌진탕, 고혈압, 뇌졸중, 피부염, 진폐, 수근관증후군 등

11 1급 방진 마스크의 사용 장소를 쓰시오.

(해답) 1. 특급 마스크 착용 장소를 제외한 분진 등 발생 장소
2. 금속 흄 등과 같이 열적으로 생기는 분진 등 발생 장소
3. 기계적으로 생기는 분진 등 발생 장소(규소 등과 같이 2급 마스크를 착용하여도 무방한 경우는 제외한다.)

12 안전 보건 표지판의 종류 중 출입 금지 표지판의 종류를 쓰시오.

해답 1. 허가 대상 물질 작업
2. 석면 취급, 해체 작업장
3. 금지 대상 물질의 취급 실험실 등

13 건설 현장에 가설 통로 설치 시의 준수 사항을 쓰시오.

해답 1. 견고한 구조로 할 것
2. 경사는 30° 이하로 할 것
3. 경사가 15°를 초과하는 때에는 미끄러지지 아니하는 구조로 할 것
4. 추락의 위험이 있는 장소에는 안전 난간을 설치할 것
5. 수직갱에 가설된 통로의 길이가 15m 이상인 때에는 10m 이내마다 계단참을 설치할 것
6. 건설 공사에 사용하는 높이 8m 이상인 비계다리에는 7m 이내마다 계단참을 설치할 것

14 산업안전보건법에 의하여 누전에 의한 감전 위험을 방지하기 위하여 접지를 실시하는 코드와 플러그를 접속하여 사용하는 전기 기계 · 기구를 쓰시오.

해답 1. 사용 전압이 대지 전압 150V를 넘는 것
2. 냉장고, 세탁기, 컴퓨터 및 주변 기기 등과 같은 고정형 전기 기계 · 기구
3. 고정형, 이동형 또는 휴대형 전동 기계 · 기구
4. 물 또는 도전성이 높은 곳에서 사용하는 전기 기계 · 기구 비접지형 콘센트
5. 휴대형 손전등

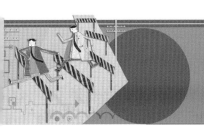

01 다음은 비계의 벽 이음 및 버팀의 설치 기준이다. 빈칸에 알맞은 말을 쓰시오.

구 분		조립 간격(m)	
		수직 방향	수평 방향
통나무 비계		①	②
강관 비계	단관 비계	③	④
	틀 비계	⑤	⑥

해답 ① 5.5 ② 7.5 ③ 5 ④ 5 ⑤ 6 ⑥ 8

02 산업안전보건법상 자율 안전 확인 대상 기계·기구의 방호 장치를 쓰시오.

해답 1. 아세틸렌 용접 장치용 또는 가스 집합 용접 장치용 안전기
2. 교류 아크 용접기용 자동 전격 방지기
3. 롤러기 급정지 장치
4. 연삭기 덮개
5. 목재 가공용 둥근톱 반발 예방 장치 및 날 접촉 예방 장치
6. 동력식 수동 대패용 칼날 접촉 방지 장치
7. 추락·낙하 및 붕괴 등의 위험 방호에 필요한 가설 기자재로서 고용노동부 장관이 정하여 고시하는 것

03 다음 안전 표지판의 명칭을 쓰시오.

1) 　　2) 　　3) 　　4)

해답 1) 세안 장치
2) 폭발성 물질 경고
3) 낙하물 경고
4) 보안면 착용

04 소음이 심한 기계로부터 1.5m 떨어진 곳의 음압 수준이 100dB이라면 5m 떨어진 곳에서의 음압 수준을 구하시오.

해답▶ 음압 수준 $dB_2 = dB_1 - 20\log\left(\dfrac{d_2}{d_1}\right)$에서 $100 - 20\log\left(\dfrac{5}{1.5}\right) = 89.54dB$

참고 ▮1. 음압 수준

  dB 수준 $= 20\log_{10}\left(\dfrac{P_1}{P_0}\right)$

  여기서, P_1 : 측정하려는 음압, P_0 : 기준 음압

  2. 음의 강도 수준

  dB 수준 $= 10\log\left(\dfrac{I_1}{I_0}\right)$

  여기서, I_1 : 측정음의 강도, I_0 : 기준음의 강도

  3. 거리에 따른 음의 강도 변화

  ① 면적당 출력 $= \dfrac{출력}{4\pi(거리)^2}$

  ② 음으로부터 d_1, d_2 떨어진 지점의 dB 수준

    $dB_2 = dB_1 - 20\log\left(\dfrac{d_2}{d_1}\right)$

05 건설공사를 하고자 하는 때에는 그 공사 착공 전에 유해위험방지계획서를 제출하여야 한다. 건설공사 중 유해위험방지계획서 제출 대상 공사의 종류 5가지를 쓰시오.

해답▶ 1. 다음의 어느 하나에 해당하는 건축물 또는 시설 등의 건설·개조 또는 해체 공사
  ① 지상높이가 31m 이상인 건축물 또는 인공구조물
  ② 연면적 30,000m^2 이상인 건축물
  ③ 연면적 5,000m^2 이상인 시설로서 다음의 어느 하나에 해당하는 시설
    • 문화 및 집회시설(전시장 및 동물원·식물원은 제외한다)
    • 판매시설, 운수시설(고속철도의 역사 및 집배송시설은 제외한다)
    • 종교시설
    • 의료시설 중 종합병원
    • 숙박시설 중 관광숙박시설
    • 지하도상가
    • 냉동·냉장 창고시설
  2. 연면적 5,000m^2 이상인 냉동·냉장 창고 시설의 설비 공사 및 단열 공사
  3. 최대지간 길이가 50m 이상인 다리 건설 등의 공사
  4. 터널 건설 등의 공사
  5. 다목적 댐, 발전용 댐 및 저수 용량 2,000만톤 이상인 용수 전용 댐, 지방 상수도 전용 댐 건설 등의 공사
  6. 깊이 10m 이상인 굴착 공사

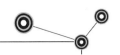

06 다음 FT도에서 고장 발생 확률을 구하시오.

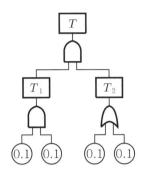

(해답) $T = T_1 \times T_2$
$T_1 = 0.1 \times 0.1 = 0.01$
$T_2 = \{1 - (1 - 0.1)(1 - 0.1)\} = 0.19$
$\therefore T = T_1 \times T_2 = 0.01 \times 0.19 = 0.0019$

07 기계의 원동기, 회전축, 기어, 풀리, 플라이휠, 벨트 및 체인 등 근로자에게 위험을 미칠 우려가 있는 부위의 방호 장치를 쓰시오.

(해답) 1. 덮개　　2. 울　　3. 슬리브　　4. 건널다리

08 다음은 적응기제에 관한 사항이다. 빈칸을 채우시오.

(①) : 자신의 결함과 무능에 의하여 생긴 열등감이나 긴장을 해소하기 위하여 장점 등으로 그 결함을 보충하려는 기제
(②) : 자신의 실패나 약점은 그럴듯한 이유를 들어 남의 비난을 받지 않도록 하는 기제
(③) : 억압당한 욕구를 다른 가치 있는 목적을 실현하도록 노력함으로써 욕구를 충족하는 기제
(④) : 자신의 불만이나 불안을 해소시키기 위해서 남에게 뒤집어 씌우는 방식의 기제

(해답) ① 보상　　② 합리화　　③ 승화　　④ 투사

09 분진의 발화 폭발하기 위한 조건을 쓰시오.

(해답) 1. 가연성일 것
2. 조연성 가스 중에서 교반과 유동
3. 분진의 상태
4. 발화원 존재

10 사업주가 안전 보건 진단을 받아 안전 보건 개선 계획서를 제출해야 하는 대상 사업장을 4가지 쓰시오.

(해답) 1. 중대 재해 발생 사업장
2. 산업 재해 발생률이 같은 업종 평균 산업 재해 발생률의 2배 이상인 사업장
3. 직업성 질병자가 연간 2명 이상 발생한 사업장
4. 작업 환경 불량, 폭발 또는 누출 사고 등으로 사업장 주변까지 피해가 확산된 사업장으로서 고용노동부 장관이 정하는 사업장

11 산업안전보건법상 안전 보건 관리 책임자의 직무 사항을 쓰시오.

(해답) 1. 사업장의 산업 재해 예방 계획의 수립에 관한 사항
2. 안전 보건 관리 규정의 작성 및 변경에 관한 사항
3. 근로자의 안전 · 보건 교육에 관한 사항
4. 작업 환경 측정 등 작업 환경의 점검 및 개선에 관한 사항
5. 근로자의 건강 진단 등 건강 관리에 관한 사항
6. 산업 재해의 원인 조사 및 재발 방지대책 수립에 관한 사항
7. 산업 재해에 관한 통계의 기록 및 유지에 관한 사항
8. 안전 장치 및 보호구 구입 시의 적격품 여부 확인에 관한 사항
9. 그 밖에 근로자의 유해 · 위험 예방 조치에 관한 사항으로서 고용노동부령으로 정하는 사항

12 산업안전보건법상 근로자가 노출된 충전부 또는 그 부근에서 작업함으로써 감전될 우려가 있는 경우에는 작업에 들어가기 전에 해당 전로를 차단하여야 한다. 다음 빈칸에 알맞게 쓰시오.

1) 차단장치나 단로기 등에 (   ) 및 꼬리표를 부착할 것

2) 개로된 전로에서 유도전압 또는 전기 에너지가 축적되어 근로자에게 전기 위험을 끼칠 수 있는 전기 기기 등을 접촉하기 전에 (   )를 완전히 방전할 것

3) 전기 기기 등이 다른 노출 충전 부위와 접촉, 유도 또는 예비 동력원의 역송전 등으로 전압이 발생할 우려가 있는 경우에는 충분한 용량을 가진 (   )를 이용하여 접지할 것

(해답) 1) 잠금 장치   2) 잔류 전하   3) 단락 접지 기구

13 작업자가 벽돌을 들고 비계 위에서 움직이다가 벽돌을 떨어뜨려 발등에 맞아서 뼈가 부러진 사고가 발생하였다. 이 재해를 분석하시오.

(해답) ① 재해 형태 : 낙하
② 기인물 : 벽돌
③ 가해물 : 벽돌

01 다음 FT도에서 미니멀 컷을 구하시오.

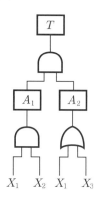

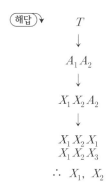

$$T$$
$$\downarrow$$
$$A_1 A_2$$
$$\downarrow$$
$$X_1 X_2 A_2$$
$$\downarrow$$
$$X_1 X_2 X_1$$
$$X_1 X_2 X_3$$
$$\therefore \ X_1, \ X_2$$

02 법상 해체 작업 시 해체 계획서를 수립하여야 한다. 해체 계획에 포함해야 할 사항을 쓰시오.

(해답)▶ 1. 해체 방법 및 해체 순서 도면
2. 가설 설비, 방호 설비, 환기 설비 및 살수·방화 설비 등의 방법
3. 사업장 내 연락 방법
4. 해체물의 처분 계획
5. 해체 작업용 기계·기구 등의 작업 계획서
6. 해체 작업용 화약류 등의 사용 계획서
7. 그 밖의 안전·보건에 관련된 사항

03 산업안전보건법상 타워 크레인의 설치, 조립, 해체 작업 시 작업 계획서를 작성할 때 포함해야 할 사항을 쓰시오.

(해답) 1. 타워 크레인의 종류 및 형식
2. 설치·조립 및 해체 순서
3. 작업 도구, 장비, 가설 설비 및 방호 설비
4. 작업 인원의 구성 및 작업 근로자의 역할 범위
5. 타워 크레인의 지지 방법

04 300명의 근로자가 근무하는 사업장에서 연간 15건의 재해가 발생하여 사망 1명, 14급 장애 14명이 발생하였다. 종합 재해 지수를 구하시오.

(해답) $빈도율 = \dfrac{재해\ 건수}{근로\ 총\ 시간수} \times 10^6 = \dfrac{15}{300 \times 8 \times 300} \times 10^6 = 20.83$

$강도율 = \dfrac{근로\ 손실\ 일수}{근로\ 총\ 시간수} \times 1,000 = \dfrac{7,500 + 50 \times 14}{300 \times 8 \times 300} \times 1,000 = 11.39$

$\therefore\ 종합\ 재해\ 지수 = \sqrt{빈도율 \times 강도율} = \sqrt{20.83 \times 11.39} = 15.40$

05 법상 달기 체인의 사용 제한 조건을 쓰시오.

(해답) 1. 달기 체인의 길이 증가가 그 달기 체인이 제조된 때의 길이의 5%를 초과한 것
2. 링의 단면 지름 감소가 그 달기 체인이 제조된 때의 해당 링 지름의 10%를 초과한 것
3. 균열이 있거나 심하게 변형된 것

06 다음은 산업안전보건법상 급성 독성 물질에 관한 사항이다. ( ) 안에 알맞게 쓰시오.

1) 쥐에 대한 경구 투입 실험에서 실험 동물의 50%를 사망시킬 수 있는 양, 즉 LD 50(경구, 쥐) kg당 ( ) 체중 이하인 화학 물질
2) 쥐 또는 토끼에 대한 경피 흡수 실험에도 실험 동물의 50%를 사망시킬 수 있는 양, 즉 LD 50(경피, 쥐 또는 토끼) kg당 ( ) 체중 이하인 화학 물질
3) 쥐에 대한 4시간 동안의 흡입 실험에 의하여 실험 동물의 50%를 사망시킬 수 있는 농도, 즉 LC 50(쥐, 4시간 흡입)이 (①) 이하인 화학 물질, 증기 LC 50(쥐, 4시간 흡입)이 (②) 이하인 화학 물질, 분진 또는 미스트 (③) 이하인 화학 물질

(해답) 1) 300mg
2) 1,000mg
3) ① 2,500ppm
② 10mg/L
③ 1mg/L

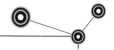

07 건설 공사를 하고자 하는 때에는 그 공사 착공 전에 유해 위험 방지 계획서를 제출하여야 한다. 건설 공사 중 유해 위험 방지 계획서 제출 대상 공사의 종류 5가지를 쓰시오.

(해답) 1. 다음의 어느 하나에 해당하는 건축물 또는 시설 등의 건설·개조 또는 해체 공사
　　① 지상높이가 31미터 이상인 건축물 또는 인공구조물
　　② 연면적 3만제곱미터 이상인 건축물
　　③ 연면적 5천제곱미터 이상인 시설로서 다음의 어느 하나에 해당하는 시설
　　　• 문화 및 집회시설(전시장 및 동물원·식물원은 제외한다)
　　　• 판매시설, 운수시설(고속철도의 역사 및 집배송시설은 제외한다)
　　　• 종교시설
　　　• 의료시설 중 종합병원
　　　• 숙박시설 중 관광숙박시설
　　　• 지하도상가
　　　• 냉동·냉장 창고시설
2. 연면적 $5{,}000m^2$ 이상인 냉동·냉장 창고 시설의 설비 공사 및 단열 공사
3. 최대지간 길이가 50m 이상인 다리 건설 등의 공사
4. 터널 건설 등의 공사
5. 다목적 댐, 발전용 댐 및 저수 용량 2천만톤 이상인 용수 전용 댐, 지방 상수도 전용 댐 건설 등의 공사
6. 깊이 10m 이상인 굴착 공사

08 법상 말비계 사용 시 준수 사항을 쓰시오.

(해답) 1. 지주 부재의 하단에는 미끄럼 방지 장치를 하고, 양측 끝부분에 올라서서 작업하지 아니하도록 할 것
2. 지주 부재와 수평면과의 기울기를 75° 이하로 하고, 지주 부재와 지주 부재 사이를 고정시키는 보조 부재를 설치할 것
3. 말비계의 높이가 2m를 초과할 경우에는 작업 발판의 폭을 40cm 이상으로 할 것

09 다음은 안전모의 내관통성 시험에 관한 사항이다. (　　) 안에 알맞게 쓰시오.

종류 AE, ABE종 안전모는 관통 거리가 (①) 이하, 종류 A, AB종 안전모는 관통 거리가 (②) 이하이어야 한다.

(해답) ① 9.5mm
② 11.1mm

10 산업안전보건법상 안전 인증 면제 대상의 경우를 쓰시오.

(해답) 1. 연구·개발을 목적으로 제조·수입하거나 수출을 목적으로 제조하는 경우
2. 「고압가스안전관리법」에 따른 검사를 받은 경우
3. 「원자력법」에 따른 검사를 받은 경우

11 U자 걸이 안전대의 사용 방법을 쓰시오. (단, 사용 시 준수 사항을 쓰시오.)

(해답) 1. U자 걸이로 1종, 3종 또는 4종 안전대를 사용하여야 하며, 훅을 걸고 벗길 때 추락을 방지하기 위하여 1종, 3종은 보조 로프, 4종은 훅을 사용하여야 한다.
2. 훅이 확실하게 걸려 있는지 확인하고 체중을 옮길 때는 갑자기 손을 떼지 말고 서서히 체중을 옮겨 이상이 없는가를 확인한 후 손을 떼도록 하여야 한다.
3. 전주나 구조물 등에 돌려진 로프의 위치는 허리에 착용한 벨트의 위치보다 낮아지지 않도록 주의하여야 한다.
4. 로프의 길이는 작업상 필요한 최소한의 길이로 하여야 한다.
5. 추락 저지 시에 로프가 아래로 미끄러져 내려가지 않는 장소에 로프를 설치하여야 한다.

12 클러치 맞물림 개수가 4개이고 200spm(stroke per minute)인 동력 프레스기 양수 기동식 안전 장치의 안전 거리를 쓰시오.

(해답) 양수 기동식 안전 거리(D_m) = $1.6 T_m$

여기서, D_m : 안전 거리(mm)

T_m : 양손으로 누름 단추를 누르기 시작할 때부터 슬라이드가 하사점까지의 소요 시간(ms)

$$T_m = \left(\frac{1}{클러치\ 맞물림\ 개수} + \frac{1}{2} \right) \times \frac{60,000}{매분\ 행정수}$$

$$\therefore D_m = 1.6 \left(\frac{1}{4} + \frac{1}{2} \right) \times \frac{60,000}{200} = 360 \, \text{mm}$$

13 산업안전보건법상 잠함, 우물통, 수직갱, 이와 유사한 건축물 또는 설비 내부에서 굴착 작업 시 준수 사항을 쓰시오.

(해답) 1. 산소 결핍의 우려가 있는 때에는 산소의 농도를 측정하는 자를 지명하여 측정하도록 할 것
2. 근로자가 안전하게 승강하기 위한 설비를 설치할 것
3. 굴착 깊이가 20m를 초과하는 때에는 해당 작업 장소와 외부와의 연락을 위한 통신 설비 등을 설치할 것

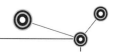

14 누전에 의한 감전의 위험을 방지하기 위하여 전기 기계·기구에는 접지를 하여야 한다. 전기를 사용하지 않는 설비 중 접지를 해야 하는 금속제의 종류를 쓰시오.

해답 1. 전동식 양중기의 프레임과 궤도

2. 전선이 붙어 있는 비전동식 양중기의 프레임

3. 고압(1,500V 초과 7,000V 이하의 직류 전압 또는 1,000V 초과 7,000V 이하의 교류 전압을 말한다) 이상의 전기를 사용하는 전기 기계·기구 주변의 금속제 칸막이·망 및 이와 유사한 장치

> **참고** 전기 기계·기구의 접지
>
> 누전에 의한 감전의 위험을 방지하기 위하여 다음에 해당하는 부분에 대하여는 확실하게 접지를 하여야 한다.
>
> 1. 전기 기계·기구의 금속제 외함·금속제 외피 및 철대
> 2. 고정 설치되거나 고정 배전에 접속된 전기 기계·기구의 노출된 비충전 금속체 중 충전될 우려가 있는 다음에 해당하는 비충전 금속체
>   ① 지면이나 접지된 금속체로부터 수직 거리 2.4m, 수평 거리 1.5m 이내의 것
>   ② 물기 또는 습기가 있는 장소에 설치되어 있는 것
>   ③ 금속으로 되어 있는 기기 접지용 전선의 피복·외장 또는 배선관 등
>   ④ 사용 전압이 대지 전압 150V를 넘는 것
> 3. 코드 및 플러그를 접속하여 사용하는 전기 기계·기구 중 다음에 해당하는 노출된 비충전 금속체
>   ① 사용 전압이 대지 전압 150V를 넘는 것
>   ② 냉장고·세탁기·컴퓨터 및 주변 기기 등과 같은 고정형 전기 기계·기구
>   ③ 고정형·이동형 또는 휴대형 전동 기계·기구
>   ④ 물 또는 도전성이 높은 곳에서 사용하는 전기 기계·기구
>   ⑤ 휴대용 손전등
> 4. 수중 펌프를 금속제 물탱크 등의 내부에 설치하여 사용하는 경우에는, 그 탱크(이 경우 탱크를 수중 펌프의 접지선과 접속하여야 한다)

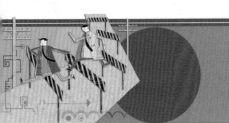

01 다음 보기의 유해 인자별 배치 후 최초 특수 건강진단 시기를 쓰시오.

> 보기
> ① 벤젠   ② 석면   ③ 광물성 분진

해답 ① 2개월 이내
② 12개월 이내
③ 12개월 이내

참고 특수 건강진단의 시기 및 주기

구 분	대상 유해 인자	시 기 배치 후 첫 번째 특수 건강진단	주 기
1	N,N-디메틸아세트아미드 N,N-디메틸포름아미드	1개월 이내	6개월
2	벤젠	2개월 이내	6개월
3	1,1,2,2-테트라클로로에탄 사염화탄소 아크릴로니트릴 염화비닐	3개월 이내	6개월
4	석면, 면 분진	12개월 이내	12개월
5	광물성 분진 나무 분진 소음 및 충격 소음	12개월 이내	24개월
6	1부터 5까지 규정의 대상 유해 인자를 제외한 [별표 12]의 2의 모든 대상 유해 인자	6개월 이내	12개월

02 누적 외상성 질환(Cumulative Trauma Disorder)은 테니스 elbow나 방아쇠, 손가락 등으로 더 잘 알려져 있는데 이러한 직업병의 원인이 되는 CTD의 대표적인 원인을 쓰시오.

해답 1. 큰 힘(과도한 힘)
2. 반복적인 격심한 굴곡
3. 낮은 작업 온도
4. 심한 국소 진동(vibration induced white finger)

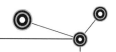

03 다음 FT도의 고장 발생 확률을 구하시오. (단, ①=0.1, ②=0.02, ③=0.1, ④=0.02)

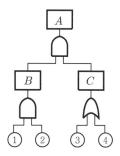

(해답) $A = B \times C$

$B = ① \times ②$

$C = 1 - (1 - ③)(1 - ④)$

∴ $0.1 \times 0.02 \times \{1 - (1 - 0.1)(1 - 0.02)\} = 0.000236$

04 크레인을 이용하여 상부 각도 60°로 2ton의 화물을 인양 시 와이어 로프의 한 가닥에 걸리는 하중을 쓰시오.

(해답) 와이어 로프의 한 가닥에 걸리는 하중

$$\frac{\text{화물 무게}}{2} \div \cos \frac{\theta}{2} = \frac{2,000}{2} \div \cos \frac{60°}{2} = 1,154 \text{kg}$$

05 산업안전보건법상 물질 안전·보건 자료에 해당하는 내용을 근로자에게 교육하여야 하는 교육 내용을 쓰시오.

(해답) 1. 대상 화학 물질의 명칭(또는 제품명)

2. 물리적 위험성 및 건강 유해성

3. 취급상의 주의 사항

4. 적절한 보호구

5. 응급 조치 요령 및 사고 시 대처 방법

6. 물질 안전·보건 자료 및 경고 표지를 이해하는 방법

06 다음은 차광 보안경에 관한 내용이다. 해당 빈칸을 채우시오.

1) ( ) : 착용 시의 시야를 확보하는 보안경의 일부로서, 렌즈 및 플레이트 등을 말한다.

2) ( ) : 필터와 플레이트의 유해 광선을 차단할 수 있는 능력을 말한다.

3) ( ) : 필터 입사에 대한 투과 광속의 비를 말하며, 분광 투과율을 말한다.

(해답) 1) 접안경

2) 차광도 번호

3) 시감 투과율

07 정전 용량이 1.5μF이며, 마찰로 인하여 정전기 에너지가 2J이었다. 이 물체의 대전된 전위 (V)를 구하시오.

(해답) $E = \dfrac{1}{2}CV^2 = \dfrac{1}{2}QV = \dfrac{Q^2}{2C}\text{(J)}$

여기서, E : 정전기 에너지(J)

　　　　C : 도전체의 정전 용량(F)

　　　　V : 대전 전위(V)

　　　　Q : 대전 전하량(C)

대전 전하량(Q) $= \sqrt{2CE}$

$\therefore$ 대전 전위(V) $= \sqrt{\dfrac{2E}{C}} = \sqrt{\dfrac{2 \times 2}{1.5 \times 10^{-6}}} = 2.67 \times 10^3\,\text{V}$

08 산업안전보건업상 안전 보건 진단을 받아 안전 보건 개선 계획을 수립, 제출하여야 하는 사업장의 종류를 쓰시오.

(해답) 1. 중대 재해 발생 사업장

2. 산업 재해 발생률이 같은 업종 평균 산업 재해 발생률의 2배 이상인 사업장

3. 직업성 질병자가 사람이 연간 2명 이상 발생한 사업장

4. 작업 환경 불량, 폭발 또는 누출 사고 등으로 사업장 주변까지 피해가 확산된 사업장으로서 고용노동부 장관이 정하는 사업장

참고　안전 보건 개선 계획 수립 대상 사업장(60일 이내 관할 지방 고용노동관서의 장)

　　① 산업 재해율이 같은 업종의 규모별 평균 산업 재해율보다 높은 사업장

　　② 사업주가 필요한 안전 조치 또는 보건 조치를 이행하지 아니하여 중대 재해가 발생한 사업장

　　③ 유해 인자의 노출 기준을 초과한 사업장

　　④ 대통령령으로 정하는 수 이상의 직업성 질병자가 발생한 사업장

09 유한 사면의 붕괴 유형을 쓰시오.

(해답) 1. 사면 저부 붕괴

2. 사면 내 붕괴

3. 사면 선단 붕괴

10 경사면에서 드럼통 등의 중량물 취급 시 주의 사항을 쓰시오.

(해답) 1. 구름 멈춤대 · 쐐기 등을 이용하여 중량물의 동요나 이동을 조절할 것

2. 중량물의 구름 방향인 경사면 아래에는 근로자의 출입을 제한시킬 것

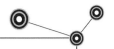

11 달비계에 사용하는 와이어 로프의 안전 계수와 사용 금지 기준을 쓰시오.

1) 안전 계수

2) 사용 금지 기준

해답 ▶ 1) 10 이상

2) ① 이음매가 있는 것

② 와이어 로프의 한 꼬임(스트랜드(strand)를 말한다. 이와 같다)에서 끊어진 소선(素線) (필러(pillar)선은 제외한다)의 수가 10% 이상(비자전 로프의 경우에는 끊어진 소선의 수가 와이어 로프 호칭 지름의 6배 길이 이내에서 4개 이상이거나 호칭 지름 30배 길이 이내에서 8개 이상)인 것

③ 지름의 감소가 공칭 지름의 7%를 초과하는 것

④ 꼬인 것

⑤ 심하게 변형되거나 부식된 것

⑥ 열과 전기 충격에 의해 손상된 것

12 다음의 화학 설비 및 부속 설비 설치 시 안전 거리를 쓰시오.

1) 플레어 스택으로부터 단위 공정 시설 및 설비

2) 화학 물질 저장 탱크로부터 단위 공정 시설 및 설비

해답 ▶ 1) 20m

2) 20m

참고 ▶ 안전 거리

폭발성 물질, 발화성 물질, 산화성 물질, 인화성 물질, 가연성 물질을 저장, 취급하는 화학 설비 및 부속 설비를 설치하는 때, 폭발 또는 화재의 피해를 줄일 수 있도록 설비 및 시설 간의 안전 거리

구 분	안전 거리
① 단위 공정 시설 및 설비로부터 나른 단위 공정 시설 및 설비의 사이	설비의 외면으로부터 10m 이상
② 플레어 스택으로부터 단위 공정 시설 및 설비, 위험 물질 저장 탱크 또는 위험 물질 하역 설비의 사이	플레어 스택으로부터 반경 20m 이상. 다만, 단위 공정 시설 등이 불연재로 시공된 지붕 아래에 설치된 경우에는 그러하지 아니하다.
③ 위험 물질 저장 탱크로부터 단위 공정 시설 및 설비, 보일러 또는 가열로의 사이	저장 탱크의 외면으로부터 20m 이상. 다만, 저장 탱크의 방호벽, 원격 조정 소화 설비 또는 살수 설비를 설치한 경우에는 그러하지 아니하다.
④ 사무실 · 연구실 · 실험실 · 정비실 또는 식당으로부터 단위 공정 시설 및 설비, 위험 물질 저장 탱크, 위험 물질 하역 설비, 보일러 또는 가열로의 사이	사무실 등의 외면으로부터 20m 이상. 다만, 난방용 보일러인 경우 또는 사무실 등의 벽을 방호 구조로 설치한 경우에는 그러하지 아니하다.

13 다음 그림은 와이어 로프이다. 아래 물음에 대한 내용을 쓰시오.

6×Fi(29)

1) 6   2) Fi   3) 29

해답 ↓ 1) 스트랜드 수   2) 필러형   3) 소선 수

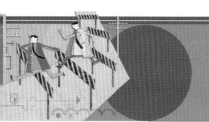

산업안전기사

2017.5.7 시행

01 사업장에서 안전 보건 관리 규정 작성 시 포함해야 할 사항을 쓰시오.

(해답) 1. 안전 보건 관리 조직과 그 직무에 관한 사항
2. 안전 보건 교육에 관한 사항
3. 작업장 안전 관리에 관한 사항
4. 작업장 보건 관리에 관한 사항
5. 사고 조사 및 대책 수립에 관한 사항
6. 그 밖에 안전 보건에 관한 사항

02 산업안전보건법상 이동식 크레인의 작업 시작 전 점검 내용을 쓰시오.

(해답) 1. 권과 방지 장치, 그 밖의 경보 장치의 기능
2. 브레이크, 클러치 및 조정 장치의 기능
3. 와이어 로프가 통하고 있는 곳 및 작업 장소의 지반 상태

03 차량계 하역 운반 기계 사용 전 점검 사항을 4가지 쓰시오.

(해답) 1. 제동 장치 및 조종 장치 기능의 이상 유무
2. 하역 장치 및 유압 장치 기능의 이상 유무
3. 바퀴의 이상 유무
4. 전조등, 후미등, 방향 지시기 및 경보 장치 기능의 이상 유무

04 산업안전보건법상 밀폐된 장소에서 하는 용접 작업 또는 습한 장소에서 하는 전기 용접 작업 시 특별 안전 보건 교육의 내용을 쓰시오. (단, 그 밖에 안전, 보건 관리에 필요한 사항은 제외)

(해답) 1. 작업 순서, 안전 작업 방법 및 수칙에 관한 사항
2. 환기 설비에 관한 사항
3. 전격 방지 및 보호구 착용에 관한 사항
4. 질식 시 응급 조치에 관한 사항
5. 작업 환경 점검에 관한 사항

05 다음 보기는 휴먼 에러에 관한 사항이다. 각각 Omission error와 Commission error로 분류하시오.

> 보기
> ① 납접합을 빠뜨렸다.　　　　　② 전선의 연결이 바뀌었다.
> ③ 부품을 빠뜨렸다.　　　　　　④ 부품을 거꾸로 배열하였다.
> ⑤ 틀린 부품을 사용하였다.

해답 ▶ 1. Omission error : ①, ③
2. Commission error : ②, ④, ⑤

> **참고** ▶ ① Omission error(생략적 과오) : 필요한 직무 또는 절차를 수행하지 않는 데서 일
> 　　어나는 과오
> ② Commission error(수행적 과오) : 필요한 직무 또는 절차의 불확실한 수행으로
> 　　인한 과오
> ③ Time error(시간적 과오) : 필요한 직무 또는 절차의 수행 지연으로 인한 과오
> ④ Sequential error(순서적 과오) : 필요한 직무 또는 절차의 순서를 잘못 이해함으
> 　　로써 인한 과오
> ⑤ Extraneous error(불필요한 과오) : 불필요한 직무 또는 절차를 수행함으로써 일
> 　　어나는 과오

06 산업안전보건법상 물질 안전 보건 자료의 작성, 비치 등 제외 대상 화학 물질을 쓰시오.

해답 ▶ 1. 「건강기능식품에 관한 법률」에 따른 건강기능식품
2. 「농약관리법」에 따른 농약
3. 「비료관리법」에 따른 비료
4. 「사료관리법」에 따른 사료
5. 「원자력안전법」에 따른 방사성 물질
6. 「화장품법」에 따른 화장품
7. 「폐기물관리법」에 따른 폐기물

07 다음은 아세틸렌 용접 장치의 안전기 설치 위치에 관한 것이다. (　　) 안에 알맞게 쓰시오.

1) 아세틸렌 용접 장치에 대하여는 그 (　①　)마다 안전기를 설치하여야 한다. 다만, 주관
　 및 취관에 가장 근접한 (　②　)마다 안전기를 부착한 때에는 그러하지 아니하다.
2) 가스 용기가 발생기와 분리되어 있는 아세틸렌 용접 장치에 대하여는 (　　)와 가스 용기
　 사이에 안전기를 설치하여야 한다.

해답 ▶ 1) ① 취관, ② 분기관
2) 발생기

08 지상 높이 31m 이상 되는 건축물을 건설하는 공사 현장에서 유해 위험 방지 계획서 제출 시 첨부하여야 하는 작업 공종별 유해 위험 방지 계획서의 해당 작업 공종을 쓰시오.

(해답) 1. 가설 공사
2. 굴착 및 발파 공사
3. 구조물 공사
4. 강구조물 공사
5. 마감 공사
6. 전기 및 기계 설비 공사

09 물체가 낙하, 또는 비래할 위험이 있는 장소에 설치하는 낙하물 방지망의 설치 기준을 쓰시오.

(해답) 1. 설치 높이는 10m 이내마다 설치하고, 내민 길이는 벽면으로부터 2m 이상으로 할 것
2. 수평면과의 각도는 20~30°를 유지할 것

10 다음 안전 표지판의 명칭을 쓰시오.

1) 　　2) 　　3) 　　4)

(해답) 1) 세안 장치
2) 폭발성 물질 경고
3) 낙하물 경고
4) 보안면 착용

11 어느 작업장의 평균 근로자 수가 400명, 1일 8시간 작업하는 동안에 2건의 사고가 발생하여 사망 2명, 신체 장애 등급 14급 10명이 발생하였다. 다음 물음에 답하시오.

1) 연천인율
2) 강도율
3) 도수율

(해답) 1) 연천인율 $= \dfrac{\text{사상자 수}}{\text{연평균 근로자 수}} \times 1,000 = \dfrac{12}{400} \times 1,000 = 30.00$

2) 강도율 $= \dfrac{\text{근로 손실 일수}}{\text{근로 총 시간수}} \times 1,000 = \dfrac{7,500 \times 2 + 50 \times 10}{400 \times 8 \times 300} \times 1,000 = 16.15$

3) 도수율 $= \dfrac{\text{재해 발생 건수}}{\text{근로 총 시간수}} \times 10^6 = \dfrac{2}{400 \times 8 \times 300} \times 10^6 = 2.08$

12 우리 나라에는 봄에 정전기가 많이 발생하고 있다. 정전기 예방 대책을 쓰시오.

(해답) 1. 접지 조치
2. 유속 조절
3. 제전기 사용
4. 대전 방지제 사용
5. 70% 이상의 상대 습도 부여

13 다음은 악천후 및 강풍 시 타워 크레인의 작업 중지에 관한 사항이다. 다음에 알맞게 초당 풍속을 쓰시오.

1) 설치, 수리, 점검, 해체 작업 중지
2) 운전 작업 중지

(해답) 1) 초당 10m
2) 초당 15m

01 A 사업장의 도수율이 4이고, 5건의 재해가 발생하였으며, 350일의 근로 손실 일수가 발생 시 이 사업장의 강도율은 얼마인지 쓰시오.

(해답) 도수율 $= \dfrac{\text{재해 발생 건수}}{\text{근로 총 시간수}} \times 1{,}000{,}000$, $4 = \dfrac{5}{x} \times 1{,}000{,}000 = 1{,}250{,}000$

∴ 강도율 $= \dfrac{\text{근로 손실 일수}}{\text{근로 총 시간수}} \times 1{,}000 = \dfrac{350}{1{,}250{,}000} \times 1{,}000 = 0.28$

02 법상 지상 높이가 31m 이상인 건설 공사 시에는 유해 위험 방지 계획서를 제출해야 한다. 작업 공종별 유해 위험 방지 계획서 중 해당 작업 공사의 종류를 쓰시오.

(해답) 1. 가설 공사   2. 구조물 공사
3. 마감 공사   4. 기계 설비 공사
5. 해체 공사 등

03 인간 과오(Human error)의 분류 중 Swain의 심리적 분류에서의 종류를 쓰시오.

(해답) 1. Omission error   2. Commission error
3. Time error   4. Sequential error
5. Extraneous error

04 산업안전보건법상 크레인에 대한 다음 설명의 빈칸에 알맞은 답을 쓰시오.

> 순간 풍속이 매 초당 (①)를 초과하는 바람이 불어온 후 옥외에 설치되어 있는 크레인을 사용하여 작업 시에는 미리 크레인의 각 부위의 이상 유무를 점검하여야 하며, 순간 풍속이 매 초당 (②)를 초과하는 경우 타워 크레인의 설치, 이전, 수리, 점검, 해체 등 작업을 중지하여야 하며, 순간 풍속이 매 초당 (③)를 초과하는 경우에는 타워 크레인의 운전 작업을 중지하여야 한다.

(해답) ① 30m
② 10m
③ 15m

05 인화성 물질의 증기, 가연성 가스 또는 가연성 분진이 존재하여 폭발 또는 화재가 발생할 우려가 있는 장소에서 화재, 폭발을 방지하기 위한 조치 사항을 쓰시오.

해답 ▶ 1. 통풍   2. 환기   3. 제진

참고 ▶ 증기 또는 가스에 의한 폭발, 화재를 미리 감지할 수 있는 가스 검지·경보 장치 설치

06 산업 안전 보건 표지의 종류 중 경고 표지의 종류를 쓰시오.

해답 ▶ 1. 인화성 물질 경고   2. 산화성 물질 경고
3. 폭발성 물질 경고   4. 급성 독성 물질 경고
5. 부식성 물질 경고   6. 방사성 물질 경고
7. 고압 전기 경고   8. 매달린 물체 경고
9. 낙하물 경고   10. 레이저 광선 경고

07 아세틸렌 용접 장치의 안전기 성능 기준과 설치 요령을 각각 구분하여 명시하시오.

해답 ▶ 1. 성능 기준
① 주요 부분은 두께 2mm 이상의 강판 또는 강관을 사용할 것
② 도입부는 수봉 배기관을 갖춘 수봉식으로 하며, 유효 수주는 25mm 이상 되도록 할 것
③ 물의 보충 및 교환이 용이하며, 수위를 쉽게 점검할 수 있는 구조로 할 것
2. 설치 요령
① 아세틸렌 용접 장치에는 취관마다 1개 이상 설치할 것
② 가스 집합 용접 장치는 취관에 1개 이상, 주관에 1개 이상 도합 2개 이상 설치할 것

08 차량계 하역 운반 기계인 지게차의 작업 시작 전 점검 사항을 쓰시오.

해답 ▶ 1. 제동 장치 및 조종 장치 기능의 이상 유무
2. 하역 장치 및 유압 장치 기능의 이상 유무
3. 바퀴의 이상 유무
4. 전조등, 후미등, 방향 지시기 및 경보 장치 기능의 이상 유무

09 산업안전보건법상 사업장 안전 보건 관리 규정 작성 시 포함되어야 할 사항을 쓰시오.

해답 ▶ 1. 안전 보건 관리 조직과 그 직무에 관한 사항
2. 안전 보건 교육에 관한 사항
3. 작업장 안전 관리에 관한 사항
4. 작업장 보건 관리에 관한 사항
5. 사고 조사 및 대책 수립에 관한 사항

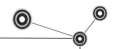

10 산업안전보건법상 리프트, 곤돌라를 이용한 작업 시 특별 안전 보건 교육의 내용을 쓰시오.

(해답) 1. 방호 장치의 기능 및 사용에 관한 사항
2. 기계, 기구, 달기 체인 및 와이어 등의 점검에 관한 사항
3. 화물의 권상·권하 작업 방법 및 안전 작업 지도에 관한 사항
4. 기계·기구의 특성 및 동작 원리에 관한 사항
5. 신호 방법 및 공동 작업에 관한 사항
6. 그 밖에 안전·보건 관리에 필요한 사항

11 물질 안전 보건 자료의 작성, 제출 제외 대상 화학물질을 쓰시오.

(해답) 1. 「건강기능식품에 관한 법률」에 따른 건강기능식품
2. 「농약관리법」에 따른 농약
3. 「비료관리법」에 따른 비료
4. 「사료관리법」에 따른 사료
5. 「원자력안전법」에 따른 방사성 물질
6. 「화장품법」에 따른 화장품
7. 「폐기물관리법」에 따른 폐기물

12 정전기에 대한 안전 대책 중 그 발생 억제 조치 사항을 쓰시오.

(해답) 1. 유속 조절
2. 주위의 상대 습도를 70% 이상 올려 표면 저항 감소
3. 대전 방지제 도포
4. 제전기 사용
5. 접지

참고 1. 발생 전하의 방전
　　① 접지
　　② 방전극 설치
2. 방전 억제
　　① 코로나 방전 발생 돌기물 배제 및 돌기부의 곡률 반경을 크게 할 것
　　② 대전 전하와 역극성의 이온을 공급하여 제전할 것

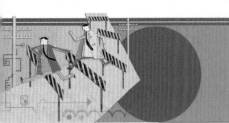
01 산업안전보건법에 의하여 이상 화학 반응, 밸브의 막힘 등 이상 상태로 인한 압력 상승으로 해당 설비의 최고 사용 압력을 초과할 우려가 있는 화학 설비 및 그 부속 설비에 안전 밸브 또는 파열판을 설치하여야 한다. 이때 반드시 파열판을 설치해야 하는 경우를 쓰시오.

(해답) 1. 반응 폭주 등 급격한 압력 상승의 우려가 있는 경우
2. 독성 물질의 누출로 인하여 주위의 작업 환경을 오염시킬 우려가 있는 경우
3. 운전 중 안전 밸브에 이상 물질이 누적되어 안전 밸브가 작동되지 아니할 우려가 있는 경우

02 법상 안전 관리자의 증원 및 교체 임명 사유를 쓰시오.

(해답) 1. 해당 사업장의 연간 재해율이 같은 업종의 평균 재해율의 2배 이상일 경우
2. 중대 재해가 연간 2건 이상 발생한 경우
3. 관리자가 질병이나 그 밖의 사유로 3개월 이상 직무를 수행할 수 없게 된 경우
4. 화학적 인자로 인한 직업성 질병자가 연간 3명 이상 발생한 경우

03 산업안전보건법상 공정 안전 보고서에 포함해야 할 사항을 쓰시오.

(해답) 1. 공정 안전 자료
2. 공정 위험성 평가서
3. 안전 운전 계획
4. 비상 조치 계획

04 건설 현장에 가설 통로 설치 시의 준수 사항을 쓰시오.

(해답) 1. 견고한 구조로 할 것
2. 경사는 30° 이하로 할 것
3. 경사가 15°를 초과하는 때에는 미끄러지지 아니하는 구조로 할 것
4. 추락의 위험이 있는 장소에는 안전 난간을 설치할 것
5. 수직갱에 가설된 통로의 길이가 15m 이상인 때에는 10m 이내마다 계단참을 설치할 것
6. 건설 공사에 사용하는 높이 8m 이상인 비계다리에는 7m 이내마다 계단참을 설치할 것

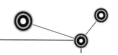

05 인체의 1L의 산소를 소모하는 데에는 5kcal의 에너지가 소모된다. 작업 시 산소 소모량의 측정 결과 분당 1.5L의 산소를 소비하였다면 60분 동안 작업 시의 휴식 시간을 쓰시오. (단, 평균 에너지 소비량의 상한은 5kcal이다.)

(해답) 휴식 시간 $= \dfrac{60(E-5)}{E-1.5} = \dfrac{60(7.5-5)}{7.5-1.5} = 25$분

참고 작업 시 평균 에너지 소비량=5kcal/L×1.5L/min=7.5kcal/min

06 가스 폭발 위험 장소 또는 분진 폭발 위험 장소에 설치되는 건축물 등에 대해서 해당하는 부분을 내화 구조로 하여야 하며, 그 성능이 항상 유지될 수 있도록 점검·보수 등 적절한 조치를 하여야 한다. 해당 사항을 쓰시오.

(해답) 1. 건축물의 기둥 및 보 : 지상 1층(지상 1층의 높이가 6m를 초과하는 경우 6m)까지
2. 위험물 저장·취급 용기의 지지대(용기 높이가 30cm 이하는 제외) : 지상으로부터 지지대의 끝부분까지
3. 배관·전선관 등의 지지대 : 지상으로부터 1단(1단의 높이가 6m를 초과하는 경우 6m)까지

07 활선 작업 시 충전 전압에 따른 접근 한계 거리를 쓰시오.
1) 380V
2) 1.5kV
3) 10kV
4) 22kV

(해답) 1) 30cm　　　　2) 45cm　　　　3) 60cm　　　　4) 90cm

08 산업안전보건법상 지게차의 시작 전 점검 사항을 쓰시오.

(해답) 1. 제동 장치 및 조종 장치 기능의 이상 유무
2. 하역 장치 및 유압 장치 기능의 이상 유무
3. 바퀴의 이상 유무
4. 전조등·후미등·방향 지시기 및 경보 장치 기능의 이상 유무

참고 구내 운반자의 시작 전 점검 사항
① 제동 장치 및 조종 장치 기능의 이상 유무
② 하역 장치 및 유압 장치 기능의 이상 유무
③ 바퀴의 이상 유무
④ 전조등·후미등·방향 지시기 및 경음기 기능의 이상 유무
⑤ 충전 장치를 포함한 홀더 등의 결합 상태의 이상 유무

09 롤러기에서 앞면 롤러의 표면 속도가 25m/min인 롤러기에 설치하는 급정지 장치의 급정지 거리는 얼마인지 쓰시오. (단, 롤러의 직경은 120cm이다.)

(해답) 급정지 거리 $= \dfrac{\pi \times D}{2.5} = \dfrac{\pi \times 120}{2.5} = 150 \text{cm}$

참고 ① 표면 속도가 30m/min 미만이면 원주 길이의 1/2.5이다.
② 표면 속도가 30m/min 이상이면 원주 길이의 1/30이다.

10 다음 물음에 대하여 방독 마스크 정화통 외부 측면의 표시색을 쓰시오.

1) 유기화합물용 정화통

2) 할로겐용 정화통

3) 아황산용 정화통

4) 암모니아용 정화통

(해답) 1) 갈색

2) 회색

3) 노란색

4) 녹색

참고 방독 마스크 정화통 외부 측면의 표시색

종 류	표시색
유기화합물용 정화통	갈색
할로겐용 정화통	회색
황화수소용 정화통	
시안화수소용 정화통	
아황산용 정화통	노란색
암모니아용 정화통	녹색
복합용 및 겸용의 정화통	• 복합용의 경우 : 해당 가스 모두 표시(2층 분리) • 겸용의 경우 : 백색과 해당 가스 모두 표시(2층 분리)

11 사업장 안전성 평가를 순서대로 쓰시오.

(해답) 1. 제1단계 : 관계 자료의 작성 준비

2. 제2단계 : 정성적 평가

3. 제3단계 : 정량적 평가

4. 제4단계 : 안전 대책 수립

5. 제5단계 : 재해 정보에 의한 재평가

6. 제6단계 : FTA에 의한 재평가

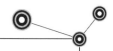

12 다음과 같은 재해 발생 시 분류되는 재해의 발생 형태를 쓰시오.

1) 압력의 급상승 또는 개방으로 인한 폭음을 수반하여 팽창한 경우

2) 재해 당시 바닥면으로 신체가 떨어진 상태, 더 낮은 위치로 떨어진 경우

3) 재해 당시 바닥면과 신체가 접해 있는 상태

4) 재해자가 기계의 동력 전달 부위 등에 말려든 상태

해답 1) 폭발

2) 추락

3) 전도

4) 협착

13 다음은 천장 크레인 안전 검사 주기이다. ( ) 안에 알맞게 쓰시오.

사업장에 설치가 끝난 날부터 (①) 이내에 최초 안전 검사를 실시하되 그 이후부터는 매 (②), 건설현장에서 사용하는 것은 설치한 날로부터 (③) 이내마다 안전 검사를 실시한다.

해답 ① 3년

② 2년

③ 6개월

14 다음은 안전 난간대의 구조이다. ( ) 안에 알맞게 쓰시오.

1) 상부 난간대 : 바닥면, 발판 또는 경사로의 표면으로부터 ( ) 이상

2) 난간대 : 지름 ( ) 이상의 금속제 파이프

3) 하중 : ( ) 이상의 하중에 견딜 수 있는 튼튼한 구조

해답 1) 90cm

2) 2.7cm

3) 100kg

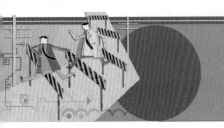

산업안전산업기사 2017.8.26 시행

01 공기 압축기의 시작 전 점검 사항을 쓰시오.

(해답) 1. 공기 저장 압력 용기의 외관 상태
2. 드레인 밸브의 조작 및 배수
3. 압력 방출 장치의 기능
4. 언로드 밸브의 기능
5. 윤활유 상태
6. 회전부의 덮개 또는 울
7. 그 밖에 연결 부위의 이상 유무

02 법상 공정 안전 보고서 제출 시 공정 안전 보고서에 포함해야 할 내용을 쓰시오.

(해답) 1. 공정 안전 자료
2. 공정 위험성 평가서
3. 안전 운전 계획
4. 비상 조치 계획
5. 그 밖에 공정상의 안전과 관련하여 고용노동부 장관이 필요하다고 인정하여 고시하는 사항

03 2m에서의 조도가 120lux라면 3m 거리에서의 조도는 몇 lux인지 구하시오.

(해답) 조도 $= \dfrac{광도}{(거리)^2} = 120 \times \left(\dfrac{2}{3}\right)^2 = 53.33\text{lux}$

04 다음은 법상 관리 책임자 등이 선임된 후 3월 이내에 실시해야 할 교육 대상자에 대한 교육 시기이다. 빈칸을 채우시오.

교육 대상	교육 시간	
	신 규	보 수
관리 책임자	(①) 이상	6시간 이상
안전 관리자	(②) 이상	24시간 이상
재해 예방 전문 기관 종사자	(③) 이상	24시간 이상

(해답) ① 6시간 이상, ② 34시간 이상, ③ 34시간 이상

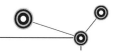

05 안전 보건 표지의 종류 중에서 경고 표지 중 흰색 바탕에 검정색 또는 빨간색으로 모형, 그림을 표현하는 표지의 종류를 쓰시오.

(해답)↘ 1. 인화성 물질 경고
2. 산화성 물질 경고
3. 폭발성 물질 경고
4. 급성 독성 물질 경고
5. 부식성 물질 경고

06 안전 보건 개선 계획 작성 시 반드시 포함해야 할 사항을 쓰시오.

(해답)↘ 1. 시설
2. 안전 보건 교육
3. 안전 보건 관리 체계
4. 산업 재해 예방 및 작업 환경 개선을 위해 필요한 사항

07 양중기에 사용하는 달기 체인의 사용 금지 기준을 쓰시오.

(해답)↘ 1. 달기 체인의 길이 증가가 그 달기 체인이 제조된 때 길이의 5%를 초과한 것
2. 링의 단면 지름 감소가 그 달기 체인이 제조된 때 해당 링 지름의 10%를 초과한 것
3. 균열이 있거나 심하게 변형된 것

08 FTA에 사용되는 사상 기호 5가지를 도시하고 명칭을 쓰시오.

(해답)↘

1. ⬜ : 결함 사상   2. ◯ : 기본 사상   3. ◇ : 이하 생략

4. ⬠ : 통상 사상   5. △ : 전이 기호

09 산업안전보건법상 산업 재해가 발생한 때에 사업주가 기록, 보존하여야 할 사항을 쓰시오.

(해답)↘ 1. 사업장의 개요 및 근로자의 인적 사항
2. 재해 발생 일시 및 장소
3. 재해 발생의 원인 및 과정
4. 재해 재발 방지 계획

10 폭발 방지를 위한 불활성화 방법 중 퍼지의 종류를 쓰시오.

(해답) 1. 진공 퍼지
　　　2. 압력 퍼지
　　　3. 스위프 퍼지
　　　4. 사이펀 퍼지

11 강풍에 대한 주행 크레인, 양중기, 승강기에 대한 안전기준이다. 다음 물음에 알맞은 풍속을 쓰시오.

　　1) 폭풍에 의한 주행 크레인의 이탈 방지 조치
　　2) 폭풍에 의한 건설 작업용 리프트에 대하여 받침의 수를 증가시키는 등 붕괴를 방지하기 위한 조치
　　3) 폭풍에 의한 옥외용 승강기의 받침 수 증가 등 도괴 방지 조치

(해답) 1) 30m/s
　　　2) 35m/s
　　　3) 35m/s

12 산업안전보건법상 절연용 보호구, 절연용 방호구, 활선 작업용 기구, 활선 작업용 장치에 대하여 각각의 사용 목적에 적합한 종류, 재질 및 치수의 것을 사용하여야 한다. 다만, 대지 전압이 어느 정도인 경우 제외되는지의 기준을 쓰시오.

(해답) 대지 전압 30V 이하인 경우

13 프레스 방호 장치 중 수인식 방호 장치의 수인 끈, 수인 끈의 안내통, 손목밴드, 각종 레버의 구비 조건을 쓰시오.

(해답) 1. 수인 끈은 작업자와 작업 공정에 따라 그 길이를 조정할 수 있어야 한다.
　　　2. 수인 끈의 안내통은 끈의 마모와 손상을 방지할 수 있는 조치를 해야 한다.
　　　3. 손목밴드는 착용감이 좋으며, 쉽게 착용할 수 있는 구조여야 한다.
　　　4. 각종 레버는 경량이며, 충분한 강도를 가져야 한다.

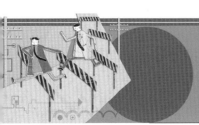
01 산업안전보건법상 방호 조치를 하지 아니하고 양도, 대여, 설치하거나 양도, 대여의 목적으로 진열하여서는 안 되는 기계, 기구의 종류를 쓰시오.

해답 ▸ 1. 예초기　　　　　　　　　　　　 2. 원심기
　　　 3. 공기 압축기　　　　　　　　　 4. 금속 절단기
　　　 5. 지게차
　　　 6. 포장 기계(진공 포장기, 래핑기)

> 참고 ▸ 유해·위험 방지를 위하여 필요한 조치를 하여야 할 기계·기구·설비 및 건축물 등
> 　　① 사무실 및 공장용 건축물　　　② 이동식 크레인
> 　　③ 타워 크레인　　　　　　　　　④ 불도저
> 　　⑤ 모터 그레이더　　　　　　　　⑥ 로더
> 　　⑦ 스크레이퍼　　　　　　　　　⑧ 스크레이퍼 도저
> 　　⑨ 파워 셔블　　　　　　　　　　⑩ 드래그 라인
> 　　⑪ 클램셸　　　　　　　　　　　⑫ 버킷 굴삭기
> 　　⑬ 트렌치　　　　　　　　　　　⑭ 항타기
> 　　⑮ 항발기　　　　　　　　　　　⑯ 어스 드릴
> 　　⑰ 천공기　　　　　　　　　　　⑱ 어스 오거
> 　　⑲ 페이퍼 드레인 머신　　　　　⑳ 리프트
> 　　㉑ 지게차　　　　　　　　　　　㉒ 롤러기
> 　　㉓ 콘크리트 펌프
> 　　㉔ 그 밖에 산업재해보상보험 및 예방심의위원회의 심의를 거쳐 고용노동부 장관이
> 　　　 정하여 고시하는 기계, 기구, 설비 및 건축물 등

02 다음은 연삭기 덮개에 관한 내용이다. 빈칸에 알맞은 말을 쓰시오.

1) 탁상용 연삭기의 덮개에는 (①) 및 조정편을 구비하여야 한다.
2) (①)는 연삭 숫돌과의 간격을 (②) 이하로 조정할 수 있는 구조여야 한다.
3) 연삭기의 덮개 추가 표시 사항은 숫돌 사용 주속도, (③)이다.

해답 ▸ ① 워크레스트
　　　 ② 3mm
　　　 ③ 숫돌 회전 방향

03 사업장의 연평균 근로자 수가 450명, 1일 8시간 작업, 월 25일 작업을 하던 중 3건의 재해가 발생하여 근로 손실 일수가 60일이다. 이 사업장의 강도율과 도수율을 구하시오.

(해답) 1. 강도율 = $\dfrac{\text{근로 손실 일수}}{\text{근로 총 시간수}} \times 1{,}000 = \dfrac{60}{450 \times 8 \times 25 \times 12} \times 1{,}000 = 0.06$

2. 도수율 = $\dfrac{\text{재해 건수}}{\text{근로 총 시간수}} \times 10^6 = \dfrac{3}{450 \times 8 \times 25 \times 12} \times 10^6 = 2.78$

04 다음 ( ) 안에 알맞은 말을 쓰시오.

> 기계의 원동기, 회전축, 기어, 풀리, 플라이휠 및 벨트 등 근로자에게 위험을 미칠 우려가 있는 부분에는 (①), (②), (③) 및 (④) 등을 설치하여야 한다.

(해답) ① 덮개   ② 울   ③ 슬리브   ④ 건널다리

05 전로를 개로하여 해당 전로 또는 그 지지물의 설치, 점검, 수리 및 도장 등의 작업을 하는 때에는 그 전로를 개로한 후 해당 전로에 대하여 조치하여야 할 사항을 3가지 쓰시오. (단, 산업안전보건법에 준한다.)

(해답) 1. 충전부가 노출되지 않도록 폐쇄형 외함이 있는 구조로 할 것
2. 충전부에 충분한 절연 효과가 있는 방호망 또는 절연 덮개를 설치할 것
3. 충전부는 내구성이 있는 절연물로 완전히 덮어 감쌀 것
4. 발전소, 변전소 및 개폐소 등 구획되어 있는 장소로서 관계 근로자 외의 자의 출입이 금지되는 장소에 충전부를 설치하고 위험 표시 등의 방법으로 방호를 강화할 것
5. 전주 위 및 철탑 위 등 격리되어 있는 장소로서 관계 근로자 외의 자가 접근할 우려가 없는 장소에서 충전부를 설치할 것

06 산업안전보건법상 철골 작업을 중지해야 하는 경우를 쓰시오.

(해답) 1. 풍속이 초당 10m 이상인 경우
2. 강우량이 시간당 1mm 이상인 경우
3. 강설량이 시간당 1cm 이상인 경우

07 다음 공장 설비 배치의 3단계를 순서대로 쓰시오.

> ① 건물 배치   ② 기계 배치   ③ 지역 배치

(해답) ③ - ① - ②

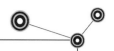

08 휴먼 에러의 분류에서 심리적 분류와 원인의 level적 분류로 나누어 그 종류를 쓰시오.

해답 ▶ 1. 심리적 분류
　　① omission error
　　② commission error
　　③ time error
　　④ sequential error
2. level적 분류
　　① primary error
　　② secondary error
　　③ command error

09 법상 관리 감독자에게 실시해야 할 정기 안전 보건 교육의 내용을 쓰시오.

해답 ▶ 1. 작업 공정의 유해·위험과 재해 예방 대책에 관한 사항
2. 표준 안전 작업 방법 및 지도 요령에 관한 사항
3. 관리 감독자의 역할과 임무에 관한 사항
4. 산업 보건 및 직업병 예방에 관한 사항
5. 유해·위험 작업 환경 관리에 관한 사항
6. 산업안전보건법령 및 산업재해보상보험 제도에 관한 사항
7. 직무 스트레스 예방 및 관리에 관한 사항
8. 직장 내 괴롭힘, 고객의 폭언 등으로 인한 건강장해 예방 및 관리에 관한 사항
9. 산업 안전 및 사고 예방에 관한 사항
10. 안전 보건 교육 능력 배양에 관한 사항

10 비등 액체 팽창 증기 폭발(BLEVE)에 영향을 미치는 인자를 쓰시오.

해답 ▶ 1. 용기의 모양과 크기
2. 최초 농도 및 조성(폭발 범위)
3. 온도
4. 발화원 강도

11 산업안전보건기준에 관한 규칙상 비파괴 검사의 실시 기준 중 다음 ( ) 안에 알맞게 쓰시오.

> 사업주는 고속 회전체(회전축의 중량이 (①)을 초과하고 원주 속도가 초당 (②) 이상인 것으로 한한다)의 회전 시험을 하는 경우 미리 회전축의 재질 및 형상 등에 상응하는 종류의 비파괴 검사를 해서 결함 여부를 확인하여야 한다.

해답 ▶ ① 1ton　　② 120m

12 가설 통로 설치 시 준수 사항을 쓰시오.

(해답) 1. 견고한 구조로 할 것
2. 경사는 30° 이하로 할 것(계단을 설치하거나 높이 2m 미만의 가설 통로로서 튼튼한 손잡이를 설치한 때에는 그러하지 아니하다.)
3. 경사가 15°를 초과하는 때에는 미끄러지지 아니하는 구조로 할 것
4. 추락의 위험이 있는 장소에는 안전 난간을 설치할 것(작업상 부득이한 때에는 필요한 부분에 한하여 임시로 이를 해체할 수 있다.)
5. 수직 갱에 가설될 통로의 길이가 15m 이상인 때에는 10m 이내마다 계단참을 설치할 것
6. 건설 공사에 사용하는 높이 8m 이상인 비계 다리에는 7m 이내마다 계단참을 설치할 것

13 산업안전보건법상 공정 안전 보고서의 제출 대상이 되는 유해 · 위험 설비로 보지 않는 시설이나 설비의 종류를 쓰시오.

(해답) 1. 원자력 설비
2. 군사 시설
3. 사업주가 해당 사업장 내에서 직접 사용하기 위한 난방용 연료의 저장 설비 및 사용 설비
4. 도매 · 소매 시설
5. 차량 등의 운송 설비
6. 「액화석유가스의 안전 관리 및 사업법」에 따른 액화 석유가스의 충전 · 저장 시설
7. 「도시가스사업법」에 따른 가스 공급 시설
8. 그 밖에 고용노동부 장관이 누출 · 화재 · 폭발 등으로 인한 피해의 정도가 크지 않다고 인정하여 고시하는 설비

14 다음 보호구의 안전 인증상 사용 장소에 따른 방독 마스크의 등급 기준 중 다음 (   )에 알맞게 쓰시오.

등급	사용 장소
고농도	가스 또는 증기의 농도가 100분의 (①) 이하의 대기 중에서 사용하는 것
중농도	가스 또는 증기의 농도가 100분의 (②) 이하의 대기 중에서 사용하는 것
비 고	방독 마스크는 산소 농도가 (③) 이상인 장소에서 사용

(해답) ① 2
② 1
③ 18%

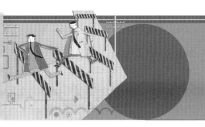

01 비, 눈, 그 밖의 기상 상태의 불안정으로 인하여 날씨가 몹시 나빠서 작업을 중지시킨 후 비계를 조립, 해체하거나 또는 변경한 후 그 비계에서 작업 시작 전 점검 사항을 쓰시오.

(해답) ▸ 1. 발판 재료의 손상 여부 및 부착 또는 걸림 상태
2. 해당 비계의 연결부 또는 접속부의 풀림 상태
3. 연결 재료 및 연결 철물의 손상 또는 부식 상태
4. 손잡이의 탈락 여부
5. 기둥의 침하·변형·변위 또는 흔들림 상태
6. 로프의 부착 상태 및 매단 장치의 흔들림 상태

02 인간의 과오 분류 중 Swain의 심리적 분류의 종류를 쓰시오.

(해답) ▸ 1. Omission error(생략적 과오) : 필요한 직무 또는 절차를 수행하지 않는 데서 일어나는 과오
2. Commission error(수행적 과오) : 필요한 직무 또는 절차의 불확실한 수행으로 인한 과오
3. Time error(시간적 과오) : 필요한 직무 또는 절차의 수행 지연으로 인한 과오
4. Sequential error(순서적 과오) : 필요한 직무 또는 절차의 순서 잘못 이해로 인한 과오
5. Extraneous error(불필요한 과오) : 불필요한 직무 또는 절차를 수행함으로써 일어나는 과오

03 다음의 위험 상황에 따른 해당 보호구를 쓰시오.

1) 물체가 떨어지거나 날아올 위험 또는 근로자가 감전되거나 추락할 위험이 있는 작업
2) 높이 또는 깊이 2m 이상의 추락할 위험이 있는 장소에서의 작업
3) 물체의 낙하·충격, 물체에의 끼임, 감전 또는 정전기의 대전(帶電)에 의한 위험이 있는 작업
4) 물체가 날아 흩어질 위험이 있는 작업
5) 용접 시 불꽃 또는 물체가 날아 흩어질 위험이 있는 작업
6) 감전의 위험이 있는 작업
7) 고열에 의한 화상 등의 위험이 있는 작업

(해답) ▸ 1) 안전모 2) 안전대
3) 안전화 4) 보안경
5) 보안면 6) 안전 장갑
7) 방열복

04 법상 위험 기계, 기구에 설치한 방호 조치에 대하여 근로자가 준수해야 할 사항을 쓰시오.

해답 ▶ 1. 방호 조치를 해체하고자 할 경우에는 사업주의 허가를 받아 해체할 것
2. 방호 조치를 해체한 후 그 사유가 소멸된 때에는 지체없이 원상으로 회복시킬 것
3. 방호 조치의 기능이 상실된 것을 발견한 때에는 지체없이 사업주에게 신고할 것

05 화학 설비의 탱크 내 작업 시 특별 안전 보건 교육 내용을 쓰시오.

해답 ▶ 1. 차단 장치, 정지 장치 및 밸브 개폐 장치의 점검에 관한 사항
2. 탱크 내의 산소 농도 측정 및 작업 환경에 관한 사항
3. 안전 보호구 및 이상 시 응급 조치에 관한 사항
4. 작업 절차, 방법 및 유해 위험에 관한 사항
5. 그 밖에 안전 보건 관리에 필요한 사항

06 공기 압축기의 시작 전 점검 사항을 쓰시오.

해답 ▶ 1. 공기 저장 압력 용기의 외관 상태   2. 드레인 밸브의 조작 및 배수
3. 압력 방출 장치의 기능   4. 언로드 밸브의 기능
5. 윤활유 상태   6. 회전부의 덮개 또는 울
7. 그 밖에 연결 부위의 이상 유무

07 다음은 안전 표지판 중 경고 표지에 관한 사항이다. 물음에 답하시오.

1) 바탕색
2) 기본형의 색
3) 관련 부호 및 그림의 색

해답 ▶ 1) 황색
2) 검정색(흑색)
3) 검정색(흑색)

참고 ▶ 안전 표지의 색채
① 금지 표지 : 바탕은 흰색, 기본 모형은 빨간색, 관련 부호 및 그림은 검정색
② 경고 표지 : 바탕은 노란색, 기본 모형, 관련 부호 및 그림은 검정색. 다만, 인화성 물질 경고, 산화성 물질 경고, 폭발성 물질 경고, 급성 물질 경고, 부식성 물질 경고 및 발암성, 변이원성, 생식 독성, 전신 독성, 호흡기 과민성 물질 경고의 경우 바탕은 무색, 기본 모형은 적색(흑색도 가능)
③ 지시 표지 : 바탕은 파란색, 관련 그림은 흰색
④ 안내 표지 : 바탕은 흰색, 기본 모형 및 관련 부호는 녹색

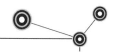

08 법상 롤러기의 방호 장치 종류 및 조작부의 설치 위치를 쓰시오.

해답 1. 손조작 로프식 : 바닥에서부터 1.8m 이내
2. 복부 조작식 : 바닥에서부터 0.8~1.1m 이내
3. 무릎 조작식 : 바닥에서부터 0.4~0.6m 이내

09 법상 안전 관리자의 직무 사항을 쓰시오.

해답 1. 산업안전보건위원회 또는 안전 및 보건에 관한 노사협의체에서 심의 · 의결한 업무와 해당 사업장의 안전보건관리규정 및 취업규칙에서 정한 업무
2. 위험성평가에 관한 보좌 및 지도 · 조언
3. 안전인증대상 기계 등과 자율안전확인대상 기계 등 구입 시 적격품의 선정에 관한 보좌 및 지도 · 조언
4. 해당 사업장 안전교육계획의 수립 및 안전교육 실시에 관한 보좌 및 지도 · 조언
5. 사업장 순회점검, 지도 및 조치 건의
6. 산업재해 발생의 원인 조사 · 분석 및 재발 방지를 위한 기술적 보좌 및 지도 · 조언
7. 산업재해에 관한 통계의 유지 · 관리 · 분석을 위한 보좌 및 지도 · 조언
8. 법 또는 법에 따른 명령으로 정한 안전에 관한 사항의 이행에 관한 보좌 및 지도 · 조언
9. 업무 수행 내용의 기록 · 유지
10. 그 밖에 안전에 관한 사항으로서 고용노동부장관이 정하는 사항

10 다음 체계도에서 체계의 신뢰도를 구하시오.

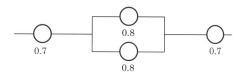

해답 $0.7 \times \{1-(1-0.8)(1-0.8)\} \times 0.7 = 0.4704 = 47.04\%$

11 대상 화학 물질을 제공하거나 제공받는 자는 물질 안전 보건 자료의 기재 내용을 변경할 필요가 생긴 때에는 이를 물질 안전 보건 자료에 반영하여 대상 화학 물질을 양도받거나 제공받은 자에게 신속하게 제공하여야 한다. 제공하여야 하는 항목을 쓰시오. (단, 그 밖에 고용노동부령으로 정하는 사항은 제외)

해답 1. 제품명(구성 성분의 명칭 및 함유량의 변경이 없는 경우로 한정)
2. 물질 안전 보건 자료 대상 물질을 구성하는 화학 물질 중 건강 장해를 일으키는 화학물질 및 물리적 인자의 화학 물질의 명칭 및 함유량(제품명의 변경 없이 구성 성분의 명칭 함유량만 변경된 경우)
3. 건강 및 환경에 대한 유해성, 물리적 위험성

12 항타기, 항발기의 무너짐 방지를 위한 조치 사항 5가지를 쓰시오.

(해답) 1. 연약한 지반에 설치하는 경우에는 아우트리거 · 받침 등 지지구조물의 침하를 방지하기 위하여 깔판, 깔목 등을 사용할 것
2. 시설 또는 가설물 등에 설치하는 경우에는 그 내력을 확인하고, 내력이 부족하면 그 내력을 보강할 것
3. 아우트리거 · 받침 등 지지구조물이 미끄러질 우려가 있는 경우에는 말뚝 또는 쐐기 등을 사용하여 해당 지지구조물을 고정시킬 것
4. 궤도 또는 차로 이동하는 항타기 또는 항발기에 대해서는 불시에 이동하는 것을 방지하기 위하여 레일 클램프(rail clamp) 및 쐐기 등으로 고정시킬 것
5. 상단 부분은 버팀대 · 버팀주로 고정하여 안정시키고, 그 하단 부분은 견고한 버팀, 말뚝 또는 철골 등으로 고정시킬 것

13 다음은 누전 차단기에 의한 감전 사고 방지에 관한 사항이다. 감전 방지용 누전 차단기의 준수 사항에 관한 사항 중 ( ) 안에 알맞게 쓰시오.

전기 기계 · 기구에 설치되어 있는 누전 차단기는 정격 감도 전류가 30mA 이하이고 작동 시간은 (①) 이내일 것. 다만, 정격 전 부하 전류가 50A 이상인 전기 기계 · 기구에 접속되는 누전 차단기는 오작동을 방지하기 위하여 정격 감도 전류는 200mA 이하로, 작동 시간은 (②) 이내로 할 수 있다.

(해답) ① 0.03초
② 0.1초

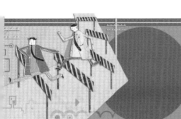

산업안전기사   2018.7.1 시행

01 인화성 물질을 함유하는 도료, 접착제 등을 제조·취급·저장하는 작업장에서 정전기에 의한 화재, 폭발 등의 위험을 방지하기 위한 조치 사항을 쓰시오.

(해답) 1. 접지
2. 도전성 재료의 사용
3. 가습 및 점화원으로 될 우려가 없는 제전 장치 사용

02 법상 지상 높이가 31m 이상인 건설 공사 시에는 유해 위험 방지 계획서를 제출해야 한다. 작업 공종별 유해 위험 방지 계획서 중 해당 작업 공사의 종류를 쓰시오.

(해답) 1. 가설 공사
2. 구조물 공사
3. 마감 공사
4. 기계 설비 공사
5. 해체 공사 등

03 차량계 하역 운반 기계인 지게차의 작업 시작 전 점검 사항을 쓰시오.

(해답) 1. 제동 장치 및 조종 장치 기능의 이상 유무
2. 하역 장치 및 유압 장치 기능의 이상 유무
3. 바퀴의 이상 유무
4. 전조등·후미등·방향 지시기 및 경보 장치 기능의 이상 유무

04 어느 작업장의 연평균 근로자 수가 800명이고, 1주간 40시간 작업, 연간 50주 작업 도중 사망 2명과 휴업 일수 1,200일인 경우 강도율을 구하시오.

(해답)
$$강도율 = \frac{근로\ 손실\ 일수}{근로\ 총\ 시간수} \times 1,000$$

$$= \frac{7,500 \times 2 + 1,200 \times \frac{300}{365}}{800 \times 40 \times 50} \times 1,000$$

$$= 9.99$$

05 다음 보기는 휴먼 에러에 관한 사항이다. 각각 Omission error와 Commission error로 분류 하시오.

> 보기
> ① 납접합을 빠뜨렸다.   ② 전선의 연결이 바뀌었다.
> ③ 부품을 빠뜨렸다.   ④ 부품을 거꾸로 배열하였다.
> ⑤ 틀린 부품을 사용하였다.

해답 1. Omission error : ①, ③
2. Commission error : ②, ④, ⑤

참고 ① Omission error(생략적 과오) : 필요한 직무 또는 절차를 수행하지 않는 데서 일어나는 과오
② Commission error(수행적 과오) : 필요한 직무 또는 절차의 불확실한 수행으로 인한 과오
③ Time error(시간적 과오) : 필요한 직무 또는 절차의 수행 지연으로 인한 과오
④ Sequential error(순서적 과오) : 필요한 직무 또는 절차의 순서 잘못 이해로 인한 과오
⑤ Extraneous error(불필요한 과오) : 불필요한 직무 또는 절차를 수행함으로써 일어나는 과오

06 다음은 아세틸렌 용접 장치의 안전기에 관한 사항이다. (   ) 안에 알맞게 쓰시오.

1) 사업주는 아세틸렌 용접 장치의 (①)마다 안전기를 설치하여야 한다. 다만, 주관 및 (①)에 가장 가까운 (②)마다 안전기를 부착한 경우에는 그러하지 아니하다.
2) 사업주는 가스 용기가 (③)와 분리되어 있는 아세틸렌 용접 장치에 대하여 (③)와 가스 용기 사이에 안전기를 설치하여야 한다.

해답 ① 취관   ② 분기관   ③ 발생기

07 다음은 안전 보건 표지 중 경고 표지의 용도 및 사용 장소에 관한 사항이다. 다음 물음에 답하시오.

1) 돌, 블록 등이 떨어질 우려가 있는 물체, 장소
2) 경사진 통로 입구, 미끄러운 장소
3) 휘발유 등 화기의 취급을 극히 주의해야 하는 물질이 있는 장소

해답 1) 낙하물 경고
2) 몸균형 상실 경고
3) 인화성 물질 경고

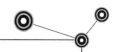

08 통풍이나 환기가 충분하지 않고 가연물이 있는 건축물 내부나 설비 내부에서 화재 위험 작업을 하는 경우 화재 예방에 필요한 사항을 쓰시오. (단, 작업 준비 및 작업 절차 수립은 제외)

해답▶ 1. 작업장 내 위험물의 사용·보관 현황 파악
2. 화기 작업에 따른 인근 인화성 액체에 대한 방호 조치 및 소화 기구 비치
3. 용접 불티 비산 방지 덮개, 용접 방화포 등 불꽃, 불티 등 비산 방지 조치
4. 인화성 액체의 증기가 남아 있지 않도록 환기 등의 조치
5. 작업 근로자에 대한 화재 예방 및 피난 교육 등 비상 조치

09 다음은 산업안전보건법상 낙하물 방지망, 방호 선반을 설치하는 경우에 대한 설명이다. ( )에 알맞게 쓰시오.

> 설치 높이는 (①) 이내마다 설치하고, 내민 길이는 벽면으로부터 (②) 이상으로 할 것. 수평면과의 각도는 (③) 이상 (④) 이하를 유지할 것

해답▶ ① 10m   ② 2m   ③ 20°   ④ 30°

10 산업안전보건법상 리프트, 곤돌라를 사용하는 작업 시 특별 안전 보건 교육의 내용을 쓰시오.

해답▶ 1. 방호 장치의 기능 및 사용에 관한 사항
2. 기계, 기구, 달기 체인 및 와이어 등의 점검에 관한 사항
3. 화물의 권상·권하 작업 방법 및 안전 작업 지도에 관한 사항
4. 기계·기구의 특성 및 동작 원리에 관한 사항
5. 신호 방법 및 공동 작업에 관한 사항
6. 그 밖에 안전·보건 관리에 필요한 사항

11 산업안전보건법상 물질 안전 보건 자료의 작성, 비치, 대상 제외 화학 물질의 종류를 쓰시오.

해답▶ 1. 「건강기능식품에 관한 법률」에 따른 건강기능식품
2. 「농약관리법」에 따른 농약
3. 「비료관리법」에 따른 비료
4. 「사료관리법」에 따른 사료
5. 「원자력안전법」에 따른 방사성 물질
6. 「화장품법」에 따른 화장품
7. 「폐기물관리법」에 따른 폐기물

12 산업안전보건법상 사업장 안전 보건 관리 규정 작성 시 포함 사항을 쓰시오.

(해답) 1. 안전 보건 관리 조직과 그 직무에 관한 사항
   2. 안전 보건 교육에 관한 사항
   3. 작업장 안전 관리에 관한 사항
   4. 작업장 보건 관리에 관한 사항
   5. 사고 조사 및 대책 수립에 관한 사항
   6. 그 밖에 안전 보건에 관한 사항

13 사업주가 해당 화학 설비 또는 부속 설비의 용도를 변경하는 경우 해당 설비의 점검 사항을 쓰시오.

(해답) 1. 그 설비 내부에 폭발이나 화재의 우려가 있는 물질이 있는지 여부
   2. 안전밸브 · 긴급 차단 장치 및 그 밖의 방호 장치 기능의 이상 유무
   3. 냉각 장치 · 가열 장치 · 교반 장치 · 압축 장치 · 계측 장치 및 제어 장치 기능의 이상 유무

14 다음은 산업안전보건법상 타워 크레인 사용 시 작업 중지에 관한 사항이다. ( ) 안에 알맞게 쓰시오.

   1) 운전 작업을 중지해야 할 순간 풍속은 (   )이다.
   2) 설치, 수리, 점검, 해체작업을 중지해야 할 순간풍속은 (   )이다.

(해답) 1) 15m/s
   2) 10m/s

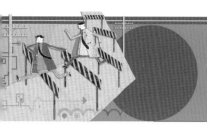

산업안전산업기사 2018.7.1 시행

01 전압에 따른 전원의 종류를 저압·고압·특별 고압으로 구분하시오.

해답 ▶

전원의 종류	저 압	고 압	특별 고압
직류	1,500V 이하	1,500V 초과~7,000V 이하	7,000V 초과
교류	1,000V 이하	1,000V 초과~7,000V 이하	7,000V 초과

02 밀폐 공간에서 작업 시 실시해야 할 특별 안전 보건 교육 내용을 쓰시오.

해답 ▶ 1. 산소농도 측정 및 작업환경에 관한 사항
　　2. 사고 시의 응급처치 및 비상시 구출에 관한 사항
　　3. 보호구 착용 및 보호 장비 사용에 관한 사항
　　4. 작업내용·안전작업방법 및 절차에 관한 사항
　　5. 장비·설비 및 시설 등의 안전점검에 관한 사항

03 프레스기 및 전단기에 설치할 수 있는 방호 장치명을 쓰시오.

해답 ▶ 1. 양수 조작식
　　2. 게이트 가드식
　　3. 수인식
　　4. 손쳐내기식
　　5. 감응식

04 법상 말비계 사용 시 준수 사항을 쓰시오.

해답 ▶ 1. 지주 부재의 하단에는 미끄럼 방지 장치를 하고, 양측 끝부분에 올라서서 작업하지 아니
　　　하도록 할 것
　　2. 지주 부재와 수평면과의 기울기를 75° 이하로 하고, 지주 부재와 지주 부재 사이를 고정
　　　시키는 보조 부재를 설치할 것
　　3. 말비계의 높이가 2m를 초과할 경우에는 작업 발판의 폭을 40cm 이상으로 할 것

05 지게차의 작업 시작 전 점검 사항을 쓰시오.

해답 ▶ 1. 제동 장치 및 조종 장치 기능의 이상 유무
2. 하역 장치 및 유압 장치 기능의 이상 유무
3. 바퀴의 이상 유무
4. 전조등, 후미등, 방향 지시기 및 경보 장치 기능의 이상 유무

06 법상 조명 기준을 쓰시오.

해답 ▶ 1. 초정밀 작업 : 750lux 이상
2. 정밀 작업 : 300lux 이상
3. 보통 작업 : 150lux 이상
4. 기타 작업 : 75lux 이상

07 다음은 강렬한 소음 작업을 나타내고 있다. 다음 (　) 안을 채우시오.

1) 90dB 이상의 소음이 1일 (　　)시간 이상 발생되는 작업
2) 100dB 이상의 소음이 1일 (　　)시간 이상 발생되는 작업
3) 105dB 이상의 소음이 1일 (　　)시간 이상 발생되는 작업
4) 110dB 이상의 소음이 1일 (　　)시간 이상 발생되는 작업

해답 ▶ 1) 8　　2) 2　　3) 1　　4) 0.5

08 다음은 산업안전보건법상 인화성 액체 및 산화성 물질에 대한 내용이다. (　) 안을 채우시오.

1) 인화성 액체
노르말헥산, 아세톤, 메틸에틸게톤, 메틸알코올, 에틸알코올, 이황화탄소, 그 밖에 인화점이 (　) 미만이고 초기 끓는점이 35℃를 초과하는 물질
2) 부식성 물질
농도가 (　) 이상인 염산, 황산, 질산, 그 밖에 이와 동등 이상의 부식성을 가지는 물질
3) 부식성 염기류
농도가 (　) 이상인 수산화나트륨, 수산화칼륨, 그 밖에 이와 동등 이상의 부식성을 가지는 염기류

해답 ▶ 1) 23℃　　2) 20%　　3) 40%

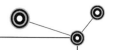

09 사업주가 안전 보건 진단을 받아 안전 보건 개선 계획서를 제출해야 하는 대상 사업장을 4가지 쓰시오.

(해답) 1. 중대 재해 발생 사업장
2. 산업 재해 발생률이 같은 업종 평균 산업 재해 발생률의 2배 이상인 사업장
3. 직업성 질병자가 연간 2명 이상 발생한 사업장
4. 작업 환경 불량, 폭발 또는 누출 사고 등으로 사업장 주변까지 피해가 확산된 사업장으로서 고용노동부 장관이 정하는 사업장

10 다음은 롤러기의 방호 장치에 관한 사항이다. 롤러기의 방호 장치명을 쓰고, ( ) 안에 알맞게 쓰시오.

1) 방호 장치명
2) ① 손 조작식 : 바닥으로부터 ( ) 이내
　　② 복부 조작식 : 바닥으로부터 ( ) 이내
　　③ 무릎 조작식 : 바닥으로부터 ( ) 이내

(해답) 1) 급정지 장치
2) ① 1.8m, ② 0.8 ~ 1.1m, ③ 0.4 ~ 0.6m

11 다음은 항타기, 항발기에 관한 사항이다. 다음 ( ) 안에 알맞게 쓰시오.

1) 연약한 지반에 설치하는 경우에는 아우트리거 · 받침 등 지지구조물의 침하를 방지하기 위하여 ( ) 등을 사용할 것
2) 아우트리거 · 받침 등 지지구조물이 미끄러질 우려가 있는 경우에는 ( ) 등을 사용하여 각 부 또는 가대를 고정시킬 것
3) 궤도 또는 차로 이동하는 항타기 또는 항발기에 대해서는 불시에 이동하는 것을 방지하기 위하여 ( ) 등으로 고정시킬 것
4) 평형추를 사용하여 안정시키는 때에는 평형추의 이동을 방지하기 위하여 ( )에 견고하게 부착시킬 것

(해답) 1) 깔판, 깔목
2) 말뚝 또는 쐐기
3) 레일 클램프 및 쐐기

12 밀폐 공간에서의 작업에 관하여 특별 안전 보건 교육을 실시하는 경우 정규직 근로자에 대한 교육 시간과 그 교육 내용을 쓰시오.

해답 ▶ 1. 교육 시간 : 16시간 이상
2. 교육 내용
① 산소농도 측정 및 작업환경에 관한 사항
② 사고 시 응급처치 및 비상시 구출에 관한 사항
③ 보호구 착용 및 보호 장비 사용에 관한 사항
④ 작업내용 · 안전작업방법 및 절차에 관한 사항
⑤ 장비 · 설비 및 시설 등의 안전점검에 관한 사항

13 다음의 설명에 해당하는 안전 보건 표지판의 명칭을 각각 쓰시오.

1) 사람이 걸어 다녀서는 안 될 장소
2) 엘리베이터 등에 타는 것이나 어떤 장소에 올라가는 것을 금지
3) 수리 또는 고장 등으로 만지거나 작동시키는 것을 금지해야 할 기계, 기구 및 설비
4) 정리정돈 상태의 물체나 움직여서는 안 될 물체를 보존하기 위하여 필요한 장소

해답 ▶ 1) 보행 금지
2) 탑승 금지
3) 사용 금지
4) 물체 이동 금지

산업안전기사   2018.10.7 시행

01   법상 안전 인증 대상 보호구의 종류를 쓰시오.

해답 → 1. 추락 및 감전 방지용 안전모   2. 안전대
3. 방진 마스크   4. 방독 마스크
5. 차광 및 비산물 위험 방지용 보안경   6. 용접용 보안면
7. 안전화   8. 안전 장갑
9. 방음용 귀마개 또는 귀덮개   10. 송기 마스크
11. 보호복   12. 전동식 호흡 보호구

참고 → 자율 안전 확인 대상 보호구
      ① 안전모(의무 안전 인증 대상 안전모는 제외)
      ② 보안경(의무 안전 인증 대상 보안경은 제외)
      ③ 보안면(의무 안전 인증 대상 보안면은 제외)

02   재해 예방 4원칙을 쓰고, 간략히 설명하시오.

해답 → 1. 예방 가능의 원칙 : 천재지변을 제외한 모든 사고는 예방이 가능하다.
2. 원인 계기의 원칙 : 모든 사고는 원인이 있으며, 그 원인은 복합적인 연계에 의해 발생된다.
3. 손실 우연의 원칙 : 사고의 결과에 따른 손실의 정도는 그 사고의 조건에 따라 우연적이다.
4. 대책 선정의 원칙 : 사고의 원인에 따른 요인이 발견되면 대책은 반드시 선정 실시되어야 한다.

03   철골 공사 시 작업을 중지해야 하는 조건을 쓰시오. (단, 단위를 명확히 쓰시오.)

해답 → 1. 풍속 : 초당 10m 이상인 경우
2. 강우량 : 시간당 1mm 이상인 경우
3. 강설량 : 시간당 1cm 이상인 경우

04   인간 – 기계 통합 시스템에서 시스템이 갖는 기능을 쓰시오.

해답 → 1. 감지 기능   2. 정보 보관 기능
3. 정보 처리 및 의사 결정 기능   4. 행동 기능

05 우리 나라에는 봄에 정전기가 많이 발생하고 있다. 정전기 예방 대책을 쓰시오.

(해답) 1. 접지 조치
2. 유속 조절
3. 제전기 사용
4. 대전 방지제 사용
5. 70% 이상의 상대 습도 부여

06 양중기에 사용하여서는 안 되는 와이어 로프의 사용 금지 사항을 쓰시오.

(해답) 1. 이음매가 있는 것
2. 와이어 로프의 한 꼬임[스트랜드(strand)를 말한다]에서 끊어진 소선(素線)[필러(pillar) 선은 제외한다]의 수가 10% 이상(비자전 로프의 경우에는 끊어진 소선의 수가 와이어 로프 호칭 지름의 6배 길이 이내에서 4개 이상이거나 호칭 지름 30배 길이 이내에서 8개 이상)인 것
3. 지름의 감소가 공칭 지름의 7%를 초과하는 것
4. 꼬인 것
5. 심하게 변형되거나 부식된 것
6. 열과 전기 충격에 의해 손상된 것

07 분진 등을 배출하기 위하여 설치하는 국소 배기 장치의 덕트의 설치 기준을 쓰시오.

(해답) 1. 가능한 한 길이는 짧게 하고 굴곡부의 수는 적게 할 것
2. 접속부의 내면은 돌출된 부분이 없도록 할 것
3. 청소구를 설치하는 등 청소하기 쉬운 구조로 할 것
4. 덕트 내 오염 물질이 쌓이지 아니하도록 이송 속도를 유지할 것
5. 연결 부위 등은 외부 공기가 들어오지 아니하도록 할 것

08 이동식 비계를 조립하여 작업 시 준수 사항을 쓰시오.

(해답) 1. 이동식 비계의 바퀴에는 뜻밖의 갑작스러운 이동을 방지하기 위하여 브레이크·쐐기 등 으로 바퀴를 고정시킨 다음 비계의 일부를 견고한 시설물에 고정하거나 아웃트리거를 설치하는 등의 조치를 할 것
2. 승강용 사다리는 견고하게 설치할 것
3. 비계의 최상부에서 작업을 할 때에는 안전 난간을 설치할 것
4. 작업 발판은 항상 수평을 유지하고 작업 발판 위에서 안전 난간을 딛고 작업을 하거나 받침대 또는 사다리를 사용하여 작업하지 않도록 할 것
5. 작업 발판의 최대 적재 하중은 250kg을 초과하지 않도록 할 것

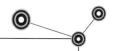

09 산업안전보건법상 벌목 작업 시 준수 사항을 쓰시오. (단, 유압식 벌목기는 사용하지 않음)

(해답) 1. 벌목하고자 하는 때에는 미리 대피로 및 대피 장소를 정하여 둘 것
2. 벌목하고자 하는 나무의 가슴높이 지름이 40센티미터 이상인 때에는 뿌리부분 지름의 4분의 1 이상 깊이의 수구를 만들 것

10 산업안전보건법상 자율 안전 확인 대상 기계, 기구 및 설비의 종류를 쓰시오.

(해답) 1. 연삭기 또는 연마기(휴대형은 제외한다.)
2. 산업용 로봇
3. 혼합기
4. 파쇄기 또는 분쇄기
5. 식품 가공용 기계(파쇄·절단·혼합·제면기만 해당한다.)
6. 컨베이어
7. 자동차 정비용 리프트
8. 공작 기계(선반, 드릴기, 평삭·형삭기, 밀링만 해당한다.)
9. 고정형 목재 가공용 기계(둥근톱, 대패, 루터기, 띠톱, 모떼기 기계만 해당한다.)
10. 인쇄기

11 산업안전보건법상 하역 운반 작업 중 부두, 안벽 등 하역 작업 시 안전 조치 사항을 쓰시오.

(해답) 1. 작업장 및 통로의 위험한 부분에는 안전하게 작업할 수 있는 조명을 유지할 것
2. 부두 또는 안벽의 선을 따라 통로를 설치하는 경우 폭을 90센티미터 이상으로 할 것
3. 육상에서의 통로 및 작업 장소로서 다리 또는 선거의 갑문을 넘는 보도 등의 위험한 부분에는 안전난간, 울 등을 설치할 것

12 위험도(MIL-STD-882B)의 분류를 쓰시오.

(해답) 1. Category Ⅰ : 파국적
2. Category Ⅱ : 중대, 위험성
3. Category Ⅲ : 한계적
4. Category Ⅳ : 무시

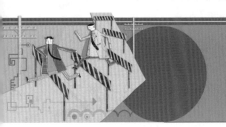

산업안전산업기사 2018.10.7 시행

01 목재 가공용 둥근톱 기계의 방호 장치명을 쓰시오.

(해답) 1. 반발 예방 장치
2. 날 접촉 예방 장치

02 법상 차량계 건설 기계를 이용하고자 하는 때에는 사전에 작업 계획을 수립한 후에 작업을 실시하여야 한다. 차량계 건설 기계의 작업 계획 작성 시 포함 사항을 쓰시오.

(해답) 1. 사용하는 차량계 건설 기계의 종류 및 성능
2. 차량계 건설 기계의 운행 경로
3. 차량계 건설 기계에 의한 작업 방법

03 법상 공기 압축기를 사용 시 시작 전 점검 사항을 쓰시오.

(해답) 1. 공기 저장 압력 용기의 외관 상태
2. 드레인 밸브의 조작 및 배수
3. 압력 방출 장치의 기능
4. 언로드 밸브의 기능
5. 윤활유의 상태
6. 회전부의 덮개 또는 울
7. 그 밖에 연결 부위의 이상 유무

04 다음 빈칸에 알맞은 답을 쓰시오.

> 보일러의 안전 가동을 위하여 압력 방출 장치를 설치 시 1개 또는 2개 이상 설치하며 2개를 설치 시에는 1개는 최고 압력 이하에서 작동되고 다른 압력 방출 장치는 최고 사용 압력 (①) 이하에서 작동하여야 한다. 압력 방출 장치는 (②) 1회 이상 토출 압력을 시험한 후 (③)으로 봉인하여야 하며, 고용노동부 장관이 실시하는 공정 안전 관리 이행 수준 평가 결과가 우수한 사업장의 압력 방출 장치에 대해서는 (④) 1회 이상 토출 압력을 시험할 수 있다.

(해답) ① 1.05배 ② 1년 ③ 납 ④ 4년

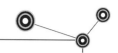

05 법상 조명 기준을 쓰시오.

(해답) 1. 초정밀 작업 : 750lux 이상
2. 정밀 작업 : 300lux 이상
3. 보통 작업 : 150lux 이상
4. 기타 작업 : 75lux 이상

06 다음은 교류 아크 용접 장치의 자동 전격 방지기에 관한 사항이다. ( ) 안을 채우시오.

(①) : 용접봉을 모재로부터 분리시킨 후 주접점이 개로될 때 용접기 2차측 (②)이 전격 방지기의 25V 이하로 될 때까지의 시간

(해답) ① 지동 시간
② 무부하 전압

07 안전 인증 심사의 종류와 그 심사 기간을 쓰시오.

(해답) 1. 예비 심사 : 7일
2. 서면 심사 : 15일(외국에서 제조한 경우는 30일)
3. 기술 능력 및 생산 체계 심사 : 30일(외국에서 제조한 경우는 45일)
4. 제품 심사
① 개별 제품 심사 : 15일
② 형식별 제품 심사 : 30일(방폭 구조 전기 기계 · 기구 및 부품의 방호 장치와 일부의 보호구는 60일)

08 프레스, 절단기의 작업 시 슬라이드 불시 하강 방지 조치를 쓰시오.

(해답) 안전 블록

09 산업안전보건법상 근로자의 추락을 방지하기 위하여 안전 난간 설치 시 안전 난간의 구성 요소를 쓰시오.

(해답) 1. 상부 난간대
2. 중간 난간대
3. 발끝막이판
4. 난간 기둥

10 산업안전보건법상 산업재해 발생 시 기록, 보존해야 할 사항을 쓰시오.

(해답) 1. 사업장의 개요 및 근로자의 인적 사항
2. 재해 발생의 일시 및 장소
3. 재해 발생의 원인 및 과정
4. 재해 재발 방지 계획

11 터널 등 건설 작업에 있어서 낙반 등에 의하여 근로자에게 위험이 미칠 우려가 있는 때의 위험 방지 조치를 쓰시오.

(해답) 1. 터널 지보공 설치
2. 록볼트 설치
3. 부석 제거

12 어떤 작업장에서 근로자 수가 120명이고, 연간 6건의 재해가 발생하였다면 도수율은 얼마인지 구하시오. (단, 1일 8시간 작업)

(해답) $\dfrac{6}{120 \times 8 \times 300} \times 10^6 = 20.83$

13 법상 안전 보건 표지 중 출입 금지 표지판을 그리고 표지판의 색과 문자의 색을 표기하시오.

(해답)

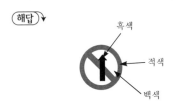

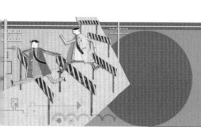

01 산업안전보건법상 위험물의 종류를 쓰시오.

(해답)
1. 폭발성 물질 및 유기 과산화물
2. 물 반응성 물질 및 인화성 고체
3. 산화성 액체 및 산화성 고체
4. 인화성 액체
5. 인화성 가스
6. 부식성 물질
7. 급성 독성 물질

02 우리나라에는 봄에 정전기가 많이 발생하고 있다. 정전기 예방 대책을 쓰시오.

(해답)
1. 접지 조치
2. 유속 조절
3. 제전기 사용
4. 대전 방지제 사용
5. 70% 이상의 상대 습도 부여

03 보일링 현상의 방지 대책을 쓰시오.

(해답)
1. 굴착 저면까지 지하수위를 낮춘다.
2. 흙막이 벽의 근입 깊이를 깊게 한다.
3. 차수벽 등의 설치

04 어느 작업장에서 근로자가 작업 시 기초 대사량이 7,000, 작업 시 소비 에너지가 20,000, 안정 시 소비 에너지가 6,000일 때 RMR을 구하시오.

(해답)
$$RMR = \frac{(작업\ 시\ 소비\ 에너지 - 안정\ 시\ 소비\ 에너지)}{기초\ 대사량} = \frac{(20,000 - 6,000)}{7,000} = 2.00$$

05 반사경 없이 모든 방향으로 빛을 발하는 점광원에서 2m 떨어진 곳의 조도가 120lux라면 3m 떨어진 곳의 조도는 얼마인가?

(해답)
$$조도 = \frac{광도}{(거리)^2} = \frac{120 \times 2^2}{3^2} = 53.33 lux$$

참고 광도 = 조도 × (거리)^2 = 120lux × (2)^2 = 480lux

06 양립성의 종류 3가지를 쓰고, 간략히 설명하시오.

(해답) 1. 공간적 양립성 : 어떤 사물들, 표시 장치나 조종 장치에서 물리적 형태나 공간적인 배치의 양립성
2. 운동 양립성 : 표시 장치, 조종 장치, 체계 반응의 운동 방향의 양립성
3. 개념적 양립성 : 어떤 암호 체계에서 청색이 정상을 나타내듯이 우리가 가지고 있는 개념적 연상의 양립성

07 산업안전보건법상 안전 보건 총괄 책임자의 직무 사항을 쓰시오.

(해답) 1. 작업 중지
2. 도급 사업 시의 산업재해 예방조치
3. 수급인의 산업 안전 보건 관리비의 관계 수급인 간의 사용에 관한 협의·조정 및 그 집행의 감독
4. 안전 인증 대상 기계 등과 자율 안전 확인 대상 기계 등의 사용 여부 확인
5. 위험성 평가의 실시에 관한 사항

08 화물의 하중을 직접 지지하는 달기 와이어 로프 또는 달기 체인의 경우 절단하중이 2,000kg일 경우 안전하중은?

(해답) $\dfrac{절단하중}{안전율} = \dfrac{2,000}{5} = 400\text{kg}$

09 산업안전보건법상 굴착 높이가 2m 이상되는 지반의 굴착 작업 시 작업 계획서에 포함해야 할 사항을 쓰시오.

(해답) 1. 굴착 방법 및 순서, 토사 반출 방법
2. 필요한 인원 및 장비 사용 계획
3. 매설물 등에 대한 이설·보호 대책
4. 사업장 내 연락 방법 및 신호 방법
5. 흙막이 지보공 설치 방법 및 계측 계획
6. 작업 지휘자 배치 계획
7. 그 밖의 안전·보건에 관련된 사항

10 특급 방진 마스크의 사용 장소를 쓰시오.

(해답) 1. 석면 취급 장소
2. 베릴륨 등과 같이 독성이 강한 물질 등을 함유한 분진 등 발생 장소

11 산업안전보건법상 보일러의 폭발 사고를 예방하기 위하여 기능이 정상적으로 작동될 수 있도록 유지·관리하여야 한다. 그 유지·관리하여야 할 부속품의 종류를 쓰시오.

(해답)↓ 1. 압력 방출 장치
2. 압력 제한 스위치
3. 고저수위 조절 장치
4. 화염 검출기

12 산업안전보건법상 잠함 또는 우물통의 내부에서 근로자가 굴착 작업을 하는 경우 잠함 또는 우물통의 급격한 침하에 의한 위험을 방지하기 위하여 준수해야 할 사항을 쓰시오.

(해답)↓ 1. 침하 관계도에 따라 굴착 방법 및 재하량 등을 정할 것
2. 바닥으로부터 천장 또는 보까지의 높이는 1.8m 이상으로 할 것

13 산업용 로봇의 작동 범위 내에서 해당 로봇에 대하여 교시 등의 작업을 할 경우 해당 로봇의 예기치 못한 작동 또는 오동작에 의한 위험을 방지하기 위하여 관련 지침을 정하여 그 지침에 따라 작업을 하도록 하여야 한다. 지침에 포함되어야 할 사항을 쓰시오. (단, 그 밖에 로봇의 예기치 못한 작동 또는 오동작에 의한 위험을 방지하기 위하여 필요한 조치는 제외한다.)

(해답)↓ 1. 로봇의 조작 방법 및 순서
2. 작업 중의 매니퓰레이터의 속도
3. 2명 이상의 근로자에게 작업을 시킬 때의 신호 방법
4. 이상을 발견한 때의 조치
5. 이상을 발견하여 로봇의 운전을 정지시킨 후 이를 재가동시킬 때의 조치

14 500명이 근무하는 어느 작업장에서 1년간 6건의 재해가 발생하였으며, 사상자 중 신체 장애 등급 3급, 5급, 7급, 11급이 각각 1명씩 발생하였다. 기타의 사상자로 인하여 총 휴업 일수가 438일이었다면 강도율은 얼마인지 쓰시오.

(해답)↓
$$강도율 = \frac{7,500+4,000+2,200+400+438 \times \dfrac{300}{365}}{500 \times 8 \times 300} \times 1,000 = 12.05$$

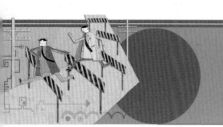

01 다음과 같은 FT도의 T_1, T_2, T_3의 발생 확률을 구하시오. (단, ①의 발생 확률은 0.2, ②는 0.3, ③은 0.1, ④는 0.4이다.)

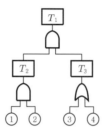

해답 ▶ $T_1 = T_2 \times T_3$

$T_2 = 0.2 \times 0.3$

$T_3 = 1 - (1-0.1)(1-0.4)$

$\therefore \ 0.2 \times 0.3 \times \{1 - (1-0.1)(1-0.4)\} = 0.0276$

02 관리 대상 유해 물질을 취급하는 작업장의 보기 쉬운 곳에 게시하여야 할 사항을 쓰시오.

해답 ▶ 1. 관리 대상 유해 물질의 명칭   2. 인체에 미치는 영향

3. 취급상 주의 사항   4. 착용하여야 할 보호구

5. 응급 조치 및 긴급 방재 요령

03 A 사업장의 도수율이 4이고, 5건의 재해가 발생하였으며 350일의 근로 손실 일수가 발생 시 이 사업장의 강도율은 얼마인지 쓰시오.

해답 ▶ 1. 도수율 $= \dfrac{\text{재해 발생 건수}}{\text{근로 총 시간수}} \times 1{,}000{,}000$ $\therefore \ 4 = \dfrac{5}{x} \times 1{,}000{,}000 = 1{,}250{,}000$

2. 강도율 $= \dfrac{\text{근로 손실 일수}}{\text{근로 총 시간수}} \times 1{,}000 = \dfrac{350}{1{,}250{,}000} \times 1{,}000 = 0.28$

04 사업장 안전 보건 관리 조직의 유형 3가지를 쓰시오.

해답 ▶ 1. line형

2. staff형

3. line－staff형

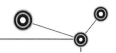

05 재해 예방 4원칙을 쓰고, 간략히 설명하시오.

(해답) 1. 예방 가능의 원칙 : 천재지변을 제외한 모든 사고는 예방이 가능하다.
2. 원인 계기의 원칙 : 모든 사고는 원인이 있으며, 그 원인은 복합적인 연계에 의해 발생된다.
3. 손실 우연의 원칙 : 사고의 결과에 따른 손실의 정도는 그 사고의 조건에 따라 우연적이다.
4. 대책 선정의 원칙 : 사고의 원인에 따른 요인이 발견되면 대책은 반드시 선정 실시되어야 한다.

06 다음은 사업장 내 안전 보건 교육에 관한 사항이다. 물음에 답하시오.

교육 과정	교육 대상	교육 시간
채용 시 교육	일용 근로자 일용 근로자를 제외한 근로자	(1) (2)
정기 교육	생산직 근로자 사무직 종사 근로자	(3) (4)

(해답) 1. 1시간 이상   2. 8시간 이상
3. 매월 2시간 이상   4. 매월 1시간 이상 또는 매 분기 3시간 이상

참고 산업 안전 · 보건 관련 교육 과정별 교육 시간

교육 과정	교육 대상		교육 시간
정기 교육	사무직 종사 근로자		매 분기 3시간 이상
	사무직 종사 근로자 외의 근로자	판매 업무에 직접 종사하는 근로자	매 분기 3시간 이상
		판매 업무에 직접 종사하는 근로자 외의 근로자	매 분기 6시간 이상
	관리 감독자의 지위에 있는 사람		연간 16시간 이상
채용 시의 교육	일용 근로자		1시간 이상
	일용 근로자를 제외한 근로자		8시간 이상
작업 내용 변경 시의 교육	일용 근로자		1시간 이상
	일용 근로자를 제외한 근로자		2시간 이상
정기 교육	사무직 종사 근로자		매 분기 3시간 이상
	사무직 종사 근로자 외의 근로자	판매 업무에 직접 종사하는 근로자	매 분기 3시간 이상
		판매 업무에 직접 종사하는 근로자 외의 근로자	매 분기 6시간 이상
	관리 감독자의 지위에 있는 사람		연간 16시간 이상
채용 시의 교육	일용 근로자		1시간 이상
	일용 근로자를 제외한 근로자		8시간 이상

교육 과정	교육 대상	교육 시간
작업 내용 변경 시의 교육	일용 근로자	1시간 이상
	일용 근로자를 제외한 근로자	2시간 이상
특별 교육	특별 안전 보건 교육 대상 작업의 어느 하나에 해당하는 작업에 종사하는 일용 근로자	2시간 이상
	타워 크레인 신호작업에 종사하는 일용 근로자	8시간 이상
	특별 안전 보건 교육 대상 작업의 어느 하나에 해당하는 작업에 종사하는 일용 근로자를 제외한 근로자	• 16시간 이상(최초 작업에 종사하기 전 4시간 이상 실시하고 12시간은 3개월 이내에서 분할하여 실시 가능) • 단기간 작업 또는 간헐적 작업인 경우에는 2시간 이상
건설업 기초 안전 보건 교육	건설 일용 근로자	4시간

07 산업안전보건법에 의하여 이상 화학 반응, 밸브의 막힘 등 이상 상태로 인한 압력 상승으로 해당 설비의 최고 사용 압력을 초과할 우려가 있는 화학 설비 및 그 부속 설비에 안전 밸브 또는 파열판을 설치하여야 한다. 이때 반드시 파열판을 설치해야 하는 경우를 쓰시오.

(해답) 1. 반응 폭주 등 급격한 압력 상승의 우려가 있는 경우
2. 독성 물질의 누출로 인하여 주위의 작업 환경을 오염시킬 우려가 있는 경우
3. 운전 중 안전 밸브에 이상 물질이 누적되어 안전 밸브가 작동되지 아니할 우려가 있는 경우

08 다음 기계 · 기구의 방호 장치명을 쓰시오.

1) 가스 집합 용접 장치　　　2) 압력 용기　　　3) 동력식 수동 대패기
4) 산업용 로봇　　　5) 교류 아크 용접기

(해답) 1) 안전기
2) 압력 방출 장치
3) 칼날 접촉 예방 장치
4) 안전 매트, 방호 울
5) 자동 전격 방지 장치

09 산업안전보건법상 크레인을 사용하는 작업 시 작업 시작 전 점검 사항을 쓰시오.

(해답) 1. 권과 방지 장치, 브레이크, 클러치 및 운전 장치의 기능
2. 주행로의 상측 및 트롤리가 횡행하는 레일의 상태
3. 와이어 로프가 통하고 있는 곳의 상태

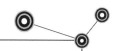

10 산업안전보건법상 안전관리자의 직무 사항을 쓰시오.

(해답)▶ 1. 산업안전보건위원회 또는 안전 및 보건에 관한 노사협의체에서 심의·의결한 업무와 해당 사업장의 안전보건관리규정 및 취업규칙에서 정한 업무
2. 위험성평가에 대한 보좌 및 지도·조언
3. 안전인증대상 기계 등과 자율안전확인대상 기계 등 구입 시 적격품의 선정에 관한 보좌 및 지도·조언
4. 해당 사업장 안전교육계획의 수립 및 안전교육 실시에 관한 보좌 및 지도·조언
5. 사업장 순회점검, 지도 및 조치 건의
6. 산업재해 발생의 원인 조사·분석 및 재발 방지를 위한 기술적 보좌 및 지도·조언
7. 산업재해에 관한 통계의 유지·관리·분석을 위한 보좌 및 지도·조언
8. 법 또는 법에 따른 명령으로 정한 안전에 관한 사항의 이행에 관한 보좌 및 지도·조언
9. 업무 수행 내용의 기록·유지
10. 그 밖에 안전에 관한 사항으로서 고용노동부장관이 정하는 사항

11 사업장에서 발생하는 화재의 종류 중 전기 화재의 종류를 쓰시오.

(해답)▶ C급 화재

12 산업안전보건법상 다음 물음에 대한 방호 장치명을 쓰시오.

1) 예초기　　　　　2) 원심기　　　　　3) 공기 압축기
4) 금속 절단기　　　5) 포장 기계

(해답)▶ 1) 날 접촉 예방 장치
2) 회전체 접촉 예방 장치
3) 압력 방출 장치
4) 날 접촉 예방 장치
5) 구동부 방호 연동 장치

13 소음 작업, 강렬한 소음 작업 또는 충격 소음 작업에 종사하는 근로자에게 알려야 할 사항을 쓰시오.

(해답)▶ 1. 해당 작업 장소의 소음 수준
2. 인체에 미치는 영향 및 증상
3. 보호구의 설정 및 착용 방법
4. 그 밖에 소음 건강 장해 방지에 필요한 사항

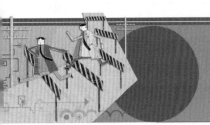

산업안전기사

2019.6.29 시행

01 산업안전보건법상 안전 인증 심사의 종류를 쓰시오.

(해답) 1. 예비 심사   2. 서면 심사
3. 기술 능력 및 생산 체계 심사   4. 제품 심사

> **참고** 안전 인증 심사의 기간
> ① 예비 심사 : 7일
> ② 서면 심사 : 15일(외국에서 제조한 경우는 30일)
> ③ 기술 능력 및 생산 체계 심사 : 30일(외국에서 제조한 경우는 45일)
> ④ 제품 심사
>   • 개별 제품 심사 : 15일
>   • 형식별 제품 심사 : 30일(방폭 구조 전기 기계·기구 및 부품의 방호 장치와 일부의 보호구는 60일)

02 산업안전보건법상 다음 보기의 안전 관리자 최소 인원을 쓰시오.

> **보기**
> ① 통신업 : 상시 근로자 150명
> ② 펄프 제조업 : 상시 근로자 300명
> ③ 식료품 제조업 : 상시 근로자 500명
> ④ 운수업 : 상시 근로자 1,000명
> ⑤ 총 공사 금액 700억 이상 1,500억 미만인 건설업

(해답) ① 1명, ② 1명, ③ 2명, ④ 2명, ⑤ 1명

03 어느 작업장의 평균 근로자 수가 400명, 1일 8시간 작업하는 동안에 2건의 사고가 발생하여 사망 2명, 신체 장애 등급 14급 10명이 발생하였다. 다음 물음에 답하시오.

1) 연천인율   2) 강도율   3) 도수율

(해답)
1) 연천인율 $= \dfrac{\text{사상자 수}}{\text{연평균 근로자 수}} \times 1{,}000 = \dfrac{12}{400} \times 1{,}000 = 30.00$

2) 강도율 $= \dfrac{\text{근로 손실 일수}}{\text{근로 총 시간수}} \times 1{,}000 = \dfrac{7{,}500 \times 2 + 50 \times 10}{400 \times 8 \times 300} \times 1{,}000 = 16.15$

3) 도수율 $= \dfrac{\text{재해 발생 건수}}{\text{근로 총 시간수}} \times 10^6 = \dfrac{2}{400 \times 8 \times 300} \times 10^6 = 2.08$

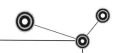

04 공기 압축기의 시작 전 점검 사항을 쓰시오.

(해답) 1. 공기 저장 압력 용기의 외관 상태   2. 드레인 밸브의 조작 및 배수
3. 압력 방출 장치의 기능   4. 언로드 밸브의 기능
5. 윤활유 상태   6. 회전부의 덮개 또는 울
7. 그 밖에 연결 부위의 이상 유무

05 위험 예지 훈련의 4단계를 쓰시오.

(해답) 1. 1단계 : 현상 파악   2. 2단계 : 본질 추구
3. 3단계 : 대책 수립   4. 4단계 : 목표 설정

06 인체 계측 자료를 장비나 설비의 설계에 응용하는 경우 활용되는 원칙을 쓰시오.

(해답) 1. 최대 치수와 최소 치수
2. 조절 범위
3. 평균치를 기준으로 한 설계

07 위험 및 운전성 평가(Hazop)에서 사용되는 지칭어(유인어)를 종류에 따라 간략히 설명하시오.

(해답) 1. NO, NOT : 검토하고자 하는 개념이 존재하지 않음
2. MORELESS : 양적인 증가 또는 감소
3. AS WELL AS : 성질적 증가
4. PART OFF : 성질적 감소
5. REVERSE : 검토하고자 하는 개념과 논리적인 역, 역반응
6. OTHER THAN : 완전한 교체(대체)

08 산업안전보건법상 중대 재해의 정의를 쓰시오.

(해답) 1. 사망자가 1명 이상 발생한 재해
2. 3개월 이상의 요양이 필요한 부상자가 동시에 2명 이상 발생한 재해
3. 부상자 또는 직업성 질병자가 동시에 10명 이상 발생한 재해

09 산업안전보건법상 이동식 크레인의 방호 장치명을 쓰시오.

(해답) 1. 권과 방지 장치   2. 과부하 방지 장치
3. 해지 장치   4. 브레이크 장치
5. 안전 밸브

10 산업안전보건법상 달기 와이어 로프의 안전 계수를 쓰시오.

(해답) 5 이상

11 개인 보호구 중 안전모의 성능 시험 종류를 쓰시오.

(해답) 1. 내관통성 시험
2. 충격 흡수성 시험
3. 내전압성 시험
4. 난연성 시험
5. 내수성 시험
6. 턱끈 풀림 시험

12 산업안전보건법상 보일러에 설치해야 하는 방호장치의 종류를 쓰시오.

(해답) 1. 압력 방출 장치
2. 압력 제한 스위치
3. 고저 수위 조절 장치
4. 화염 검출기

13 다음은 산업안전보건법상 급성 독성 물질에 관한 사항이다. ( ) 안에 알맞게 쓰시오.

1) 쥐에 대한 경구 투입 실험에서 실험 동물의 50%를 사망시킬 수 있는 양, 즉 LD 50(경구, 쥐) kg당 ( ) 체중 이하인 화학 물질
2) 쥐 또는 토끼에 대한 경피 흡수 실험에도 실험 동물의 50%를 사망시킬 수 있는 양, 즉 LD 50(경피, 쥐 또는 토끼) kg당 ( ) 체중 이하인 화학 물질
3) 쥐에 대한 4시간 동안의 흡입 실험에 의하여 실험 동물의 50%를 사망시킬 수 있는 농도, 즉 LC 50(쥐, 4시간 흡입)이 (①) 이하인 화학 물질, 증기 LC 50(쥐, 4시간 흡입)이 (②) 이하인 화학 물질, 분진 또는 미스트 (③) 이하인 화학 물질

(해답) 1) 300mg
2) 1,000mg
3) ① 2,500ppm, ② 10mg/L, ③ 1mg/L

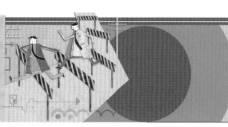

01 다음 빈칸에 알맞은 답을 쓰시오.

> 보일러의 안전 가동을 위하여 압력 방출 장치를 설치 시 1개 또는 2개 이상 설치하며 2개를 설치 시에는 1개는 최고 압력 이하에서 작동되고 다른 압력 방출 장치는 최고 사용 압력 (①) 이하에서 작동하여야 한다. 압력 방출 장치는 (②) 1회 이상 토출 압력을 시험한 후 (③)으로 봉인하여야 하며, 고용노동부 장관이 실시하는 공정 안전 관리 이행 수준 평가 결과가 우수한 사업장의 압력 방출 장치에 대해서는 (④) 1회 이상 토출 압력을 시험할 수 있다.

해답▶ ① 1.05배, ② 1년, ③ 납, ④ 4년

02 인체의 1L의 산소를 소모하는 데에는 5kcal의 에너지가 소모된다. 작업 시 산소 소모량의 측정 결과 분당 1.5L의 산소를 소비하였다면 60분 동안 작업 시 휴식 시간을 쓰시오. (단, 평균 에너지 소비량의 상한은 5kcal이다.)

해답▶ 휴식 시간 $= \dfrac{60(E-5)}{E-1.5} = \dfrac{60(7.5-5)}{7.5-1.5} = 25$분

> **참고** 작업 시 평균 에너지 소비량 = 5kcal/L × 1.5L/min = 7.5kcal/min

03 산업안전보건법상 크레인에 부착하여야 할 방호 장치명을 쓰시오.

해답▶ 1. 과부하 방지 장치
2. 권과 방지 장치
3. 비상 정지 장치
4. 브레이크 장치

> **참고** 이동식 크레인의 방호 장치는 과부하 방지 장치, 권과 방지 장치, 브레이크 장치 등이 부착되어야 한다. 크레인과 이동식 크레인의 방호 장치를 구분해서 암기해야 한다.

04 방폭 구조의 종류와 그에 대한 기호의 예를 쓰시오.

해답▶ 1. 내압 방폭 구조 : d
2. 압력 방폭 구조 : p
3. 유입 방폭 구조 : o
4. 안전증 방폭 구조 : e
5. 특수 방폭 구조 : s
6. 본질 안전 방폭 구조 : ia 또는 ib

05 기계 설비에 형성되는 위험점 6가지를 쓰시오.

(해답) 1. 끼임점   2. 절단점   3. 물림점
     4. 협착점   5. 접선 물림점   6. 회전 말림점

06 콘크리트 구조물로 옹벽을 축조할 경우에 필요한 안정 조건을 쓰시오.

(해답) 1. 전도에 대한 안정
     2. 활동에 대한 안정
     3. 지반 지지력에 대한 안정

07 인간과 기계의 기능 비교에서 인간이 기계를 능가하는 조건 5가지를 쓰시오.

(해답) 1. 인간은 감각 기관에 의하여 상황을 예측할 수 있다.
     2. 많은 양의 정보를 오랜 기간 보관할 수 있다.
     3. 관찰을 통해서 일반화하여 귀납적 추리를 한다.
     4. 주관적으로 추산하고 평가한다.
     5. 다양한 경험을 토대로 의사 결정을 한다.

08 산업안전보건법상 옥외에 설치되어 있는 승강기의 설치, 수리, 점검, 조립 또는 해체 작업 시 안전 조치 사항을 쓰시오.

(해답) 1. 작업을 지휘하는 사람을 선임하여 그 사람의 지휘하에 작업을 실시할 것
     2. 작업할 구역에 관계 근로자 외의 자의 출입을 금지시키고 그 취지를 보기 쉬운 장소에 표시할 것
     3. 비, 눈, 그 밖의 기상 상태의 불안정으로 인하여 날씨가 몹시 나쁠 때에는 그 작업을 중지시킬 것

09 산업안전보건법상 보호구의 안전 인증 제품에 표시해야 할 사항을 쓰시오.

(해답) 1. 형식 또는 모델명   2. 규격 또는 등급
     3. 제조자명   4. 제조 번호 및 제조 연월
     5. 안전 인증 번호

10 동작 경제의 3원칙을 쓰시오.

(해답) 1. 동작능 활용의 원칙
     2. 동작량 절약의 원칙
     3. 동작 개선의 원칙

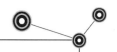

11 산업안전보건법상 안전 · 보건에 관한 노사협의체 구성에 있어 근로자 위원과 사용자 위원의 자격을 쓰시오.

해답 1. 근로자 위원
   ① 도급 또는 하도급 사업을 포함한 전체 사업의 근로자 대표
   ② 근로자 대표가 지명하는 명예 감독관 1명. 다만, 명예 감독관이 위촉되어 있지 아니한 경우에는 근로자 대표가 지명하는 해당 사업장 근로자 1명
   ③ 공사 금액 20억원 이상의 도급 또는 하도급 사업의 근로자 대표
2. 사용자 위원
   ① 해당 사업의 대표자
   ② 안전 관리자 1명
   ③ 공사 금액이 20억원 이상인 도급 또는 하도급 사업의 사업주

12 0℃, 1기압에서 벤젠(C_6H_6)의 허용 농도가 10ppm일 때, 허용 농도를 구하시오.

해답 허용 농도 $= \text{ppm} \times \dfrac{\text{분자량}}{22.4} = 10 \times \dfrac{78}{22.4} = 34.80 \text{mg/m}^3$

13 둥근톱의 방호 장치인 분할날의 톱 두께 및 폭과 분할날 두께 외의 관계식을 쓰시오.

해답 $1.1t_1 \leqq t_2 < b$

참고 분할날의 두께 : 분할날의 두께는 둥근톱 두께의 1.1배 이상이어야 한다.

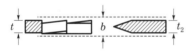

$1.1t_1 \leqq t_2 < b$

여기서, t_1 : 톱의 두께
   b : 치 진폭
   t_2 : 분할날의 두께

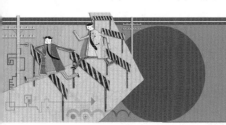
산업안전기사 2019.10.12 시행

01 인간 - 기계 통합 시스템에서 시스템이 갖는 기능을 쓰시오.

(해답) 1. 감지 기능
2. 정보 보관 기능
3. 정보 처리 및 의사 결정 기능
4. 행동 기능

02 항타기·항발기에 사용하는 권상용 와이어 로프의 사용 제한 조건을 쓰시오.

(해답) 1. 이음매가 있는 것
2. 와이어 로프의 한 꼬임[스트랜드(strand)를 말한다.]에서 끊어진 소선(素線)[필러(pillar)선은 제외한다.]의 수가 10% 이상(비자전 로프의 경우에는 끊어진 소선의 수가 와이어 로프 호칭 지름의 6배 길이 이내에서 4개 이상이거나 호칭 지름 30배 길이 이내에서 8개 이상)인 것
3. 지름의 감소가 공칭 지름의 7%를 초과하는 것
4. 꼬인 것
5. 심하게 변형되거나 부식된 것
6. 열과 전기 충격에 의해 손상된 것

03 산업안전보건법상 안전 인증 대상 기계·기구 중 주요 구조 부분을 변경하는 경우 인증을 받아야 하는 기계·기구의 종류를 쓰시오.

(해답) 1. 프레스   2. 전단기 및 절곡기
3. 크레인   4. 리프트
5. 압력 용기   6. 롤러기
7. 사출 성형기   8. 고소 작업대
9. 곤돌라   10. 기계톱

> **참고** 설치·이전하는 경우 안전 인증을 받아야 하는 기계·기구
> ① 크레인
> ② 리프트
> ③ 곤돌라

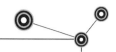

04 재해 조사 시 안전 관리자로서 유의해야 할 사항을 쓰시오.

(해답) 1. 사실을 수집한다. 이유는 뒤에 확인한다.
2. 조사는 신속하게 실시하고 2차 재해를 방지한다.
3. 사람, 설비 양면의 재해 요인을 적출한다.
4. 객관적인 조사와 재해 조사는 2인 이상이 실시한다.
5. 사실 이외의 추측의 말은 참고로 활용한다.
6. 피해자에 대한 응급 조치를 우선적으로 한다.

05 산업안전보건법상 안전 인증 대상 보호구의 제품 표시 사항을 쓰시오.

(해답) 1. 형식 또는 모델명   2. 규격 또는 등급
3. 제조자명   4. 제조 번호 및 제조 연월
5. 안전 인증 번호

06 산업안전보건법상 다음의 기계, 기구에 설치해야 할 방호 장치의 명칭을 쓰시오.

1) 예초기   2) 공기 압축기   3) 원심기
4) 금속 절단기   5) 지게차

(해답) 1) 날 접촉 예방 장치   2) 압력 방출 장치
3) 회전체 접촉 예방 장치   4) 날 접촉 예방 장치
5) 헤드 가드, 백레스트, 제조등, 후미등, 안전벨트

참고 ▶ 포장 기계 : 구동부 방호 연동 장치

07 사업장의 상시 근로자 수가 100인 이상인 경우 안전보건위원회를 설치하여야 한다. 안전보건
위원회의 구성 위원을 쓰시오.

(해답) 1. 근로자 위원
    ① 근로자 대표
    ② 근로자 대표가 지명하는 1인 이상의 명예 산업 안전 감독관
    ③ 근로자 대표가 지명하는 9인 이내의 해당 사업장의 근로자
2. 사용자 위원
    ① 해당 사업의 대표자
    ② 안전 관리자 1인
    ③ 보건 관리자 1인
    ④ 산업 보건의
    ⑤ 해당 사업의 대표자가 지명하는 9인 이내의 해당 사업장 부서의 장

08 가죽제 안전화의 성능 시험의 종류를 쓰시오.

(해답) 1. 내압박성 시험
   2. 내충격성 시험
   3. 박리 저항 시험
   4. 내답발성 시험

09 다음은 인간 – 기계 체계의 구성 요소 및 정보의 흐름을 나타낸 것이다. 빈 칸에 알맞은 용어를 쓰시오.

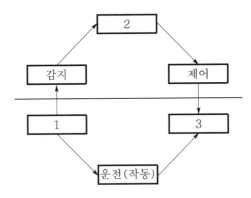

(해답) 1. 표시기
   2. 대뇌 중추(정보 처리)
   3. 조종 장치

10 인간과 기계의 통합 체계 유형을 쓰시오.

(해답) 1. 수동 체계
   2. 기계화 체계
   3. 자동화 체계

11 산업안전보건법상 근로자 정기 안전 보건 교육의 내용을 쓰시오.

(해답) 1. 산업 안전 및 사고 예방에 관한 사항
   2. 산업 보건 및 직업병 예방에 관한 사항
   3. 건강 증진 및 질병 예방에 관한 사항
   4. 유해 · 위험 작업 환경 관리에 관한 사항
   5. 산업안전보건법령 및 산업재해보상보험 제도에 관한 사항
   6. 직무스트레스 예방 및 관리에 관한 사항
   7. 직장 내 괴롭힘, 고객의 폭언 등으로 인한 건강 장해 예방 및 관리에 관한 사항

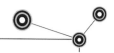

12 산업안전보건법상 안전 보건 총괄 책임자의 직무 사항을 쓰시오.

(해답) 1. 작업 중지

2. 도급 사업 시의 산업재해 예방조치

3. 산업 안전 보건 관리비의 관계 수급인 간의 사용에 관한 협의·조정 및 그 집행의 감독

4. 안전 인증 대상 기계 등과 자율 안전 확인 대상 기계 등의 사용 여부 확인

5. 위험성 평가의 실시에 관한 사항

13 산업안전보건법상 흙막이 지보공 설치 시 정기 점검 사항을 쓰시오.

(해답) 1. 부재의 손상, 변형, 부식, 변위 및 탈락의 유무와 상태

2. 버팀대의 긴압(緊壓)의 정도

3. 부재의 접속부, 부착부 및 교차부의 상태

4. 침하의 정도

14 다음은 산업안전보건법상 공정 안전 보고서 이행 상태의 평가에 관한 사항이다. ( ) 안에 알맞게 쓰시오.

> ① 고용노동부 장관은 공정 안전 보고서의 확인(신규로 설치되는 유해하거나 위험한 설비의 경우에는 설치 완료 후 시운전 단계에서의 확인을 말한다) 후 (1)이 지난 날부터 2년 이내에 공정 안전 보고서 이행 상태의 평가를 해야 한다.
> ② 고용노동부 장관은 이행 상태 평가 후 4년마다 이행 상태 평가를 해야 한다. 다만, 다음의 어느 하나에 해당하는 경우에는 (2)마다 이행 상태 평가를 할 수 있다.
>   1. 이행 상태 평가 후 사업주가 이행 상태 평가를 요청하는 경우
>   2. 사업장에 출입하여 검사 및 안전·보건 점검 등을 실시한 결과에 따른 변경 요소 관리 계획 미준수로 공정 안전 보고서 이행 상태가 불량한 것으로 인정되는 경우 등 고용노동부장관이 정하여 고시하는 경우

(해답) 1. 1년

2. 1년 또는 2년

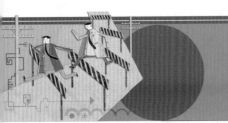
01 히빙 현상의 정의와 그 방지 대책을 쓰시오.

(해답) 1. 정의 : 점성토 지반 또는 연약 점토 지반 굴착 시 어느 정도 깊이까지 굴착을 해 흙막이벽 뒤쪽의 흙 중량이 굴착부 바닥 지지력 이상이 되면 지지력이 약해져서 흙막이 벽 근입 부분의 지반이 부풀어 올라오는 현상을 말하며, 연약한 점토 지반의 굴착 공사에서는 흙막이의 전면 파괴를 일으키게 되므로 특히 주의해야 한다.

2. 방지 대책
① 흙막이 판은 강성이 높은 것을 사용한다.
② 지반 개량을 한다.
③ 흙막이 벽의 전면 굴착을 남겨 두어 흙의 중량에 대항하게 한다.
④ 흙막이 벽의 뒷면 지반에 약액을 주입하거나 탈수 공법으로 지반 개량을 실시하여 흙의 전단 강도를 높인다.
⑤ 굴착 예정 부분을 부분 굴착하여 기초 콘크리트로 고정시킨다.
⑥ 흙막이 벽의 근입 깊이를 깊게 한다.
⑦ 설계 계획을 변경한다.

02 화학 설비인 저장 탱크 등의 비파괴 검사 방법을 쓰시오.

(해답) 1. 자분 탐상법
2. 침투 탐상법
3. 방사선 탐상법
4. 초음파 탐상법

03 연평균 근로자 수 440명이 근무하는 공장에서 4건의 재해가 발생하여 1건은 13급, 1건은 12급, 2건은 휴업 재해 27일로 분류되었다. 강도율을 구하시오.

(해답)
$$강도율 = \frac{100 + 200 + 27 \times \frac{300}{365}}{440 \times 8 \times 300} \times 1,000 = 0.31$$

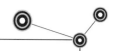

04 다음 용어의 정의를 간략히 설명하시오.

  1) TLV-TWA

  2) TLV-STEL

  3) TLV-C

(해답) 1) TLV-TWA : 1일 8시간 작업을 기준으로 유해 요인의 측정 농도에 발생 시간을 곱하여
  8시간으로 나눈 농도로서 TWA(Time Weighted Average)라 하며 다음 식에 의하여 산출
  한다.

$$TWA = \frac{C_1 T_1 + C_2 T_2 + \cdots + C_n T_n}{8}$$

  여기서, C : 유해 요인의 측정 농도(ppm 또는 mg/m³)

  T : 유해 요인의 발생 시간(단위 : 시간)

  2) TLV-STEL : 근로자가 1회에 15분간 유해 요인에 노출되는 경우의 허용 농도로서 이
  농도 이하에서 1회 노출 간격이 1시간 이상인 경우 1일 작업 시간 동안 4회까지 노출이
  허용될 수 있는 단시간 노출 한계를 뜻한다.

  3) TLV-C : 근로자가 1일 작업 시간 동안 잠시라도 노출되어서는 아니되는 최고 허용 농도를
  뜻하며 허용 농도 앞에 "C"를 표기하기도 한다.

05 방폭 구조의 종류 5가지를 쓰시오.

(해답) 1. 내압 방폭 구조

  2. 압력 방폭 구조

  3. 유입 방폭 구조

  4. 안전증 방폭 구조

  5. 특수 방폭 구조

  6. 본질 안전 방폭 구조

06 주의의 특성 3가지를 쓰시오.

(해답) 1. 고도의 주의는 장시간 지속할 수 없다.(변동성)

  2. 주의는 동시에 2개 이상의 방향에 집중하지 못한다.(선택성)

  3. 한 지점에 주의를 집중하면 다른 곳의 주의는 약해진다.(방향성)

07 산업안전보건법상 안전 보건 표지판 중 출입 금지 표지판의 종류를 쓰시오.

(해답) 1. 허가 대상 물질 작업

  2. 석면 취급·해체 작업장

  3. 금지 대상 물질의 취급, 실험실 등

08 위험 분석 기법 중 THERP법을 간략히 설명하시오.

(해답) 확률적으로 인간의 과오를 정량적으로 평가하기 위한 기법으로 인간공학적 대책 수립에 사용된다.

09 정량적 표시 장치 중 정량적 지침 설계의 요령에 관한 사항을 쓰시오.

(해답) 1. 선각이 약 20° 정도되는 뾰족한 지침을 사용하라.
2. 지침의 끝은 작은 눈금과 맞닿되 겹치지 않게 하라.
3. 원형 눈금의 경우 지침의 색은 선단에서 눈금의 중심까지 칠하라.
4. 시차를 없애기 위해 지침을 눈금 면과 밀착시켜라.

10 공정의 흐름도에 표시해야 할 사항을 쓰시오.

(해답) 1. 모든 주요 공정의 유체 흐름
2. 물질 및 열수지
3. 공정을 이해할 수 있는 제어 계통과 주요 밸브

11 가설 공사에 사용되는 비계의 구비 조건을 쓰시오.

(해답) 1. 안전성
2. 작업성
3. 경제성

12 사업장에서 발생하는 산업 재해 조사의 목적을 쓰시오.

(해답) 재해의 발생 원인과 결함 등을 규명하고 동종 재해 및 유사 재해의 재발 방지 대책을 강구하기 위함이다.

13 산업안전보건법상 로봇의 작동 범위 내에서 그 로봇에 관하여 교시 등 작업 시 작업 시작 전 점검 사항을 쓰시오.

(해답) 1. 외부 전선의 피복 또는 외장의 손상 유무
2. 매니퓰레이터 작동의 이상 유무
3. 제동 장치 및 비상 정지 장치의 기능

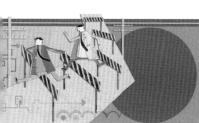

산업안전기사 　2020.5.24 시행

01 산업안전보건법상 누전에 의한 감전 위험을 방지하기 위하여 접지를 실시하는 코드와 플러그를 접속하여 사용하는 전기 기계·기구를 쓰시오.

(해답) 1. 사용 전압이 대지 전압 150V를 넘는 것
2. 냉장고, 세탁기, 컴퓨터 및 주변 기기 등과 같은 고정형 전기 기계·기구
3. 고정형, 이동형 또는 휴대형 전동 기계·기구
4. 물 또는 도전성이 높은 곳에서 사용하는 전기 기계·기구, 비접지형 콘센트
5. 휴대형 손전등

02 산업안전보건법상 로봇 작업에 대한 특별 안전 보건 교육을 실시하는 경우의 교육 내용을 쓰시오.

(해답) 1. 로봇의 기본 원리·구조 및 작업 방법에 관한 사항
2. 이상 발생 시 응급 조치에 관한 사항
3. 안전 시설 및 안전 기준에 관한 사항
4. 조작 방법 및 작업 순서에 관한 사항

03 안전 보건 표지 중 금지 표지인 출입 금지 표지의 그림을 그리고, 표지를 나타내는 각 부위의 색상을 표기하시오.

(해답)

검은색, 빨간색, 흰색

04 어느 사업장의 연평균 근로자 수가 800명, 잔업 시간이 1인당 100시간, 연간 재해가 60건일 경우, 이 사업장에서 작업자가 평생 작업 시 몇 건의 재해를 당할 수 있겠는가?

(해답) 도수율 $= \dfrac{\text{재해 발생 건수}}{\text{근로 총 시간수}} \times 10^6 = \dfrac{60}{(800 \times 8 \times 300) + (800 \times 100)} \times 10^6 = 30.00$

∴ 환산 도수율 $= 30.00 \times \dfrac{100,000}{1,000,000} = 3$건

05 사업장 안전성 평가의 단계를 순서대로 쓰시오.

(해답) 1. 제1단계 : 관계 자료의 작성 준비
2. 제2단계 : 정성적 평가
3. 제3단계 : 정량적 평가
4. 제4단계 : 안전 대책 수립
5. 제5단계 : 재해 정보에 의한 재평가
6. 제6단계 : FTA에 의한 재평가

06 비, 눈, 그 밖의 기상 상태 불안정으로 인하여 날씨가 몹시 나빠서 작업을 중지시킨 후 비계를 조립 · 해체 또는 변경한 후 그 비계에서 작업 시작 전 점검 사항을 쓰시오.

(해답) 1. 발판 재료의 손상 여부 및 부착 또는 걸림 상태
2. 해당 비계의 연결부 또는 접속부의 풀림 상태
3. 연결 재료 및 연결 철물의 손상 또는 부식 상태
4. 손잡이의 탈락 여부
5. 기둥의 침하 · 변형 · 변위 또는 흔들림 상태
6. 로프의 부착 상태 및 매단 장치의 흔들림 상태

07 법상 달기 체인의 사용 제한 조건을 쓰시오.

(해답) 1. 달기 체인의 길이가 달기 체인이 제조된 때의 길이의 5%를 초과한 것
2. 링의 단면 지름이 달기 체인이 제조된 때의 해당 링 지름의 10%를 초과하여 감소한 것
3. 균열이 있거나 심하게 변형된 것

08 어느 부품 10,000개를 10,000시간 가동 시 5개의 불량품이 발생하였다면 고장률과 MTBF는?

(해답) 1. 고장률 $= \dfrac{5}{10,000 \times 10,000} = 5 \times 10^{-8}$건/시간

2. MTBF $= \dfrac{1}{5 \times 10^{-8}} = 2 \times 10^{7}$시간

09 산업안전보건법에 의하여 이상 화학 반응, 밸브의 막힘 등 이상 상태로 인한 압력 상승으로 해당 설비의 최고 사용 압력을 초과할 우려가 있는 화학 설비 및 그 부속 설비에 안전밸브 또는 파열판을 설치하여야 한다. 이때 파열판을 반드시 설치해야 하는 경우를 쓰시오.

(해답) 1. 반응 폭주 등 급격한 압력 상승의 우려가 있는 경우
2. 독성 물질의 누출로 인하여 주위의 작업 환경을 오염시킬 우려가 있는 경우
3. 운전 중 안전밸브에 이상 물질이 누적되어 안전밸브가 작동되지 아니할 우려가 있는 경우

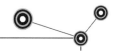

10 사업장에서 안전보건관리규정 작성 시 포함해야 할 사항을 쓰시오.

(해답)▶ 1. 안전 및 보건에 관한 관리조직과 그 직무에 관한 사항
2. 안전보건교육에 관한 사항
3. 작업장의 안전 및 보건 관리에 관한 사항
4. 사고 조사 및 대책 수립에 관한 사항
5. 그 밖에 안전 및 보건에 관한 사항

11 산업안전보건법상 중량물 취급 작업 시 작업 계획서의 내용을 쓰시오.

(해답)▶ 1. 추락 위험을 예방할 수 있는 안전 대책
2. 낙하 위험을 예방할 수 있는 안전 대책
3. 전도 위험을 예방할 수 있는 안전 대책
4. 협착 위험을 예방할 수 있는 안전 대책
5. 붕괴 위험을 예방할 수 있는 안전 대책

12 산업안전보건법상 유해·위험 방지 계획서 제출 대상 사업장의 종류를 쓰시오. (단, 전기 사용 설비의 정격 용량의 합이 300kW 이상인 사업장)

(해답)▶ 1. 비금속 광물 제품 제조업
2. 기타 기계 및 장비 제조업
3. 자동차 및 트레일러 제조업
4. 식료품 제조업
5. 고무 제품 및 플라스틱 제품 제조업
6. 목재 및 나무 제품 제조업
7. 기타 제품 제조업
8. 1차 금속 제조업
9. 가구 제조업
10. 화학 물질 및 화학 제품 제조업
11. 반도체 제조업
12. 전자 부품 제조업

13 다음은 롤러기 방호 장치의 성능 기준이다. (   ) 안에 알맞은 내용을 쓰시오.

앞면 롤의 표면 속도(m/min)	급정지 거리
30 미만	앞면 롤 원주의 (1)
30 이상	앞면 롤 원주의 (2)

(해답) 1. 1/3

2. 1/2.5

14 다음은 아세틸렌 용접 장치의 발생기실에 관한 사항이다. (   ) 안에 알맞게 쓰시오.

1) 발생기실을 옥외에 설치할 때에는 그 개구부를 다른 건축물로부터 (1) 이상 떨어지도록 하여야 한다.

2) 발생기에서 (2) 이내 또는 발생기실에서 3m 이내의 장소에서는 흡연 및 화기의 사용을 금지한다.

3) 가스 집합 장치로부터 (3) 이내의 장소에서 흡연 및 화기의 사용을 금지한다.

(해답) 1. 1.5m

2. 5m

3. 5m

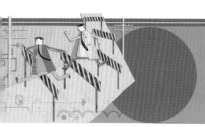
01 다음 내용의 ( ) 안에 알맞은 내용을 쓰시오.

> 사업주는 계단 및 계단참을 설치하는 경우 제곱미터당 (1)kg 이상의 하중에 견딜 수 있는 강도를 가진 구조로 설치하여야 하며, 안전율은 (2) 이상으로 하여야 한다. 또한, 높이가 3m를 초과하는 계단에는 높이 3m 이내마다 너비 (3)m 이상의 계단참을 설치하여야 한다.

해답 1. 500
　　 2. 4
　　 3. 1.2

02 다음은 법상 안전 보건 표지에 관한 사항이다. 빈칸을 알맞게 채우시오.

색 채	색도 기준	용 도
빨간색	(1)	금지 표지
(2)	5Y 8.5/12	(3)
파란색	2.5PB 4/10	(4)
녹색	2.5G 4/10	안내 표지
(5)	N9.5	–
검은색	N0.5	–

해답 1. 7.5R 4/14　　　 2. 노란색
　　 3. 경고 표지　　　 4. 지시 표지
　　 5. 흰색

03 법상 차량계 건설 기계를 이용하고자 하는 때에는 사전에 작업 계획을 수립한 후에 작업을 실시하여야 한다. 차량계 건설 기계의 작업 계획 작성 시 포함 사항을 쓰시오.

해답 1. 사용하는 차량계 건설 기계의 종류 및 성능
　　 2. 차량계 건설 기계의 운행 경로
　　 3. 차량계 건설 기계에 의한 작업 방법

04 사업주가 안전 보건 진단을 받아 안전 보건 개선 계획서를 제출해야 하는 대상 사업장을 4가지 쓰시오.

(해답) 1. 중대 재해 발생 사업장
2. 산업 재해 발생률이 같은 업종 평균 산업 재해 발생률의 2배 이상인 사업장
3. 직업성 질병자가 연간 2명 이상 발생한 사업장
4. 작업 환경 불량, 폭발 또는 누출 사고 등으로 사업장 주변까지 피해가 확산된 사업장으로서 고용노동부 장관이 정하는 사업장

05 위험 예지 훈련의 4라운드를 순서대로 쓰시오.

(해답) 1. 제1라운드 : 현상 파악
2. 제2라운드 : 본질 추구
3. 제3라운드 : 대책 수립
4. 제4라운드 : 목표 설정

06 500명이 근무하는 어느 공장에서 1년간 6건(6명)의 재해가 발생하였고, 사상자 중에서 신체 장애 등급 3급, 5급, 7급, 11급의 장애가 각 1명씩 발생하였으며, 기타 사상자로 인한 총 휴업일수는 438일이었다. 이때 도수율과 강도율을 구하시오. (단, 5급 4,000일, 7급 2,200일, 11급 400일이며, 소수점 셋째 자리에서 반올림하시오.)

(해답) 1. 도수율 : $\dfrac{6}{500 \times 2,400} \times 10^6 = 5.00$

2. 강도율 : $\dfrac{7,500 + 4,000 + 2,200 + 400 + \left(438 \times \dfrac{300}{365}\right)}{500 \times 2,400} \times 10^3 = 12.05$

07 Fail safe와 Fool proof를 각각 간략히 설명하시오.

(해답) 1. Fail safe : 인간 또는 기계에 과오나 동작상의 실수가 있어도 사고를 발생하지 않도록 2중, 3중으로 통제를 가하는 것
2. Fool proof : 인간의 과오나 동작상 실수가 있어도 인간이 기계의 위험 부위에 접근하지 못하게 하는 안전 설계 방법 중 하나

08 기계 설비에 형성되는 위험점 6가지를 쓰시오.

(해답) 1. 끼임점   2. 절단점
3. 물림점   4. 협착점
5. 접선 물림점   6. 회전 말림점

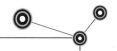

09 산업안전보건법상 자율 안전 확인 대상 기계·기구의 방호 장치를 쓰시오.

해답 ↘ 1. 아세틸렌 용접 장치용 또는 가스 집합 용접 장치용 안전기
2. 교류 아크 용접기용 자동 전격 방지기
3. 롤러기 급정지 장치
4. 연삭기 덮개
5. 목재 가공용 둥근톱 반발 예방 장치 및 날 접촉 예방 장치
6. 동력식 수동 대패용 칼날 접촉 방지 장치
7. 추락·낙하 및 붕괴 등의 위험 방호에 필요한 가설 기자재로서 고용노동부 장관이 정하여 고시하는 것

10 산업안전보건법상 공정 안전 보고서 제출 대상 유해·위험 설비가 아닌 설비의 종류를 쓰시오.

해답 ↘ 1. 원자력 설비
2. 군사 시설
3. 사업주가 해당 사업장 내에서 직접 사용하기 위한 난방용 연료의 저장 설비 및 사용 설비
4. 도매·소매 시설
5. 차량 등의 운송 설비
6. 「액화석유가스의 안전관리 및 사업법」에 따른 액화 석유 가스의 충전·저장 시설
7. 「도시가스사업법」에 따른 가스 공급 시설
8. 그 밖에 고용노동부 장관이 누출·화재·폭발 등으로 인한 피해의 정도가 크지 않다고 인정하여 고시하는 설비

참고 ▸ 공정 안전 보고서 제출 대상 유해·위험 설비
① 원유 정제 처리업
② 기타 석유 정제물 재처리업
③ 석유화학계 기초 화학물 제조업 또는 합성수지 및 기타 플라스틱 물질 제조업
④ 질소화합물, 질소, 인산 및 칼리질 화학 비료 제조업 중 질소질 비료 제조업
⑤ 복합 비료 및 기타 화학 비료 제조업 중 복합 비료 제조업
⑥ 화학 살균, 살충제 및 농업용 약제 제조업
⑦ 화약 및 불꽃 제품 제조업

11 법상 조명 기준을 쓰시오.

해답 ↘ 1. 초정밀 작업 : 750lux 이상
2. 정밀 작업 : 300lux 이상
3. 보통 작업 : 150lux 이상
4. 그 밖의 작업 : 75lux 이상

12 다음은 법상 MSDS(물질 안전 보건 자료)의 자료 작성 시 포함하여야 할 내용이다. (   ) 안에 알맞은 내용을 쓰시오.

1) 화학 제품과 회사에 대한 정보   2) (①)
3) 구성 성분의 명칭 및 함유량   4) 응급 조치 요령
5) 폭발 · 화재 시 대처 방법   6) (②)
7) 취급 및 저장 방법   8) 노출 방지 및 개인 보호구
9) 물리 · 화학적 특성   10) (③)
11) (④)   12) 환경에 미치는 영향
13) 폐기 시 주의 사항   14) (⑤)
15) (⑥)   16) 기타 참고 사항

해답 ① 위험 · 유해성
② 누출 사고 시 대처 방법
③ 안정성 및 반응성
④ 독성에 관한 정보
⑤ 운송에 필요한 정보
⑥ 법적 규제 사항

13 피뢰기가 가져야 하는 성능을 쓰시오.

해답 1. 반복 동작이 가능할 것
2. 구조가 견고하며 특성이 변화하지 않을 것
3. 점검 · 보수가 간단할 것
4. 충격 방전 개시 전압과 제한 전압이 낮을 것
5. 뇌전류의 방전 능력이 크고, 속류의 차단이 확실하게 될 것

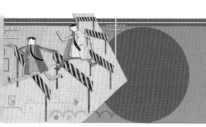

01 양립성(compatibility)의 정의와 종류를 간략히 설명하시오.

(해답) 1. 정의

양립성이란 자극들 간, 반응들 간, 혹은 자극－반응 조합의 관계가 인간의 기대와 모순되지 않는 것을 말한다.

2. 종류

① 공간적 양립성 : 표시 장치나 조종 장치에서 물리적 형태나 공간적인 배치의 양립성

② 운동 양립성 : 표시 장치, 조종 장치, 체계 반응의 운동 방향의 양립성

③ 개념적 양립성 : 사람들이 가지고 있는 개념적 연상의 양립성

02 법상 안전 관리자의 증원 및 교체 임명 사유를 쓰시오.

(해답) 1. 해당 사업장의 연간 재해율이 같은 업종 평균 재해율의 2배 이상인 경우

2. 중대 재해가 연간 2건 이상 발생한 경우

3. 관리자가 질병이나 그 밖의 사유로 3개월 이상 직무를 수행할 수 없게 된 경우

4. 화학적 인자로 인한 직업성 질병자가 연간 3명 이상 발생한 경우

03 산업안전보건법상 크레인에 대한 다음 설명에서 빈칸에 알맞은 답을 쓰시오.

> 순간 풍속이 초당 (1)를 초과하는 바람이 불어온 후 옥외에 설치되어 있는 크레인을 사용하여 작업 시에는 미리 크레인의 각 부위의 이상 유무를 점검하여야 한다. 또한 순간 풍속이 초당 (2)를 초과하는 경우 타워 크레인의 설치·이전·수리·점검·해체 등의 작업을 중지하여야 하며, 순간 풍속이 초당 (3)를 초과하는 경우에는 타워 크레인의 운전 작업을 중지하여야 한다.

(해답) 1. 30m

2. 10m

3. 15m

04 다음 접지 공사의 종류에 따른 접지 전선의 굵기와 접지 저항치를 쓰시오.

1) 제1종 접지 공사

2) 제2종 접지 공사

3) 특별 제3종 접지 공사

(해답) 1) 지름 2.6mm 이상, 10Ω 이하

2) 지름 1.6mm 이상, 100Ω 이하

3) 지름 1.6mm 이상, 10Ω 이하

05 다음은 법상 관리 책임자 등이 선임된 후 3월 이내에 실시해야 할 교육 대상자에 대한 교육 시기이다. 빈칸을 채우시오.

교육 대상	교육 시간	
	신 규	보 수
관리 책임자	(1) 이상	6시간 이상
안전 관리자	(2) 이상	24시간 이상
재해 예방 전문 기관 종사자	(3) 이상	24시간 이상

(해답) 1. 6시간

2. 34시간

3. 34시간

06 작업자가 고소에서 작업 시 안전벨트를 착용하였으나 안전벨트 끈의 길이가 너무 길어 근로자가 바닥에 추락하여 사망하였다. 이때, 다음을 분석하시오.

1) 재해 형태

2) 기인물

3) 가해물

(해답) 1) 추락

2) 안전벨트의 끈

3) 바닥

07 어느 작업장의 연평균 근로자 수가 800명이고, 1주 동안 40시간 작업을 한다. 연간 50주를 작업하는 동안 사망 2명과 휴업 일수 1,200일이 발생한 경우, 강도율을 구하시오.

(해답) $강도율 = \dfrac{근로\ 손실\ 일수}{근로\ 총\ 시간수} \times 1,000 = \dfrac{7,500 \times 2 + 1,200 \times \dfrac{300}{365}}{800 \times 40 \times 50} \times 1,000 = 9.99$

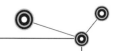

08 보안경 중 차광 안경의 일반 구조를 쓰시오.

해답 1. 취급이 간단하고 쉽게 파손되지 않을 것
2. 착용하였을 때에 심한 불쾌감을 주지 않을 것
3. 착용자의 행동을 심하게 저해하지 않을 것
4. 보안경의 각 부분은 쉽게 교환할 수 있을 것
5. 사용자에게 절상이나 찰과상을 줄 수 있는 예리한 모서리나 요철 부분이 없을 것

09 다음은 산업안전보건법상 낙하물 방지망과 방호 선반을 설치하는 경우에 대한 설명이다. ( )에 알맞은 내용을 쓰시오.

설치 높이는 (1) 이내마다 설치하고, 내민 길이는 벽면으로부터 (2) 이상으로 할 것. 수평면과의 각도는 (3) 이상 (4) 이하를 유지할 것

해답 1. 10m
2. 2m
3. 20°
4. 30°

10 가스 폭발 위험 장소 또는 분진 폭발 위험 장소에 설치되는 건축물 등에 대해서 해당하는 부분을 내화 구조로 하여야 하며, 그 성능이 항상 유지될 수 있도록 점검·보수 등 적절한 조치를 하여야 한다. 해당 사항을 쓰시오.

해답 1. 건축물의 기둥 및 보 : 지상 1층(지상 1층의 높이가 6m를 초과하는 경우 6m)까지
2. 위험물 저장·취급 용기의 지지대(용기 높이 30cm 이하는 제외) : 지상으로부터 지지대의 끝부분까지
3. 배관·전선관 등의 지지대 : 지상으로부터 1단(1단의 높이가 6m를 초과하는 경우 6m)까지

11 다음은 연삭 숫돌에 관한 사항이다. 다음 빈칸을 채우시오.

사업주는 연삭 숫돌을 사용하는 작업의 경우 작업을 시작하기 전에는 (1) 이상, 연삭 숫돌을 교체한 후에는 (2) 이상 시험 운전을 하고, 해당 기계에 이상이 있는지를 확인하여야 한다.

해답 1. 1분
2. 3분

12 프레스기 방호 장치 중 감응식 방호 장치를 설치한 프레스에서 광선을 차단한 후 200ms 후에 슬라이드가 정지하였다. 이때 방호 장치의 안전거리는 최소 몇 mm 이상이어야 하는지 계산하시오.

(해답)▸ $D = 1.6 \times T_m = 1.6 \times 200 = 320\mathrm{mm}$

13 다음의 FT도에서 Cut set을 구하시오.

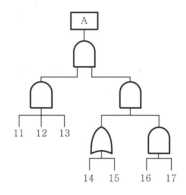

(해답)▸ 11, 12, 13, 14, 16, 17
　　　　11, 12, 13, 15, 16, 17

14 산업안전보건법상 안전 인증 면제 대상의 경우를 쓰시오.

(해답)▸ 1. 연구 · 개발을 목적으로 제조 · 수입하거나 수출을 목적으로 제조하는 경우
　　　　2. 고용노동부 장관이 정하여 고시하는 외국의 안전 인증 기관에서 인증을 받은 경우
　　　　3. 다른 법령에서 안전성에 관한 검사나 인증을 받은 경우

산업안전산업기사 2020.7.25 시행

01 사업장 안전성 평가의 단계를 순서대로 쓰시오.

(해답) 1. 제1단계 : 관계 자료의 작성 준비
2. 제2단계 : 정성적 평가
3. 제3단계 : 정량적 평가
4. 제4단계 : 안전 대책 수립
5. 제5단계 : 재해 정보에 의한 재평가
6. 제6단계 : FTA에 의한 재평가

02 법상 사업장에서 실시하는 안전 보건 교육의 종류를 쓰시오.

(해답) 1. 정기 교육(관리 감독자 정기 교육, 근로자 정기 교육)
2. 채용 시 교육
3. 작업 내용 변경 시 교육
4. 특별 교육
5. 건설업 기초 안전 보건 교육

03 산업안전보건법상 밀폐 공간에서 작업 시 밀폐 공간 보건 작업 프로그램을 수립하여 시행하여야 한다. 밀폐 공간 보건 작업 프로그램의 내용을 쓰시오.

(해답) 1. 사업장 내 밀폐 공간의 위치 파악 및 관리 방안
2. 밀폐 공간 내 질식, 중독 등을 일으킬 수 있는 유해·위험 요인의 파악 및 관리 방안
3. 밀폐 공간 작업 시 사전 확인이 필요한 사항에 대한 확인 절차
4. 안전 보건 교육 및 훈련
5. 그 밖에 밀폐 공간 작업 근로자의 건강 장해 예방에 관한 사항

04 건설업 중 건설 공사 유해·위험 방지 계획서의 제출 기한과 첨부 서류를 쓰시오.

(해답) 1. 제출 기한 : 해당 공사 착공 전일까지
2. 첨부 서류 : 공사 개요, 안전·보건 관리 계획, 작업 공사 종류별 유해·위험 방지 계획

참고 제조업은 해당 작업 시작 15일 전까지 제출

05 다음의 산업 안전 보건 표지 중 경고 표지와 지시 표지를 각각 구분하여 번호를 표기하시오.

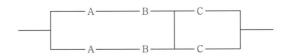

해답 1. 경고 표지 : ①, ③, ⑤, ⑥, ⑦, ⑩
　　　 2. 지시 표지 : ②, ④, ⑧, ⑨

06 재해 사례 연구 순서를 쓰시오. (단, 전제 조건을 포함한다.)

해답 1. 전제 조건 : 재해 상황 파악(상해 부위, 상해 성질, 상해 정도)
　　　 2. 제1단계 : 사실의 확인(사람, 물건, 관리, 재해 발생 경과)
　　　 3. 제2단계 : 문제점의 발견
　　　 4. 제3단계 : 근본 문제점의 결정
　　　 5. 제4단계 : 대책 수립

07 산업안전보건법상 작업 발판 일체형 거푸집의 종류를 쓰시오.

해답 1. 갱 폼(gang form)
　　　 2. 슬립 폼(slip form)
　　　 3. 클라이밍 폼(climbing form)
　　　 4. 터널 라이닝 폼(tunnel lining form)
　　　 5. 그 밖에 거푸집과 작업 발판이 일체로 제작된 거푸집 등

08 다음 시스템의 신뢰도를 구하시오. (단, A : 0.9, B : 0.9, C : 0.9이다.)

해답 $\{1-(1-0.9\times 0.9)(1-0.9\times 0.9)\}\times\{1-(1-0.9)\times(1-0.9)\}=0.95426$
　　　 $\therefore\ 95.43\%$

09 양중기에 사용하는 달기 체인의 사용 금지 기준을 쓰시오.

해답 1. 달기 체인 길이가 달기 체인이 제조된 때의 길이의 5%를 초과한 것
　　　 2. 링의 단면 지름이 달기 체인이 제조된 때의 해당 링 지름의 10%를 초과하여 감소한 것
　　　 3. 균열이 있거나 심하게 변형된 것

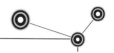

10 프레스 방호 장치 중 수인식 방호 장치의 수인 끈, 수인 끈의 안내통, 손목 밴드, 각종 레버의 구비 조건을 쓰시오.

해답 1. 수인 끈은 작업자와 작업 공정에 따라 그 길이를 조정할 수 있어야 한다.
  2. 수인 끈의 안내통은 끈의 마모와 손상을 방지할 수 있는 조치를 해야 한다.
  3. 손목 밴드는 착용감이 좋으며, 쉽게 착용할 수 있는 구조여야 한다.
  4. 각종 레버는 경량이며, 충분한 강도를 가져야 한다.

  참고 수인식 방호 장치의 일반 구조
      ① 손목 밴드(wrist band)의 재료는 유연한 내유성 피혁 또는 이와 동등한 재료를 사용해야 한다.
      ② 손목 밴드는 착용감이 좋으며, 쉽게 착용할 수 있는 구조이어야 한다.
      ③ 수인 끈의 재료는 합성섬유로 직경이 4mm 이상이어야 한다.
      ④ 수인 끈은 작업자와 작업 공정에 따라 그 길이를 조정할 수 있어야 한다.
      ⑤ 수인 끈의 안내통은 끈의 마모와 손상을 방지할 수 있는 조치를 해야 한다.
      ⑥ 각종 레버는 경량이면서 충분한 강도를 가져야 한다.
      ⑦ 수인량의 시험은 수인량이 링크에 의해서 조정될 수 있도록 되어야 하며, 금형으로부터 위험 한계 밖으로 당길 수 있는 구조이어야 한다.

11 산업안전보건법상 누전 차단기의 설치 장소를 쓰시오.

해답 1. 대지 전압이 150V를 초과하는 이동형 또는 휴대형 전기 기계·기구
  2. 물 등 도전성이 높은 액체가 있는 습윤 장소에서 사용하는 저압(750V 이하의 직류 전압이나 600V 이하의 교류 전압을 말한다)용 전기 기계·기구
  3. 철판·철골 위 등 도전성이 높은 장소에서 사용하는 이동형 또는 휴대형 전기 기계·기구
  4. 임시 배선의 전로가 설치되는 장소에서 사용하는 이동형 또는 휴대형 전기 기계·기구

12 천장 크레인에 중량 3kN의 화물을 2줄로 매달았을 때 매달기용 와이어 로프에 걸리는 장력은 얼마인가? (단, 슬링 와이어를 들어 올리는 각도는 55°이다.)

해답 장력 $= \dfrac{\dfrac{w}{2}}{\cos\dfrac{\theta}{2}} = \dfrac{\dfrac{3}{2}}{\cos\dfrac{55}{2}} = 1.69\text{kN}$

  참고 ① 총 하중=정하중+동하중
        동하중 $= \dfrac{정하중}{중력가속도} \times 가속도$
      ② 장력=총 하중×중력가속도

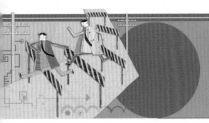

산업안전기사　2020.10.18 시행

01 법상 해체 작업 시 해체 계획서를 수립하여야 한다. 해체 계획서에 포함해야 하는 사항을 쓰시오.

(해답) 1. 해체의 방법 및 해체 순서 도면
2. 가설 설비, 방호 설비, 환기 설비 및 살수·방화 설비 등의 방법
3. 사업장 내 연락 방법
4. 해체물의 처분 계획
5. 해체 작업용 기계·기구 등의 작업 계획서
6. 해체 작업용 화약류 등의 사용 계획서
7. 그 밖의 안전·보건에 관련된 사항

02 Fool proof의 기계·기구의 종류를 쓰시오.

(해답) 1. 가드
2. 록 기구
3. 트립 기구
4. 밀어내기 기구
5. 오버런 기구

03 법상 관리 감독자에게 실시해야 할 정기 안전 보건 교육의 내용을 쓰시오.

(해답) 1. 산업 안전 및 사고 예방에 관한 사항
2. 산업 보건 및 직업병 예방에 관한 사항
3. 유해·위험 작업 환경 관리에 관한 사항
4. 산업안전보건법령 및 산업재해보상보험 제도에 관한 사항
5. 직무 스트레스 예방 및 관리에 관한 사항
6. 직장 내 괴롭힘, 고객의 폭언 등으로 인한 건강장해 예방 및 관리에 관한 사항
7. 작업 공정의 유해·위험과 재해 예방 대책에 관한 사항
8. 표준 안전 작업 방법 및 지도 요령에 관한 사항
9. 관리 감독자의 역할과 임무에 관한 사항
10. 안전 보건 교육 능력 배양에 관한 사항

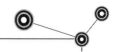

04 산업안전보건법상 프레스기를 사용하는 작업 시 작업 시작 전 점검 사항을 쓰시오.

(해답) 1. 클러치 및 브레이크의 기능
2. 크랭크축·플라이휠·슬라이드·연결 봉 및 연결 나사의 볼트 풀림 유무
3. 1행정 1정지 기구·급정지 장치 및 비상 정지 장치의 기능
4. 슬라이드 또는 칼날에 의한 위험 방지 기구의 기능
5. 프레스의 금형 및 고정 볼트의 상태
6. 방호 장치의 기능
7. 전단기의 칼날 및 테이블의 상태

05 300명의 근로자가 근무하는 사업장에서 연간 15건의 재해가 발생하여 사망 1명, 14급 장애 14명이 발생하였다. 종합 재해 지수를 구하시오.

(해답) 빈도율 $= \dfrac{\text{재해 건수}}{\text{근로 총 시간수}} \times 10^6 = \dfrac{15}{300 \times 8 \times 300} \times 10^6 = 20.83$

강도율 $= \dfrac{\text{근로 손실 일수}}{\text{근로 총 시간수}} \times 1{,}000 = \dfrac{7{,}500 + 50 \times 14}{300 \times 8 \times 300} \times 1{,}000 = 11.39$

$\therefore$ 종합 재해 지수 $= \sqrt{\text{빈도율} \times \text{강도율}} = \sqrt{20.83 \times 11.39} = 15.40$

06 소음이 심한 기계로부터 1.5m 떨어진 곳의 음압 수준이 100dB이라면 5m 떨어진 곳에서의 음압 수준을 구하시오.

(해답) 음압 수준 $dB_2 = dB_1 - 20\log\left(\dfrac{d_2}{d_1}\right) = 100 - 20\log\left(\dfrac{5}{1.5}\right) = 89.54 dB$

[참고] ① 음압 수준

dB 수준 $= 20\log_{10}\left(\dfrac{P_1}{P_0}\right)$

여기서, P_1 : 측정하려는 음압, P_0 : 기준 음압

② 음의 강도 수준

dB 수준 $= 10\log\left(\dfrac{I_1}{I_0}\right)$

여기서, I_1 : 측정음의 강도, I_0 : 기준음의 강도

③ 거리에 따른 음의 강도 변화

• 면적당 출력 $= \dfrac{\text{출력}}{4\pi(\text{거리})^2}$

• 음으로부터 $d_1,\ d_2$ 떨어진 지점의 dB 수준 : $dB_2 = dB_1 - 20\log\left(\dfrac{d_2}{d_1}\right)$

07 산업안전보건법상 방호 조치를 하지 아니하고 양도, 대여, 설치하거나 양도 · 대여의 목적으로 진열하여서는 안 되는 기계 · 기구의 종류를 쓰시오.

(해답) 1. 예초기

2. 원심기

3. 공기 압축기

4. 금속 절단기

5. 지게차

6. 포장 기계(진공 포장기, 래핑기)

참고 유해 · 위험 방지를 위하여 필요한 조치를 하여야 할 기계 · 기구 · 설비 및 건축물 등

① 사무실 및 공장용 건축물 ② 이동식 크레인

③ 타워 크레인 ④ 불도저

⑤ 모터 그레이더 ⑥ 로더

⑦ 스크레이퍼 ⑧ 스크레이퍼 도저

⑨ 파워 셔블 ⑩ 드래그 라인

⑪ 클램셸 ⑫ 버킷 굴삭기

⑬ 트렌치 ⑭ 항타기

⑮ 항발기 ⑯ 어스 드릴

⑰ 천공기 ⑱ 어스 오거

⑲ 페이퍼 드레인 머신 ⑳ 리프트

㉑ 지게차 ㉒ 롤러기

㉓ 콘크리트 펌프

㉔ 그 밖에 산업재해보상보험 및 예방심의위원회의 심의를 거쳐 고용노동부 장관이 정하여 고시하는 기계 · 기구 · 설비 및 건축물 등

08 내전압용 절연 장갑의 성능 기준에 있어서 각 등급에 대한 최대 사용 전압을 쓰시오.

등 급	최대 사용 전압(V)	
	교 류(실효값)	직 류
00	500	(1)
0	(2)	1,500
1	7,500	11,250
2	17,000	25,500
3	26,500	39,750
4	(3)	(4)

(해답) 1. 750

2. 1,000

3. 36,000

4. 54,000

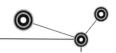

09 보일링 현상의 방지 대책을 쓰시오.

(해답)↘ 1. 굴착 저면까지 지하수위를 낮춘다.
2. 흙막이 벽의 근입 깊이를 깊게 한다.
3. 차수벽 등을 설치한다.

10 다음은 아세틸렌 용접 장치의 안전기 설치 위치에 관한 내용이다. (   ) 안에 알맞게 쓰시오.

1) 아세틸렌 용접 장치에 대하여는 그 (1)마다 안전기를 설치하여야 한다. 다만, 주관 및 취관에 가장 근접한 (2)마다 안전기를 부착한 때에는 그러하지 아니하다.
2) 가스 용기가 발생기와 분리되어 있는 아세틸렌 용접 장치에 대하여는 (3)와 가스 용기 사이에 안전기를 설치하여야 한다.

(해답)↘ 1. 취관
2. 분기관
3. 발생기

11 다음은 연삭 숫돌에 관한 사항이다. 다음 빈칸을 채우시오.

> 사업주는 연삭 숫돌을 사용하는 작업의 경우 작업을 시작하기 전에는 (1) 이상, 연삭 숫돌을 교체한 후에는 (2) 이상 시험 운전을 하고, 해당 기계에 이상이 있는지를 확인하여야 한다.

(해답)↘ 1. 1분
2. 3분

12 산업안전보건법상 유해·위험 방지 계획서 제출 대상 기계·기구의 종류를 쓰시오.

(해답)↘ 1. 금속이나 그 밖의 광물의 용해로
2. 화학 설비
3. 건조 설비
4. 가스 집합 용접 장치
5. 허가 대상 유해 물질 관련 설비
6. 분진 관련 설비

13 누전 차단기를 설치해야 하는 전기 기계·기구의 종류를 쓰시오.

(해답) 1. 대지 전압이 150V를 초과하는 이동형 또는 휴대형 전기 기계·기구
2. 물 등 도전성이 높은 액체가 있는 습윤 장소에서 사용하는 저압(750V 이하의 직류 전압이나 600V 이하의 교류 전압을 말한다)용 전기 기계·기구
3. 철판·철골 위 등 도전성이 높은 장소에서 사용하는 이동형 또는 휴대형 전기 기계·기구
4. 임시 배선의 전로가 설치되는 장소에서 사용하는 이동형 또는 휴대형 전기 기계·기구

14 다음 FT도에서 미니멀 컷을 구하시오.

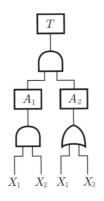

(해답)

T
$\downarrow$
$A_1 A_2$
$\downarrow$
$X_1 X_2 A_2$
$\downarrow$
$X_1 X_2 X_1$
$X_1 X_2 X_3$
$\therefore\ X_1,\ X_2$

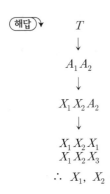

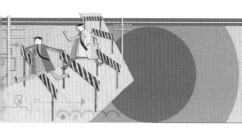
01 다음 기계·기구의 알맞은 방호 장치명을 쓰시오.

1) 아세틸렌 용접 장치   2) 동력식 수동 대패기
3) 교류 아크 용접기   4) 연삭기
5) 보일러

해답▶ 1) 안전기
2) 칼날 접촉 예방 장치
3) 자동 전격 방지 장치
4) 덮개
5) 압력 방출 장치 및 압력 제한 스위치

참고 ▶ ① 위험 기계·기구의 방호 장치명
　　• 프레스 및 전단기 : 방호 장치
　　• 아세틸렌 용접 장치 또는 가스 집합 용접 장치 : 안전기
　　• 교류 아크 용접기 : 자동 전격 방지 장치
　　• 크레인, 승강기, 곤돌라, 리프트 : 과부하 방지 장치 및 고용노동부 장관이 고시
　　　하는 방호 장치
　　• 보일러 : 압력 방출 장치 및 압력 제한 스위치
　　• 롤러기 : 급정지 장치
　　• 컨베이어 : 비상 정지 장치
　　• 연삭기 : 덮개
　　• 목재 가공용 둥근톱 기계 : 반발 예방 장치 및 날 접촉 예방 장치
　　• 동력식 수동 대패기 : 칼날 접촉 예방 장치
　　• 산업용 로봇 : 안전 매트, 방호 울
　　• 방폭용 전기 기계·기구 : 방폭 구조 전기 기계·기구
　　• 정전 및 활선 작업에 필요한 절연용 기구 : 절연용 방호구 및 활선 작업용 기구
　　• 압력 용기 : 압력 방출 장치
② 개정법
　　• 예초기에는 날 접촉 예방 장치
　　• 원심기에는 회전체 접촉 예방 장치
　　• 공기 압축기에는 압력 방출 장치
　　• 금속 절단기에는 날 접촉 예방 장치
　　• 지게차에는 헤드 가드, 백레스트
　　• 포장 기계에는 구동부 방호 연동 장치

02 사용 기계 · 기구의 고장 유형을 쓰고, 고장률의 공식을 쓰시오.

(해답) 1. 고장 유형 : 초기 고장, 우발 고장, 마모 고장

2. 고장률$(\lambda) = \dfrac{\text{고장 건수}(\gamma)}{\text{총 가동 시간}(t)}$

03 유한 사면의 붕괴 유형을 쓰시오.

(해답) 1. 사면 저부 붕괴
2. 사면 내 붕괴
3. 사면 선단 붕괴

04 법상 사업장에서 실시하는 안전 보건 교육의 종류를 쓰시오.

(해답) 1. 정기 교육(관리 감독자 정기 교육, 근로자 정기 교육)
2. 채용 시 교육
3. 작업 내용 변경 시 교육
4. 특별 교육
5. 건설업 기초 안전 보건 교육

05 다음 용어의 명칭과 식을 각각 쓰시오.

1) MTBF
2) MTTF
3) MTTR

(해답) 1) MTBF : Mean Time Between Failures로서 체계의 고장 발생 순간부터 수리가 완료되어 정상 작동하다가 다시 고장이 발생하기까지의 평균 시간으로, 평균 고장 간격을 뜻하며 $1/\lambda$로 구한다.
2) MTTF : Mean Time To Failures 체계가 작동한 후 고장이 발생하기까지의 평균 시간으로, 평균 고장 시간을 뜻하며 $R(t) = e^{-\lambda t}$로 구한다.
3) MTTR : Mean Time To Repair로서 체계에서의 평균 수리 기간, 즉 불신뢰도를 뜻하며 $F(t) = 1 - R(t)$, 즉 $1 - e^{-\lambda t}$로 구한다.

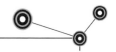

06 다음은 안전 보건 표지 중 경고 표지의 용도 및 사용 장소에 관한 사항이다. 각각이 의미하는 표지는 무엇인지 쓰시오.

1) 돌, 블록 등이 떨어질 우려가 있는 물체, 장소

2) 경사진 통로 입구, 미끄러운 장소

3) 휘발유 등 화기의 취급을 극히 주의해야 하는 물질이 있는 장소

(해답)↘ 1) 낙하물 경고
2) 몸균형 상실 경고
3) 인화성 물질 경고

07 산업안전보건업상 안전 보건 진단을 받아 안전 보건 개선 계획을 수립·제출하여야 하는 사업장의 종류를 쓰시오.

(해답)↘ 1. 중대 재해 발생 사업장
2. 산업 재해 발생률이 같은 업종 평균 산업 재해 발생률의 2배 이상인 사업장
3. 직업병에 걸린 사람이 연간 2명 이상(상시 근로자 100명 이상인 사업장의 경우 3명 이상) 발생한 사업장
4. 작업 환경 불량, 화재·폭발 또는 누출 사고 등으로 사회적 물의를 일으킨 사업장
5. 고용노동부 장관이 정하는 사업장

> **참고** ▶ 안전 보건 개선 계획 수립 대상 사업장(60일 이내 관할 지방 고용노동관서의 장)
> ① 산업 재해율이 같은 업종의 규모별 평균 산업 재해율보다 높은 사업장
> ② 사업주가 안전 보건 조치 의무를 이행하지 아니하여 중대 재해가 발생한 사업장
> ③ 유해 인자의 노출 기준을 초과한 사업장

08 아세틸렌 70%, 수소 20%로 혼합된 혼합 기체가 있다. 이때, 폭발 하한계와 위험도를 구하시오. (단, 아세틸렌의 폭발 범위 2.5~81, 수소의 폭발 범위 4.0~94)

(해답)↘ 1. 폭발 하한계(L) = $\dfrac{100}{\dfrac{70}{2.5}+\dfrac{20}{4}}$ = 3.03 vol%

2. 위험도(H) = $\dfrac{81-2.5}{2.5}$ = 31.4

09 슬레이트 등의 재료로 덮은 지붕 위에서 작업 시 발이 빠지는 등 근로자에게 위험을 미칠 우려가 있는 때에 취해야 할 안전 조치를 쓰시오.

(해답)↘ 1. 폭 30cm 이상의 발판 설치
2. 추락방망 설치

10 다음은 산업안전보건법상 안전 보건 표지이다. 각 표지판의 명칭을 쓰시오.

1)   2)   3)   4)

(해답)▼ 1) 방사성 물질 경고
2) 사용 금지
2) 폭발성 물질 경고
4) 낙하물 경고

11 Fail safe를 기능적인 면에서 분류하고, 간략히 설명하시오.

(해답)▼ 1. Fail passive : 일반적 기계의 방식으로 성분의 고장 시 기계 장치는 정지 상태로 된다.
2. Fail operational : 병렬 요소의 구성을 한 것으로 성분의 고장이 있어도 다음 정기 점검까지의 운전이 가능하다.
3. Fail active : 성분의 고장 시 기계 장치는 경보를 내며 단시간에 역전된다.

12 롤러기에서 앞면 롤러의 표면 속도가 25m/min인 롤러기에 설치하는 급정지 장치의 급정지 거리는 얼마인지 쓰시오. (단, 롤러의 직경은 120cm이다.)

(해답)▼ 급정지 거리 $= \dfrac{\pi \times D}{3} = \dfrac{\pi \times 120}{3} = 125.60$cm

> 참고 ① 표면 속도가 30m/min 미만이면 원주 길이의 1/3이다.
> ② 표면 속도가 30m/min 이상이면 원주 길이의 1/2.5이다.

13 MOF(Metering Out Fit)란 무엇인지 간단히 설명하시오.

(해답)▼ 전력 수급용 계기용 변성기로서, 전력량계를 위해 PT(계기용 변성기), CT(변류기)를 한 탱크 속에 넣어 전력 수급용으로 사용한다.

산업안전기사

2020.11.15 시행

01 산업안전보건법에 의하여 이상 화학 반응, 밸브의 막힘 등 이상 상태로 인한 압력 상승으로 해당 설비의 최고 사용 압력을 초과할 우려가 있는 화학 설비 및 그 부속 설비에 안전밸브 또는 파열판을 설치하여야 한다. 이때 파열판을 반드시 설치해야 하는 경우를 쓰시오.

해답 ▶ 1. 반응 폭주 등 급격한 압력 상승의 우려가 있는 경우
2. 독성 물질의 누출로 인하여 주위의 작업 환경을 오염시킬 우려가 있는 경우
3. 운전 중 안전밸브에 이상 물질이 누적되어 안전밸브가 작동되지 아니할 우려가 있는 경우

02 다음 FT도에서 미니멀 컷을 구하시오.

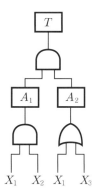

해답 ▶

$$T$$
$$\downarrow$$
$$A_1 A_2$$
$$\downarrow$$
$$X_1 X_2 A_2$$
$$\downarrow$$
$$X_1 X_2 X_1$$
$$X_1 X_2 X_3$$
$$\therefore \ X_1, \ X_2$$

03 산업안전보건법상 타워 크레인의 설치·조립·해체 작업을 하는 때에는 작업 계획서를 작성하고 이를 준수하여야 한다. 이때, 작업 계획서에 포함해야 할 사항을 쓰시오.

(해답) 1. 타워 크레인의 종류 및 형식
2. 설치·조립 및 해체 순서
3. 작업 도구·장비·가설 설비 및 방호 설비
4. 작업 인원의 구성 및 작업 근로자의 역할 범위
5. 지지 방법

04 산업안전보건법상 작업 발판 일체형 거푸집의 종류를 쓰시오.

(해답) 1. 갱 폼(gang form)
2. 슬립 폼(slip form)
3. 클라이밍 폼(climbing form)
4. 터널 라이닝 폼(tunnel lining form)
5. 그 밖에 거푸집과 작업 발판이 일체로 제작된 거푸집 등

05 500명이 근무하는 어느 공장에서는 1년간 6건(6명)의 재해가 발생하였다. 사상자 중에서 신체 장애 등급 3급, 5급, 7급, 11급의 장애가 각각 1명씩 발생하였으며, 기타의 사상자로 인한 총 휴업 일수가 438일이었다. 도수율과 강도율을 구하시오. (단, 5급 4,000일, 7급 2,200일, 11급 400일이고, 소수점 셋째 자리에서 반올림하시오.)

(해답) 1. 도수율 : $\dfrac{6}{500 \times 2,400} \times 10^6 = 5.00$

2. 강도율 : $\dfrac{7,500 + 4,000 + 2,200 + 400 + \left(438 \times \dfrac{300}{365}\right)}{500 \times 2,400} \times 10^3 = 12.05$

06 산업안전보건법상 안전 보건 표지 중 응급 구호 표지를 그리시오. (단, 색상 표시는 글자로 나타내고, 크기에 관한 기준은 표기하지 말 것)

(해답)

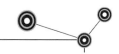

07 다음의 보기 중에서 인간 과오(실수) 확률에 대한 추정 기법(분석 기법)의 종류로 맞는 것을 모두 골라 번호를 쓰시오.

> **보기**
> ① FTA ② ETA ③ HAZOP
> ④ THERP ⑤ CA ⑥ FMCA
> ⑦ PHA

해답 ① ①, ②, ④, ⑥

08 근로자가 460명인 어느 작업장에서 연간 10명의 재해자가 발생하였을 때 연천인율을 구하시오. (단, 결근율 4%)

해답 연천인율 $= \dfrac{10}{460 \times 0.96} \times 1{,}000 = 22.65$

09 정전기에 대한 안전 대책 중 그 발생 억제 조치 사항을 쓰시오.

해답 1. 유속 조절
2. 주위의 상대 습도를 70% 이상 올려 표면 저항 감소
3. 대전 방지제 도포
4. 제전기 사용
5. 접지

> **참고** ① 발생 전하의 방전
> • 접지
> • 방전극 설치
> ② 방전 억제
> • 코로나 방전 발생 돌기물 배제 및 돌기부의 곡률 반경을 크게 할 것
> • 대전 전하와 역극성의 이온을 공급하여 제전할 것

10 관리 대상 유해 물질을 취급하는 작업장에 게시하여야 할 사항을 쓰시오.

해답 1. 관리 대상 유해 물질의 명칭
2. 인체에 미치는 영향
3. 취급상 주의 사항
4. 착용하여야 할 보호구
5. 응급조치 및 긴급 방재 요령

11 산업안전보건법상 다음의 기계 · 기구에 설치해야 할 방호 장치의 명칭을 쓰시오.

1) 예초기

2) 공기 압축기

3) 원심기

4) 금속 절단기

5) 지게차

(해답) 1) 날 접촉 예방 장치

2) 압력 방출 장치

3) 회전체 접촉 예방 장치

4) 날 접촉 예방 장치

5) 헤드가드, 백레스트, 제조등, 후미등, 안전벨트

참고 포장 기계 : 구동부 방호 연동 장치

12 전기 방폭 구조의 종류 및 기호를 쓰고, 위험 장소에 따른 설정을 구분하시오.

(해답) 1. 방폭 구조의 종류 및 기호

① 내압 방폭 구조 : d

② 압력 방폭 구조 : p

③ 유입 방폭 구조 : o

④ 안전증 방폭 구조 : e

⑤ 특수 방폭 구조 : s

⑥ 본질 안전 방폭 구조 : ia 또는 ib

2. 위험 장소에 따른 방폭 구조

① 0종 장소 : 본질 안전 방폭 구조

② 1종 장소 : 내압 방폭 구조, 압력 방폭 구조, 유입 방폭 구조

③ 2종 장소 : 안전증 방폭 구조

참고 분진 방폭 구조의 종류 및 기호

① 특수 방진 · 방폭 구조 : SDP

② 보통 방진 · 방폭 구조 : DP

③ 분진 특수방폭 구조 : XDP

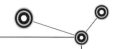

13 아세틸렌 발생기실 설치 장소의 기준 3가지를 쓰시오.

해답 ↴ 1. 아세틸렌 용접 장치의 아세틸렌 발생기실을 설치할 때에는 전용의 발생기실 내에 설치하여야 한다.

　　2. 발생기실은 건물의 최상층에 위치하여야 하며, 화기를 사용하는 설비로부터 상당한 거리를 둔 장소에 설치하여야 한다.

　　3. 발생기실을 옥외에 설치할 때에는 그 개구부를 다른 건축물로부터 1.5m 이상 떨어지도록 한다.

14 사업장에서 신입 사원을 채용했을 경우에는 신규 채용 시 교육을 실시하여야 한다. 그 교육의 시간과 내용을 쓰시오.

해답 ↴ 1. 교육 시간
　　　① 일용 근로자 : 1시간 이상
　　　② 일용 근로자를 제외한 근로자 : 8시간 이상

　　2. 교육 내용
　　　① 기계・기구의 위험성과 작업의 순서 및 동선에 관한 사항
　　　② 작업 개시 전 점검에 관한 사항
　　　③ 정리정돈 및 청소에 관한 사항
　　　④ 사고 발생 시 긴급 조치에 관한 사항
　　　⑤ 산업 보건 및 직업병 예방에 관한 사항
　　　⑥ 물질 안전 보건 자료에 관한 사항
　　　⑦ 산업안전보건법령 및 산업재해보상보험 제도에 관한 사항
　　　⑧ 산업 안전 사고 및 사고 예방에 관한 사항
　　　⑨ 직무 스트레스 예방 및 관리에 관한 사항
　　　⑩ 직장 내 괴롭힘, 고객의 폭언 등으로 인한 건강장해 예방 및 관리에 관한 사항

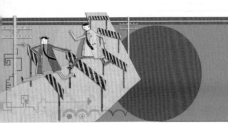

01 둥근 톱날에 방호 장치를 설치하려고 한다. 안전 관리자로서 방호 장치의 설치 방법을 3가지만 쓰시오.

(해답)▶ 1. 톱날 접촉 예방 장치는 분할날에 대면하고 있는 부분과 가공재를 절단하는 부분 이외의 톱날을 전부 덮을 수 있는 구조이어야 한다.
2. 반발 방지 기구(finger)는 목재 송급 쪽에 설치하되 목재의 반발을 충분히 방지할 수 있도록 설치되어야 한다.
3. 분할날은 톱 원주 높이의 2/3 이상을 덮을 수 있고, 톱 두께의 1.1배 이상이어야 하며, 톱 후면날과 12mm 이상의 거리에 설치하여야 한다.

02 가죽제 발보호 안전화의 성능 시험 4가지를 쓰시오.

(해답)▶ 1. 내압박성 시험
2. 내충격성 시험
3. 박리 저항 시험
4. 내답발성 시험

03 결함수 분석법(FTA)에서 실시하는 Cut set과 Path set을 간략히 설명하시오.

(해답)▶ 1. Cut set : 시스템 내에 포함되어 있는 모든 기본 사상이 일어났을 때 top 사상을 일으키는 기본 사상의 집합이다.
2. Path set : 시스템 내에 포함되어 있는 모든 기본 사상이 일어나지 않았을 때 top 사상을 일으키지 않는 기본 집합으로서, 어떤 고장이나 error를 일으키지 않으면 재해, 고장 등을 일으키지 않으며 시스템의 신뢰성을 나타낸다.

04 인간의 과오 분류 중 Swain의 심리적 분류의 종류를 쓰고, 간단히 설명하시오.

(해답)▶ 1. 생략적 과오(omission error) : 필요한 직무 또는 절차를 수행하지 않는 데서 일어나는 과오
2. 수행적 과오(commission error) : 필요한 직무 또는 절차의 불확실한 수행으로 인한 과오
3. 시간적 과오(time error) : 필요한 직무 또는 절차의 수행 지연으로 인한 과오
4. 순서적 과오(sequential error) : 필요한 직무 또는 절차 순서의 잘못된 이해로 인한 과오
5. 불필요한 과오(extraneous error) : 불필요한 직무 또는 절차를 수행함으로써 일어나는 과오

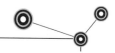

05 청각 장치를 이용한 자극이 시각 장치를 이용하는 방법보다 유리한 점을 쓰시오.

(해답) 1. 전언이 간단하고 짧을 때
2. 전언이 즉각적인 사상을 다룰 때
3. 전언이 즉각적인 행동을 다룰 때
4. 수신자의 시각 계통이 과부하일 때
5. 직무상 수신자가 자주 움직일 때

참고 시각 장치가 유리한 때
① 전언이 복잡하고 길 때
② 전언이 공간적 위치를 다룰 때
③ 수신 장소가 시끄러울 때
④ 수신자의 청각 계통이 과부하일 때

06 연소의 형태 중 기체 연소와 고체 연소의 종류를 각각 쓰시오.

(해답) 1. 기체 연소 : 확산 연소
2. 고체 연소 : 표면 연소, 증발 연소, 분해 연소, 자기 연소

07 산업안전보건법상 다음에 해당하는 사업의 종류에 따른 안전 관리자의 수를 쓰시오.

1) 펄프 제조업 상시 근로자 수 : 600명
2) 고무 제품 제조업 상시 근로자 수 : 300명
3) 운수·통신업 상시 근로자 수 : 500명
4) 건설업 상시 근로자 수 : 500명

(해답) 1) 2명
2) 1명
3) 1명
4) 1명

08 산업안전보건법상 안전 인증 대상 방호 장치 중 압력 용기 압력 방출용 파열판의 안전 인증 외에 표시해야 할 사항을 쓰시오.

(해답) 1. 호칭 지름
2. 용도(요구 성능)
3. 설정 파열 압력 및 설정 온도
4. 분출량 또는 공칭 분출 계수
5. 파열 재질
6. 유체의 흐름 방향 지시

09 A 사업장의 도수율이 4이고, 5건의 재해가 발생하였으며, 350일의 근로 손실 일수가 발생하였을 경우, 이 사업장의 강도율은 얼마인지 쓰시오.

해답 ▶ 도수율 $= \dfrac{\text{재해 발생 건수}}{\text{근로 총 시간수}} \times 1{,}000{,}000$

$4 = \dfrac{5}{x} \times 1{,}000{,}000 = 1{,}250{,}000$

∴ 강도율 $= \dfrac{\text{근로 손실 일수}}{\text{근로 총 시간수}} \times 1{,}000 = \dfrac{350}{1{,}250{,}000} \times 1{,}000 = 0.28$

10 비, 눈, 그 밖의 기상 상태의 불안정으로 인하여 날씨가 몹시 나빠서 작업을 중지시킨 후 비계를 조립 · 해체하거나 또는 변경한 후 그 비계에서 작업 시작 전 점검 사항을 쓰시오.

해답 ▶ 1. 발판 재료의 손상 여부 및 부착 또는 걸림 상태
2. 해당 비계의 연결부 또는 접속부의 풀림 상태
3. 연결 재료 및 연결 철물의 손상 또는 부식 상태
4. 손잡이의 탈락 여부
5. 기둥의 침하 · 변형 · 변위 또는 흔들림 상태
6. 로프의 부착 상태 및 매단 장치의 흔들림 상태

11 히빙 현상과 보일링 현상이 일어나기 쉬운 지반의 형태를 쓰시오.

해답 ▶ 1. 히빙 현상 : 점성토 또는 연약 점토 지반
2. 보일링 현상 : 지하수위가 높은 사질토 지반

12 교류 아크 용접기를 사용하는 경우 용접기에 자동 전격 방지기를 설치하여야 하는 장소를 쓰시오.

해답 ▶ 1. 선박의 이중 선체 내부, 밸러스트 탱크(ballast tank, 평형수 탱크), 보일러 내부 등 도전체에 둘러싸인 장소
2. 추락할 위험이 있는 높이 2m 이상의 장소로, 철골 등 도전성이 높은 물체에 근로자가 접촉할 우려가 있는 장소
3. 근로자가 물, 땀 등으로 인하여 도전성이 높은 습윤 상태에서 작업하는 장소

13 꼬임이 끊어진 섬유 로프 또는 섬유 벨트의 사용 금지 조건을 쓰시오.

해답 ▶ 1. 꼬임이 끊어진 것
2. 심하게 손상 또는 부식된 것

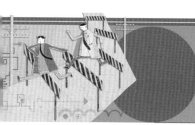
01　법상 조명 기준을 쓰시오.

(해답)▼ 1. 초정밀 작업 : 750lux 이상
　　 2. 정밀 작업 : 300lux 이상
　　 3. 보통 작업 : 150lux 이상
　　 4. 그 밖의 작업 : 75lux 이상

02　공사용 가설 도로 설치 시 준수 사항을 쓰시오.

(해답)▼ 1. 도로는 장비 및 차량이 안전하게 운행할 수 있도록 견고하게 설치할 것
　　 2. 도로와 작업장이 접하여 있을 경우에는 방책 등을 설치할 것
　　 3. 도로는 배수를 위하여 경사지게 설치하거나 배수 시설을 설치할 것
　　 4. 차량의 속도 제한 표지를 부착할 것

03　어느 작업자가 100V 단상 2선식 회로의 전류를 물에 젖은 손으로 조작하였다. 통전 전류와 심실 세동을 일으킨 시간을 구하시오.

(해답)▼ 1. 통전 전류$(I) = \dfrac{V}{R} = \dfrac{100}{5,000} \times 25 \times 1,000 = 500\text{mA}$

　　 2. 심실 세동 시간$(I) = \dfrac{165 - 185}{\sqrt{T}} \text{mA}$에서, $500 = \dfrac{165 \sim 185}{\sqrt{T}}$

　　 $\therefore\ T = \left(\dfrac{165 \sim 185}{500\text{mA}}\right)^2 = 0.11 \sim 0.14\,\sec$

04　어느 작업장의 연평균 근로자 수가 800명이고, 1주간 40시간 작업, 연간 50주 작업 도중 사망 2명과 휴업 일수 1,200일인 경우 강도율을 구하시오.

(해답)▼ 강도율 $= \dfrac{\text{근로 손실 일수}}{\text{근로 총 시간수}} \times 1,000$

$= \dfrac{7,500 \times 2 + 1,200 \times \dfrac{300}{365}}{800 \times 40 \times 50} \times 1,000$

$= 9.99$

05 법상 롤러기의 방호 장치 종류 및 조작부의 설치 위치를 쓰시오.

(해답)→ 1. 손조작 로프식 : 바닥에서부터 1.8m 이내
2. 복부 조작식 : 바닥에서부터 0.8~1.1m 이내
3. 무릎 조작식 : 바닥에서부터 0.4~0.6m 이내

06 산업안전보건법상 안전 보건 교육 중 채용 시의 교육 및 작업 내용 변경 시의 교육 내용을 쓰시오.

(해답)→ 1. 기계·기구의 위험성과 작업의 순서 및 동선에 관한 사항
2. 작업 개시 전 점검에 관한 사항
3. 정리정돈 및 청소에 관한 사항
4. 사고 발생 시 긴급 조치에 관한 사항
5. 산업 보건 및 직업병 예방에 관한 사항
6. 물질 안전 보건 자료에 관한 사항
7. 산업 안전 및 사고 예방에 관한 사항
8. 산업안전보건법령 및 산업재해보상보험 제도에 관한 사항
9. 직무 스트레스 예방 및 관리에 관한 사항
10. 직장 내 괴롭힘, 고객의 폭언 등으로 인한 건강장해 예방 및 관리에 관한 사항

07 건설 현장에 가설 통로 설치 시의 준수 사항을 쓰시오.

(해답)→ 1. 견고한 구조로 할 것
2. 경사는 30° 이하로 할 것
3. 경사가 15°를 초과하는 때에는 미끄러지지 아니하는 구조로 할 것
4. 추락의 위험이 있는 장소에는 안전 난간을 설치할 것
5. 수직갱에 가설된 통로의 길이가 15m 이상인 때에는 10m 이내마다 계단참을 설치할 것
6. 건설 공사에 사용하는 높이 8m 이상인 비계다리에는 7m 이내마다 계단참을 설치할 것

08 산업안전보건법상 공정 안전 보고서에 포함해야 할 사항을 쓰시오.

(해답)→ 1. 공정 안전 자료
2. 공정 위험성 평가서
3. 안전 운전 계획
4. 비상 조치 계획

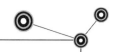

09 산업안전보건법상 안전·보건에 관한 노사 협의체 구성에 있어 근로자 위원과 사용자 위원의 자격을 쓰시오.

(해답) 1. 근로자 위원
　　① 도급 또는 하도급 사업을 포함한 전체 사업의 근로자 대표
　　② 근로자 대표가 지명하는 명예 감독관 1명. 다만, 명예 감독관이 위촉되어 있지 아니한 경우에는 근로자 대표가 지명하는 해당 사업장 근로자 1명
　　③ 공사 금액 20억원 이상의 도급 또는 하도급 사업의 근로자 대표
　2. 사용자 위원
　　① 해당 사업의 대표자
　　② 안전 관리자 1명
　　③ 공사 금액이 20억원 이상인 도급 또는 하도급 사업의 사업주

　　[참고] 1. 노사 협의체 설치 대상 : 공사 금액 120억원(토목 공사업은 150억원) 이상인 건설업
　　　　　 2. 노사 협의체 운영 : 노사 협의체의 회의는 정기 회의와 임시 회의로 구분하고 정기 회의는 2개월마다 노사 협의체 위원장이 소집하며, 임시 회의는 위원장이 필요 시 소집한다.

10 하인리히, 버드, 아담스, 웨버의 재해 발생 이론을 쓰시오.

(해답) 1. 하인리히 : 사회적 환경 및 유전적 요소, 개인적 결함, 불안전 상태 및 불안전 행동, 사고·재해
　2. 버드 : 관리 부족, 기본 원인, 직접 원인, 사고·재해
　3. 아담스 : 관리 구조, 작전적 에러, 전술적 에러, 사고·재해
　4. 웨버 : 유전과 환경, 인간의 결함, 불안전 행동 및 불안전 상태, 사고·재해

　　[참고] 자베타키스 사고 연쇄성 이론
　　　　　① 개인적 요인 및 환경적 요인
　　　　　② 불안전 행동 및 불안전 상태
　　　　　③ 에너지 및 위험물의 예기치 못한 폭주
　　　　　④ 사고
　　　　　⑤ 구호(구조)

11 FTA에 의한 재해 사례 연구 순서를 쓰시오.

(해답) 1. Top 사상의 선정
　2. 사상의 재해 원인 규명
　3. FT도 작성
　4. 개선 계획 작성

12 방진 마스크의 성능 시험 방법 5가지를 쓰시오.

(해답) 1. 안면부 흡기 저항 시험
2. 여과재 분진 등 포집 효율 시험
3. 안면부 배기 저항 시험
4. 안면부 누설률 시험
5. 배기 밸브 작동 시험
6. 여과재 호흡 저항 시험
7. 강도·신장률 및 영구 변형률 시험

13 연삭기 사용 시 숫돌 파괴 원인의 종류를 쓰시오.

(해답) 1. 숫돌의 회전 속도가 너무 빠를 때
2. 숫돌 자체에 균열이 있을 때
3. 숫돌의 측면을 사용하여 작업할 때
4. 숫돌에 충격을 가할 때
5. 플랜지가 현저히 작을 때

14 인체에 해로운 분진, 흄, 미스트, 증기 또는 가스상의 물질을 배출하기 위하여 설치하는 국소 배기 장치의 후드 설치 시 준수 사항을 쓰시오.

(해답) 1. 유해 물질이 발생하는 곳마다 설치할 것
2. 유해 인자의 발생 형태와 비중, 작업 방법 등을 고려하여 해당 분진 등의 발산원을 제어할 수 있는 구조로 설치할 것
3. 후드 형식은 가능하면 포위식 또는 부스식 후드를 설치할 것
4. 외부식 또는 레시버식 후드를 설치하는 때에는 해당 분진 등의 발산원에 가장 가까운 위치에 설치할 것

01 교류 아크 용접기에 자동전격방지기를 설치해야 하는 경우를 쓰시오.

해답 1. 선박의 이중 선체 내부, 밸러스트 탱크(ballast tank, 평형수 탱크), 보일러 내부 등 도전체에 둘러싸인 장소
2. 추락할 위험이 있는 높이 2m 이상의 장소로, 철골 등 도전성이 높은 물체에 근로자가 접촉할 우려가 있는 장소
3. 근로자가 물, 땀 등으로 인하여 도전성이 높은 습윤 상태에서 작업하는 장소

02 다음은 달비계의 안전 계수에 대한 것이다. 물음에 답하시오.

1) 달기 와이어 로프 및 달기 강선의 안전 계수
2) 달기 체인 및 달기 훅의 안전 계수
3) 달기 강대와 달비계의 하부 및 상부 지점의 안전 계수는 강재는 (①) 이상, 목재는 (②) 이상

해답 1) 10 이상
2) 5 이상
3) ① 2.5, ② 5

03 법상 양중기의 종류를 쓰시오. (단, 세부 사항이 있으면 세부 사항도 쓴다.)

해답 1. 크레인(호이스트를 포함한다.)
2. 리프트(이삿짐 운반용 리프트의 경우 적재 하중이 1ton 이상인 것으로 한정한다.)
3. 곤돌라
4. 승강기
5. 이동식 크레인

04 위험 기계·기구의 조종 장치를 촉각적으로 암호화할 수 있는 차원을 쓰시오.

해답 1. 색채 암호
2. 위치 암호
3. 형상 암호

05 화학 설비의 탱크 내 작업 시 특별 안전 보건 교육 내용을 쓰시오.

(해답) 1. 차단 장치, 정지 장치 및 밸브 개폐 장치의 점검에 관한 사항
2. 탱크 내의 산소 농도 측정 및 작업 환경에 관한 사항
3. 안전 보호구 및 이상 시 응급 조치에 관한 사항
4. 작업 절차, 방법 및 유해 위험에 관한 사항
5. 그 밖에 안전 보건 관리에 필요한 사항

06 소음이 심한 기계로부터 1.5m 떨어진 곳의 음압 수준이 100dB이라면 5m 떨어진 곳에서의 음압 수준을 구하시오.

(해답) 음압 수준 $dB_2 = dB_1 - 20\log\left(\dfrac{d_2}{d_1}\right) = 100 - 20\log\left(\dfrac{5}{1.5}\right) = 89.54dB$

참고 ① 음압 수준

dB 수준 $= 20\log_{10}\left(\dfrac{P_1}{P_0}\right)$

여기서, P_1 : 측정하려는 음압, P_0 : 기준 음압

② 음의 강도 수준

dB 수준 $= 10\log\left(\dfrac{I_1}{I_0}\right)$

여기서, I_1 : 측정음의 강도, I_0 : 기준음의 강도

③ 거리에 따른 음의 강도 변화

• 면적당 출력 $= \dfrac{출력}{4\pi(거리)^2}$

• 음으로부터 d_1, d_2 떨어진 지점의 dB 수준 : $dB_2 = dB_1 - 20\log\left(\dfrac{d_2}{d_1}\right)$

07 아세틸렌 발생기실 설치 장소의 기준 3가지를 쓰시오.

(해답) 1. 아세틸렌 용접 장치의 아세틸렌 발생기실을 설치할 때에는 전용의 발생기실 내에 설치하여야 한다.
2. 발생기실은 건물의 최상층에 위치하여야 하며, 화기를 사용하는 설비로부터 상당한 거리를 둔 장소에 설치하여야 한다.
3. 발생기실을 옥외에 설치할 때에는 그 개구부를 다른 건축물로부터 1.5m 이상 떨어지도록 한다.

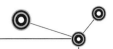

08 Fail safe와 Fool proof를 각각 간략히 설명하시오.

(해답)→ 1. Fail safe : 인간 또는 기계에 과오나 동작상의 실수가 있어도 사고를 발생하지 않도록
2중, 3중으로 통제를 가하는 것
2. Fool proof : 인간의 과오나 동작상 실수가 있어도 인간이 기계의 위험 부위에 접근하지
못하게 하는 안전 설계 방법 중 하나

09 법상 안전관리자의 직무 사항을 쓰시오.

(해답)→ 1. 산업안전보건위원회 또는 안전 및 보건에 관한 노사협의체에서 심의·의결한 업무와 해
당 사업장의 안전보건관리규정 및 취업 규칙에서 정한 업무
2. 위험성평가에 관한 보좌 및 지도·조언
2. 안전인증대상 기계 등과 자율안전확인대상 기계 등 구입 시 적격품의 선정에 관한 보좌
및 지도·조언
3. 해당 사업장 안전교육계획의 수립 및 안전교육 실시에 관한 보좌 및 지도·조언
4. 사업장 순회점검, 지도 및 조치 건의
5. 산업재해 발생의 원인 조사·분석 및 재발 방지를 위한 기술적 보좌 및 지도·조언
6. 산업재해에 관한 통계의 유지·관리·분석을 위한 보좌 및 지도·조언
7. 법 또는 법에 따른 명령으로 정한 안전에 관한 사항의 이행에 관한 보좌 및 지도·조언
8. 업무 수행 내용의 기록·유지
9. 그 밖에 안전에 관한 사항으로서 고용노동부장관이 정하는 사항

10 산업안전보건법상 자율 안전 확인 대상 방호 장치 중 연삭기 덮개에 자율 안전 확인 표시 외
에 추가로 표시하여야 하는 사항을 쓰시오.

(해답)→ 1. 숫돌 사용 주속도
2. 숫돌의 회전 방향

11 가죽제 안전화의 성능 시험의 종류를 쓰시오.

(해답)→ 1. 내압박성 시험
2. 내충격성 시험
3. 박리 저항 시험
4. 내답발성 시험

12 산업 재해 발생 시 기록, 보존해야할 사항을 쓰시오.

(해답) 1. 사업장의 개요 및 근로자의 인적사항
2. 재해 발생의 일시 및 장소
3. 재해 발생의 원인 및 과정
4. 재해 재발 방지 계획

13 강제 환기란 무엇인지 간략히 설명하시오.

(해답) 자연환기(대류, 풍력, 온도 차이 등)가 아닌 기계(송풍기, 배풍기, 환기설비 등)를 이용하여
강제 환기하는 방법으로 하는 환기

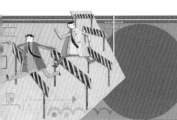

01 차량계 건설 기계를 이용하여 작업을 하고자 하는 때에는 미리 법에 의하여 작업 계획을 작성하고 그 계획에 따라 작업을 실시하여야 한다. 작업 계획에 포함되어야 할 사항 3가지를 쓰시오.

해답 1. 사용하는 차량계 건설 기계의 종류 및 성능
2. 차량계 건설 기계의 운행 경로
3. 차량계 건설 기계에 의한 작업 방법

02 근로자가 460명인 어느 작업장에서 연간 10명의 재해자가 발생하였을 때 연천인율을 구하시오. (단, 결근율 4%)

해답 연천인율 $= \dfrac{10}{460 \times 0.96} \times 1,000 = 22.65$

03 다음 시스템의 신뢰도를 구하시오. (단, A : 0.9, B : 0.9, C : 0.9이다.)

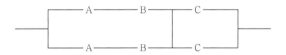

해답 $\{1-(1-0.9\times0.9)(1-0.9\times0.9)\} \times \{1-(1-0.9)\times(1-0.9)\} = 0.95426$
∴ 95.43%

04 법상 관리 감독자에게 실시해야 할 정기 안전 보건 교육의 내용을 쓰시오.

해답 1. 산업 안전 및 사고 예방에 관한 사항
2. 산업 보건 및 직업병 예방에 관한 사항
3. 유해·위험 작업 환경 관리에 관한 사항
4. 산업안전보건법령 및 산업재해보상보험 제도에 관한 사항
5. 직무 스트레스 예방 및 관리에 관한 사항
6. 직장 내 괴롭힘, 고객의 폭언 등으로 인한 건강장해 예방 및 관리에 관한 사항
7. 작업 공정의 유해·위험과 재해 예방 대책에 관한 사항
8. 표준 안전 작업 방법 및 지도 요령에 관한 사항
9. 관리 감독자의 역할과 임무에 관한 사항
10. 안전 보건 교육 능력 배양에 관한 사항

05 아세틸렌과 벤젠이 7 : 3으로 함유되어 있는 장소의 아세틸렌의 위험도와 혼합 가스의 폭발 하한계를 구하시오.

해답 1. 아세틸렌 위험도 $= \dfrac{81 - 2.5}{2.5} = 31.40$

2. 폭발 하한계 $= \dfrac{100}{\dfrac{70}{2.5} + \dfrac{30}{1.4}} = 2.02 \text{vol}\%$

06 다음의 산업 안전 보건 표지 중 경고 표지와 지시 표지를 각각 구분하여 표기하시오.

①	②	③	④	⑤	⑥	⑦	⑧	⑨	⑩
⚠	✋	⚠	🎧	⚡	⚠	🧪	👢	😷	🔥

해답 1. 경고 표지 : ①, ③, ⑤, ⑥, ⑩
2. 지시 표지 : ②, ⑧, ⑨

07 산업안전보건법상 크레인을 사용하는 작업 시 작업 시작 전 점검 사항을 쓰시오.

해답 1. 권과 방지 장치, 브레이크, 클러치 및 운전 장치의 기능
2. 주행로의 상측 및 트롤리가 횡행하는 레일의 상태
3. 와이어 로프가 통하고 있는 곳의 상태

08 다음은 연삭기 덮개에 관한 내용이다. 각각의 물음에 대하여 답하시오.

1) 탁상용 연삭기의 덮개에는 (①) 및 조정편을 구비하여야 한다.
2) (①)는 연삭 숫돌과의 간격을 (②) 이하로 조정할 수 있는 구조여야 한다.
3) 연삭기의 덮개 추가 표시 사항은 숫돌 사용 주속도, (③)이다.

해답 ① 워크레스트
② 3mm
③ 숫돌 회전 방향

09 양립성의 종류 3가지를 쓰고, 간략히 설명하시오.

해답 1. 공간적 양립성 : 어떤 사물들, 표시 장치나 조종 장치에서 물리적 형태나 공간적인 배치의 양립성
2. 운동 양립성 : 표시 장치, 조종 장치, 체계 반응의 운동 방향의 양립성
3. 개념적 양립성 : 어떤 암호 체계에서 청색이 정상을 나타내듯이 우리가 가지고 있는 개념적 연상의 양립성

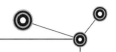

10 다음 물음에 따른 활선 작업 시 접근 한계 거리를 쓰시오.

1) 0.3kV 이하

2) 0.3kV 초과 0.75kV 이하

3) 2kV 초과 15kV 이하

4) 37kV 초과 88kV 이하

(해답)→ 1) 접촉금지

2) 30cm

3) 60cm

4) 110cm

11 지게차의 헤드가드 설치 기준을 쓰시오.

(해답)→ 1. 강도는 지게차의 최대 하중의 2배의 값(그 값이 4톤을 넘는 것에 대하여서는 4톤으로 한다.)의 등분포 정하중에 견딜 수 있는 것일 것

2. 상부틀의 각 개구의 폭 또는 길이가 16cm 미만일 것

3. 운전자가 앉아서 조작하는 지게차의 헤드가드는 한국 산업 표준에서 정하는 높이 이상일 것

4. 지게차에 의한 하역 운반 작업에 사용하는 팔레트(pallet) 또는 스키드(skid)는 다음에 해당하는 것을 사용하여야 한다.

① 적재하는 화물의 종량에 따른 충분한 강도를 가질 것

② 심한 손상·변형 또는 부식이 없을 것

12 다음은 작업 발판에 관한 사항이다. ( ) 안에 알맞게 쓰시오.

1. 발판 재료는 작업할 때 하중치를 견딜 수 있도록 견고한 것으로 할 것

2. 작업 발판의 폭은 (①) 이상으로 하고 발판 재료 간의 틈은 3cm 이하로 할 것

3. '2'에도 불구하고 선박 및 보트 건조 작업의 경우 선박 블록 또는 엔진실 등의 좁은 작업 공간에 작업 발판을 설치하기 위하여 필요하면 작업 발판의 폭을 (②) 이상으로 할 수 있고, 걸침 비계의 경우 강관 기둥 때문에 발판 재료 간의 틈을 3cm 이하로 유지하기 곤란하면 5cm 이하로 할 수 있다. 이 경우 그 틈사이로 물체 등이 떨어질 우려가 있는 곳에는 출입 금지 등의 조치를 하여야 한다.

(해답)→ ① 40cm

② 30cm

13 중건설 공사의 현장에서 공사 금액이 60억원인 경우 산업 안전 보건 관리비를 산정하시오.

(해답) 6,000,000,000×0.0244=146,400,000원

참고 ▶ 공사의 종류 및 규모별 안전 관리비 계상 기준표

구분 공사의 종류	대상액 5억원 미만	대상액 5억원 이상 50억원 미만		대상액 50억원 이상인 경우 적용비율(%)
		비율(%)	기초액	
일반 건설 공사(갑)	2.93%	1.86%	5,349천원	1.97%
일반 건설 공사(을)	3.09%	1.99%	5,499천원	2.10%
중건설 공사	3.43%	2.35%	5,400천원	2.44%
철도 · 궤도 신설 공사	2.45%	1.57%	4,411천원	1.66%
특수 및 기타 건설 공사	1.85%	1.20%	3,250천원	1.27%

14 하인리히의 1 : 29 : 300의 원리를 간략히 설명하시오.

(해답) 300건의 무상해사고 발생 후 29건의 경상해 발생한 후 1건의 중대재해(사망 등)가 발생하게 된다.

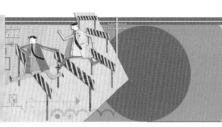
01 법상 사업장 안전보건위원회 설치 대상 사업장과 근로자측 위원의 종류를 쓰시오.

(해답)▶ 1. 안전보건위원회 설치 대상 사업장 : 상시 근로자 100인 이상 사용하는 사업장, 건설 공사
　　　의 경우 공사 금액이 120억원(토목 공사의 경우 150억원) 이상인 사업장
　　2. 안전보건위원회 중 근로자측 위원
　　　① 근로자 대표
　　　② 근로자 대표가 지명하는 1인 이상의 명예 산업 안전 감독관

02 하인리히의 재해 도미노 이론과 아담스의 재해 연쇄성 이론을 쓰시오.

(해답)▶ 1. 하인리히 재해 도미노 이론
　　　① 사회적 환경과 유전적 요소　　② 개인적 결함
　　　③ 불안전 상태 및 불안전 행동　　④ 사고
　　　⑤ 상해
　　2. 아담스의 재해 연쇄성 이론
　　　① 관리 구조　　　　　　　　② 작전적 에러
　　　③ 전술적 에러　　　　　　　④ 사고
　　　⑤ 상해

03 수평 작업대에서 정상 작업 영역과 최대 작업 영역을 간략히 설명하시오.

(해답)▶ 1. 정상 작업 영역 : 상완을 자연스럽게 수직으로 늘어뜨린 상태에서 전완만으로 편하게 뻗
　　　어 파악할 수 있는 34~45cm 정도의 한계
　　2. 최대 작업 영역 : 전완과 상완을 곧게 펴서 파악할 수 있는 영역으로 약 55~65cm 정도
　　　의 한계

04 산업안전보건법상 흙막이 지보공 설치 시 정기 점검 사항을 쓰시오.

(해답)▶ 1. 부재의 손상, 변형, 부식, 변위 및 탈락의 유무와 상태
　　2. 버팀대의 긴압(緊壓)의 정도
　　3. 부재의 접속부, 부착부 및 교차부의 상태
　　4. 침하의 정도

05 사업장에서 사용하는 안전모의 성능 시험 방법 5가지 중 4가지를 쓰시오.

해답 ↘ 1. 내관통성 시험   2. 충격 흡수성 시험
      3. 내전압성 시험   4. 내수성 시험
      5. 턱끈 풀림 시험

06 산업안전보건법상 중대 재해의 정의를 쓰시오.

해답 ↘ 1. 사망자가 1명 이상 발생한 재해
      2. 3개월 이상의 요양이 필요한 부상자가 동시에 2명 이상 발생한 재해
      3. 부상자 또는 직업성 질병자가 동시에 10명 이상 발생한 재해

07 산업안전보건법에 의하여 이상 화학 반응, 밸브의 막힘 등 이상 상태로 인한 압력 상승으로 해당 설비의 최고 사용 압력을 초과할 우려가 있는 화학 설비 및 그 부속 설비에 안전 밸브 또는 파열판을 설치하여야 한다. 이때 반드시 파열판을 설치해야 하는 경우를 쓰시오.

해답 ↘ 1. 반응 폭주 등 급격한 압력 상승의 우려가 있는 경우
      2. 독성 물질의 누출로 인하여 주위의 작업 환경을 오염시킬 우려가 있는 경우
      3. 운전 중 안전 밸브에 이상 물질이 누적되어 안전 밸브가 작동되지 아니할 우려가 있는 경우

08 밀폐 공간에서의 작업에 관하여 특별 안전 보건 교육을 실시하는 경우 정규직 근로자에 대한 교육 시간과 그 교육 내용을 쓰시오.

해답 ↘ 1. 교육 시간 : 16시간 이상
      2. 교육 내용
          ① 산소농도 측정 및 작업환경에 관한 사항
          ② 사고 시 응급처치 및 비상 시 구출에 관한 사항
          ③ 보호구 착용 및 보호 장비 사용에 관한 사항
          ④ 작업내용·안전작업방법 및 절차에 관한 사항
          ⑤ 장비·설비 및 시설 능의 안전점검에 관한 사항

09 다음은 누전 차단기에 관한 내용이다. ( ) 안을 알맞게 채우시오.

      1) 누전 차단기는 지락 검출 장치, (①), 개폐 기구 등으로 구성
      2) 중감도형 누전 차단기의 정격 감도 전류는 (②) 이상~1,000mA 이하
      3) 시연형 누전 차단기의 동작 시간은 0.1초 초과~(③) 이내

해답 ↘ ① 트립 장치   ② 300mA   ③ 2초

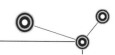

10 300명의 근로자가 근무하는 사업장에서 연간 15건의 재해가 발생하여 사망 1명, 14급 장애 14명이 발생하였다. 종합 재해 지수를 구하시오.

(해답)▶ 빈도율 = $\dfrac{\text{재해 건수}}{\text{근로 총 시간수}} \times 10^6 = \dfrac{15}{300 \times 8 \times 300} \times 10^6 = 20.83$

강도율 = $\dfrac{\text{근로 손실 일수}}{\text{근로 총 시간수}} \times 1,000 = \dfrac{7,500 + 50 \times 14}{300 \times 8 \times 300} \times 1,000 = 11.39$

∴ 종합 재해 지수 = $\sqrt{\text{빈도율} \times \text{강도율}} = \sqrt{20.83 \times 11.39} = 15.40$

11 다음 FT도의 고장 발생 확률을 구하시오. (단, ①=0.1, ②=0.02, ③=0.1, ④=0.02)

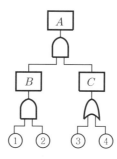

(해답)▶ $A = B \times C$ $B = ① \times ②$ $C = 1 - (1 - ③)(1 - ④)$

∴ $0.1 \times 0.02 \times \{1 - (1 - 0.1)(1 - 0.02)\} = 0.000236$

12 산업안전보건법상 유해하거나 위험한 기계·기구의 양도·대여·설치 단순사용에 제공되거나 양도·대여의 목적으로 진열하여서는 아니되는 기계 기구의 종류를 쓰시오.

(해답)▶ 1. 예초기   2. 원심기
3. 공기압축기   4. 금속절단기
5. 지게차   6. 포장기계(진공포장기, 래핑기로 한정한다.)

13 법상 가설 통로 설치 시 준수해야 할 사항을 쓰시오.

(해답)▶ 1. 견고한 구조로 할 것
2. 경사는 30° 이하로 할 것(계단을 설치하거나 높이 2m 미만의 가설 통로로서 튼튼한 손잡이를 설치한 때에는 그러하지 아니한다.)
3. 경사가 15°를 초과하는 때에는 미끄러지지 아니하는 구조로 할 것
4. 추락의 위험이 있는 장소에는 안전 난간을 설치할 것(작업상 부득이한 때에는 필요한 부분에 한하여 임시로 이를 해체할 수 있다.)
5. 수직갱에 가설된 통로의 길이가 15m 이상인 때에는 10m 이내마다 계단참을 설치할 것
6. 건설 공사에 사용하는 높이 8m 이상인 비계다리에는 7m 이내마다 계단참을 설치할 것

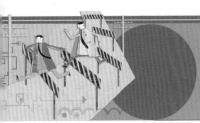

산업안전기사   2021.10.18 시행

01 산업용 로봇의 작동 범위 내에서 해당 로봇에 대하여 교시 등의 작업을 할 경우 해당 로봇의 예기치 못한 작동 또는 오동작에 의한 위험을 방지하기 위하여 관련 지침을 정하여 그 지침에 따라 작업을 하도록 하여야 한다. 지침에 포함되어야 할 사항을 쓰시오. (단, 그 밖에 로봇의 예기치 못한 작동 또는 오동작에 의한 위험을 방지하기 위하여 필요한 조치는 제외한다.)

해답 → 1. 로봇의 조작 방법 및 순서
2. 작업 중의 매니퓰레이터의 속도
3. 2명 이상의 근로자에게 작업을 시킬 때의 신호 방법
4. 이상을 발견한 때의 조치
5. 이상을 발견하여 로봇의 운전을 정지시킨 후 이를 재가동시킬 때의 조치

02 법상 조명 기준을 쓰시오.

해답 → 1. 초정밀 작업 : 750lux 이상
2. 정밀 작업 : 300lux 이상
3. 보통 작업 : 150lux 이상
4. 그 밖의 작업 : 75lux 이상

03 위험도(MIL-STD-882B)의 분류를 쓰시오.

해답 → 1. Category Ⅰ : 파국적
2. Category Ⅱ : 중대, 위험성
3. Category Ⅲ : 한계적
4. Category Ⅳ : 무시

04 건설 공사를 하고자 하는 때에는 그 공사 착공 전에 유해 위험 방지 계획서를 제출하여야 한다. 건설 공사 중 유해 위험 방지 계획서 제출 대상 공사의 종류 5가지를 쓰시오.

해답 → 1. 다음의 어느 하나에 해당하는 건축물 또는 시설 등의 건설·개조 또는 해체 공사
① 지상높이가 31m 이상인 건축물 또는 인공구조물
② 연면적 3만m^2 이상인 건축물

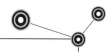

③ 연면적 5천m² 이상인 시설로서 다음의 어느 하나에 해당하는 시설
  • 문화 및 집회시설(전시장 및 동물원·식물원은 제외한다)
  • 판매시설, 운수시설(고속철도의 역사 및 집배송시설은 제외한다)
  • 종교시설
  • 의료시설 중 종합병원
  • 숙박시설 중 관광숙박시설
  • 지하도상가
  • 냉동·냉장 창고시설
2. 연면적 5,000m² 이상인 냉동·냉장 창고 시설의 설비 공사 및 단열 공사
3. 최대지간 길이가 50m 이상인 다리 건설 등의 공사
4. 터널 건설 등의 공사
5. 다목적 댐, 발전용 댐 및 저수 용량 2천만톤 이상인 용수 전용 댐, 지방 상수도 전용 댐 건설 등의 공사
6. 깊이 10m 이상인 굴착 공사

05 산업안전보건법에 의하여 누전에 의한 감전 위험을 방지하기 위하여 접지를 실시하는 코드와 플러그를 접속하여 사용하는 전기 기계·기구를 쓰시오.

(해답)▶ 1. 사용 전압이 대지 전압 150V를 넘는 것
2. 냉장고, 세탁기, 컴퓨터 및 주변 기기 등과 같은 고정형 전기 기계·기구
3. 고정형, 이동형 또는 휴대형 전동 기계·기구
4. 물 또는 도전성이 높은 곳에서 사용하는 전기 기계·기구 비접지형 콘센트
5. 휴대형 손전등

06 다음은 안전 난간의 구조 및 설치 요건에 관한 사항이다. (   ) 안에 알맞게 쓰시오.

> 상부 난간대는 바닥면, 발판 또는 경사로의 표면으로부터 (①)m 이상 지점에 설치하고, 발 끝막이 판은 바닥면 등으로부터 (②)cm 이상의 높이를 유지, 난간대는 지름 (③)cm 이상의 금속제 파이프나 그 이상의 강도가 있는 재료로 안전 난간은 구조적으로 가장 취약한 지점에서 가장 취약한 방향으로 작용하는 (④)kg 이상의 하중에 견딜 수 있는 튼튼한 구조일 것

(해답)▶ ① 0.9   ② 10
③ 2.7   ④ 100

07 법상 달기 체인의 사용 제한 조건을 쓰시오.

(해답) 1. 달기 체인의 길이의 증가가 그 달기 체인이 제조된 때의 길이의 5%를 초과한 것
2. 링의 단면 지름의 감소가 그 달기 체인이 제조된 때의 해당 링의 지름의 10%를 초과한 것
3. 균열이 있거나 심하게 변형된 것

08 주의의 특징을 쓰고, 각각을 간략히 설명하시오.

(해답) 1. 선택성 : 다종의 자극을 지각할 때 소수의 특정 자극에 선택적으로 주의를 기울이는 기능
2. 방향성 : 주시점만 인지하는 기능
3. 변동성 : 주의의 집중 시 주기적으로 부주의의 리듬이 존재

09 연간 사상 건수 17건, 노동 손실 일수 420일, 노동 총 시간수 237,600시간, 1일 평균 근로자수 751명일 때 종합 재해 지수를 구하시오.

(해답) 도수율 $= \dfrac{17}{237,600} \times 10^6 = 71.5488$

강도율 $= \dfrac{420}{237,600} \times 1,000 = 1.7677$

$\therefore$ 종합 재해 지수 $= \sqrt{71.5488 \times 1.7677} = 11.25$

10 화물낙하 등에 의하여 지게차 운전자에게 위험을 미칠 우려가 있는 작업장에서 지게차를 사용 시 지게차 헤드가드가 갖추어야 할 조건을 쓰시오.

(해답) 1. 강도는 지게차의 최대 하중의 2배의 값(그 값이 4톤을 넘는 것에 대하여서는 4톤으로 한다.)의 등분포 정하중에 견딜 수 있는 것일 것
2. 상부틀의 각 개구의 폭 또는 길이가 16cm 미만일 것
3. 운전자가 앉아서 조작하는 지게차의 헤드가드는 한국산업표준에서 정하는 높이 이상일 것
4. 지게차에 의한 하역 운반 작업에 사용하는 팔레트(pallet) 또는 스키드(skid)는 다음에 해당하는 것을 사용하여야 한다.
   ① 적재하는 화물의 중량에 따른 충분한 강도를 가질 것
   ② 심한 손상 · 변형 또는 부식이 없을 것

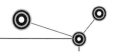

11 다음 보호구의 안전 인증상 사용 장소에 따른 방독 마스크의 등급 기준 중 다음 (   )에 알맞게 쓰시오.

등 급	사용 장소
고농도	가스 또는 증기의 농도가 100분의 (①) 이하의 대기 중에서 사용하는 것
중농도	가스 또는 증기의 농도가 100분의 (②) 이하의 대기 중에서 사용하는 것
비 고	방독 마스크는 산소 농도가 (③) 이상인 장소에서 사용

(해답) ① 2
② 1
③ 18%

12 산업안전보건 위원회의 회의록에 작성·비치해야 할 사항을 쓰시오.

(해답) 1. 개최 일시 및 장소
2. 출석 위원
3. 심의 내용 및 의결, 결정 사항
4. 그 밖의 토의 사항

13 가스집합 용접장치의 가스장치실 설치 시 설치기준을 쓰시오.

(해답) 1. 가스가 누출된 때에는 해당 가스가 정체되지 아니하도록 할 것
2. 지붕 및 천장에는 가벼운 불연성의 재료를 사용할 것
3. 벽에는 불연성의 재료를 사용할 것

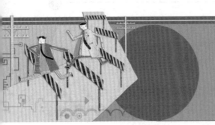

01 산업안전보건법상 누전에 의한 감전 위험을 방지하기 위하여 접지를 실시하는 코드와 플러그를 접속하여 사용하는 전기 기계·기구를 쓰시오.

해답▸ 1. 사용 전압이 대지 전압 150V를 넘는 것
2. 냉장고, 세탁기, 컴퓨터 및 주변 기기 등과 같은 고정형 전기 기계·기구
3. 고정형, 이동형 또는 휴대형 전동 기계·기구
4. 물 또는 도전성이 높은 곳에서 사용하는 전기 기계·기구, 비접지형 콘센트
5. 휴대형 손전등

02 산업안전보건법상 로봇의 작동 범위 내에서 그 로봇에 관하여 교시 등 작업 시 작업 시작 전 점검 사항을 쓰시오.

해답▸ 1. 외부 전선의 피복 또는 외장의 손상 유무
2. 매니퓰레이터 작동의 이상 유무
3. 제동 장치 및 비상 정지 장치의 기능

03 법상 해체 작업 시 해체 계획서를 수립하여야 한다. 해체 계획에 포함해야 할 사항을 쓰시오.

해답▸ 1. 해체 방법 및 해체 순서 도면
2. 가설 설비, 방호 설비, 환기 설비 및 살수·방화 설비 등의 방법
3. 사업장 내 연락 방법
4. 해체물의 처분 계획
5. 해체 작업용 기계·기구 등의 작업 계획서
6. 해체 작업용 화약류 등의 사용 계획서
7. 그 밖의 안전·보건에 관련된 사항

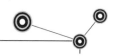

04 다음 FT도에서 고장 발생 확률을 구하시오.

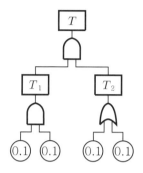

해답▶ $T = T_1 \times T_2$
$T_1 = 0.1 \times 0.1 = 0.01$
$T_2 = \{1 - (1 - 0.1)(1 - 0.1)\} = 0.19$
∴ $T = T_1 \times T_2 = 0.01 \times 0.19 = 0.0019$

05 지게차를 이용한 작업을 할 때 운전자가 운전 위치를 이탈 시 조치 사항을 쓰시오.

해답▶ 1. 포크, 버킷, 디퍼 등의 장치를 가장 낮은 위치 또는 지면에 둘 것
2. 원동기를 정지시키고 브레이크를 확실히 거는 등 갑작스러운 주행이나 이탈을 방지하기 위한 조치를 할 것
3. 운전석을 이탈하는 경우 시동키를 운전대에서 분리시킬 것

06 주의의 특징을 쓰고, 각각을 간략히 설명하시오.

해답▶ 1. 선택성 : 다종의 자극을 지각할 때 소수의 특정 자극에 선택적으로 주의를 기울이는 기능
2. 방향성 : 주시점만 인지하는 기능
3. 변동성 : 주의의 집중 시 주기적으로 부주의의 리듬이 존재

07 산업안전보건법상 공정 안전 보고서에 포함해야 할 사항을 쓰시오.

해답▶ 1. 공정 안전 자료
2. 공정 위험성 평가서
3. 안전 운전 계획
4. 비상 조치 계획

08 다음 안전 표지판의 명칭을 쓰시오.

1)
2)
3)
4)

(해답) 1) 세안 장치
2) 폭발성 물질 경고
3) 낙하물 경고
4) 보안면 착용

09 다음 물음에 답하시오.

1) 욕조 곡선을 그리고 고장 기간 및 명칭을 쓰시오.
2) 각 고장의 고장 기간에서 고장률을 감소시키는 대책을 간략히 쓰시오.

(해답) 1) 고장의 발생 상황

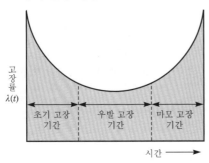

2) ① 초기 고장 : 사전 점검, 시운전 등으로 사전 예방이 가능하다.
② 우발 고장 : 근로자에게 교육, 작동 방법, 조작 방법 등의 교육에 의해 줄일 수 있다.
③ 마모 고장 : 안전 진단, 점검, 보수 등에 의하여 고장 및 재해 방지가 가능하다.

10 재해의 분석 방법에는 개별적 분석 방법과 통계적 분석 방법이 있다. 통계적 분석 방법의 종류를 쓰고, 간략히 설명하시오.

(해답) 1. 파레토도 : 재해 발생의 유형, 기인물 등을 많은 순서대로 막대 그래프에 도표화한다.
2. 특성 요인도 : 재해 발생의 유형을 작업자, 작업 방법, 기계 설비, 환경 등에 의하여 세분하여 어골상으로 분류한다.
3. 클로즈(크로스) 분석 : 2개 이상의 재해 관계를 분석하는 데 이용하는 것으로 원인별 결과를 교차한 크로스 그림으로 작성, 분석한다.
4. 관리도 : 재해 발생 건수 등의 추이를 분석하여 목표를 설정하고 관리를 하는 데 필요한 월별 재해 건수 등을 도표화하여 관리선을 설정하여 관리하는 방법이다.

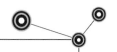

11 공칭 지름 10mm, 지름 9.2mm인 와이어 로프를 양중기에 사용 가능한지 쓰시오.

(해답) 사용 가능 : $1-0.07\times$공칭지름 $=1-0.7\times10=9.3$mm

사용 가능 범위는 10~9.3mm이므로 9.2mm 와이어 로프는 사용 불가능하다.

참고 와이어 로프의 지름의 감소가 공칭 지름의 7%를 초과하는 것은 사용할 수 없다.

12 다음 FT도에서 사상 A의 고장 발생 확률을 구하시오. (단, ①$=0.1$, ②$=0.02$, ③$=0.1$, ④$=0.02$)

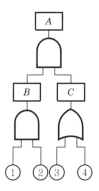

(해답) $A=B\times C$, $B=①\times②$, $C=1-(1-③)(1-④)$

∴ $0.1\times0.02\times\{1-(1-0.1)(1-0.02)\}=0.000236$

13 산업안전보건법상 특수화학설비 내부의 이상 상해를 조기에 파악하기 위하여 온도계·유량계·압력계 등 계측장치를 설치하여야 할 설비의 종류를 쓰시오.

(해답) 1. 발열반응이 일어나는 반응 장치

2. 증류·정류·증발·추출 등 분리를 하는 장치

3. 가열시켜 주는 물질의 온도가 가열되는 위험물질의 분해온도 또는 발화점보다 높은 상태에서 운전되는 설비

4. 반응폭주 등 이상 화학반응에 의하여 위험물질이 발생할 우려가 있는 설비

5. 온도가 섭씨 350℃ 이상이거나 게이지 압력이 980KPa 이상인 상태에서 운전되는 설비

6. 가열로 또는 가열기

MEMO

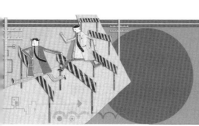
01 법상 안전 인증 대상 보호구의 종류를 쓰시오.

해답▶ 1. 추락 및 감전 위험 방지용 안전모
2. 안전화
3. 안전 장갑
4. 방진 마스크
5. 방독 마스크
6. 송기 마스크
7. 전동식 호흡 보호구
8. 보호복
9. 안전대
10. 차광 및 비산물 위험 방지용 보안경
11. 용접용 보안면
12. 방음용 귀마개 또는 귀덮개

02 전로를 개로하여 해당 전로 또는 그 지지물의 설치, 점검, 수리 및 도장 등의 작업을 하는 때에는 그 전로를 개로한 후 해당 전로에 대하여 조치하여야 할 사항을 3가지 쓰시오. (단, 산업안전보건법에 준한다.)

해답▶ 1. 충전부가 노출되지 않도록 폐쇄형 외함이 있는 구조로 할 것
2. 충전부에 충분한 절연 효과가 있는 방호망 또는 절연 덮개를 설치할 것
3. 충전부는 내구성이 있는 절연물로 완전히 덮어 감쌀 것
4. 발전소, 변전소 및 개폐소 등 구획되어 있는 장소로서 관계 근로자 외의 자의 출입이 금지되는 장소에 충전부를 설치하고 위험 표시 등의 방법으로 방호를 강화할 것
5. 전주 위 및 철탑 위 등 격리되어 있는 장소로서 관계 근로자 외의 자가 접근할 우려가 없는 장소에서 충전부를 설치할 것

03 2m에서의 조도가 120lux라면 3m 거리에서의 조도는 몇 lux인지 구하시오.

해답▶ 조도 $= \dfrac{광도}{(거리)^2} = 120 \times \left(\dfrac{2}{3}\right)^2 = 53.33 \text{lux}$

04 다음은 아세틸렌 용접 장치의 안전기 설치 위치에 관한 것이다. (   ) 안에 알맞게 쓰시오.

1) 아세틸렌 용접 장치에 대하여는 그 (①)마다 안전기를 설치하여야 한다. 다만, 주관 및 취관에 가장 근접한 (②)마다 안전기를 부착할 때에는 그러하지 아니하다.

2) 가스 용기가 발생기와 분리되어 있는 아세틸렌 용접 장치에 대하여는 (   )와 가스 용기 사이에 안전기를 설치하여야 한다.

해답 ▶ 1) ① 취관, ② 분기관
2) 발생기

05 다음은 적응기제에 관한 사항이다. 빈칸을 채우시오.

(①) : 자신의 결함과 무능에 의하여 생긴 열등감이나 긴장을 해소하기 위하여 장점 등으로 그 결함을 보충하려는 기제

(②) : 자신의 실패나 약점은 그럴듯한 이유를 들어 남의 비난을 받지 않도록 하는 기제

(③) : 억압당한 욕구를 다른 가치 있는 목적을 실현하도록 노력함으로써 욕구를 충족하는 기제

(④) : 자신의 불만이나 불안을 해소시키기 위해서 남에게 뒤집어 씌우는 방식의 기제

해답 ▶ ① 보상   ② 합리화   ③ 승화   ④ 투사

06 400kg의 화물을 두 줄 걸이 로프로 상부 각도 60°의 각도로 들어 올릴 때 그림과 같이 와이어로프의 한 줄에 걸리는 하중을 구하시오.

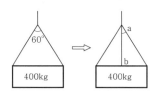

해답 ▶ $\dfrac{400}{2} \div \cos\dfrac{60°}{2} = 231\text{kg}$

> **참고**
> ① 하중 $= \dfrac{\text{화물 무게}}{2} \div \cos\dfrac{\theta}{2}$
>
> ② 총 하중 $=$ 정하중 $+$ 동하중
>
> 동하중 $= \dfrac{\text{정하중}}{g} \times$ 가속도
>
> ※ g : 중력 가속도(9.8m/s^2)

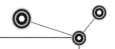

07 산업안전보건법상 타워크레인의 설치·조립·해체 작업을 하는 때에는 작업 계획서를 작성하고 이를 준수하여야 한다. 작업 계획서에 포함해야 할 사항을 쓰시오.

해답 1. 타워크레인의 종류 및 형식
2. 설치·조립 및 해체 순서
3. 작업 도구·장비·가설 설비 및 방호 설비
4. 작업 인원의 구성 및 작업 근로자의 역할 범위
5. 지지 방법

08 이동식 사다리의 조립 시 준수 사항을 쓰시오.

해답 1. 견고한 구조로 할 것
2. 재료는 심한 손상, 부식 등이 없는 것으로 할 것
3. 폭은 30cm 이상으로 할 것
4. 다리 부분에는 미끄럼 방지 장치를 설치하는 등 미끄러지거나 넘어지는 것을 방지하기 위한 필요한 조치를 할 것
5. 발판의 간격은 동일하게 할 것

참고 사다리식 통로의 구조
① 견고한 구조로 할 것
② 발판의 간격은 일정하게 할 것
③ 발판과 벽 사이는 15cm 이상의 간격을 유지할 것
④ 사다리의 넘어지거나 미끄러지는 것을 방지하기 위한 조치를 할 것
⑤ 사다리의 상단은 걸쳐 놓은 지점으로부터 60cm 이상 올라가도록 할 것
⑥ 사다리식 통로의 길이가 10m 이상인 때에는 5m 이내마다 계단참을 설치할 것
⑦ 사다리식 통로의 기울기는 75° 이하일 것

09 산업안전보건법상 화학 설비 및 부속 설비를 설치할 때에 폭발 또는 화재에 의한 위험을 방지하기 위하여 충분한 안전거리를 확보하여야 한다. 다음 물음에 대한 안전거리를 쓰시오.

1) 단위 공정 시설 및 설비로부터 다른 단위 공정 시설 및 설비
2) 플레어스택으로부터 단위 공정 시설 및 설비
3) 위험물 저장탱크로부터 단위 공정 시설 및 설비
4) 사무실, 연구실, 실험실 또는 식당으로부터 단위 공정 시설 및 설비

해답 1) 설비의 바깥면으로부터 10m 이상
2) 플레어스택으로부터 반경 20m 이상
3) 저장탱크의 바깥면으로부터 20m 이상
4) 사무실등의 바깥면으로부터 20m 이상

10 산업안전보건법상 방호 조치를 하지 아니하고 양도, 대여, 설치하거나 양도, 대여의 목적으로 진열하여서는 안 되는 기계, 기구의 종류를 쓰시오.

해답 → 1. 예초기
2. 원심기
3. 공기 압축기
4. 금속 절단기
5. 지게차
6. 포장 기계(진공 포장기, 랩핑기)

참고 ▶ 유해 · 위험 방지를 위하여 필요한 조치를 하여야 할 기계 · 기구 · 설비 및 건축물 등
① 사무실 및 공장용 건축물
② 이동식 크레인
③ 타워 크레인
④ 불도저
⑤ 모터그레이더
⑥ 로더
⑦ 스크레이퍼
⑧ 스크레이퍼 도저
⑨ 파워 셔블
⑩ 드래그 라인
⑪ 클램셸
⑫ 버킷 굴삭기
⑬ 트렌치
⑭ 항타기
⑮ 항발기
⑯ 어스 드릴
⑰ 천공기
⑱ 어스 오거
⑲ 페이퍼 드레인 머신
⑳ 리프트
㉑ 지게차
㉒ 롤러기
㉓ 콘크리트 펌프
㉔ 그 밖에 산업 재해 보상 보험 및 예방 심의 위원회 심의를 거쳐 고용노동부 장관이 정하여 고시하는 기계, 기구, 설비 및 건축물 등

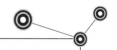

11 다음은 법상 건설공사발주자의 산업재해 예방 조치에 관한 사항이다. ( ) 안에 알맞게 쓰시오.

> 건설공사의 건설공사발주자는 산업재해 예방을 위하여 건설공사의 계획, 설계 및 시공 단계에서 다음의 구분에 따른 조치를 하여야 한다. [총공사 금액이 (①) 이상인 공사]
> 1. 건설공사 계획단계 : 해당 건설공사에서 중점적으로 관리하여야 할 유해·위험요인과 이의 감소방안을 포함한 (②)을 작성할 것
> 2. 건설공사 설계단계 : 기본안전보건대장을 설계자에게 제공하고, 설계자로 하여금 유해·위험요인의 감소방안을 포함한 (③)을 작성하게 하고 이를 확인할 것
> 3. 건설공사 시공단계 : 건설공사발주자로부터 건설공사를 최초로 도급받은 수급인에게 설계안전보건대장을 제공하고, 그 수급인에게 이를 반영하여 안전한 작업을 위한 (④)을 작성하게 하고 그 이행 여부를 확인할 것

해답▶ ① 50억원
② 기본안전보건대장
③ 설계안전보건대장
④ 공사안전보건대장

12 다음 사업장의 사망만인율을 구하시오.

> 연간 임금근로자수 2000명, 연 근로시간은 2400시간, 재해건수 11건, 사망자수는 2명이다.

해답▶ $\dfrac{2}{2000} \times 10000 = 10.00$

참고▶ 사망만인율은 임금근로자 10,000명당 사망자수

$$사망만인율 = \dfrac{사망자수}{임금근로자수} \times 10,000$$

13 법상 차량계 하역운반기계를 이송하기 위하여 자주(自走) 또는 견인에 의하여 싣거나 내리는 작업 시 전도 또는 굴러떨어짐에 의한 위험을 방지하기 위한 준수 사항을 쓰시오.

해답▶ 1. 싣거나 내리는 작업은 평탄하고 견고한 장소에서 할 것
2. 발판을 사용하는 경우에는 충분한 길이·폭 및 강도를 가진 것을 사용하고, 적당한 경사를 유지하기 위하여 견고하게 설치할 것
3. 가설대 등을 사용할 경우에는 충분한 폭 및 강도와 적당한 경사를 확보할 것
4. 지정운전자의 성명·연락처 등을 보기 쉬운 곳에 표시하고, 지정운전자 외에는 운전하지 않도록 할 것

14 휴먼 에러의 분류에서 심리적 분류와 원인의 level적 분류로 나누어 그 종류를 쓰시오.

해답 1. 심리적 분류
① omission error
② commission error
③ time error
④ sequential error
2. level적 분류
① primary error
② secondary error
③ command error

01 콘크리트 타설 작업 시 콘크리트 펌프 또는 콘크리트 펌프카 사용 시 준수 사항을 쓰시오.

(해답) 1. 작업을 시작하기 전에 콘크리트 펌프용 비계를 점검하고 이상을 발견한 때에는 즉시 보수할 것
2. 건축물의 난간 등에서 작업하는 근로자가 호스의 요동, 선회로 인하여 추락하는 위험을 방지하기 위하여 안전 난간의 설치 등 필요한 조치를 할 것
3. 콘크리트 펌프카의 붐을 조정할 때에는 주변 전선 등에 의한 위험을 예방하기 위한 적절한 조치를 할 것
4. 작업 중에 지반의 침하, 아우트리거의 손상 등으로 인하여 콘크리트 펌프카가 넘어질 우려가 있는 때에는 이를 방지하기 위한 적절한 조치를 할 것

02 법상 조명 기준을 쓰시오.

(해답) 1. 초정밀 작업 : 750lux 이상
2. 정밀 작업 : 300lux 이상
3. 보통 작업 : 150lux 이상
4. 그 밖의 작업 : 75lux 이상

03 산업안전보건법상 교량 작업을 하는 경우 작업 계획서에 포함되어야 할 사항을 쓰시오. (단, 그 밖에 안전·보건에 관련된 사항은 제외)

(해답) 1. 작업 방법 및 순서
2. 부재(部材)의 낙하·전도 또는 붕괴를 방지하기 위한 방법
3. 작업에 종사하는 근로자의 추락 위험을 방지하기 위한 안전 조치 방법
4. 공사에 사용되는 가설 철 구조물 등의 설치·사용·해체 시 안전성 검토 방법
5. 사용하는 기계 등의 종류 및 성능, 작업 방법
6. 작업 지휘자 배치 계획

04 산업안전보건법상 중대 재해의 종류를 쓰시오.

(해답) 1. 사망자가 1명 이상 발생한 재해
2. 3개월 이상의 요양이 필요한 부상자가 동시에 2명 이상 발생한 재해
3. 부상자 또는 직업성 질병자가 동시에 10명 이상 발생한 재해

05 산업안전보건법에 의하여 이상 화학 반응, 밸브의 막힘 등 이상 상태로 인한 압력 상승으로 해당 설비의 최고 사용 압력을 초과할 우려가 있는 화학 설비 및 그 부속 설비에 안전밸브 또는 파열판을 설치하여야 한다. 이때 파열판을 반드시 설치해야 하는 경우를 쓰시오.

해답 ▶ 1. 반응 폭주 등 급격한 압력 상승의 우려가 있는 경우
2. 독성 물질의 누출로 인하여 주위의 작업 환경을 오염시킬 우려가 있는 경우
3. 운전 중 안전밸브에 이상 물질이 누적되어 안전밸브가 작동되지 아니할 우려가 있는 경우

06 다음은 사업장 내 안전 보건 교육에 관한 사항이다. ( ) 안에 알맞게 쓰시오.

교육 과정	교육 대상	교육 시간
채용 시 교육	일용근로자 일용근로자를 제외한 근로자	(①) (②)
정기 교육	생산직 근로자 사무직 종사 근로자	(③) (④)

해답 ▶ ① 1시간 이상   ② 8시간 이상
③ 매월 2시간 이상   ④ 매월 1시간 이상 또는 매 분기 3시간 이상

참고 ▶ 산업 안전 · 보건 관련 교육 과정별 교육 시간

교육 과정	교육 대상		교육 시간
정기교육	사무직 종사 근로자		매 분기 3시간 이상
	사무직 종사 근로자 외의 근로자	판매 업무에 직접 종사하는 근로자	매 분기 3시간 이상
		판매 업무에 직접 종사하는 근로자 외의 근로자	매 분기 6시간 이상
	관리 감독자의 지위에 있는 사람		연간 16시간 이상
채용 시 교육	일용근로자		1시간 이상
	일용근로자를 제외한 근로자		8시간 이상
작업 내용 변경 시 교육	일용근로자		1시간 이상
	일용근로자를 제외한 근로자		2시간 이상
특별교육	특별 안전 보건 교육 대상 작업의 어느 하나에 해당하는 작업에 종사하는 일용근로자		2시간 이상
	타워크레인 신호작업에 종사하는 일용근로자		8시간 이상
	특별 안전 보건 교육 대상 작업의 어느 하나에 해당하는 작업에 종사하는 일용근로자를 제외한 근로자		• 16시간 이상(최초 작업에 종사하기 전 4시간 이상 실시하고, 12시간은 3개월 이내에서 분할하여 실시 가능) • 단기간 작업 또는 간헐적 작업인 경우에는 2시간 이상
건설업 기초 안전 보건 교육	건설 일용근로자		4시간 이상

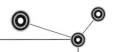

07 다음 신뢰도를 구하시오. (단, A : 0.9, B : 0.9, C : 0.9이다.)

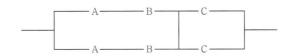

(해답)▶ $\{1 - (1 - 0.9 \times 0.9)(1 - 0.9 \times 0.9)\} \times \{1 - (1 - 0.9) \times (1 - 0.9)\} = 0.95426$

∴ 95.43%

08 둥근톱의 방호 장치인 분할날의 톱 두께 및 폭과 분할날 두께 외의 관계식을 쓰시오.

(해답)▶ $1.1t_1 \leq t_2 < b$

참고 ▶ 분할날의 두께 : 분할날의 두께는 둥근톱 두께의 1.1배 이상이어야 한다.

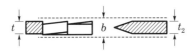

$1.1t_1 \leq t_2 < b$

여기서, t_1 : 톱의 두께

b : 치 진폭

t_2 : 분할날의 두께

09 사업주가 보일러의 폭발 사고를 예방하기 위하여 기능이 정상적으로 작동할 수 있도록 유지 관리하여야 하는 부속을 쓰시오.

(해답)▶ 1. 압력 방출 장치

2. 압력 제한 스위치

3. 고저수위 조절 장치

4. 화염 검출기

10 산업안전보건법상 중대 재해의 정의를 쓰시오.

(해답)▶ 1. 사망자가 1명 이상 발생한 재해

2. 3개월 이상의 요양이 필요한 부상자가 동시에 2명 이상 발생한 재해

3. 부상자 또는 직업성 질병자가 동시에 10명 이상 발생한 재해

11 다음 안전 표지를 보고, 그 표지의 명칭을 쓰시오.

1)
①	②	③

2)
①	②	③

3)
①	②	③

4)
①	②	③

(해답)

종 류　＼　명 칭	①	②	③
1) 금지 표지	사용 금지	탑승 금지	화기 엄금
2) 경고 표지	인화성 물질 경고	위험 장소 경고	방사성 물질 경고
3) 지시 표지	방진 마스크 착용	보안면 착용	안전모 착용
4) 안내 표지	응급 구호 표지	들것	세안 장치

12 법상 옥외에 설치되어 있는 승강기의 설치, 수리, 점검, 조립 또는 해체 작업 시 사업주의 조치 사항을 쓰시오.

(해답) 1. 작업을 지휘하는 사람을 선임하여 그 사람의 지휘하에 작업을 실시할 것
2. 작업을 할 구역에 관계 근로자 외의 자의 출입을 금지시키고 그 취지를 보기 쉬운 장소에 표시할 것
3. 비, 눈, 그 밖의 기상 상태의 불안정으로 인하여 날씨가 몹시 나쁠 때에는 그 작업을 중지시킬 것

13 다음은 법상 충전 전로를 취급하거나 그 인근에서 작업 시 조치사항이다. (　) 안에 알맞게 쓰시오.

> 1. 충전 전로를 취급하는 근로자에게 그 작업에 적합한 (　①　)를 착용시킬 것
> 2. 충전 전로에 근접한 장소에서 전기작업을 하는 경우 해당 전압에 적합한 (　②　)를 설치할 것
> 3. 유자격자가 아닌 근로자가 충전 전로 인근의 높은 곳에서 작업할 때에 근로자의 몸 또는 긴 도전성 물체가 방호되지 않은 충전 전로에서 대지 전압이 50kV 이하인 경우에는 300cm 이내로, 대지 전압이 50kV를 넘는 경우에는 (　③　)씩 더한 거리 이내로 각각 접근할 수 없도록 할 것

(해답) ① 절연용 보호구　　　　　　② 절연용 방호구
③ 10kV당 10cm

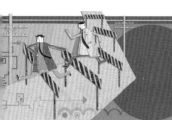

01 산업안전보건법상 하역 운반 작업 중 부두, 안벽 등 하역 작업 시 안전 조치 사항을 쓰시오.

해답▶ 1. 작업장 및 통로의 위험한 부분에는 안전하게 작업할 수 있는 조명을 유지할 것
2. 부두 또는 안벽의 선을 따라 통로를 설치하는 경우 폭을 90cm 이상으로 할 것
3. 육상에서의 통로 및 작업 장소로서 다리 또는 선거의 갑문을 넘는 보도 등의 위험한 부분에는 안전난간, 울 등을 설치할 것

02 산업안전보건법상 산업 안전 표지에 관한 사항이다. 다음 표지판의 명칭을 쓰시오.

1)   2)   3)   4)

해답▶ 1) 방사성 물질 경고
2) 사용 금지
3) 폭발성 물질 경고
4) 낙하물 경고

03 산업안전보건법상 사업장 안전 보건 관리 규정 작성 시 포함되어야 할 사항을 쓰시오.

해답▶ 1. 안전 보건 관리 조직과 그 직무에 관한 사항
2. 안전 보건 교육에 관한 사항
3. 작업장 안전 관리에 관한 사항
4. 작업장 보건 관리에 관한 사항
5. 사고 조사 및 대책 수립에 관한 사항

04 법에 의한 사다리식 통로의 구조 5가지를 쓰시오.

(해답) 1. 견고한 구조로 할 것
2. 발판의 간격은 일정하게 할 것
3. 발판과 벽과의 사이는 15cm 이상의 간격을 유지할 것
4. 사다리가 넘어지거나 미끄러지는 것을 방지하기 위한 조치를 할 것
5. 사다리의 상단은 걸쳐놓은 지점으로부터 60cm 이상 올라가도록 할 것
6. 사다리식 통로의 길이가 10m 이상인 때에는 5m 이내마다 계단참을 설치할 것
7. 사다리식 통로의 기울기는 75° 이하로 할 것. 다만, 고정식 사다리식 통로의 기울기는 90° 이하로 하고 그 높이가 7m 이상인 경우에는 바닥으로부터 2.5m 되는 지점부터 등받이 울을 설치할 것

05 어느 부품 10,000개를 10,000시간 가동 시 불량품이 5개 발생하였다면 고장률과 MTBF는?

(해답) 1. 고장률 $= \dfrac{5}{10,000 \times 10,000} = 5 \times 10^{-8}$ 건/시간

2. MTBF $= \dfrac{1}{5 \times 10^{-8}} = 2 \times 10^{7}$ 시간

06 Fail Safe와 Fool Proof를 각각 간략히 설명하시오.

(해답) 1. Fail Safe : 인간 또는 기계에 과오나 동작상의 실수가 있어도 사고를 발생하지 않도록 2중, 3중으로 통제를 가하는 것
2. Fool Proof : 인간의 과오나 동작상 실수가 있어도 인간이 기계의 위험 부위에 접근하지 못하게 하는 안전 설계 방법 중 하나이다.

07 시스템 분석의 종류 중 ETA와 THERP에 대하여 간략히 설명하시오.

(해답) 1. ETA : ETA는 FTA와 정반대의 위험 분석 방법으로 통상 좌에서 우로 진행되며 설계에서부터 사용 단계를 6, 7단계로 구분하여 귀납적, 정량적인 방법으로 분석한다. 각 분기마다 발생 확률을 표기하고 각 사상의 확률 합은 항상 1이다.
2. THERP : 확률론적으로 인간의 과오율을 정량적으로 평가하는 것으로서 man-machine system의 국부적인 상세 분석 등에 이용된다.

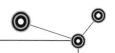

08 비, 눈, 그 밖의 기상 상태의 불안정으로 인하여 날씨가 몹시 나빠서 작업을 중지시킨 후 비계를 조립, 해체하거나 또는 변경한 후 그 비계에서 작업 시작 전 점검 사항을 쓰시오.

(해답) 1. 발판 재료의 손상 여부 및 부착 또는 걸림 상태
2. 해당 비계의 연결부 또는 접속부의 풀림 상태
3. 연결 재료 및 연결 철물의 손상 또는 부식 상태
4. 손잡이의 탈락 여부
5. 기둥의 침하·변형·변위 또는 흔들림 상태
6. 로프의 부착 상태 및 매단 장치의 흔들림 상태

09 법상 공정 안전 보고서 제출 시 공정 안전 보고서에 포함해야 할 내용을 쓰시오.

(해답) 1. 공정 안전 자료
2. 공정 위험성 평가서
3. 안전 운전 계획
4. 비상 조치 계획
5. 그 밖에 공정상의 안전과 관련하여 고용노동부 장관이 필요하다고 인정하여 고시하는 사항

10 법상 특수형태근로종사자로부터 노무를 제공받는 특수형태근로종사자에 대한 최초 노무 제공 시 교육 내용을 쓰시오.

(해답) 1. 산업안전 및 사고 예방에 관한 사항
2. 산업보건 및 직업병 예방에 관한 사항
3. 건강증진 및 질병 예방에 관한 사항
4. 유해·위험 작업환경 관리에 관한 사항
5. 산업안전보건법령 및 산업재해보상보험 제도에 관한 사항
6. 직무스트레스 예방 및 관리에 관한 사항
7. 직장 내 괴롭힘, 고객의 폭언 등으로 인한 건강장해 예방 및 관리에 관한 사항
8. 기계·기구의 위험성과 작업의 순서 및 동선에 관한 사항
9. 작업 개시 전 점검에 관한 사항
10. 정리정돈 및 청소에 관한 사항
11. 사고 발생 시 긴급조치에 관한 사항
12. 물질안전보건자료에 관한 사항
13. 교통안전 및 운전안전에 관한 사항
14. 보호구 착용에 관한 사항

11 다음은 산업안전보건법상 안전 인증 대상 기계, 기구 및 방호 장치, 보호구에 관한 사항이다. 그 대상에 맞는 번호를 보기에서 골라 쓰시오.

> **보기**
> 1. 안전대
> 2. 연삭기 덮개
> 3. 아세틸렌 용접 장치용 안전기
> 4. 산업용 로봇 안전 매트
> 5. 압력 용기
> 6. 양중기용 과부하 방지 장치
> 7. 교류 아크 용접기용 자동 전격 방지 장치
> 8. 곤돌라
> 9. 동력식 수동 대패기용 칼날 접촉 예방 장치
> 10. 보호복

해답 ▶ 1, 5, 6, 10

참고 ▶ 안전 인증 대상 기계 · 기구

1. 안전 인증 대상 기계 · 기구 · 설비
   ① 프레스　　　　　　　　　② 전단기 및 절곡기
   ③ 크레인　　　　　　　　　④ 리프트
   ⑤ 압력 용기　　　　　　　⑥ 롤러기
   ⑦ 사출 성형기　　　　　　⑧ 고소 작업대
   ⑨ 곤돌라　　　　　　　　　⑩ 기계톱(이동식만 해당)

2. 안전 인증 대상 방호 장치
   ① 프레스 및 전단기 방호 장치
   ② 양중기용 과부하 방지 장치
   ③ 보일러 압력 방출용 안전 밸브
   ④ 압력 용기 압력 방출용 안전 밸브
   ⑤ 압력 용기 압력 방출용 파열판
   ⑥ 절연용 방호구 및 활선 작업용 기구
   ⑦ 방폭 구조 전기 기계 · 기구 및 부품
   ⑧ 추락 · 낙하 및 붕괴 등의 위험 방호에 필요한 가실 기자재로서 고용노동부장관이 정하여 고시하는 것

3. 안전 인증 대상 보호구
   ① 추락 및 감전 위험 방지용 안전모　② 안전화
   ③ 안전 장갑　　　　　　　　　　　④ 방진 마스크
   ⑤ 방독 마스크　　　　　　　　　　⑥ 송기 마스크
   ⑦ 전동식 호흡 보호구　　　　　　⑧ 보호복
   ⑨ 안전대　　　　　　　　　　　　⑩ 차광 및 비산물 위험 방지용 보안경
   ⑪ 용접용 보안면　　　　　　　　⑫ 방음용 귀마개 또는 귀덮개

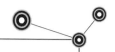

12 다음은 화재의 종류에 따른 구분 표시 색이다. ( ) 안에 알맞게 쓰시오.

> 1. 일반화재 : (①)
> 2. 유류화재 : (②)
> 3. (③) : 청색
> 4. (④) : 무색

(해답)▶ ① 백색
② 황색
③ 전기화재
④ 금속화재

13 법상 전기기계 · 기구를 설치하려는 경우 적절하게 설치하기 위한 고려사항을 쓰시오.

(해답)▶ 1. 전기기계 · 기구의 충분한 전기적 용량 및 기계적 강도
2. 습기 · 분진 등 사용장소의 주위 환경
3. 전기적 · 기계적 방호수단의 적정성

14 법상 용접 · 용단 작업을 하는 경우 화재감시자를 배치해야 하는 장소를 쓰시오.

(해답)▶ 1. 작업 반경 11m 이내에 건물 구조 자체나 내부(개구부 등으로 개방된 부분을 포함한다)
에 가연성물질이 있는 장소
2. 작업 반경 11m 이내의 바닥 하부에 가연성물질이 11m 이상 떨어져 있지만 불꽃에 의해
쉽게 발화될 우려가 있는 장소
3. 가연성물질이 금속으로 된 칸막이 · 벽 · 천장 또는 지붕의 반대쪽 면에 인접해 있어 열전
도나 열복사에 의해 발화될 우려가 있는 장소

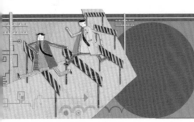

01 산업안전보건법상 안전·보건에 관한 노사협의체 구성에 있어 근로자 위원과 사용자 위원의 자격을 쓰시오.

해답 ▶ 1. 근로자 위원
① 도급 또는 하도급 사업을 포함한 전체 사업의 근로자 대표
② 근로자 대표가 지명하는 명예 감독관 1명. 다만, 명예 감독관이 위촉되어 있지 아니한 경우에는 근로자 대표가 지명하는 해당 사업장 근로자 1명
③ 공사 금액 20억원 이상의 도급 또는 하도급 사업의 근로자 대표

2. 사용자 위원
① 해당 사업의 대표자
② 안전관리자 1명
③ 공사 금액이 20억원 이상인 도급 또는 하도급 사업의 사업주

참고 ▶ 1. 노사협의체 설치 대상 : 공사 금액 120억원(토목 공사업은 150억원) 이상인 건설업
2. 노사협의체 운영 : 노사협의체의 회의는 정기회의와 임시회의로 구분하고 정기회의는 2개월마다 노사협의체 위원장이 소집하며, 임시회의는 위원장이 필요시 소집한다.

02 공기 압축기의 시작 전 점검 사항을 쓰시오.

해답 ▶ 1. 공기 저장 압력 용기의 외관 상태
2. 드레인 밸브의 조작 및 배수
3. 압력 방출 장치의 기능
4. 언로드 밸브의 기능
5. 윤활유 상태
6. 회전부의 덮개 또는 울
7. 그 밖에 연결 부위의 이상 유무

03 산업안전보건법상 안전 인증 대상 보호구의 제품 표시 사항을 쓰시오.

해답 ▶ 1. 형식 또는 모델명   2. 규격 또는 등급
3. 제조자명   4. 제조 번호 및 제조 연월
5. 안전 인증 번호

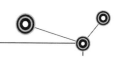

04 500명이 근무하는 어느 공장에서 1년간 6건(6명)의 재해가 발생하였고, 사상자 중에서 신체 장애 등급 3급, 5급, 7급, 11급의 장애가 각 1명씩 발생하였으며, 기타 사상자로 인한 총 휴업 일수는 438일이었다. 이때 도수율과 강도율을 구하시오. (단, 5급 4,000일, 7급 2,200일, 11급 400일이며, 소수점 셋째 자리에서 반올림하시오.)

(해답)▶ 1. 도수율 : $\dfrac{6}{500 \times 2,400} \times 10^6 = 5.00$

2. 강도율 : $\dfrac{7,500 + 4,000 + 2,200 + 400 + \left(438 \times \dfrac{300}{365}\right)}{500 \times 2,400} \times 10^3 = 12.05$

05 법상 조명 기준을 쓰시오.

(해답)▶ 1. 초정밀 작업 : 750lux 이상
3. 보통 작업 : 150lux 이상

2. 정밀 작업 : 300lux 이상
4. 기타 작업 : 75lux 이상

06 산업안전보건법상 안전 인증 대상 방호 장치의 종류를 쓰시오.

(해답)▶ 1. 프레스 및 전단기 방호 장치
2. 양중기용 과부하 방지 장치
3. 보일러 압력 방출용 안전밸브
4. 압력 용기 압력 방출용 안전밸브
5. 압력 용기 압력 방출용 파열판
6. 절연용 방호구 및 활선 작업용 기구
7. 방폭 구조 전기 기계·기구 및 부품
8. 추락·낙하 및 붕괴 등의 위험 방호에 필요한 가설 기자재로서 고용노동부 장관이 정하 여 고시하는 것

07 산업안전보건법상 다음에 대한 교육 시간을 쓰시오.

1) 안전 관리자 신규 교육
2) 안전 보건 관리 책임자 보수 교육
3) 사무직 정기 교육
4) 일용직 외 채용 시 교육
5) 일용직 외 작업 내용 변경 시 교육

(해답)▶ 1) 34시간 이상
3) 매 분기 3시간 이상
5) 2시간 이상

2) 6시간 이상
4) 8시간 이상

08 병사의 호 주위의 잡초들의 반사율은 50%, 위장망의 반사율은 60%라면 위장망과 주위의 대비는?

(해답) 대비$= \dfrac{50-60}{50} \times 100 = -20\%$

09 법상 달기 체인의 사용 제한 조건을 쓰시오.

(해답) 1. 달기 체인의 길이의 증가가 그 달기 체인이 제조된 때의 길이의 5%를 초과한 것
2. 링의 단면 지름의 감소가 그 달기 체인이 제조된 때의 해당 링의 지름의 10%를 초과한 것
3. 균열이 있거나 심하게 변형된 것

10 정전 전로에서 전기 작업 시 전로의 차단 절차를 쓰시오.

(해답) 1. 전기 기기 등에 공급되는 모든 전원을 관련 도면, 배선도 등으로 확인할 것
2. 전원을 차단한 후 각 단로기 등을 개방하고 확인할 것
3. 차단 장치나 단로기 등에 잠금 장치 및 꼬리표를 부착할 것
4. 개로된 전로에서 유도 전압 또는 전기 에너지가 축적되어 근로자에게 전기 위험을 끼칠 수 있는 전기 기기 등은 접촉하기 전에 잔류 전하를 완전히 방전시킬 것
5. 검전기를 이용하여 작업 대상 기기가 충전되었는지를 확인할 것
6. 전기 기기 등이 다른 조출 충전부와의 접촉, 유도 또는 예비 동력원의 역송전 등으로 전압이 발생할 우려가 있는 경우에는 충분한 용량을 가진 단락 접지 기구를 이용하여 접지할 것

11 다음 그림과 같은 회로도에서 램프가 켜지지 않을 정상 사상의 FT도를 작성하시오.

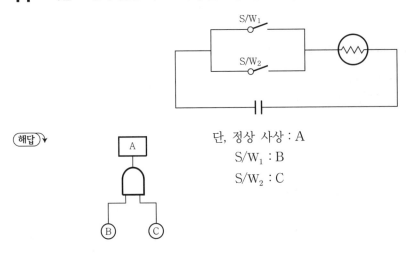

(해답)

단, 정상 사상 : A
S/W₁ : B
S/W₂ : C

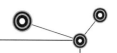

12 다음은 롤러기의 방호 장치에 관한 사항이다. 롤러기의 방호 장치명을 쓰고, (   ) 안에 알맞게 쓰시오.

1) 방호 장치명

2) ① 손 조작식 : 바닥으로부터 (   ) 이내

　　② 복부 조작식 : 바닥으로부터 (   ) 이내

　　③ 무릎 조작식 : 바닥으로부터 (   ) 이내

(해답) 1) 급정지 장치

2) ① 1.8m

　　② 0.8 ~ 1.1m

　　③ 0.4 ~ 0.6m

13 법상 중대 재해의 종류를 쓰시오.

(해답) 1. 사망자가 1명 이상 발생한 재해

2. 3개월 이상의 요양이 필요한 부상자가 동시에 2명 이상 발생한 재해

3. 부상자 또는 직업성 질병자가 동시에 10명 이상 발생한 재해

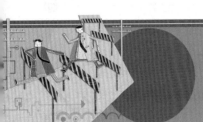
01 법상 말비계 사용 시 준수 사항을 쓰시오.

(해답) 1. 지주 부재의 하단에는 미끄럼 방지 장치를 하고, 양측 끝부분에 올라서서 작업하지 아니
하도록 할 것
2. 지주 부재와 수평면과의 기울기를 75° 이하로 하고, 지주 부재와 지주 부재 사이를 고정
시키는 보조 부재를 설치할 것
3. 말비계의 높이가 2m를 초과할 경우에는 작업 발판의 폭을 40cm 이상으로 할 것

02 인간-기계 통합 시스템에서 시스템이 갖는 기능을 쓰시오.

(해답) 1. 감지 기능   2. 정보 보관 기능
3. 정보 처리 및 의사 결정 기능   4. 행동 기능

03 우리나라에는 봄에 정전기가 많이 발생하고 있다. 정전기 예방 대책을 쓰시오.

(해답) 1. 접지 조치   2. 유속 조절
3. 제전기 사용   4. 대전 방지제 사용
5. 70% 이상의 상대 습도 부여

04 산업안전보건법상 로봇의 작동 범위 내에서 그 로봇에 관하여 교시 등 작업 시 작업 시작 전
점검 사항을 쓰시오.

(해답) 1. 외부 전선의 피복 또는 외장의 손상 유무
2. 매니퓰레이터 작동의 이상 유무
3. 제동 장치 및 비상 정지 장치의 기능

05 Fail safe를 기능적인 면에서 분류하고, 간략히 설명하시오.

(해답) 1. Fail passive : 일반적 기계의 방식으로 성분의 고장 시 기계 장치는 정지 상태로 된다.
2. Fail operational : 병렬 요소의 구성을 한 것으로 성분의 고장이 있어도 다음 정기 점검까
지의 운전이 가능하다.
3. Fail active : 성분의 고장 시 기계 장치는 경보를 내며 단시간에 역전된다.

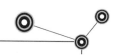

06 사업장에서 안전 보건 관리 규정 작성 시 포함해야 할 사항을 쓰시오.

해답▶ 1. 안전 및 보건에 관한 관리조직과 그 직무에 관한 사항
2. 안전보건교육에 관한 사항
3. 작업장의 안전 및 보건 관리에 관한 사항
4. 사고 조사 및 대책 수립에 관한 사항
5. 그 밖에 안전 및 보건에 관한 사항

07 물체가 낙하, 또는 비래할 위험이 있는 장소에 설치하는 낙하물 방지망의 설치 기준을 쓰시오.

해답▶ 1. 설치 높이는 10m 이내마다 설치하고, 내민 길이는 벽면으로부터 2m 이상으로 할 것
2. 수평면과의 각도는 20~30°를 유지할 것

08 교류 아크 용접기를 사용하는 경우 용접기에 자동전격방지기를 설치하여야 하는 장소를 쓰시오.

해답▶ 1. 선박의 이중 선체 내부, 밸러스트 탱크(ballast tank, 평형수 탱크), 보일러 내부 등 도전체에 둘러싸인 장소
2. 추락할 위험이 있는 높이 2m 이상의 장소로, 철골 등 도전성이 높은 물체에 근로자가 접촉할 우려가 있는 장소
3. 근로자가 물, 땀 등으로 인하여 도전성이 높은 습윤 상태에서 작업하는 장소

09 법상 안전 인증 대상 보호구의 종류를 쓰시오.

해답▶ 1. 추락 및 감전 방지용 안전모   2. 안전대
3. 방진 마스크   4. 방독 마스크
5. 차광 및 비산물 위험 방지용 보안경   6. 용접용 보안면
7. 안전화   8. 안전 장갑
9. 방음용 귀마개 또는 귀덮개   10. 송기 마스크
11. 보호복   12. 전동식 호흡 보호구

참고▶ 자율 안전 확인 대상 보호구
① 안전모(의무 안전 인증 대상 안전모는 제외)
② 보안경(의무 안전 인증 대상 보안경은 제외)
③ 보안면(의무 안전 인증 대상 보안면은 제외)

10 다음 FT도에서 정상 사상의 발생 확률을 구하시오. (단, 각 사상의 발생 확률은 0.1, 0.2, 0.3, 0.4, 0.5이다.)

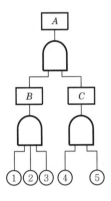

(해답) $A = B \times C$, $B = ① \times ② \times ③$, $C = ④ \times ⑤$

∴ $0.1 \times 0.2 \times 0.3 \times 0.4 \times 0.5 = 0.0012$

11 다음 사항에 의거 강도율을 계산하시오. (단, 연근로 일수는 300일이다.)

① 근로자 수 800명
② 연근로 시간수 1주 (48시간)×50주
③ 연재해 건수 50건 (손실 일수 1,200일)
④ 사망 재해 2건 (단, 사망자의 연령은 각각 30세이다.)

(해답) 강도율= $\dfrac{근로 \ 손실 \ 일수}{근로 \ 총 \ 시간수} \times 1,000 = 8.33$

(∴ 근로 총 시간수 = 800×48×50 = 1,920,000시간

근로 손실 일수 = $7,500 \times 2 + \left(1,200 \times \dfrac{300}{365}\right) = 15986.30$ 일)

12 사업주가 해당 화학 설비 또는 부속 설비의 용도를 변경하는 경우 해당 설비의 점검 사항을 쓰시오.

(해답) 1. 그 설비 내부에 폭발이나 화재의 우려가 있는 물질이 있는지 여부

2. 안전밸브 · 긴급 차단 장치 및 그 밖의 방호 장치 기능의 이상 유무

3. 냉각 장치 · 가열 장치 · 교반 장치 · 압축 장치 · 계측 장치 및 제어 장치 기능의 이상 유무

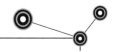

13 법상 사업장에서 실시해야 할 근로자 정기교육의 내용을 쓰시오.

(해답) 1. 산업 안전 및 사고 예방에 관한 사항

2. 산업 보건 및 직업병 예방에 관한 사항

3. 건강 증진 및 질병 예방에 관한 사항

4. 유해·위험 작업 환경 관리에 관한 사항

5. 산업안전보건법령 및 산업재해보상보험 제도에 관한 사항

6. 직무 스트레스 예방 및 관리에 관한 사항

7. 직장 내 괴롭힘, 고객의 폭언 등으로 인한 건강장해 예방 및 관리에 관한 사항

14 법상 안전보건관리담당자의 직무사항을 쓰시오.

(해답) 1. 안전·보건교육 실시에 관한 보좌 및 지도·조언

2. 위험성평가에 관한 보좌 및 지도·조언

3. 작업환경 측정 및 개선에 관한 보좌 및 지도·조언

4. 각종 건강진단에 관한 보좌 및 지도·조언

5. 산업재해 발생의 원인 조사, 산업재해 통계의 기록 및 유지를 위한 보좌 및 지도·조언

6. 산업안전·보건과 관련된 안전장치 및 보호구 구입 시 적격품 선정에 관한 보좌 및 지도·조언

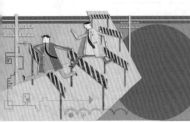

01 산업 재해 발생 시 기록, 보존해야 할 사항을 쓰시오.

(해답) 1. 사업장의 개요 및 근로자의 인적사항
2. 재해 발생의 일시 및 장소
3. 재해 발생의 원인 및 과정
4. 재해 재발 방지 계획

02 하인리히의 1 : 29 : 300의 원리를 간략히 설명하시오.

(해답) 300건의 무상해사고 발생 후 29건의 경상해 발생한 후 1건의 중대재해(사망 등)가 발생하게 된다.

03 위험 예지 훈련의 4라운드를 순서대로 쓰시오.

(해답) 1. 제1라운드 : 현상 파악
2. 제2라운드 : 본질 추구
3. 제3라운드 : 대책 수립
4. 제4라운드 : 목표 설정

04 다음 물음에 대한 시스템 안전 기법의 명칭을 쓰시오.

1) 모든 요소의 고장을 형태별로 분석하여 그 영향을 검토하는 방법
2) 모든 시스템 안전 프로그램의 최초 단계 분석 기법
3) 인간의 과오를 정량적으로 평가하는 기법
4) 재해 발생을 연역적, 정량적으로 분석하는 결함수법
5) 초기 사상의 고장 영향에 의해 사고나 재해로 발전해 나가는 과정을 분석하는 위험과 운전 분석

(해답) 1) FMEA   2) PHA
3) ETA   4) FTA
5) HAZOP

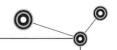

05 교류 아크 용접기에 자동전격방지기를 설치해야 하는 경우를 쓰시오.

해답 1. 선박의 이중 선체 내부, 밸러스트 탱크(ballast tank, 평형수 탱크), 보일러 내부 등 도전체에 둘러싸인 장소
2. 추락할 위험이 있는 높이 2m 이상의 장소로, 철골 등 도전성이 높은 물체에 근로자가 접촉할 우려가 있는 장소
3. 근로자가 물, 땀 등으로 인하여 도전성이 높은 습윤 상태에서 작업하는 장소

06 사업주가 안전 보건 진단을 받아 안전 보건 개선 계획서를 제출해야 하는 대상 사업장을 4가지 쓰시오.

해답 1. 중대 재해 발생 사업장
2. 산업 재해 발생률이 같은 업종 평균 산업 재해 발생률의 2배 이상인 사업장
3. 직업성 질병자가 연간 2명 이상 발생한 사업장
4. 작업 환경 불량, 폭발 또는 누출 사고 등으로 사업장 주변까지 피해가 확산된 사업장으로서 고용노동부 장관이 정하는 사업장

07 다음은 교류 아크 용접 장치의 자동전격방지기에 관한 사항이다. ( ) 안을 채우시오.

> (①) : 용접봉을 모재로부터 분리시킨 후 주접점이 개로될 때 용접기 2차측 (②)이 전격 방지기의 25V 이하로 될 때까지의 시간

해답 ① 지동 시간　　　　　　② 무부하 전압

08 법상 안전관리자의 직무 사항을 쓰시오.

해답 1. 산업안전보건위원회 또는 안전 및 보건에 관한 노사협의체에서 심의·의결한 업무와 해당 사업장의 안전보건관리규정 및 취업규칙에서 정한 직무
2. 위험성평가에 대한 보좌 및 지도·조언
3. 안전인증대상 기계 등과 자율안전확인대상 기계 등 구입 시 적격품의 선정에 관한 보좌 및 지도·조언
4. 해당 사업장 안전교육계획의 수립 및 안전교육 실시에 관한 보좌 및 지도·조언
5. 사업장 순회점검, 지도 및 조치 건의
6. 산업재해 발생의 원인 조사·분석 및 재발 방지를 위한 기술적 보좌 및 지도·조언
7. 산업재해에 관한 통계의 유지·관리·분석을 위한 보좌 및 지도·조언
8. 법 또는 법에 따른 명령으로 정한 안전에 관한 사항의 이행에 관한 보좌 및 지도·조언
9. 업무 수행 내용의 기록·유지
10. 그 밖에 안전에 관한 사항으로서 고용노동부장관이 정하는 사항

09 광전자식 방호 장치 프레스에 관한 설명 중 ( ) 안에 알맞게 쓰시오.

1) 프레스 또는 전단기에서 일반적으로 많이 활용하고 있는 형태로서 투광부, 수광부, 컨트롤 부분으로 구성된 것으로 신체의 일부가 광선을 차단하면 기계를 급정지시키는 방호 장치로 (①) 분류에 해당한다.

2) 정상 작동 표시 램프는 (②), 위험 표시 램프는 (③)으로 하며, 근로자가 볼 수 있는 곳에 설치해야 한다.

3) 방호 장치는 릴레이, 리미트 스위치 등의 전기 부품의 고장, 전원 전압의 변동 및 정전에 의해 슬라이드가 불시에 작동하지 않아야 하며, 사용 전원 전압의 (④)의 변동에 대하여 정상적으로 작동되어야 한다.

해답 ① A−1   ② 녹색
     ③ 적색   ④ ±20%

10 다음의 신뢰도를 구하시오.

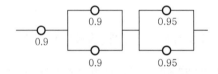

해답 $0.9 \times \{1-(1-0.9)(1-0.9)\} \times \{(1-0.95)(1-0.95)\} = 0.888$
     ∴ 88.88%

11 법상 터널 작업 시 자동경보장치의 당일 작업 시작 전 점검사항을 쓰시오.

해답 1. 계기의 이상 유무
     2. 검지부의 이상 유무
     3. 경보장치의 작동 상태

12 폭굉유도거리(DID)가 짧아지는 조건을 쓰시오.

해답 1. 압력이 높을수록
     2. 점화원의 에너지가 강할수록
     3. 관 내에 장해물, 관경이 작을수록
     4. 혼합 가스일 경우

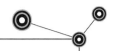

13 다음은 법상 방진마스크의 종류에 관한 사항이다. (   ) 안에 알맞게 쓰시오.

종 류	분리식		안면부 여과식	사용 조건
	격리식	직결식		
형태	• (①) • (②)	• (③) • 반면형	• (④)	산소 농도 18% 이상인 장소에서 사용하여야 한다.

해답 ① 전면형
② 반면형
③ 전면형
④ 반면형

MEMO

MEMO

산업안전기사·산업기사 실기

2006. 1. 9. 초 판 1쇄 발행
2023. 4. 5. 개정증보 17판 1쇄(통산21쇄) 발행

지은이 │ 김희연, 이준원, 문명국, 최수범, 강성모, 이홍주, 이선용
펴낸이 │ 이종춘
펴낸곳 │ **BM** (주)도서출판 **성안당**

주소 │ 04032 서울시 마포구 양화로 127 첨단빌딩 3층(출판기획 R&D 센터)
│ 10881 경기도 파주시 문발로 112 파주 출판 문화도시(제작 및 물류)

전화 │ 02) 3142-0036
│ 031) 950-6300
팩스 │ 031) 955-0510
등록 │ 1973. 2. 1. 제406-2005-000046호
출판사 홈페이지 │ **www.cyber.co.kr**
ISBN │ 978-89-315-3477-1 (13500)
정가 │ 42,000원

이 책을 만든 사람들

책임 │ 최옥현
진행 │ 박현수
전산편집 │ 이다은
표지 디자인 │ 박현정
홍보 │ 김계향, 유미나, 이준영, 정단비
국제부 │ 이선민, 조혜란
마케팅 │ 구본철, 차정욱, 오영일, 나진호, 강호묵
마케팅 지원 │ 장상범
제작 │ 김유석